Web开发技术从入门到精通

Servlet/JSP和JavaScript应用

王钇 编著

清华大学出版社
北京

内 容 简 介

本书从企业信息系统建设和开发的角度，介绍了浏览器/服务器以及云计算架构中相关的Java编程技术和开发工具，主要包括JavaEE/JakartaEE规范、NetBeans的使用、HTML/XML基础知识、Web容器和Web应用程序、Servlet、JSP、JavaBean、MVC、数据库访问、JSTL、过滤器、监听器等内容；还介绍了JavaScript的基本语法和不同浏览器中的事件模型，以及JavaScript面向对象的设计封装，结合富界面互联网应用程序的概念，论述了AJAX技术以及JSON数据格式的应用，以便实现跨浏览器的Web界面的构建。

本书主要面向具有一定Java基础知识、需要掌握Web开发技术的读者，可以作为Web领域相关开发技术的培训教材或参考书。

图书在版编目(CIP)数据

Web开发技术从入门到精通：Servlet/JSP和JavaScript应用/王钇编著. —北京：清华大学出版社，2023.9

ISBN 978-7-302-62377-9

Ⅰ. ①W… Ⅱ. ①王… Ⅲ. ①JAVA语言—程序设计 Ⅳ. ①TP312.8

中国版本图书馆CIP数据核字(2022)第253488号

责任编辑：袁勤勇 杨 枫
封面设计：刘 键
责任校对：申晓焕
责任印制：宋 林

出版发行：清华大学出版社
网 址：http://www.tup.com.cn，http://www.wqbook.com
地 址：北京清华大学学研大厦A座 邮 编：100084
社 总 机：010-83470000 邮 购：010-62786544
投稿与读者服务：010-62776969，c-service@tup.tsinghua.edu.cn
质量反馈：010-62772015，zhiliang@tup.tsinghua.edu.cn
课件下载：http://www.tup.com.cn，010-83470236
印 装 者：三河市龙大印装有限公司
经 销：全国新华书店
开 本：185mm×260mm **印 张**：28.5 **字 数**：730千字
版 次：2023年10月第1版 **印 次**：2023年10月第1次印刷
定 价：79.80元

产品编号：091763-01

FOREWORD

前言

目前，云计算、移动互联网和大数据技术已成为新的热点与学习的重要内容，而这些技术都离不开作为基础的Web技术。本书着眼于企业级Java技术的发展，立足于变化之中的不变性，侧重Web和浏览器技术基础介绍Java语言在其中的应用，培养学生的学习和融汇能力。作者在近10年来一直从事学校信息管理专业的Web开发技术课程的教学工作，本书在内容组织上强调Java企业级开发的分层架构理念，着力培养学生正确的信息系统架构观。

本书在写作时主要面向的是有Java语言基础的读者，因为Web技术涉及面广，不可能在一本书中既讲解语言，又讲解Web，所以书中并不包含语言基础部分。

本书按照JavaEE的信息系统分层构建理念组织内容，在技术理论上分为三大部分。

第一部分(第1～6章)首先介绍的是Web技术构成的基础，包括信息系统的架构从单机到C/S和B/S、JavaEE和JakartaEE规范；随后介绍HTTP以及请求—响应模型，并且为了能够让初学者快速了解Web技术，书中还介绍了重要的HTML标记和XML基础知识；然后按照循序渐进的方式，依次介绍了Web容器、Servlet的编写、Web应用程序和WAR文件的组成以及它在Web开发中的应用。

第二部分(第7～12章)是对于JSP、JavaBean、MVC、数据库访问、JSTL等内容的介绍。这部分结合第一部分的Servlet内容，首先讲解JSP的组成和具体的编写方式，以及以标准Java Web组件(JSP/JavaBean/Servlet)为基础的MVC架构模式；之后引入了Web中数据库访问技术，以便读者能够掌握真实Web系统的开发技能；最后分别介绍了JSP 2.0的表达式、JSTL、过滤器和监听器的应用。

第三部分(第13、14章)是对JavaScript的介绍，从基本的JavaScript语法角度出发，介绍在Web的表示层中的JavaScript原生应用，同时结合富界面互联网应用程序的概念，介绍AJAX技术以及JavaScript的面向对象的封装，以便实现跨浏览器的Web界面的构建。本书采用了原生的JavaScript对象，降低了学习曲线，同时还介绍了采用JSON在MVC架构中传递数据的方法，可以进一步加深读者对MVC设计模式的理解和运用。

本书配有PPT课件和示例代码，读者可在清华大学出版社官网(http://www.tup.com.cn)下载。

在此感谢华北电力大学对本书出版的大力支持，感谢清华大学出版社编辑、校对老师的辛苦工作。

由于编者能力和时间有限，书中难免存在疏漏，恳请读者批评指正。

编　者

2023年8月

CONTENTS

目录

第1章 信息系统与 Java 企业级规范

1.1 信息系统的发展

本书主要介绍如何利用Java语言和相关技术构建具有浏览器用户界面的信息系统。这里的信息系统是指用于处理各种数据的应用程序软件及相关计算机硬件的组合，是当前信息时代中处于核心地位的一种计算机应用。在信息系统中，数据主要来源于人类社会的生产、生活、科学研究等领域，信息系统可以对这些数据进行收集、传输、加工、储存、更新、拓展和维护，加快信息处理的速度，让使用者获得更为强大的数据处理和决策能力。广义上的信息系统可以包含供个人和企业使用的办公、绘图、生产管理、事务管理、决策制定等一系列领域中的应用软件及硬件；而本书介绍的这种以浏览器作为人机交互操作界面的信息系统，被称为 Web 应用程序，主要应用于企业级的信息处理功能的实现。

在经济学领域，企业(enterprise)是指以营利为目的，进行商品的生产、流通、交换以及提供相关服务的社会组织。对于信息系统而言，"企业"这个概念是对经济学概念的扩展，核心在于它是一个由不同权限的数据处理者构成的团体组织，所以，企业级的信息处理特点主要在于多个使用者之间数据的共享性以及由此引发的数据完整性、安全性、可用性等特性。具有这些数据处理要求的信息系统就是企业信息系统(Enterprise Information System，EIS)。

在企业信息系统中，使用者的操作可以概括为 3 个环节，分别是数据的产生、数据的加工处理和数据的存储。以一个典型的商业企业为例，在其日常经营活动中，经常会产生大量的待处理的原始数据，如员工的出勤、商品的日库存量和销售量，各种设备的使用状态，这些数据通常由对应的采集设备或者负责人将其输入信息系统，这就是数据的产生环节。数据的加工处理则是将系统中产生的数据进行筛选分类、汇总统计、规律分析、报表显示等工作。数据的存储则是指系统中的核心数据需要存储到永久性的存储介质中，以备数据的再次加工和处理。按照这 3 个使用环节，企业信息系统的组成可以对应地分为 3 个层次，分别是表示层、数据处理层和数据存储层。表示层是信息系统的人机交互界面，主要用于数据显示以及用户和计算机之间的交互操作。数据处理层负责系统中输入数据的处理和计算，执行的是数据加工处理的业务逻辑，包括数据的清洗、校验、转换、计算等任务。数据存储则是将数据从计算机内存写入磁带、磁盘、光盘等持久性存储介质。

通过上述企业信息系统的组成结构和数据处理特性可以发现，企业级的信息处理最适合利用计算机网络连同的多台计算机进行处理。但由于早期的信息系统在经济和技术上的限制，最初的企业信息系统并不是构建在网络中的多台计算机之上。随着计算机网络技术的发展和普及，企业信息系统的开发和运行以及使用方式也随之发展变化，从早期的单机系统，发展到依托于现代计算机网络的多层及微服务系统。Web 应用程序就是这一过程的产物，它的出现和网络技术的发展密切相关，同时也是计算机操作系统中的浏览器技术标准化的结果。本书后续部分有时也将 Web 应用程序简称为 Web 程序或者 Web 应用。

1.1.1 单机系统

1977 年出现的 Apple Ⅱ及 IBM PC/XT 等微型计算机，标志着计算机由最初的昂贵、复杂的大型主机转变为价格低廉、结构简单、功能丰富的微型计算机；计算机中应用软件由以科学计算为主，扩展为涉及人类社会全领域的应用程序。由于网络技术在 20 世纪 80 年代尚未在民用领域普及，所以当时的企业信息系统多为安装在独立计算机中的软件系统，同时包含了数据显示、数据处理、数据存储的功能设计，其结构如图 1-1 所示，这就是基于单机的企业信息系统，简称为单机系统。单机系统的数据显示一般都是具有交互性的人机界面，早期多为依托于键盘输入命令形式，使用者需要通过键盘向计算机输入特定的指令，驱动信息系统完成特定的工作。随着 Windows、macOS X 等操作系统的出现和普及，信息系统的人机交互界面和数据显示界面逐渐发展为图形用户界面(Graphic User Interface，GUI)，系统以鼠标单击为主要操作，辅之以键盘、扫描设备以及其他一些交互设备的输入。

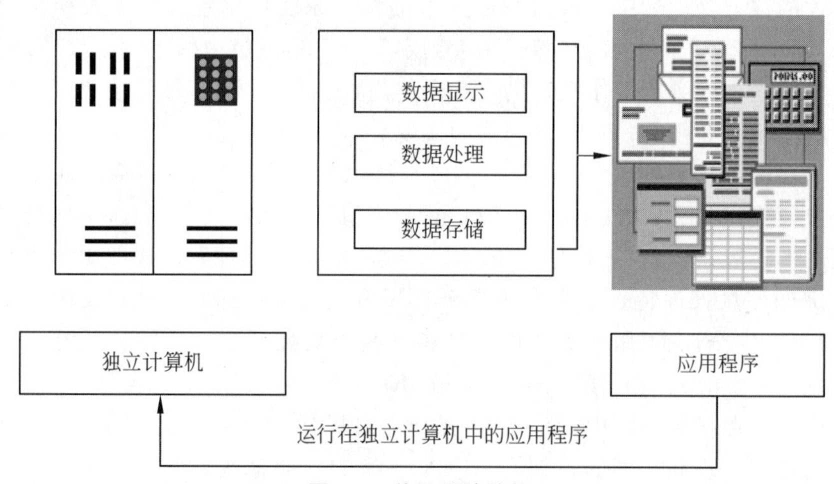

图 1-1　单机系统结构

单机系统的数据处理和数据显示一般都被设计在同一应用程序中完成；程序中数据的存储主要采用的是磁盘文件存储或者数据库管理系统(DBMS)存储两种方式。单机系统在交付用户使用前往往需要利用独立的安装程序进行安装。

单机系统的安装与部署相对简单，程序设计技术涉及的知识领域比较集中，有利于专业人员进行专门的学习；同时，用于单机系统的设计工具相对比较完善，有很多开发工具具有集成化、自动化的特点，甚至可以自动生成复杂的图形用户界面，并可以结合使用者的需求生成必要的业务逻辑处理代码。这样，单机系统开发工作中的一些琐碎的界面开发和少量的业务逻辑处理代码都可以交给开发工具去做。由于系统在单个计算机上运行，所以也不受网络安全和数据保护问题的影响。

随着网络技术的发展，1991 年互联网开始逐渐在全世界范围普及应用，这标志着信息处理已经完全进入了网络时代，这时单机系统的使用和维护都遇到了很多的问题。首先，由于单机系统往往安装在分散的独立计算机当中，所以，一旦单机系统的软件版本有了更新，系统升级就很难做到及时更新到每一台安装的计算机中；其次，由于单机系统升级早期多采用磁盘等媒体介质，所以用户一般需要为系统升级支付一定的材料费用。

从开发者的角度来看，由于单机系统的数据显示、数据处理都位于同一应用程序中，一旦系统的业务处理逻辑发生改变，开发人员往往需要对整个系统进行修改。另外，单机系统很难做到兼顾各个不同的操作系统平台，某些操作系统由于小众的用户量往往得不到功能上的更新，甚至得不到所需的安装支持。最后，还有非常重要的一点，就是单机系统很难做到系统中的信息实时共享，这使得单机系统在网络时代往往只能用于处理离线的数据。

1.1.2　客户机/服务器应用系统

客户机/服务器应用系统(Client/Server，C/S)是在 20 世纪 90 年代初期随着计算机网络技术发展形成的一种企业信息系统，是对单机系统按照网络拓扑架构进行升级后形成的一种系统架构。在 C/S 系统中，数据显示、数据处理、数据存储分别在不同的计算机上进行。一个典型的客户机/服务器应用系统如图 1-2 所示，应用系统分成两部分：客户机和服务器，两者通过特定的网络拓扑结构进行数据通信。客户机主要负责人机交互以及数据的显示和数据的处理，多为 PC 或者相对便携的笔记本电脑，操作系统一般采用美国微软公司的 Windows 或者苹果公司的 macOS X 系统。C/S 系统中的客户机都需要安装特定的客户机软件，用以向用户提供人机交互和数据处理及显示功能；服务器主要负责数据的存储，一般为专用的服务器计算机，操作系统多采用 UNIX/Linux 或者 Windows 服务器版。服务器的操作系统中要安装有特定的网络数据库管理系统，以便完成更为有效和安全的数据存储功能。客户机与服务器之间的网络拓扑结构包括星状、环状等网络，网络中的通信协议及数据传输组件有 TCP/IP 协议中的 Socket、微软的分布式组件模型 DCOM、银行系统的通用对象请求代理架构 CORBA、特定程序设计语言的远程调用 RPC/RMI 等。

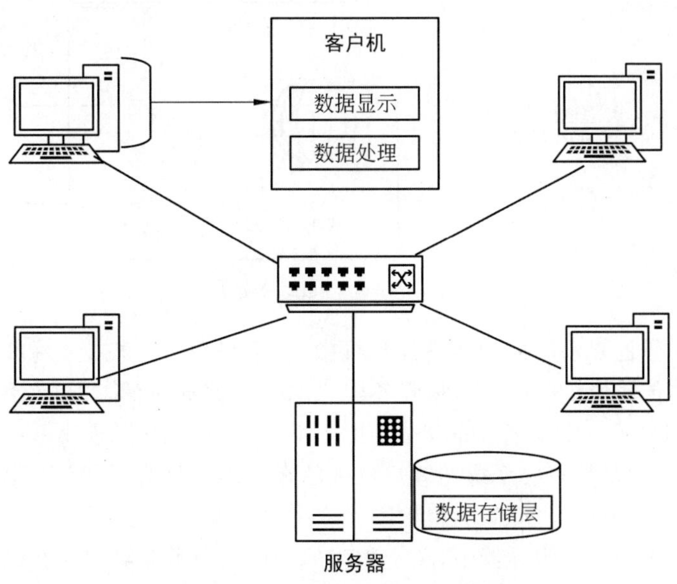

图 1-2　客户机/服务器应用系统

在 C/S 系统中，系统中的用户可以通过不同的客户机访问同一台数据存储服务器，这就在多个用户之间实现了信息共享。用户利用客户端应用程序对服务器端的数据进行查看和维护，甚至可以通过一些专用客户端软件对服务器中安装的操作系统进行远程管理。由于数据的显示处理和数据的存储相分离，C/S系统的功能相对于单机系统可以进行更为合理的划分。例如，由于客户机要经常进行人机交互，所以客户端软件可以安装在Windows或者macOS X操作系统中，以便向使用者提供功能丰富且具有用户友好性的人机交互界面；服务器端侧重于数据的安全、可靠性的保护以及功能上的稳定性，可以采用UNIX或者Linux操作系统，以提供稳定、可靠的网络通信性能和数据安全。由此可见，在C/S系统中，客户机与服务器可以通过安装不同的操作系统，发挥不同操作系统的优势，并可以实现服务器端或客户端软件的单独升级。

由于C/S系统将应用程序分布到网络中不同的计算机中，所以这种应用程序也被称为分布式程序，它的安装及部署会涉及多台计算机，甚至包括跨平台的应用部署，系统的初始安装和日常的运营维护较单机系统更为复杂。另外，由于信息集中在服务器端进行存储，一旦出现大量客户端同时访问服务器的情况，服务器端将产生较大的访问压力。同时，由于不同的客户端计算机中都要安装相应的客户端软件，所以，存在于单机系统中的系统升级问题，也同样存在于C/S系统当中。

1.1.3 多层系统

随着互联网(Internet)的广泛应用，20世纪90年代中期之后的局域网也逐渐采用互联网的连接技术进行组建，这就是企业内部网(Intranet)。Intranet的最大特点就是采用互联网中的TCP/IP协议进行构建，此时广域网和局域网之间的技术边界不再明显。企业信息系统也逐渐在C/S的基础之上，结合Intranet发展成为多层系统。这里的"多层"是指前述的数据显示、数据处理、数据存储3部分按照数据表示层、业务逻辑层、数据存储层的划分，分别部署到不同的计算机中，每个层次都各自负责自身的工作。图1-3是一个典型的企业多层信息系统架构。和C/S系统类似，多层系统也是一种分布式应用程序。

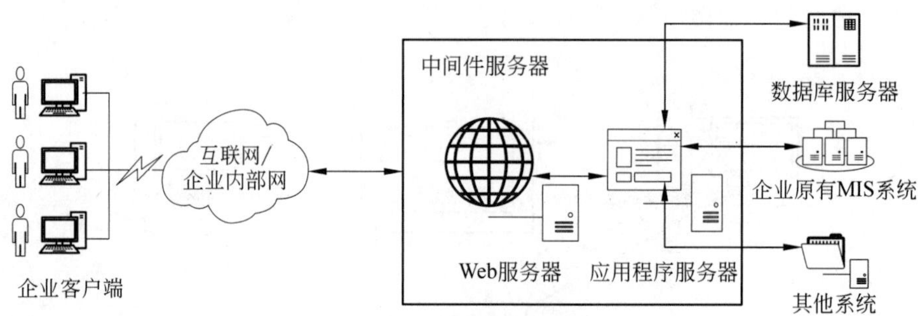

图1-3 多层信息系统架构

多层系统中的数据表示层位于客户计算机中，一般只负责人机交互和数据的显示。客户机一般采用超文本传输协议(HTTP)和服务器之间进行数据通信，并且利用超文本标记语言(HTML)进行数据显示。由于处理HTML文件和HTTP的浏览器(browser)软件已经成为操作系统的一部分，大多数多层系统的客户机中的客户端软件都采用浏览器作为系统的人机交互界面，这种多层系统就是Web应用程序。

业务逻辑层位于中间件服务器中，负责数据的处理。为了能够支持客户机中的浏览器，中间件服务器中一般会部署安装专用于支持HTML技术的Web服务器，同时也会部署专用于实现业务数据的处理的应用程序服务器软件。Web服务器用来和浏览器之间进行交互，并将相应的用户请求数据转交给应用程序服务器；应用程序服务器对用户请求数据和其他业务数据进行处理，再将处理过后的数据交给数据库服务器。

数据库服务器负责中间件服务器传递过来的数据的存储工作，为了能够支持更多的用户访问量，这部分的数据库多采用具有处理大用户访问能力的数据库管理系统，也可以和企业原有的一些 MIS、邮件服务、消息处理等系统进行对接，以向客户端的用户提供基于新用户界面的原有系统的使用方式。

多层系统实际上是对于 C/S 系统改进的一种架构，由于将数据表示层、业务逻辑层和数据存储层完全分开，所以整个系统的各个部分均可独立升级。对于采用 Web 应用程序形式的多层系统，用户在访问系统时无须再安装相应的客户端软件。由于业务处理位于独立的中间件计算机中，因此当数据处理的流程或方式改变时，不必对客户端软件进行更新。

多层系统和 C/S 系统的最大差别就在于中间件层的引用。通过中间件层，就可以在出现大量用户的访问系统的情况进行智能地"调配"，通过增加中间件层的计算机数量，结合任务调配系统，实现负载平衡，非常适用于互联网中经常出现的大用户量访问的情况，可支持上万人的同时访问。

从系统运行的角度看，多层系统的客户端、中间件、数据存储层都位于不同的计算机中，因此可以选择各自适合的操作系统平台进行部署，还可以在团队开发时使用不同的开发工具进行系统的开发。在系统运行时，可以按照具体的业务需求，对整体系统的安全配置进行定制，使不同的用户具有不同的访问权限，便于企业开展电子商务业务，使企业能够真正面向互联网进行商务活动。

多层系统也存在着一些问题，例如，由于系统架构中可能包含了多种技术平台，所以对系统的开发人员要求较高，多层系统的开发者需要掌握诸如浏览器的界面设计、Web 服务器编程、应用程序服务器编程、跨平台的系统间相互通信、不同平台上的系统整合等技术。多层系统的安装及部署较为复杂。由于采用了中间层，为了能够支持中间层的数据处理，往往需要采购相对昂贵的商业化的应用服务器软件，系统需要更多的硬件设备支持，所以系统的初期投入较 C/S 系统要高。当系统上线应用时，系统的运行和维护成本也相对较高。

1.1.4　微服务系统

2007 年之后，随着 iPhone 和安卓(Android)智能手机以及第三代移动通信标准(3G)的发布，移动互联网得到了快速的发展。在人们的日常生活中，智能手机作为网络连入设备，逐渐取代了台式机和笔记本电脑；同时，企业信息系统中的客户机也逐渐延伸到智能手机。在智能手机及相关衍生产品发展的同时，移动通信技术从 3G 到 5G 的快速演化使得物联网(Internet of Things，IoT)的应用由最初的物流行业扩展到了共享单车、汽车自动驾驶、智能家电、智慧社区、能源电力等多个领域中，互联网中接入的各种设备急剧增多，传输的数据量随之增长，这使得互联网的服务器端不仅要满足客户端各种不同特性的数据需求，而且还面临着更高的接入压力和处理要求。同时，由于移动互联网和物联网中的客户端数据的传输特性，对服务器的请求会经常出现潮汐特性，即服务器在特定的时间内有可能会面临大量高强度的集中请求。这些新出现的网络访问特性和数据处理要求共同促进了云计算技术(cloud computing)的产生。

云计算技术的核心在于将网络中服务器提供的功能抽象为满足客户端使用需求的服务(service)，用以向不同的客户端提供其所需的功能。例如，在云计算中，如果客户端需要对服务器进行管理，云端会将物理服务器计算机通过虚拟化(virtualization)或容器化(container)技术，向客户端提供一个类似于真实计算机的虚拟计算机和人机管理界面，这就是云计算中的"基础架构即服务"(Infrastructure as a Service，IaaS)。在云计算技术中，一个重要的特点就是按需服务，即服务器提供的处理能力可以依据客户端的总体需求进行动态调整：当访问峰值增大时，服务器中可以调集尽可能多的服务资源满足请求；当访问峰值下降时，服务器又可以自动减少服务资源，这在云计算中被称为“弹性计算”(elastic computing)能力。当某个服务出现故障时，系统还可以对其进行屏蔽管理，以减少出现某个故障点引发整个系统出现不可访问的概率。

为了能够在服务器端提供云计算能力，企业信息系统在多层系统的基础上引入了微服务(micro service)架构，即将原应用程序服务器中执行的业务数据处理部分进一步分割为粒度更小，独立运行的子系统，并且提供了对这些独立运行的子系统的整体管理机制。例如，微服务子系统功能的注册与发现、故障管理、配置管理、资源调配管理等机制。Web 服务器不再统一返回相同格式的数据(如 HTML 文件)，而是按照不同的客户端的需求提供其所需的数据，一个典型的微服务系统架构如图 1-4 所示。

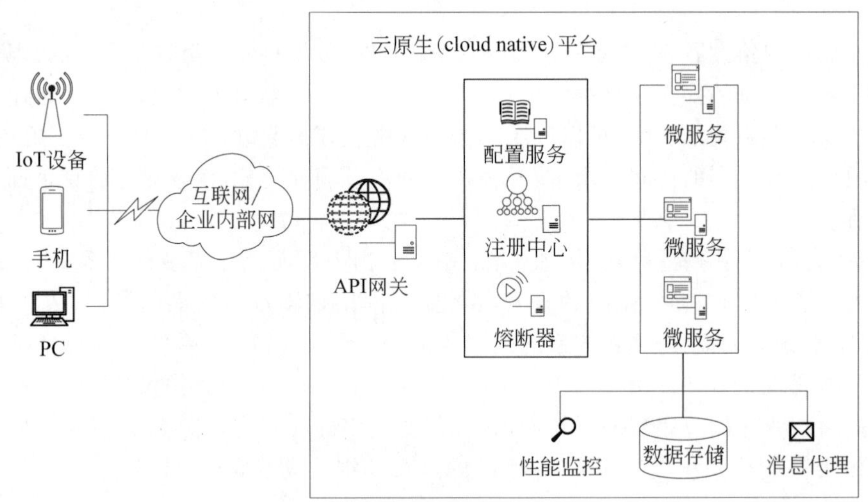

图 1-4 微服务系统架构

在微服务系统中，每一个微服务都会在注册中心进行注册，以便客户端通过应用程序编程接口(Application Programming Interface，API)网关找到其所需调用的微服务。将图 1-4 和图 1-3 对比可以看出，API 网关相当于多层系统中的 Web 服务器，是所有客户端访问系统服务的统一入口，根据客户端的请求需求，在注册中心中查找已经注册的微服务，之后将客户端和满足调用需求的微服务相对接，以便客户端直接完成服务的调用。由于微服务将系统整体功能进行了分解，所以，为了完成客户端的功能请求，微服务之间一般要进行相互调用。一旦在调用过程中，某个服务出现了故障，熔断器可以将出现问题的微服务短接，避免由于一个故障点引起整个系统失去响应。另外，为了便于系统的整体调配运行，一般微服务都会从系统提供的配置服务中读取相关的配置信息，用以建立自身所需的运行环境。

由上述微服务系统运行体系架构的论述可以看出，微服务一般都会运行在一个能够提供 API 网关、配置服务、注册中心、熔断管理的平台之上，包含这些功能的平台被称为“云原生”(cloud native)平台。云原生平台还可以提供诸如数据存储、消息代理、服务性能监控等功能供系统中的各个微服务以及平台的管理者进行调用或者使用。

由于微服务系统将原有的多层系统中的功能进行了分解，形成不同的子功能服务，所以，在微服务系统架构出现之后，通常将多层系统架构称为单体架构(monolithic architecture)。

在移动互联网和物联网时代，企业信息系统经常面临着增加新的功能，升级已有功能的需求，单体架构由于需要整体更新服务器端系统，在更新期间很容易造成系统服务的中断。而微服务的出现使得一个新的功能可以在小范围内由 API 网关导向新建的微服务进行测试，一旦测试成功，就可以将原有的服务切换为新服务，这个切换过程不会对系统的运行造成影响，所以微服务可以带来系统的不间断的功能整合和演进，这种特性被称为 CI/CD 特性(Continuous Integration/Continuous Delivery)，是微服务优于单体架构的特性之一。另外，由于单个微服务可以位于不同的计算机中，微服务之间的通信一般采用通用的协议，所以，可以选择不同的技术开发和构建微服务，这一特点也便于整合不同的微服务系统。

和单体架构相比，微服务也存在着一些缺点。首先，由于微服务将多层系统的功能进行了进一步的服务化分割，所以提升了整个系统开发和运维的复杂度；同时，将服务分布到更多的不同的计算机上也增加了系统部署的成本。其次，不同的微服务之间相互调用不可避免带来了额外的网络访问和系统对接开销，使得微服务的整体执行效率相对于单体结构有所降低。最后，微服务运行所需的云原生平台对操作系统有着一定的要求，这使得企业原有的一些系统在进行微服务改造时存在着迁移困难。

在互联网环境下，Web 应用程序形式的多层应用系统和微服务系统已经成为企业在建设信息系统时的主流方案，这两种架构可以满足企业信息系统的弹性要求，有利于系统的扩充升级以及连接互联网，保护已有投资，并且便于划分用户，以实现企业业务的安全方面的需求。对于微服务系统，虽然它支持多种客户端，但从客户端技术的发展来看，Web 程序中的浏览器技术依旧存在于大多数的客户端中；同时，Web 应用中的相关技术同样可以应用在微服务系统的服务器端。

1.2 JavaEE 规范

1.2.1 Java 技术在企业信息系统构建中的优势

多层信息系统和微服务系统是企业信息系统中主要的系统架构，而 Java 语言和相关的开发技术主要的应用领域就是企业级的信息系统的构建。Java 技术在企业级开发领域得到广泛应用有着很多原因，其中最主要的因素则是源于 Java 语言的三个重要特征。首先，由于多层系统中数据表示层、业务逻辑层、数据存储层以及微服务系统都可以构建和运行在不同的平台上，Java 语言的字节代码通过 Java 虚拟机运行，而不是直接运行在操作系统中，本身就具有跨平台开发和运行特性，从而使得 Java 成为构建和运行企业信息系统的理想语言。其次，企业信息系统往往需要较高的信息实时处理能力，这就要求构建这种系统的语言编译成的代码具有很高的运行速度，这种性能要求往往是 C/C++ 语言的特长，但 C/C++ 却有着难于被程序员驾驭的指针运算，极容易造成运行中系统资源得不到正确及时的释放，Java 语言中则消除了这种容易出错的指针类型，对系统内存可以进行自动回收，这使得语言本身具有较强的鲁棒性(Robust，即健壮性，指程序代码可以长时间运行而不出问题)，非常适合满足企业关键业务的 7×24 小时不间断运行的要求；同时，Java 语言编译形成的字节码在 Java 虚拟机中具有非常快的执行速度。最后，企业级信息系统非常重视系统的安全和稳定性，其中的数据经常需要和操作系统本身的数据进行隔离，以防在运行中发生安全泄露问题；Java 的虚拟机运行机制恰好为这种安全隔离提供了实现机制，所有的字节码在执行之前，都必须通过虚拟机的安全检查，并且 Java 虚拟机的运行环境和操作系统中的其他代码的运行环境是完全隔离的，这种特性有效防止了安全问题的发生。

1.2.2 JavaEE 规范和 JavaEE 程序的结构

采用分布式架构的企业信息系统的开发和运行都需要解决一些共同的问题。例如,如何在网络中的多台计算机中安装同一个应用程序的不同组成部分;在系统运行时,当多个客户端访问同一个服务器中的应用程序时,如何解决网络中服务器位置查找、各个服务器之间的任务分配、网络通信、安全认证、数据传输格式、多用户的协调和管理等问题;在系统进行数据存储时,如何实现数据的完整性和统一性以及可用性的问题;当系统需要加入新的功能时,如何在引入新功能时尽量减少对原有系统中的代码的改造等。这些问题如果能够通过一些通用的解决方案提供给开发者,开发者就可以把开发重点集中在企业信息处理的具体业务流程和功能要求上,从而加快整个系统的开发速度,提高开发效率,简化系统的构建和升级代码。为了实现这些目标,Java 技术提供了可供企业信息系统开发的标准化编程接口和运行平台,即 JavaEE API 和 JavaEE 平台(JavaEE platform),两者共同构成了 Java 企业级规范。JavaEE 平台提供了在不同计算机操作系统中以相同方式进行安装和运行企业信息系统的基础环境;JavaEE API 则是提供给开发者编写在 JavaEE 平台中运行的企业信息系统的标准化类库文件(JAR 文件)的集合。JavaEE 这个名称中的 EE 代表的是企业版本(Enterprise Edition)的 Java 技术,这些技术构建在 JavaSE(Java Standard Edition,JavaSE),即 Java 标准版本之上,在开发和运行时依赖于标准 JDK 和 Java 运行时环境的支持。

JavaEE 规范由 JCP(Java Community Process,Java 社区协会组织)中专家组(expert group)负责制定。JCP 于 1995 年由持有 Java 语言发明权的美国 SUN 公司牵头创建,是一个开放的国际组织,职能是发展和更新各个领域的 Java 技术,并由相关权威组织和个人组成 JCP 专家组,制定必要的 Java 技术规范。JCP 专家组制定的规范标准以特定数字编号的 Java 需求说明书(Java Specification Requests,JSR)发布,可以在 https://www.jcp.org 中查看这些 JSR 的相关文档。JavaEE 规范由一系列 JSR 组成;同时,每个版本规范还有一个统一的 JSR 编号。2001 年由 JCP 发布的第二版的规范中纳入了很多重要的功能,为了强调此次更新的意义和重要性,JCP 为这个版本规范的名称中加入了一个二代标识,称其为 J2EE,意为第二代 Java 企业级规范。以 J2EE 名称发布的规范版本包括 J2EE 1.2、J2EE 1.3 和 J2EE 1.4。2006 年 5 月,JCP 在发布 1.5 版本规范时,引入了 Java 语言新的语法要素,这是一次具有里程碑意义的升级,为此 JCP 将 J2EE 重新更名为 JavaEE,并将规范版本号升级称为 5.0,即 JavaEE 5(JSR 编号为 244,见 https://www.jcp.org/en/jsr/detail? id=244)。需要注意的是,由于原 J2EE 规范的影响力,依然有很多开发者和资料将 JavaEE 习惯性地称为 J2EE。在 5.0 之后,JCP 又在 2009 年、2015 年和 2017 年发布了 JavaEE 6、JavaEE 7 和 JavaEE 8。这些规范的具体发布时间和 JSR 编号以及对应的官方网络参考链接如表 1-1 所示。

表 1-1 JavaEE 5 之后的规范发布时间和 JSR 编号及对应的官方网络参考链接

规范号	发布时间	JSR 编号	官方网络参考链接
JavaEE 6	2009 年 10 月	JSR316	https://www.jcp.org/en/jsr/detail? id=316
JavaEE 7	2015 年 6 月	JSR342	https://www.jcp.org/en/jsr/detail? id=342
JavaEE 8	2017 年 8 月	JSR366	https://www.jcp.org/en/jsr/detail? id=366

JCP 允许开发者参与到相关技术规范的制定,同时,JCP 又有专家组负责裁定最终的内

容，再由相关商业公司或组织按照规范实现相关的 JavaEE 服务器，提供具体的开发者工具包(Software Development Kit，SDK)，这种类似于“民主集中制”性质的规范制定过程使得 JavaEE 规范既能够吸收新的开发理念和技术，又能够使得开发和维护者获得统一的开发和运行平台，Java 技术由此在企业级开发领域取得了很大的成功。

使用 JavaEE 规范中的 API 开发的企业信息系统被称为 JavaEE 应用程序，其组成结构如图 1-5 所示，由客户端表示层、服务器端表示层、服务器端业务逻辑层和数据存储层组成，是非常典型的多层架构应用程序。

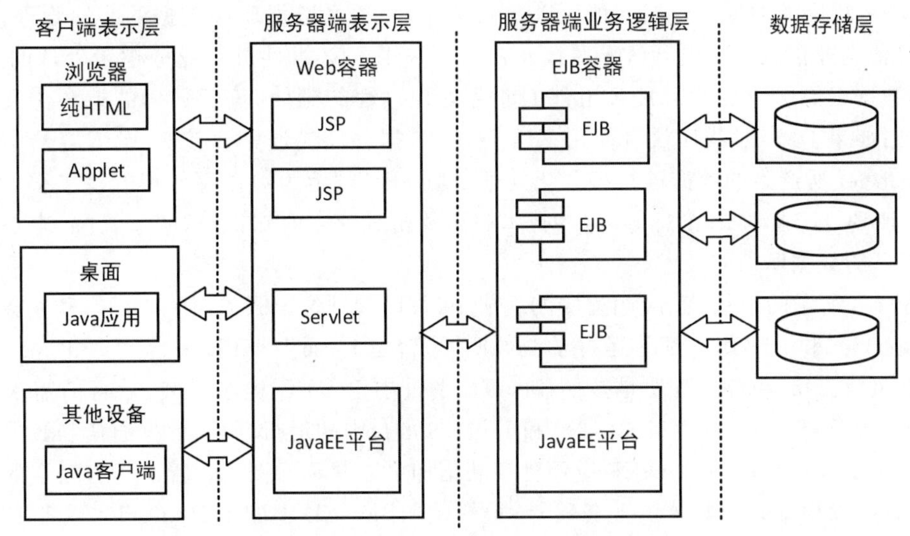

图 1-5　JavaEE 应用程序的组成结构

JavaEE 应用程序的客户端表示层运行在客户端计算机中，可以是独立的应用程序，也可以是基于浏览器的纯 HTML 和 Applet 应用。在 JavaEE 规范中，仅依赖于浏览器和 HTML 相关技术就能运行，而无须安装 Java 虚拟机的客户端程序被称为“瘦客户端应用”；需要安装客户端 Java 虚拟机才能运行的客户端程序被称为“胖客户端应用”。在图 1-5 所示的客户端表示层中，运行于桌面的 Java 应用是指在台式机或者笔记本电脑的操作系统中运行的 Java 程序，其他设备中的 Java 客户端包括智能手机、平板电脑、嵌入式设备中的 Java 程序，按照 JavaEE 规范，这些客户端程序都需要依赖于 Java 虚拟机，都属于胖客户端应用。由于瘦客户端应用具有无须安装的特性，大部分 JavaEE 应用程序中都提供了基于浏览器的客户端应用。

JavaEE 应用程序的服务器端表示层主要由 JSP 和 Sevlet 组成，负责处理客户端应用传递过来的数据，并将处理后的数据回传给客户端应用。

JSP 和 Servlet 都属于 JavaEE 规范中定义的功能组件，之所以被称为服务器端表示层，是因为 JSP 和 Servlet 经常用于在服务器端生成 HTML 和相关的其他文件，并将这些文件传递给客户端的浏览器，以构成客户端表示层的人机界面。在图 1-5 中，可以看到 Servlet 和 JSP 都运行在 Web 容器当中。Web 容器相当于多层系统中能够运行 JSP 和 Servlet 代码的 Web 服务器。Servlet、JSP 和其运行环境 Web 容器是本书要重点论述的内容。

JavaEE 程序的服务器端业务逻辑层主要由 EJB 组件组成。EJB(Enterprise JavaBean)是 JavaEE 规范中的标准组件，运行在 EJB 容器中，用以提供企业信息处理中的一些重要数据保障。例如，对于银行的账务系统，经常需要在不同的银行主机中处理用户的转账业务；当某台主机指定的账号中的资金被转出到另一台主机中指定的账号时，如果这两台主机中的某个转入/转出处理出现错误(如银行网络通信线路突发故障),涉及这两台主机中整个转账操作都要取消,才能保证参与到转账业务的账号中资金的正确性。这是一个非常典型的分布式事务处理功能,EJB 组件可以直接提供这种事务处理功能,无须开发者调用底层的网络通信功能及数据库事务实现机制。除去分布式事务功能之外,EJB 组件还提供了远程过程调用、时间调度、状态管理、负载均衡、异步消息处理等功能的实现。需要注意的是,EJB 组件既可以和 JSP、Servlet 进行对接,也可以直接和客户端应用直接通信。限于篇幅,本书并不对 EJB 技术进行介绍。

JavaEE 程序的数据存储层一般用来进行关系/非关系数据库中数据的存储管理,也可以用于和其他企业信息系统进行数据对接。在一个采用 EJB 组件进行业务逻辑处理的 JavaEE 程序中,数据存储层通常作为 EJB 组件的业务处理过程的延伸,负责数据的持久化和数据完整性保证;如果 JavaEE 程序没有使用 EJB 技术,数据存储层通常直接为 Web 容器中运行的 JSP 和 Servlet 所产生的数据进行持久化处理。JavaEE 规范为数据存储层提供了很多的实现技术,如 JDBC、JPA、JMS 消息等,这些技术都涉及相对较多的知识点,限于篇幅,本书只介绍基于 JDBC 的数据库访问技术。

在图 1-5 所示的 JavaEE 应用程序的组成中,可以看到位于服务器端表示层和业务逻辑层的 JSP、Servlet 和 EJB 组件都是运行于 JavaEE 平台之上,而 JavaEE 平台主要由 Web 容器和 EJB 容器组成。JavaEE 规范就是按照 JavaEE 平台中 JavaEE 程序安装、运行的需求进行组织,由 JSP 规范、Servlet 规范、EJB 规范和 JavaEE 平台中的运行环境、数据通信和数据存储规范组成。在实际的应用中,JavaEE 应用程序的结构可能并不像图 1-5 所示具有完全的 4 个层次,开发者可以根据系统具体的业务特点,选择使用 JavaEE 中的 JSP、Servlet 或者 EJB 规范进行信息系统的构建。实际上,很多系统采用 JSP 和 Servlet 技术就可以满足其业务运行需求。正是由于这个原因,JavaEE 5 规范之后的 JavaEE 6、JavaEE 7、JavaEE 8 版的规范中,在 JSP 和 Servlet 规范的基础上,为 Web 容器增加了一些原来仅在 EJB 容器中才支持的功能,并将这种强化之后的 Web 容器中需要支持规范及 JSP、Servlet 规范称为 JavaEE Web Profile 规范。

1.2.3 JavaEE 程序的部署

为了保证 JavaEE 程序能够按照多层系统的方式分布在不同的计算机中运行,JavaEE 规范提供一种扩展名为 EAR 的应用程序文件,可以将客户端表示层、服务器端表示层、服务器端业务逻辑层和数据存储层中的各个组成部分组合成一个文件,以便通过 JavaEE 平台中的 Web 容器和 EJB 容器进行运行,这一过程称为 JavaEE 程序的部署(deployment)。EAR 是 Enterprise Application aRchive 的首字母,代表企业应用程序打包文件,其中一般要包含 WAR 和 JAR 等文件,如图 1-6 所示。这些文件一般采用 ZIP 压缩算法被打包在 EAR 文件中。

在 EAR 文件中,EJB 组件和富客户端 Java 应用程序均以 Java 类库文件(扩展名为 jar)的形式提供,而 Web 程序则是采用 WAR 文件的形式提供。WAR 是 Web Application Archive 的缩写,代表 Web 应用程序打包文件,文件的扩展名为 war,其中包含 JSP 和 Servlet 对应的文件,这些文件同样以 ZIP 算法被归档(打包)在一起。WAR 文件也被称为 Web 模块,用来为 JavaEE 程序提供瘦客户端所需的服务器端表示层。

JavaEE 规范规定,EJB 组件可以直接被部署在 EJB 容器,而无须打包到 EAR 文件;同样,WAR 文件也可以直接部署在 Web 容器中。EAR 和 EJB 相关的内容本书并不进行深入

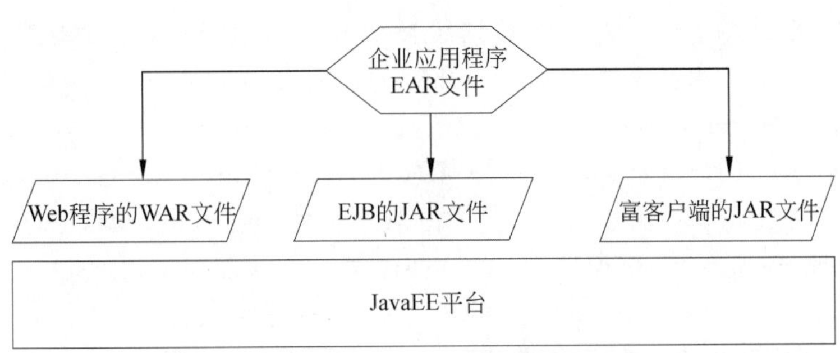

图 1-6 EAR 文件的组成

的介绍，WAR 文件和 Web 应用程序的组成和部署将在第 3 章中进行介绍。

1.2.4 JavaEE 服务器

JavaEE 规范仅通过 JSR 规定了 JavaEE 平台都应该具有哪些功能以及对应的 API，要真正开发、部署和运行 JavaEE 程序，就必须使用一个具体实现了 JavaEE 规范中 API 和运行功能的 JavaEE 平台，这种平台就是 JavaEE 应用程序服务器（application server）软件，简称为 JavaEE 服务器。它们负责提供 JavaEE 应用程序部署后的 JSP、Servlet、EJB 等组件所需的 Web 容器、EJB 容器等运行环境。由于 JavaEE 规范在企业信息系统开发中的广泛应用，很多从事企业级信息系统开发的商业公司和组织都推出了实现 JavaEE 规范的 JavaEE 服务器，其中很多公司和组织，如美国的 IBM 公司、Oracle 公司、国内的金蝶公司本身即 JCP 的专家组成员。被广泛应用的服务器包括 WebSphere Application Server、WebLogic Server、JBoss / WildFly Server、GlassFish/Payara Server、Apache Tomcat/TomEE 等。

1. WebSphere Application Server

WebSphere Application Server 是美国 IBM 公司的商业 JavaEE 服务器，实现了 JavaEE 规范的全部功能要求，并对微服务架构提供了云原生平台的支持。WebSphere Application Server 的特点是性能稳定，能够支撑大型的电子商务站点的运行，是 IBM 公司电子商务战略中的旗舰产品，现在已经成为 IBM 大数据及人工智能的支撑平台，可通过其官方网站（https://www.ibm.com/cn-zh/cloud/websphere-application-platform）了解它的性能特点和技术优势。

2. WebLogic Server

WebLogic Server 最初由美国的 BEA 公司开发，在 2008 年，随着 BEA 公司被美国 Oracle 公司收购，现在已经成为 Oracle 的 JavaEE 产品体系中一员，其官网地址是 https://www.oracle.com/middleware/technologies/weblogic.html。WebLogic Server 在我国国内有着广泛的应用，很多物流公司都采用它构建公司的物流追踪系统。WebLogic Server 提供了全部 JavaEE 规范的实现，还可以对微服务系统提供云原生平台的支持。它具有资源占用小，运行速度快，性能稳定的特点，曾经是 JavaEE 服务器市场占有率最高的产品。

3. JBoss/WildFly Server

JBoss Server 是最早出现的基于开源协议的免费 JavaEE 服务器。JBoss Server 不仅实现了全部 JavaEE 规范，同时还具有运行维护上的商业支持。由于在企业中被广泛应用，2006 年 JBoss 被美国著名的开源运动推动公司红帽（Redhat）收购。在 2020 年 IBM 公司收购了红帽公司，不过 JBoss Server 依旧保持开源的特性。JBoss Server 的官网网址为 https://www.jbosss.org，该网址提供了 JBoss Server 的下载。由于 JBoss Server 的授权协议在被商业公司收购过程中发生了一些变化。为了能够继续按照开源协议发展，开发者建立了一个名为 WildFly 的 JBoss Server 开源分支版本，WildFly 的官网为 https://www.wildfly.org/。

4. GlassFish /Payara Server

GlassFish Server 的前身是美国网景公司的 NetScape Enterprise Server(NES)，被 SUN 公司收购后，成为开源产品。由于 SUN 公司在 JCP 中的领导地位，GlassFish Server 一直被当作全部 JavaEE 规范的参考实现，可以在 https://javaee.github.io/glassfish 免费获取 GlassFish Server 的各种版本。Oracle 公司收购 SUN 公司后，在 2013 年停止了对 GlassFish Server 的商业技术服务支持。为了能够不受 Oracle 公司的授权限制，GlassFish Server 项目的部分开发者在原有代码的基础上，形成了一个新的开源分支 Payara Server，见 https://www.payara.fish。Payara 的使用者可以订阅专业的商业技术支持服务。

5. Apache Tomcat/TomEE

Apache Tomcat 是 Apache 国际开源组织开发的 Servlet/JSP 服务器，也是本书重点介绍的 JavaEE 服务器。可以通过 Apache Tomcat 的官网(https://tomcat.apache.org)下载所需版本，但要注意的是，和前述的 JavaEE 服务器不同，Apache Tomcat 仅实现了 JavaEE 中的 Servlet/JSP 规范。如果需要全部的 JavaEE 规范实现，可以下载使用 Apache TomEE (https://tomee.apache.org)。本书将在第 2 章详细介绍 Apache Tomcat 的下载、配置、运行和使用。

1.3 JakartaEE 规范

随着云计算的广泛应用，为了让 Java 技术能够更好地适应新技术发展，在 2017 年 9 月，负责领导 JCP 的 Oracle 公司宣布将 JavaEE 8 以后的规范制定权移交给 Eclipse 组织。Eclipse 组织由 IBM 公司在 2001 年投资创建，致力于开源 Java 技术发展，其技术架构由开源社区主导。Oracle 公司认为这种组织结构比 JCP 专家组更适合于 Java 企业级规范的制定。

为了接手 JavaEE 规范，Eclipse 组织在原 JavaEE 8 的基础上建立了 EE4J(Eclipse Entetprise for Java)项目，并希望在新规范依旧保留 JavaEE 这个名称，以利于 Java 企业级技术的延续性。但由于版权问题，Oracle 公司不同意这个要求，也不容许新规范 API 中使用 javax 前缀的包名，这在 Java 开源社区引起了很大的争议。但在 Oracle 公司的坚持下，经过半年时间的全球范围投票，Eclipse 基金会于 2018 年 3 月决定采用 JakartaEE 作为后续的 Java 企业级规范的名称，API 中以 javax 为包名前缀的部分也随之改为 jakarta。

Jakarta 这个单词原意为印尼首都雅加达，Apache 组织曾将其作为自身支持的一系列 Java 技术项目的名称。采用 JakartaEE 这个名称后，规范的简称就可以和原 JavaEE 的简称 JEE 保持一致，这使得新规范能够最大化地保持原义。JakartaEE 规范的第一个版本在 2019 年 9 月发布，版本号从 8 开始；后续的 JakartaEE 9 也在 2020 年 1 月通过了投票正式发布，可以访问规范的官方网站(https://jakarta.ee)了解其最新的发展。截至本书写作时，Eclipse 组织已经发布了 JakartaEE 8 和 JakartaEE 9，它们在功能上和 JavaEE 8 并没有区别，主要是在规范 API 中，将包名 javax 更改为了 jakarta。今后的 JakartaEE 将在融合原 JavaEE 规范的基础上，为 Java 开发者提供优质的云原生平台的支持。

1.4　Servlet/JSP 规范

本书主要讨论 Web 应用程序中的 Servlet 以及 JSP 的编程技术，这两种技术的规范虽然都是包含在 Java 企业规范中的子规范，但也有着独立的版本号和 JSR 编号。由于不同版本的规范中的编程技术有着一定的差异，所以了解 Servlet 和 JSP 规范的编号对于开发者来说相当重要。在实际开发中，编写 Servlet 和 JSP 代码一般都需要借助一些集成开发工具，但这些开发工具对 Servlet 和 JSP 的支持往往基于特定的 Java 企业规范版本，所以开发者还需要掌握在表 1-2 中所示的 J2EE/JavaEE/JakartaEE 规范的版本号和 Servlet 以及 JSP 规范的版本号之间的对应关系。

表 1-2　Java 企业规范中包含的 Servlet 规范/官网地址及 JSP 规范

Java 企业规范	Servlet 规范	Servlet 规范的官网地址（最后的数字为 JSR 规范号）	JSP 规范
J2EE 1.3	Servlet 2.3	https://jcp.org/en/jsr/detail? id=53	JSP 1.2
J2EE 1.4	Servlet 2.4	https://jcp.org/en/jsr/detail? id=154	JSP 2.0
JavaEE 5	Servlet 2.5	https://jcp.org/en/jsr/detail? id=154	JSP 2.1
JavaEE 6	Servlet 3.0	https://jcp.org/en/jsr/detail? id=315	JSP 2.2
JavaEE 7	Servlet 3.1	https://jcp.org/en/jsr/detail? id=340	JSP 2.3
JavaEE 8	Servlet 4.0	https://jcp.org/en/jsr/detail? id=369	JSP 2.3
JakartaEE 9	Servlet 5.0	https://jakarta.ee/specifications/servlet/5.0	JSP3.0

通过表 1-2 可以看出，Servlet 规范的版本号从 2.3 开始，一直到 2.5，小数点后的数字和 Java 企业规范的最后一位数字是对应的：J2EE 1.3 包含 Servlet 2.3，J2EE 1.4 包含 Servlet 2.4，JavaEE 5 包含 Servlet 2.5。需要注意的是，Servlet 2.3 规范的后续 2.4 版本是一次非常重大的升级，其中引入了很多诸如采用模式约束的 web.xml 文件、请求监听器等新功能元素；而 Servlet 2.5 版本只是 2.4 版本的一次修订，两者的 JSR 编号都是 154。另外，这 3 个版本的 Servlet 规范和对应的 JSP 规范是一起发布的，也就是说，Servlet 2.3 对应于 JSP 1.2，Servlet 2.4 对应于 JSP 2.0，Servlet 2.5 对应于 JSP 2.1。在这些 JSP 规范版本中，JSP 2.0 规范相对于 1.2 版本引入了许多新的功能，是一次非常重要的版本升级。

从表 1-2 中还可以看出，从 JavaEE 6 开始，其中包含的 Servlet 的版本号由 2.5 直接跳到了 3.0，这表明，Servlet 3.0 规范相对于以前的版本是一次大的升级，该规范中引入了注解(annotation)定义的 Servlet、过滤器、监听器等新语法；同样，JavaEE 8 中包含的 Servlet 4.0 中包含了支持 HTTP 2.0 的重大升级；而 Servlet 5.0 已成为了 JakartaEE 9 中的子规范，其官网已经迁移到 JakartaEE 的官网地址，但这个版本和 Servlet 4.0 并没有区别，主要还是包名的改变。还需要注意的是，从 JavaEE 6 包含的 JSP 2.2 规范开始，直到 JSP 2.3 规范，实际上都是 JSP 2.1 规范的修正版。实际上，JSP2.1、JSP2.2 和 JSP2.3 在 JCP 中的 JSR 编号都是 JSR245。

按照 JavaEE 规范，JavaEE 服务器需要一同实现 Servlet 和 JSP 规范，这是因为当 JSP 被 Web 容器第一次加载时，会被自动转换为 Servlet 形式的 Java 源代码文件进行编译和运行。实际上，JSP 可以被认为是一种采用了 HTML 方式编写的 Servlet。可以运行 Servlet 和 JSP 组件的 Web 容器，通常也将其称为 Servlet/JSP 引擎(engine)。在实际应用中，可以认为 Web

容器、Servlet/JSP引擎、Servlet/JSP服务器都是等价的概念。

思考练习题

一、单项选择题

1. 以下关于单机系统和客户机/服务器系统说法正确的是(　　)。
   A. 单机系统便于信息共享
   B. 客户机/服务器系统比单机系统更容易进行运行和维护
   C. 单机系统也是分布式程序的一种
   D. 客户机/服务器系统可实现客户端软件的单独升级
2. 多层系统的特点不包括(　　)。
   A. 客户机和服务器一般采用HTTP进行数据通信
   B. 客户端计算机被用来运行业务逻辑层代码
   C. 数据存储工作一般由数据库服务器负责
   D. 多层系统和客户机/服务器最大的区别是有无中间件层
3. 有关微服务系统的说法,正确的是(　　)。
   A. 多层系统比微服务系统更容易做到按需服务
   B. 微服务系统可以按照不同的客户端需求提供不同格式的数据
   C. 微服务系统的功能粒度比多层系统更大
   D. 微服务系统也称为单体系统
4. 对于JavaSE、JavaEE之间的关系,以下说法正确的是(　　)。
   A. JavaSE包括JavaEE
   B. JavaSE为JavaEE提供运行时刻的支持
   C. JCP组织一直致力将JavaSE提升为JavaEE
   D. JavaEE和JavaSE之间并不存在任何关系
5. 由JCP组织制定的最后一个企业级Java应用规范是(　　)。
   A. J2EE 1.4　　B. JavaEE 5.0　　C. JakartaEE 9.0　　D. JavaEE 8.0
6. JavaEE规范支持多层架构中,Servlet属于(　　)。
   A. 客户端表示层　　B. 服务器端表示层
   C. 服务器端业务逻辑层　　D. 服务器端数据存储层
7. 以下对于B/S架构说法正确的是(　　)。
   A. B/S架构是指浏览器/服务器架构
   B. B/S架构是一种单层应用程序的运行组成
   C. 这种架构不便于客户端功能的升级
   D. B/S架构是分布式应用程序的一种两层架构
8. Apache Tomcat支持(　　)。
   A. 所有的JavaEE规范　　B. 仅Servlet规范
   C. 仅JSP规范　　D. Servlet/JSP规范
9. (　　)版本的JavaEE规范中包含Servlet 3.0规范。
   A. J2EE 1.4　　B. JavaEE 5.0　　C. JavaEE 6.0　　D. J2EE 1.3

10. 关于 WAR 文件说法正确的是(　　)。

　　A. WAR 文件中不能包含 JAR 和类文件

　　B. WAR 文件就是 Web 应用程序打包文件

　　C. WAR 文件需要部署在客户端才能运行

　　D. WAR 文件不属于 JavaEE 程序

二、问答题

1. 说明 JavaEE 服务器、Servlet 引擎、Web 容器之间的区别。

2. 说明 JakartaEE 和 JavaEE 规范之间的关系。

第2章

Web 开发环境的搭建

2.1 系统硬件需求和开发软件

编写 Servlet/JSP 的开发环境一般采用全 Java 技术搭建，包括 Servlet/JSP 引擎、Java 开发工具，这些软件都可以通过 JavaSE 平台运行，可以在不同的操作系统和硬件之上运行，如图 2-1 所示。

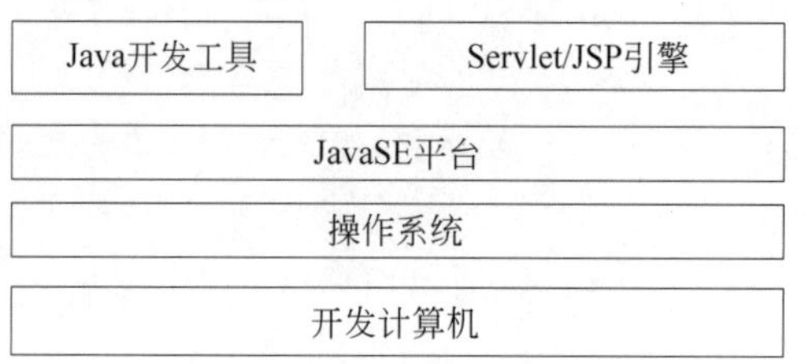

图 2-1 Web 开发环境的组成

从较低的学习成本和计算机硬件需求出发，本书主要介绍开源免费的 Servlet/JSP 引擎 Apache Tomcat 和集成开发环境 Apache NetBeans，这两个软件均采用 Java 语言编写，开发者可以在不同的操作系统中利用 Java 的跨平台特性搭建具有相似功能的开发环境。

2.1.1 开发环境的硬件需求

Web 应用程序在实际运行时至少应该有两台计算机，分别充当服务器和客户机，并且还需要有对应的运行网络和连接设备。不过在开发 Web 程序时并不一定需要多台计算机的支持，可以只采用一台安装有无线网卡或有线网卡的个人计算机，它可以同时充当客户机和服务器。另外，采用一台计算机进行开发也便于进行程序的调试测试，还能节约网络设备和连线。

开发用的计算机推荐选择一台具有 4GB 以上运行内存，英特尔奔腾或同等级别以上的 CPU 芯片、至少剩余 1GB 可用硬盘存储空间的台式机或者笔记本电脑。实际上，2015 年以后生产的台式整机、一体机和笔记本电脑一般都能满足这一要求。

如果需要获得更高的开发效率，开发机最好配有英特尔的酷睿 i5/i7 系列芯片，或者 AMD 速龙 R5 芯片，具有 8GB 及以上内存，同时配有固态硬盘。除去英特尔和 AMD 的 x86/amd64 架构的芯片之外，也可以选择苹果公司在 2020 年底推出的 arm 架构的 m1 芯片的个人计算机。Java 技术对 x86/amd64 和 arm 芯片都提供支持。

2.1.2 操作系统的选择

Web 程序的开发计算机主要采用台式机或笔记本电脑，这类计算机中的用户主要使用键盘和鼠标，在图形化窗口环境中完成相关的工作。由于这种环境中的各个窗口的布局建立在一个统一的桌面上，所以也被称为桌面环境。支持桌面环境的操作系统就是桌面系统。Linux、macOS 和 Windows 是使用最为广泛的三大桌面系统，它们都对 Java 平台有着良好的支持，开发者可以根据自身的情况进行选择。使用 Linux 需要学习一定的操作系统的基础知识，Ubuntu 和 Fedora 是最为常见的两种 Linux 发行版本，它们都有着成熟的开源社区和专业公司的支持，可适配、安装在绝大多数台式计算机和笔记本电脑当中。Ubuntu 和 Fedora 的操作也相对比较容易掌握，它们都提供了类似于智能手机应用程序商店的在线软件仓库，可以通过图形用户界面访问软件仓库直接下载、安装所需的 Java 运行环境和开发工具。如果习惯命令行操作，可以利用 Ubuntu 的 apt-get 命令或者 Fedora 的 dnf 命令下载并安装位于网络软件仓库中的 JavaSE 软件包。为了便于开发工作，建议选择预装桌面环境的 Ubuntu 或 Fedora 的 WorkStation 长期支持(LTS)版本。

macOS 是苹果公司提供的桌面系统，该操作系统和苹果自身的计算机产品深度绑定，既具有功能丰富的窗口操作环境，又能够支持类似于 Linux 中的功能强大的命令窗口，因此被很多开发人员选择为自身的开发环境。macOS 中的 JavaSE 软件包可以在 Oracle 的官网中获得对应的下载和支持。

相比于 Linux 和 macOS，美国微软公司的 Windows 操作系统更为易用，同时也是用户数量最多、软件资源最为丰富的桌面系统。需要注意的是，由于历史原因，很多计算机中可能安装了不同时期的 Windows 版本，例如 Windows XP、Windows Vista、Windows 7 等。但由于微软公司在 2020 年之前就已经停止了对 Windows 10 之前所有版本的支持，所以在进行 Web 程序的开发时应尽可能选择 Windows 10。如果选择了其他 Windows 操作系统作为开发环境，要注意 JavaSE 软件包可能只能使用早期的一些版本，这会连带影响 Web 开发工具和 Servlet/JSP 引擎中较新版本的选择。

还有一点需要注意，由于当前计算机的 CPU 均已经是 64 位的芯片，所以在选择操作系统时，都应优选 64 位的操作系统。实际上，由于 32 位操作系统最多只能支持 4GB 内存，而当前销售的计算机一般都具有 4GB 以上的内存，所以生产厂商捆绑在计算机中一起销售的操作系统一般均为 64 位。本书推荐初学者选择 64 位的 Windows 10 作为学习 Web 程序开发技术的操作系统。

2.1.3　JavaSE 的选择

在确定操作系统后，就要选择对应的 JavaSE 运行和开发平台。进行 Web 程序的开发时需要安装 JavaSE 的开发者工具包 JDK，它包含了专用于开发运行环境的 JRE 和编译工具。JavaSE 以 Java 8 为技术分界版本，之前和之后的 JRE 和开发工具包都存在着较大的兼容性差异。对于企业级的 Java 应用，截至本书写作时，依旧有很多 Servlet/JSP 引擎只能运行在 Java 8 及以前的版本中，所以，推荐安装 64 位的 JDK 8 系列版本。注意 JDK 8 有时也被称为 JDK 1.8。

Oracle 官网提供了适配于不同操作系统的 JDK 8 的下载，支持的操作系统包括 x86/x64/arm32/arm64 芯片的 Linux、Solaris 、macOS 以及 Windows，下载地址是 https://www.oracle.com/java/technologies/javase/javase-jdk8-downloads.html。如果使用是 64 位的 Windows，应在 Oracle 官网的下载页面选择 Windows x64 右侧对应的可执行文件进行下载，如单击图 2-2 中右侧最下方的“jdk-8u281-windows-64.exe”链接，之后按提示进行安装。要注意在下载 JDK 8 时，Oracle 会弹出用户登录页面，输入 Oracle 的注册账号和口令才能下载。

如果没有注册账号，可以先注册再下载。注册 Oracle 账号是免费的。

Java SE Development Kit 8 - D
oracle.com/java/technologies/javase/javase-jdk8-downloads.html

macOS x64	205.26 MB	jdk-8u281-macosx-x64.dmg
Solaris SPARC 64-bit (SVR4 package)	125.96 MB	jdk-8u281-solaris-sparcv9.tar.Z
Solaris SPARC 64-bit	88.77 MB	jdk-8u281-solaris-sparcv9.tar.gz
Solaris x64 (SVR4 package)	134.68 MB	jdk-8u281-solaris-x64.tar.Z
Solaris x64	92.66 MB	jdk-8u281-solaris-x64.tar.gz
Windows x86	154.69 MB	jdk-8u281-windows-i586.exe
Windows x64	166.97 MB	jdk-8u281-windows-x64.exe

图 2-2 Oracle 官网中的 JDK 8 的下载页面

如果使用的是 Linux 系统，也可以通过 Linux 的软件仓库下载开源版本的 OpenJDK 8，两者完全是兼容的。OpenJDK 8 在 Ubuntu 或 Fedora 中的下载和安装非常方便，并不需要 Oracle 官网中所需要的注册步骤。以下分别给出 Ubuntu 和 Fedora 中 OpenJDK 8 的安装命令，注意执行时需要切换为 root 账号或者利用 sudo 获取 root 权限。

(1) Ubuntu 的 sudo 安装命令：

```
sudo apt-get  install  openjdk-jdk8
```

(2) Fedora 的 root 账号的安装命令：

```
dnf  install  java-1.8.0-openjdk-devel
```

图 2-3 是 KDE 桌面环境的 Fedora 的 Konsole 命令窗口中以 root 账号安装 JDK 8 的界面。

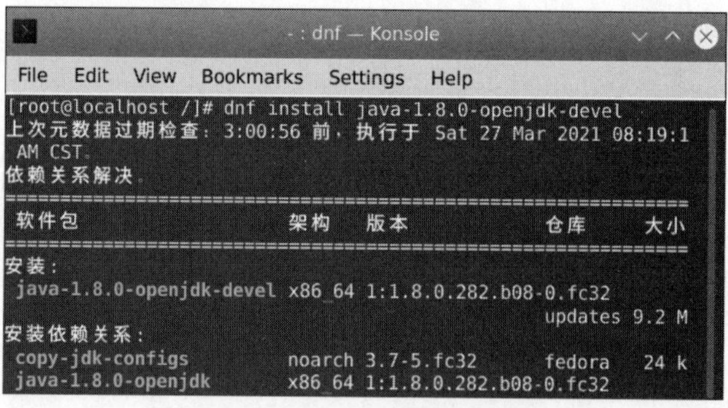

图 2-3 Konsole 命令窗口中以 root 账号安装 JDK 8 的界面

如果需要安装 JDK 8 以上的版本，本书建议采用最新长期支持(LTS)版，而不是最高版。例如，在 2021 年，JDK 最新的长期支持版是 JDK 11，而最高版本是 JDK 16，建议安装 JDK 11。

2.1.4 Servlet/JSP 引擎和开发工具的选择

由于 Servlet/JSP 引擎都是遵循 Servlet 和 JSP 规范进行实现，所以，在选择具体的 Web

容器时，除去本书介绍的 Apache Tomcat 之外，读者也可以选择其他免费开源的 JavaEE 服务器，如第 1 章中介绍的 GlassFish Server、WildFly Application Server 等作为开发环境。不过需要注意的是，虽然 Servlet 和 JSP 规范规定了统一的 API，但在一些具体的开发技术上，不同服务器的实现可能会存在着一定的差异。从实际应用的角度上看，Apache Tomcat 已经成为事实上的 Servlet/JSP 标准引擎，大部分互联网/云服务器提供商都为 Java 开发提供了 Apache Tomcat 的运行环境；一些 JavaEE 服务器，如 JBoss/WildFly Application Server 也内嵌 Tomcat 作为 Servlet/JSP 规范的实现。2.2 节将具体介绍 Apache Tomcat 的下载和安装。

本书推荐采用 Java 集成化开发环境（Integrated Development Environment，IDE）进行 Servlet 和 JSP 的编写工作，这些 IDE 可以简化开发过程，提高开发效率，并且可以为团队开发提供大型项目的构建能力。当前被广泛使用的 Java IDE 都采用 Java 语言编写，主要包括 Eclipse、IntelliJ IDEA、Apache NetBeans。

Eclipse 是国内开发者使用较多的 IDE，它来源于 IBM 公司向 Eclipse 基金会捐赠的 Java 开发工具包 Visual Age for Java。Eclipse 具有一个开放式的插件体系，可以通过安装特定的功能插件组装成很多领域中的专业开发工具。进行 Java Web 开发时，可以在其官网（https://www.eclipse.org/downloads/packages）中的 Eclipse IDE for Enterprise Java Developers 链接页面下载已经预装所需插件的版本，这些版本可以支持 Windows、Linux、macOS 等操作系统。如果需要更为专业化的 Eclipse 的 Web 开发环境，可以使用集成了专业的 JavaEE 商业开发插件的 MyEclipse，它由 Genuitec 公司提供支持，开发者可以在其官网（https://www.genuitec.com/products/myeclipse）下载为期 30 天的免费试用版。

IntelliJ IDEA 是 JetBrains 公司推出的商业化 Java 开发工具，它是最早引入智能化代码辅助的 IDE，并且在代码编辑的功能上一直处于领先地位。IntelliJ IDEA 的 Ultimate 收费版可以支持 JavaEE 全部的开发功能；开源免费的 Community 版本仅支持基本的 Java 应用程序开发，不过这个版本包含有对 Java 构建工具的支持，可以通过这些构建工具进行 Java Web 开发。JetBrains 的官网（https://www.jetbrains.com/idea）提供了这两种版本的下载。

Apache NetBeans 原本是 Oracle 公司收购 SUN 公司后继承的产品，原为 Java 官方提供的开发工具，可以支持全部的 JavaEE 开发工作，是开源免费的 IDE。在 2016 年，Oracle 公司决定将 NetBeans 捐赠给 Apache 组织，NetBeans 在 Oracle 掌控下的最后一个版本是 8.2，之后的版本均为 Apache 负责开发，可以从官网（https://netbeans.apache.org）下载最新的版本。NetBeans 在 8.2 之前（含 8.2）分为 JavaSE、JavaEE、All（即完全版）等具有不同开发功能的版本，Web 开发者应下载 JavaEE 或 All 版。Apache 接管 NetBeans 后的孵化器阶段（incubator project）推出的 9 和 10 这两个版本仅支持 JavaSE 的开发。从版本 11 开始，NetBeans 从孵化项目中毕业，又可以支持全部的 JavaEE 功能开发，而且不再区分不同的功能版本。

在这 3 个 IDE 中，Eclipse 进入国内较早，在国内的开发公司中应用较多，它的插件功能可以将其扩充应用于多种开发领域。不过使用 Eclipse 进行 Java Web 开发略显笨重；同时，由于历史的原因，Eclipse 的底层实现采用了一些非标准 Java 技术，它的插件有时会在升级新版本中造成兼容性问题。由于这些因素，近年来越来越多的公司开始转向使用功能更强，同时也更为稳定的 IntelliJ IDEA。相比于 Eclipse 和 IntelliJ IDEA，Apache NetBeans 既具有开源免费的特点，也有自己的插件体系，并且在版本升级上不像 Eclipse 那样，插件存在着较大的兼容性问题，还可以支持全部的 JavaEE 开发功能，非常适合于学习和掌握各类 Java 开发技术。

2.2 Apache Tomcat 的下载和安装

2.2.1 Apache Tomcat 的下载版本选择

Apache Tomcat(以下简称为 Tomcat)的官网是 http://tomcat.apache.org,其中提供了实现不同版本的 Servlet/JSP 规范的 Tomcat 下载。在本书写作时,Tomcat 官网首页中提供的下载版本主要包括 Tomcat 7~Tomcat 10 四种,如图 2-4 左侧的 Download 文本下方的链接所示。

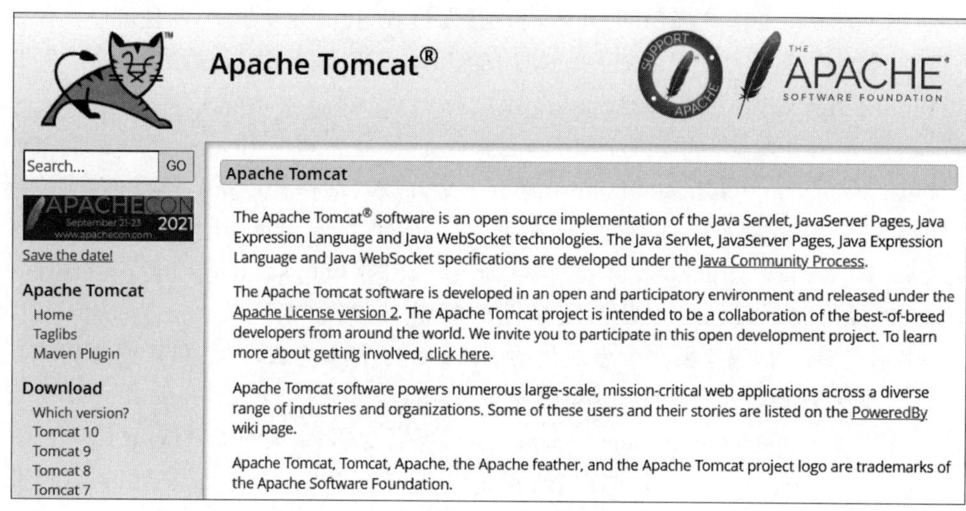

图 2-4 Apache Tomcat 官网首页

这些版本的 Tomcat 实现的 Servlet/JSP 规范参见表 2-1。

表 2-1 Tomcat 7~Tomcat 10 系列实现的 Servlet/JSP 规范

Servlet/JSP 规范	Tomcat 版本			
	Tomcat 10	Tomcat 9	Tomcat 8	Tomcat 7
JakartaEE9 规范中的 Servlet 5.0/JSP 3.0	支持	不支持	不支持	不支持
JavaEE8 规范中的 Servlet 4.0/JSP 2.3	不支持	支持	不支持	不支持
JavaEE7 规范中的 Servlet 3.1/JSP 2.3	不支持	支持	支持	不支持
JavaEE6 规范中的 Servlet 3.0/JSP 2.2	不支持	支持	支持	支持
JavaEE5 规范中的 Servlet 2.5/JSP 2.1	不支持	支持	支持	支持
J2EE1.4 规范中的 Servlet 2.4/JSP 2.0	不支持	支持	支持	支持
J2EE1.3 规范中的 Servlet 2.3/JSP 1.2	不支持	支持	支持	支持

注意表 2-1 中的 Tomcat 10 实现的是 JakartaEE 9 中的 Servlet 5.0 规范,这个规范和之前的 Servlet 4.0 规范仅在 API 的包名上做了调整,同时由于包名的问题,又和之前的 Servlet 及 JSP 规范不兼容,目前对其支持的开发工具较少,所以不建议下载 Tomcat 10;而在 JavaEE 规范中,Servlet/JSP 规范的高版本基本上都兼容低版本,所以建议下载 Tomcat 9 作为开发服务器。

Apache 为 Tomcat 7/8/9 等版本都提供了二进制和源代码文件下载，一般只需下载二进制格式的文件即可。Tomcat 的二进制格式的下载文件主要以压缩文件的格式提供，同时还针对 Windows 系统提供了专有的可执行文件和安装文件的下载。以 Tomcat 9 为例，通过在官网首页中单击左侧的 Tomcat 9 链接，或者直接在浏览器中输入网址 https://tomcat.apache.org/download-90.cgi，即可进入如图 2-5 所示的下载页面。可以看到此页面中提供的 Tomcat 9 的最新版本为 9.0.44，在页面中部 Binary Distributions 的 Core 文字的下方，提供了 9.0.44 版本的 5 种格式的二进制文件的下载。

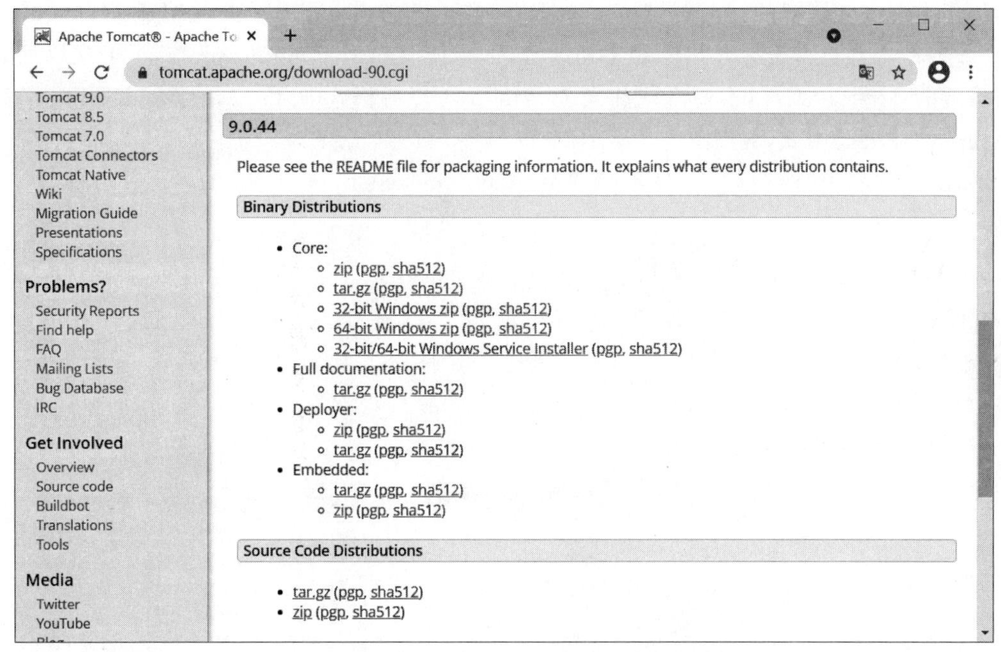

图 2-5　Apache Tomcat 9 官网中的下载页面

1. zip 和 tar.gz 格式

zip 和 tar.gz 格式都是压缩文件格式，zip 是通用的压缩格式，tar.gz 多用于 Linux 系统中的文件压缩和打包。zip 或 tar.gz 在解压后，就可以运行在安装了满足要求的 Java 运行环境的 Linux/Unix/macOS/Windows 操作系统中。Linux 和 macOS 中都内置了 zip 和 tar.gz 的解压程序，Windows 可以使用 7zip（可在 https://www.7-zip.org 下载）进行解压缩。

2. 32-bit Windows zip 和 64-bit Windows zip 格式

这两种 zip 格式的压缩文件中存储的分别是 32 位 Windows 和 64 位 Windows 专用的二进制文件，下载解压后，可以通过运行位于 bin 目录中的可执行文件 tomcatX.exe（注意此处的 tomcatX 中的字符 X 代表下载的 Tomcat 的序列号，例如，图 2-5 中下载的是 Tomcat 9.exe，下同）或者 tomcatXw.exe 启动运行 Tomcat。在运行之前，要保证系统中预先安装了满足要求的 Java 运行环境。tomcatX.exe 采用控制台窗口的方式运行 Tomcat，而 tomcatXw.exe 可以将 Tomcat 注册为 Windows 的系统服务，它在运行时提供了按照后台服务的方式启动或者停止 Tomcat 运行的 Windows 对话框，便于使用者控制 Tomcat 的运行状态。

3. 32-bit/64-bit Windows Service Installer 格式

32-bit/64-bit Windows Service Installer 格式下载的是 exe 格式的 Windows 安装程序，下载后运行该文件，将启动 Tomcat 的安装向导。使用者可以利用安装向导，对 Tomcat 的安装位置、运行所需的 JDK/JRE、安装的组件、运行时的一些重要属性、是否安装为系统自动启动的服务等安装项目进行设置。在安装完成之后，安装向导会在 Windows 的开始菜单中加入 Tomcat 的启动、停止、管理等菜单项目。这种格式的 Tomcat 安装文件可以提供最为灵活方便的 Tomcat 的安装和使用模式。

在这些下载文件的格式中，zip 或者 tar.gz 格式的 Tomcat 最适合于用于 Servlet/JSP 的开发工作，而 Windows 专有格式的 Tomcat 压缩文件或安装程序适合于 Windows 系统中利用 Tomcat 作为 Java Web 服务器进行 Web 站点的实际运行和维护。

由于本书主要讲解的是 Java Web 应用程序的开发技术，所以在此仅对压缩文件格式的 Tomcat 的使用和运行进行介绍。对于初学者，如果使用的是 Windows 系统，本书建议只下载压缩格式的 Tomcat 文件，不要下载和安装 Windows 专有格式的 Tomcat 和安装程序，以免引起使用上的冲突。例如，对于图 2-5 所示的 Tomcat 9.0.44 的下载页面，单击 Core 下方的 zip 或者 tar.gz 链接，下载的压缩文件应该是 apache-tomcat-9.0.44.zip 或 apache-tomcat-9.0.44.tar.gz。

2.2.2 Tomcat 主要的目录结构

在下载 Tomcat 的压缩文件后，解压缩就可以进行 Tomcat 的配置和运行工作。以 Tomcat 9.0.44 为例，在 Windows 系统中，将压缩文件解压到 C 盘根目录后，其目录结构如图 2-6(a)所示。对于 Tomcat 的启动和运行，重要的文件夹包括 bin、conf 和 webapps，如图 2-6(b)～图 2-6(d)所示。

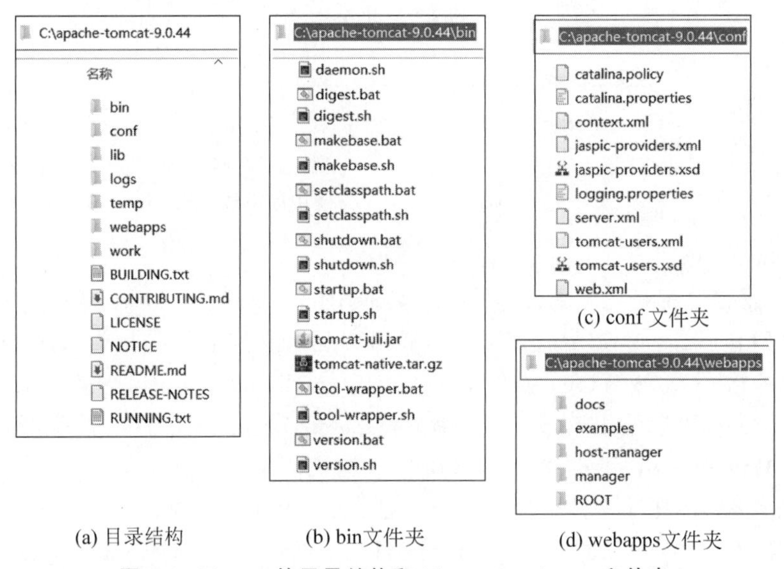

(a) 目录结构　(b) bin文件夹　(c) conf 文件夹　(d) webapps文件夹

图 2-6 Tomcat 的目录结构和 bin、conf、webapps 文件夹

1. bin 文件夹

bin 文件夹中包括控制 Tomcat 运行的一些脚本文件，这些脚本文件具有 bat 或 sh 扩展名，其中 bat 文件用于在 Windows 系统运行 Tomcat 所需的一些控制命令，而 sh 文件则用于在 Linux/UNIX/macOS 系统中控制命令的执行。用户可以通过文本编辑软件修改这些脚本文件中的代码，从而定制 Tomcat 运行时所需的一些参数。在这些脚本文件中，用于启动 Tomcat 的是 startup.bat/startup.sh；停止 Tomcat 运行的文件是 shutdown.bat/shutdown.sh。

2. conf 文件夹

conf 文件夹用于存储 Tomcat 在运行时的配置信息，其中包括如下几个重要的文件。

(1) server.xml。这个文件是最为核心的配置文件，它使用 XML 文件的格式，存储 Tomcat 在运行时的端口号、部署 Web 应用程序的位置、HTTP 的处理方案等配置项。

(2) tomcat-users.xml。这是用于 Tomcat 中 Web 应用程序管理的配置文件，可以通过该文件设置管理 Web 应用程序的账号和口令，以及相关的权限。

(3) web.xml 文件。web.xml 文件用于存储 Tomcat 中 Web 应用程序的默认设定值，包括 Web 程序的欢迎页面、可访问目录中的资源显示方式、默认的会话超时时间等设置项。

本书将在第 3 章中介绍这些配置文件的一些配置项的设置。

3. webapps 文件夹

该文件夹在 Tomcat 默认的设置下用于存储 Tomcat 中部署的 Web 应用程序。每一个 Web 程序对应于该目录中的一个文件夹或者一个 WAR 文件。从图 2-6 可以看出，Tomcat 自带了一些预置的 Web 应用程序，包括 Tomcat 的说明文档(docs)、示例 Web 程序(examples)、根应用程序(ROOT)等。这些应用程序可用于 Java Web 的开发技术学习和参考；但如果需要将 Tomcat 应用于实际运行，为了 Web 站点的安全，建议将这些预置的 Web 应用程序全部删除。

4. lib 文件夹

lib 文件夹用于存储 Tomcat 的类库，这些类库既可以用于 Tomcat 运行，又可以用于 Java Web 应用程序。如果 Web 应用程序需要使用一些公共的类库，可以将相关的类库 jar 文件复制到此文件夹。

5. logs/temp/work 文件夹

logs/temp/work 目录主要用于存储 Tomcat 在运行时自动产生的文件。logs 文件夹包含 Tomcat 运行时产生的日志文件，管理者可以通过查看这些日志中的文本信息，分析判断 Tomcat 的运行和其所在站点的访问情况；temp 和 work 主要是提供 Tomcat 和 Web 应用程序在运行时产生的一些中间文件的存储。

2.2.3　Tomcat 的运行和关闭

Tomcat 5 之前的版本需要完整的 JDK 支持才能启动和运行，从 Tomcat 5 开始，仅需安装 JRE 就可以保证 Tomcat 的正常执行。Tomcat 6/7/8/9 系列的最新版都可以运行在 8 或者更高版本的 JavaSE 中。对于压缩版本的 Tomcat，解压后的运行方法主要有如下两种。

1. 使用 IDE 注册并运行 Tomcat

大部分支持 Java Web 开发的 IDE 都可以将解压缩后的 Tomcat 注册到开发环境中，Apache NetBeans 就具有这样的注册整合功能。在 IDE 中注册之后，开发者既可以在运行和调试 Java Web 程序时由 NetBeans 自动启动并运行 Tomcat，也可以单独使用 NetBeans 提供的上下文菜单启动 Tomcat，本书将在 2.3.4 节介绍注册 Tomcat 的具体方法。

2. 在操作系统中执行 startup 启动脚本运行 Tomcat

这种运行方式常用于实际站点中 Tomcat 的启动，或者在开发时需要单独启动 Tomcat，以便测试 Web 程序的部署和执行情况。在 Tomcat 的 bin 目录中运行 startup 脚本之前，需要保证正确设置了 JAVA_HOME 或者 JRE_HOME 环境变量，使其指向 JDK 或 JRE 所在的目录。在 Windows 系统中，可以在控制面板中设置环境变量。以中文版的 Windows 10 为例，单击桌面任务栏的“开始”图标()，选择“Windows 系统”→“控制面板”命令，在出现的控制面板界面中，依次选择“系统和安全”→“系统”→“高级系统设置”命令，在弹出的标题为“系统属性”的对话框中，单击“环境变量(N)”按钮，进入“环境变量”对话框，如图 2-7 所示。单击对话框中位于“系统变量(S)”区域中的“新建(W)”按钮，在“新建系统变量”对话框建立对应的 JAVA_HOME 或者 JRE_HOME 环境变量。本书推荐安装 JDK 8，所以，应建立名为 JAVA_HOME 的环境变量，变量值设置为 JDK 8 的安装目录所在路径。例如，在图 2-7 中，右上区的资源管理器显示系统中 JDK 8 安装到了 C 盘程序目录的 Java 文件夹的下级 jdk1.8.0_251 目录，所以 JAVA_HOME 变量值就应设置为图中所示的“C:\Program Files\Java\jdk1.8.0_251”。设置完成之后，依次单击“确定”按钮关闭各级对话框，环境变量设置完毕。

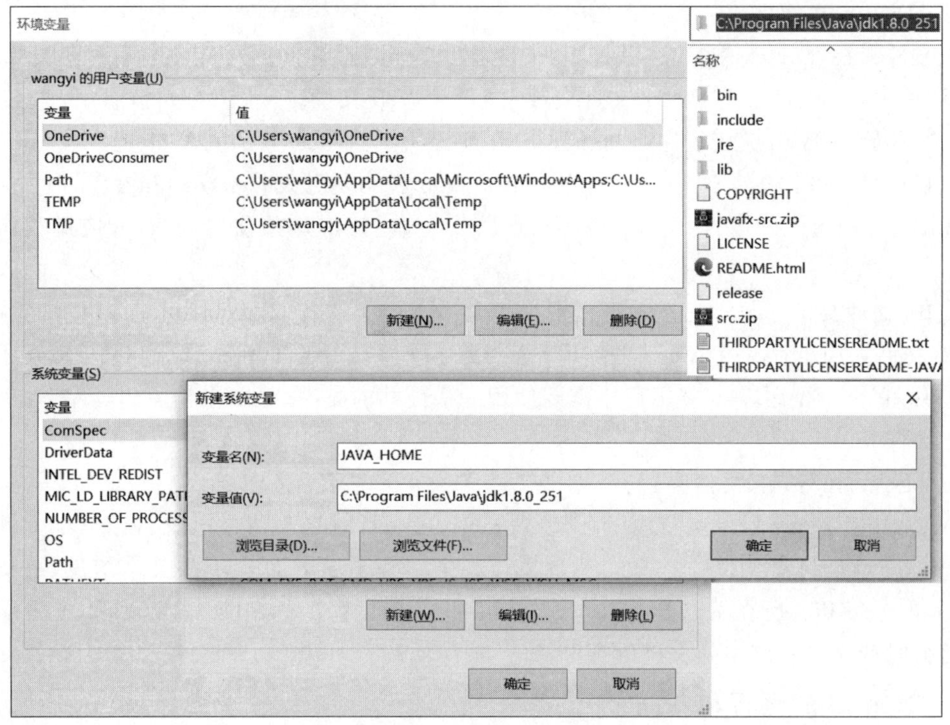

图 2-7 设置 JAVA_HOME 环境变量

设置 JAVA_HOME 环境变量时，虽然 Windows 并不区分大小写，但还是建议采用全部大写的字母。在设置 JAVA_HOME 的变量值时，为了防止出现错误，最好单击对话框中的“浏览目录(D)”按钮，通过选择而不是直接输入 JDK 所在的目录。图 2-7 显示的是将 JAVA_HOME 环境变量建为系统环境变量，这种环境变量作用于所有的计算机登录用户；如果单击“环境变量”对话框中“用户环境”区域中的“新建(N)”按钮，则建立的 JAVA_HOME 环境变量仅对当前的计算机用户有效。

在 Windows 系统中建立好 JAVA_HOME 环境变量后，就可以通过资源管理器进入 Tomcat 解压缩后的 bin 文件夹，双击 startup.bat 启动 Tomcat。正常启动后会出现一个黑色背景的控制台窗口，如图 2-8 所示。在 Tomcat 用于运行 Web 程序时不要关闭该窗口，否则 Tomcat 将停止运行，其中部署的所有 Web 程序也将一起停止运行。

成功启动 Tomcat 后，在浏览器的地址栏中输入网址 http://localhost:8080，将会得到 Tomcat 中默认的本机 Web 应用程序 Tomcat 欢迎页面，如图 2-9 所示。

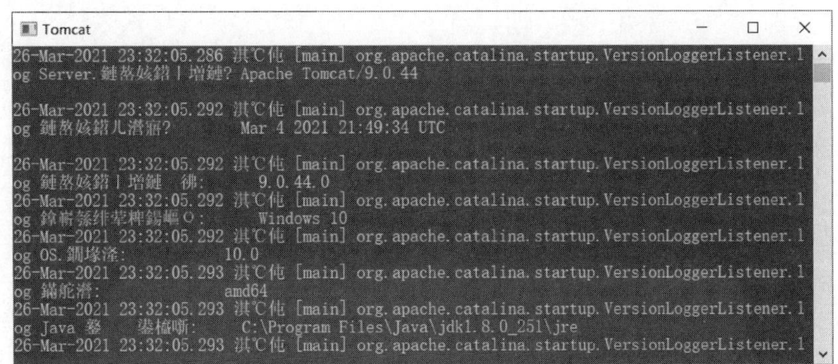

图 2-8　启动的 Tomcat 控制台窗口

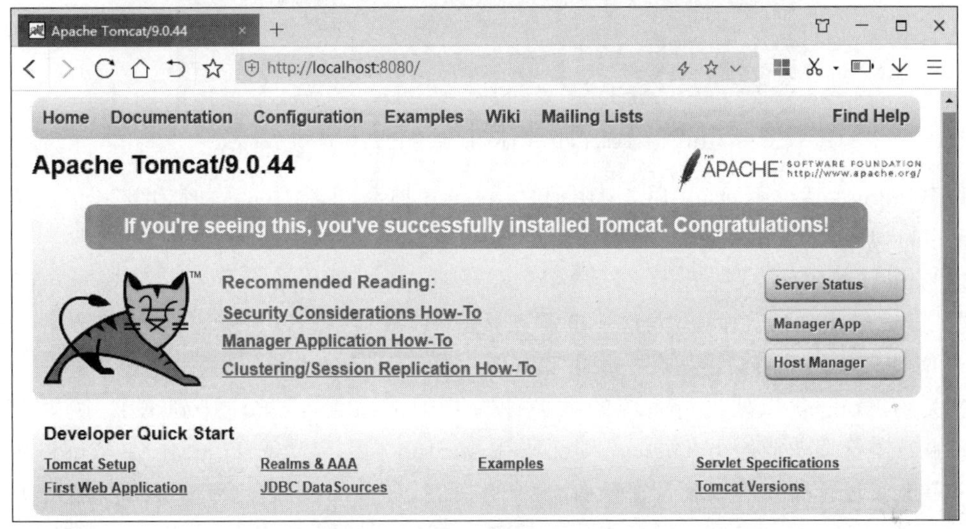

图 2-9　Tomcat 的本机欢迎页面

在上述启动和测试过程中，最容易出现的问题就是在双击运行 startup.bat 时不能正常启动 Tomcat，表现为图 2-8 所示的 Tomcat 控制台窗口一闪就消失，导致不能在浏览器中获得图 2-9 所示的 Tomcat 本机欢迎页面。造成这种问题的原因一般有两种：一是没有正确设置 JAVA_HOME 环境变量，造成启动脚本不能使用 java 命令运行 Tomcat 的主程序；二是 Tomcat 在启动时出现的端口冲突问题，一般这个问题都是由于采用了其他软件正在使用的端口号造成的。造成端口冲突的一个重要原因，可能是系统中出现了两个安装的 Tomcat，其中一个采用安装程序成为系统的服务正在运行，而另一个用于开发，这两种 Tomcat 很容易造成冲突。遇到这种问题，应停止占用相同端口的程序的执行；或者修改 Tomcat 的 conf 文件夹中 server.xml 文件中的 Connector 标记的属性 port 取值，改变 Tomcat 运行使用的端口。本书将在第 3 章中介绍端口的知识和具体的修改方法。

在 Ubuntu 或者 Fedora 等 Linux 操作系统中，如果已经通过 2.1.3 节介绍的 apt-get 或 dnf 命令安装了 JDK，可以直接进入 Tomcat 解压缩的 bin 目录中执行 startup.sh 文件启动 Tomcat，并不需要设置 JAVA_HOME 环境变量。需要注意的是，如果下载的是 zip 格式的压缩文件，解压缩后的 bin 目录中的所有执行脚本文件需要先添加执行权限；如果是 tar.gz 格式的压缩文件，则无须这个步骤。例如，当下载的 Tomcat 9.0.44 的 zip 格式压缩文件被解压缩到当前用户的主目录，所在的文件夹为 apache-tomcat-9.0.44，在 Linux 的命令窗口中执行的启动命令如下：

```
cd  ~/apache-tomcat-9.0.44/bin
chmod  +x  *.sh
./startup.sh
```

图 2-10 显示了 Fedora 的 KDE 桌面 Konsole 命令窗口中执行上述启动命令的过程。

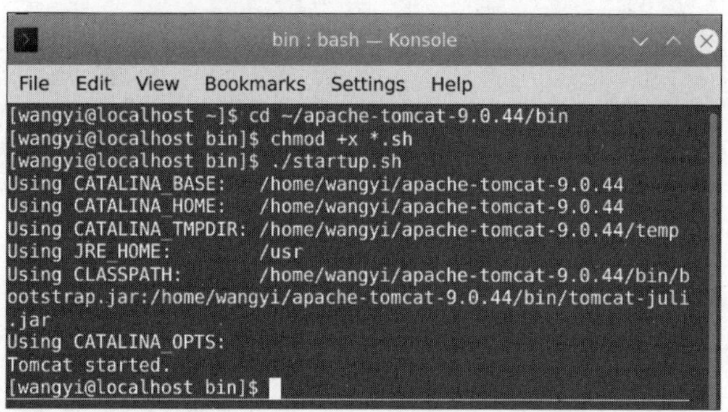

图 2-10　在 Fedora 的 Konsole 命令窗口中启动 Tomcat

和 Windows 系统不同，在 Linux 中通过 startup 脚本启动 Tomcat 时，并不会出现单独的控制台窗口，启动的 Tomcat 将在系统后台运行。

3. Tomcat 的关闭

在 Tomcat 启动后，在一定条件下也需要停止 Tomcat 的运行。例如，如果修改了 Tomcat 的 conf 文件夹中的配置，就需要先关闭 Tomcat，再重新启动才能使配置生效；有些时候也需要通过关闭 Tomcat 以便进行系统的维护。如果 Tomcat 已经被注册到 IDE 中，可以使用 IDE 的服务器管理功能停止 Tomcat；对于采用 startup 脚本启动的 Tomcat，在 Windows 系统中可以单击其运行所在的控制台窗口右上角的关闭按钮关闭控制台窗口，就可以停止 Tomcat 的运行。在 Linux 系统中由于没有类似的控制台窗口，即便关闭执行 startup.sh 脚本所在的命令窗口，Tomcat 也不会停止运行。这时可以执行其 bin 目录中的 shutdown.sh 脚本停止 Tomcat 的运行。图 2-11 显示了 Fedora 的 KDE 桌面的 Konsole 命令窗口中在 Tomcat 的 bin 目录中执行 shutdown.sh 时，Tomcat 停止运行输出的信息。

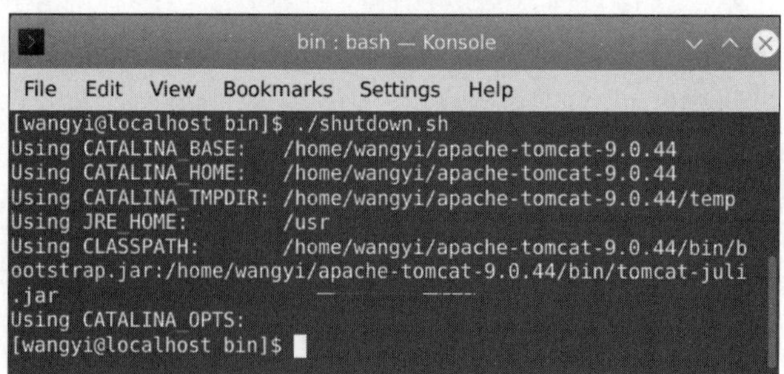

图 2-11　通过执行 shutdown.sh 停止 Tomcat

实际上，在 Windows 系统中，也可以通过运行 Tomcat 的 bin 目录中的 shutdown.bat 文件停止其运行。

2.3　Apache NetBeans 的安装和使用

在下载并解压完成 Tomcat 的压缩版本文件后，就可以下载并安装 Apache NetBeans(下文简称为 NetBeans)，并将 Tomcat 注册到 NetBeans，以便进行 Web 应用程序的开发。

2.3.1　NetBeans 的版本选择

NetBeans 的版本由“大版本号.小版本号”的格式组成，Apache NetBeans 开发团队规划在每年都发布一次大版本号的累进更新版，该版本一般为长期支持版(LTS 版)。在两次大版本号更新之间，一般每间隔 4 个月的时间会有一次小版本号更新，这种版本一般为小幅的功能改进版。NetBeans 的长期支持版一般运行比较稳定，而小幅的功能更新版通常在 Java Web 开发功能的支持方面和 LTS 版区别并不大。可以参考 NetBeans 官网中的发布计划链接：https://cwiki.apache.org/confluence/display/NETBEANS/Release+Schedule，获得具体的版本发布计划。在本书写作时，NetBeans 最新的长期支持版本是 12.0，并且发布了 12 版本的多次小版本号的更新。为了方便表述，本书将 12 系列的版本统称为 12.x。本书介绍的 NetBeans 的安装和使用主要以 12.x 系列为主，推荐采用 JDK 8 作为其运行平台，以获得最大兼容性。

2.3.2　NetBeans 的下载和安装

NetBeans 官网在 https://netbeans.apache.org/download/index.html 页面中提供了最新的功能更新版本和长期支持版本的下载链接，在此页面单击需要下载的版本，即可选择下载该版本在不同的操作系统对应的安装文件。例如，图 2-12 所示的是 NetBeans 的下载页面，可以看到最新的功能更新版为 12.3。按 2.3.1 节所述，应下载功能相对稳定的长期支持版 12.0，单击对应的链接或者 Download 按钮后进入的下载文件选择页面如图 2-13 所示。

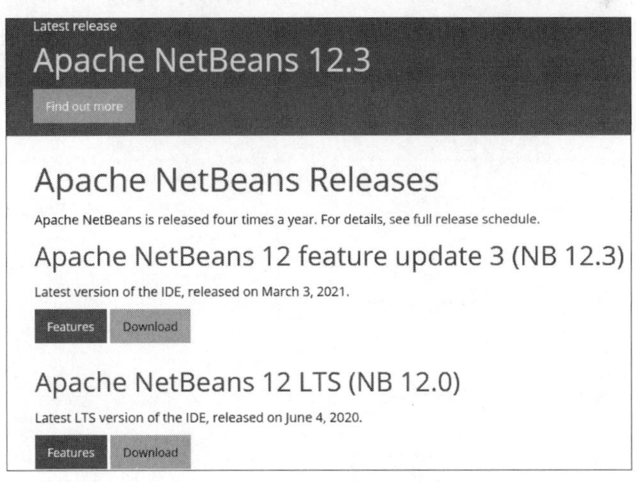

图 2-12　NetBeans 下载页面

从图 2-13 中可以看到，NetBeans 提供了二进制压缩包(binaries)、安装程序(installer)、源代码文件压缩包(source)3 种下载格式，还有一种专用于 Ubuntu Linux 系统的 snap 包，此处只讨论前 3 种下载格式文件。

图 2-13　NetBeans 12.0 下载文件选择页面

1. 二进制压缩包

这种文件是适配各个操作系统的通用版本。下载后将其解压缩，只要系统中已经安装了 JDK 8 或者更高的 JDK 版本，就可以直接使用。例如，下载图 2-12 中的 netbeans-12.0-bin.zip，解压后进入其中的 bin 目录，如果是 64 位的 Windows 系统，可以双击运行其中的 netbeans64.exe 文件，即可启动 NetBeans；如果是 Linux/UNIX/macOS 系统，执行该文件夹中的 netbeans 文件可启动 NetBeans。

2. 特定操作系统的安装程序

这种文件是 NetBeans 的安装向导程序，要按照操作系统选择对应的下载文件。安装程序执行后，将在操作系统的程序菜单和桌面中建立 NetBeans 的启动项，便于使用者启动 NetBeans 主程序。例如，在图 2-13 所示的下载页面中，对于 64 位 Windows 系统，下载的安装程序应该就是 Apache-NetBeans-12.0-bin-windows-x64.exe，下载后双击该文件即可执行安装任务。和压缩二进制版的 NetBeans 不同，安装程序中提供了定制(Customize)按钮，单击后可以让用户定制安装需要的 NetBeans 组件，如图 2-14 所示。

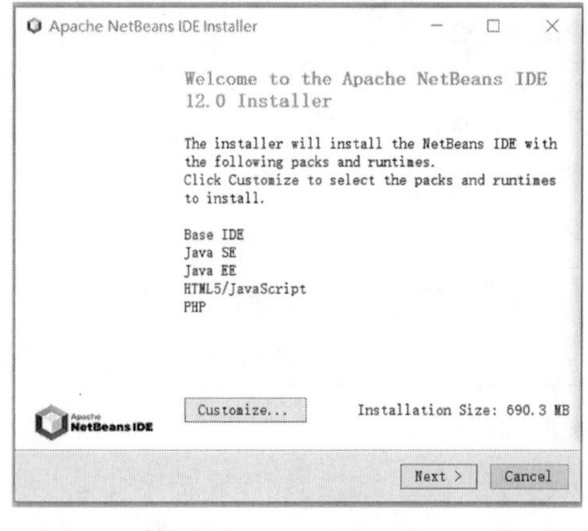

(a) NetBeans的安装界面

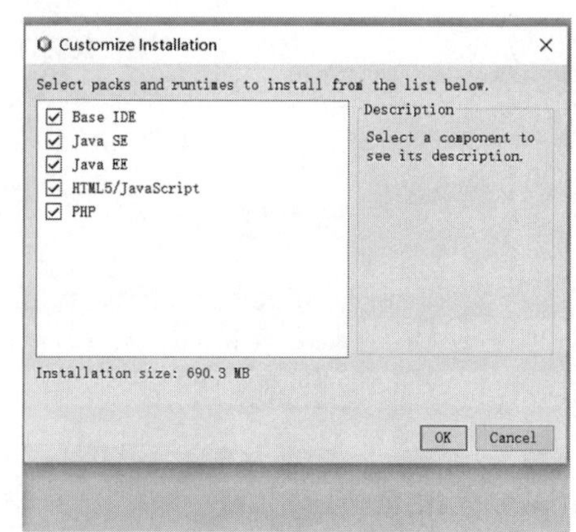

(b) NetBeans的安装定制对话框

图 2-14　NetBeans 的安装界面和安装定制对话框

为了减少 Java Web 开发不必要的组件，可以在图 2-14(b)所示的对话框去掉 PHP 的安装，之后单击 OK 按钮关闭对话框，再在安装界面中单击 Next 按钮，即可进入同意 NetBeans 授权协议对话框，确认协议后即可选择安装路径以及运行所需的 JDK，如图 2-15 所示。

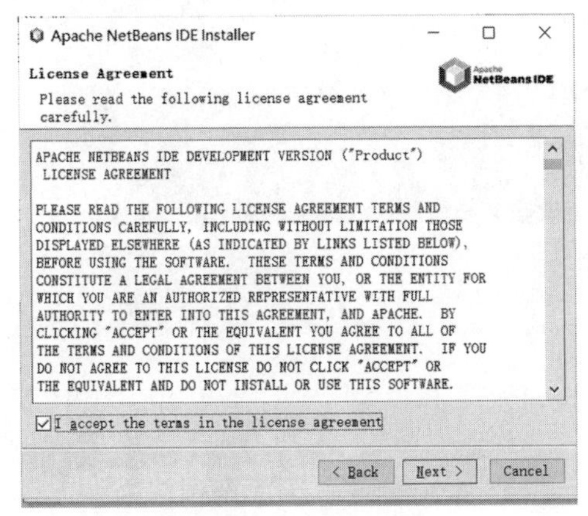

(a) NetBeans的安装授权

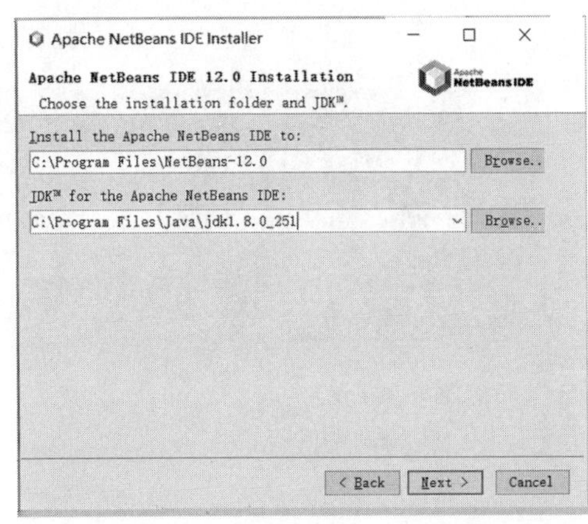

(b) NetBeans的安装位置选择及JDK选择对话框

图 2-15　NetBeans 的安装授权和安装位置选择及 JDK 选择对话框

图 2-15 表明 NetBeans 的安装程序本身并没有捆绑 JDK，所以在执行安装前一定要确保安装了 JDK 8 或更高版本。继续单击图 2-15(b)中的 Next 按钮，在其后的安装 Summary 对话框中单击 Install 按钮即可完成 NetBeans 的安装，如图 2-16 所示。注意图 2-16(a)所示的安装总结对话框中 Check for Updates 一项默认处于选中状态，表示在安装完成时将联网更新 NetBeans 中的安装插件，所以要在安装过程中保证计算机能够正常连接到互联网。安装完成后，在 Windows 10 的开始菜单中应能看到安装程序添加的用于 NetBeans 的启动项，如图 2-16(b)所示。

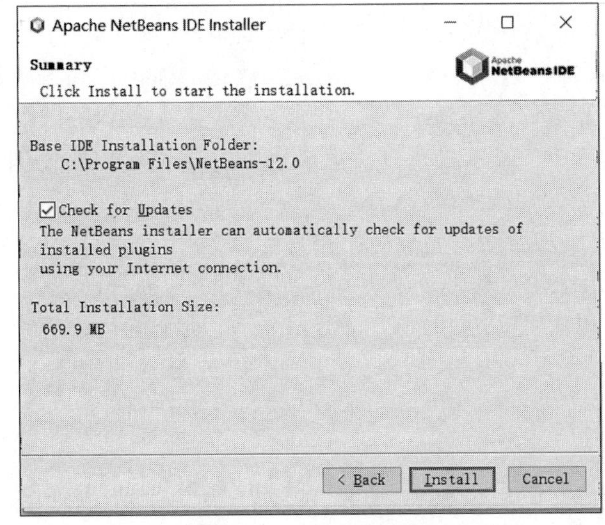

(a) NetBeans的安装总结界面

(b) 安装Windows 10后开始菜单中的启动项

图 2-16　NetBeans 的安装总结界面和安装 Windows 10 后开始菜单中的启动项

3. 源代码文件压缩包

这种文件提供了 NetBeans 的 Java 源代码文件，可以通过 Java 的构建工具 Apache Ant 对其进行编译和构建，生成最终的 NetBeans 文件，本书不具体介绍这种安装方式。

NetBeans 12.0 在安装后初次启动的界面如图 2-17 所示。

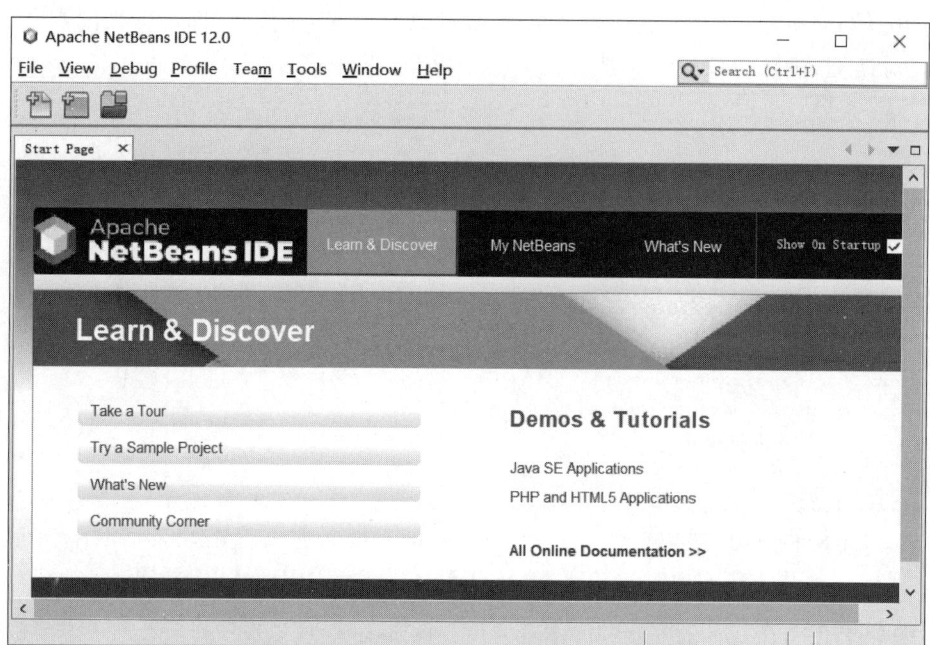

图 2-17 NetBeans 12.0 在安装后初次启动的界面

2.3.3 NetBeans 开发功能的激活和开发环境设置

在安装完成初次启动时，NetBeans 为了节约 IDE 的资源占用，默认禁用了所有的开发功能，开发者可以根据自己的开发需要激活对应的功能。由于 Java Web 开发技术包含了所有的 Java 开发功能，所以一旦激活了 Java Web 开发，所有的 Java 开发功能都将随之激活。

在激活 Java Web 开发功能之前，为了能够让 NetBeans 获得更好的兼容性和开发功能，还需要进行 nb-javac 插件的安装。nb-javac 插件是 Oracle 为 NetBeans 提供的强化的 Java 编译器，可以提供诸如保存即编译、语法分析等 Java 源代码的编辑和编译功能。NetBeans 8.2 及之前的版本自带该插件，但在 Apache 接手 NetBeans 时，Oracle 认为 nb-javac 属于 JDK 编译器 javac 的一个分支，而不是 NetBeans 的一部分，所以该编译器并未随同 NetBeans 一起捐赠给 Apache，因此，NetBeans 8.2 之后的版本需要用户自己下载并安装该编译器对应的插件。需要注意的是，如果 NetBeans 运行在 JDK 8 中，就必须下载并安装 nb-javac 插件；如果在高于 8 的 JDK 版本中运行 NetBeans，也可以使用高版本 JDK 替代 nb-javac，但截至本书介绍的 NetBeans 12.x 版本，nb-javac 依旧有着重要的作用，所以无论采用何种版本的 JDK 运行 NetBeans，都推荐安装 nb-javac 插件，否则可能会导致 NetBeans 中运行 Servlet 时出现错误。

1. nb-javac 插件的安装

在 NetBeans 安装后初次启动的界面中，选择 Tools→Plugins 命令，在出现的 Plugins 对话框中选择 Available Plugins 选项卡，选择其中以 The nb-javac 开头的插件项的复选框，如图 2-18 所示，单击 Install 按钮，按照界面提示，完成该插件的安装。

2. Java Web 开发功能的激活

nb-javac 插件安装完成后，就可以激活 Java Web 开发功能。继续在 Plugins 对话框中选择 Installed 选项卡，如图 2-19 所示，选中 Java Web and EE 列表项的复选框，然后单击下方的 Activate 按钮，按照随后出现的对话框提示进行激活操作即可。

激活操作完成后单击 Close 按钮关闭 Plugins 对话框，NetBeans 窗口顶部的菜单条目和

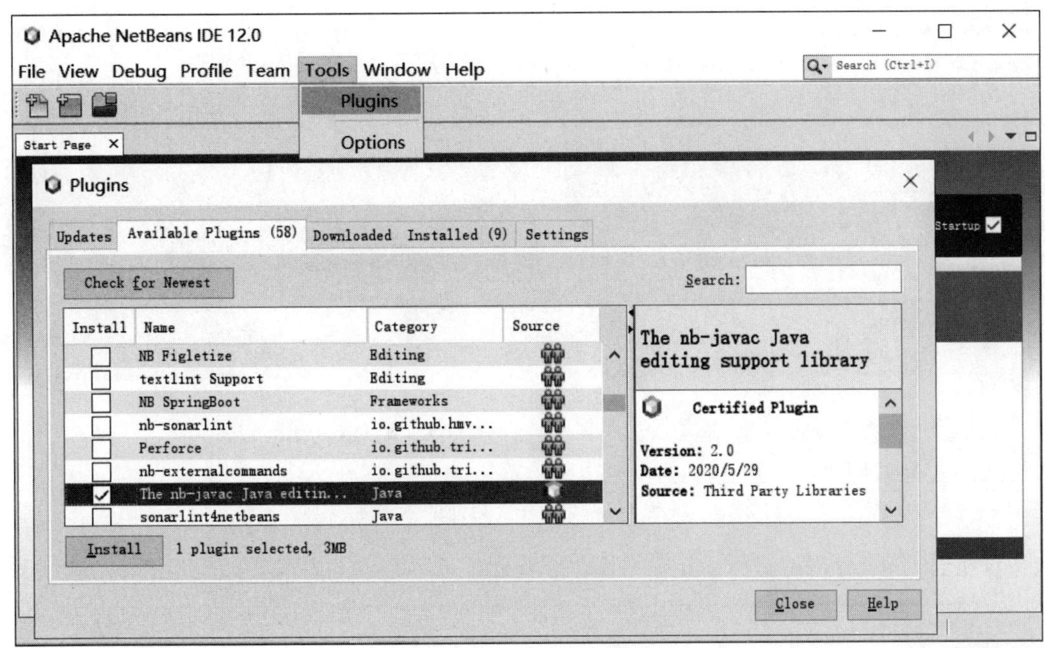

图 2-18　nb-javac 插件的安装

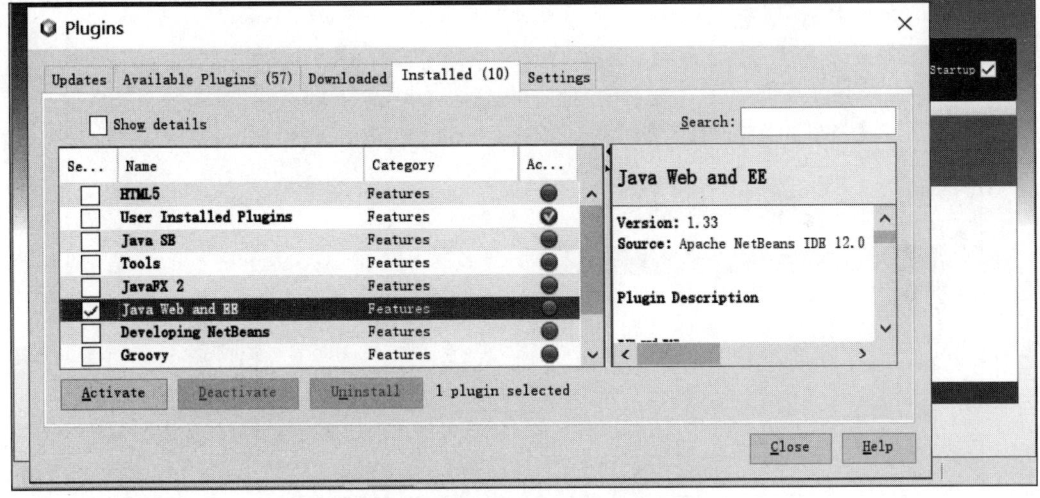

图 2-19　Java Web 开发功能的激活

工具栏中的工具项在激活后都会增多,如图 2-20 所示。

在进行 nb-javac 插件的安装时,由于 nb-javac 插件需要从互联网中下载,所以在安装时一定要保证计算机能够连接到互联网。除此之外,还要注意操作的顺序:如果先激活 Java Web 开发功能,再安装 nb-javac 插件,NetBeans 会提示重启,此时需要按照提示重新启动 IDE,才能使 nb-javac 插件生效;如果按照先安装 nb-javac,再激活 Java Web 的操作顺序,则无须重启 IDE 就可以让 nb-javac 插件生效。

3. NetBeans 的开发环境设置

在图 2-20 所示的 NetBeans 激活 Java Web 开发功能的主窗口中,选择 Tools→Options 命令,即可进入 Options 对话框。用户可以在此对话框中根据自己的需求对代码编辑、字体颜

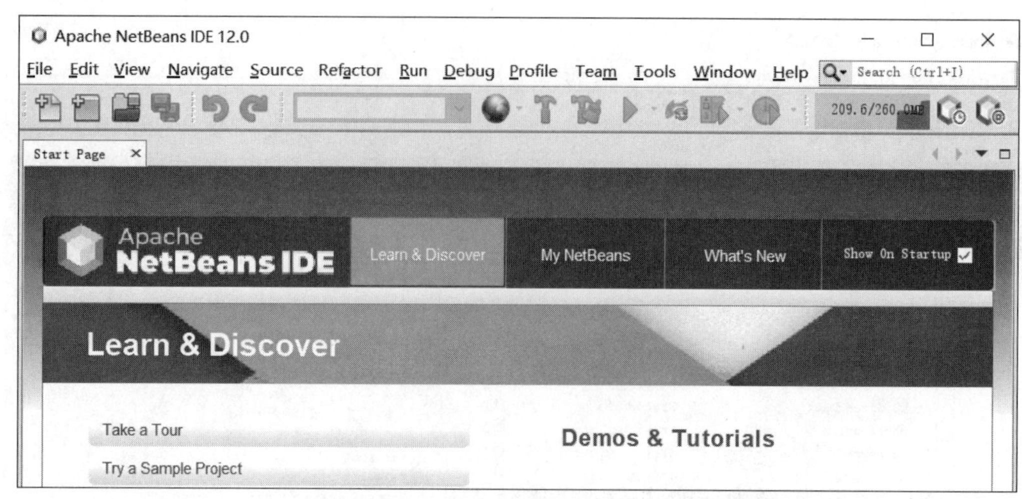

图 2-20 激活 Java Web 开发功能的 NetBeans 界面

色、按键组合、IDE 外观等进行设定，如图 2-21 所示。

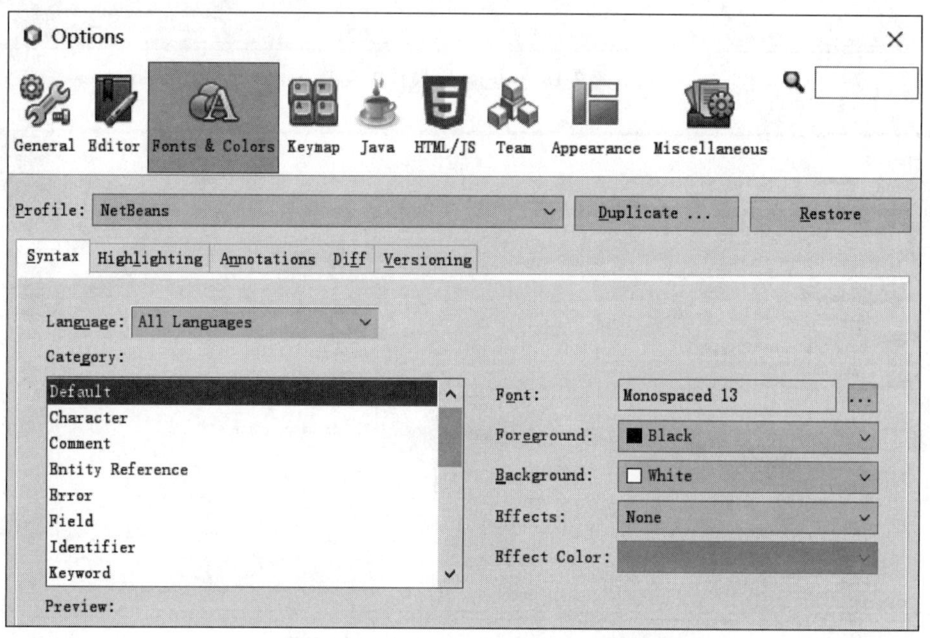

图 2-21 Options 对话框中的字体颜色选项卡

Options 对话框中常用的设置项如下。

(1) 编辑器字体的设置。

图 2-21 中显示的是 Fonts & Colors 选项卡中对于编辑器中的字体、前景色和背景色的设置项目，对于 Windows 系统，推荐把默认字体设置为“微软雅黑”，如果是高分辨率显示器(一般指 2K 以上的分辨率显示器)，可以把默认字号设置为 14 号大小。

(2) IDE 外观设置。

如果采用 JDK 8 运行 NetBeans，IDE 中菜单、对话框、代码的字体都可能很小，可以通过在 Options 对话框中选择 Appearance 选项卡，按照图 2-22 所示，选择其中的 FlatLaf Light 改善整体 IDE 的外观显示。注意，一旦改变了 IDE 的外观，需要重启 NetBeans 才能使得改动生效。

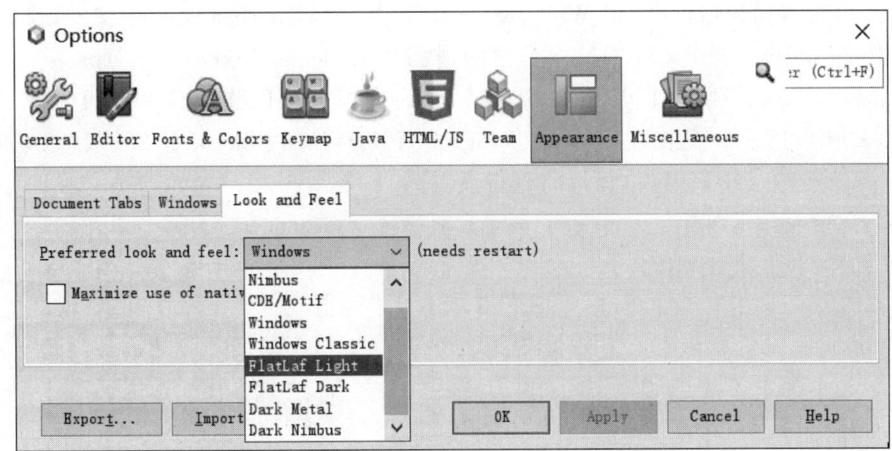

图 2-22　Options 对话框中的 IDE 外观设置

2.3.4　NetBeans 的开发环境配置文件

NetBeans 采用自身安装文件夹 etc 目录中 netbeans.conf 文件保存 IDE 在运行时的配置信息。在 netbeans.conf 文件中，每个配置项占用一行，每行由"配置项名称＝设置值"的格式组成。注意以＃开头的行是注释行，仅具有说明作用，这种格式实际上是一种叫作属性文件的内容组成。下面是从 NetBeans 12.0 的二进制压缩文件中解压出来的 netbeans.conf 文件中摘录出来的对于使用者相对比较重要的配置项目代码和注释说明：

```
#On Windows ${DEFAULT_USERDIR_ROOT} will be replaced by the launcher
#with "<AppData>\NetBeans" where <AppData> is user's
#value of "AppData" key in Windows Registry under
#"HKCU\Software\Microsoft\Windows\CurrentVersion\Explorer\Shell Folders"
#and ${DEFAULT_CACHEDIR_ROOT} will be replaced by the launcher
#with "<Local AppData>\NetBeans\Cache" where <Local AppData> is user's
#value of "Local AppData" key in Windows Registry under
#"HKCU\Software\Microsoft\Windows\CurrentVersion\Explorer\Shell Folders"
netbeans_default_userdir="${DEFAULT_USERDIR_ROOT}/12.0"
netbeans_default_cachedir="${DEFAULT_CACHEDIR_ROOT}/12.0"
#Default location of JDK:
#(set by installer or commented out if launcher should decide)
#It can be overridden on command line by using --jdkhome <dir>
#Be careful when changing jdkhome.
#There are two NetBeans launchers for Windows (32-bit and 64-bit) and
#installer points to one of those in the NetBeans application shortcut
#based on the Java version selected at installation time.
#netbeans_jdkhome="/path/to/jdk"
```

这些代码中包含了 3 个配置项，分别用于运行 NetBeans 的 Java 平台和开发环境设置。

1. netbeans_jdkhome

此配置项指定 NetBeans 运行所在的 JDK，如果没有指定该配置项，NetBeans 会在启动时自动查找系统中安装的 JDK，如果找不到符合运行要求的 JDK，NetBeans 将不能启动。造成这种情况一般是系统中的 JDK 采用了解压缩版本，此时就必须设置该配置项指向解压后的 JDK 所在的路径。还有一种情况需要添加或者修改此配置项的原因是系统中安装了多个版本的 JDK，NetBeans 自动搜索到 JDK 不是开发者想要 NetBeans 使用的版本；或者就是需要为 NetBeans 运行指定特定版本的 JDK。

可以使用文本编辑器软件(如 Windows 的记事本)编辑 netbeans.conf 文件,修改此配置项。以上述 netbeans.conf 文件中的内容为例,找到"netbeans_jdkhome="/path/to/jdk""一行,将"/path/to/jdk"替换成 JDK 所在的路径,然后去掉开头的注释符 # 即可完成设置。例如,在图 2-23 中,JDK 8 安装在 C 盘的"Program Files\Java\jdk1.8.0_251"目录,如果需要 NetBeans 在运行时使用该 JDK,可以将该行设置为

```
netbeans_jdkhome="C:\Program Files\Java\jdk1.8.0_251"
```

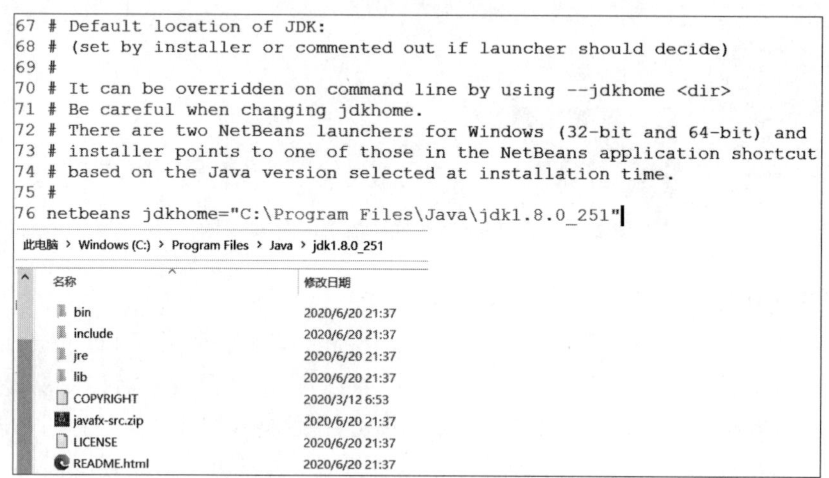

图 2-23 设置 NetBeans 启动和使用的 JDK

修改后,需要重新启动 NetBeans 以使修改生效。

2. netbeans_default_userdir

当前计算机登录用户在使用 NetBeans 时,可以通过 NetBeans 的系统设置选项,进行类库设置、建立各种服务器连接,设定编辑器的字体等配置工作;同时,NetBeans 还会记录当前用户打开过的项目、正在编辑的文件等信息,这些信息都会在 NetBeans 退出运行时,被自动保存在特定的文件夹中,以便 NetBeans 下次启动时,通过读取该文件夹中的存储内容恢复用户上一次的开发环境。netbeans_default_userdir 这个配置项用于指定存储配置信息所在的文件夹。另外,为了防止安装在同一系统中的不同版本的 NetBeans 之间的配置信息发生混乱,该配置项默认设定的存储路径中最后的目录是当前 NetBeans 的版本号。例如,对于 NetBeans 12.0,该项默认的设置值为

```
netbeans_default_userdir ="${DEFAULT_USERDIR_ROOT}/12.0"
```

在 Windows 10 系统中,设置值中 ${DEFAULT_USERDIR_ROOT}会按照注册表中的 HKEY_USERS\.DEFAULT\Software\Microsoft\Windows\CurrentVersion\Explorer\User Shell Folders 项中 AppData 项指定的路径再附加上 NetBeans 进行替换,AppData 指定的路径一般是 C:\Users\<登录用户名>\AppData\Roaming。例如,对于 admin 这个登录用户,NetBeans 12.0 在启动运行时,将在 C:\Users\admin\AppData\Roaming\NetBeans\12.0 这个目录中存储配置信息;如果启动时这个文件夹不存在,NetBeans 将自动建立该文件夹。

利用这个配置项,不同的计算机用户在登录系统使用 NetBeans 时,就可以设置不同的开发环境,以免不同的用户之间在 IDE 的设置上相互影响。另外,一些公用计算机为了防止用户误删或者蓄意破坏其中的操作系统文件,往往会对操作系统所在的硬盘安装具有重启自动

还原功能的硬盘保护卡。当在这种计算机中使用 NetBeans 时，可以将此配置项的值直接指定为一个不受硬盘保护卡影响的目录，从而避免每次使用公共计算机时都需要重新设置开发环境。

有时候 NetBeans 在运行时会由于系统文件的变化发生一些问题，使用者此时可能希望通过删除 NetBeans 后再重新安装解决这些问题。但由于重装后的 NetBeans 在不修改这个 netbeans.conf 时依旧会使用先前的配置文件夹，所以往往重新安装也并不能够消除问题。此时可以先退出 NetBeans 的执行，然后删除原来使用的这个配置文件夹，再次启动 NetBeans 后，NetBeans 将自动重新建立该配置文件夹，并按照初始状态重置整个开发环境，用户就可以在此基础上重新设定开发环境，从而避免之前的一些设置错误发生。

3. netbeans_default_cachedir

该配置项用于指定 NetBeans 启动时使用的缓存目录，12.0 的默认设置为

```
netbeans_default_cachedir="${DEFAULT_CACHEDIR_ROOT}/12.0"
```

在 Windows 10 中，上述设置值的 ${ DEFAULT_CACHEDIR_ROOT }会在 NetBeans 启动时按照和 netbeans_default_userdir 配置项的默认设置值类似的方式，采用注册表中的 HKEY_USERS\.DEFAULT\Software\Microsoft\Windows\CurrentVersion\Explorer\User Shell Folders 项中 Local AppData 项指定的路径再附加上 NetBeans\Cache 进行替换，Local AppData 项中的路径一般为 C:\Users\<登录用户名>\AppData\Local。仍以用户 admin 为例，NetBeans 12.0 缓存文件将被存放在 C:\Users\admin\AppData\Local\NetBeans\Cache12.0 目录中。

需要注意的是，NetBeans 的缓存目录和 NetBeans 的配置目录不能指定为同一个文件夹。缓存目录主要用于提高 NetBeans 启动和执行一些任务时的速度。如果删除了缓存目录，NetBeans 在启动时将自动建立该文件夹。

思考练习题

问答题

1. 下载、安装并运行 Apache Tomcat 9.x 系列版本。

2. 请在 NetBeans 官网中下载 NetBean 12.x 系列中的安装程序版本和加压缩版本，并使其能够进行 Java Web 开发的正常工作。

3. 通过 NetBeans 整合下载安装的 Apache Tomcat 9.x 服务器。

第3章

Web 技术基础

互联网是将不同的设备通过特定的数据通信方式连接在一起的跨越全球的数据通信网络，它的出现使得世界有可能成为一个“地球村”，而 Web 技术则真正使得“地球村”成为现实。Web 技术的核心在于通过互联网传输一种被称为超文本标记语言(Hyper Text Markup Language，HTML)格式的数据文件。HTML 文件由计算机中的浏览器读取并显示其中的内容，通过单击其中的文字链接或者按钮就可以跳转查看互联网中其他计算机中存储的 HTML 文件，从而使得在互联网上共享信息变得非常简单。由于通过 HTML 文件中的这种链接文本或按钮连接起来的信息页面和蛛网(Web)的结构非常相像，所以 HTML 文件和相关的传输以及处理技术就被称为 Web 技术。HTML 文件也被称为 Web 页面，互联网中的 Web 页面构成了万维网，即 World Wide Web，简称为 3W 网络。

3.1 HTTP

3.1.1 TCP 和 HTTP

互联网中数据传输核心是 TCP/IP，这种协议实际上是按照由上至下依赖关系的次序位于不同功能层中的多种协议的总称。在 TCP/IP 的每个层次中，不同的协议负责不同的任务，其组成层次如图 3-1 所示。

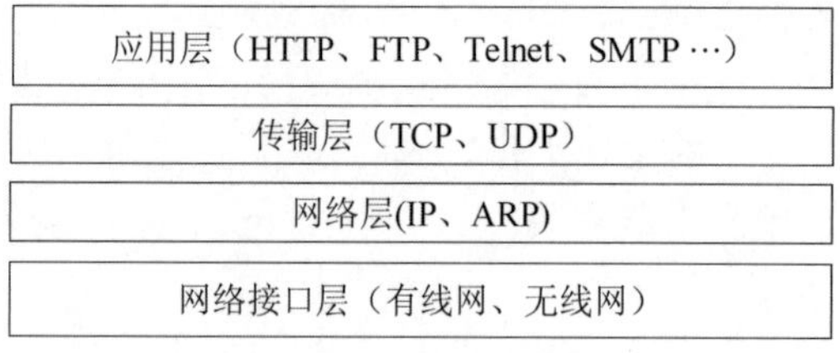

图 3-1　TCP/IP 的组成

TCP/IP 共分为 4 层，由下向上分别是网络接口层(有时也称为数据链路层)、网络层、传输层和应用层。其中网络接口层用于对不同的通信网络硬件的通信进行封装，以便接入设备都能通过接口层接入，进行数据传输。例如，有线网中的计算机、无线通信网中的手机、各种其他连接设备，都可以用有线或无线网卡等网络接入元件连入互联网。网络层用于对网络中的接入设备进行位置标识，IP 协议用于对设备进行网络地址上的标识和分组，ARP 则用于 IP 协议中地址进行解析和传输。传输层负责数据的打包和控制，其中 TCP 用于特定程序之间的数据完整性检查，UDP 则用于规定不同的应用程序在传输数据时的传输标识，即端口号。应用层是直接和计算机中应用程序打交道的一层，不同的应用程序可以采用应用层中不同的协议进行具体的数据传输。Web 技术就是利用 HTTP 传输互联网中的 HTML 文件，HTTPS 是 HTTP 的加密版，它采用安全套结层协议(SSL)对传输数据进行加密传输，保护数据安全。

互联网中的大部分协议以 RFC(Request For Comment，请求评论)文档的格式公开发布，每个标准以及同一标准的不同版本一般都有着不同的 RFC 文档编号。HTTP 由 IETF(Internet Engineering Task Force，互联网工程任务组)制定并按照 RFC 格式的文档发布。截至 2021 年最新的版本是 HTTP 2.0，该版本于 2015 年 1 月发布，对应的 RFC 文档编号为 7504(https://tools.ietf.org/html/rfc7540)。由于互联网普及和发展不均衡的原因，HTTP 2.0 版本之前的一些版本依旧应用在很多应用程序中，目前仍然被广泛支持的版本是 1.0 和 1.1。

HTTP 是应用层协议，它直接应用于客户机与服务器中的应用程序之间的数据传输，其组成也相应地分为请求和响应两部分，其工作方式是基于请求—响应模型。

3.1.2 HTTP 的请求—响应模型

请求—响应模型不仅是 HTTP 工作的基本方式，也是 Web 程序开发的编程模型。HTTP 的请求—响应模型对应于客户机/服务器架构，如图 3-2 所示。客户机中使用 HTTP 请求向网络中特定服务器计算机发送要获取的服务器数据标识；服务器计算机接到请求后，读取服务器中的数据，通过 HTTP 响应将数据传输给客户机。没有请求就没有响应，这是请求—响应模型中最为重要的特点。

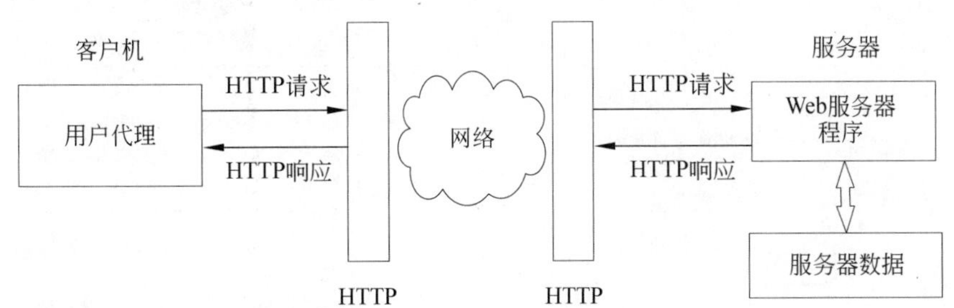

图 3-2 HTTP 的请求—响应模型

1. 浏览器和用户代理

在 HTTP 的请求—响应模型中，一般由客户机中安装的浏览器程序发出 HTTP 请求，当服务器回传了数据之后，浏览器将加载和解析这些数据，构建客户端的人机交互界面。在万维网中，服务器回应的数据主要是 HTML 文件，浏览器通过加载 HTML 文件构建用户界面，简化了客户端程序的编写技术，封装了 HTTP 的请求和响应，是 Web 技术中最为核心的客户端程序。由于浏览器的重要性，现代操作系统都内置安装了浏览器软件。微软公司在 Windows 10 之前的版本中内置了 IE 浏览器(Internet Explorer，互联网探索者)，Windows 10 中还增加了 Edge 浏览器。Ubuntu、Fedora 等 Linux 发行版内置了开源浏览器 Firefox(火狐)，macOS 中的内置浏览器是 Safari，智能手机操作系统也内置了采用谷歌(Chrome)浏览器技术的浏览器应用。

在 Web 技术的术语中，凡是使用 HTTP 进行客户端数据处理的应用程序，包括浏览器在内，都将称为用户代理(User Agent)，简称为 UA。

2. Web 服务器程序

用户代理通过 HTTP 连接服务器计算机时，服务器计算机中必须安装有能够接受用户代理发过来的请求，并可以向用户代理传输数据的特定软件，这种软件就是 Web 服务器程序。常用的 Web 服务器程序包括微软公司在 Windows 服务器版本中提供的 IIS（Internet Information Server，互联网信息服务器）、Apache HTTP Server、俄罗斯开发者 Igor Sysoev 编写的 Nginx。Servlet/JSP 引擎/容器和 JavaEE 服务器，如 Apache Tomcat、GlassFish 等也具有 Web 服务器程序的功能。

在请求—响应的工作方式中，由于服务器端不能预先确定客户端请求的到达时间，所以即便没有客户端的请求，Web 服务器程序也要一直处于运行状态，需要长时间占用系统的资源。为了尽量减少对服务器中内存和 CPU 的占用，操作系统一般都会提供后台执行的方式运行 Web 服务器程序。后台执行是指操作系统采用一种不影响用户当前操作的方式运行程序，最常见的一种就是程序在运行时没有直接可见的人机交互界面。例如，Windows 系统中存在着一种服务程序，它们在运行时没有可见的程序窗口，并且一直处于运行状态，除非用户或者系统向其发出了停止指令。在 Windows 10 中，单击任务栏中的"开始"按钮，选择"Windows 管理工具"→"服务"命令，就可以进入"服务"窗口查看到这些服务程序，还可以利用窗口工具栏中的相关按钮进行服务程序的启动、关闭等操作。2.2.1 节介绍过 Apache Tomcat 提供了 Windows 服务安装程序，可以将其安装成 Windows 服务在后台运行，如图 3-3 所示。在 Linux/UNIX/macOS 中通过 Tomcat 的启动脚本 startup.sh 运行时，也是按照后台执行的方式启动和运行 Tomcat。

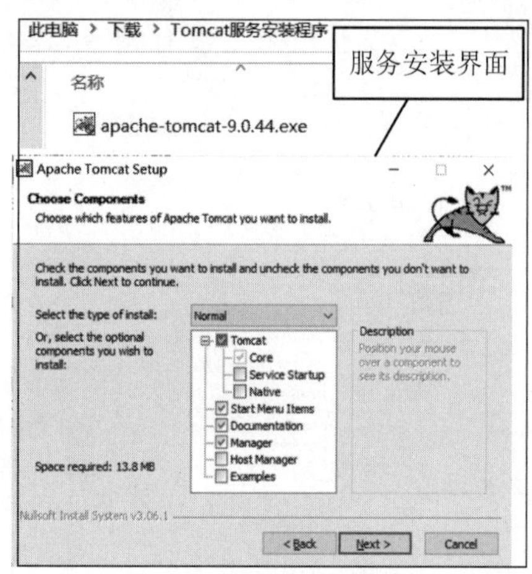

(a) 服务安装界面

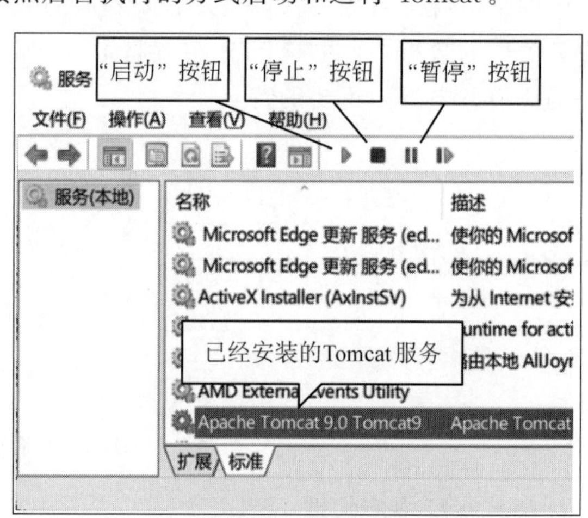

(b) 安装后Windows 10中的服务窗口

图 3-3 Apache Tomcat 的服务安装界面和安装后 Windows 10 中的服务窗口

3. 资源和 MIME 类型

资源（resource）是计算机操作系统中存储的文件和程序运行产生的数据的总称。请求—响应模型中的资源一般特指 Web 服务器程序通过 HTTP 响应传递给用户代理的服务器计算机中的资源。资源可以是服务器文件系统中的文件，也可以是 Web 服务器程序为用户代理生成的数据。MIME 是指多用途互联网电子邮件扩展类型（Multipurpose Internet Mail Extensions），它采用"类型/子类"格式的字符串表示资源的分类标识，以便程序对资源进行正确的处理。MIME 标识不区分大小写，常见的 MIME 标识如表 3-1 所示。

表 3-1 常见的 MIME 标识

MIME 标识	text/html	text/xml	image/png	application/octet-stream	application/json
资源类型	HTML 文档	xml 文件	png 图片	任意二进制数据	JavaScript 对象

4. 资源的URL和URI

在请求—响应模型中,客户机向服务器请求资源时,必须提供如下信息。

(1) 服务器在网络中的位置信息。

在互联网中,位置信息通常用域名或IP地址表示,在局域网络中,通常用机器的网络标识名或IP地址表示。

(2) Web服务器程序处理HTTP请求时的监听端口号。

服务器在处理请求时,处于HTTP底层的UDP协议会指定协议处理的端口号,这是一个大于0的整数,操作系统会利用端口号将客户端发来的基于该协议的请求交给服务器中的对应协议处理程序。由于服务器程序需要随时监控客户端的请求,所以这个端口被称为监听端口号,也可简称为监听端口。不同协议在同一台服务器中进行处理时,都需要有不同的监听端口号。大部分服务器程序都提供了可以定制其监听端口的功能,使用者可为其选择任意未被使用的监听端口。一旦有多种协议采用了相同的监听端口,就会造成端口冲突,导致处理这些协议的服务器程序不能正常的工作。

为了协调和简化各种服务器程序端口号的监听工作,国际化组织为各种标准协议都规定了一个默认的监听端口号,HTTP默认的端口号是80。需要注意,出于安全性考虑,有些操作系统,如Linux/UNIX中只有具有系统管理员(即root)权限的用户才有权限运行使用1024端口以下的服务器程序。

(3) Web服务器程序提供的资源路径标识。

Web服务器程序采用类似于Linux操作系统中文件夹(文件夹也被称为目录)的层次型结构进行资源的组织和管理。所有可被客户端请求的资源都处于一个总的根目录中,根目录用正斜线符号"/"表示,上下级文件夹之间用该符号进行分隔,每个资源都可以从根目录开始,按照上层目录/下层目录的层次结构到达其所在的文件夹,最后再通过"/"符号连接资源的标识,这种由"/"分隔的层次型目录构成了资源路径标识,如图3-4所示。在资源路径标识中,文件资源的标识一般就是其文件名,其他数据资源的标识由Web服务器程序按照一定的规则进行规定。

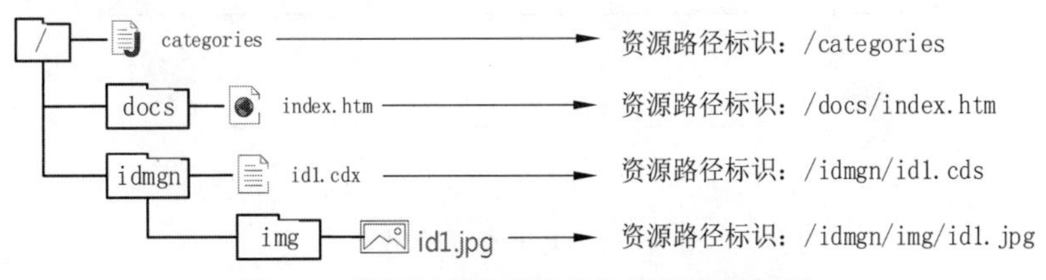

图3-4 资源的层次型结构和资源路径标识

URL的含义是统一资源定位符(Uniform Resource Locator),是客户机向服务器请求的上述资源位置信息的标准化表示法,具体组成如下。

协议名://服务器网络标识:协议端口号/资源路径标识。

用户代理采用URL向服务器提交HTTP请求时,URL中的协议名即为HTTP。例如,IP地址为192.168.0.1的服务器中Web服务器处理HTTP的监听端口为80,采用HTTP请求该服务器中如图3-4所示的index.html文件资源的URL如例3-1所示。

【例3-1】 http://192.168.0.1:80/docs/index.htm。

在例3-1中,Web服务器程序使用的是HTTP默认的监听端口号80,这时可以省略URL中的端口号,URL可以简化为:

http://192.168.0.1/docs/index.htm

如果客户端在 URL 中没有给出资源路径最后的资源标识,服务器程序一般会按照设定的默认资源标识,返回路径中最后的目录中某个默认资源,或者返回此目录中所有的资源和子目录的列表。例如,如果 Web 服务器程序默认的资源标识是 index.html,则例 3-1 的 URL 就可以省略最后的资源标识 index.htm,简化为 http://192.168.0.1/docs。

URI 的含义为统一资源标识符(Uniform Resource Identifier),用以唯一标识资源在服务器中的位置。可以认为 URI 是 URL 的超集,URL 本身也是 URI,而去掉了协议名、服务器位置标识和端口号,只留下资源在服务器中的位置信息,这也是 URI。例如,在例 3-1 中,/docs/index.htm 就可以作为服务器资源的 URI,这种不含协议和主机位置及端口信息的 URI 被称为相对 URI。

5. 本机服务器标识 localhost 和 127.0.0.1

在实际运行的计算机网络中,客户机和服务器都是不同的计算机,但也允许客户机和服务器是同一台计算机,这种情况多见于 Web 应用程序的开发工作。为了便于进行程序的测试和调试,程序员往往采用一台计算机安装 Web 服务器程序和 IDE 软件进行 Web 应用程序的开发,此时客户机和服务器就是同一台计算机。在这种情况下,URL 中的服务器网络标识就可以用本机服务器标识 localhost 和 127.0.0.1。

3.1.3 HTTP 请求组成

HTTP 请求由请求行、请求头和数据实体 3 部分组成,如图 3-5 所示。

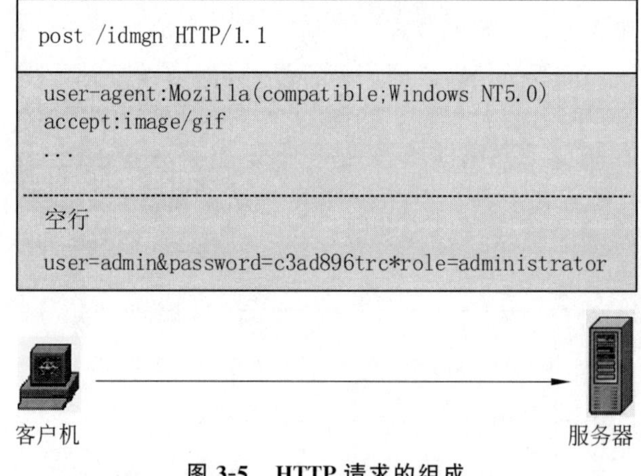

post /idmgn HTTP/1.1
user-agent:Mozilla(compatible;Windows NT5.0)
accept:image/gif
...
空行
user=admin&password=c3ad896trc*role=administrator
客户机
服务器

图 3-5 HTTP 请求的组成

1. 请求行

请求行占用一行文本,其中包括 HTTP 请求的发送数据的传输模式,即 HTTP 方法,包括 GET、POST、PUT、DELETE、OPTIONS 等,每种方法都有其特定的传输模式。除去 HTTP 方法之外,请求行还包括请求的服务器中资源的 URI 以及 HTTP 的版本号。

2. 请求头

请求头是一组包含客户机信息的名值对,名和值之间采用冒号分隔,每对主要用于传送客户机的特性信息,以便服务器按照这些特性做出对应的回应。例如,当使用浏览器作为用户代理时,它将在名为 user-agent 的请求头中包含浏览器的种类、名称、所在操作系统等信息。

3. 数据实体

数据实体行要和请求头之间隔开一个空行,其中包含了客户机向服务器传送的一些附加的数据信息。例如,在 POST 请求中,数据实体中可能会包含提交给服务器程序的一些名值对数据,这些数据是用户在浏览器页面中输入的一些希望保存在服务器中的数据。在某些请求模式下,数据实体有可能是空的。

4. GET 和 POST 请求方法

HTTP 1.0 版本支持 GET、POST 和 HEAD 三种请求方法,1.1 版本中又增加了 PUT、DELETE、OPTIONS、CONNECT、TRACE 请求方法,本书主要讨论 GET 和 POST 方法。

GET 请求的数据实体部分为空,当需要向服务器传输额外的数据时,可以在请求的 URL 后面加入额外的参数数据,以便向服务器传递客户端中特定的数据。这种参数数据被称为查询参数(Query parameters),也称为查询字符串,组成如下。

(1) 第一个字母必须是"?",作为查询参数的引导字符;

(2) 每个查询参数项都用"参数名=参数值"表示;

(3) 每个查询参数项之间必须用连字符(&)分开;

(4) 若查询参数项中包含?、=、& 等分隔字符或空格,则采用百分号(%)引导的这些字符的 16 进制字符编码表示,空格可以用+表示。

包含有查询字符串的 GET 方法请求 URL 示例见下例 3-2。

【例 3-2】 http://192.168.0.1/docs/index.htm?k=1&c=id。

该 URL 中资源标识 index.htm 后附加部分"?k=1&c=id"即查询参数,其中包含了两个参数:k 参数,值为 1;k 参数,值为 id。

GET 请求将参数附加在资源标识后面虽然很方便,但传递的参数数据可以通过用户代理向服务器发送 URL 直接获得,这带来了一定的安全隐患;同时,由于 UA 和 HTTP 服务器处理应用都对查询字符串总长有一定的限制,所以 GET 请求不太适合发送数据量较大的参数。

POST 请求可以让用户代理在保持 URL 不变的情况下,向服务器发送参数数据,这时 GET 方法中 URL 后的查询字符串的参数数据部分(即去掉了第一个问好后的字符串)被放入请求的数据实体中传递给服务器,注意此时数据实体和请求头之间应留一个空行,参见图 3-5。这种方式可以用于传递数据量较大的参数数据。

3.1.4 HTTP 的响应组成

Web 服务器程序接到客户端的请求后,首先将检查请求行,确定是否可以处理该请求。随后,服务器将根据请求头及请求中的数据实体产生 HTTP 响应信息。类似于请求,响应信息也是由响应行、响应头和数据实体 3 部分组成。

1. 响应行

响应行是响应文本中的第一行数据,包括服务器程序支持的 HTTP 协议版本号、响应状态码及状态信息。响应的状态码是一个 3 位数字,以 2 开头代表请求已经被成功处理。例如,响应代码为 200 时,代表成功响应,对应的状态文本是 OK。还有一些响应代码,将在后面的章节中介绍。

2. 响应头

响应头的组成类似于请求头,也是由一系列由冒号分隔的名值对构成,包括 Web 服务器程序的相关信息以及回应的文档类型、数据长度等。客户端代理可以根据响应头的信息,对响应数据进行处理。

3. 数据实体

数据实体包括了回应的具体数据,例如,当浏览器提交了对服务器端某个 HTML 文档的

GET 请求后，Web 服务器程序会把该 HTML 文件内容作为数据实体回传给浏览器。

图 3-6 显示了一个 HTTP 响应的组成结构。

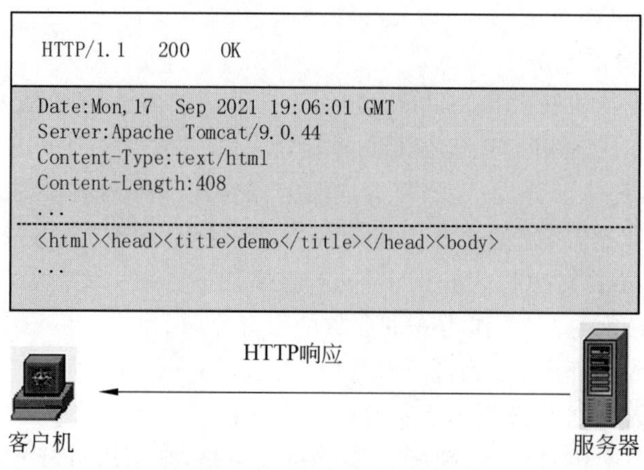

图 3-6 HTTP 响应的组成结构

从图 3-6 可以看出，做出响应的 Web 服务器支持 HTTP 1.1 协议，请求已经被成功处理，所以响应的代码是 200，对应的响应消息是 OK。响应头通过 Date 项可以看到响应的处理完成对应的格林尼治时间(GMT)，以及 Web 服务器是 Apache Tomcat，响应的数据实体部分的 MIME 类型为 text/html 格式，即 HTML 文件，该文件的长度是 408 字节。最后一部分的 HTML 标记就是该文档的具体文本组成。

3.2 HTML 文档

HTML 文档是由万维网组织 W3C(World Wide Web Community，W3C)制定的标准化文本文件，可由浏览器读取和显示其中内容，是 HTTP 响应数据实体部分最常见的 MIME 类型。HTML 源自标准通用置标语言(Standard Generalized Markup Language，SGML)，可以通过 W3C 提供的官方网址 https://html.spec.whatwg.org 了解 HTML 规范，目前最新的规范版本是 5.0。HTML 文件的扩展名通常为 html 或 htm，也称为静态 HTML 文档。这类 HTML 文档可以通过任意的文本编辑软件创建，也可以采用一些专业软件，如美国 Adobe 公司的 Dreamweaver，它提供了 WYSIWYG(What You See Is What You Get，即所见即所得)的 HTML 文档编辑功能，可以通过 Adobe 的官方页面 https://www.adobe.com/cn/products/dreamweaver.html 下载它的免费试用版。NetBeans IDE 为 HTML 文档提供了文件创建向导和编辑时的语法提示、文档结构检查等功能支持。

3.2.1 HTML 元素定义

1. 元素的定义标记

HTML 文档主要由元素(element)组成，元素采用一对小于号(<)和大于号(>)及元素名进行定义，定义的语法格式为

<元素名>

这种语法结构被称为元素的开始标记。如果元素中包含数据内容，还可以定义由小于号、斜线(/)、元素名和大于号组成的元素结束标记，这时元素的定义语法格式为

<元素名>数据内容</元素名>

HTML 规范为元素规定了一系列标准名称，浏览器在加载 HTML 文档时，将读取这些元素中的数据，完成相关的数据显示任务。HTML 的元素名不区分大小写，元素的开始标记和结束标记之间的数据内容可以是不包含标记定义符号的普通文本，也可以是子元素的标记定义，这种包含子元素标记定义的元素被称为父元素。

HTML 中的元素可以只有开始标记而不包含结束标记，若元素中还包含数据内容，则该元素中数据内容的结束边界将被处理为当前元素开始标记之后遇到的第一个元素开始标记之前。例如，以下的标记定义：

```
<p>First Paragraph<p>Second Paragraph<h3>This is heading no.3
```

与其等价的标记定义为

```
<p>First Paragraph</p><p>Second Paragraph</p><h3>This is heading no.3</h3>
```

在 HTML 规范中，存在着一些仅由开始标记定义构成的元素，它们不含数据内容。对于这些元素，也可以在其开始标记结束的大于号之前加入斜线。例如，以下对于换行元素 br 的标记定义在 HTML 文档中都是合法的。

```
<br/>  <br>
```

元素使用没有结束标记的定义形式会降低 HTML 文档的可读性，建议尽可能使用成对标记的元素定义语法。对于不含结束标记的元素，最好使用其＜元素名/＞的语法形式进行定义。

2. 元素的属性

一个元素包含的数据可以通过一个或者多个属性定义进行表示。属性定义必须写在元素开始标记中，和元素名称之间至少要间隔一个空格，或者直接位于新的一行，具体定义的语法如下：

```
<元素名  (属性名="属性值")*>
```

以上语法结构中的括号和星号表示元素可以存在多个具有括号中语法结构的属性定义。在元素具有多个属性定义时，每个属性定义之间应至少采用一个空格或者换行符进行分隔。属性值两侧的界定符号可以使用双引号或者单引号，也可以省略不写。

3. HTML 注释

在编写 HTML 文档时，可以通过注释对 HTML 中的元素定义进行说明，这些注释不会参与到 HTML 元素的解析过程。注释的语法格式如下：

```
<!-- 注释说明文字 -->
```

注释可以在一行中书写，也可以在＜! --和--＞之间插入多行文字说明。注释可以写在 HTML 文档中的任何位置，也可以把一些 HTML 元素嵌入注释中，以使其失去作用。

4. 白空格

在编写 HTML 文档时，通常会将各元素的标记定义分行书写，子元素的标记定义往往在新的一行中单独书写，并且使用空格或 Tab 制表符和父元素的标记定义之间形成缩进的格式。这些用于元素标记分隔的空格、Tab 制表符以及回车换行符号在 HTML 规范中都被称为白空格（white space），它们不构成元素定义的有效部分，主要的作用就是格式化文档中的元素组成标记，使得文档更容易被开发者阅读和维护。

在 HTML 规范中定义的元素，按照功能可以分为基本元素、设定元素、显示元素和数据传输元素。虽然开发者可以在 HTML 文档中编写其他名称的元素，但浏览器本身并不对这些自定义名称的元素进行处理。

3.2.2 基本元素

HTML 文档主体由基本元素构成，这些元素均需按照成对标记定义，并且只能在文档中出现一次，主要包括 html、head、title 和 body 元素。

1. html 元素

html 元素是 HTML 文档的起始元素，是包含其他所有元素的顶层父元素，应当位于 HTML 文档的开始部分。不过按照 HTML 规范的推荐，最好在 html 元素之前加入如下的文档类型声明，以便浏览器能够识别 HTML 文档遵循的 HTML 规范的版本号：

```
<!DOCTYPE  html>
```

如果采用以上文档类型声明，浏览器将采用 HTML 规范 5.0 对文档进行处理。在万维网中，依然存在着大量采用较低版本的 HTML 规范编写的 HTML 文档。如果不指定文档声明，浏览器就要通过边加载边判定的方式处理 HTML 文档，这会降低浏览器加载的效率。通过指定该文档声明，浏览器就可以更快地加载当前的 HTML 文档。

2. head 元素

head 元素是 html 元素的直接子元素，主要用于标识 HTML 文档的一些存储、加载、显示规则等一些相关特性。

3. title 元素

title 元素是 head 元素中的直接子元素，用于定义 HTML 文档在浏览器中加载后的浏览器窗口的标题文本。

4. body 元素

body 元素是 html 元素的直接子元素，用于包含 HTML 文档中需要显示的内容。body 元素中的内容是构造基于浏览器窗口的人机界面的最为重要的组成部分。

HTML 文档的主体就是由这些元素组成，在书写这些元素时，要合理利用白空格对元素进行分隔，并适当使用注释，以便将来对文档进行阅读、维护和升级。

上述基本元素中，title 元素实际上可以省略，不过为了能够让文档在浏览器加载时能够有一个明确的标题，建议还是要在 head 元素中定义该元素。

下面的例 3-3 显示了由基本元素构成的一个 HTML 文档结构。注意，例 3-3 中为了体现基本元素在定义时的包含关系，在定义元素时做了必要的缩进。

【例 3-3】 一个基本的 HTML 文档示例。

```
<!DOCTYPE  html>
<html>
    <head>
        <title>Simple Document</title>
    </head>
    <body>
        This is a simple HTML Document!
    </body>
</html>
```

基本元素中的 html 和 body 可以添加一些属性定义。在例 3-4 中，html 元素有一个名为 lang 的属性，取值为 en，代表该文档的语言为英语。body 元素包含 3 个属性，分别代表文档背景色以及装入和离线时需要执行的一段代码。其中，bgcolor 和 onload 属性在一行中定义，两者之间用空格分隔；onoffline 属性在书写时也可以在新的一行中和前两个属性相分隔，这 3 个属性都是合法的属性定义。

【例 3-4】 基本元素的属性定义。

```
<!DOCTYPE  html>
<html lang="en">
<head>
<title>English HTML Document </title>
</head>
<body bgcolor="white" onload="init()"  onoffline='update(false)'>
  Load with a JavaScript Code.
</body>
</html>
```

3.2.3 设定元素

设定元素主要包括 meta、base、link 等元素，它们都是 head 的子元素，用于设定文档在存储、加载、显示时的一些特性。

1. meta 元素

meta 元素没有结束标记，通过定义该元素的 charset、http-equiv、name、content 等属性，可以设定文档的字符存储编码、文档装载特性以及刷新间隔等性质。

(1) charset。charset 属性用于指定 HTML 文件中字符的存储编码名称。HTML 文件中可能包括不同国家文字的字符，这些字符需要采用特定的编码方案才能正确地被存储。如果在 HTML 文件加载时指定了和存储不一致的编码名称，就有可能导致 HTML 文档在显示时出现乱码。在万维网中，一般会采用通用的编码方案 UTF-8 进行 HTML 文件的存储，这时，就需要在 head 标记中通过 meta 元素设置 charset 属性，指定字符存储和读取编码：

```
<meta  charset="UTF-8"/>
```

本书将在后面章节详细讨论这些文本的存储编码。需要注意的是，如果采用文本编辑软件编写 HTML 文档，在存储时，一定要按照指定的编码类型对文件进行保存，否则有可能会造成文档中的中文字符遭到破坏。以中文 Windows 系统为例，使用系统自带的记事本软件创建一个新的 HTML 文件，在保存时不选择文件的存储编码，文件将采用系统默认的 GBK 编码进行存储；如果在文档中通过 META 标记的 charset 属性指定的编码是 UTF-8，就会造成文件在读取时出现中文乱码。使用 NetBeans 创建和保存 HTML 文件时不会出现这种问题，因为 NetBeans 会根据文档中指定的编码对文件进行正确的存储。

(2) http-equiv 和 content。这两个属性需要成对使用，用于指定文档的加载特性。其中，http-equiv 指定一些文档的加载特性的名称，content 用于指定文档的加载特性的具体取值。这些加载属性如下。

① content-type 属性。该属性取值为“text/html;charset=字符存储编码”，其中分号引导的内容被称为矩阵参数(matrix parameters)，是可选的。矩阵参数 charset 代表字符编码，如果没通过 META 标记 charset 属性指定当前文档的字符编码，也可以通过 charset 参数指定。

② pragma 属性。该属性在 HTTP 1.0 中用于控制 HTML 文档的加载和读取方式，当其值取 no-cache 时，意味着该 HTML 被浏览器每次加载时都要从服务器端重新下载并读取，以获取其最新的内容。如果没有设置该属性，则浏览器会根据服务器为 HTML 文档设定的有效缓存时间，从客户机中直接读取下载过的 HTML 文档。这种读取方式在服务器端的 HTML 文档更新后，有可能会导致浏览器读取到不是最新更新的 HTML 文本。

③ cache-control 和 expires 属性。这两个属性是 HTTP 1.1 中用以替代 pragma，指定更为精确的缓存控制方式和时间。其中，cache-control 和 pragma 的取值一致，而 expires 用以指定缓存的过期时间。当 expires 取 0 时，等价于 cache-control 取 no-cache 值。

利用 http-equiv 和 content 设置 HTML 文档参见例 3-5。

【例 3-5】 通过 META 标记设置文档中的字符编码和缓存控制示例。

```
<html>
    <head>
      <!--通过 content-type 指定文档类型和文字存储编码，以避免中文显示乱码-->
      <meta  http-equiv="content-type"  content="text/html;charset=UTF-8"/>
      <!--通过 pragma 以及 cache-control 和 expires 指定文档不被浏览器缓存-->
      <meta  http-equiv="pragma" content="no-cache"/>
      <meta  http-equiv="cache-control" content="no-cache"/>
      <meta  http-equiv="expires" content="0"/>
    </head>
    <body>包含中文的 HTML 文档</body>
</html>
```

(3) name 和 content。这两个属性需要成对使用，用于指定 HTML 文档对其所在加载设备的适应和调节特性。例如，如果需要 HTML 页面的显示能够在各种智能手机浏览器和桌面浏览器中进行自动调整，可以将 name 和 content 按照如下标记进行设置：

```
<meta name="viewport" content="width=device-width, initial-scale=1.0"/>
```

2. base 元素

base 元素不含结束标记，主要有 href 和 target 两个属性，用于设置当前 HTML 文档中所有的链接资源的相对 URI 和加载的窗口。一个典型的 base 元素设置如下。

```
<base   href="http://192.168.0.2:8080/mwapp"  target="_self"/>
```

(1) href。href 属性设置 HTML 中相对 URI 被转换为实际 URL 时需要加入的前缀基础 URL。

(2) target。target 属性用于指定在加载当前页面中的链接 URL 时对应的浏览器窗口。当 target 属性取值为_self 时，浏览器将使用当前窗口打开对应的链接资源；当取值为_blank 时，浏览器将会打开新的窗口加载对应的链接资源。

如果 target 的属性值取其他名称，浏览器会检查是否曾经打开过指定名称的窗口，如果没有，则建立同名的窗口打开链接资源，否则将复用同名窗口加载链接资源。

超链接文本的生成和链接打开以及按钮相关的元素，将在 3.2.4 节中进行介绍。

3. link 元素

link 元素的定义不含结束标记，它的 rel 属性值代表着和 HTML 文档相关的设置项，link 元素的 rel、href 和 type 属性经常在一起使用，用于指定当前文档的显示图标、样式、需要预加载的图像、备选语言页面等，这里仅讨论显示图标和显示样式的引入。

(1) 指定当前文档的显示图标。

rel 属性值取 icon 时，代表此 link 元素用于设置当前 HTML 在浏览器窗口中的显示图标，图标的 URL 使用 href 属性指定，图标的文件类型通过 type 属性指定。例如，将当前页面所在目录中的 favor.png 图片指定为浏览器窗口图标的 link 元素定义如下：

```
<link  rel="icon"  href="favor.png"  type="image/png"/>
```

(2) 为当前文档引入显示样式。

rel 属性值取 stylesheet 时，代表此 link 元素用于引入定义在外部样式单文件中的显示样式。样式单文件的 URL 使用 href 属性指定，同时应将 type 属性值设置为 text/css。例如，引入存放于当前页面所在目录中 css 文件夹中的 app.css 中的样式，link 元素的定义如下所示：

```
<link  ref="stylesheet"  href="css/app.css"  type="text/css"/>
```

3.2.4 节将详细介绍样式文件中的定义语法。

3.2.4　显示元素

显示元素都是 body 的子元素，负责构造 HTML 文档在浏览器中的显示内容。例如，p 和 h1-h6 以及 br、hr、pre 都是 body 元素的子元素，用于设置文本分行的显示。

1. 段落元素

定义语法：<p>文本</p>。

段落元素用 p 表示，代表 paragraph，即英文中的段落，用于将元素中的文本在新的一行中按照段落文字的方式进行显示。如果只定义了 p 元素的开始标记，则开始标记后的文字的分段效果将持续到遇到的第一个开始标记为止。推荐采用成对标记的方式定义 p 元素，以避免不必要的文字分段问题。

2. 标题元素

标题元素由“h 数字”组成，其中 h 代表 heading，即标题，作用是将文字设置为特定大小的黑体字，在新的一行中进行强调显示。h 后的数字取值范围是 1～6，代表标题元素中文本的字号大小，1 号标题的字体最大，6 号标题的字体最小。

1 号标题定义语法：<h1>文本</h1>。

其他的标题 h2～h6 定义的语法相似，注意 h 后面的数字越大，字体就越小。

和段落元素 p 类似，标题元素 h 也可以只定义其开始标记，此时标题元素的作用将一直持续到遇到其他的标记定义为止。

3. 换行元素和水平线元素

换行元素 br 的定义语法：
或
。

水平线元素 hr 的定义语法：<hr>或<hr/>。

br 和 hr 都为单标记元素，br 元素可以让元素标记定义之后的文字换行显示，hr 元素会生成一个贯穿页面的水平线。

4. 预格式化元素

定义语法：<pre>文本</pre>。

pre 元素中包含的文字在浏览器中显示时，将保留其中的空格和换行符号构成的显示效果，同时，文字按照电报类型字体，即等宽字体进行显示。

5. 样式元素

定义语法：<style>样式定义</style>。

style 元素用于定义当前 HTML 文档中元素的样式。样式用于控制元素内容的显示方式，在 style 元素中可以定义多个样式，每个样式的定义语法格式如下：

```
样式名{  (显示属性名:显示属性值) *   }
```

(1) 样式名。样式名是 HTML 元素引用定义的样式的标识，可以按照如下方式命名。

① HTML 中的元素名，这种样式名称又被称为样式选择器，将自动作用于当前文档中同名元素中的内容显示。

② 类样式名，这种样式名的格式是“.样式标识”，可以通过将元素的 class 属性值设置为该样式名中的样式标识，引用样式中的显示设置。

③ ID 样式名，这种样式名的格式是“#样式标识”，可以通过将元素的 id 属性值设置为该样式名中的样式标识，引用样式中的显示设置。

(2) 显示属性。样式中的显示属性用于定义 HTML 元素内容的具体显示方式，其中显示属性名称和属性值均需按照 HTML 规范中的规定值进行设定。如果样式中包含多个显示属性名值对，每个名值对之间应采用分号(;)隔开。一些常见的显示属性列举如下。

① color 属性。用于设置字符的显示颜色，可以将其值设置为 red(红色)、green(绿色)、blue(蓝色)、white(白色)、black(黑色)等标准颜色名，也可以采用以#开头的十六进制数表示的颜色取值，还可以使用 rgb(红色值，绿色值，蓝色值)的三原色表达式指定颜色取值，其中红、绿、蓝颜色取值应为 0～255 的整数。

② background-color 属性。取值同 color 属性，用于设置文字显示的背景颜色。

③ background-imag 属性。用于设置当前文档的背景图片，取值应采用 url 表达式的形式，即 url(图片 URL/URI)的格式。

④ width 属性。用于设置当前元素内容的显示区域的宽度，当取值为十进制数时，代表按照屏幕的像素数设置显示宽度，等价于在数值后面指定 px 后缀。如果在数值后面添加百分号(%)后缀，则代表按照当前 HTML 文档显示的窗口宽度百分比进行宽度设置。

⑤ display 属性。用于设置当前元素内容是否显示，如果 display 取值为 none，则当前元素不被显示，如果需要显示，可以将 display 属性值设置为 inline。

如果需要将定义的样式应用于其他 HTML 文档，可以将样式定义部分放入独立样式单文件中，如 3.2.3 节中对 link 元素引入样式单文件所述，样式单文件的扩展名一般为 css。需要使用该样式的 HTML 文档可以通过 3.2.3 节中介绍的 link 元素引入：

```
<link  rel="stylesheet"  type="text/css"  href="样式单文件 URI 或 URL"/>
```

样式定义可以直接通过元素的 style 属性进行定义，这种嵌入元素定义中的样式称为内联样式，在元素开始标记中定义的语法如下：

```
<元素名  style="显示属性名:显示属性值">
```

如果内联样式中包含多个显示属性定义，各个显示属性之间采用分号进行分隔。

一个典型的由 style 元素定义的样式及引用如例 3-6 所示。

【例 3-6】 HTML 中的样式单定义及引用。

```
<html>
    <head>
      <meta  http-equiv="content-type"  content="text/html;charset=UTF-8"/>
      <style>
          h1{  color:white;  background-color:black }
        .box{  width:200px }
          #h{ display:none}
      </style>
    </head>
    <body>
        <h1>黑底白字文字</h1>
        <p class="box">采用类样式限制宽度为 200 像素的段落,多于这个宽度会折行显示</p>
        <p id="h">采用 ID 样式,由于 display 属性值是 none,所以不会显示</p>
        <p style="width:80%;color:white;background-color:black;display:inline">
        这是采用内联样式定义的段落</p>
    </body>
</html>
```

该 HTML 文档在浏览器显示中如图 3-7 所示，注意 ID 样式部分的文字没有显示。

6. div 和 span 元素

div 元素定义语法：＜div＞文本＜/div＞。

span 元素定义语法：＜span＞文本＜/span＞。

div 和 span 元素主要用于结合样式单设置文本的显示方式。div 元素的作用类似于 p 元素，可以将元素中的文字在新的一行中进行分段显示，但默认的段落中行间距要小于 p 元素。

黑底白字文字

采用类样式限制宽度为200
像素的段落，多于这个宽度
会折行显示

这是采用内联样式定义的段落

图 3-7　样式单设定的文字显示效果

span 元素中的文字会和该元素外的文字在同一行中显示，通过设置该元素的样式单属性，可以设置同行文字中不同部分的显示特性。在例 3-7 中，div 元素中的 Wrong Input 文本将被显示为红色，span 元素中的 blue 文本将和前面的 Please notice the 文本在一行中显示，不过 blue 文本显示的颜色为蓝色。

【例 3-7】　div 和 span 元素示例。

```
<div style="color:red">Wrong Input!</div>
Please notice the <span style="color:blue">blue</span> fonts.
```

7. 图像元素

定义语法：＜img src＝"图片的 URI/URL" title＝"图片的文字提示"/＞。

img 元素用于网页中的图像显示，其 src 属性值为要显示的图片的 URI/URL，title 属性用于指定鼠标指针移动到该图片上时的文字提示。

当指定的图片位于当前页面所在本地文件夹中时，可以使用 URI 进行图片位置的指定，如果图片和当前页面位于同一个目录中，URI 中还可以采用如下符号。

（1）.　代表当前的目录。

（2）..　代表上一级的目录。

（3）/　用于分隔上、下级目录或者目录和文件。

在图 3-8 所示的目录结构中，图片文件 title.jpg 和 logo.jpg 的资源路径分别是/docs/imgs 和/icons，而 index.htm 文件的资源路径则是/docs。在例 3-8 中，显示了 index.htm 文件如何利用 img 元素显示这两个图片的标记定义。

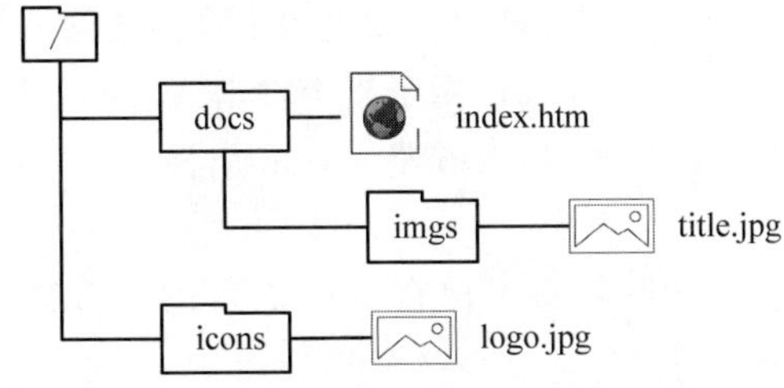

图 3-8　服务器中的 index.html 文件和需要显示的图片的目录结构

【例 3-8】　index.htm 中的 img 元素定义。

```
<!-- index.htm 文件中显示位于同级的 imgs 目录中的 title.jpg 图片 -->
<img  src="./imgs/title.jpg">
<!-- index.htm 文件中显示位于上级的 icons 目录中的 logo.jpg 图片 -->
<img  src="../icons/logo.jpg">
```

8. 表格及其子元素

表格元素 table 用于建立网页中的表格，它和 thead、th、tbody 以及 tr、td 等子元素一起组成表格，具体的语法如下：

```
<table border="n">
  <thead><th>表头 1</th> <th>表头 2</th>…  </thead>
  <tbody>
      <tr><td>列 1</td><td>列 2</td>…</tr>
      <tr><td>列 1</td><td>列 2</td>…</tr>
      …
  </tbody>
</table>
```

表格在 HTML 页面中主要的作用是布局显示内容，但由于表格的内容需要整体加载后才能显示，所以在互联网应用中，经常使用 div 元素结合样式单布局替代表格布局。但是对于简单的页面，利用表格进行显示控制是一种直接的解决方案。

3.2.5 数据传输元素

数据传输元素用于指定或存储页面中特定的数据，以及向其他页面或应用传递数据。

1. 超链接元素

定义语法：<a href="链接文档的 URI/URL" target="_self | _blank">链接文本</a>。

超链接元素可在浏览器中显示单击可转入其他文档的链接文本，其 href 属性值用于指定要链接文档的 URI/URL，该属性取值类似于 img 元素的 src 属性，可以指向本机中的文档或者其他服务器中的资源。当用户单击链接文本时，浏览器会按照 GET 方式向 href 属性指向的 URL 对应的服务器资源提交 HTTP 请求，之后浏览器将显示服务器回应的页面。超链接经常用于 HTML 页面之间的导航，以及发出对服务器资源的 GET 请求。

不含 target 属性定义的超链接转入的页面会替代当前页面。如需在新的浏览器窗口打开链接页面，可以添加 target="_blank"；当 target="_self"时，等价于没有 target 属性定义。

2. 表单及其子元素

表单元素定义语法：

```
<form  action="请求 URI | URL"  method="post | get"  target="_self | _blank">
<!-- 表单中交互式子元素控件定义 -->
</form>
```

form 元素功能类似于超链接元素，可用于浏览器中页面之间的导航或对指定的服务器中的资源发出请求。form 元素的 action 属性用于指定发出请求的 URI/URL，method 属性指定发出的请求为 GET 还是 POST 方式，如果省略 action 属性，则表单发送的请求 URL 为其所在的页面。

通常，表单元素中要定义用于存储用户在页面输入的交互式组件的 input、select 等子元素。

和超链接类似，表单元素也可以指定 target="_blank"的属性取值，当表单发送的请求服务器做出响应时，返回的页面将在新的浏览器窗口中打开。当省略此属性，或者 target 取_self 时，浏览器将使用服务器回应的页面替代当前 HTML 文档的显示。

(1) 提交按钮子元素。

定义语法：<input type="submit" value="按钮标题文本"/>。

通过表单发出 HTTP 请求时，一般需要为其定义一个用于发送请求的提交按钮。将 input 子元素的 type 属性指定为 submit 值时，就可以为表单定义此提交按钮元素，value 属性用于指定按钮的显示标题。例 3-9 是包含提交按钮的表单定义示例。

【例 3-9】 表单中的提交按钮标题为“确定”的 input 子元素定义示例。

```
<form action="someurl">
    <input type="submit" value="确定"/>
</form>
```

由于表单利用提交按钮发送 HTTP 请求，所以通过 form 表单元素发送 HTTP 请求也被称为提交 HTTP 请求。

(2) 文本输入框子元素。

定义语法：<input type="text" name="提交数据名称" value="提交数据初始值"/>。

将 input 的 type 属性值指定为 text，或者不定义 type 属性，就可以在表单中定义一个可用于用户输入的文本输入框，如果同时定义了 name 属性，则输入的文本会以 name 定义的参数名提交给服务器。如果还定义了 value 属性值，则该值将成为文本框中的初始值。

(3) 选择按钮子元素。

定义语法：<input type="radio|checkbox" name="n" value="v"/>。

将 input 元素的 type 属性值指定为 radio，就可以为表单定义单选按钮，type 属性值为 checkbox 时，将称为多选按钮。当为选择按钮定义了 name 和 value 属性值时，就可以在该按钮被选中时，向服务器提交按钮中的名-值对。

注意，和提交按钮不同，value 属性的取值并不会成为按钮的标题，表单中的按钮控件是没有标题的，如果需要为选择按钮添加标题，可以在此控件附近单独定义文本。

(4) 一般按钮和重置按钮子元素。

定义语法：<input type="button|reset" name="n" value="按钮标题"/>。

如果将 input 元素的 type 属性值定义为 button，则 input 元素将成为表单中的一个按钮，但单击该按钮后，并不会执行请求服务器的操作。这种按钮一般用于调用页面中的 JavaScript 代码。

当 input 元素的 type 属性值为 reset 时，将定义重置按钮，单击这种按钮会使得表单中所有的控件都恢复为初始值。

value 属性值用于定义按钮的标题。如果同时定义了 name 属性值，则表单在提交时，此按钮的 name 和 value 值将作为名值对，提交给服务器。

(5) 隐藏组件表单子元素。

定义语法：<input type="hidden" name="n" value="v"/>。

将 input 元素的 type 属性值设置为 hidden 时，就可以在表单定义一个不可见的隐藏组件，该组件可以用于存储不需要显示的名值对数据，一般用于 JavaScript 代码中的数据存储，或者记录当前表单中的一些关键数据。

和其他用 input 元素定义的组件类似，如果定义了隐藏组件的 name 和 value 属性值，则对应的名值对数据将被表单提交给服务器。

(6) 下拉列表或菜单元素。

下拉列表在表单中提供显示在矩形区域中的一组选项，用户可以选择其中的一个或者多个选项。下拉菜单是下拉列表的简化形式，只显示一个选择项，其他的选项可以通过单击选择项右侧的下拉标记进行菜单式的选择，如图 3-9 所示。

下拉列表或者菜单通过表单元素中的 select 子元素进行定义，它的子元素 option 用于定

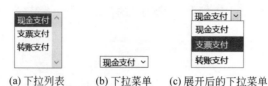

现金支付

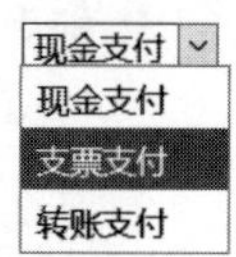

(a) 下拉列表　(b) 下拉菜单　(c) 展开后的下拉菜单

图 3-9　下拉列表和下拉菜单

义列表项,基本语法如下。

```
<select  name="n"  multiple  size="n">
   <option  value="选择值 1">列表选项文本 1</option>
   <option  value="选择值 2">列表选项文本 2</option>
   <!-- 其他 option 元素定义的列表项 -->
</select>
```

如果设置了 select 元素的 multiple 属性,则此下拉列表就可以在单击选项时按住 Ctrl 键来选中多项,或者通过按住 Shift 键选中连续的多项。

如果需要定义下拉菜单,只需要将 select 元素的 size 属性值设置为 1。

例 3-10 中定义了图 3-9(a)所示的下拉列表。

【例 3-10】 下拉列表定义示例。

```
<p>下拉列表</p>
<select  name="payment"  multiple="true"  size="4">
   <option  value="cash">现金支付</option>
   <option  value="check">支票支付</option>
   <option  value="bill">转账支付</option>
</select>
```

对于下拉列表或者菜单需要注意,当设置了 select 元素的 name 属性时,表单提交的是包含 select 元素 name 属性值和用户选择的列表项对应的 option 元素的 value 属性值;如果 select 元素通过包含 multiple 属性允许用户进行多选,则表单提交的是包含一组具有同一个 select 元素的 name 属性值的多个 option 元素的 value 属性值。例如,如果用户选择了现金支付和支票支付,则在表单提交该下拉列表的数据时,将包含以下文本内容:

```
payment=cash&payment=check
```

在 select 元素中使用多选(multiple)属性时还要注意,只要包含了这个属性,无论该属性取什么值,下拉列表都会具有多选特性。如果不需要多选特性,只需要去掉 select 元素的 multiple 属性定义即可。

(7) 多行输入文本框子元素。

定义语法:<textarea　name="n"　rows="n"　cols="m">初始文本</textarea>。

表单中可以通过 textarea 元素定义具有多行和多列的文本输入区,其中的 rows 和 cols 属性用于指定输入区的行数和列数,textarea 元素中间的文本将作为初始值显示在文本输入区。如果无须初始值,可以让 textarea 元素的起始和结束标记之间不含任何文本。

如果定义了 textarea 元素的 name 属性值,就可以在表单提交时,向服务器提交该输入框中用户输入的文本对应的名值对数据。由于 textarea 元素中可以存储较多的用户输入文本,所以当表单中包含该组件时,表单元素的 method 属性值通常被设置为"post"。

(8) 文件上传按钮表单子元素。

除去向服务器提交文本类型的名-值对数据之外,表单可以通过 input 元素构造文件上传组件,上传任意类型的文件。此时,form 需要设置一些相关的属性,才能保证数据上传的正确性，如例 3-11 所示。

【例 3-11】 带有文件上传组件的表单定义。

```
<!- 此处表单的提交方式必须设置为 post,
   且必须设置 enctype 属性为"multipart/form-data"。-->
<form  method="post"
       enctype="multipart/form-data">
   <input type="file"  name="n1" />
   <input type="submit"/>
</form>
```

(9) 字段组和标题子元素。

定义语法如下：

```
<fieldset>
<legend>分组标题</legend>
<!-- 表单组件定义或文本 -->
</fieldset>
```

fieldset 元素会为其中包含的组件或者文本生成一个矩形框线。如果在 fieldset 元素中定义了 legend 子元素，legend 中的文本会成为 fieldset 生成的边框线的标题。参见下面的例 3-12 中的 fieldset 和 legend 元素定义以及图 3-10 所示的显示效果。

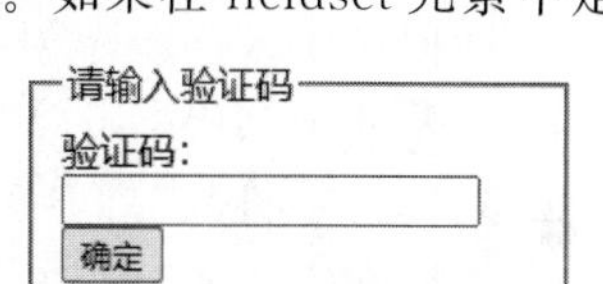

图 3-10 表单中的字段组框及标题

【例 3-12】 使用 fieldset 和 legend 生成分组框线。

```
<form>
<fieldset style="width:200">
<legend>请输入验证码</legend>
验证码:<input  name="vcode"><br/>
<input  type="submit"  value="确定"><br/>
</fieldset>
</form>
```

3.3 XML 文档

XML 是扩展标记语言(Extensible Markup Language,XML),XML 文档是采用 XML 语法进行数据存储的文本文件，扩展名一般是 xml。XML 文档和 HTML 文档都是源于 SGML 技术的标准化文本文件，两者均由万维网组织(W3C)定义其规范，XML 规范官网页面的 URL 是 https://www.w3.org/TR/xml。处理 XML 文档的程序被称为 XML 处理程序，例如，浏览器、Web 服务器程序、NetBeans IDE 都可以看成 XML 处理程序。在 JavaEE 规范中，XML 文档经常被用于程序的运行和配置信息的存储。和 HTML 文档类似，XML 文档由标记定义组成，包括元素的标记和元素的属性定义。XML 文档中的元素名和属性名区分大小写，标记定义的规则比 HTML 要更为规范和严格。

3.3.1 XML 文档的组成

XML 文档包括 3 部分：XML 声明、处理指示和 XML 元素。按照 XML 规范，一个 XML 文档应至少包含声明及元素两个部分，处理指示是可选的。例如，一个包含 Tomcat 部署授权用户信息的 tomcat-users.xml 文件的组成如例 3-13 所示。

【例 3-13】 tomcat-users.xml 文档内容组成。

```
<?xml  version="1.0"  encoding="UTF-8"?>
```

```
<tomcat-users>
  <user  password="1ctr61"  roles="manager-script,admin"  username="admin"/>
  <user  password="oaebc"  roles="manager-script,admin"  username="sa"/>
</tomcat-users>
```

1. XML 声明

XML 声明由“<?”开始，由“? >”结束。在“<?”后面紧跟着声明关键字 xml，其后必须指定 version 属性的取值，该值一般取"1.0"。声明中还有两个可选属性，分别是 standalone 和 encoding。

(1) standalone 属性。该属性表明该 XML 文档是否为一个独立的文件。如果这个属性取值为"no"，则表明 XML 文档需要和依赖文件一起联用，依赖文件中通常包含该文档中元素类型声明。当这个属性取值为"yes"时，表明该 XML 文档是完整的独立文档。

(2) encoding 属性。该属性指明 XML 文档存储的字符编码，这个属性功能类似于 HTML 中 meta 元素的 charset 属性，需要根据文件实际的存储编码进行指定，否则会导致文档中的一些字符，如中文出现乱码错误。常用的字符编码如下。

① 简体中文码 GB2312 和 GBK；

② 繁体中文码 BIG5；

③ 国际字符码 UTF-8；

④ 西文字符码 ISO-8859-1。

上述编码除 ISO-8859-1 之外，其余都支持中文的字符存储，本书将在第 5 章中继续介绍这些编码，通常，建议将文件存储编码和 encoding 属性值均设置为 UTF-8。

2. 处理指示

处理指示用来指示 XML 处理程序应调用哪些其他程序处理该 XML 文件，常见的处理指示是指定用于 XML 转换成其他文档格式的扩展样式单文件名，如下所示：

```
<?xml-stylesheet  href="transform.xsl"  type="text/xsl"?>
```

扩展样式单文件是一种 XML 文档，其中包含了将 XML 文档转换为其他格式文档的模板定义。本书不对扩展样式单进行讨论。

3. XML 元素

一个元素的定义由起始标记、结束标记以及标记之间的数据内容组成，在起始标记中可以包含零到多个属性定义，具体的语法形式如下：

```
<元素名  (属性名="属性值") * >数据内容</元素名>
```

在元素定义中，要注意起始标记和结束标记中的元素名要大小写完全一致，元素名不能以小写 xml 作为开头，第一个字符必须是下画线、26 个英文字符或者中文字符，后面可以包含数字和点(.)，但不能包含 XML 中的保留字符，如空格、引号、问号等符号。元素定义中的数据内容可以是不含标记定义的普通字符，也可以嵌套一个或多个其他元素的标记定义。例 3-14 是 Web 应用程序的配置文件 web.xml 中 web-app 元素的定义，该元素又嵌套包含 servlet 元素定义，servlet 元素又嵌套了包含了 servlet-name 和 servlet-class 两个元素的定义，这两个元素中的数据内容是不再包含元素定义的普通字符。

【例 3-14】 web-app 元素定义示例。

```
<web-app>
  <servlet>
    <servlet-name>hello</servlet-name>
    <servlet-class>web.HelloServlet</servlet-class>
```

```
  </servlet>
</web-app>
```

(1) 元素的内容模型和元素树。元素开始标记和结束标记之间的数据内容构成了元素的内容模型(Element Content Model,ECM)。如果 ECM 中包含其他元素定义,这种层次型的内容模型就形成了元素树,位于最外层的元素被称为根元素,一个 XML 文档中只能存在一个根元素。其余元素可以按照包含关系称为父元素和子元素。在树的叶结点中,元素开始和结束标记之间不含标记定义的字符构成了文本结点。例 3-14 的 servlet-name 和 servlet-class 元素都是元素树的叶结点,二者的开始和结束标记之间的 hello 和 web.HelloServlet 都是文本结点。

(2) 空元素。不含子元素和文本结点的元素被称为空元素。空元素的定义只能用使用<元素名/>的语法格式。例如,空元素 user 的正确的定义标记为<user/>,不能写成<user></user>。

当非空元素中没有包含子元素或文本结点时,也可以写成类似空元素的语法格式。例如,如果例 3-14 中的 web-app 根元素没有包含任何子元素,也可以写成<web-app/>。

(3) 元素的属性。一个 XML 元素可以具有一个或多个属性,XML 元素属性的定义语法和 HTML 中的属性定义语法相同,但要注意,XML 属性值两侧的引号不能省略,属性值应由可解析实体组成,属性值两侧的界定符要么全都使用单引号,要么全都使用双引号。

(4) 预定义实体引用和字符引用。当文本结点或属性值中含有元素和属性定义的界定字符时,由于这些字符不起到定义作用,所以应使用如表 3-2 所示的 XML 中预定义的实体名对应的实体引用表示法。注意,连字符(&)要使用实体引用的原因是它本身是实体引用的开始标识符。

表 3-2　实体引用表示法和 XML 中预定义的实体名及含义

需使用实体引用的字符	实体引用表示法	预定义的实体名及含义
>(大于号)	>	gt 为"大于"的英文单词组合 greater than 的首字母缩写
<(小于号)	<	lt 是"小于"的英文单词组合 less than 的首字母缩写
'(单引号)	'	apos 取自"单引号"的英文单词 apostrophe 的前 4 个字母
"(双引号)	"	quote 取自"双引号"的英文单词 quote 的前 4 个字母
&(连字符)	&	amp 取自"连字符号"的英文单词 ampersand 的前 3 个字母

表 3-2 中的字符除去使用实体引用表示法之外,也可以通过这些字符的 ASCII/Unicode 编码,采用字符引用对其进行表示,字符引用的表示语法如下:

```
&#字符的 ASCII/Unicode 编码十进制值;
&#x 字符的 ASCII/Unicode 编码的十六进制值;
```

例如,"<"代表小于号,">"代表大于号。实际上,文本结点和属性值中的字符都可以使用字符引用表示法。HTML 中的文本结点和属性值也可以使用字符引用。

(5) CDATA 结点。CDATA 结点的定义语法如下:

```
<![CDATA[[文本结点]]>
```

CDATA 结点作为文本结点的父结点时,表明该文本结点中的字符全部都应该按照字符本身的含义处理,实体引用和字符引用在此都失去了它的表示作用,仅表示其原始字符组成。CDATA 结点的使用例 3-15。

【例 3-15】 在 XML 文件中使用 CDATA 结点存储数据库连接和口令：

```
<properties  version='1.0'>
<entry key="dbUrl">
   <![CDATA[[jdbc:mysql://localhost:3306/mysql? useUnicode=
true&characterEncoding=gbk]]>
</entry>
<entry key="user">sa</entry>
<entry key="password"><!CDATA[[y&<'01]]></entry>
</properties>
```

如果不采用 CDATA 结点，该文档中 entry 元素的文本结点就必须使用实体引用：

```
<properties  version="1.0">
<entry  key="dbUrl">
   jdbc:mysql://localhost:3306/mysql? useUnicode=true&amp;characterEncoding=gbk
</entry>
<entry  key="user">sa</entry>
<entry  key="password">y&amp;&lt;&apos;01</entry>
</properties>
```

采用 CDATA 结点可以消除文本结点中的实体引用，既有利于整体 XML 文档的阅读和维护工作，也简化了 XML 处理程序的文档解析过程。

4. 格式良好的 XML 文档

在 XML 规范中，XML 文档必须格式良好(well-formedness)，具体要求如下。

(1) 文档的开始必须是 XML 声明。

(2) 包含数据内容的元素必须有起始标记和结束标记。

(3) 空元素必须只有开始标记，且开始标记必须以/>结束。

(4) 文档只能包含一个能够包含全部其他元素的根元素。

(5) 元素的标记定义只能嵌套不能重叠。

(6) 属性值只能由可解析实体构成，两侧必须使用单引号或者双引号界定。

(7) 字符<和 & 只能用于起始标记和实体引用。

(8) 实体引用中，不使用除预定义的 5 个实体名之外的任何未经定义的实体名。

3.3.2 DTD 约束

1. DTD 的组成

DTD(Document Type Definition，文档类型描述)用于定义 XML 文档中元素的组成规则，由扩展巴克斯-诺尔范式(Extended Backus-Naur Form，EBNF)标记定义组成，基本的语法格式如下：

```
<!元素、属性及标识规则描述>
```

DTD 的 EBNF 标记主要包括元素类型定义的 ELEMENT 声明、属性定义的 ATTLIST 声明、外部资源标识名定义的 NOTATION 声明、实体名定义的 ENTITY 声明。

2. 内部 DTD 约束和外部 DTD 约束

XML 文档可以在声明之后直接包含 DTD 的 EBNF 标记定义，这种 DTD 被称为内部 DTD 约束。加入了内部 DTD 约束之后的 XML 文件的结构如下：

```
<?xml version = "1.0"  encoding="UTF-8"  standalone = "yes"?>
<!DOCTYPE 根元素名[
  (<!元素、属性及标识规则描述>) *
]>
```

```
<根元素>
    <!--其他子元素及结点-->
</根元素>
```

外部 DTD 约束是将元素、属性及标识规则描述存入一个文本文件当中，以便该 DTD 可以被多个 XML 文件所共享，DTD 文件的扩展名一般为 dtd，文件第一行通常会添加 XML 声明，用于指定文件的存储编码，其余部分由 DTD 标记组成，内容组成如下：

```
<?xml  version="1.0"  encoding="存储编码名"?>
(<!元素、属性及标识规则描述>)*
```

XML 文档在使用外部 DTD 约束时，最好将 XML 声明中的 standalone 的属性值设置为 no，以表示该 XML 文档还要依赖于 DTD 文件约束其内容，如下所示：

```
<?xml version = "1.0" encoding="UTF-8"  standalone = "no"?>
```

之后就可以在 DOCTYPE 声明中使用 SYSTEM 或 PUBLIC 关键字引用 DTD 文件。

(1) 通过 SYSTEM 关键字引用外部 DTD 约束。

采用 SYSTEM 指明 DTD 文件的 URI，具体的语法如下：

```
<!DOCTYPE 根元素名  SYSTEM  "外部 DTD 文件的 URI">
```

例如，例 3-15 中的 XML 文件实际上是 XML 语法格式的 properties 文件，被广泛应用在 Java 应用程序中的名-值对信息的存储。这种 XML 文档的 DTD 约束由 properties.dtd 文件定义，该 DTD 文件所在的 URL 是 http://java.sun.com/dtd/properties.dtd。通过 SYSTEM 关键字引入 properties.dtd 文件中的外部 DTD 约束如例 3-16 所示。

【例 3-16】 XML 格式的 properties 文件使用 SYSTEM 引入 properties.dtd 中约束。

```
<?xml version="1.0" encoding="UTF-8"?>
<!DOCTYPE  properties  SYSTEM  "http://java.sun.com/dtd/properties.dtd">
<properties  version='1.0'>
  <!-- 其他元素定义省略-->
</properties>
```

如果通过 properties.dtd 所在的 URL 下载了该文件，并且下载后的 DTD 文件和当前 XML 文件位于同一个目录，则例中的 SYSTEM 后的 URL 可以改为本地 URI：

```
<!DOCTYPE  properties  SYSTEM  "properties.dtd">
```

(2) 通过 PUBLIC 关键字引入外部 DTD 约束。

PUBLIC 用于引入由权威机构制定，提供给特定专业领域使用的 DTD 文件。使用 PUBLIC 时需要在 DTD 的 URL 之前添加其应用领域的标识名，具体语法形式如下：

```
<!DOCTYPE  根元素  PUBLIC  "PUBLIC 标识名"  "外部 DTD 的 URL">
```

例如，Servlet 2.3 规范规定 Web 应用程序的部署描述文件 web.xml 中的元素应遵循 web-app_2_3.dtd 中的约束，该文件的 URL 为 http://java.sun.com/dtd/web-app_2_3.dtd，采用 PUBLIC 关键字引入该约束如例 3-17 所示。

【例 3-17】 web.xml 使用 PUBLIC 关键字引入 web-app_2_3.dtd 约束文件：

```
<?xml version="1.0" encoding="UTF-8"?>
<!DOCTYPE  web-app  PUBLIC  "-//Sun Microsystems, Inc.//DTD Web Application 2.3//EN"
                     "http://java.sun.com/dtd/web-app_2_3.dtd">
<web-app>
<!--- 子元素定义 -->
 </web-app>
```

3. ELEMENT 声明语句

元素类型声明(Element Type Declarations，ETD)采用 ELEMENT 关键字规定 XML 文

档中的元素名称和内容模型(ECM),ECM在DTD中也被称为元素类型。根元素及所有子元素都应存在对应的ETD,没有ETD的元素不能出现在该DTD约束的XML文档中。ETD的语法组成如下:

```
<!ELEMENT  元素名称  元素类型>
```

ETD中的元素类型可以使用ANY、EMPTY等关键字进行定义,也可以定义简单、复杂、混合等元素类型。

(1) ANY类型。当元素类型为ANY时,该元素的子元素可以由任意子元素或者文本结点组成,不受限制。一般情况下,不推荐使用ANY定义元素的类型,这样相当于没有对元素的组成进行约束。某些应用为了便于简化DTD中的ETD定义,有可能会将根元素的类型定义成ANY,如例3-18所示,root元素中出现的文本结点是合法的。

【例3-18】 XML文档的内部DTD中将根元素定义为ANY类型。

```
<?xml  version="1.0"?>
<!DOCTYPE  root[
  <!ELEMENT  root  ANY>
]>
<root>This is a Free Text!</root>
```

XML文档中的非根元素的类型很少使用ANY进行定义。

(2) EMPTY类型。EMPTY类型用于定义空元素,EMPTY是DTD中常用的元素类型声明。例如,Web应用程序部署描述文件web.xml的web-app_2_3.dtd约束文件中,对web.xml中的空元素distributable的定义如例3-19所示。

【例3-19】 空元素distributable的ETD定义。

```
<!ELEMENT  distributable  EMPTY>
```

按照此类型定义,web.xml中的distributable元素的标记定义应为<distributable/>。

(3) 简单类型。简单类型采用“(#PCDATA)”表示,其中PCDATA关键字代表的是可解析字符数据(parsed character data),这种元素的内容模型就是不含子元素定义的文本结点,参见例3-20所示的web-app_2_3.dtd文件中对元素description的定义。

【例3-20】 简单类型元素description的ETD定义。

```
<!ELEMENT  description  (#PCDATA)>
```

按此类型描述,web.xml文件中的description元素的一个合法标记定义就是:

```
<description>这是一个用于分派所有请求的Servlet</description>
```

(4) 复杂类型。复杂类型元素采用“(子元素名称列表)”的定义形式,表示元素定义标记中包含一个或多个子元素定义。当子元素数量多于一个时,列表中各个子元素名称之间应采用逗号分隔,参看例3-21所示的web-app_2_3.dtd约束文件对servlet-mapping元素类型定义。

【例3-21】 复杂类型元素servlet-mapping的ETD定义:

```
<!ELEMENT  servlet-mapping  (servlet-name, url-pattern)>
<!ELEMENT  servlet-name  (#PCDATA)>
<!ELEMENT  url-pattern  (#PCDATA)>
```

在复杂类型的定义中,用逗号分隔的子元素排列次序代表着它们在父元素中出现的先后次序。符合此约束的web.xml中一个合法的servlet-mapping元素的标记定义,一定要先出现子元素servlet-name,然后再出现url-pattern,如下所示:

```
<servlet-mapping>
```

```
<servlet-name>web.HelloServlet</servlet-name>
<url-pattern>/hello</url-pattern>
</servlet-mapping>
```

复杂类型定义中的子元素名称后面还可以使用“+”、“?”、“*”等符号对其出现的次序进行规定：

+代表该元素可以出现 1 到多次；

? 代表该元素可以出现 0 到 1 次；

* 代表该元素可以出现 0 到多次。

这些符号由于表示的是规则而不是符号本身，所以被称为元字符，属于正则表达式中的克林算子(Kleene operators)，具体语法参见例 3-22 所示的 web-app_2_3.dtd 约束文件中对 welcome-file-list 和 auth-constrain 元素的子元素定义。

【例 3-22】 welcome-file-list 和 auth-constrain 元素的 ETD 定义。

```
<!ELEMENT welcome-file-list  (welcome-file+)>
<!ELEMENT  welcome-file  (#PCDATA)>
<!ELEMENT  auth-constraint  (description?, role-name*)>
<!ELEMENT  role-name  (#PCDATA)>
```

在 web.xml 文件中，按照上述 ETD 的定义规则，一个合法的 welcome-file-list 元素的标记定义如下：

```
<welcome-file-list>
   <!—此处可以有多个 welcome-file 子元素,因为它在 ETD 中被定义为可以出现 1 次或多次-->
  <welcome-file>index.htm</welcome-file>
  <welcome-file>index.html</welcome-file>
</welcome-file-list>
```

一个合法的 auth-constrain 元素的定义标记如下：

```
<auth-constrain>  <!--此处省略了 description 子元素,因为它在 ETD 中被定义为可选的-->
<role-name>manager</role-name>
</auth-constrain>
```

复杂类型中的子元素名称之间可以采用元字符“|”分隔，代表可以选择其中的一个作为合法子元素，还可以使用小括号对元字符的作用范围进行限定。参见例 3-23 中的 web-app_2_3.dtd 约束文件中对 error-page 的元素类型定义。

【例 3-23】 error-page 元素的 ETD 定义。

```
<!ELEMENT  error-page  ((error-code | exception-type), location)>
<!ELEMENT  error-code  (#PCDATA)>
<!ELEMENT  exception-type  (#PCDATA)>
<!ELEMENT  location  (#PCDATA)>
```

在 web.xml 中，按照上述 ETD 的规则定义，error-page 的 ETD 定义中小括号内部子元素 error-code 和 exception-type 可以选择其中的一个，和 location 一起形成 error-page 的子元素，所以下面左、右两个 error-page 元素的标记定义都是合法的：

```
<error-page>                    <error-page>
  <error-code>404</error-code>    <exception-type>java.lang.Excetpion</exception-type>
  <location>                      <location>
  /WEB-INF/pages/404.html         /WEB-INF/pages/total-exception.jsp
  </location>                     </location>
</error-page>                   </error-page>
```

(5) 混合类型。混合类型描述采用“(#PCDATA |子元素)*”的格式，表示元素的开始

和结束标记中即可以有可解析实体，也可以包含多个指定的子元素定义，还可以两者混合。如果出现的子元素有多个，每个子元素名之间也用“|”分隔。定义混合类型时，#PCDATA 必须出现在左侧小括号后的第一个位置。参见例 3-24，一个 XML 文件中的内部 DTD 对根元素 descriptions 的混合类型定义以及在其元素定义中的具体应用格式。

【例 3-24】 XML 文档的内部 DTD 将根元素 descriptions 定义为混合类型：

```
<?xml version="1.0"?>
<!DOCTYPE descriptions[
  <!ELEMENT descriptions (#PCDATA|description)*>
  <!ELEMENT description (#PCDATA)>
]>
<descriptions>
    this is mixed note
    <description>this is description for demo</description>
    <description>there are many descriptions here</description>
</descriptions>
```

书写 ETD 时需要注意，每个元素只能有一个 ETD，不同的 ETD 定义中不能出现相同的元素名。另外，ETD 定义没有次序要求。

4. ATTLIST 声明语句

ALD，即属性列表声明(Attribute-List Declarations)，采用关键字 ATTLIST 为元素定义其所需的属性，语法如下：

```
<!ATTLIST 元素名 (属性名 属性类型 缺省取值)*>
```

例如，开源 Java Web 框架 Spring 的组件配置 XML 文件的约束 DTD 文件 spring-beans.dtd 可以通过 http://www.springframework.org/dtd/spring-beans.dtd 下载，该 DTD 文件中对组件元素 bean 及其属性 id、name 和 class 等属性的声明参见例 3-25。

【例 3-25】 spring-beans.dtd 对 bean 元素及其 id、name、class 属性的声明。

```
<!ELEMENT bean (description?, (constructor-arg | property | lookup-method |
replaced-method)*)>
<!ATTLIST bean id ID #IMPLIED>
<!ATTLIST bean name CDATA #IMPLIED>
<!ATTLIST bean class CDATA #IMPLIED>
```

同一个元素的多个属性声明可以通过多个 ATTLIST 语句进行定义，也可以合并在一个 ATTLIST 语句中进行定义。将本例中 id、name 和 class 三个属性声明语句合并成一个 ATTLIST 语句如下所示：

```
<!ATTLIST bean id ID #IMPLIED
          name CDATA #IMPLIED
          class CDATA #IMPLIED>
```

结合属性定义的语法，可以看到例 3-25 中出现了 ID 和 CDATA 两种属性类型，而属性的缺省取值全部都采用了#IMPLIED 的形式。以下讨论属性的缺省取值和属性的类型。

(1) 属性的缺省取值。

① 可选属性#IMPLIED，具体的语法如下：

```
<!ATTLIST 元素名 属性名 属性类型 #IMPLIED>
```

这种属性在元素的标记定义中是可选的。按此规则，例 3-25 的 DTD 中 bean 元素的 id、name、class 属性在 bean 元素中可以出现，也可以不出现。因此，在 Spring 组件配置 XML 文件中，以下 bean 元素定义都是合法的：

```
<bean  id="m1Bean"  class="edu.spring.M1"/>  <!-- 省略了 name 属性 -->
<bean  name="m2Bean"  class="edu.spring.M2"/>  <!-- 省略了 id 属性 -->
```

② 固定属性 #FIXED,这种属性在定义时需指定其固定取值,具体的语法形式如下:

```
<!ATTLIST  元素名  属性名  属性类型  #FIXED  "属性固定取值">
```

固定取值的属性是可选的,但一旦元素的标记定义中出现了该属性,就必须采用其固定值。如例 3-26 所示,在 XML 格式的 properties 文件的 properties.dtd 约束文件中,就为其根元素 properties 声明了固定属性 version:

【例 3-26】 properties.dtd 中对 properties 元素的固定属性 version 的定义。

```
<!ELEMENT  properties  ( comment?, entry* ) >
<!ATTLIST  properties  version  CDATA  #FIXED  "1.0">
```

按此定义,在其被约束的 XML 文档中,以下 properties 元素的定义是合法的:

```
<properties  version="1.0"></properties>
```

下面没有任何属性定义的 properties 元素也是合法的,此时 version 值将自动取 1.0:

```
<properties></properties>
```

但下面的这个 properties 元素的定义就是错误的,因为 version 属性被指定成了 1:

```
<properties  version="1"></properties>
```

③ 强制属性 #REQUIRED,具体的语法形式如下:

```
<!ATTLIST  元素名  属性名  属性类型  #REQUIRED>
```

强制属性必须出现在元素的标记定义中,不能省略该属性的定义。例如,properties.dtd 文件中为 entry 元素定义的 key 属性即为一个强制属性,如例 3-27 所示。

【例 3-27】 properties.dtd 中对 entry 元素的强制属性定义。

```
<!ELEMENT  entry  (#PCDATA) >
<!ATTLIST  entry  key  CDATA  #REQUIRED>
```

按照这个属性定义,该 DTD 约束的 XML 文档中以下元素的标记是合法的:

```
<entry  key="dbUrl">jdbc:odbc:mydb</entry>
```

以下包含一个缺少了 key 属性定义的 entry 元素将被判定为不合法的元素标记定义:

```
<entry >admin</entry >
```

④ 缺省属性,这种属性在定义时需要直接给出属性的缺省取值,具体的语法形式如下:

```
<!ATTLIST  元素名  属性名  属性类型  "属性的缺省取值">
```

缺省属性是可选的,如果元素的标记定义中没有该属性,则该属性自动取 ATTLIST 语句中给出的缺省取值;如果元素的定义中包含了该属性,则取实际定义中给出的属性值。如例 3-28 所示,通过 XML 文档内部 DTD 中为 book 根元素定义了缺省类型的 store 属性,在下面的第二个 book 元素定义中没有给出 store 属性定义,这个元素也是合法的元素定义,此时该 book 元素的 store 属性自动取值为 1。

【例 3-28】 XML 文档的内部 DTD 为 book 元素定义的缺省属性 store,取值为 1。

```
<?xml  version="1.0"?>
<!DOCTYPE  books[
  <!ELEMENT  books  (book)* >
  <!ELEMENT  book  (#PCDATA) >
  <!ATTLIST  book  store  CDATA  "1">  <!--缺省属性的定义-->
  <!ATTLIST  book  no    ID  #REQUIRED>
]>
<books>
```

```
    <book store="10" no="b11">Follow ME</book>
    <book no="b15">Red and Black</book>
</books>
```

(2) 属性类型。

属性类型可以是 CDATA、ID、IDREF/IDREFS、枚举、NMTOKEN/NMTOKENS 等类型。

① CDATA 类型。这种类型的属性值中如果包含标记/属性定义中的界定字符或者连字符时,需要采用其实体引用表示,除此之外没有其他的限制。参看例 3-28 中的 book 元素的 store 属性定义类型。

② ID 类型。这种类型要求属性值必须是一个合法的 XML 标识,即只能以下画线或 26 个英文字母/汉字开头,其后可以是数字、字母/汉字和下画线等组成的标识。例如,a2 和_9 都是合法的 ID 取值,但 2a 和 99 都不是合法的 ID 值。另外,ID 类型的属性取值还要保证该标识必须在当前 XML 文档中是唯一的,不能和其他 ID 类型的属性值相同。参看例 3-28 的 book 元素的 no 属性定义类型,注意 no 的属性取值完全符合 ID 类型的属性取值要求。按照 XML 规范,一个元素只能有一个 ID 类型的属性。

③ IDREF/IDREFS 类型。IDREF 类型的属性取值应为当前文档中另一元素的 ID 类型属性值,表示这个属性取值为其指向的元素。IDREFS 类型的属性取值是由空格隔开的多个 ID 属性值,用于指向多个具有相同 ID 属性值的元素。在 Spring 框架的组件配置文件中,代表组件定义的 bean 元素中的属性取值往往是另一组件的实例,所以 bean 元素中的 property 子元素中包含的 ref 元素的 local 属性被定义为 IDREF 类型,用于指向该属性对应的另一个组件,如例 3-29 所示。

【例 3-29】 spring-beans.dtd 中 ref 元素的 local 属性和其他相关元素及属性定义。

```
<!ATTLIST ref local IDREF #IMPLIED>
<!ELEMENT ref EMPTY>
<!ELEMENT property (description?, (bean | ref | idref | value | null | list | set |
map | props)?)>
<!ATTLIST property name CDATA #REQUIRED>
<!ELEMENT bean (description?, (constructor-arg | property | lookup-method |
replaced-method) * )>
<!ATTLIST bean id ID #IMPLIED class CDATA #IMPLIED>
```

按照上述的 DTD 定义,以下 Spring 组件的 XML 配置文件的片段表示了两个 bean 组件之间的关系:类型为 edu.spring.M2,id 为 m2Bean 的 bean 组件中的 message 属性值是 id 为 m1Bean,类型为 edu.spring.M1 的 bean 组件,如图 3-11 所示。

```
<bean id="m1Bean" class="edu.spring.M1"/>
<bean id="m2Bean" class="edu.spring.M2">
    <property name="message">
        <ref local="m1Bean"/>
    </property>
</bean>
```

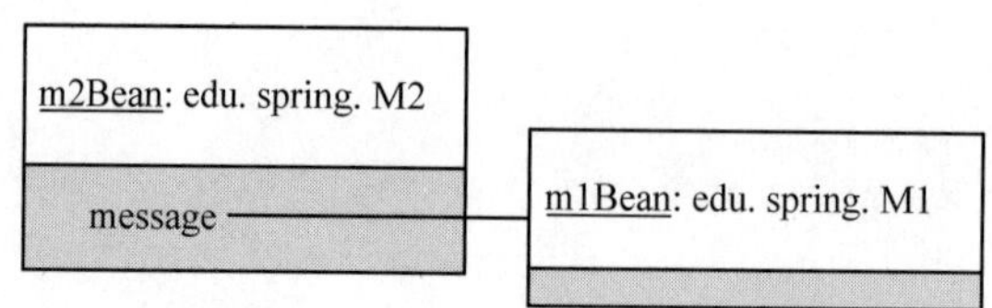

图 3-11 Spring 的两个组件之间的依赖关系

④ 枚举类型。这种属性类型由(预设值列表)语法形式组成,注意预设值的两侧无须使用引号,预设值列表中的成员之间采用竖线分隔,属性取值应从预设值列表中选择其中的一个预设值。例 3-30 显示了 spring-beans.dtd 中根元素 beans 的枚举属性定义。

【例 3-30】 spring-beans.dtd 文件中对 beans 元素的枚举类型的属性定义。

```
<!ELEMENT  beans  ( description?, ( import | alias | bean ) * )>
<!ATTLIST  beans  default-lazy-init  ( true | false )  "false">
```

按照以上 DTD 定义,以下 Spring 组件 XML 配置文件的 beans 元素定义是合法的。

```
<beans  default-lazy-init="true"></beans>
```

⑤ NMTOKEN/NMTOKES 类型。NMTOKEN 类型的属性取值必须符合 XML 中的元素名组成规则,而 NMTOKES 类型的属性取值要求是用空格分隔的多个 NMTOKEN 属性值。参见例 3-31 的 XML 文档中内部 DTD 定义的示例。

【例 3-31】 内部 DTD 中空元素 part 的 NMTOKEN/NMTOKENS 类型属性定义示例。

```
<?xml  version="1.0"?>
<!DOCTYPE  part[
    <!ELEMENT  part  EMPTY>
    <!ATTLIST  part  id-no  NMTOKEN  #REQUIRED  catalog  NMTOKENS  #IMPLIED>
]>
<part  id-no="w21-2020"  catalog="battery  dengarous "/>
```

5. NOTATION 声明语句

NOTATION 关键字用于声明外部资源的标识名,这些外部资源可以是图像、声音、视频、应用程序等二进制文件,也可以是非 XML 格式的其他类型的文本文件,XML 规范将这些外部资源称为“非解析实体”(unparsed entity)。在 NOTATION 语句声明中,可以在 SYSTEM 关键字后面加上非解析实体的 MIME 类型或其处理程序所在的 URI,定义这些外部资源的 MIME 类型或者处理程序对应的标识名,其语法如下:

```
<!NOTATION  标识名  SYSTEM  "MIME 类型或者处理程序的 URI">
```

也可以通过 SYSTEM 或 PUBLIC 关键字和外部资源所在的 URI,直接为非解析实体定义它的标识名:

```
<!NOTATION  标识名  SYSTEM  "外部资源的 URI">
```

或

```
<!NOTATION  标识名  PUBLIC  "PUBLIC 标识名"  "外部资源的 URI">
```

NOTATION 声明的标识名可以用于元素 NOTATION 类型的属性取值,代表需要在 XML 文档中引入这些外部的非解析实体。NOTATION 类型属性的定义语法如下:

```
<!ATTLIST  元素名  属性名  NOTATION  (标识名列表)  缺省取值>
```

在 ATTLIST 定义语句中,如果标识名列表中的 NOTATION 标识名多于一个,应采用竖线分隔每个标识名。

例 3-32 中演示了在 XML 文档中如何使用 NOTATION 声明的标识名为媒体文件元素定义其播放的程序。首先,该文档内部 DTD 通过 NOTATION 语句声明了代表视频资源的 mp4 标识,该标识代表对应的播放程序是位于/usr/bin/目录中的 vlc;然后又通过 NOTATION 语句和 audio/x-mpeg 的 MIME 类型声明了代表音频资源的 mp3 标识。最后,为媒体文件元素定义了 NOTATION 类型的播放属性。通过这些声明和定义,就可以在 XML 文档中指定 ERWin.mpg 的媒体文件的播放程序为 vlc,Sound.mp3 媒体文件的播放程序为系统中注册的处理 audio/x-mpeg 类型声音的播放程序。

【例 3-32】 NOTATION 标识名和 NOTATION 类型的属性定义。

```
<?xml version="1.0"  encoding="UTF-8"?>
<!DOCTYPE 文件[
    <!NOTATION  mp4  SYSTEM  "/usr/bin/vlc">
    <!NOTATION  mp3  SYSTEM  "audio/x-mpeg">
    <!ELEMENT  文件  (媒体文件*)>
    <!ELEMENT  媒体文件  (#PCDATA)>
    <!ATTLIST  媒体文件  播放  NOTATION ( mp3 | mp4 )  #REQUIRED>
]>
<文件>
<媒体文件  播放="mp4">ERWin.mpg</媒体文件>
<媒体文件  播放="mp3">Sound.mp3</媒体文件>
</文件>
```

需要注意,按照 XML 规范,不能为空元素定义 NATATION 类型的属性,并且一个元素只能具有一个 NOTATION 类型的属性。

6. ENTITY 声明语句

如果 NOTATION 声明的是外部资源的 MIME 类型或处理程序的标识名,可以通过 ENTITY 关键字为其进一步声明该 MIME 或处理程序的具体的非解析实体名,这种实体名可作为元素的 ENTITY 或 ENTITIES 类型的属性取值。另外,ENTITY 声明语句也可以定义一个用于引用可解析实体(parsed entity)的实体名。

(1) 声明非解析实体的实体名。

在 ENTITY 声明语句中,通过 SYSTEM 关键字指定非解析实体所在的 URI,同时通过 NDATA 关键字指定该资源的 NOTATION 标识名,就可以定义具体的非解析实体的实体名,定义语法如下:

```
<!ENTITY  实体名  SYSTEM  "非解析实体的 URI"  NDATA  NOTATION 标识名>
```

使用这种实体名作为属性取值的 ENTITY/ENTITIES 类型的属性声明语法如下:

```
<!ATTLIST  元素名  属性名  ENTITY  缺省值>
<!ATTLIST  元素名  属性名  ENTITIES  缺省值>
```

在 XML 文档中,ENTITY 类型的属性值只能包含一个非解析实体的实体名;而 ENTITIES 类型的属性值可以包含空格分开的多个非解析实体的实体名。

和 NOTATION 类型的属性不同的是,一个元素可以有多个 ENTITY 或 ENTITIES 类型的属性,空元素也可以具有 ENTITY 或者 ENTITIES 类型的属性。

例 3-33 中的内部 DTD 通过 NOTATION 声明了 video/quicktime 的视频标识 mov 和 application/octet-stream 的程序标识 app。之后通过 ENTITY 声明了对应于 video/quicktime 的两个实体名 moon 和 sun,表示两个实际的视频文件;以及对应于 application/octet-strean 的两个实体名 vlc 和 parole。最后,为空元素"视频"定义了"文件"和"播放"两个 ENTITY/ENTITIES 类型的属性。DTD 后的 XML 文档中视频元素的"文件"和"播放"的属性值均应取对应的实体标识。

【例 3-33】 ENTITY 声明语句和 ENTITY 及 ENTITIES 类型的属性定义。

```
<?xml  version="1.0"  encoding="UTF-8"?>
<!DOCTYPE  媒体库[
  <!NOTATION  mov  SYSTEM  "video/quicktime">
  <!NOTATION  app  SYSTEM  "application/octet-stream">
  <!ENTITY  moon  SYSTEM  "moon.mov"  NDATA  mov>
  <!ENTITY  sun  SYSTEM  "sun.mov"  NDATA  mov>
```

```
  <!ENTITY  vlc  SYSTEM  "/usr/bin/vlc"  NDATA  app>
  <!ENTITY  prl  SYSTEM  "/usr/bin/parole"  NDATA  app>
  <!ELEMENT  媒体库  (视频*)>
  <!ELEMENT  视频  EMPTY>
  <!ATTLIST  视频  文件  ENTITY  #REQUIRED  播放  ENTITIES  #IMPLIED>]>
<媒体库>
   <视频  文件="moon"  播放="vlc  prl"/>
   <视频  文件="sun"  播放="vlc  prl"/>
</媒体库>
```

(2) 声明用于引用可解析实体的实体名。

在 XML 中,可解析实体是指符合 XML 规范的文本字符,可解析实体名用于代表这种可解析实体,如果需要引用这种可解析实体对应的文本,仅需要按照特定的语法格式指定该实体名。一旦需要对文本内容进行全局性的替换,只需要修改定义处的这段文本,就可以完成全局的文本改动。ENTITY 关键字可以声明两种可解析实体的实体名,分别是通用实体名(general entity name)和参数实体名(parameter entity name)。

① 通用实体名声明的语法格式如下。

```
<!ENTITY  通用实体名  "可解析实体的字符组成">
```

也可以通过 SYSTEM 关键字引入外部文本文件中的内容作为实体名:

```
<!ENTITY  通用实体名  SYSTEM  "外部文本文件 URI">
```

通用实体名应符合 XML 元素名的命令规则。在 XML 文档中的文本结点或属性值中通过"& 实体名;"的语法格式,就可以引用其代表的文本字符,参看例 3-34。

【例 3-34】 在 XML 文档中利用内部 DTD 中定义的通用实体名使用实体引用。

```
<?xml  version="1.0"  encoding="UTF-8"?>
<!DOCTYPE  Web 页面[
  <!ENTITY  title  "默认页面,包括 &htm;和 &jsp;">
  <!ENTITY  htm  ".htm">
  <!ENTITY  jsp  ".jsp">
<!ENTITY  mime  "text/html">
<!ELEMENT  Web 页面  (说明, 首页文件)>
<!ELEMENT  说明  (#PCDATA)>
<!ELEMENT  首页文件  (文件*)>
<!ELEMENT  文件  (#PCDATA)>
  <!ATTLIST  首页文件  类型  CDATA  #REQUIRED >
]>
<Web 页面>
      <说明>&title;</说明>
      <首页文件 类型="&mime;">
       <文件>index&htm;</文件>
       <文件>index&jsp;</文件>
      </首页文件>
</Web 页面>
```

从例 3-34 可以看出,引用实体名的语法格式和使用方式和 XML 内置的 5 个实体引用完全是一致的,都可以用在文本结点或者属性值中。另外,在定义引用的文本时,还可以加入其他的实体引用,但要注意,引用的文本中不能直接或间接地包含自身的实体引用。

② 参数实体名声明的语法格式如下。

```
<!ENTITY  %  参数实体名  "可解析实体的字符组成">
```

也可以通过 SYSTEM 关键字引用外部文本文件中的内容作为参数实体名:

```
<!ENTITY  %  参数实体名  SYSTEM  "外部文本文件 URI">
```

参数实体名应按照和通用实体名相同的规则命名,注意在参数实体名的定义中,百分号(%)和参数实体名之间要隔开一个或者多个空格。

在 DTD 文件中,通过"%实体名;"的语法格式,就可以引用其所代表的文本字符。需要注意的是,参数实体名只能在外部 DTD 文件中进行引用,内部 DTD 不能使用参数实体名的引用语法;必须先定义参数实体,才能对其进行引用。在例 3-35 中,将例 3-34 中的内部 DTD 约束移动到了外部 webpage.dtd 文件中,并将通用实体 htm 和 jsp 改成了参数实体名定义,此外还定义了参数实体名 content,用于"Web 页面"元素的 ETD 定义。

【例 3-35】 webpage.dtd 文件中的参数实体名的定义和使用。

```
<?xml version="1.0" encoding="UTF-8"?>
<!ENTITY  %  htm  ".htm">
<!ENTITY  %  jsp  ".jsp">
<!ENTITY  title  "默认页面,包括%htm;和%jsp;">
<!ENTITY  %  content  "说明,首页文件">
<!ENTITY  mime  "text/html">
<!ELEMENT  Web页面  (%content;)>
<!ELEMENT  说明  (#PCDATA)>
<!ELEMENT  首页文件  (文件*)>
<!ELEMENT  文件  (#PCDATA)>
<!ATTLIST  首页文件  类型  CDATA  #REQUIRED>
```

在 webpage.xml 文件中,通过 SYSTEM 关键字引用此外部 DTD 的约束:

```
<?xml  version="1.0"  encoding="UTF-8" standalone="no"?>
<!DOCTYPE  Web页面 SYSTEM  "webpage.dtd">
<Web页面>
      <说明>&title;</说明>
      <首页文件 类型="&mime;">
       <文件>index.jsp</文件>
       <文件>index.htm</文件>
      </首页文件>
</Web页面>
```

3.3.3 Schema 约束

DTD 中对 XML 文档中元素的组成规则定义缺乏对类似日期、数值等细化类型支持,使用的 EBNF 语法也不同于 XML 标准语法。为此 W3C 采纳了微软公司提出的 Schema 约束作为更精细化的约束标准。Schema 采用 XML 语法对元素进行类型的定义和声明,被约束的 XML 文档是相应 Schema 约束的一个实例文档。可以通过 W3C 提供的官网(https://www.w3.org/TR/xmlschema-1)了解 Schema 规范的主体组成。和 DTD 分为内部和外部两种约束不同,Schema 约束必须写在外部 XML 文件中,文件的扩展名一般为 xsd。Schema 的编写和引用都要借助于 XML 中的名称空间(namespace)。

1. 名称空间

名称空间是采用 URI 为标识的名称集合,这些名称可以作为 XML 文档中元素名的前缀(prefix),和元素名之间采用冒号(:)分隔,多用于表示该元素及其子元素遵循的约束条件,也可解决名称冲突问题。名称空间通过名为"xmlns: 前缀",值为对应 URI 的元素属性进行声明,一个元素可以声明多个名称空间的前缀,具体的语法如下:

```
<前缀:元素名  (xmlns:前缀="URI") * >
  <!--  子元素名称前面也可以使用父元素定义的名称空间前缀 -->
```

</前缀:元素名>

(1) NCName 和 QName。

名称空间的前缀应遵循 XML 元素名的命名规则，不能含有冒号(:)，这种格式的名称在 Schema 规范中被称为 NCName，意为 Namespace Convention Name，即名称空间约定名。采用 NCName: NCName 格式表示的名称则被称为 QName，意为 Qualified Name，即全限定名。注意，元素的全限定名中只能包含一个冒号。

元素的属性名也可以添加声明的名称空间前缀，这种以全限定名表示的属性是全局属性，XML 处理程序将按照名称空间的 URI 对全局属性进行处理或者合法性检验。

(2) 名称空间的 URI。

由于名称空间采用 URI 进行标识，所以具有相同 URI 的不同前缀代表的都是同一名称空间。名称空间的 URI 仅具有标识作用，并不一定真实有效；一些标准化 XML 文档中的名称空间的 URI 往往有特定要求。例如，在 Schema 规范中，schema 根元素的名称空间 URI 必须是 http://www.w3.org/2001/XMLSchema，该 URI 实际上是 Schema 规范所处页面的 URL。例 3-36 的 sample.xsd 文件显示了一个基本 Schema 文件中的名称空间声明。

【例 3-36】 sample.xsd 文件中的名称空间和前缀声明。

```
<?xml  version="1.0"?>
<xs:schema  xmlns:xs="http://www.w3.org/2001/XMLSchema"  targetNamespace=
"http://sample/np">
   <xs:element  name="welcome-file"  type="xs:string"/>
</xs:schema>
```

示例中 schema 和 element 的 xs 前缀代表了 Schema 规范的名称空间。实际上，Schema 文件中只要保证根元素的名称空间 URI 的取值，采用任何合法的前缀名都是正确的。

(3) 缺省名称空间。

如果一个 XML 文件中的大部分元素都属于同一个名称空间，可以将该名称空间声明为没有前缀的缺省名称空间。缺省名称空间直接采用 xmlns 作为属性名声明其 URI，如例 3-37 所示。在包含缺省名称空间声明的 XML 文档中，由于所有不带前缀的元素名都属于缺省名称空间，所以这些元素名称的 NCName 就是其 QName。

【例 3-37】 添加了缺省的名称空间声明的 sample.xsd 文件。

```
<?xml  version="1.0"?>
<xs:schema  xmlns="http://sample/np"  <!--缺省的名称空间-->
          xmlns:xs="http://www.w3.org/2001/XMLSchema"
targetNamespace="http://sample/np">
   <xs:element  name="welcome-file"  type="xs:string"/>
</xs:schema>
```

2. 实例文档引用 Schema 约束的方式

(1) 通过目标名称空间的 URI 引用 Schema 约束。

如例 3-37 所示，当 Schema 文件的根元素通过 targetNamespace 属性定义了目标名称空间 URI 时，实例文档就可以通过 http://www.w3.org/2001/XMLSchema-instance 名称空间中的全局属性 schemaLocation 设置目标名称空间和 Schema 文件的 URI，引入该约束。

① Schema 约束文件一般通过 schema 根元素的 targetNamespace 属性定义目标名称空间的 URI。为了便于 Schema 约束中名称空间的区分和标记的编写，通常会将此目标名称空间 URI 声明为 schema 根元素的缺省名称空间，对应的 XML 语法如下：

```
<xs:schema  targetNamespace="目标名称空间 URI"  xmlns="目标名称空间 URI"
          xmlns:xs="http://www.w3.org/2001/XMLSchema">
          <!--Schema 中其他内容组成-->
</xs:schema>
```

② 实例文档一般是通过将在根元素中将全局属性 schemaLocation 值设为白空格分隔的目标名称空间 URI 和 Schema 文件 URI 引入对应 Schema 约束文件，XML 语法如下：

```
<前缀:根元素  xmlns:前缀="目标名称空间 URI"
           xmlns:xsi="http://www.w3.org/2001/XMLSchema-instance"
           xsi:schemaLocation="目标名称空间 URI  Schema 约束文件的实际 URI">
</前缀:根元素>
```

本书将实例文档中的 http://www.w3.org/XMLSchema-instance 名称空间的前缀统一声明为 xsi，即 XML Schema Instance 的首字母缩写，以示该文档是 Schema 约束的一个实例。

实例文档的根元素还可以声明多个 Schema 约束文件的目标名称空间的前缀，之后将 schemaLocation 属性值设置为多对由白空格分隔的目标名称空间 URI 和 Schema 文件的实际 URI，就可以引入多个 Schema 文件代表的约束，参见例 3-38。该例是一个 Spring 的 XML 配置文件中的内容，通过 schemaLocation 属性引入了 spring-beans.xsd 作为缺省名称空间代表的约束，同时还引入了 spring-context.xsd 作为名称空间前缀 context 代表的约束。

【例 3-38】 引入了两个 Schema 约束文件的 Spring 的 XML 配置文件。

```
<?xml version="1.0" encoding="UTF-8"?>
<beans  xmlns="http://www.springframework.org/schema/beans"
     xmlns:context="http://www.springframework.org/schema/context"
     xmlns:xsi="http://www.w3.org/2001/XMLSchema-instance"
     xsi:schemaLocation="http://www.springframework.org/schema/beans
              http://www.springframework.org/schema/beans/spring-beans.xsd
              http://www.springframework.org/schema/context
              http://www.springframework.org/schema/context/spring-context.xsd" >
   <context:component-scan  base-package="beans"/>
   <bean  class="org.springframework.beans.factory.config.
PropertyPlaceholderConfigurer"/>
        <property name="location"  value="message.properties"/>
   </bean>
</beans>
```

（2）引入不含目标名称空间定义的 Schema 约束文件。

如果 Schema 文件的根元素没有通过 targetNamespace 属性定义目标名称空间 URI，这时实例文档可以通过在根元素中利用 http://www.w3.org/2001/XMLSchema-instance 名称空间中的全局属性 noNamespaceSchemaLocation 值对其进行引入，相应的 XML 语法如下：

```
<根元素   xmlns:xsi="http://www.w3.org/2001/XMLSchema-instance"
         xsi:noNamespceSchemaLocation="Schema 约束文件的实际 URI">
</根元素>
```

noNamespaceSchemaLocation 属性只能引入一个不带目标名称空间定义的 Schema 约束文件，同时实例文档中的元素名也不能使用名称空间前缀代表自身所在的 Schema 约束。由于存在这些不足，在实际应用当中较少采用这种不含目标名称空间的 Schema 约束文件。

3. Schema 文件的内容组成

Schema 约束由 http://www.w3.org/2001/XMLSchema 名称空间中的根元素 schema 及其子元素组成，为了方便论述，本书在 Schema 文件中统一使用 xs 作为此名称空间的前缀。Schema 规范将 schema 根元素的子元素称为组件(component)，主要包括声明(declaration)和定义(definition)两大类组件,其中声明组件用于约束XML实例文档中元素和属性的名称和构成,定义组件用于定义Schema中可用于其他组件的组件。由于Schema采用XML语法格式描述组件的构成,为了区别于XML实例文档中的元素,不引起论述上的混淆,除去XML语法及示例之外,本书采用＜元素名＞的形式表示Schema中构成相关组件的元素,采用{属性名}表示组件元素的属性。例如,对于元素声明组件中的element元素,采用＜element＞进行表示,element元素的name属性,采用{name}表示。

Schema共有13种组件,按照重要性可以分为主要组件、次要组件和辅助组件。

(1) 主要组件。主要组件构成了Schema的主体部分,包括简单类型(simpleType)定义、复杂类型(complexType)定义、元素声明、属性声明。

(2) 次要组件。次要组件包括属性组(attribute group)定义、唯一性约束(identity-constraint)定义、模型组(model group)定义以及Notation声明。这些组件都需要指定名称,以便主要组件通过名称对其进行引用。

(3) 辅助组件。辅助组件是非独立组件,是其他组件构成的一部分,包括注解(annotations)、模型组引用(model groups)、粒子(particles)、通配符(wildcards)和属性使用(attribute users)。

4. 简单类型定义组件

简单类型定义组件规定了XML实例文档叶结点中的文本构成以及元素属性的取值规则,用于Schema中元素和属性声明组件中的数据类型指定。Schema中所有的类型定义组件都按照派生(derived)方式进行构建。派生是指在已有类型的基础上构建新的类型,已有类型称为基类型(base type),新类型则是派生类型(derived type)。简单类型都是名称空间http://www.w3.org/2001/XMLSchema中anySimpleType基类型的派生类型,Schema规范还在anySimpleType的名称空间中内置了很多常用的简单类型;开发者也可以按照具体的设计需要,通过派生方式自定义简单类型组件。

(1) 简单类型的组成。

简单类型包含3个维度的组成:值空间(value space)、词汇空间(lexical space)以及边界约束(facets)。

① 值空间是指构成该类型数据的取值范围。例如,Schema中的布尔类型(boolean)代表数学逻辑上的真和假,它的值空间就是逻辑真值和逻辑假值。

② 词汇空间是指对应于值空间中每个取值的字符表示形式。例如,布尔类型可以用1,0或者true,false表示逻辑真和逻辑假,对应的词汇空间就是1,0,true,false。由此可见,词汇空间中值的字符表示并不一定和值空间中的值一一对应。为此,Schema规范中定义了主词汇表述(canonical lexical representation)这个概念,词汇空间的主词汇表述需要和值空间中的数据值一一对应。例如,布尔类型的主词汇表述是true和false,分别对应于值空间的逻辑真值和逻辑假值。

③ 边界约束是指值空间中所有取值和运算的规则约定。边界约束包括两大类:基础约束(fundamental facet)和限制约束(constraining facet)。基础约束是对值空间中的值运算的语义特征描述,包括等值判定(equal)、排序方式(ordered)、是否有上下界限(bounded)、基数计数方式(cardinality)、是否为数值(numeric)5种约束。限制约束是对值空间中值的附加约定,包括长度限制、字符匹配模式、枚举成员的定义、白空格处理方式、取值区间、小数有效数字设置等约定。

（2）简单类型的派生方式。

在 http://www.w3.org/2001/XMLSchema 名称空间中，名为 anyType 的类型是所有类型的基类型，包括 anySimpleType 也是从该类型派生而来。Schema 中的类型定义组件可以通过对基类型采用扩展（extension）派生或者限制（restriction）派生的方式进行构建。扩展派生是指在基类型中扩充新的值空间或增加新的类型成员，但简单类型不能通过扩展派的方式产生。简单类型可以选择限制派生、列表派生（list derived）以及联合派生（union derived）3 种方式进行构建。

① 限制派生通过对基类型的值空间进行约束形成新类型，新类型的值空间是基类型值空间的子集。

② 列表派生通过基类型数据项形成新的列表类型。新的列表类型的值空间由空格分隔的多个列表项数据组成。

③ 联合派生可以将多个基类型的值空间和词汇空间合并形成新类型的值和词汇空间。

（3）Schema 中内置的简单类型。

Schema 规范中内置的简单类型基本涵盖了常见的字符串、数值、日期等数据类型，具体的数据类型如图 3-12 所示。该图来源于 https://www.w3.org/TR/xmlschema-2，是 Schema 规范中类型定义规范的官方 URL。图 3-12 显示了 Schema 规范中所有的内置数据类型和它们的派生关系，图中基类型和派生类型之间采用实线连接的表示是限制派生，虚线表示的是列表派生。还需要注意的是，这些类型名称严格区分大小写，在引用这些内置类型组件时，需要使用它们的 QName 格式的类型名称，即要在其名称前加入名称空间 http://www.w3.org/2001/XMLSchema 对应的前缀，本书在示例中统一采用"xs:类型名"的格式。

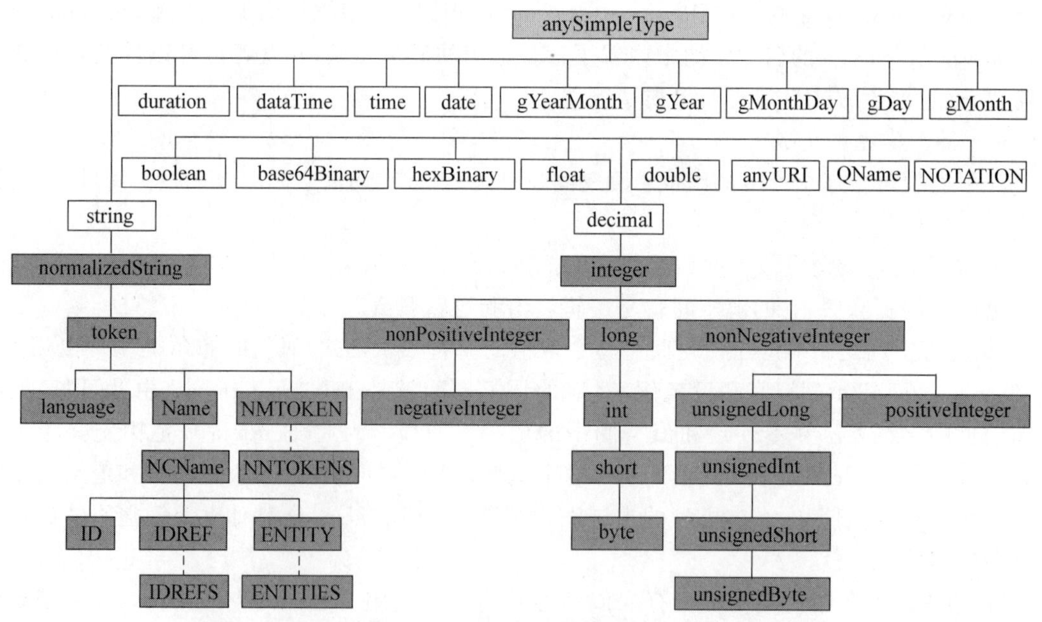

图 3-12　Schema 规范中所有的内置数据类型和它们的派生关系

内置简单类型按照其派生的基类型和值空间中的取值特性，又可以分为如下两类。

① 原生数据类型（primitive datatypes）是以 anySimpleType 为直接基类型派生的简单类型，构成了规范中基础数据类型。例如，gYear（公历年份）、decimal（十进制数）的基类型都是 anySimpleType，属于原生数据类型。在图 3-12 中，原生数据类型的名称不带底纹，而非原生

类型的名称带有浅色格线底纹。

② 原子数据类型(atomic datatypes)是指其值空间中每一个取值都不可再分的简单类型。原生数据类型一定是原子数据类型;采用约束派生产生的非原生数据类型也是原子数据类型,但采用列表派生的就不是原子数据类型,如图 3-12 中的 NMTOKEN 类型。

限于篇幅,本书不再对这些内置简单类型进行详细的介绍,读者可以通过 W3C 的官方网址 https://www.w3.org/TR/xmlschema-2/#built-in-datatypes 了解这些类型。

(4) 自定义简单类型。

自定义简单类型的 XML 语法主要的组成部分如下:

```
<simpleType  id = ID  name = NCName>
  (annotation?, (restriction | list | union))
</simpleType>
```

在上述 XML 语法中,<simpleType>的{id}或{name}属性用于指定该类型的 ID 标识或符合 NCName 约定的名称。<simpleType>的内容模型由可选的<annotation>说明子元素和<restriction>、<list>、<union>这 3 个子元素中的一个组成。

① <restriction>用于指定当前类型采用限制派生建立时的基类型,XML 语法描述:

```
<restriction  base = QName  id = ID>
  (annotation?, (simpleType?, (enumeration | minExclusive | minInclusive |
maxExclusive | maxInclusive |
                totalDigits | fractionDigits | length | minLength | maxLength |
whiteSpace | pattern) * )
</ restriction>
```

<restriction>的{base}属性用于指定当前类型的基类型的 QName,如果省略该属性,则应利用子元素<simpleType>指定基类型,其后的<enumeration>等子元素是边界约束 facets,其属性{value}指定值空间的构成边界值,{fixed}表示值空间的取值是否为固定值。这些 facets 子元素的含义及{value}和{fixed}属性取值如表 3-3 所示。

表 3-3　<restriction>中 facets 子元素的含义及{value}和{fixed}属性取值

facets 子元素	含　义	{value}属性	{fixed}属性
<enumeration>	枚举值	在基类型的值空间中取值	NA
<minExclusive>/<minInclusive>	最小不包含/包含	在基类型的值空间中取值	默认为 false
<maxExclusive>/<maxInclusive>	最大不包含/包含	在基类型的值空间中取值	默认为 false
<totalDigits>/<fractionDigits>	总数位/小数位	正整数	默认为 false
<length>/<minLength>/<maxLength>	长度/最小/最大	非负数	默认为 false
<whiteSpace>	词汇空间中词汇文本的白空格处理,注意列表派生类型的取值只能是 collapse	preserve: 不处理白空格; replace: 用空格替换白空格; collapse: 白空格替换后只保留一个空格,并删除词汇文本的首尾空格	默认为 false,true 代表派生类型必须取当前类型的设定值
<pattern>	字符的模式匹配	按正则表达式要求取值	NA

② <list>子元素用于指定当前类型采用列表派生形成,XML 语法描述如下:

```
<list  id = ID  itemType = QName>
```

```
  (annotation?, simpleType?)
</list>
```

{itemType}属性用于指定当前类型的列表项类型的QName,如果没有指定该属性,也可以通过嵌入<simpleType>子元素定义当前类型中每一个列表项的类型。

③ <union>子元素用于指定当前类型采用联合派生形成,XML语法描述如下:

```
<union  id = ID  memberTypes = List of QName>
  (annotation?, simpleType * )
</union>
```

{memberTypes}属性用于指定当前类型需要添加的值空间或词汇空间对应的类型的QName,如果这些类型多于一个,应使用空格隔开类型的QName。如果<union>还包含<simpleType>子元素,则当前类型的值空间和词汇空间将是{memberTypes}属性和<simpleType>子元素指定的这些基类型对应值空间和词汇空间的联合。

5. 元素声明组件

Schema中的元素声明组件用于指定其约束的实例文档中可以出现的元素。Schema文件中一般都会包含至少一个元素声明组件,用于指定根元素的名称和所属类型。

(1) 元素声明的XML语法描述主要组成。

```
< element   name = NCName   type = QName   nillable = boolean : false
substitutionGroup=QName>
  (annotation?, ((simpleType | complexType)?, (unique | key | keyref) * ))
</element>
```

以<schema>为直接父元素的<element>声明的是全局元素,它的属性主要包括如下几种。

① {name}用于指定实例文档中可以出现的元素名称,该属性应按照NCName取值。

② {type}用于指定实例文档中的元素类型,该属性应按照QName取值。

③ {nillable}用于指定实例文档中的元素可否使用布尔型的xsi:nil属性,此xsi前缀代表的名称空间就是http://www.w3.org/2001/XMLSchema-instance,为true代表该元素为空。{nillable}的默认值为false。

④ {substitutionGroup}用于指定实例文档中可被当前元素替换的元素名称,应按QName取值,当前元素的类型应和被替换元素相同,或是被替换元素类型的派生类型。

(2) 声明ANY类型元素。

<element>仅有{name}属性,或{type}属性值为anyType,就可以声明ANY类型元素:

```
<element  name="元素 NCName"  type="xs:anyType"/>
```

(3) 声明简单类型元素。

将<element>的{type}属性指定为内置或自定义的简单类型的QName,例如内置的anySimpleType,即可声明类似于DTD中类似于#PCDATA类型的元素,XML语法如下:

```
<element  name="元素 NCName"  type="xs:anySimpleType"/>
```

也可以在<element>中嵌入<simpleType>声明简单类型元素。例3-39显示了具体语法。

【例3-39】 声明了3个自定义简单类型元素的3-39.xsd约束文件的内容。

```
<?xml  version="1.0" encoding="UTF-8"?>
<xs:schema  xmlns="http://myspace"  xmlns:xs="http://www.w3.org/2001/XMLSchema"
         targetNamespace="http://myspace">
   <xs:simpleType  name ="level-type"><!--level-type 是 positiveInteger 的限制派
生类型-->
```

```
        <xs:restriction  base="xs:positiveInteger"><xs:maxInclusive value="10"/
></xs:restriction>
    </xs:simpleType><!--以下 start-level 元素声明采用 type 属性指定元素的类型是 level
-type-->
    <xs:element  name="start-level"  type="level-type"/>
    <xs:element  name="start-pages"><!--通过 simpleType 定义 string 的列表派生类型
-->
        <xs:simpleType><xs:list  itemType="xs:string"/></xs:simpleType>
    </xs:element>
    <xs:element  name="start-param">
        <xs:simpleType><!--通过 simpleType 定义双精度、整型、NMTOKEN 的联合派生类型-->
            <xs:union  memberTypes="xs:double  xs:integer">
                <xs:simpleType>
                    <xs:restriction  base="xs:NMTOKEN">
                        <xs:enumeration value="E"/><xs:enumeration value="PI"/>
                    </xs:restriction>
                </xs:simpleType>
            </xs:union>
        </xs:simpleType>
    </xs:element>
</xs:schema>
```

注意该 Schema 约束文件将目标名称空间定义为默认的名称空间，以便元素声明在引用类型组件的 QName 时，可以直接使用其 NCName。约束文件中一共声明了 3 个元素。

① start-level 元素通过设置 type 属性值将自身类型指定为前面定义的 level-type 简单类型，注意 type 属性值应按照 level-type 类型的 QName 进行指定。示例 Schema 中声明了缺省的名称空间，NCName 在此等价于 QName，因此可直接将 type 值设置为 level-type。

level-type 以内置非负整数 positiveInteger 为基类型，采用限制派生方式定义，通过边界约束 maxInclusive 将自身值空间限制为 1～10。以下 XML 文档是和约束文件位于同一目录中的实例文档，以 Schema 声明的 start-level 为根元素，其文本结点的组成只能是 1～10 十个数字，其他均为不合法的取值，该文档采用了 10 这个数字：

```
<?xml  version="1.0"  encoding="UTF-8"?>
<start-level  xmlns="http://myspace"  xmlns:xsi="http://www.w3.org/2001/
XMLSchema-instance"
          xsi:schemaLocation="http://myspace  3-39.xsd">
    10
</start-level>
```

② start-pages 元素没有指定 type 属性值，而是通过 simpleType 子元素直接定义自身的类型。此类型以内置字符串 string 为基类型，采用列表派生方式的定义，值空间中的值是由空格分隔的文本组成。以下 XML 文档和约束文件位于同一目录中，它采用了 Schema 约束中声明的 start-pages 为根元素，其文本结点由空格分开的多个字符组成：

```
<?xml  version="1.0"  encoding="UTF-8"?>
<start-pages  xmlns="http://myspace"  xmlns:xsi="http://www.w3.org/2001/
XMLSchema-instance"
          xsi:schemaLocation="http://myspace  3-39.xsd">
    index.html  default.html
</start-pages>
```

③ start-param 元素同样通过 simpleType 子元素直接定义自身的类型，此类型通过 union 子元素的 memberTypes 属性指定了以内置双精度(double)、整数(integer)为基类型，同

时还通过 simpleType 指定了此类型还从基类型 NMTOKEN 限制派生，采用 enumeration 将 NMTOKEN 的值空间限制为枚举值 E(表示自然对数底数)和 PI(表示圆周率)。这 3 个基类型的值空间共同形成了联合派生类型的值空间，取值可以是浮点小数、整数，也可以是 E 或 PI。以下 XML 文档和约束文件位于同一目录中，它以约束中声明的 start-param 为根元素，其中的文本结点采用了圆周率符号 PI：

```
<?xml  version="1.0"  encoding="UTF-8"?>
<start-param   xmlns="http://myspace"   xmlns:xsi="http://www.w3.org/2001/XMLSchema-instance"
          xsi:schemaLocation="http://myspace  3-39.xsd">
      PI
</start-param>
```

需要注意的是，按图 3-12 所示，NMTOKEN 类型继承自 TOKEN，这种字符串的值不包含两侧的白空格。如果将 Schema 中 start-param 的基类型 NMTOKEN 替换为 string，在<enumeration>边界约束前最好加入<whiteSpace value="collapse"/>，否则此处实例文档中文本结点 PI 前后白空格将被保留，在验证时会出现和枚举值不符的错误。

6. 复杂类型定义组件

复杂类型定义组件为元素声明组件定义元素的子元素以及属性的组成结构。复杂类型中的子元素可以是简单类型，也可以是其他的复杂类型。复杂类型中还可以不含任何子元素，用以声明空元素。复杂类型可以通过对已有类型采用限制或扩展派生的方式产生。

(1) 复杂类型定义的 XML 语法描述主要组成。

```
<complexType  name = NCName  abstract = boolean : false  id = ID
  block = (#all | List of (extension | restriction))  final = (#all | List of (extension | restriction))
  mixed = boolean : false>
(annotation?, (simpleContent | complexContent | ((group | all | choice |
                 sequence)?, ((attribute | attributeGroup)*, anyAttribute?))))
</complexType>
```

在上述 XML 语法描述中，<complexType>的内容模型可以由<simpleContent>或<complexContent>组成，两者用于指定当前类型的基类型和派生的方式；也可以通过<all>、<choice>或<sequence>指定当前类型的子元素及其组成规则，还可以通过<attribute>或<attributeGroup>定义类型中的属性组成。<complexType>自身的主要属性如下。

① {name}属性用于指定类型的 NCName。

② {abstract}属性用于指定该类型是否是抽象的，如果取值为 true，则代表此类型应作为派生类型的基类型，而不能直接用于元素的类型指定。该属性的默认值为 false。

③ {id}属性用于指定该类型的 ID 类型的标识值。

④ {block}属性用于指定该类型的元素不能被其他元素替换。元素替换多用于实例文档中复杂类型元素的子元素替换，以提高书写灵活性，该属性可以限制这种替换。{block}取值可以是 extension、restriction 或＃all。extension 和 restriction 分别代表不能采用扩展和限制派生类型的元素替换本类型的元素，＃all 代表当前类型的元素不能被替换。

⑤ {final}属性用于指定当前类型作为基类型时不允许的派生方式，取值同 block 属性。取值为＃all 代表此类型不允许派生；extension 代表不允许扩展派生；restriction 代表不允许限制派生。

⑥ {mixed}属性用于指定该类型是否允许混合内容，即文本结点中包含子元素结点。值

为 true 时允许，默认值为 false，代表不允许混合内容。

(2) 定义复杂类型的子元素及其构成规则。

在<complexType>中，使用<all>、<choice>或<sequence>作为<element>的父结点，就可以定义复杂类型中子元素的组成及规则。在 Schema 中，<all>等这种包含元素的内容模型定义的组件就是模型组定义组件。

① <all>模型组可以使用多个<element>声明的一组子元素，它们在实例文档中对应类型的元素中都可以出现，且不限先后次序，其 XML 语法描述如下：

```
<all  id = ID  minOccurs = (0 | 1) : 1  maxOccurs = 1 : 1>
  (annotation?, element * )
</all>
```

<all>的{minOccurs}和{maxOccurs}属性用于规定模型组中声明的子元素总体可以出现的最少和最多次数。{minOccurs}的取值可以是 0 或 1，取 0 时代表所有子元素可以都不出现；而{maxOccurs}只能是 1，即模型组中声明的所有子元素最多只能出现 1 次。例 3-40 的 Schema 标记片段显示了元素 ae 的复杂类型中<all>模型组定义的具体语法。

【例 3-40】 <all>模型组定义组件标记片段。

```
<xs:element  name="ae">
  <xs:complexType>
    <xs:all  minOccurs="0"  maxOccurs="1">
      <xs:element  name="e1"/>
      <xs:element  name="e2"/>
    </xs:all>
  </xs:complexType>
</xs:element>
```

以下左、右两个实例文档中的 ae 元素都符合上面的约束定义：

```
<ae>                                    <ae>
  <!-- 没有子元素,符合模型组              <e1>内容 1</e1>
    {minOccurs}为 0 的约束 -->            <e2>内容 2</e2>
</ae>                                   </ae>
```

② <choice>模型组中可以使用多个<element>声明一组子元素选项，供实例文档中对应类型的元素选择其中的一个或多个作为实际的子元素，其 XML 语法描述如下：

```
<choice  id = ID  minOccurs = 非负整数 : 1  maxOccurs = (非负整数 | unbounded) :1>
  (annotation?, (element | group | choice | sequence | any) * )
</choice>
```

<choice>的{minOccurs}和{maxOccurs}属性用于规定子元素选项中可被选择的总数。这两个属性值的默认值均为 1，此时子元素选项相当于单选列表；当{maxOccurs}的取值大于 1 时，子元素选项就是多选列表。{maxOccurs}属性值还可以使用 unbounded 这个词汇空间符号，代表子元素的总数没有限制。需要注意，如果<choice>中声明的子元素数量少于{minOccurs}的指定值，实例文档中对应类型的元素可以通过重复添加相同的子元素达到最小的要求值；另外，多选性质下的子元素的选择没有顺序限制。例 3-41 的标记片段显示了 Schema 中<choice>模型组定义组件的具体语法。

【例 3-41】 <choice>模型组定义组件标记片段。

```
<xs:element  name="ce">
<xs:complexType>
   <xs:choice  minOccurs="3"  maxOccurs="unbounded">
     <xs:element  name="e1"/>
```

```
      <xs:element  name="e2"/>
    </xs:choice>
  </xs:complexType>
</xs:element>
```

此模型组中只声明了2个子元素，而{minOccurs}要求最少出现3个子元素，可以通过重复子元素e1或e2达到要求，以下左、中、右三个实例文档中的ce元素都符合约束定义。

```
<ce>                        <ce>                        <ce>
   <e1>选项 1</e1>            <e1>选项 1</e1>            <e1>选项 1</e1>
   <e1>选项 2</e1>            <e2>选项 2</e2>            <e1>选项 2</e1>
   <e2>选项 3</e2>            <e2>选项 3</e2>            <e1>选项 3</e1>
</ce>                       </ce>                       </ce>
```

③ <sequence>模型组中使用<element>声明的子元素在实例文档对应类型的元素中要按照声明的次序出现，XML语法描述如下：

```
<sequence  id = ID  minOccurs = 非负整数 : 1  maxOccurs = (非负整数 | unbounded) :1>
  (annotation?, (element | group | choice | sequence | any) * )
</sequence>
```

<sequence>的{minOccurs}和{maxOccurs}取值和默认值都和<choice>相同，在没有给出这两个属性时，模型组中声明的每一个子元素都要在实例文档对应类型的元素中按照声明次序出现一次。如果{minOccurs}的取值大于1，例如取2，则模型组中声明的子元素应整体按次序最少出现2次(见例3-42)。

【例 3-42】 <sequence>模型组定义组件标记片段。

```
<xs:element  name="se">
<xs:complexType>
    <xs:sequence  minOccurs="1"   maxOccurs="2">
      <xs:element  name="e1"/>
      <xs:element  name="e2"/>
    </xs:sequence>
  </xs:complexType>
</xs:element>
```

此例中的<sequence>通过{minOccurs}和{maxOccurs}要求顺序子元素组最少出现1次，最多出现2次，按此要求，以下左、右两个实例文档中的se元素都符合约束定义。

```
<se>                                      <se>
    <!-- 左侧按 e1,e2 次序出现 1 次              <e1>顺序数据 1</e1>
         右侧按 e1,e2 次序出现 2 次 -->          <e2>顺序数据 2</e2>
    <e1>顺序数据 1</e1>                       <e1>顺序数据 3</e1>
    <e2>顺序数据 2</e2>                       <e2>顺序数据 4</e2>
</se>                                     </se>
```

通过①～③中模型组定义组件的XML语法描述还可以看出，<choice>的内容模型中可以再包含自身或者<sequence>组件，<sequence>中也可以再包含自身或<choice>组件；但<all>的内容模型中不能再包含自身以及其他模型组定义组件。模型组定义组件中的<annotation>用于组件的说明，是可选的。

④ <element>是模型组定义组件中的子元素声明组件，这种位于模型组定义中的元素声明被称为局部元素声明。和<element>的全局元素声明的XML语法不同的是，局部元素声明的<element>也可以添加{minOccurs}和{maxOccurs}这两个属性，规定子元素自身的出现次数。这种<element>实际上是Schema中的一种particle组件，即粒子组件，它和模型组定义组件一起定义了元素的内容模型组成。当<element>作为粒子组件时，还可以通过

{ref}属性指定全局元素的 QName，引用全局元素的名称和类型，此时的<element>就不再需要{name}和{type}属性。<element>粒子组件的主要 XML 语法描述如下：

```
<element  minOccurs = 非负整数 : 1  maxOccurs = (非负整数 | unbounded) :1
        name=NCName  type=QName  ref=QName/>
```

需要注意，当粒子组件<element>没有使用{ref}引用全局元素，而是直接通过{name}声明子元素的名称时，需要将<schema>根元素的{elementFormDefault}属性值指定为 qualified，才能在实例文档中通过全局属性 xsi：schemaLocation 引入该 Schema 约束，在对应类型的元素中使用粒子组件声明的子元素名(见例 3-43)。

【例 3-43】 带有局部元素声明和全局元素声明及元素替换的 3-43.xsd 文件。

```
<?xml version="1.0"?>
<xs:schema  xmlns:xs="http://www.w3.org/2001/XMLSchema"
        xmlns="http://mp"  targetNamespace="http://mp"
        elementFormDefault="qualified">
  <xs:element  name="root"  type="xs:string"/>
  <xs:element  name="admin"  type="xs:string"  substituteGroup="root"/>
  <xs:element  name="users">
    <complextType>
      <xs:sequence  maxOccurs="unbounded">
        <xs:element name="user"  type="uType"/>
      </xs:sequence>
    </complexType>
  <xs:element>
  <xs:complexType name="uType">
     <xs:all>
        <xs:element  ref="root"/>
        <xs:element  name="password"  type="xs:string"  minOccurs="0"/>
     </xs:all>
  </xs:complexType>
</xs:schema>
```

按照上述 Schema 中的定义，对应实例文档的组成元素如表 3-4 所示。

表 3-4　示例 Schema 文件中对应实例文档的组成元素

元素名	元素父子关系	类　　型	替换元素	在父元素中可出现次数
users	根元素	匿名复杂类型	无	1
user	users 的子元素	名为 uType 的复杂类型	无	1～∞
root	user 的子元素	Schema 内置的 string 类型	可用 admin 替换	1
admin	user 的子元素	Schema 内置的 string 类型	可用 root 替换	1
password	user 的子元素	Schema 内置的 string 类型	无	0～1

表 3-4 中的 user 和 password 都是在复杂类型模型组中通过<element>的{name}属性直接声明的子元素名称，所以示例<schema>元素将{elementFormDefault}的属性值设置成 qualified，此属性的默认值为 unqualified。还要注意 uType 模型组中声明的子元素 root 是对全局元素 root 的引用，由于 root 被 admin 全局元素声明为被替换元素，所以 uType 中的 root 子元素也可以使用 admin 替换，见下面的引用该 Schema 约束文件的实例文档。

```
<?xml version="1.0" encoding="UTF-8"?>
<users  xmlns:xsi="http://www.w3.org/2001/XMLSchema-instance"
```

```
  xmlns="http://mp"  xsi:schemaLocation="http://mp  3-43.xsd">
   <user>
      <root>tigger</root>
      <password>tigger1234</password>
  </user>
  <user>
     <admin>scotte</admin>  <!-- 因为元素替换,此处元素名使用 admin 或 root 均可 -->
     <password>scotte1234</password>
  </user>
  <user>
     <admin>guest</admin>  <!-- 省略被定义为可选的 password 元素 -->
  </user>
<users >
```

⑤ <any>是一种通配符组件，可以和<element>一起联用或单独使用，为<choice>或<sequence>模型组中的子元素定义通用的构成规则。这种通用构成规则基于 Schema 中定义的目标名称空间而不是具体的元素，使得实例文档在引入多个 Schema 约束文件的情况下，可以通过不同的目标名称空间的前缀。在当前类型对应的元素中，使用这些 Schema 约束中声明的内容模型。<any>的主要 XML 语法描述如下：

```
<any  minOccurs = 非负整数 : 1  maxOccurs = (非负整数 | unbounded)  : 1
  namespace = ((##any | ##other) | List of (anyURI | (##targetNamespace | ##local)) )  :
##any
  processContents = (lax | skip | strict) : strict>
  (annotation?)
</any>
```

<any>的{minOccurs}和{maxOccurs}用于指定实际出现的子元素的最小和最大次数，具体取值和前述的<choice>以及<sequence>的相同。

{namespace}属性用于指定为当前类型提供内容模型的 Schema 约束对应的目标名称空间 URI。默认值##any 代表没有限制；##other 代表不包括当前类型所在的目标名称空间；该属性值也可以是一个具体的目标空间 URI，或由空格分隔的多个目标名称空间 URI 组成，如果这些 URI 中包含##targetNamespace，是指当前类型所在的目标名称空间；注意，##local 代表没有定义目标名称空间 URI 的当前 Schema 约束，此时实例文档应通过 xsi:noNamespaceSchemaLocation 引入该 Schema 文件。

{processContents}属性用于指定对类型中的内容模型进行检验的方式，可取 strict、skip 或 lax。strict 是默认值，代表按照目标名称空间对应的 Schema 约束验证内容模型是否符合要求；skip 代表不对内容模型进行验证，内容模型只需符合格式良好的 XML 要求；lax 表示仅对内容模型中有声明的子元素进行验证，其他的不进行验证。包含通配符组件<any>的 Schema 约束文件见例 3-44。

【例 3-44】 包含通配符组件<any>的 Schema 约束文件 3-44.xsd。

```
<?xml version="1.0" encoding="UTF-8"?>
<xs:schema  xmlns:xs="http://www.w3.org/2001/XMLSchema"
          elementFormDefault="qualified"  xmlns="http://mp"  targetNamespace=
"http://mp">
  <xs:element name="root">
    <xs:complexType>
      <xs:choice  minOccurs="0"  maxOccurs="unbounded">
          <xs:element  name="e1"  type="xs:string"/>
          <xs:any  namespace="##other"
```

```
                processContents="strict"
                minOccurs="0"  maxOccurs="unbounded"/>
      </xs:choice>
    </xs:complexType>
  </xs:element>
</xs:schema>
```

本例中 Schema 对元素 root 的内容模型通过 choice 模型组进行了定义，组中包括一个名为 e1 的子元素以及通配符组件<any>，其{namespace}属性值为##other，意味着可以是其他目标名称空间中声明的内容模型，参见下面的实例文档中的 root 元素。

```
<root  xmlns:xsi='http://www.w3.org/2001/XMLSchema-instance'
    xmlns="http://mp"   xmlns:beans="http://www.springframework.org/schema/
beans"
    xsi:schemaLocation='http://mp  3-44.xsd
            http://www.springframework.org/schema/beans
            http://www.springframework.org/schema/beans/spring-beans.xsd'>
  <e1>子元素内容</e1>
  <beans:bean></beans:bean>
</root>
```

该实例文档中通过 xsi：schemaLocation 属性引入默认名称空间 http://mp 代表的 3-44.xsd 的约束，另一个是前缀 beans 代表的 Spring 组件的 Schema 约束。在根元素 root 中，既可以出现<choice>模型组中声明的 e1 子元素，还可以出现 Spring 框架的 bean 元素。

⑥ <group>也是模型组定义组件，可以通过加入<all>、<choice>或<sequence>构成复杂类型中的内容模型定义，具体的 XML 语法描述如下：

```
<group  id = ID  name = NCName>
  (annotation?, (all | choice | sequence)?)
</group>
```

<group>是全局定义组件，需要先以<schema>为直接父元素进行定义，之后作为模型组引用组件用于<complexType>的内容模型定义，也可以作为<choice>和<sequence>的粒子组件声明子元素。作为模型组引用或粒子组件时，<group>组件的 XML 语法描述如下：

```
<group  minOccurs = 非负整数 : 1  maxOccurs = (非负整数 | unbounded) :1  ref=QName/>
```

在上面的 XML 语法中，{ref}属性用于指定<group>全局定义组件的 QName。需要注意，作为<choice>和<sequence>中的粒子组件<group>时，通过{ref}属性引用的全局<group>模型组定义不能由<all>组成(见例 3-45)。

【例 3-45】 Schema 中<group>组件的定义和引用。

```
<?xml version="1.0"?>
<xs:schema  xmlns:xs="http://www.w3.org/2001/XMLSchema"  xmlns="http://mp"
        targetNamespace="http://mp"  elementFormDefault="qualified">
    <xs:group  name="detailgrp">  <!-- detailgrp 采用 all 模型组定义-->
        <xs:all>
            <xs:element name="role"  type="xs:string"/>
            <xs:element name="realname"  type="xs:string"  minOccurs="0"
maxOccurs="1"/>
        </xs:all>
    </xs:group>
    <xs:group  name="ugrp">  <!-- ugrp 采用 choice 模型组定义-->
        <xs:choice>
            <xs:element  name="uid"  type="xs:int"/>
            <xs:element  name="uname"  type="xs:string"/>
```

```
        </xs:choice>
    </xs:group>
    <xs:complexType name="loginType">
        <xs:sequence>
            <xs:group ref="ugrp"/> <!-- 采用 choice 作为复杂类型的模型组-->
            <xs:element  name="password"  type="xs:string"/>
            <xs:element  name="detail"  type="detailType"/>
        </xs:sequence>
    </xs:complexType>
    <xs:complexType  name="detailType">
        <xs:group ref="detailgrp"/>  <!-- 直接采用 detailgrp 中 choice 作为复杂类型
的模型组-->
    </xs:complexType>
    <xs:element  name="login"  type="loginType"/>
</xs:schema>
```

该例通过两个全局<group>模型组分别定义了登录 id、账号、口令、角色以及真实名称等登录信息，然后在复杂类型定义中分别引用这两个模型组，最后声明了表示登录信息的 login 元素，以下实例文档的元素符合上述约束。

```
<login>
  <uid>1</uid>  <password>xaec</password>
  <detail>  <role>admin</role>  <realname>Tom</realname>  </detail>
</login>
```

由<group>组件的用法可以看出，该组件的作用类似于 DTD 中的参数实体，可以提高元素声明的复用性。

（3）复杂类型中的属性声明。

在 Schema 中，必须通过复杂类型定义组件为实例文档中的元素声明属性。按照前述复杂类型的 XML 语法描述，在<complexType>中的<all>等模型组定义组件之后，可以使用<attribute>进行局部属性的声明。<attribute>也可以采用<schema>为父元素进行全局属性的声明。全局属性为所有的复杂类型提供了公共的属性信息，在局部属性的声明中可以通过引用全局属性的名称，避免出现重复的属性声明。另外，<attribute>也可以被包含在全局的属性组声明<attributeGroup>中，以供复杂类型按属性组的方式进行引用，此时<attributeGroup>应以<schema>为父元素。属性组中声明的属性属于属性组中的局部属性。<attribute>的 XML 语法描述如下：

```
<attribute  id = ID  name = NCName  type = QName  ref = QName  form = (qualified |
unqualified)
  use = (optional | prohibited | required) : optional  default = string  fixed =
string>
  (annotation?, simpleType?)
</attribute>
```

上述 XML 语法中的<simpleType>用于定义实例文档中对应元素属性的类型，如果没有该组件，则<attribute>应使用{name}声明属性的名称，{type}定义属性的类型。属性的类型必须是 Schema 内置或自定义的简单类型；当属性声明中{type}和<simpleType>都缺失时，属性的类型将是 Schema 内置的 anySimpleType。<attribute>的各个属性说明如下。

① {id}用于规定此组件的 ID 类型的标识符。

② {name}值用于声明属性的 NCName 名；{type}的取值应为简单类型的 QName 名。

③ {ref}仅能出现在局部属性声明中，用于引用全局声明的属性名称。注意，此名称应是

<schema>的{targetNamespace}定义的目标名称空间前缀和{name}声明的属性名构成的QName;同时,一旦{ref}出现,就不能再指定属性声明的{name}和{type}。

④ {form}仅用于属性组<attributeGroup>中的属性声明。取值为 qualified 时,实例文档中的属性应采取由目标名称空间前缀构成的 QName 格式的属性名;取值为 unqualified 时则应采用 NCName 格式的属性名。没有给出{form}时,实例文档中的元素属性名遵循<schema>根元素的{attributeFormDefault}的 unqualified 或 qualified 的取值设定,默认为 unqualified。

⑤ {use}仅用于局部属性声明。值为 optional 代表属性是可选的;值为 prohibited 代表属性是禁用的;required 代表此属性是必须出现的。默认值为 optional。

⑥ {default}仅用于局部属性声明,指定属性在缺失时的缺省值。注意,一旦使用了{default},{use}的取值必须是 optional。

⑦ {fixed}仅用于局部属性声明,指定属性的固定值。{fixed}和{default}不能同时使用。

用于包含属性声明的全局<attributeGroup>属性组声明的 XML 语法描述如下:

```
<attributeGroup  id = ID  name = NCName  ref = QName>
  (annotation?, ((attribute | attributeGroup) *, anyAttribute?))
</attributeGroup>
```

通过该 XML 语法可以看出,<attributeGroup>中除去属性声明和引用其他全局属性组之外,还可以定义一个属性通用符组件<anyAttribute>,此组件的具体 XML 语法描述如下:

```
<anyAttribute  id = ID
  namespace = ((##any | ##other) | List of (anyURI | (##targetNamespace | ##local)))  :
##any
  processContents = (lax | skip | strict) : strict>
  (annotation?)
</anyAttribute>
```

<anyAttribute>和前述模型组定义中子元素通配符组件<any>除了没有{minOccurs}和{maxOccurs}之外,其余的 XML 语法完全一致,其含义也类似:通过{namespace}和{processContents}指定可以在属性组中加入的全局属性所在的目标名称空间规则以及对加入属性的验证规则,具体取值此处不再赘述。例 3-46 显示了一个 Schema 文件中的全局属性、局部属性以及属性组声明的具体语法。

【例 3-46】 含有<attribute>和<attributeGroup>的 Schema 文件 3-46.xsd。

```
<?xml version="1.0"?>
<xs:schema  xmlns:xs="http://www.w3.org/2001/XMLSchema"  xmlns="http://mp"
            targetNamespace="http://mp"  elementFormDefault="qualified"
            attributeFormDefault="qualified"> <!-- 属性默认为 QName -->
  <xs:attributeGroup name="ag"> <!-- 全局属性组 -->
     <xs:attribute  name="username"  type="xs:string"  use="required"/>
     <xs:attribute  name="password"  type="xs:string"  form="unqualified"/>
<!--不用 QName-->
     <xs:anyAttribute  namespace="##targetNamespace"/> <!--通配当前目标名称空间的
全局属性-->
  </xs:attributeGroup>
  <xs:attribute  name="ID"  type="xs:int"/> <!-- 全局整型属性 ID -->
    <xs:attribute  name="role"> <!-- 全局枚举类型属性 role -->
     <xs:simpleType>
        <xs:restriction base="xs:NMTOKEN">
           <xs:enumeration value="gui"/>  <xs:enumeration value="manager"/>
        /xs:restriction>
     </xs:simpleType>
```

```
  </xs:attribute>
  <xs:complexType  name="userType">
     <xs:sequence>
         <xs:element name="user"  type="uType"  minOccurs="0"  maxOccurs=
"unbounded"/>
     </xs:sequence>
     <xs:attribute  name="version"  type="xs:decimal"  fixed="1.0"/><!-- 固定属
性 -->
  </xs:complexType>
  <xs:complexType name="uType" >
     <xs:attributeGroup  ref="ag"/> <!-- 通过对全局属性组的引用,声明局部属性 -->
  </xs:complexType>
</xs:schema>
```

此例为 userType 复杂类型声明了一个固定属性 version,并为其中的 user 子元素声明了一个包含 username 和 password 属性的全局属性组 ag,同时该属性组中还定义了一个属性通配符组件,通过设定{namespace}取值##targetNamespace,指定 user 子元素还可以包含本约束文件中声明的全局属性 ID 或 role。全局属性 role 通过<simpleType>指定其类型为枚举,取值限制为 gui 和 manage。

该 Schema 没有声明任何元素,如果实例文档需要引用该约束,可以在根元素中指定 Schema 内置的全局属性 xsi:type,将其值设置为 Schema 文件中定义的 userType 类型。实际上,前述 xsi:schemaLocation、xsi:noNamespaceSchemaLocation、xsi:nil 均为 Schema 内置的全局属性。下面是通过 xsi:type 引用例 3-46 的 Schema 约束的实例文档。

```
<?xml version="1.0" encoding="UTF-8"?>
<users  xmlns="http://mp"  xmlns:m="http://mp"
        xmlns:xsi="http://www.w3.org/2001/XMLSchema-instance"
        xsi:schemaLocation="http://mp  att.xsd"
        xsi:type="userType"
        m:version="1.0" >
    <user  m:username="admin"  password="1232"  m:role="gui"/>
    <user  m:username="manager"  password="123"  m:role="manager"  m:ID="1"/>
    <user  m:username="user"  password="1232" />
</users>
```

注意,该实例文档中除了把目标名称空间声明默认的名称空间之外,还为其声明了前缀 m。之所以需要这个前缀 m,是因为 XML 中为元素声明的默认名称空间不会作用于元素的属性,所以当 Schema 文件通过<schema>的{attributeFormDefault}取值为 qualified 时,元素的属性就应使用"前缀:属性名"的格式,除非该属性通过{form}被声明为 unqualified,例如此实例文档中 user 的 password 属性。

注意,无论<schema>的{attributeFormDefault}如何取值,全局属性在实例文档中都应采用带有目标名称空间前缀的 QName 格式,例如实例文档中的 ID 和 role 属性。

(4) 通过<simpleContent>为简单类型元素声明属性。

通过引用例 3-46 约束的实例文档中的 user 子元素可以看出,其对应的 uType 复杂类型中没有模型组定义组件,只有属性声明,这种类型对应的元素就是只含有属性的空元素。如果需要定义不含属性的空元素类型,只要采用如下的 XML 语法:

```
<xs:complexType  name=NCName></xs:complexType>
```

但是,如果需要利用 Schema 声明实例文档中具有以下简单类型内容,并且带有属性的 user 子元素:

```
<users>
   <user  password="1232"  role="gui"/>admin</user>
   <user  password="123"  role="manager">manager</user>
</users>
```

由于<complexType>中不能使用<simpleType>结合<attribute>或<attributeGroup>声明具有属性的简单类型的子元素，所以就必须使用<simpleContent>声明这种子元素，具体的 XML 语法描述如下：

```
<simpleContent  id = ID>
  (annotation?, (extension | restriction))
</simpleContent>
```

依据此组件的 XML 语法规则，<simpleContent>可以采用扩展或限制派生的方式产生当前类型定义。当基类型为简单类型时，只能采用进行扩展派生的方式为其添加属性声明，具体的 XML 语法如下：

```
<extension  base = 简单类型的 QName  id = ID>
  (annotation?, ((attribute | attributeGroup) * , anyAttribute?))
</extension>
```

例 3-47 显示了实例文档中具有 password 和 role 属性的字符串类型子元素对应的复杂类型定义 uType，它从 xs：string 基类型扩展派生。

【例 3-47】 uType 类型的 XML 声明片段。

```
<xs:complextType  name="uType">
  <simpleContent>
    <xs:extension  base="xs:string">
      <xs:attribute  name="password"  type="xs:string"/>
      <xs:attribute  name="role"  type="xs:NMTOKEN"/>
    </xs:extension>
  </simpleContent>
</xs:complexType>
```

如果基类型是通过扩展派生的复杂类型，<simpleContent>也可以采用<restriction>进行限制派生，这时<restriction>的 XML 语法是在简单类型的限制派生的基础上，可以加入属性或属性组的声明，以及属性通配符的定义，具体的 XML 语法描述如下：

```
<restriction  base = QName  id = ID>
  ( annotation?, ( simpleType?, ( minExclusive | minInclusive | maxExclusive |
maxInclusive | totalDigits | fractionDigits | length | minLength | maxLength |
enumeration | whiteSpace | pattern ) * )?, (( attribute | attributeGroup ) *,
anyAttribute?))
</restriction>
```

限于篇幅，本书不再对此进行举例说明。

(5) 通过<complexContent>从基类型扩展或者限制派生新类型。

在复杂类型定义组件的<complexType>中，采用<complexContent>组件可以从已有的复杂类型基础上，采用限制派生或扩展派生方式产生新的复杂类型。<complextContent>的 XML 语法描述如下：

```
<complexContent  id = ID  mixed = boolean>
  (annotation?, (restriction | extension))
</complexContent>
```

此 XML 语法中的{mixed}属性取 true 代表允许混合内容模型，选择使用<restriction>可以进行限制派生；选择使用<extension>则代表进行扩展派生。

① 从复杂类型的基类型进行限制派生时，<restriction>的 XML 语法描述如下：

```
<restriction  base = 基类型的 QName  id = ID>
  (annotation?, (group | all | choice | sequence)?, ((attribute | attributeGroup) *,
anyAttribute?))
</restriction>
```

采用限制派生时，派生类型将继承基类型中的属性声明，而基类型中模型组定义的内容模型将被去除。派生类型可以通过<group>、<all>、<choice>、<sequence>等模型组定义组件重新定义自身的内容模型，也可以对基类型中继承的属性进行重新声明。重新声明中的类型应是基类型中属性类型的派生类型，其余部分应与基类型的属性声明保持一致；另外，如果基类型的属性声明中不存在属性通配符组件，派生类型就不能声明新的属性。

由于限制派生的以上特点，采用<restriction>继承的基类型只要是复杂类型即可，除去要求基类型<complexType>的{final}属性取值不能为 restriction 或 #all 之外，没有其他的要求。例 3-48 描述了使用<restriction>进行限制派生的 XML 语法片段。

【例 3-48】 复杂类型之间的限制派生 XML 语法片段。

```
<xs:complexType name="baseType">
    <xs:attribute  name="role"  use="required"/>
    <xs:attribute  name="uid"  type="xs:integer"/>
</xs:complexType>
<xs:complexType name="userType">
  <xs:complexContent>
      <xs:restriction  base="baseType">
        <xs:all>
            <xs:element name="username"  type="xs:string"/>
        </xs:all>
        <xs:attribute name="role"  type="xs:NMTOKEN"  use="required"/>
     </xs:restriction>
    </xs:complexContent>
</xs:complexType>
```

例 3-48 中基类型 baseType 中仅包含两个属性声明，其中 role 没有声明其具体类型，其类型为 xs：anySimpleType，而派生类型中重新采用 xs：anySimpleType 的派生类型 xs：NMTOKEN 声明了该属性，并且重新使用<all>定义了其内容模型由子元素 username 组成。下面左右两个实例文档中的元素分别是基类型和派生类型对应的元素：

```
<!-- 左为基类型元素,                       <user  uid="1"  role="guest">
    右为限制派生类型元素 -->                 <username>g1</username>
<user  uid="1"  role="guest"/>         </user>
```

② 扩展派生是在保持基类型中的模型组定义和属性声明的基础上，通过<extension>添加新的模型组定义和属性声明，对应的 XML 语法如下：

```
<extension  base = QName  id = ID>
  (annotation?, ((group | all | choice | sequence)?, ((attribute | attributeGroup)
*, anyAttribute?)))
</extension>
```

可以看到<extension>组件的 XML 语法除去组件名称和<restriction>不同之外，其他组成完全一致。但由于扩展派生是在基类型的基础上扩充新的内容，派生类型应和基类型保持一致的内容模型定义，这使得扩展派生有着一些和限制派生不同的要求。

当基类型是由<simpleContent>构成的简单类型扩充而来的复杂类型时，派生类型只能通过<attribute>、<attributeGroup>以及属性通配符<anyAttribute>扩展新的属性，而不应该再添加<group>、<all>等模型组定义组件(见例 3-49)。

【例 3-49】 包含<simpleContent>的复杂类型之间的扩展派生的 XML 语法片段。

```
<xs:complexType  name="baseType">
  <xs:simpleContent>
    <xs:restriction  base="xs:string">
      <xs:attribute  name="role"  type="xs:NMTOKEN"  use="required"/>
    </xs:restriction>
  </xs:simpleContent>
</xs:complexType>
<xs:complexType  name="userType">
  <xs:complexContent>
    <xs:extension  base="baseType">
      <xs:attribute  name="uid"  type="xs:integer"/>
    </xs:extension>
  </xs:complexContent>
</xs:complexType>
```

此例中基类型 baseType 是包含有属性的简单类型构成的复杂类型,它的扩展派生类型 userType 又添加了 uid 属性声明。符合 userType 类型的一个实例文档中的元素如下:

```
<user  uid="1"  role="admin">a01</user>
```

当基类型不含任何模型组定义组件时,派生类型中的内容模型可以使用任何模型组定义组件;当基类型含模型组定义组件时,派生类型应保证这些模型组定义组件的一致性:如果基类型包含<all>组件,派生类型就不能再添加任何模型组定义;如果基类型的内容模型由<choice>或<sequence>组成,则派生类型可以使用不含<all>的模型组定义组件。例 3-50 描述了一个带有<all>模型组定义的基类型以及它的扩展派生类型的 XML 语法片段。

【例 3-50】 包含<all>的基类型的扩展派生类型的 XML 语法片段。

```
<xs:complexType  name="baseType">
  <xs:all> <xs:element  name="username"  type="xs:string"/></xs:all>
</xs:complexType>
<xs:complexType name="userType">
    <xs:complexContent>
    <xs:extension  base="baseType"><xs:attribute name="uid"  type="xs:integer"/>
</xs:extension>
    </xs:complexContent>
</xs:complexType>
```

此例中的基类型包含<all>模型组,所以扩展派生类型中仅添加了 uid 属性声明。

3.4　Web 应用程序的组成和部署

3.4.1　Web 应用程序的文件组成和资源 URI

1. Web 应用程序的目录结构

Web 应用程序由包括 Servlet 在内的类文件、类库文件、HTML 文档、web.xml 等文件组成。Web 应用程序可以依照 Servlet 规范将这些文件按照图 3-13 虚线部分所示的目录结构,打包成 WAR 文件部署到 Web 容器;也可以将它们直接存储在一个文件夹中,以供 Web 容器加载读取,这个文件夹就是 Web 应用程序根目录,如图 3-13 所示。需要注意,在任何操作系统中部署 Web 应用程序时,文件和文件夹名称都严格区分大小写,否则将会导致 Web 应用程序不能正常地工作。有些操作系统虽然并不区分文件夹及文件名的大小写,如 Windows 和

macOS，但它们会保留文件及文件夹在创建时的大小写组成。

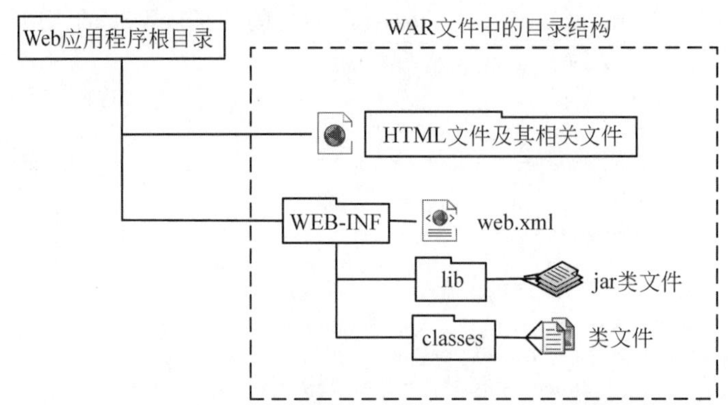

图 3-13 Web 应用程序/WAR 文件的目录结构

(1) Web 应用程序根目录和上下文路径。

Web 容器可将 Web 应用程序根目录作为其部署标识，这种标识被称为 Web 应用程序的上下文路径(context path)。它以正斜线符号(/)开头，后面加上根目录的名称，构成服务器端资源 URI 的开始部分。根目录名中尽量不要包含中文和@、~、#、%等特殊符号；上下文路径的字母区分大小写，为了方便访问，建议全部采用小写英文字母。如果 Web 程序采用 WAR 文件的形式部署，则上下文往往就是"/WAR 文件名"。需要注意的是，很多 Web 容器都能指定部署 Web 程序时的上下文路径组成标识，这就使得 Web 程序的上下文路径的组成不一定就是"/根目录名称"或"/WAR 文件名"的形式。

(2) WEB-INF 文件夹。

WEB-INF 文件夹是 Web 应用程序必须具备的一个文件夹，位于程序根目录中，主要用于存储 web.xml 配置文件。它还可以包含如下两个重要的子目录。

① classes 子目录用于存储 Web 程序中的类文件(.class)。如果类定义含有包名，则还需在此目录中建立对应于包名的文件夹。如果 Web 程序不含类文件，则无须此文件夹。

② lib 子目录用于存储 jar 类库文件。当 Web 程序没有使用任何类库文件时，该文件夹也无须建立。

Web 容器通过 WEB-INF 读取其中的 web.xml 文件，加载 classes 或 lib 子目录中的类文件。即便 Web 程序无须任何配置文件、类文件及类库文件，也应保留一个空的 WEB-INF 文件夹。WEB-INF 目录一定要全部大写，classes 和 lib 子目录则应保持小写名称。

(3) HTML 文档及其相关文件的存储文件夹。

HTML 文档及其相关文件一般应放置在除 WEB-INF 之外的文件夹。这些文件可以按照功能和用途存入不同的目录。例如，HTML 文档通常会存放到根目录以及其他子目录，图片文件存到 img 目录，样式单文件放入 css 目录，脚本文件存到 js 目录。

2. Web 应用程序中的资源 URI

Web 应用程序中的资源 URI 是资源在服务器中的位置标识，包括资源的完整 URL 表示以及由服务端的资源路径组成的相对 URI。

(1) 资源的绝对 URL。

在 Web 程序中，凡是位于 WEB-INF 目录之外的文件，都可以被客户端代理通过 HTTP，利用 URL 进行请求。这些文件资源的 URL 构成如下：

```
http://Web 程序运行所在的服务器 IP 或域名:端口号/Web 程序上下文路径标识/文件所在路径/文件名
```

在 Web 应用程序中，这种包含了服务器位置信息的 URL 被称为资源的绝对 URL，适合于表示已经正式部署，服务器位置不再发生变化的网络资源。绝对 URL 通常用于客户端 UA 访问 Web 程序中的资源，程序内部 HTML 文档的超链接也可以采用绝对 URL，不过一旦服务器位置或端口号发生了变化，就可能导致绝对 URL 失效，这会给 Web 应用程序由开发转入实际部署运行阶段带来不便。

(2) 资源的相对 URI。

对绝对 URL 中服务器位置和端口号之后的剩余部分进行截取，就可以构造出不含服务器地址和端口信息的相对 URI。Web 程序的 HTML 文档中的超链接、表单和图片等元素可以使用这些相对 URI 引用程序中其他的资源。当客户端 UA 通过绝对 URL 加载了包含相对 URI 的页面时，这些相对 URI 会按其组成规则被自动添加上当前服务器的位置和端口号前缀，形成可供客户端访问的完整 URL，这样就可以避免同一 Web 程序运行在不同地址的服务器和端口时带来的问题。相对 URI 有以下两种组成形式。

① 带有上下文路径的相对 URI。这种 URI 以正斜线(/)引导的上下文路径作为开始部分，代表从根目录开始指定资源的路径信息，可以明确地标识出资源在服务器中的位置信息。由于这种相对 URI 位于绝对 URL 中的主机以及端口号之后，也可以将其称为相对于主机位置的 URI。

图 3-14 是一个 Web 程序中 index.html 和 logo.jpg 的带有上下文路径的相对 URI。注意，图中 web.xml 和 m.class 处在 WEB-INF 目录，并不存在客户端直接访问的相对 URI。

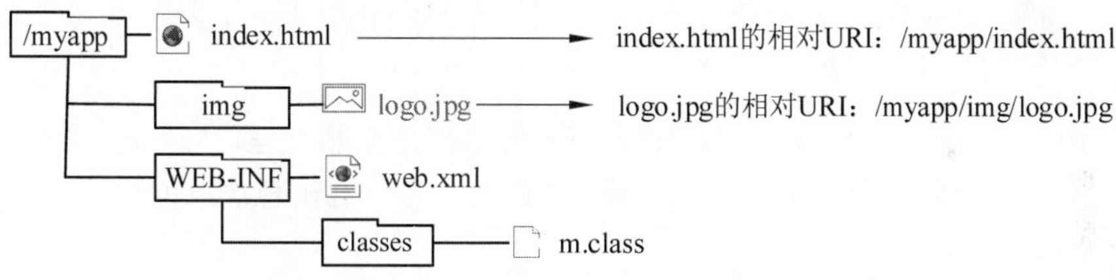

图 3-14　上下文路径为/myapp 的 Web 程序中资源的相对 URI

② 不含上下文路径的相对 URI。这种 URI 不以正斜线开头，用以表示对应于当前页面资源路径的 Web 程序目录中的资源位置。例如，图 3-14 中 index.html 的资源路径对应于 Web 程序的根目录，index.html 中就可以使用“img/logo.jpg”这个相对 URI 作为图像元素的 src 属性值，显示同一目录的 img 文件夹中的 logo.jpg 图片，具体的标记如下：

```
<img  src="img/logo.jpg">
```

类似于在 3.2.4 节中介绍过的 img 元素的 src 属性取值，这种相对 URI 可以在开始部分使用点符号(.)表示当前所在的目录，两个连续的点符号(..)表示当前目录的上一级目录。这种相对 URI 可以称为相对页面路径的 URI。

相对页面路径的 URI 可以避免由于 Web 程序运行所处的上下文路径变化带来的问题。但也要注意，由于 Java Web 程序允许客户端 UA 通过多个不同的 URL 请求同一个 HTML 文档，这会使得该 HTML 文档在请求 URL 中所处的资源路径和其所在的 Web 应用程序中实际的目录发生偏差，从而造成相对 URI 失效。为了避免这种问题，可以通过 3.3.2 节中介绍的 base 元素的 href 属性设置这些相对页面路径的 URI 的前缀。需要注意的是，base 元素对带有上下文路径的相对 URI 不起作用。

3. web.xml 配置文件

web.xml 用于指定 Web 程序在部署和运行过程中的配置信息，该文件是可选的，也被称为 Web 应用程序的标准部署描述符(standard deployment descriptor)。Web 应用程序中仅能存在一个名为 web.xml 的部署描述符，且此文件必须位于 Web 应用程序的 WEB-INF 目录中。web.xml 是标准的 XML 文档，其根元素为 web-app。该文件是一个非独立的 XML 文档，必须采用与之关联的外部 DTD 或者 Schema 对其进行约束。

(1) 采用 DTD 约束的 web.xml 文件。

在 Servlet 2.3 及之前的规范中，必须使用 DTD 对 web.xml 文件进行约束。以 Servlet 2.3 规范为例，文档的基本组成如下。

```
<?xml version="1.0" encoding="UTF-8"?>
<!DOCTYPE web-app  PUBLIC "-//Sun Microsystems, Inc.//DTD Web Application 2.3//EN"
  "http://java.sun.com/dtd/web-app_2_3.dtd">
<web-app>
<!--其他具体的配置子元素定义-->
</web-app>
```

注意，在 DTD 约束下，web.xml 文件中的各个配置子元素的出现有次序要求。

(2) 采用 Schema 约束的 web.xml。

在 Servlet 2.4 及之后的规范中，必须使用 Schema 对 web.xml 进行约束。以 Servlet 2.4 规范为例，文档的具体组成如下：

```
<web-app  version="2.4"  xmlns="http://xmlns.jcp.org/xml/ns/javaee"
xmlns:xsi="http://www.w3.org/2001/XMLSchema-instance"
xsi:schemaLocation="http://xmlns.jcp.org/xml/ns/javaee
                http://xmlns.jcp.org/xml/ns/javaee/web-app_2_4.xsd">
<!--其他具体的配置元素定义-->
</web-app>
```

由于 Servlet 的 Schema 文件采用<choice>模型组定义根元素 web-app 中的子元素，所以这种 web.xml 中的各个配置子元素不再像 DTD 约束那样有出现次序的要求。

(3) 设置欢迎页面。

欢迎页面是指客户端 UA 在请求 URL 中只给到 Web 程序的上下文路径部分，没有指定具体的资源路径和资源标识时，Web 程序回应的页面，即请求 URL 的组成如下：

```
http://Web 程序运行所在的服务器 IP 或域名:端口号/Web 程序上下文路径标识
```

此时系统将检查 Web 程序的 web.xml 中是否含有如下格式的 welcome-file-list 元素：

```
<welcome-file-list>
  <welcome-file>欢迎页面的 URI</welcome-file>
  (<welcome-file>备用欢迎页面的 URI</welcome-file>) *
</welcome-file-list>
```

welcome-file-list 元素中至少应包含一个 welcome-file 子元素用于指定欢迎页面的 URI，此 URI 可以是位于 Web 程序根目录中的 HTML 文件名，如 index.html，也可以是包含路径的文件名，如 pages/index.html。欢迎页面的 URI 是相对于根目录的，不应包含根目录本身的文件夹名称；如需强调从根目录开始，可以使用正斜线代替实际的根目录文件夹名，例如，可以写成/pages/index.html。注意，此处不要再加入 Web 程序的上下文路径。

可以通过多个 welcome-file 子元素指定多个欢迎页面的 URI。系统会按照由上至下的次序，以找到的第一个有效的 URI 作为欢迎页面。例 3-51 是一个包含 3 个欢迎页面设置的完整的 web.xml 文件示例。

【例 3-51】 按 Servlet 3.1 规范建立的包含有 welcome-file-list 元素的 web.xml 文件。

```
<?xml version="1.0" encoding="UTF-8"?>
<web-app version="3.1" xmlns="http://xmlns.jcp.org/xml/ns/javaee"
xmlns:xsi="http://www.w3.org/2001/XMLSchema-instance" xsi:schemaLocation=
"http://xmlns.jcp.org/xml/ns/javaee http://xmlns.jcp.org/xml/ns/javaee/web-app_
3_1.xsd">
    <welcome-file-list>
      <welcome-file>index.html</welcome-file>
      <welcome-file>pages/index.html</welcome-file>
      <welcome-file>/html/pages/index.html</welcome-file>
    </welcome-file-list>
</web-app>
```

该例将欢迎页面的查找依次设置为根目录中的 index.html、根目录的 pages 文件夹中的 index.html、html/pages 目录中的 index.html 文件。注意，欢迎页面的 URI 不能包含 WEB-INF 目录中的文件；web.xml 根元素 web-app 中只能包含一个 welcome-file-list 元素，在 Servlet 2.4 规范以后，该元素没有出现次序的要求。

当指定的欢迎页面找不到或者没有被设置时，系统将按照默认的欢迎页面设置寻找程序中的页面文件，如果还找不到，Web 容器可能会向客户端返回 404 的响应代码。

欢迎页面是 Web 应用程序的访问入口，可以引导客户端 UA 通过该页面中的相对 URI 访问到 Web 程序中的其他页面及资源。

3.4.2 Web 应用程序在 Tomcat 中的部署

Web 应用程序既可以打包成 WAR 文件部署到 Tomcat，也可以直接以文件夹的形式添加到 Tomcat 进行部署。Tomcat 中部署 Web 程序分为冷部署和热部署两大类，冷部署是指部署之后必须重新启动 Tomcat 才能使得部署生效，热部署则无须重启 Tomcat。具体来说，Tomcat 可以通过复制 Web 程序、Manager 工具和修改自身的配置文件进行 Web 程序的部署。

1. 复制部署

复制部署是 Tomcat 中部署 Web 应用程序最为简便的方式，当 Tomcat 处于运行状态时，只要把 Web 应用程序的根目录或者 WAR 文件复制到 Tomcat 安装文件夹中的 webapps 目录，即可实现 Web 应用程序的部署。复制部署属于热部署，无须重启 Tomcat 就可以使得 Web 程序的部署生效。

(1) Web 应用程序根目录的复制部署。采用这种复制根目录的部署方式时，Web 程序的根目录将成为 Web 程序的上下文路径。注意在复制时，应将整体的根目录一起复制到 webapps 文件夹中，不要分批复制，这样有可能会造成 Web 程序的部署失败，遇到这种情况可以尝试使用 Manager 工具重新加载该 Web 程序，或者重新启动 Tomcat。复制根目录的部署方式适合于部署已经开发完毕的 Web 应用程序，如果需要边测试边开发，最好不要采用这种方式。

(2) WAR 文件的复制部署。默认情况下，当把 WAR 文件复制到 webapps 目录中时，Tomcat 会自动解压缩 WAR 文件，生成和 WAR 同名的文件夹(不含扩展名 war)，生成的文件夹名将成为 Web 程序的上下文路径。注意，一旦在 webapps 目录中删除了 WAR 文件，就相当于卸载了 Web 应用程序，此时 Tomcat 将会自动删除生成的文件夹。

(3) 通过复制法部署根应用程序。根应用程序是指上下文路径仅含正斜线的 Web 应用程序。如果客户端 UA 在请求的 URL 中仅包含了服务器位置和端口号，此时 Web 容器将回应根应用中的欢迎页面。Tomcat 中通过复制法部署根应用程序时，应用程序的根目录名必须是 ROOT，或者采用名为 ROOT.war 的 WAR 文件。Tomcat 的 webapps 目录中已经存在一个预安装的根应用程序，用于提供 Tomcat 的帮助文档、示例以及服务器的基本管理功能。用户可以将该 ROOT 中的内容替换为所需的 Web 应用程序。但需要注意，直接替换 ROOT 目录的内容时，可能需要借助 Manager 工具重新装入根应用或重启 Tomcat 才能使得替换生效。

2. 通过 Manager 工具进行部署

Manager 是 Tomcat 内置的一个热部署工具，支持通过 HTTP 和特定的 URL 进行 Web 应用程序的本机以及远程主机中的部署工作，便于集成开发环境使用 Tomcat 进行 Web 程序的开发和测试。NetBeans 就是通过 Manager 实现 Web 程序项目在其集成的 Tomcat 服务器中进行部署和运行。Tomcat 还预安装了一个上下文路径为/manager 的 Web 应用，使得开发者可以借助浏览器界面进行 Web 程序的部署、删除、暂停、启动和重新装入。

使用 Manager 部署工具之前，需要通过修改 Tomcat 的 conf 目录中的 tomcat-users.xml 文件，设定使用者的登录信息和角色授权。

(1) tomcat-users.xml 文件的元素组成。

tomcat-users.xml 应按同一目录中 tomcat-users.xsd 的约束，以 tomcat-users 为根元素，通过可选的 user 子元素设定用户名、口令和授权角色。尽管 tomcat-users.xml 文件应通过 tomcat-users.xsd 中定义的目标名称空间 http://tomcat.apache.org/xml 引入该约束，但实际上 Tomcat 并不执行验证处理，只要保证 tomcat-users.xml 中元素/属性名称正确，格式良好即可，基本的设置语法如下：

```
<tomcat-users>
(<user  username="账号"  password="口令"  roles="角色" />) *
</tomcat-users>
```

user 子元素可以出现 0 次或多次，用以添加授权用户：属性 username 和 password 用于设置用户的账号和口令，roles 属性可以设为如下取值，代表两种使用权限。

① manager-gui 代表该用户可以使用 Tomcat 中预置的上下文路径为/manager 的 Web 应用，通过浏览器窗口进行 Web 程序的人工交互式管理。

② manager-script 代表该用户可以通过程序代码调用 Manager 工具提供的基于 HTTP 的特定 URL，进行 Web 程序的部署、卸载、更新等自动化管理工作。

如果需要综合授权，可以将 roles 属性值设置为逗号(,)分隔的上述取值。tomcat-users.xml 的一个样例文件如例 3-52 所示，该例引入了可选的 tomcat-users.xsd 约束。

【例 3-52】 具有浏览器窗口和脚本管理综合授权用户信息的 tomcat-users.xml 文件。

```
<?xml version="1.0" encoding="UTF-8"?>
<tomcat-users  version="1.0"  xmlns="http://tomcat.apache.org/xml"
            xmlns:xsi="http://www.w3.org/2001/XMLSchema-instance"
            xsi:schemaLocation="http://tomcat.apache.org/xml
tomcat-users.xsd">
  <user  username="sa"
       password="67ocd"
       roles="manager-script,manager-gui" />
</tomcat-users>
```

Windows 中可以通过服务安装文件(即 32-bit/64-bit Windows Service Installer，见 2.2.1

节)在安装 Tomcat 时,利用向导提示进行 tomcat-users.xml 的设置;但如果采用解压缩 tar.gz/zip 文件的方式进行了 Tomcat 安装,tomcat-users.xml 文件中只会包含一个不含任何子元素的 tomcat-users 根元素,此时需参照本节对 tomcat-users.xml 进行设置才能使用 Manager 部署工具。也可以参考 2.3.4 节,将 Tomcat 注册到 NetBeans,由 NetBeans 的服务器添加向导自动创建 tomcat-users.xml 文件中所需的设置。

需要注意,一旦修改了 tomcat-users.xml 文件,必须重启 Tomcat 才能使得修改生效。

(2) 使用 Manager 的浏览器管理界面进行 Web 程序部署和管理。

确保 tomcat-users.xml 中设置了拥有 manager-gui 角色的用户登录信息后,就可以启动/重启 Tomcat,利用浏览器访问 Manager 工具提供的 Web 界面。设 Tomcat 的运行端口号是 8080,在其运行所在的计算机中启动浏览器,在地址栏中输入 URL(http://127.0.0.1:8080/manager),即可在弹出的登录对话框中输入 tomcat-users.xml 中的账号和口令,进入如图 3-15 所示的管理页面。

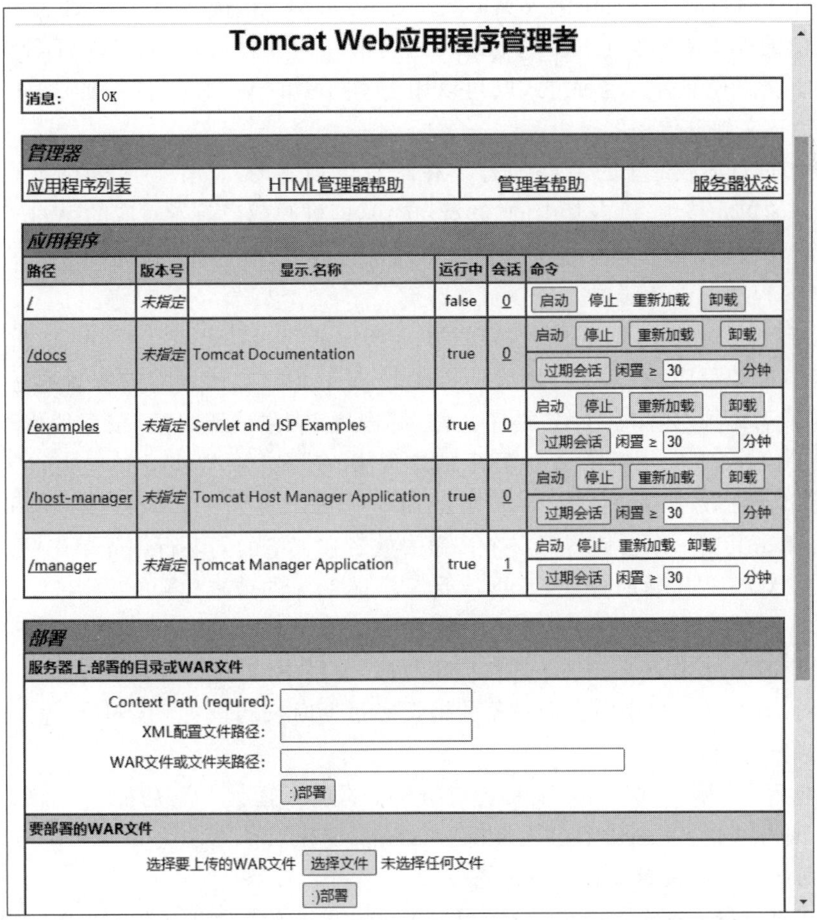

图 3-15　Tomcat 7.x 的 Manager 工具的 Web 管理界面

通过此页面,可以进行 Web 程序的 WAR 文件或本机 Web 应用程序根目录的部署,还可以对已经部署的程序进行停止、启动、卸载、重新加载等操作。注意,不同版本号的 Tomcat 的 Manager 工具的界面可能会存在一些差异,图 3-15 是 Tomcat 7.x 系列的界面。

① 部署本机中的 Web 应用程序目录或 WAR 文件。图 3-15 中的"服务器上部署的目录

或 WAR 文件”文本下方是如下 3 个左侧带有提示文字的文本框。

Context Path(required)是部署时的必填项，此项输入需要部署的本机中 Web 应用程序的上下文路径。注意，输入的路径应以正斜线(/)开头，如/testweb。

“XML 配置文件路径”用于输入 Web 程序目录中的部署描述符 web.xml 文件的所在路径。由于标准 Web 程序应在/WEB-INF 中存储 web.xml 文件，所以这项一般留空。

“WAR 文件或文件夹路径”用于输入含 WAR 文件名称的所在路径或者 Web 程序的根目录对应的文件夹名。例如，在 Windows 系统中，如果 WAR 文件位于 D 盘根目录中，名为 test.war，应在此输入 d:\test.war。如果 Web 程序以目录的形式存在，例如，Web 程序根目录是 D 盘中的 test 文件夹，则应输入 d:\test。

一旦输入完毕，单击该区域中的“部署”按钮，即可在当前运行的 Tomcat 中部署本机 Web 应用，部署成功或者失败都会在图 3-15 所示界面上方的“消息”后显示操作信息。

② 部署本机或远程 WAR 文件。在图 3-15 中单击“要部署的 WAR 文件”下方的“选择文件”按钮，即可选择当前计算机中的 WAR 文件，之后再单击该按钮下方的“部署”按钮，即可将当前计算机中的 WAR 文件上传到 Tomcat 运行所在的计算机，并以其文件名(不含扩展名 war)作为上下文路径部署。这种方式既可以用于本机中的 WAR 文件部署，也可以用于远程客户机的 WAR 文件上传和部署。

③ 卸载和重新加载部署的 Web 程序。在图 3-15 所示的“应用程序”表格每一行最右侧的“命令”列对应的单元格中，单击其中的“卸载”按钮，即可卸载当前行对应的 Web 程序。注意，单击该按钮时要慎重，因为 Manager 不会弹出确认对话框，而是直接执行卸载。一旦卸载，就只能对该 Web 程序做重新部署。

单击和“卸载”按钮位于同一单元格中的“重新加载”按钮，可以让 Tomcat 重新部署当前行对应的 Web 应用程序。一般地，如果已部署的 Web 程序修改自身的部署描述符 web.xml 文件、类文件或者添加/删除了 JAR 类库文件，都需要单击“重新加载”按钮使修改生效，否则只有在重启 Tomcat 之后才能使 Web 程序的这类修改生效。

④ 停止和启动 Web 程序。图 3-15 中“应用程序”表格中每一行中的“停止”和“启动”按钮都是互斥的，单击其中一个会使得另一个按钮失效。在表格的同一行中先单击“停止”按钮，会让该行代表的 Web 程序暂时停止，不再接受客户端 UA 的请求；再单击“启动”按钮，会让该 Web 程序恢复正常运行。这一过程等价于单击一次“重新装入”按钮。

⑤ 过期会话 Web 程序。图 3-15 中“应用程序”表格中的“过期会话”按钮和“闲置”文本框用于当前行对应的 Web 程序中会话对象的销毁和过期时长的设置。Web 程序的会话对象将在第 6 章中进行介绍。

在实际应用中，由于 Manager 工具为 Tomcat 添加了远程部署功能，会带来一些安全隐患，所以生产环境中的 Tomcat 往往会删除掉 Manager 工具。

3. 修改 server.xml 配置文件进行部署

修改位于 Tomcat 安装的 conf 文件夹中的 server.xml 文件也可以实现 Web 应用程序的部署。这种部署必须重新启动 Tomcat 才能生效，属于冷部署。冷部署不便于开发过程，但在产品状态的服务器中可以采用冷部署提高 Servlet 的运行效率。3.4.3 节将详细介绍如何修改 server.xml 文件进行冷部署。

3.4.3 Tomcat 的部署和运行设定

本节主要介绍一些常见的 Web 应用程序的部署和运行设定。这些设定主要通过修改

Tomcat 安装文件夹中 conf 目录中的核心配置文件 server.xml 和 web.xml 文件完成。

web.xml 是用于指定所有 Web 程序在部署时默认的部署选项，也称为全局 web.xml，它的 DTD 或 Schema 约束和标准部署描述符完全相同。全局 web.xml 可以简化 Web 程序自身的部署描述符的编写。例如，当 Web 程序的 WEB-INF 目录中没有包含 web.xml 时，Tomcat 将采用全局 web.xml 中的部署设定。

需要注意，一旦修改了 conf 目录中的 server.xml、web.xml 等配置和部署文件，一定要重新启动 Tomcat 才能使设置生效。

1. 设定部署后的 Web 程序中默认的欢迎页面

如果 Web 应用程序没有指定自己的欢迎页面，Tomcat 会在全局 web.xml 中查找欢迎页面的设置，welcome-file-list 元素位于 web.xml 的最后部分，其设置如下。

```
<welcome-file-list>
  <welcome-file>index.html</welcome-file>
  <welcome-file>index.htm</welcome-file>
  <welcome-file>index.jsp</welcome-file>
</welcome-file-list>
```

按此设定，当 Web 程序没有设置欢迎页面时，Tomcat 会在当前程序根目录中依次查找 index.html→index.htm→index.jsp，将第一个找到的文件作为欢迎页面。修改 Tomcat 默认欢迎页面设置，只要修改全局 web.xml 中 welcome-file 子元素即可。

2. 启用 Web 程序中的目录浏览功能

如果客户端 UA 请求 URL 对应于 Web 程序中的目录，没有给出请求文件，这时 Tomcat 将按照默认设定回应 404 错误代码。实际上，除非 Web 程序自行设定，客户端 UA 对 Tomcat 中的 Web 程序所有的静态文档的请求，包括文件夹，都会按全局 web.xml 设定，由一个设定名为 default，类名为 org.apache.catalina.servlets.DefaultServlet 的 Servlet 进行处理。该 Servlet 在全局 web.xml 文件中的设置如下。

```
<servlet>
  <servlet-name>default</servlet-name>
  <servlet-class>org.apache.catalina.servlets.DefaultServlet</servlet-class>
  <init-param>
     <param-name>debug</param-name>
     <param-value>0</param-value>
  </init-param>
  <init-param>
     <param-name>listings</param-name>
      <!-- 将下面 param-value 元素中的 false 修改为 true -->
      <param-value>false</param-value>
  </init-param>
  <load-on-startup>1</load-on-startup>
</servlet>
```

按照上述代码中黑体注释所示，将注释左侧的 param-value 元素中的 false 改成 true，Tomcat 即可以在客户端 UA 请求 Web 程序的可访问文件夹时回应该目录中的文件下载链接列表页面。这种设定可以让 Web 程序具备提供简便的文件下载服务的功能。但需要注意的是，当被请求的目录中包含大量文件和文件夹时，这种设置会导致响应速度变慢。

需要注意，由于 XML 区分大小写，在设定时一定要注意大小写。

3. 设置监听端口号和 Web 程序部署及运行特性

server.xml 是一个以 Server 为根元素的标准 XML 文档，其基本构成元素包括 Listener、

GlobalNamingResource 和 Service，其中 Service 元素主要用于定义部署和运行特性。它们的具体组成如下。

```
<Server>
    (<Listener/>) *
    <GlobalNamingResources>
        (<Resource/>) *
    </GlobalNamingResources>
    <Service>
        <!-- Connector 元素用于设置监听端口号和设置 URI 编码 -->
        (<Connector/>) *
        <Engine>
            (<Realm/>) *
            <!-- Host 元素用于设置部署特性-->
            (<Host/>) *
        </Engine>
    </Service>
</Server>
```

由上述元素结构组成中的注释可以看到，Service 中的 Connector 元素主要用于设置 Tomcat 的 HTTP 监听端口以及资源 URI 的编码，Service 中的 Engine 的 Host 元素用于设置 Tomcat 的部署特性。

(1) 设置监听端口号和中文目录的 URI 支持。Connector 元素的 port 属性用于设置 Tomcat 的 HTTP 监听端口。在解压缩安装的 Tomcat 的 server.xml 文件中，Connector 元素初始设定如例 3-53 所示。

【例 3-53】 server.xml 中初始的 Connector 元素设定。

```
<Connector  port="8080"
            protocol="HTTP/1.1"
            connectionTimeout="20000"
            redirectPort="8443"/>
```

一般来说，修改 Tomcat 的监听端口号的原因是多个服务程序在运行时不能监听相同的端口号。如果例 3-53 中设定的 8080 端口已经被其他服务程序使用，就必须将此处的 port 属性值改成其他的正整数，否则 Tomcat 将不能正常启动。还需要注意的是，在 UNIX/Linux 系统中，只有以超级管理员身份(即 root)执行 Tomcat 时，才能使用 1024 以下的端口号。

在例 3-53 的 Connector 元素设定中，相关的资源文件不能位于 Web 程序中的中文目录，否则将不能被客户端 UA 正确请求，此时可在 Connector 元素中加入 URIEncoding 属性，将其值设置为支持中文的文字编码，该编码通常取 UTF-8 格式。在例 3-53 基础上加入 URIEncoding 属性的 Connector 元素的设置如下。

```
<Connector  port="8080"
            protocol="HTTP/1.1"
            connectionTimeout="20000"
            redirectPort="8443"
            URIEncoding="UTF-8"/>
```

Connector 元素的这种设定不仅支持中文 URI，而且还可以用来解决 GET 请求方式中的中文乱码问题。注意，在上述设定标记中，虽然 XML 的元素名和属性名要区分大小写，但对于 URIEncoding 的属性取值(UTF-8)，大小写都是正确的。

(2) 设置 Web 应用程序复制部署的路径以及 WAR 文件是否解压部署。在 3.4.2 节中已经介绍 Tomcat 默认的部署目录位于安装目录中的 webapps 文件夹，这是因为初始的 server.

xml 文件中 Host 元素的 appBase 属性的取值为 webapps，如下所示：

```
<Host  name="localhost"
       appBase="webapps"
       unpackWARs="true"
       autoDeploy="true">
 <!--此处省略了 Host 中的子元素>
</Host>
```

在上述 Host 的属性取值中可以看到，除去默认的 Web 应用部署位置之外，upackWARs 属性值取 true，意味着复制到 webapps 目录中的 WAR 文件将被解压后部署。如果将 upackWARs 值指定为 false，则 WAR 文件将不会被解压缩部署，这种方式会造成 Web 应用程序在运行过程中的一些问题，一般不推荐这样设定。autoDeploy 属性值取 true 时复制到 webapps 中的 Web 应用程序将会自动部署；当此属性值应取 false 时需要借助 Manager 工具才能使程序启动，使其部署生效。

(3) Web 程序的冷部署。在 Host 元素中添加 Context 子元素，指定其 path 属性的值为 Web 应用程序的上下文路径，docBase 属性的值为 Web 应用程序的根目录或 WAR 文件所在的路径及文件名，即可实现任意路径中 Web 程序的部署，这就是 Web 程序的冷部署，部署后需要重启 Tomcat。例如，Windows 中 Web 应用程序的根目录是 d:\myapp，部署的上下文路径为/myapp，Context 元素应按照例 3-54 所示，添加到 Host 元素中，实现其冷部署。

【例 3-54】 server.xml 文件中添加的用于部署的 Context 元素。

```
<Host  name="localhost"
       appBase="webapps"
       unpackWARs="true"
       autoDeploy="true">
    <!-- 以下是添加的上下文元素标记 -->
    <Context  path="/myapp"
              docBase="d:\myapp"/>
  <!--此处省略其他 Host 子元素-->
</Host>
```

注意，必须严格按上述标记中的大小写添加对应的 Context 元素及属性。

4. 解决 Windows 中 Tomcat 运行控制台窗口中的文字乱码问题

Tomcat 的一些版本在中文 Windows 操作系统中使用其 bin 目录中的 startup.bat 批处理文件启动后，显示在控制台窗口中的输出文字可能会存在乱码问题。这是因为 Tomcat 的日志文件在控制台窗口中输出的文本编码被设置为 UTF-8，而中文 Windows 系统中控制台窗口中的默认文字编码是 GBK，两者编码不一致就会造成乱码。

Tomcat 使用其 conf 文件夹中 logging.properties 中的属性设置进行运行日志的文本输出。控制台窗口输出文本的属性是 java.util.logging.ConsoleHandler.encoding。用文本编辑器（如记事本或写字板）打开这个文件，在其中找到这个属性名称，将它的设置值由 UTF-8 改为 GBK，保存后重启 Tomcat 即可解决乱码问题。下面是一个修改示例：

```
#java.util.logging.ConsoleHandler.encoding = UTF-8
java.util.logging.ConsoleHandler.encoding = gbk
```

为了说明修改过程，上述修改是保留了原设置行，在其开头部分添加了注释符#使之失效。在修改时需要注意，属性名要严格按照大小写组成书写，但属性值 GBK 及 UTF-8 采用大小写均可。

3.4.4 NetBean 对 Web 应用程序的开发支持

在 Java Web 开发功能激活后，NetBeans 对 Web 应用程序开发提供了 Java Web 项目的向导创建和 JavaEE 服务器的注册功能，使得开发者可以直接通过 IDE 进行 Web 应用程序的编写、调试、测试和部署等工作。在开发时，NetBeans 将会按照需求自动启动 Tomcat 服务器和浏览器，方便开发者观察 Web 程序的运行效果。同时，开发者还可以对注册的 JavaEE 服务器进行单独的启动、关闭和运行监控。另外，对于 Tomcat 服务器的注册和管理，NetBeans 提供了比其他 JavaEE 服务器更多的控制和管理特性，包括注册服务器名称的修改、Manager 工具使用授权、私有配置的运行设定、server.xml 配置文件的编辑、修改等功能。

开发者还可以使用文件的创建向导，生成 HTML、XML、JSP、Servlet 等文件的基本代码，为 XML 文档生成 DTD 约束文件，以及对 XML 文档进行 DTD、Schema 约束检验。对于一些特殊的 XML 文档，例如 web.xml 部署描述符文件，NetBeans 还提供了可视化的修改视图，以便开发者对其中的元素进行修改；在编辑 HTML 文档时，也可以通过浏览器预览编辑的效果。

对于 HTML、CSS、JavaScript、JSP、Java 源代码等编辑工作，NetBeans 均提供了代码模板和输入提示功能。

1. NetBeans 中的项目创建向导类型

NetBeans 中的项目(Project)由位于特定目录结构中的相关文件组成，是开发工作的基本单位，每一个 Web 应用程序都对应于一个 Java Web 项目。项目可以由 NetBeans 提供的向导创建。在激活后的界面中选择 File→New Project 命令，NetBeans 将弹出用于新建不同类型项目的 New Project 向导对话框，在此对话框中单击 Java With Ant 左侧的加号图标，展开显示该项下方的分支项后，选中其中的 Java Web，就可以看到 Web 应用程序创建向导，如图 3-16 所示。

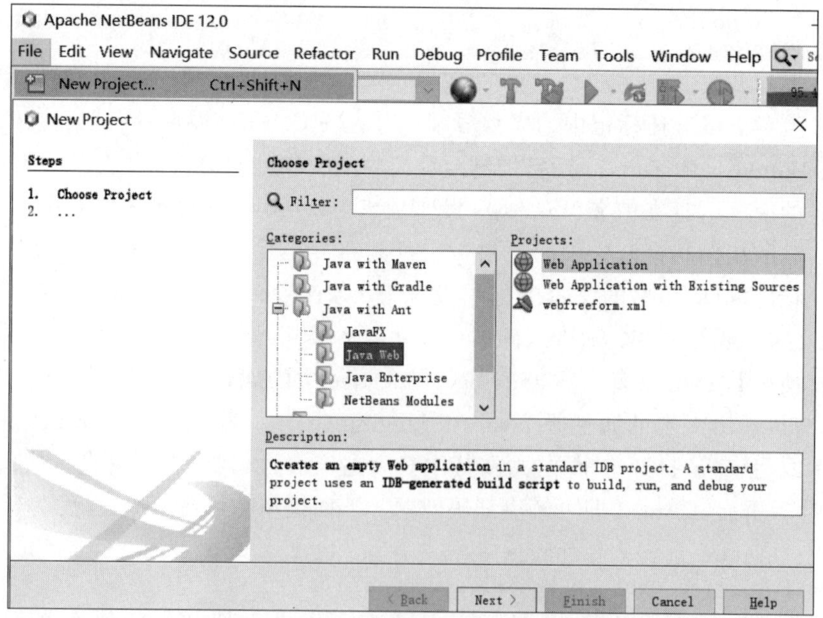

图 3-16 Java Web 应用程序创建向导

通过图 3-16 可以看出，NetBeans 12.x 中提供了 Java with Ant、Java with Maven 和 Java with Gradle 三种向导，这三种向导均可以用于创建 Java Web 应用程序项目。

(1) Java with Ant 向导。该向导可以为 Apache Ant 项目管理工具创建其所需的目录结构和相关的配置文件。Ant 是 Apache 采用 Java 语言编写的开源项目管理和编译工具，采用任务(Task)管理各项工作，每个任务都具有一个目标(Target)，代表诸如 Java 源代码编译、类库管理、JAR 文件及 Web 应用程序的 WAR 文件生成、应用服务器的启动、关闭等工作。任务之间可以通过依赖关系(Dependence)形成执行的先后次序。Ant 默认采用一个名为 build.xml 的文件进行任务的存储和执行。NetBeans 集成了 Ant，将其用于各种项目的编译、部署和运行。使用 Java with Ant 向导创建项目后，会根据项目类型在项目的根目录中生成 Ant 所需的 build.xml 及其相关的辅助文件，开发者无须了解这些 Ant 的使用细节，NetBeans 会自动处理各项 Ant 任务，帮助开发者把精力放在源代码和其他相关程序文件的编写上。

(2) Java with Maven 向导。Maven 也是 Apache 推出的开源构建工具，类似于 Ant 采用 build.xml 定义项目中的任务，Maven 采用 pom.xml 处理各项任务，并在互联网中建立了专门的软件仓库中心。在构建项目时，Maven 可以根据 pom.xml 文件中定义的依赖需求，访问软件仓库中心，自动为当前项目下载具有特定版本信息的支持文件，解决了 Java 项目中经常遇到的类库下载和版本管理等问题。使用 Java with Maven 向导可以创建 Maven 所需的 pom.xml 文件和相关的其他辅助文件。NetBeans 通过集成 Maven 处理其在使用上的细节，开发者无须了解太多的 Maven 知识就可以享有 Maven 带来的软件仓库类库版本管理及其他优势。

(3) Java with Gradle 向导。Gradle 项目是 Maven 的改进形式，它使用动态语言替代了 Maven 的配置文件 pom.xml，使得项目的组织工作比 Maven 更为简单，同时也具有比 Maven 更为精简的软件仓库中心下载量。NetBeans 从 9.0 版本开始，通过 Java with Gradle 向导支持 Gradle 的应用。

这些向导生成的项目目录和配置文件都符合 Ant/Maven/Gradle 构建要求，即便脱离了 NetBeans 开发环境，开发者依旧可以使用上述工具进行项目的编译、发布和运行。在使用 NetBeans 12.x 的这些向导创建项目时，需要注意以下几点。

① 采用 Java with Ant 向导创建的任何 Java 项目，包括 Java Web 项目，都需要 nb-javac 编译器插件的支持，否则将会导致 Java 源代码在编写、编译和运行中出现问题。

② 采用 Java with Maven 或者 Java with Gradle 向导创建的 Java 及 Java Web 项目可以不需要 nb-javac 插件的支持，但当 NetBeans 运行在 JDK 8 中时，没有 nb-javac 插件可能会导致项目在创建过程中出错；在高于 JDK 8 的 JDK 版本中运行 NetBeans 时，Maven 或者 Gradle 向导创建的项目完全不依赖于 nb-javac。

③ Maven 和 Gradle 都需要在项目创建时访问位于互联网上的软件仓库中心，所以使用 Java with Maven 和 Java with Gradle 向导在创建项目时，可能会因为需要下载较多的支持文件，造成项目创建所需的时间较长。不过在第一次下载后，Maven 和 Gradle 会进行下载文件的缓存，其后的操作所需时间会变短。但和 Ant 项目相比，由于 Ant 并不依赖于软件仓库的支持，所以 Ant 项目在创建和其他操作上还是比 Maven 和 Gradle 要快。

④ 如果没有执行本节前述的 nb-javac 插件的下载和 Java Web 开发功能的激活，也可以通过进入 New Project 向导对话框，进行插件下载和开发功能的激活。此时只需要选中对话框中的 Java with Ant 的 Web Application，单击对话框中的 Next 按钮，NetBeans 将在对话框中提示要下载并激活相关的功能，如图 3-17 所示。

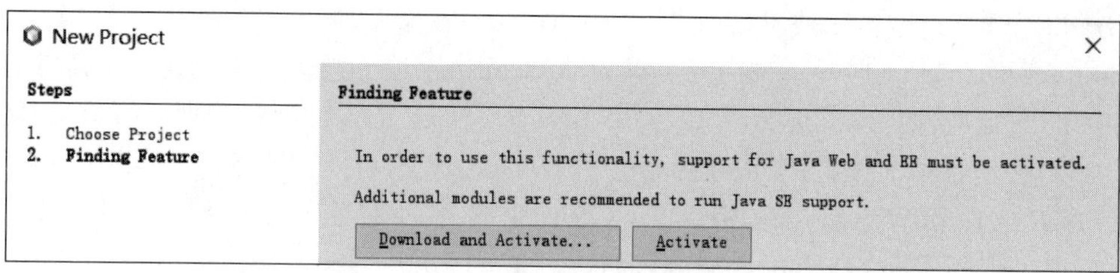

图 3-17 Java Web 向导界面

选择其中的 Download and Activate 按钮(注意此处不要选择 Activate 按钮)后,NetBeans 就可以下载安装 nb-javac 插件并激活 Java Web 开发功能。Ant 项目比较适合个人开发者和初学者使用。本书主要介绍 Ant 类型 Java Web 项目的构建。以下的步骤以创建一个 Ant 类型的 Java Web 项目为例,说明如何在 NetBeans 中进行 Web 程序开发工作。

2. 创建 Java Web 项目和添加注册 Tomcat 服务器

在 New Project 向导对话框选中 Java with Ant 的 Web Application 项目类型之后,单击对话框的 Next 按钮,进入向导的第 2 步:设置项目名称和位置。为项目输入名称 HelloWebApp,其余均取向导设定的默认值,继续单击 Next 按钮进入向导第 3 步,设定项目运行所需的 Web 服务器。此时由于尚未在 NetBeans 注册任何 Java Web 服务器,所以必须通过单击 Add 按钮添加、注册一个服务器,如图 3-18 中感叹号后英文所示。

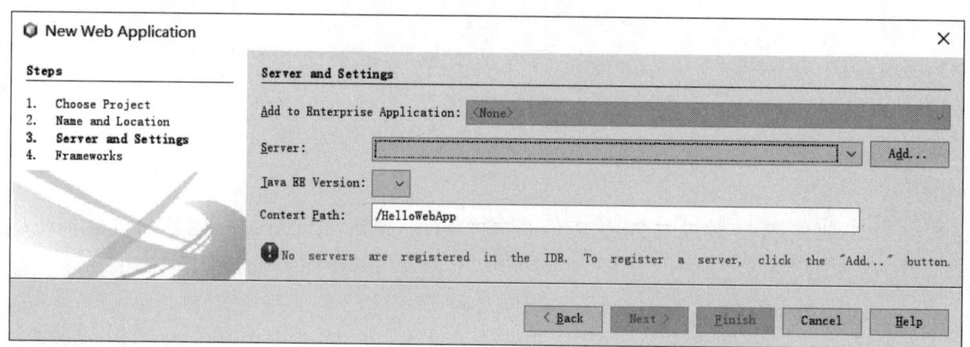

图 3-18 新建 Web 应用程序向导中的服务器注册提示

单击 Add 按钮进入 Add Server Instance 对话框,其服务器注册向导分为两步,第一步 Choose Server(选择服务器),第二步 Installation and Login Details(填写安装和服务器管理账号),如图 3-19 所示。最好将向导第一步自动生成的注册名 Apache Tomcat or TomEE 修改为 Tomcat+版本信息的格式,以便其他项目能够选择适合的 Tomcat 版本。图 3-19 中将 Tomcat 注册名改成了 Tomcat 9.0.44。

注册向导的第二步是最为关键的步骤,主要是设置服务器的安装位置、私有配置文件夹设置和 Tomcat 中用于管理 Web 应用程序的 Manager 工具的账号和口令。

(1) 设置服务器安装位置。此项可以单击 Server Location 文本框右侧的 Browse 按钮,找到 Tomcat 所在的目录。这个目录一定是 Tomcat 中 bin、conf、lib、webapps 等子文件夹所在的父目录。例如,在图 3-19 中,就将服务器位置设置成"C:\apache-tomcat-9.0.44"。

(2) 设置私有配置文件夹。

NetBeans 支持利用私有配置文件夹对一个 Tomcat 进行多种不同的配置,在图 3-19 所示注册向导的第二步选中 Use Private Configuration Folder(Cataline Base)左侧的复选框,就可

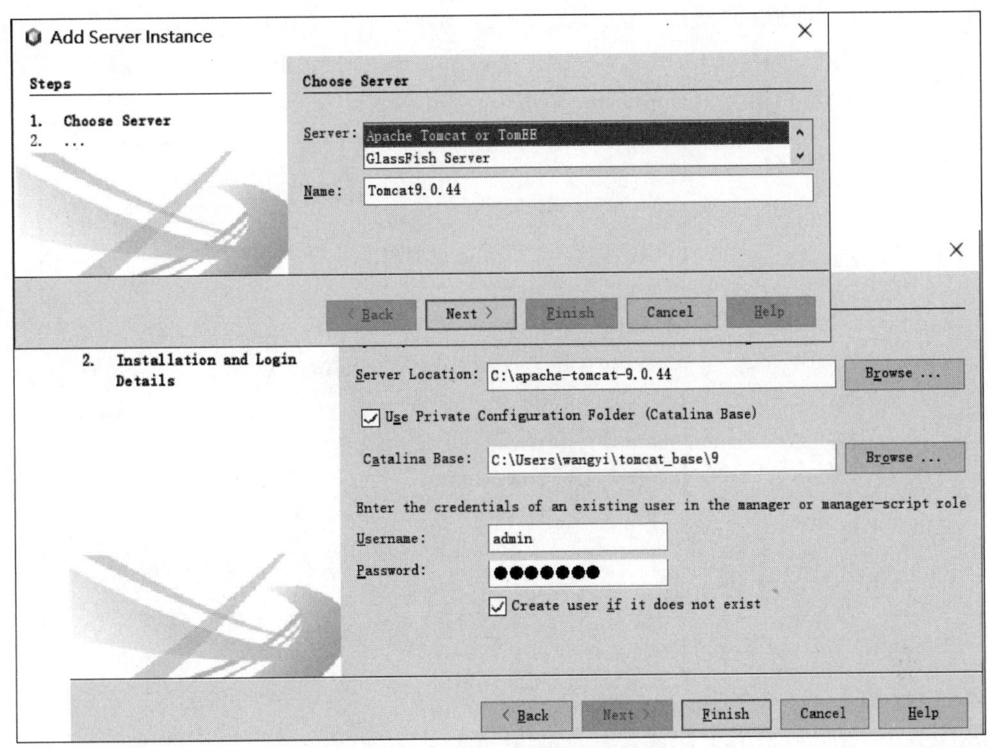

图 3-19　注册一个 Tomcat 服务器

以在下方 Catalina Base 的文本框中输入当前注册的 Tomcat 的私有配置文件夹的路径了。这种私有配置文件夹便于开发者利用不同配置的 Tomcat 测试 Web 程序，另一个应用场景是当 Tomcat 被安装在 Windows 的 Program Files 或 Linux 系统文件夹时，位于当前用户主目录中的私有配置文件夹可以无须管理员权限进行配置文件的修改。

Tomcat 的私有配置文件夹应具有一个至少包含 server.xml 文件的 conf 目录；也可以选择一个空的目录作为私有文件夹，之后由向导自动生成所需的 conf 和 server.xml 等文件和目录结构。选择一个空的私有文件夹最简便的方法就是在单击图 3-19 中 Catalina Base 文本框右侧的 Browse 按钮时，在弹出的打开文件对话框中选择一个目录，然后单击对话框右上方的新建文件夹按钮(　)，为新建的文件夹设置名称后，选中该目录作为私有文件夹，如图 3-20 所示。建议在当前用户主目录中建立空的私有文件夹，以便对于注册后的 Tomcat 服务器的配置文件进行修改。

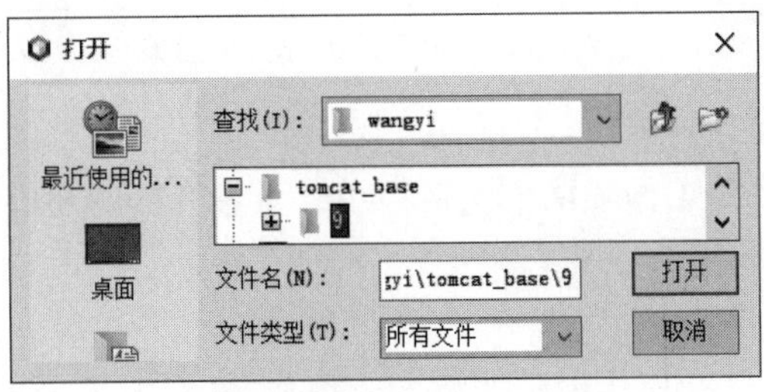

图 3-20　“打开”文件对话框

(3) 设置 Tomcat 中管理 Web 应用程序的 Manager 工具使用者的用户名和口令。

NetBeans 使用 Manager 工具进行 Web 程序的部署和管理，并通过服务器注册向导提供了修改 tomcat-users.xml 的便捷方法。如图 3-21 所示的服务器注册向导第二步，若填写的授权用户名不存在，则应选中 Create users if it does not exist 复选框，向导会在注册完成后自动生成包含需创建的用户名和口令的 tomcat-users.xml 配置文件。

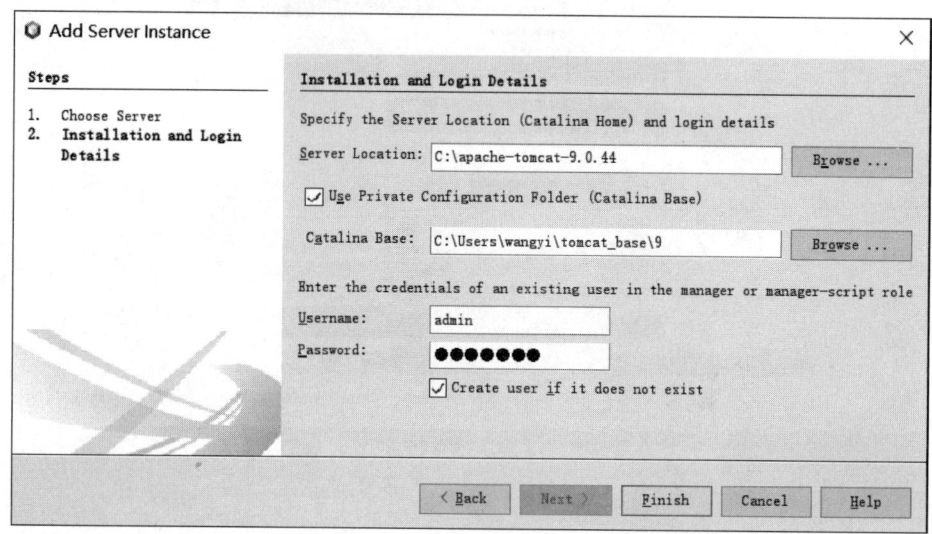

图 3-21 Tomcat 注册向导第二步

在 New Project 对话框中注册 Tomcat 后，就可以设定项目运行适用的 JavaEE 版本，可以参考 2.2.1 节中表 2-1 获得 Tomcat 系列版本和 JavaEE 规范之间的对应关系。图 3-22 中选择了 Tomcat 9 提供的 JavaEE 7 规范，单击 Finish 按钮即可完成项目的创建。

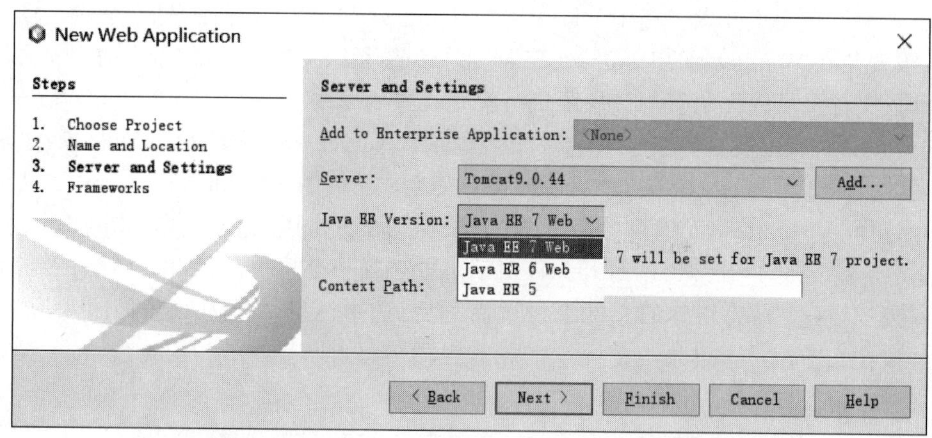

图 3-22 选择 Java Web 项目运行依赖的 JavaEE 规范

3. Java Web 项目的工作环境

Java Web 项目创建后的工作环境由主窗口中若干带有标题和边界的工作区域组成，这些工作区域实际上是停靠(dock)在主窗口中的窗口，如图 3-23 所示。主窗口顶部的 Window 菜单用于这些窗口的显示切换。

双击这些窗口的标题栏可令其在充满整个主窗口/恢复原大小的显示方式中切换。当窗口标题右侧有减号图标时，单击减号可将其最小化到主窗口的边界上；还可以通过拖曳窗口标题栏调整其在主窗口中的停靠位置。在这些窗口标题上右击，选择 Float 命令可令其脱离主窗口浮动显示；在浮动窗口的文字标题上右击，选择 Dock 命令可将其停靠回主窗口。图 3-23

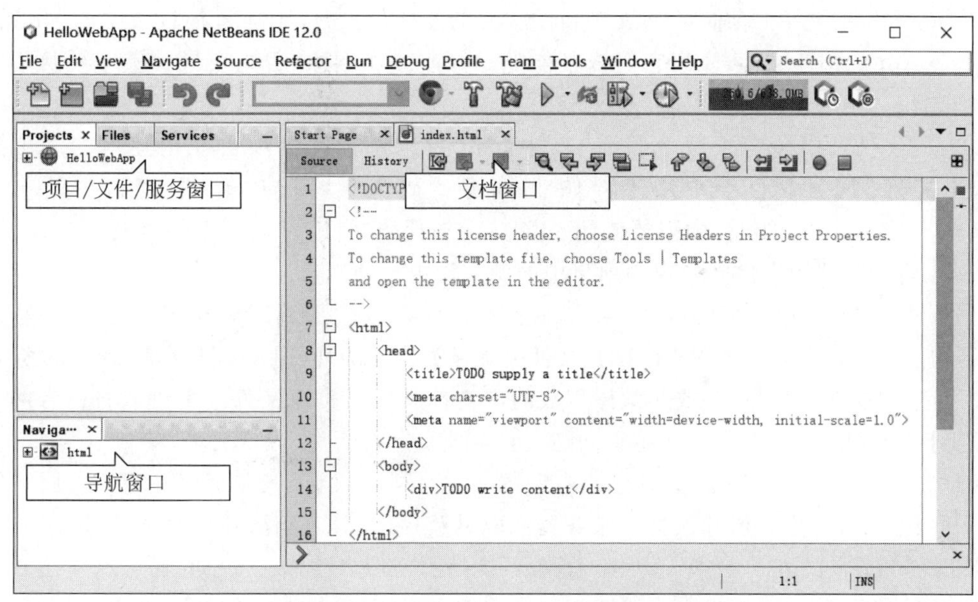

图 3-23　NetBeans 的 Java Web 项目工作界面

所示的主窗口中停靠的窗口包括项目(Projects)、文件(Files)、服务(Services),它们以选项卡的方式共享同一显示区;同时停靠在主窗口的还有导航(Navigator)和文档(Document)窗口。

(1) 项目窗口。项目窗口是 Projects/Files/Services 这 3 个选项卡中默认显示的窗口,该窗口按照项目中文件的用途分类显示其中的目录和文件,如图 3-24 所示。通过单击项目窗口中的 HelloWebApp 项目的各结点左侧的"加号"图标,可以看到展开后的 Java Web 项目的分层结构。项目的一级结点按照用途被分为 Web 页面(Web Pages)、Java 源代码包(Source Packages)、类库(Libraries)、配置文件(Configuration Files)。在相应的各个结点上右击,可以使用弹出的菜单中的命令,进行项目的运行/重命名/属性查看/删除,文件的添加/删除/恢复删除/编辑/运行,项目引用的类库或其他项目的添加/删除等各项工作。项目窗口是开发者在进行开发工作时最为主要的工作窗口,要注意项目窗口中不会出现一些由 IDE 管理的项目构建文件,同时该窗口显示的是项目的逻辑结构,其中的结点不一定和实际的项目目录一一对应。

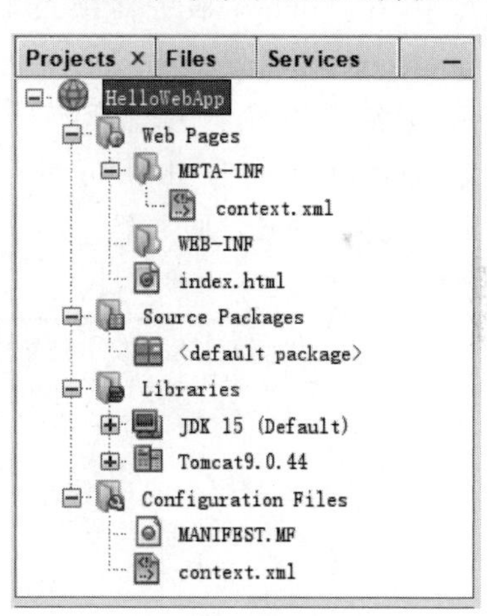

图 3-24　项目窗口中的项目结构

例如,在图 3-24 中显示了两个 context.xml 文件,实际上配置文件结点中的 context.xml 文件就是 Web 页面文件夹中的 META-INF 目录中的 context.xml 文件。项目窗口通过这种按用途分类的显示方式,使项目中的文件更容易被开发者找到和处理。

(2) 文件窗口。单击项目窗口标题右侧的 Files 选项卡,即可显示文件窗口,该窗口中显示的是项目实际的文件目录结构。文件窗口的一个主要作用是提供给对 Ant/Maven/Gradle 熟悉的用户直接编辑由 IDE 管理的一些项目配置和构建文件,也可用于针对特定文件夹进行的删除、粘贴、复制等操作。图 3-25 显示了采用 Java with Ant 向导创建的 HelloWebApp 项目的主要的目录和文件。

① nbproject 文件夹存储了 Ant 项目的相关的配置信息，位于项目根目录中的 build.xml 文件则是 Ant 的构建文件，注意它们都不能随意修改或者删除，否则会导致整个项目不能被 NetBeans 识别。

② src 文件夹中包含了两个目录，其中 conf 目录用于存储项目在构建后的清单文件 MANIFEST.MF，java 目录则用于存储 Java 源代码文件，对应于项目窗口中的 Source Packages 结点。如果在项目中需要使用一些 Java 源代码文件，可以将它们复制到 java 目录，NetBeans 将把这些源文件同样视为项目中的源文件进行处理。

③ web 目录对应于项目窗口的 Web Pages 结点，其文件和目录将构成 Web 应用程序的组成结构。注意此目录中的 WEB-INF 文件夹无须建立 lib 和 classes 目录，NetBeans 会在项目部署时建立这两个目录，并放入编译生成的类文件和项目类库文件。也可以将已有网页资源复制到 web 目录，NetBeans 会将它们纳入当前项目进行管理。

(3) 服务窗口。单击文件窗口标题右侧的 Services 选项卡，将显示服务窗口。服务窗口包含了在 NetBeans 中注册的数据库服务器和驱动程序、云计算、JavaEE 服务器、Maven 的软件仓库、Docker 容器、自动化构建、测试等服务支持。在服务窗口中，开发者可以连接并访问数据库服务器中的表、在项目中生成调用云计算服务的代码、注册并管理 JavaEE 服务器的启动和停止、访问 Maven 的软件仓库，并将需要的类库添加到 Maven 项目等工作。在服务视图的结点中右击，NetBeans 都会弹出针对当前结点功能的快捷菜单以引导用户完成必要的操作。在图 3-26 显示的服务窗口中，可以看到前述注册的 Tomcat 9.0.44 服务器就在 Servers 结点中，在 Tomcat 服务器项目上右击，弹出的快捷菜单中就包括了 Start、Stop、Refresh、Rename、Remove、Properties 等命令，分别可以用来进行 Tomcat 的启动、停止、刷新运行状态显示、更名、删除注册、查看服务器配置属性等操作。在 Servers 结点上右击，选择 Add Server 命令，就可以弹出图 3-19 所示的服务器注册向导对话框，在 NetBeans 注册新的 Tomcat 服务器或者其他 JavaEE 服务器。

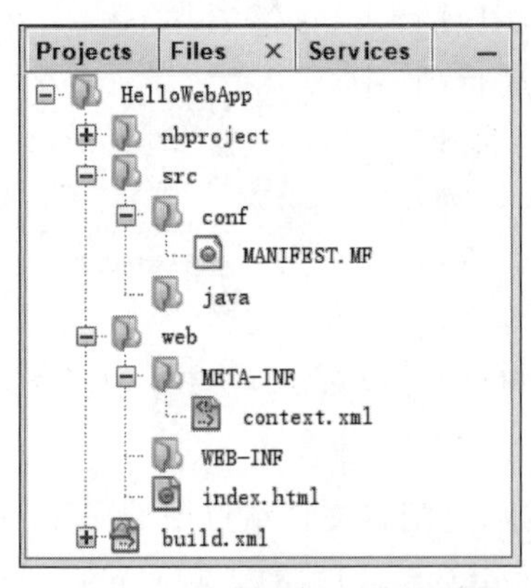

图 3-25 文件窗口中的项目目录

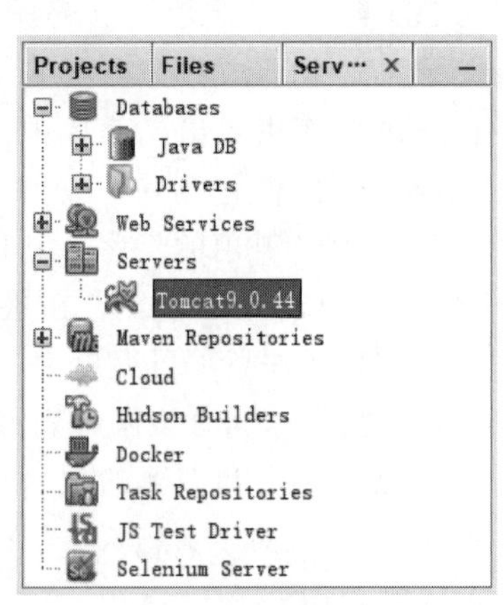

图 3-26 服务窗口

(4) 文档窗口。文档窗口用于编辑其中打开的文件。在项目窗口中双击选中的文件，就会打开对应的文档窗口，这些文档窗口以选项卡的形式显示在 IDE 主窗口的中间区域。例如，在图 3-27 中，开发者打开了项目中的 index.html 和 context.xml 文件的两个文档窗口，当前正在编辑的是 index.html 文件。单击文档窗口标题栏处的文件名选项卡，就可以切换当前编辑的文档窗口。当打开了大量的文档窗口时，窗口标题文件名选项卡有可能会被挤出显示区，这时可以参照图 3-27 中“单击可切换文档”提示文字所指向的位置，单击图中最右侧的那个向下箭头图标切换需显示的文档窗口。每个文档窗口的工具栏中还有一个名为 History 的按钮，单击此按钮可以查看当前文档修改、存档过的历史记录，并且可以将当前文档恢复为选定的历史记录。通过图 3-27 中的“拖动此图标可分栏显示文档”提示文字的指向可以看到，每个文档窗口的工具栏最右侧有个加号图标，拖动该图标可以把当前窗口分为两栏，向左拖动形成左右分栏，向右拖动形成上下分栏。每个分栏中都可对当前文档进行独立的显示和编辑，这在编辑和查看一些长文档时很有用。如需恢复一栏显示，可以拖动中间的分栏到其中的一栏充满文档窗口的显示区域即可。

图 3-27　文档窗口中的切换文档、查看历史和分栏显示等操作按钮和图标

（5）导航窗口。导航窗口用于显示在项目窗口中选中的文件内容的大纲，它默认停靠在项目窗口的下方，以便开发者在项目窗口中选中文件时观察文件的组成结构。双击该窗口中显示的结构组成结点可以在该文件的文档窗口定位到对应的编辑位置；在导航窗口中右击，会依据导航窗口中的文件类型和单击的位置显示不同的快捷菜单命令。也可以用鼠标将该窗口拖曳停靠到 IDE 主窗口的其他区域，以便获得更为合理的显示布局。注意，在拖曳窗口时，NetBeans 会在 IDE 主窗口中显示具有红色边线的方块，以提示此区域可供停靠，这时放开鼠标就可以将窗口停靠到新的位置。图 3-28 显示了一种常用的导航窗口的显示布局。

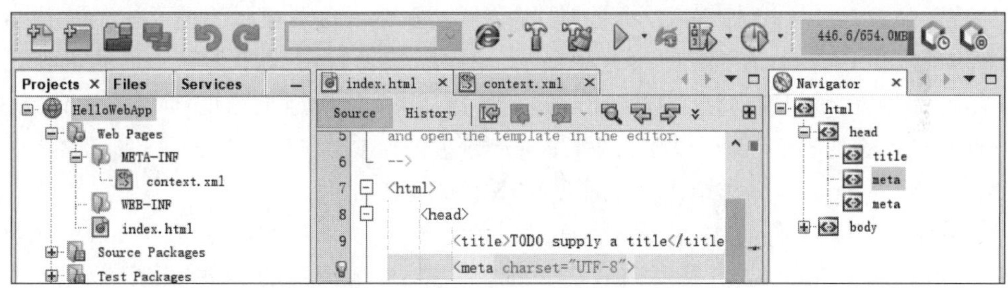

图 3-28　一种常用的导航窗口的显示布局

4. Java Web 项目中的文件创建向导和基本配置文件

Java Web 项目创建后将包含基本的配置文件，开发者可以单击工具栏的 New File 按钮，利用 New File 对话框中的向导进行必要的配置文件的创建，如图 3-29 所示。

创建后的项目运行配置文件主要包括 context.xml 和 web.xml 文件。注意，如果在项目创建时选择了 6.0 及以上的 JavaEE 规范，如 HelloWebApp 采用了 JavaEE 7 规范，那么 web.xml 将不会随同项目一起被创建。这时可以按图 3-29 所示，利用 New File 对话框中 Web 分类下的 Standard Deployment Descriptor(web.xml)创建部署描述符，该向导根据当前项目的 JavaEE 规范，创建符合其中相应 Servlet 规范的 web.xml 文件。

（1）web.xml 文件的编辑。创建后的 web.xml 文件位于项目的 web/WEB-INF 文件夹，可以在项目窗口中的 Web Pages 结点中的 WEB-INF 文件夹中找到。另外，为了便于进行开

图 3-29 New File 按钮和 New File 向导对话框

发工作，NetBeans 还会在项目窗口的 Configuration Files 结点中显示项目的所有配置文件，也可以从该结点中直接找到 web.xml 文件，双击该文件即可以对其进行查看和修改。

在编辑、修改 web.xml 的 XML 标记时，编辑器会在输入位置显示当前元素的标记名称和约束条件，可以按 Ctrl+\键随时呼出这种提示。另外，编辑器还具有 web.xml 的可视化编辑设计功能。例如，在编辑窗口上方选择 Pages，就可以切换到欢迎页面的可视化设置视图，在此可以直接输入欢迎页面，也可以单击 Browser 按钮直接选择项目中的页面，如图 3-30 所示。这时，NetBeans 将会根据操作结果生成所需的 XML 标记。

(2) context.xml 文件的作用。context.xml 位于项目的 web/META-INF 目录，在项目窗口的 Configuration Files 结点中可以找到，如图 3-30 左侧的项目树结构所示。此文件由 Context 根元素组成，具有一个名为 path，取值为当前项目的上下文路径的属性。例如，HelloWebApp 的 context.xml 文件内容如下：

```
<?xml version="1.0" encoding="UTF-8"?>
<Context path="/HelloWebApp"/>
```

如果需要修改 Ant Java Web 项目向导在创建时设定的上下文路径，只需修改此文件中的 path 属性值即可。注意，上下文路径一定要以“/”开头。

5. Java Web 项目的运行和调试

接下来介绍在创建的 HelloWebApp 项目基础上，利用向导为其添加 Java 类和使用该类输出“Hello，Web”的 JSP 文件的过程，以此说明 NetBeans 的 Java Web 开发功能。

(1) 创建和编写 Java 源代码文件。

调出 New File 对话框，选择 Java Class 向导为当前的 HelloWebApp 项目创建一个 Java 类，在类名(Class Name)和包名(Package)栏中输入 Message 和 business，其余均取默认值，创

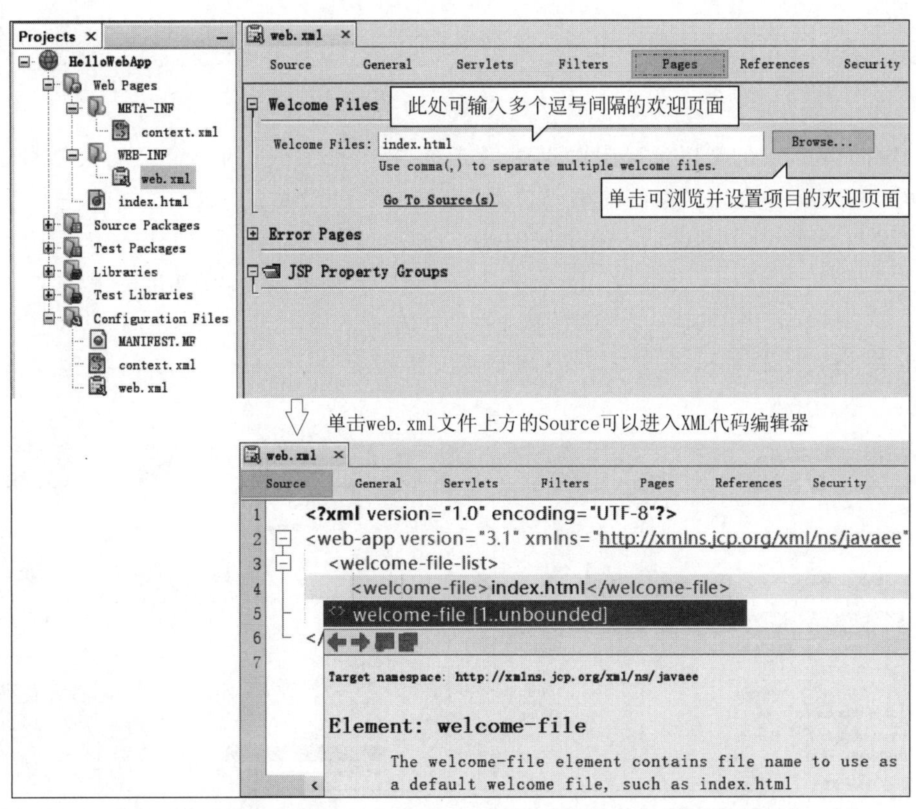

图 3-30　NetBeans 提供的 web.xml 可视化编辑和 XML 标记提示功能

建 business 包中的 Message.java 源文件，如图 3-31 所示。之后修改 Message.java 文件，删除不必要的注释（可以按下 Ctrl＋E 键删除一行），并在其中加入一个 String 类型的字段 message，使得 Message.java 中的代码如下所示。

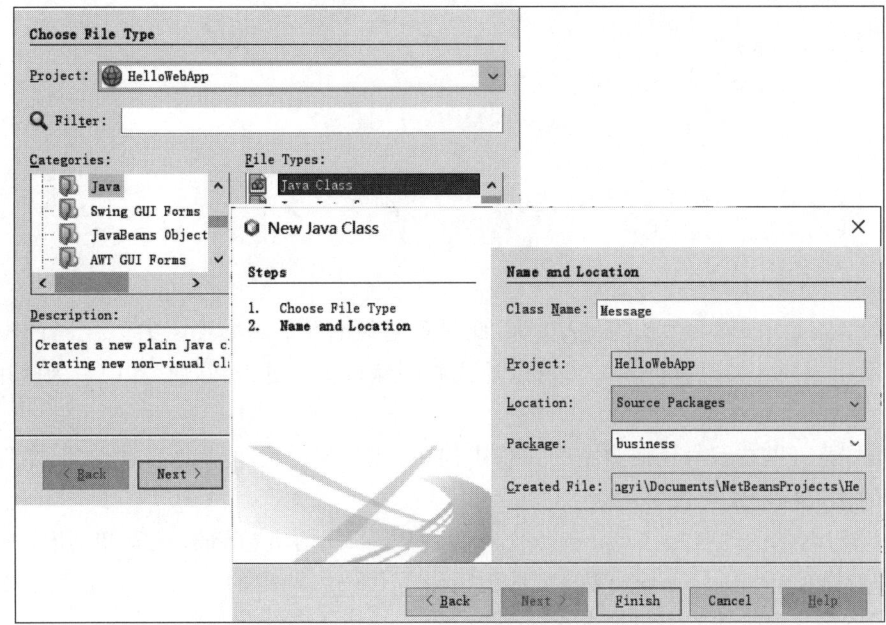

图 3-31　选择 Java Class 向导创建 Message 类

```
package business;
public class Message {
    String message;
}
```

在Message.java的文档窗口中确保编辑光标位于Message的类定义的大括号中，按下Ctrl+\键，NetBeans会根据当前的编码位置，推测开发者需要做的工作，弹出一个用于生成的上下文菜单，选择其中的构造方法生成的菜单命令，如图3-32所示，生成Message类的构造方法。再按下Alt+Insert键，或右击，选择Insert Code菜单命令，在弹出的上下文菜单中选择Override Method命令，在接下来的对话框中选择toString方法，如图3-33所示，单击Generate按钮，生成toString方法的代码后，将方法中的return语句修改为“return message;”。

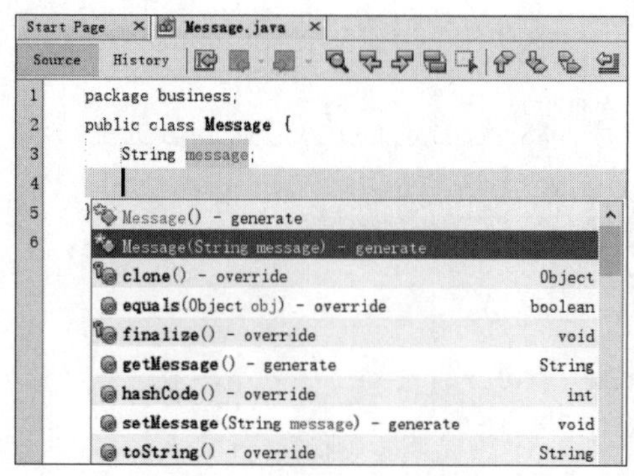

图3-32 Ctrl+\键呼出的代码辅助下上文菜单

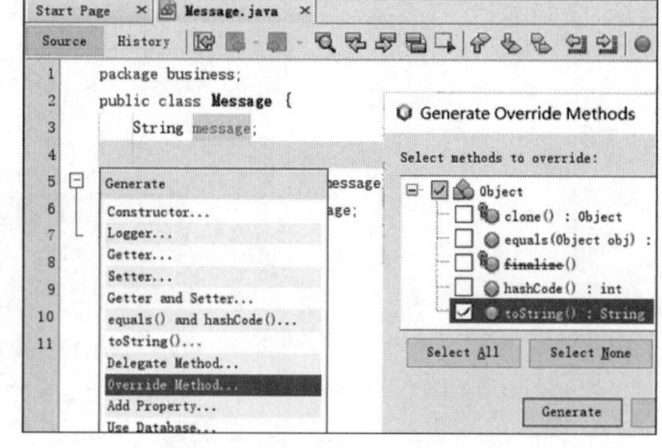

图3-33 插入代码菜单和方法改写对话框

完成后，Message.java文件中的代码应为如下所示：

```
package business;
public class Message {
    String message;

    @Override
    public String toString() {
        return message;
    }

    public Message(String message) {
        this.message = message;
    }
}
```

至此，Message.java文件编写完毕。由此过程可以看出，NetBeans中为代码的编写提供了许多辅助生成功能，善用这些功能，可以让代码的编写变得更为高效。其中最为常用的辅助功能如下。

① Ctrl+\可以在编写任何类型的文件中使用，调出智能代码辅助菜单，按照文件的类型提供相应的代码辅助菜单命令。

② Alt+Insert主要在编辑Java源代码时使用，可以调出Generate菜单，用于插入方法改写、属性所需的getter/setter方法对、日记记录等代码。调出的Generate菜单可以根据当前的编辑位置，确定具体的菜单命令组成。

③ Alt+Enter主要在编辑Java源代码时使用，用于为在当前编辑行中的变量声明语句

引入其类型所需的 import 语句。

④ Java 源文件窗口右击弹出的快捷菜单或主窗口 Source 菜单中的 Fix Imports 命令作用为生成导入语句，一是为当前 Java 源代码中所有类型引用提供必要的 import 语句，二是会自动删除无用的 import 语句。当代码中引用的类型存在同名问题时，该菜单命令还会弹出选择具体类型的对话框，以供开发者选取正确的类型。

⑤ Java 源代码窗口右击弹出的快捷菜单或主窗口 Refactor 菜单提供了用于名称修改、变量声明、工厂模式代码改造等需要涉及多处代码修改或文件修改的命令。例如，在 Java 源代码中修改公开类的类名时，将编辑光标移动到需要修改的类名位置，然后选择 Refactor→Rename 命令，就可以在修改类名时，同时修改其所在的源文件名。

⑥ 在 IDE 主窗口中选择 Tools→Options 命令，进入 Options 对话框，选择 Editor 选项卡，再选择下方的 Code Templates 选项卡，就可以设置不同开发语言的代码模板，此选项卡中默认显示的是 Java 的代码模板。这些模板由缩写（abbreviation）和展开文本（expanded text）组成，在编辑 Java 源代码时，可以通过输入其缩写的字母组合，然后按 Tab 键，就会被自动展开成模板中的完整代码。图 3-34 显示了 psvm 代码模板缩写。

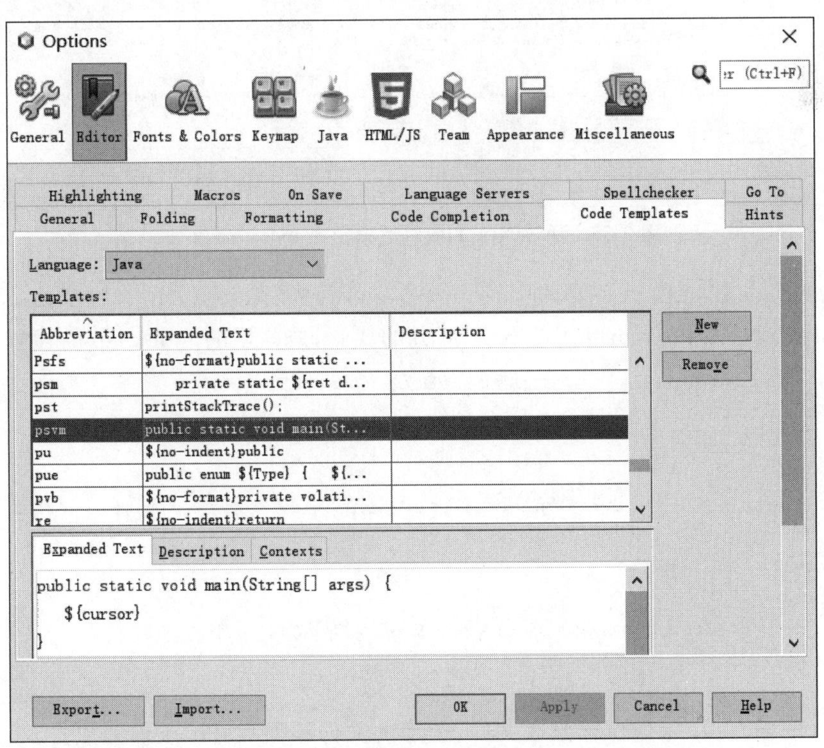

图 3-34　Options 对话框中的 Java 代码模板设置选项卡

在 Java 源文件中输入 psvm，之后按 Tab 键，编辑器就会将 psvm 扩展为如下代码：

```
public static void main(String[] args){

}
```

展开后，编辑光标将位于 main 方法的两个大括号的中间行位置，便于继续输入代码。

如果需要更多的 NetBeans 提供的代码编辑辅助功能，可以选择主窗口的 Help 菜单，选择相关的菜单命令查看帮助信息，也可以进入 https://netbeans.apache.org/help/index.html

页面查看相关的帮助文档。

(2) 创建 JSP 文件。

Message 类编辑完成后，需要将 JSP 文件设为欢迎页面并构造显示该类的实例数据，为此在项目窗口中选中原有 index.html 文件并按下 Del 键，在弹出的对话框中确认删除文件。之后在 IDE 主窗口中选择 File→New File 命令，在 New File 对话框中选择 JSP 创建向导，如图 3-35 所示。在 File Name 框中填写"index"，注意不要写成"index.jsp"，其余取默认值，就可以在项目的 Web 文件夹中创建 index.jsp 文件。

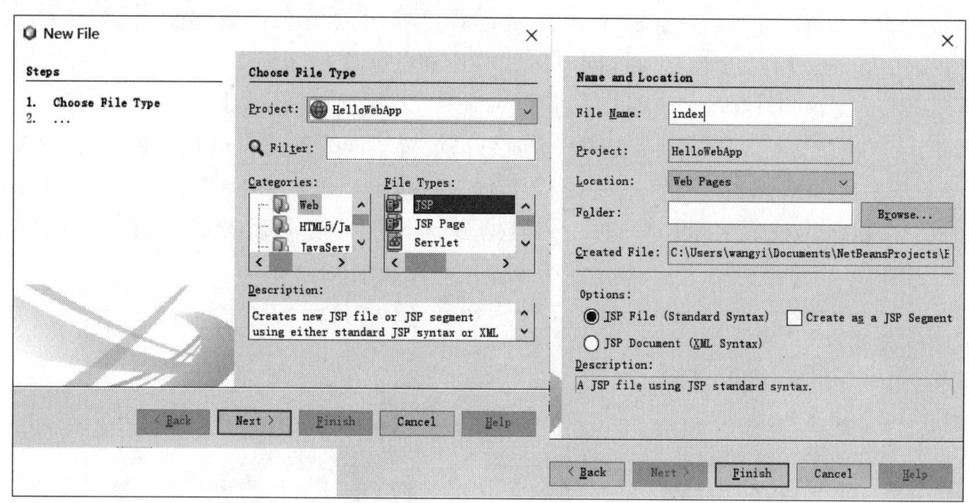

图 3-35　通过 New File 对话框创建 index.jsp 文件

将生成的 index.jsp 中不必要的＜％--……--％＞代码删除，修改其中的＜title＞JSP Page＜/title＞和＜h1＞Hello World！＜/h1＞部分的代码，修改后的 index.jsp 的代码应如下：

```
<%@page contentType="text/html" pageEncoding="UTF-8"%>
<!DOCTYPE html>
<html>
    <head>
        <meta http-equiv="Content-Type" content="text/html; charset=UTF-8">
        <title>Hello 示例</title>
    </head>
    <body>
        <h1><%=new business.Message("Hello,Web")%></h1>
    </body>
</html>
```

修改后，按下 Ctrl+s 键保存修改文件，全部的文件添加和修改工作完成。

(3) 运行项目。

添加了 Message.java 和 index.jsp 文件，删除了 index.html 文件之后，IDE 中的文件布局应如图 3-36 所示。单击主窗口中工具栏的运行按钮，NetBeans 将自动启动项目运行所需的 Tomcat 服务器，并部署项目，同时打开浏览器窗口，显示项目运行后的首页面。图 3-36 中显示运行项目后的 IDE 界面和浏览器窗口。

使用 NetBeans 运行 Java Web 项目需要注意以下几点。

① 主项目是指单击 IDE 窗口工具栏或菜单中的项目构建等按钮/菜单时作用的项目。如果 NetBeans 中存在着多个打开的项目，要注意主项目对运行的目标项目的影响。在默认情况

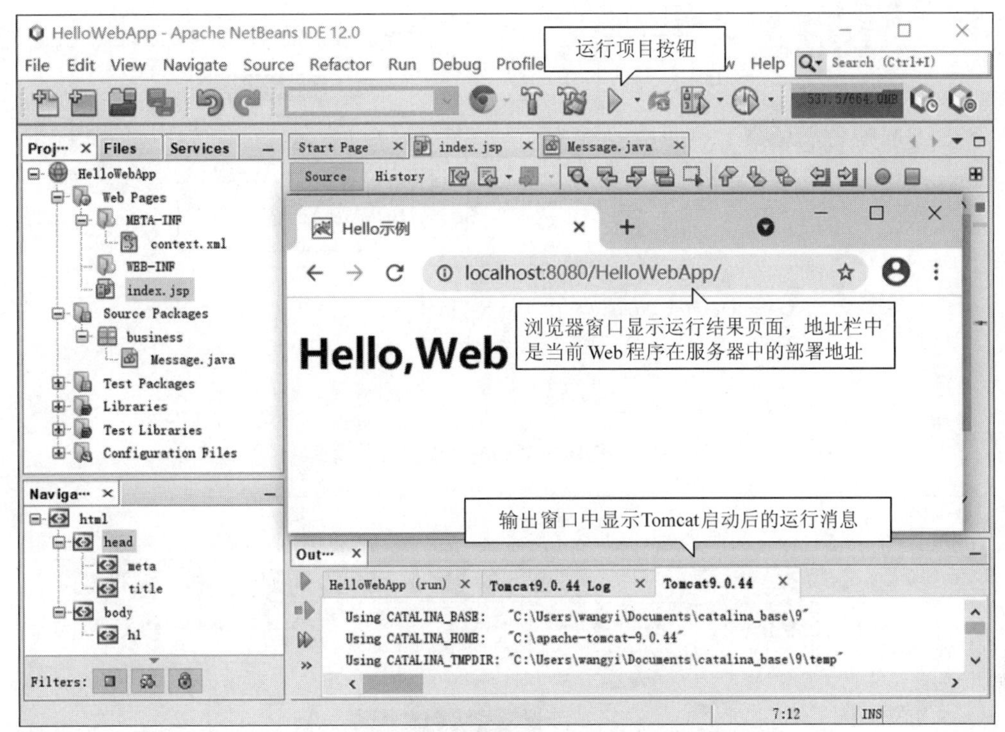

图 3-36　运行项目后的 IDE 界面和浏览器窗口

下,NetBeans 的项目窗口中是不设置主项目的。此时,单击 IDE 主窗口工具栏中的运行项目按钮时,执行的都是项目窗口中当前项目。当前项目是指在项目窗口中被选中的文件所处的项目,或者正在当前文档窗口中被编辑的文件的所处项目;也可以在项目窗口中直接右击项目名,选择 Run 命令运行选中的项目,这种方法可以确保不会运行其他项目。

如果在项目窗口中设置了主项目,单击主窗口工具栏中的运行项目按钮,将会一直执行主项目。在某些情况下,设置主项目可以方便运行和测试工作。例如,在开发 Java Web 项目时,还建立了其他一些用于辅助的类库项目,此时将 Java Web 项目设置为主项目可以方便项目的测试执行。以本示例为例,选择主窗口中 File→New Project 命令,在 New Project 对话框中选择 Java with Ant 项目类型中的 Java Class Library 向导,创建一个名为 HelloLib 的类库项目,然后设置 HelloWebApp 为主项目。设置的方法是右击项目名称,选择 Set as Main Project 命令。设置完成后,HelloWebApp 项目的名称在项目窗口中将显示为黑色字体,如图 3-37 所示。如果不再需要主项目的设定,只要在主项目名称上右击,选择 Unset as Main Project 命令即可。

② 在运行项目时,IDE 默认启动操作系统中设置的默认浏览器显示项目部署后的页面。如果需要指定不同的浏览器,可以单击 IDE 主窗口中运行项目按钮左侧的浏览器图标,NetBeans 将显示可用的不同浏览器,从中选择需要的即可,如图 3-38 所示。

③ 在服务窗口的服务器结点中可以注册添加多个不同版本的 Tomcat 服务器或者其他 JavaEE 服务器。如需测试当前 Java Web 项目在其他注册服务器中的运行情况,可以在项目窗口中右击项目名称,选择 Properties 命令,进入项目属性(Project Properties)对话框,如图 3-39 所示。在对话框左侧单击 Run 结点,然后在右侧的 Server 服务器下拉列表中选择可用的服务器。需要注意的是,只有满足当前项目运行所需的 JavaEE 规范级别之上的注册服务器才会在列表中出现。选择服务器之后单击 OK 按钮关闭对话框即可。

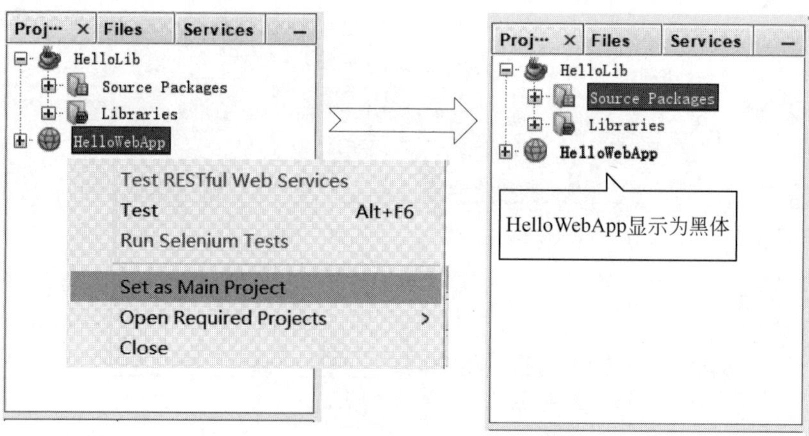

图 3-37 将 HelloWebApp 设置为主项目

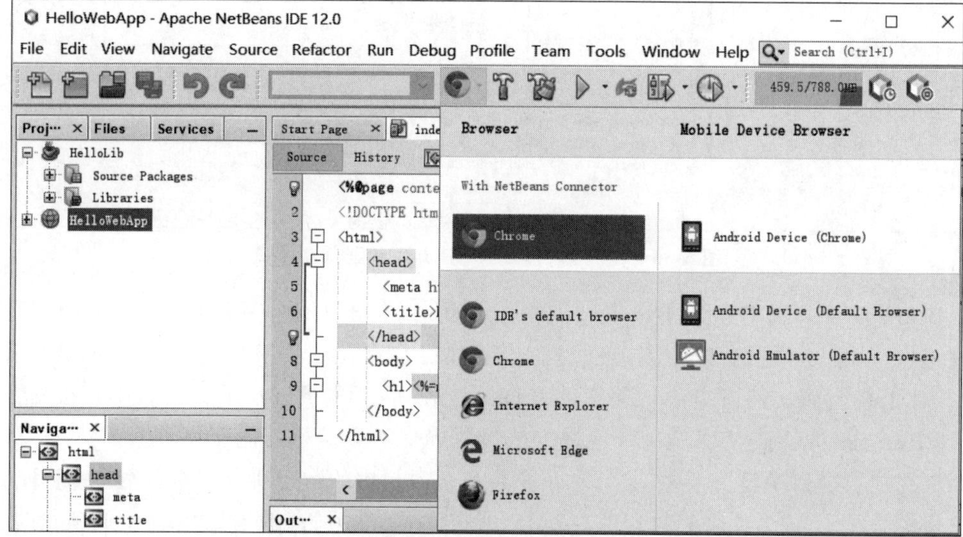

图 3-38 设置当前 Java Web 项目运行的浏览器

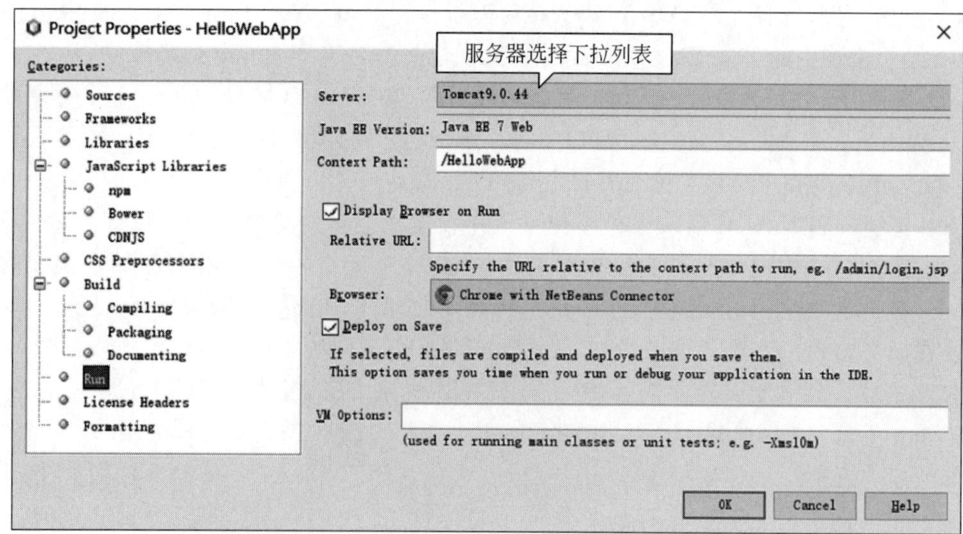

图 3-39 设置项目部署的 JavaEE 服务器

项目属性对话框除去可以用来设置当前项目部署的服务器之外，还可以用来设置项目 Java 代码的级别（NetBeans 12.x 版本至少支持 JDK 6～JDK 8 的级别，更高代码级别取决于 NetBeans 运行所在的 JDK）、采用的框架、依赖的类库、JavaScript 库等配置项。其中，比较常用的是设置项目的 Java 代码级别。在使用向导创建 Java Web 项目时，NetBeans 会默认按照 JavaEE 的规范号设置项目对应 Java 代码级别。例如，HelloWebApp 创建时选择了 JavaEE 7 规范，项目源代码级别默认设置为 JDK 7，如果需要更高版本的 Java 语法支持，可以在项目属性对话框中单击左侧的 Source 结点，在右侧 Source/Binary Format 下拉列表中选择需要的级别，如图 3-40 所示。

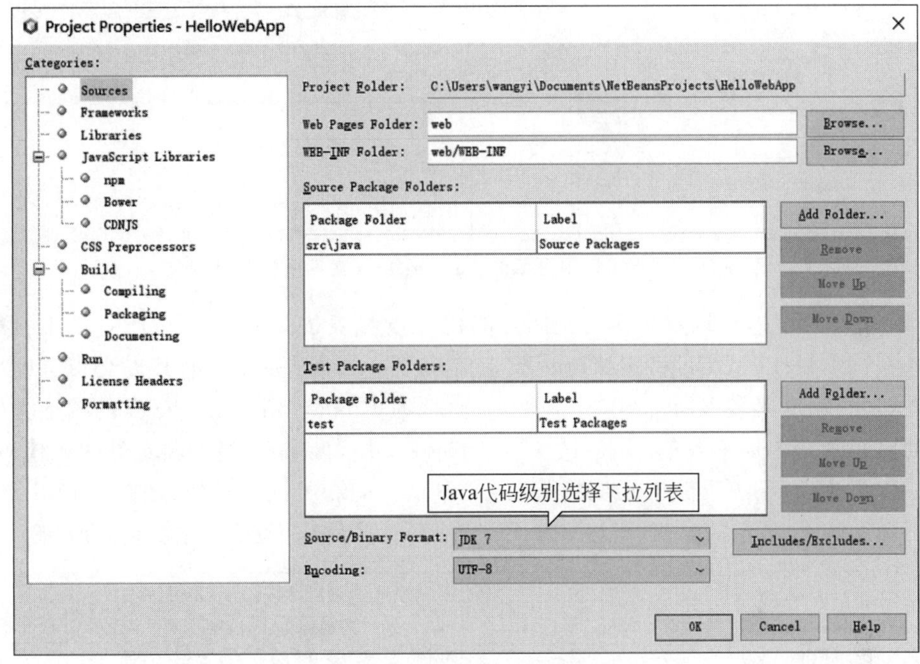

图 3-40　选择 Java 代码级别

④ 在运行项目时，如果项目的源文件进行了修改，保存修改后，NetBeans 将会自动更新项目在服务器中的部署内容，此时一般不用重新运行项目，只要在浏览器中刷新页面，就可以看到更新后的执行效果。

（4）调试项目。

在 Java Web 项目运行时，有时会出现不符合预期结果的页面，而且项目中不存在 Java 源代码的语法错误。此时，可以在项目包含 Java 语句的文件中设置断点，利用 NetBeans 提供的调试模式运行项目。当项目执行到断点语句时，NetBeans 将会暂停项目代码的执行，在包含断点的源代码文档窗口中高亮显示正在准备执行的断点语句。开发者可以利用调试窗口中提供的变量以及表达式查看的功能，利用调试工具条中相关的执行按钮或者快捷键，按照逐语句或者逐过程的方式继续执行代码，对执行过程中的变量和表达式值变化情况进行跟踪，直到发现问题所在。

以 HelloWebApp 项目为例，说明这一过程。

① 在项目窗口双击打开 Message.java，单击文档窗口中的构造方法中的代码行左侧的行号，设置一个执行断点。然后选择 IDE 主窗口的 Window→Debugging→Breakpoints 命令，NetBeans 将在底部显示 Breakpoints 窗口，该窗口可以用于项目中的所有断点查看和消除，如

图 3-41 所示。为了便于观察，图中关闭了导航窗口。

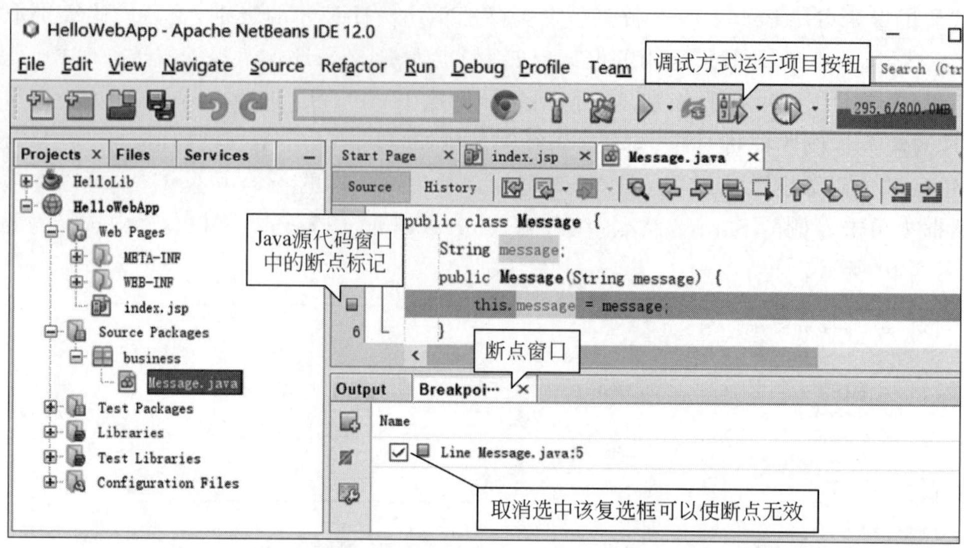

图 3-41 断点窗口中显示的 Message.java 文件中的断点信息

② 调试执行程序，可以观察执行到断点时的变量和表达式。单击 NetBeans 工具栏中的调试方式运行项目按钮，IDE 将按照调试模式启动 Tomcat 服务器并向其提交带有断点信息的项目代码，当浏览器装入项目中的 index.jsp 页面时，当执行到 Message 类的构造方法中包含断点的语句时，NetBeans 将显示调试视图，同时在文档窗口高亮显示断点处的源代码，主窗口工具栏左侧也会添加用于控制调试过程中代码执行的相关调试按钮，如图 3-42 中的标注。如果看不到图 3-42 所示的界面，可以在项目运行的浏览器窗口中单击刷新页面按钮。

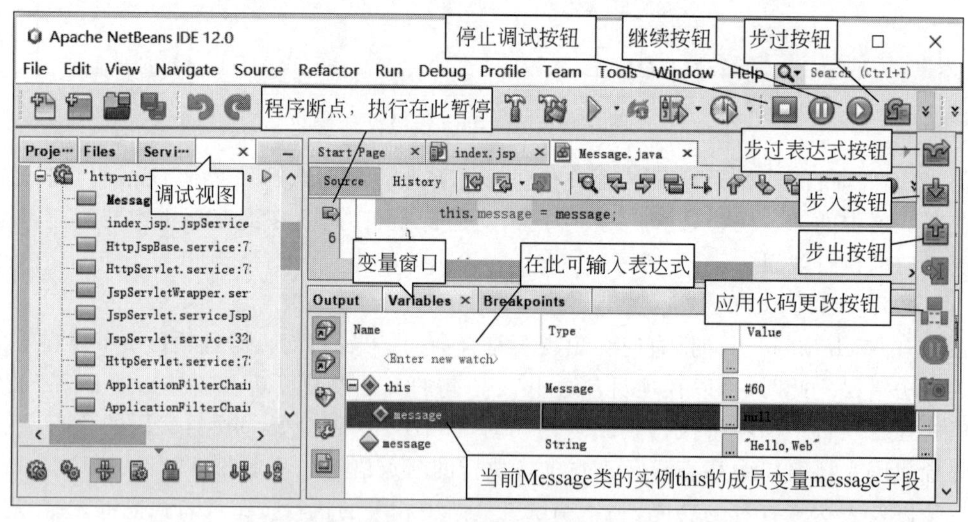

图 3-42 执行到断点语句时调试视图中的变量窗口和调试执行按钮

通过图 3-42 可以看出，IDE 主窗口在调试运行时分为 3 个显示区域：第一部分是左侧的调试视图，其中显示了当前断点语句执行时的方法调用栈；第二部分是调试执行到断点语句时对应的源代码文档窗口，其中绿色背景高亮行中显示了正准备执行的断点处语句；第三部分是主窗口右下方的变量窗口，是调试时最为重要的观察区域。

变量窗口以表格的形式显示了执行到当前断点语句时，各变量或表达式的名称、类型和取值。其中,Name 列用于显示变量的名称或表达式的组成,Type 列用于显示类型,Value 列用于显示变量值或表达式的求值。下面以图 3-42 的变量窗口为例。

第一行用于用户输入要追踪的表达式。单击 Name 列提示的 Enter new watch 文本,就可以在此单元格中输入需要观察的表达式,输入完成时按 Enter 键,IDE 会自动在当前输入行的下方再增加一个新行,以供继续输入需观察的表达式。

Name 列第二行和第三行显示的 this 和 message 分别代表 Message 类的构造方法在执行时建立的自身类型实例和其中的成员变量。由于 this 变量包含成员,单击它名字左侧的加号,就会在下一行中以缩进的方式显示其中 message 字段的信息,同时,this 左侧的加号变为减号,表示已展开显示 this 的成员。如图 3-42 中蓝色背景高亮显示的第三行中所示,由于构造方法断点处的赋值语句尚未执行,message 字段的类型在此时尚未正式确定,所以 Type 列没有显示,而值在 Value 列中显示为 null。

Name 列第四行中显示的 message 是当前构造方法的参数,由于它不是 this 变量的成员,所以它的名称没有像上一行 message 那样进行缩进显示。该参数类型为 String,参数值则是从 index.jsp 页面中得到的"Hello,Web"。

IDE 主窗口的工具栏中增加的用于调试执行控制的按钮常用的包括停止调试(Finish Debugger Session)、继续(Continue)、步过(Step Over)、步过表达式(Step Over Expression)、步入(Step Into)、步出(Step Out)、应用代码更改。由于图 3-42 中主窗口宽度不足不能直接显示所有调试按钮,所以需要移动鼠标指针到工具栏右侧第一个 ¥ 图标上,才能被显示其余调试按钮。当执行到断点暂停时,单击这些按钮可以控制从断点处开始继续执行代码的方式,以下列出单击上述按钮时发出的调试控制指令。

停止调试按钮:停止当前项目的调试运行模式,断点也将停止作用。

继续按钮:代码将从当前断点一直执行到下一个断点,若已经是最后的断点,则程序将继续执行到下一次执行流程中遇到的第一个断点。

步过按钮:若当前暂停处的语句中存在着方法调用,则忽略掉所有这些方法的内部代码的逐行调用追踪,直接执行完成当前语句,到下一条语句处再次暂停,等待进一步的调试运行指令。

步入按钮:若当前暂停处的语句存在着方法调用,则进入到这些方法内部,进行第一条语句的执行,然后暂停,等待下一次的调试运行指令。

步过表达式按钮:若当前暂停处的语句存在着方法调用,单击此按钮执行到这些方法调用表达式时,执行流程会暂停,此时可以选择继续单击本按钮或单击步过按钮忽略当前的方法内部调用的逐行追踪,也可以单击步入按钮,进入此处的方法调用内部的逐行代码追踪。

步出按钮:执行完毕当前暂停处的之后所有代码,直接跳转到上级的方法调用语句处暂停,等待下一次的调试运行指令。

应用代码更改按钮:此按钮只有在调试期间修改了代码,执行保存命令后才能使用,使用时将重新执行更改后的代码,直到遇到执行流程中的第一个断点处暂停,等待下一次的调试运行指令。

③ 单击主窗口工具栏中右侧的步过按钮( ),或者按 F8 键,Message.java 的文档窗口中将高亮显示断点处的赋值语句之后的下一行,代表当前的断点语句已经执行完毕,等待下一步的调试运行指令。此时 Message 构造方法中的断点赋值语句已经对字段 message 赋值完毕,在变量窗口的第三行中可以看到 message 字段的类型和值已经确定,分别为 String 和"Hello,

Web”，如图 3-43 所示。

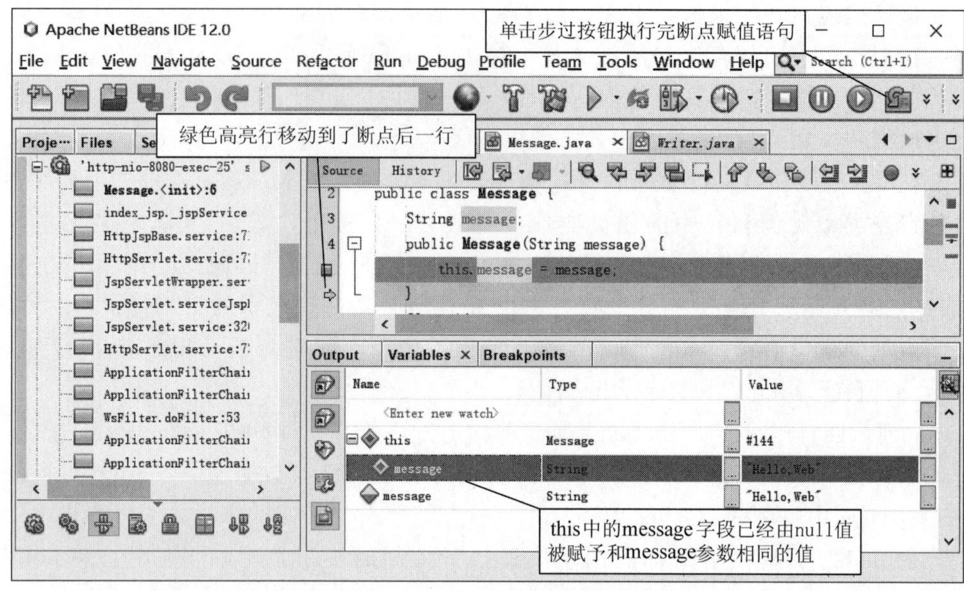

图 3-43　通过步过按钮执行调试后的界面

④ 在确定调试完毕后，可以单击主窗口工具栏中的停止调试按钮(□)结束当前项目的调试运行模式，此时项目将在服务器中恢复正常的部署运行状态，程序中设置的断点即使没有消除，也不能再在运行中起作用。消除程序断点可以使用图 3-41 中的断点窗口找到对应的断点，在断点窗口中取消选中该复选框，或者进入断点对应的文档窗口，在断点所在的编辑行中通过右击弹出快捷菜单，选择 Toggle Line Breakpoint 命令取消断点。

(5) 项目的 WAR 文件构建。

NetBeans 还可以为 Java Web 项目生成 WAR 文件。单击 NetBeans 主窗口的工具栏中的“清理构建”按钮( )可以在项目中建立 dist 目录，并在其中生成和当前项目名称相同的 WAR，可以在文件窗口看到该 dist 目录和 WAR 文件，如图 3-44 所示。

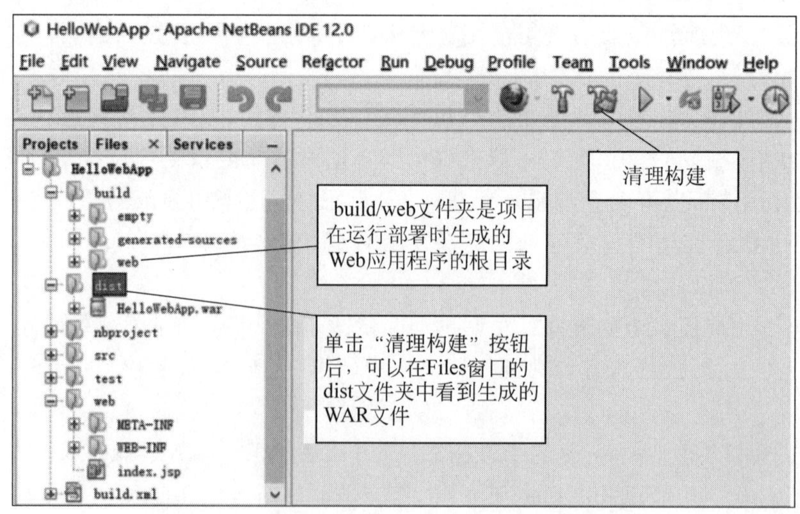

图 3-44　“清理构建”按钮和生成的 WAR 文件

在图 3-44 中，还可以看到 dist 目录上方还有一个 build 目录，这个目录在 NetBeans 运行 Web 程序时自动生成，其中的 web 子文件夹中文件的存储及目录的组织对应于当前项目生成的 Web 应用程序的目录结构。NetBeans 在运行 Java Web 项目时，会将 build/web 目录作为 Web 程序的根目录部署到项目设定的目标服务器中。

6. Java Web 项目的类库文件管理

在项目窗口中的 Libraries 结点上右击，选择 Add JAR/Folder 命令会弹出 Add JAR/Folder 对话框，可以为当前项目选择添加所需的类库，如图 3-45 所示。

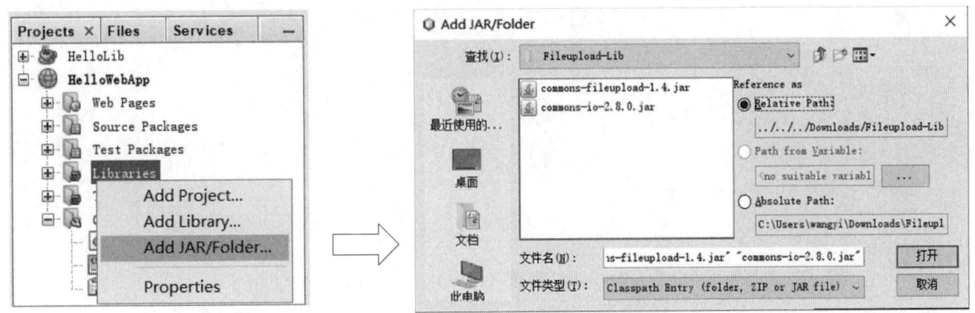

图 3-45　在项目的 Libraries 结点上添加类库文件

由图 3-45 所示的 Add JAR/Folder 对话框右侧的 Reference as 选择项可以看到，对于添加的 JAR/ZIP 类库文件，可以设定添加后 IDE 引用这些类库的路径。除了支持添加 JAR/ZIP 类库文件之外，NetBeans 还支持库的添加(Add Library)和项目的添加(Add Project)。另外，还可以设置类库随同项目一起存储。

(1) JAR/ZIP 类库的引用位置。

当添加 JAR 或 ZIP 类库文件后，在默认的项目设定下，NetBeans 只是添加了类库文件的位置信息，文件本身并不会被复制。这些类库文件在磁盘中的实际存储位置可以设置为以下 3 种不同的引用方式中的一种，以便 IDE 对它们进行定位。

① 相对路径引用。即图 3-45 中对话框右侧 Reference as 中的 Relative Path 选项。这种相对路径以当前项目所在的文件夹为起点，通过相对路径符号表示对应类库所在的文件夹。例如，“..”表示当前目录的上级文件夹，/符号用于分隔目录。如果类库文件存储在当前项目中的特定文件夹，使用相对路径就可以使得项目被复制到其他计算机时，依旧可以保持对类库文件的正确引用。开发者可以通过操作系统的文件管理器为项目建立这种文件夹并在其中复制所需的类库文件；也可以在 NetBeans 中进入 Files 窗口，右击当前项目名称，在弹出的菜单中选择 New→Folder 命令建立这种专用于存放类库的文件夹，然后单击选择文件管理器中的这些类库文件，将其拖曳到 NetBeans 的 Files 窗口中建立的文件夹中。

② Ant 路径变量引用。在图 3-45 所示的对话框中选中所需的类库文件后，单击 Path from Variable 右下方的 … 按钮，在弹出的 Manager Ant Variables 对话框中，单击其中的 Add 按钮，利用 Add New Variable 对话框输入需要建立的 Ant 变量的名称对应的类库文件所在的磁盘目录位置，如图 3-46 所示，输入完成后，依次单击对话框的 OK 按钮关闭对话框并使设置生效。

③ 绝对路径引用。即图 3-46 中 Add JAR/Folder 对话框右侧 Reference as 的 Absolute Path 选项。这种类库的引用方式采用操作系统文件中的绝对路径表示法，不太适合在不同计算机中复制项目时使用。

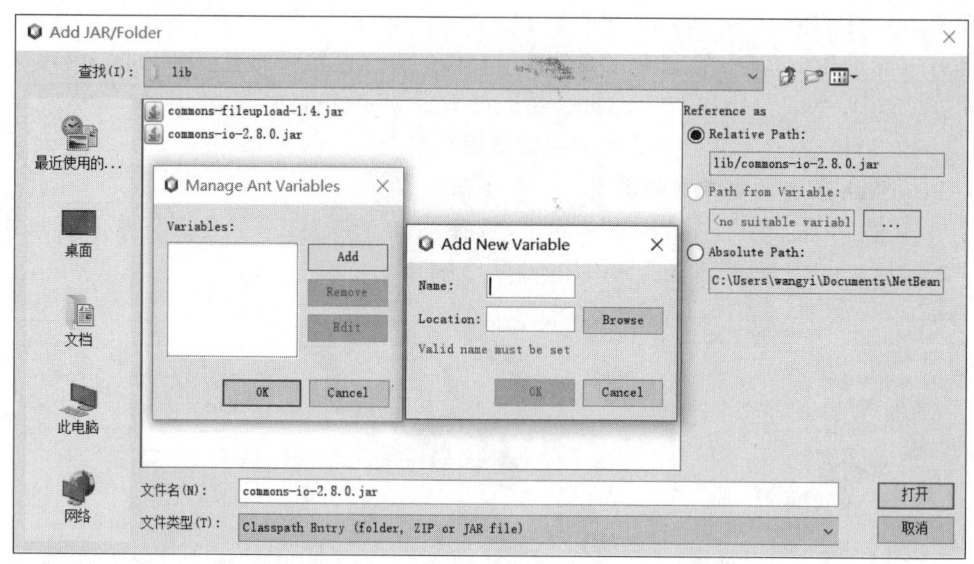

图 3-46　建立指向类库文件位置的 Ant 路径变量

（2）使用 NetBeans 预建的类库集合。

如果需要为不同项目添加具有一组具有通用性质又相互依赖的多个类库文件，可以在添加前预先建立一个包含这些类库文件的集合，NetBeans 将这种类库文件的集合称为库（Library）。一旦某个项目需要添加这组类库文件，只需要在项目窗口的 Libraries 结点上右击，在弹出的快捷菜单中选择 Add Library 命令，在弹出的 Add Library 对话框的列表中选择需要的库名称，再单击 Add Library 按钮即可为项目加入该库中包含的所有类库文件，如图 3-47 所示。

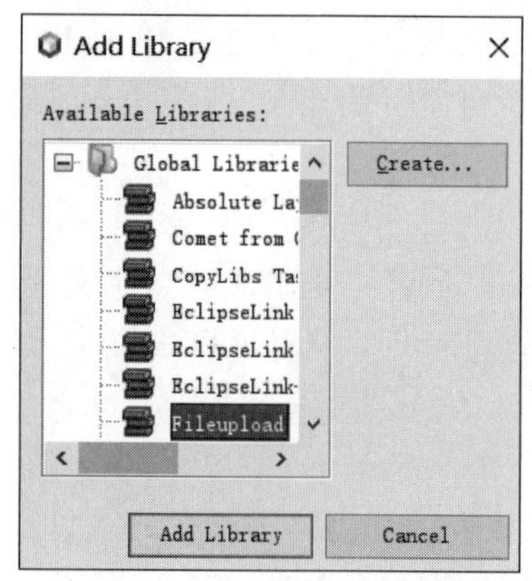

图 3-47　Add Library 对话框

这种预建的类库文件集合可以在 Add Library 对话框中直接单击 Create 按钮进行建立；更为通用的创建方式是在 NetBeans 的主窗口中选择 Tool→Libraries 命令，利用 Ant Library Manager 对话框中的 New Library 按钮进行建立，如图 3-48 所示。Ant Library Manager 对话框不仅可以用来创建库，还可以对已有库中进行删除和修改。图 3-48 中的该对话框左侧的 Libraries 列表显示的就是已经存在的库名称，单击选中此列表中的库名称，就可以通过列表下方的 Remove 按钮删除当前库，而右侧的 Remove 按钮则用于删除当前库中包含的类库文件。为了方便开发者，NetBeans 预置了一些常用类库文件的库集合。

（3）使用其他项目作为类库。

在项目窗口的 Libraries 结点上右击，在弹出的快捷菜单中选择 Add Project 命令，即可在弹出的 Add Project 对话框中选择需要作为当前项目的类库使用的其他 NetBeans 项目。注意，这些项目必须是能够生成 JAR 文件的 Ant 项目，常见的类型包括类库项目和 Java 应用程序项目；引用的项目不能是 Java Web 类型，因为 Java Web 项目生成的是 WAR 文件。

NetBeans 提供这种项目引用方式非常适合于一些业务逻辑相对复杂的 Java Web 项目的构建。开发者可以使用一个或几个独立的 Ant 类库项目进行和 Servlet API 无关的业务逻辑

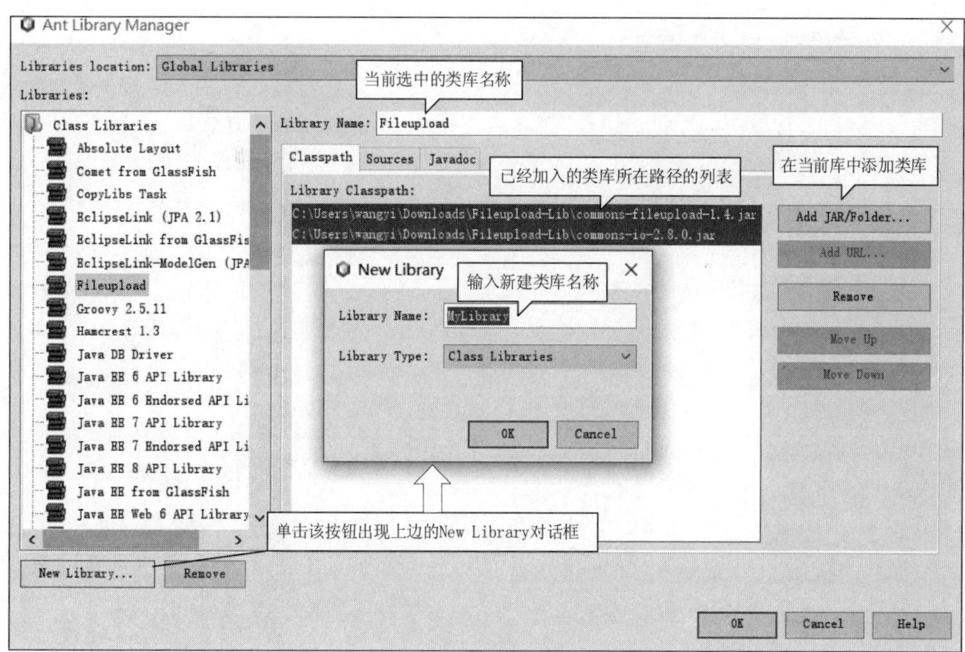

图 3-48　建立包含多个类库文件的库

处理类的开发，之后将这些项目引用到当前的 Java Web 项目，从而做到业务逻辑模块的有效拆分，提供项目整体的可维护性。

(4) 设置项目的库文件夹。

为了便于开发者在不同计算机中进行项目的开发，NetBeans 还可以在创建 Ant 项目时设置一个专门用于存储类库文件的库文件夹(Library Folder)，如果在向导中没有设置这个库文件夹，也可以在项目创建后，在项目窗口的项目名称上右击，在弹出的菜单中选择 Properties 命令，在项目属性对话框的左侧单击 Libraries 结点，就可以在右侧单击 Browse 按钮设置库文件夹，如图 3-49 所示。在单击 Browse 按钮后，如果在随后的向导对话框中都取默认值，生成的库文件夹将为 lib。一旦项目设置了库文件夹，为此项目添加的所有类库文件都将被复制到库文件夹中。

需要注意，如果 Java Web 项目设置了库文件夹，NetBeans 不仅会将添加的类库文件复制到库文件夹，还会将项目运行所在的 JavaEE 服务器中的相关类库复制到库文件夹，这将使得项目总体所占的磁盘空间变大；不仅如此，在不同版本的 NetBeans 中，如果项目设置了库文件夹，有可能还会发生项目打开或添加类库的错误。由于这些原因，不建议开发者设置项目的库文件夹。如果需要在不同的计算机中复制项目文件进行开发，可以采用如上(1)中所述的方法，在项目中直接建立自己的类库存储文件夹并复制类库文件，然后利用 Add JAR/Folder 对话框的相对路径引用对应类库文件。

还有一点需要注意，在 Libraries 结点通过右击弹出快捷菜单添加的类库在项目运行时，会被自动复制到生成的 Web 应用程序所在的 build/web 目录中的 WEB-INF/lib 文件夹，成为 Web 程序的支持类库。虽然 Java Web 项目本身的 web 文件夹中的文件和目录结构对应于生成的 Web 应用程序的文件和目录结构，但一般不要在项目的 web 文件夹的 WEB-INF 目录中建立 lib 子目录存放类库文件，这样会使得类库不能被 NetBeans 识别，从而造成依赖于该类库的 Java 代码编译失败。

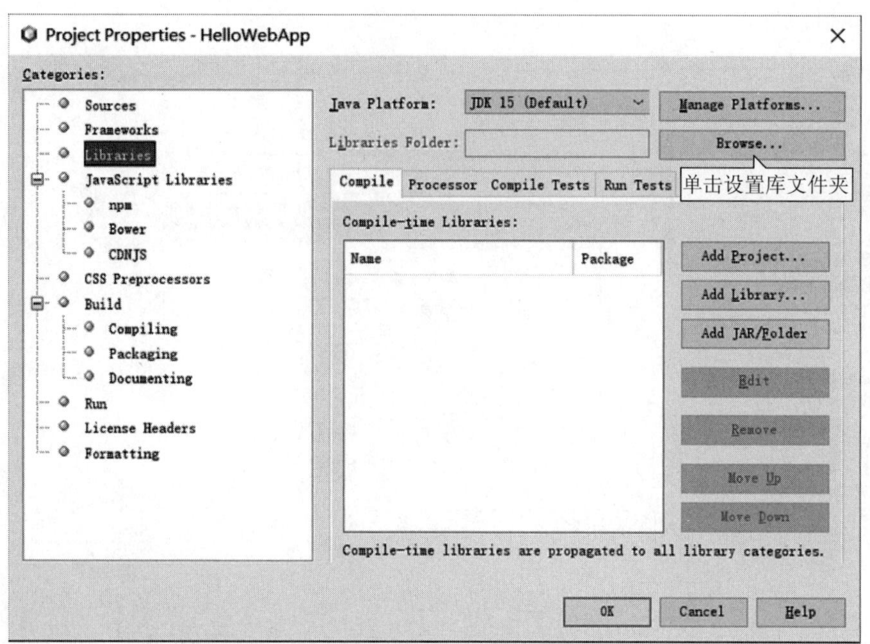

图 3-49　在项目属性对话框中设置库文件夹

7. Java Web 项目导入和导出

当需要将当前计算机中的 NetBeans 的项目转入其他计算机中进行开发时，可以直接复制项目所在的文件夹，然后在另一台计算机中的 NetBeans 主窗口菜单中选择 File→Open Project 命令浏览并打开项目，如图 3-50 所示。这种方式需要复制较多的项目文件，可能会带来复制上的不便。

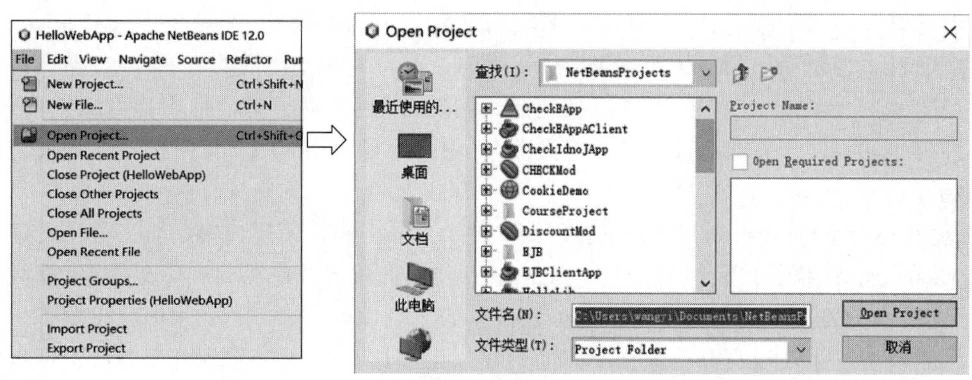

图 3-50　打开项目菜单和打开项目对话框

为了方便开发者复制项目文件，NetBeans 还提供了项目文件总体上的导出和导入功能。在项目窗口中选择需要导出的项目名称，然后选择 NetBeans 主窗口中的 File→Export Project→To ZIP 命令，即可将当前项目所在文件夹及全部文件打包压缩导出成一个 ZIP 文件。如需在其他计算机中的 NetBeans 中对此导出文件中的项目进行开发，可以选择 File→Import Project→From ZIP 命令，在弹出的对话框中找到并打开对应的导出文件，确认后，NetBeans 会将其中的项目文件夹和项目文件读出并复制到设定的项目存储目录，然后在项目窗口中打开此项目供开发者进行编辑。图 3-51(a)显示的是导出项目对话框，图 3-51(b)显示的是导入项目对话框。

(a) 导出项目对话框

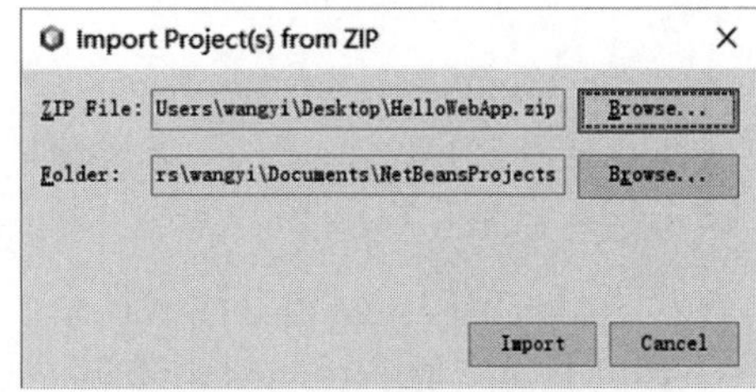

(b) 导入项目对话框

图 3-51　项目导出和导入对话框

除去选择一个需要导出的根项目(Root Project)之外,图 3-51(a)的导出对话框中还有一个 Other Directory 选项。当选中该单选按钮时,可以单击其右侧的 Browse 按钮指定一个导出目录,这种导出可以把该目录中所有的项目全部导出为一个 ZIP 压缩包文件。这种导出文件在导入时,NetBeans 会将其中包含的所有项目复制到导入文件夹,并在项目窗口中打开这些项目以供开发者进行修改和编辑。

思考练习题

一、单项选择题

1. HTTP 默认的端口号是(　　)。

A. 8080　　B. 80　　C. 8084　　D. 23

2. 如果在同一台计算机中通过浏览器访问部署在此计算机中的 HTTP 服务器部署的 Web 站点,浏览器地址栏中总是可用的有效主机名是(　　)。

A. localhost　　B. local　　C. host　　D. 192.168.0.1

3. 在 HTTP 技术中,术语 UA 具体指(　　)。

A. 浏览器　　B. Tomcat 服务器

C. Web 应用程序　　D. 部署在服务器中的页面文件

4. 通过浏览器页面的表单元素以 POST 方式提交的组件数据位于(　　)。

A. HTTP 请求行

B. HTTP 请求头

C. HTTP 请求的 URL 尾部的查询字符串

D. HTTP 请求的数据实体

5. 设置 HTML 页面编码,应采用的元素名为(　　)。

A. META　　B. HEAD　　C. BODY　　D. LINK

6. 在 XML 文档中,可以直接使用的实体引用不含(　　)。

A. 　　B. '　　C. "　　D. <

7. 对于 XML 中空元素说法正确的是(　　)。

A. 空元素可以有开始和结束标记,只要其中不含子元素即可

B. 空元素不能包含属性

C. 空元素不能有结束标记

D. 只能通过 DTD 定义空元素，Schema 约束不支持空元素定义

8. Web 应用程序在部署到 Tomcat 时，应将其复制到 Tomcat 安装文件夹的(　　)目录中。

A. webapps　　B. server　　C. conf　　D. bin

9. 如果要修改运行在 Windows 系统中的 Tomcat 监听的 HTTP 的端口号，应修改(　　)文件。

A. bin 目录中的 startup.bat 文件　　B. server 目录中的 server.xml 文件

C. conf 目录中的 server.xml 文件　　D. conf 目录中的 startup.bat 文件

10. 如果要修改运行在 Windows 系统中的 Tomcat 监听的 HTTP 的端口号，应修改(　　)文件。

A. bin 目录中的 startup.bat 文件　　B. server 目录中的 server.xml 文件

C. conf 目录中的 server.xml 文件　　D. conf 目录中的 startup.bat 文件

二、问答题

1. 尝试修改下载运行 Apache Tomcat 的端口号，并使之支持中文目录。

2. 请按照 Web 程序的目录结构建立一个自我介绍的 Web 程序，并通过 Tomcat 的 Manager 工具将其部署到 Tomcat 服务器，使其可以通过本机浏览器进行访问，显示自我介绍页面中的信息，自我介绍页面的内容可以自行决定。

第4章

Servlet 的编写和运行

4.1 Servlet 的源代码编写和编译

Servlet 组件是运行在 Web 容器中由开发者编写的 Servlet 类的实例，是 Web 程序中具有特定 URI 的资源。Web 容器在处理客户端 UA 对 Servlet 实例的请求时，会按需建立 Servlet 实例并调用其中特定方法处理请求并返回响应，这些方法被称为请求处理方法。虽然 Servlet 被设计为可处理多种协议，但在实际应用中一般都是被用于处理 HTTP 请求。

4.1.1 Servlet API 中的包和常用类型

在编写、处理 HTTP 的 Servlet 类定义时，一般要继承 Servlet API 中提供的 javax.servlet.http.HttpServlet 类并使用 public 作为类定义的访问修饰符。在编写 Servlet 源代码时，至少应引用的 Java 包有 javax.servlet、javax.servlet.http 和 java.io。

1. javax.servlet

javax.servlet 是 Servlet API 中提供的一些通用类型所在的包。Servlet 的抽象父类 GenericServlet，以及表示 Servlet 运行出错的 ServletException 异常类都位于该包中。

2. javax.servlet.http

javax.servlet.http 包中的类型专用于处理 HTTP。HttpServlet 类以及封装了 HTTP 请求及响应的 HttpServletRequest 接口和 HttpServletResponse 接口都位于此包中。

3. java.io

java.io 中的类型主要用于协助 Servlet 完成请求或者响应中的数据流处理，其中 PrintWriter 类用于生成响应数据流，而异常类 IOException 表示数据流处理中产生的异常。

上述 Java 包中的这些类型和 Servlet 类及其实例之间的关系如图 4-1 所示。

4.1.2 Servlet 源代码的基本组成

按图 4-1 所示，在编写 Servlet 类定义的源代码时，一般要继承 GenericServlet 或 HttpServlet 父类，然后编写请求处理方法。这些请求处理方法继承自父类型，在编写时需保证其符合方法的改写规则。一个 Servlet 源文件基础的组成语句如下：

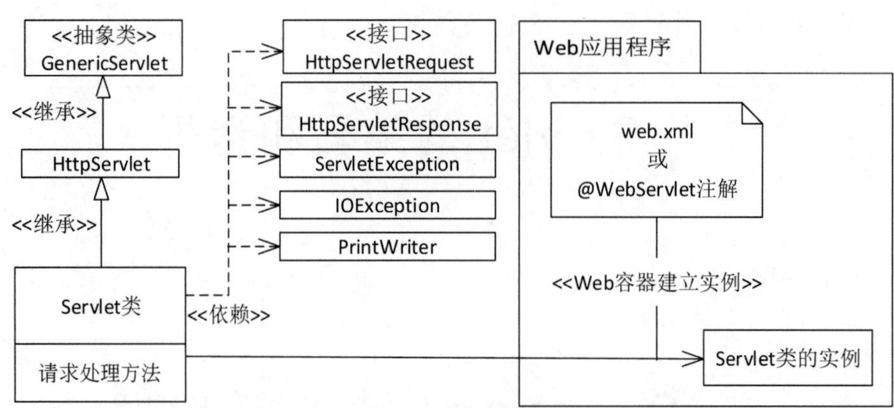

图 4-1 Servlet 类定义和实例以及依赖的 Servlet API 中的类型

```
package 本类所在的包;
import 包名;
public class  Servlet 类名 extends HttpServlet{
   //HTTP 请求处理方法的改写定义
}
```

当客户端 UA 为浏览器时，一般都是通过浏览器窗口页面中的链接或表单以 GET 或 POST 方式提交 HTTP 请求；在 HttpServlet 父类中，处理这两种请求的方法分别是 doGet 和 doPost。因此在 Servlet 类定义中，主要改写的是对应于这两种请求的 doGet 和 doPost 方法。编写代码时，Servlet 类定义的包可按见名知意原则，命名为 servlets 或者 web；建议类名最好命名为"功能/任务+Servlet"的形式。例如，Servlet 负责生成 Web 应用程序的首页，可以将其命名为 IndexServlet。一个完整的 Servlet 源代码如例 4-1 所示。

【例 4-1】 IndexServlet.java 文件中的 Servlet 源代码。

```
package web;
import  javax.servlet.http.*;
import  java.io.*;
public class  IndexServlet extends  HttpServlet{
  @Override  //改写 doGet 方法,处理 HTTP 的 GET 请求
  public void  doGet( HttpServletRequest request,  HttpServletResponse response)
          throws javax.servlet.ServletException,IOException{
     processRequest(request,response); //GET 请求交给 processRequest 方法处理
  }
  @Override  //改写 doPost 方法,处理 HTTP 的 POST 请求
  public void  doPost( HttpServletRequest request, HttpServletResponse response)
            throws javax.servlet.ServletException,IOException{
       processRequest(request,response); //POST 请求也交给 processRequest 方法处理
  }
//processRequest 负责具体的请求处理,利用 PrintWriter 对象向浏览器输出响应 HTML 文本
  private  void processRequest(HttpServletRequest request, HttpServletResponse
response)
          throws javax.servlet.ServletException,IOException {
      response.sentContentType("text/html;charset=UTF-8");
      try(PrintWriter out=response.getWriter()){ //在 try 后的小括号中获取输出文本流
                                                  //对象 out
        out.println("<html><body><h1>Hello,world!</body></html>");
      }//执行 try 语句块后,out 对象离开其作用域,将被自动调用其 close 方法关闭
    }
}
```

1. 请求处理方法的参数和异常声明

例 4-1 中的请求处理方法 doGet 和 doPost 的参数都包括封装 HTTP 请求和响应的 HttpServletRequest 接口和 HttpServletResponse 接口，方法的声明中也都抛出了异常类型 ServletException 和 IOException，主要用于简化方法中抛出这两种异常实例的语句编写。

2. HTTP 请求处理方法的改写

在改写 doGet 和 doPost 请求处理方法时，如果方法的名称、参数以及异常的声明和父类不一致，有可能会出现编译无错误，但在运行时却不能正确地处理请求的情况。为了保证方法正确地被改写，例 4-1 中将这两个方法前面都加上了@Override 注解(annotation)，该注解在方法定义不符合改写要求时会引发编译错误，从而提前避免运行错误。

3. 请求处理方法中 HTTP 响应数据的处理

在请求处理方法中通过响应参数进行 HTTP 的响应。例 4-1 中包含完整的响应数据生成的代码，主要包括设置响应数据的 MIME 类型和生成响应数据实体。

(1) 设置 MIME。

调用响应参数的 setContentType 方法，设置响应数据实体的 MIME 类型为 text/html，即 HTML 文档类型，文本编码是 UTF-8，此时 Servlet 实例返回的响应数据相当于一个网页。

(2) 构造响应实体。

调用响应参数的 getWriter 方法获取 java.io.PrintWriter 类型的对象 out，该对象的 print 或 println 方法可以用于生成具体的 HTML 文本。注意，java.io.PrintWriter 实现了 AutoCloseable 接口，所以此处代码使用了 Java 7 中引入的 try 语句新语法形式：

```
try(  /* 变量声明 */  ){
  /* 处理语句 */
}
```

这种语法结构要求 try 后的小括号中声明的变量类型要实现 java.lang.AutoCloseable 接口，该接口定义如下：

```
public  interface  AutoCloseable{
    void close() throws Exception;
}
```

一旦 try 后大括号中的处理语句执行完成，在 try 后小括号中声明的变量将会被自动调用其实现 AutoCloseable 接口的 close 方法，相当于如下 try…catch…finally 语句块：

```
/* 数据流变量声明 */
try{
  /* 处理语句 */
}catch(Exception e){  }finally{
  /* 调用数据流变量的 close 等关闭方法 */
}
```

4.1.3 编译 Servlet 源代码文件

开发者可以使用 JDK 的编译工具 javac 对 Servlet 源代码进行编译，很多集成开发工具也提供了 Java 源文件的编译工具，如 NetBeans 的 nb-javac。在编译成功后，还需要保证编译生成的类文件(.class)或类库文件(.jar)位于正确的 Web 程序目录，才能使得 Servlet 类文件能够被 Web 容器加载并实例化，以处理客户端的请求。

1. 设置编译所需的类库和类路径

servlet-api.jar 是 Servlet 规范提供的类库文件，其中包含 GenericServlet、HttpServlet 等

Servlet相关Servlet API的类文件。Web服务器在安装后都会提供该类库,例如,Tomcat的servlet-api.jar位于其安装的lib目录,在编译时要确保该类库文件位于编译类路径中。如果Servlet还依赖于其他以源代码形式提供的类,则也应保证这些源文件和Servlet源文件一起被编译。在编译时,同样也要保证其他一些依赖类文件和类库文件位于编译类路径。

2. 设置编译后的类文件/类库所在的Web程序目录

按照Servlet规范,Web程序中的类文件和类库文件应存储在程序中的以下目录。

(1) /WEB-INF/classes。该文件夹用于存放类文件,编译之后的Servlet类文件也应存放在此目录。需要注意,如果是带有包名的类,则应保证在此目录中建立和包名对应的目录结构,再把类文件存储在最后的目录中。

(2) /WEB-INF/lib。该文件夹用于存放Web应用程序中需要使用的类库文件。如果Servlet的类文件被打包成为类库文件,也应确保该类库文件位于该目录。

需要注意的是,客户端UA不能直接通过Web应用程序的/WEB-INF文件夹对应的资源路径访问到其中的任何资源;也就是说,WEB-INF文件夹及其中的文件不能直接作为服务器端资源的URI出现在URL中。利用这种设定,可以将一些不容许被URL直接引用的文件放到WEB-INF目录中,这样就可以对这些资源起到保护作用。

3. 设置Servlet源代码编译目录结构

在实际开发过程中,为了加快开发效率,Servlet源代码一般都被放入特定的文件夹,以项目的形式采用Ant、Maven或Gradle等集成化项目管理工具进行编译处理。以NetBeans的Ant管理的Web项目为例,包括Servlet在内的所有Java源文件都被放入项目的src/java目录中,编译后将自动建立build目录,其中的web文件夹是生成的Web程序的根目录,而类文件和类库文件则分别位于build/web/WEB-INF/文件夹中的classes和lib目录,如图4-2所示。

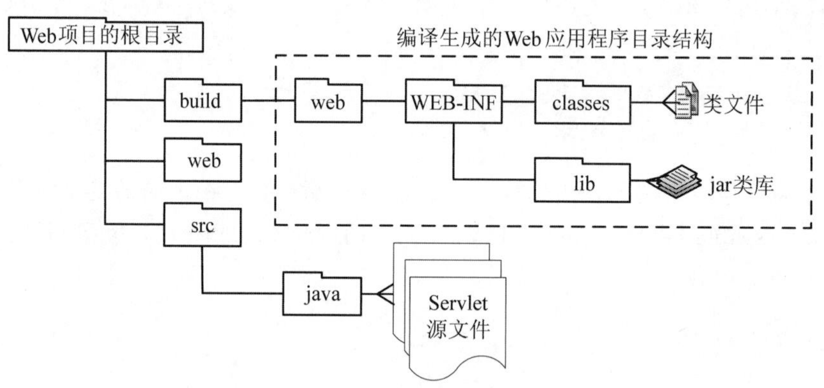

图4-2 Servlet源文件编译目录结构

4.2 Servlet类的实例化和URL模式设置

4.2.1 Servlet类的实例化设置

Servlet类由Web容器进行实例化后才能作为资源被客户端UA进行请求。Servlet实例可以通过Web程序的标准部署描述符文件web.xml中的servlet元素指定其在实例化时的相关设定,servlet元素的DTD声明如下:

```
<!ELEMENT  servlet (icon?, servlet-name, display-name?, description?,(servlet-class|jsp-file),
                    init-param*, load-on-startup?, run-as?, security-role-ref*)>
```

按照 DTD 声明，servlet 必须包含 servlet-name 和 servlet-class/jsp-file，其余的诸如 icon、display-name、description 等子元素都是可选的。

1. icon 子元素

icon 用于指定 servlet 实例在开发工具中显示的图标，它的内容模型由可选的 small-icon 和 large-icon 元素组成，相关的 DTD 声明如下：

```
<!ELEMENT  icon (small-icon?,large-icon?)>
<!ELEMENT  small-icon (#PCDATA)>
<!ELEMENT  large-icon (#PCDATA)>
```

对应 XML 标记组成如下：

```
<icon>
   <small-icon>Web 程序根目录中 16×16 像素尺寸的 jpeg 或 gif 文件名</small-icon>
   <large-icon>Web 程序根目录中 32×32 像素尺寸的 jpeg 或 gif 文件名</large-icon>
</icon>
```

2. servlet-name 子元素

servlet 是子元素，其中的文本用于指定 Servlet 类实例化之后的资源名称。需要注意在同一个 Web 程序中，使用 servlet-name 指定的资源名称必须保证其唯一性。

3. display-name 和 description 子元素

display-name 和 description 都是子元素，其中的文本分别指定 Servlet 实例在开发环境中的显示名称和解释说明。

4. servlet-class 子元素

servlet-class 是子元素，其中的文本用于指定需要实例化的 Servlet 类的全名。按照 servlet 的 DTD 声明，也可以使用 jsp-file 子元素代替 servlet-class 子元素，jsp-file 也是子元素，其中的文本应指定为以正斜线(/)开头，代表以 Web 程序根目录为开始路径的 JSP 文件名，这是因为 JSP 文件相当于简化的 Servlet。

5. init-param 子元素

init-param 可以出现 0 到多次，用于在 Servlet 实例时为其提供初始化所需的参数，这些参数以名-值对的方式提供，每个参数名要保证其在当前的 Web 程序中的唯一性。init-param 的 DTD 定义如下：

```
<!ELEMENT init-param (param-name, param-value, description?)>
```

按此 DTD，初始化参数的名和值分别由 param-name 和 param-value 提供，还可以添加 description 说明元素。去掉可选的 description 子元素，init-param 的基本 XML 语法如下：

```
<init-param>
<param-name>参数名</param-name>
<param-value>参数值</param-value>
</init-param>
```

6. load-on-startup 子元素

load-on-startup 是子元素，其中的文本应取整数的值空间，用于指定 Servlet 实例化的时机及优先级别。当没有给出该元素或者指定的值为负时，Web 容器将自主决定何时对当前的 Servlet 进行实例化；当指定为非负整数时，Web 容器必须在 Servlet 所处的 Web 程序初始化时对该 Servlet 进行实例化。具有较小数值的 Servlet 将被优先实例化；如果 Web 程序中有多个具有相同非负值 load-on-startup 指定的 Servlet，Web 容器将自主决定这些 Servlet 在 Web 程序初始化时的优先级别。

7. run-as 和 security-role-ref 子元素

run-as 和 security-role-ref 均通过 role-name 指定当前 Servlet 实例在运行时的角色，角色是拥有指定授权(authorization)的用户组，二者的 DTD 声明如下：

```
<!ELEMENT  run-as (description?, role-name)>
<!ELEMENT  security-role-ref (description?, role-name, role-link?)>
```

run-as 和 security-role-ref 的内容模型均由 description 和 role-name 组成，description 是可选的，用于解释说明；role-name 和 role-link 都是子元素，其中的文本用来定义角色名称，此名称是对全局 security-role 元素定义的某个同名角色的引用。security-role 是 web-app 根元素的直接子元素，可以在 web-app 中出现 0 到多次，用于定义多个具有特定授权的角色，其 DTD 声明如下：

```
<!ELEMENT  security-role(description?, role-name)>
```

如果 security-role-ref 元素同时包含 role-name 和可选的 role-link 元素，这种情况下 role-name 中可以是任意的角色名称，role-link 元素引用的才是真正的角色名称，其值必须是 security-role 元素定义的 role-name 之一。

4.2.2 Servlet 实例资源的 URL 模式设定

Servlet 实例作为服务端的资源，必须具有自身的资源 URI 才能被客户端 UA 通过 URL 进行请求。Servlet 实例的 URL 组成和其他可被客户端访问的文档资源 URL 类似，具体的组成如下。

```
http://服务器的 IP 或域名:端口号/Web 程序上下文路径标识/Servlet 实例的资源 URI
```

同一个 Servlet 实例可以被设置为具有多个资源 URI，这些资源 URI 被称为 Servlet 实例的 URL 模式。需要注意，和 Web 程序的上下文路径一样，URL 模式是区分大小的。Servlet 实例的 URL 模式可以通过 web.xml 中的 servlet-mapping 元素指定，该元素是根元素 web-app 的直接子元素，其 DTD 声明如下：

```
<!ELEMENT  servlet-mapping ( servlet-name, url-pattern)>
```

可以看到，servlet-mapping 由 servlet-name 和 url-pattern 组成。servlet-name 也是 servlet 元素中的子元素，在此为需要设置 URL 模式的 Servlet 实例的资源名称；url-pattern 是子元素，其文本用来定义该 Servlet 实例的 URL 模式。在 Servlet 2.3 规范之后的 Schema 文件中，url-pattern 子元素可以出现 1 到多次，可为同一 Servlet 实例设置多个 URL 模式。

以例 4-1 的 IndexServlet 类为例，在 web.xml 中设定其实例的资源名称和 URL 模式的 XML 标记如例 4-2 所示。

【例 4-2】 在 web.xml 中设置 IndexServlet 类的实例名称和 URL 模式。

```
<servlet>
    <servlet-name>IndexServlet</servlet-name><!-- 注意每个 Servlet 资源名称都应具有唯一性-->
    <servlet-class>web.IndexServlet</servlet-class> <!-- 注意包中定义的类应使用包名.类名格式 -->
</servlet>
<servlet-mapping>
    <servlet-name>IndexServlet</servlet-name>
    <url-pattern>/index.htm</url-pattern>
```

</servlet-mapping>

在使用 url-pattern 设定 Servlet 实例的资源 URI 时，Servlet 规范可以支持下面列出的几种不同格式的 URL 模式。

1. /资源标识

这种 URL 模式应保证同一 Web 程序中的设定不相互重复。"/资源标识"中的标识名可采用"文件名.扩展名"的形式，如示例中的"/index.htm"，也可以不包含扩展名，如/index。资源标识前还可以包含任意的路径信息，如/doc/index/index.htm。

2. *.扩展名

匹配以该扩展名为后缀的请求 URL，常用的包括 *.do、*.htm 等。

3. /path/ *

匹配 Web 应用部署上下文路径后所有以 path 路径开头的请求 URL。例如，/servlet/ *，表示若请求 URL 的上下文路径后以/servlet/开头，均由当前 Servlet 实例进行处理。

4. /

用正斜线表示的这种 URL 模式匹配所有不含资源扩展名的 URL 请求。

5. / *

这种 URL 模式匹配所有请求 URL。应谨慎使用这种 URL 模式，因为它可能会影响客户端 UA 对于 Web 程序中资源的请求，从而导致浏览器不能正确地显示请求的页面。

4.2.3　Servlet 的实例化方式

当有多个客户端 UA 同时访问同一个 Servlet 资源的 URI 时，按照 Servlet 规范，Web 容器有两种模式对 Servlet 进行实例化，分别是单实例多线程模式和单线程模式。

1. 单实例多线程模式

单实例多线程模式下 Web 容器使用一个 Servlet 实例处理所有的请求，如图 4-3 所示。单实例多线程模式是 Web 容器建立 Servlet 实例的默认方式。如果在同一时刻产生多个对请求处理方法的调用，由于此时 Servlet 类的实例只有一个，所以请求处理方法中在处理类中的字段(即实例变量)和静态变量(即类变量)时，应注意变量的并发访问问题。

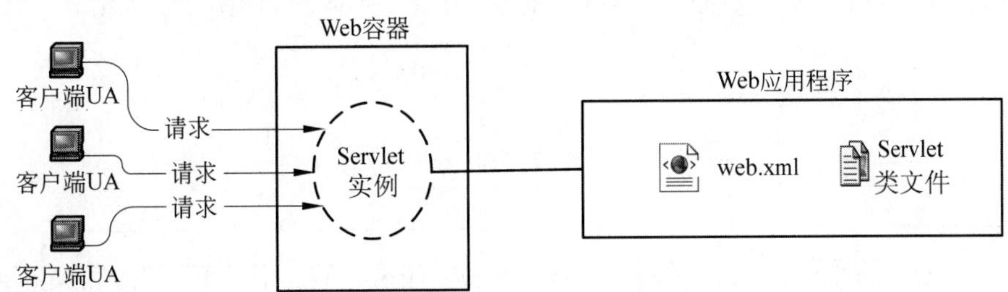

图 4-3　Servlet 的单实例多线程模式

2. 单线程模式

单线程模式是指 Servlet 类中请求处理方法都是单线程的，不用考虑线程中的同步问题。在此种模式下，如果有多个请求同时要求调用 doGet、doPost 等方法，则容器将以一定的方式保证在同一时刻只有一个请求被相应的方法处理。

图 4-4 显示了在单线程模式下，Web 容器中 Servlet 实例的创建情况。当服务器内存资源充足时，容器会为每个请求建立对应的 Servlet 实例。这种模式可以避免 Servlet 类中实例字段的竞争访问问题。当并发请求量过大导致建立 Servlet 实例可能会造成内存资源的不足，并

发请求将被放置到同步队列等待相关的 Servlet 实例中的请求方法处理，只有队列中前一个请求处理完成后，后一个请求才会被处理。

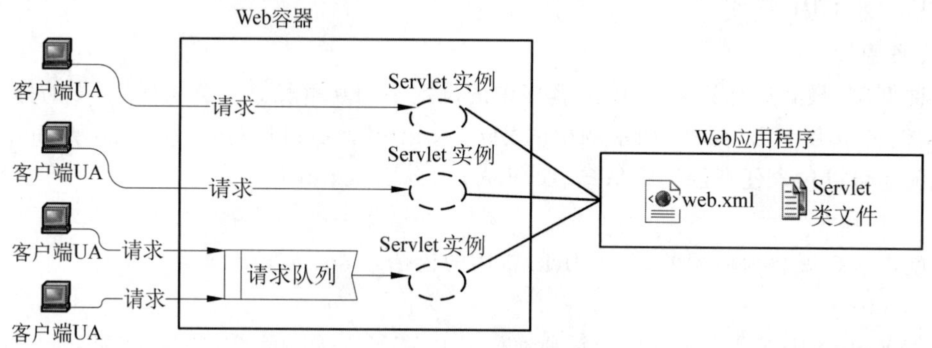

图 4-4 Servlet 单线程实例化模式

当采用单线程模式运行时，Servlet 的类定义需要实现 javax.servlet.SingleThreadModel 接口，该接口中没有任何方法，只是一个用来标记该 Servlet 需要单线程运行模式。

3. Servlet 实例化模式的选择

一般情况下，不提倡开发者使用单线程模式开发 Servlet，因为这样在大访问量的情况下，可能会占用过多的服务器资源，同时也会由于请求的同步队列降低 Servlet 处理请求的效率。另外，单线程模式也并不能完全避免多线程中变量的同步访问问题，例如，在多实例中，对于类中的静态字段，还是存在着多线程访问竞争问题。

由于单线程模式存在的问题，在 Servlet 2.4 及后续规范中，已经废弃了单线程模式及 javax.servlet.SingleThreadModel 接口。

4.3 Servlet 的生命周期

Servlet 实例的建立和销毁均由容器进行控制，这一机制被称为容器对 Servlet 的生命周期管理。Servlet 生命周期主要分为初始化、服务、销毁 3 个阶段，如图 4-5 所示。

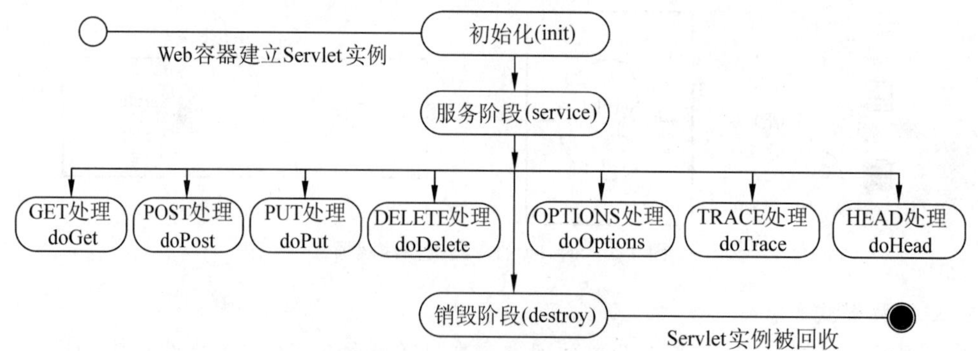

图 4-5 Servlet 的生命周期

在 Servlet 生命周期的每个阶段，容器会调用 Servlet 实例中对应的 init、service、destroy 方法，这些方法被称为声明周期方法，它们在 javax.servlet 包中的 Servlet 接口中声明，由 GenericServlet 进行实现。service 方法也是请求处理方法，但该方法在 GenericServlt 是抽象方法，以便子类的实现。例如，Servlet API 中提供的 HttpServlet 中就对该方法进行了针对

HTTP 的请求处理的实现。图 4-6 显示了 Servlet 接口和其实现类之间的关系。

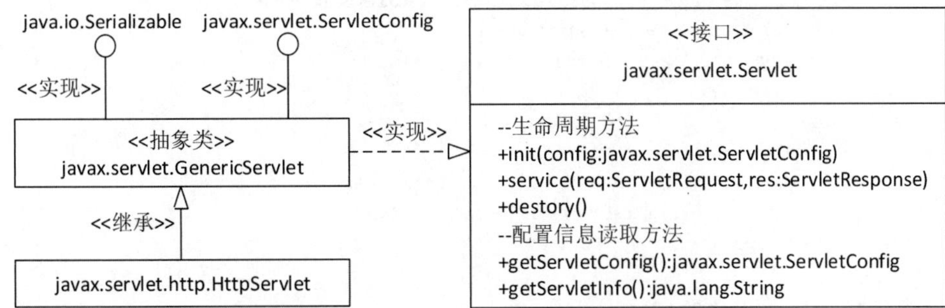

图 4-6　Servlet 接口和其实现类之间的关系

由图 4-6 可见，GenericServlet 除去实现了 Servlet 接口，还实现了 java.io.Serializable 接口，这个接口是一个标识，并不含有任何方法声明，它使得 Servlet 类的实例具有序列化特性，即实例可以在需要的时候按字节为单位写入持久性存储介质，便于容器进行实例的生命周期管理。另一个实现的接口是 javax.servlet.ServletConfig，该接口主要提供用于读取 Web 应用程序中的配置信息的方法。

4.3.1　初始化阶段

初始化阶段是指 Web 容器加载 Servlet 类并建立其实例，但尚未处理客户端请求的阶段。Web 容器在此阶段将调用 Servlet 类中为 javax.servlet.Servlet 接口实现的 init 生命周期方法，该方法仅在此初始化阶段被 Web 容器调用一次。开发者可以改写此方法，读取 Web 程序中的一些包括数据库、数据文件存储位置等配置信息，以进行具体的初始化设置。

1. Web 程序的配置信息设置

在 4.2.1 节中介绍了利用 servlet 元素的 init-param 子元素为当前的 Servlet 实例设置初始化配置信息。除此之外，还可以在 web.xml 文件中利用全局 context-param 元素设置可供所有 Servlet 实例以及 JSP 文件读取的初始化参数。context-param 元素作为 web-app 元素的直接子元素可以出现 0 到多次，其 DTD 声明如下：

```
<!ELEMENT  context-param (param-name, param-value, description?)>
```

可以看到，context-param 元素和 init-param 元素的内容模型是一致的，区别就在于 context-param 定义的名-值对参数是全局的，可供所有 Servlet 实例读取这些参数。

例 4-3 的 web.xml 文件在例 4-2 的基础上增加了 context-param 和 init-param 元素，用于设置数据库连接和数据表的参数，是一个遵循 Servlet 3.1 规范的完整的 web.xml 文件。

【例 4-3】 使用 context-param 和 init-param 配置参数的 web.xml 文件。

```
<?xml version="1.0" encoding="UTF-8"?>
<web-app  version="3.1"  xmlns="http://xmlns.jcp.org/xml/ns/javaee"
         xmlns:xsi="http://www.w3.org/2001/XMLSchema-instance"
         xsi:schemaLocation="http://xmlns.jcp.org/xml/ns/javaee
                        http://xmlns.jcp.org/xml/ns/javaee/web-app_3_1.xsd">
  <context-param> <!-- 全局的数据库连接参数 dbConn 设置,注意参数值使用了 CDATA 结点 -->
        <param-name>dbConn</param-name>
        <param-value><![CDATA[jdbc:derby://localhost:1527/sample]]></param-
value>
    </context-param>
    <servlet>
        <servlet-name>IndexServlet</servlet-name>
```

```
        <servlet-class>web.IndexServlet</servlet-class>
        <init-param><!-- 局部的数据表名参数 table 设置 -->
            <param-name>table</param-name>
            <param-value>customer</param-value>
        </init-param>
    </servlet>
    <servlet-mapping>
        <servlet-name>IndexServlet</servlet-name>
        <url-pattern>/index.htm</url-pattern>
    </servlet-mapping>
</web-app>
```

2. 生命周期方法 init 的改写

(1) init 方法的声明形式。

init 方法在 javax.servlet.Servlet 接口中的声明如下：

```
public void init (javax. servlet. ServletConfig config) throws javax. servlet.
ServletException;
```

方法的 config 参数类型是 ServletConfig 接口，该接口的实例由 Web 容器构造并作为实参传递给 init 方法。在 Servlet 类定义中改写该方法时，利用 config 参数即可获取在 web.xml 中定义的配置参数。

(2) ServletConfig 接口的成员定义。

ServletConfig 接口和其依赖接口 ServletContext 中的成员如图 4-7 所示。

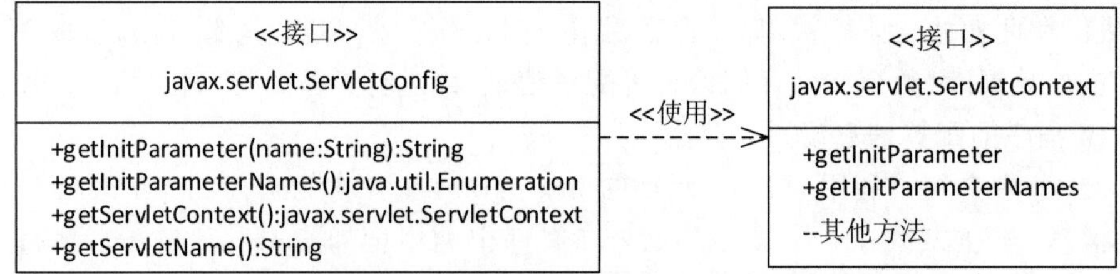

图 4-7　ServletConfig 接口和其依赖接口 ServletContext 中的成员

按照图 4-7 所示，在 javax.servlet.ServletConfig 接口中提供了以下方法声明。

① String getInitParameter(String name)。当 name 参数取值为 Servlet 实例设置的初始参数名时，该方法返回对应参数值。如果 name 参数取值不是为 Servlet 实例的初始参数名，方法返回 null。

② java.util.Enumeration getInitParameterNames()。该方法返回为 Servlet 实例设置的所有初始化参数名构成的 java.util.Enumeration 接口类型的集合。该类型集合只能单向遍历，集合内置当前元素的位置标识；当集合为空或位置标识位于最后一个元素时，调用集合的 hasMoreElements 方法将返回 false 值，否则可以通过 nextElement 方法返回当前集合元素，同时 nextElement 方法还会自动将当前元素的位置标识移动到下一个元素的位置。现假设包含所有的初始参数名的集合变量为 params，则在 init 方法中取出所有 Servlet 实例的初始参数的名-值对的代码片段可以写成：

```
while(params.hasMoreElement){
    //取 Servlet 实例的初始参数名
    String  paramName=(String)params.nextElement();
    //取初始参数设置值
    String  paramValue=config.getInitParameter(paramName);
```

}

③ javax.servlet.ServletContext getServletContext()。该方法返回 ServletContext 接口的实例，这个实例可以代表当前的 Web 应用程序，第 6 章将详细介绍该接口。通过图 4-7 可以看到，ServletContext 接口中包含 getInitParameter 和 getInitParameterNames 方法，这两个方法和当前的 ServletConfig 接口中对应的方法声明完全一致，可以使用它们读取 web.xml 文件中通过全局 context-param 元素配置的全局参数。

④ String　getServletName()。该方法返回当前 Servlet 实例的资源名称，一般是在 web.xml 文件中通过 servlet 元素设置的 Servlet 实例的资源名称。

(3) init 方法改写示例。

下面给出的例 4-4 是在例 4-1 中 IndexServlet 类定义的基础上，添加了对 init 方法改写的代码，用以读取例 4-3 的 web.xml 文件中为 IndexServlet 实例设置的 init-param 参数和全局 context-param 参数。为了便于理解，例中的 IndexServlet 类省略了其他成员定义。

【例 4-4】 在 IndexServlet 类定义中改写 init 方法读取初始化配置参数。

```
package  web;
public class  IndexServlet  extends  javax.servlet.http.HttpServlet{
  @Override   //改写 init 方法,读取 Servlet 自身实例的初始化参数和 context-param 中的参数
  public  void  init(javax.servlet.ServletConfig  config)  throws  ServletException{
    java.util.Enumeration  params=config.getInitParameterNames();
                                          //读 Servlet 实例的初始参数名
    while(params.hasMoreElements()){
      String name=(String)params.nextElement();     //获取初始参数名
      String value=config.getInitParameter(name);   //获取初始参数值
      System.out.printf("%s = %s \n",name,value);
                                          //在服务器运行命令窗口输出参数的名-值对
    }
    javax.servlet.ServletContext  application=config.getServletContext();
                                          //得到 ServletContext 对象
    String dbConn=application.getInitParameter("dbConn");
                                          //读 context-param 全局指定参数
    String non= application.getInitParameter("non");
                                          //读 context-param 全局中不存在的参数
    System.out.printf("dbConn= %s ,non=%s\n",dbConn,non);
                                          //non 参数不存在,值输出应为 null
  }
  //其余成员省略
}
```

需要说明的是，由于抽象类 GenericServlet 也对 ServletConfig 接口进行了实现，所以，在编写 Servlet 类定义时，也可以直接调用继承下来的 GenericServlet 对 ServletConfig 接口的实现方法，以获取 Web 程序中配置的初始信息、ServletContext 接口的实例以及当前 Servlet 实例的资源名称。

4.3.2　服务阶段

服务阶段是指 Web 容器调用 Servlet 的实例处理来自客户端 UA 的请求。当 Servlet 的实例建立后，在每次请求到达时，Web 容器都会调用实例中为 javax.servlet.Servlet 接口实现的 service 方法。编写 Servlet 时，最主要的任务就是改写此请求处理方法或改写由 service 开始的调用链中的相关方法。

1. service 请求处理方法

service 是通用的请求处理方法，在 javax.servlet.Servlet 接口中的声明如下：

```
public void service ( javax. servlet. ServletRequest request, javax. servlet.
ServletResponse response)
                throws javax.servlet.ServletException, java.io.IOException;
```

需要注意的是，该方法参数类型和例 4-1 中 doGet/doPost 请求处理方法的参数类型有所不同，后者是 javax.servlet.http.HttpServletRequest 和 javax.servlet.http.HttpServletResponse，代表 HTTP 请求和响应，而 service 方法中的参数类型是它们的父接口，代表通用的请求和响应。正是由于这个原因，抽象类 javax.servlet.GenericServlet 在实现 javax.servlet.Servlet 接口和 javax.servlet.ServletConfig 接口时，提供了除 service 方法之外所有方法的实现。开发者如果需要实现其他非 HTTP 的请求处理，可以直接继承 GenericServlet，编写自己的 service 方法实现特定协议的请求和响应。

2. javax.servlet.http.HttpServlet 对 service 方法的实现

为了便于开发者处理 HTTP，Servlet API 提供了 GenericServlet 的子类 HttpServlet，对 service 方法进行了 HTTP 请求处理的实现，HttpServlet 类中从 GenericServlet 继承的成员和自身成员如图 4-8 所示。

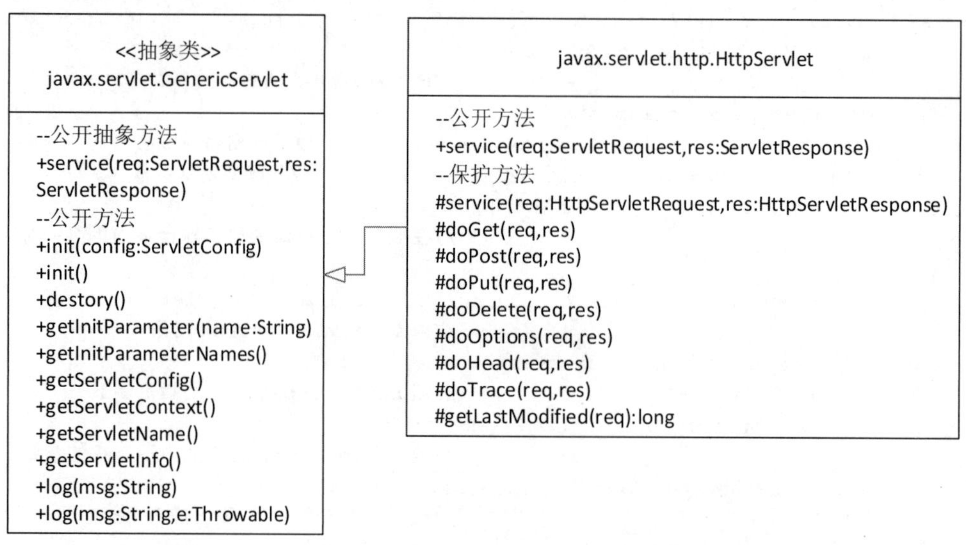

图 4-8 HttpServlet 类中从 GenericServlet 继承的成员和自身成员

图 4-8 左侧的 GenericServlet 类图中所有的非抽象方法均被 HttpServlet 类继承，而抽象的 service 方法被 HttpServlet 进行了实现。在图 4-8 右侧的 HttpServlet 类图中，可以看到它自身具有两个 service 方法和处理不同 HTTP 请求方式的一系列 do 方法。

（1）公开的 service 方法和保护的 service 方法。

当 Web 容器调用 service 方法处理 HTTP 请求时，传输给该方法的请求参数 req 和响应参数 res 的实际类型就是 HttpServletRequest 和 HttpServletResponse。所以，HttpServlet 类对 service 抽象方法的实现代码就是调用自身的保护访问级别成员 service 方法，该方法的声明形式如下：

```
protected void service(javax.servlet.http.HttpServletRequest req, javax.servlet.
http.HttpServletResponse res)
                throws javax.servlet.ServletException,java.io.IOException
```

此 service 是一个请求分派方法，它按照 HTTP 请求方式的不同，分别调用 HttpServlet 中的 doGet、doPost 等 do 系列请求处理方法，并为其传入 HTTP 请求和响应参数。

(2) do 系列请求处理方法。

do 系列方法在 HttpServlet 中都声明为保护访问级别，与同访问级别的 service 方法具有类型相同的请求和响应参数以及异常声明。以 doGet 方法为例，其声明形式如下：

```
protected void doGet(javax.servlet.http.HttpServletRequest req, javax.
servlet.http.HttpServletResponse res)
                throws ServletException, java.io.IOException
```

这些请求处理方法被声明为保护访问级别的原因是为了让 HttpServlet 的子类在对其进行改写时，能够设置更为灵活的访问级别。按 Java 语言的方法改写规则，改写的方法可以采用同级别的访问修饰符，也可以使用更高级别的访问修饰符。当 HttpServlet 中的请求方法为 protected 级别时，子类的改写方法就可以取 protected 或者更高的 public 级别。

当浏览器作为客户端 UA 时，最为常见的 HTTP 请求方法就是 GET 和 POST 两种形式。HTML 页面中超级链接和用户在浏览器地址栏中输入的 URL 地址，都会作为 GET 请求被发送到服务器资源；而 POST 请求一般由 HTML 页面中的表单在提交数据时发出。因此，在编写以 HttpServlet 为父类的 Servlet 类定义时，通常被改写的请求处理方法就是 doGet 和 doPost。

(3) 请求处理方法的改写原则和注意事项。

在 Servlet 类定义中改写请求处理方式时，注意一般不要改写 HttpServlet 中的保护访问级别的 service 方法，因为这样有可能需要开发者自行处理不同的 HTTP 提交方式下的请求分派任务。如果编写的 Servlet 当前仅需要处理 GET 和 POST 请求，那么改写 service 方法就可能意味着缺乏对于其他请求的处理的有效代码，这会影响该 Servlet 的功能扩充能力，也意味着对原本已经实现的代码的浪费。所以，在编写 Servlet 时，应根据当前 Servlet 需处理请求方式，改写对应的 doGet、doPost 等方法。这样，一旦后期需要处理其他诸如 PUT、DELETE 等方式的请求，只需添加对 doPut、doDelete 等方法的改写即可，有利于代码维护的稳定性。

需要注意的是，由于一个 Servlet 实例可能被多个请求同时调用，所以在改写 doGet、doPost 等请求处理方法时，要注意多任务/多线程中的资源竞争问题，最好避免使用 Servlet 类中的字段进行相关的数据存储。如果需要进行数据存储或者传递，可以考虑使用 Servlet 提供的请求、会话、应用程序对象，这些对象可以避免多线程访问带来的问题，将在第 6 章中对它们进行介绍。

3. 其他辅助方法的改写和调用

GenericServlet 除了为 javax.servlet.Servlet 接口提供了生命周期方法的实现外，还提供了一些辅助方法，包括不带参数的 init 方法、getServletConfig 方法、getServletInfo 方法和 log 方法。

(1) 不带参数的 init 方法的改写和 getServletConfig 方法的调用。

不带参数的 init 方法是简化版的初始化方法，它的声明如下：

```
public void init() throws javax.servlet.ServletException;
```

在 GenericServlet 类中，对 javax.servlet.Servlet 接口中的 init 生命周期方法的实现代码中的最后一条语句就是对不带参数的 init 方法的调用。由此可见，编写 Servlet 类定义时，如果不想改写 javax.servlet.Servlet 接口中的 init 生命周期方法，也可以改写此不带参数的 init

方法进行 Servlet 实例初始化的定制。由于该 init 方法不含 javax.servlet.ServletConfig 类型的参数,如果需要在改写代码中读取 Web 程序的配置信息,可以直接调用从 GenericServlet 类中继承的 getServletConfig 方法获取 ServletConfig 的实例,语句如下所示:

```
javax.servlet.ServletConfig  config=getServletConfig();
//通过 config 对象获取 Web 程序中的配置信息从略
```

(2) getServletInfo 方法的改写。

getServletInfo 是 javax.servlet.Servlet 接口中声明的方法,声明形式如下:

```
public String getServletInfo();
```

该方法返回当前 Servlet 的作者、版权等信息,在 GenericServlet 类中将其实现为返回值为空字符的方法。编写 Servlet 时可以改写此方法,使其返回有意义的文本信息。

(3) log 方法的调用。

log 方法将 Servlet 实例在运行时产生的文本以及异常实例信息存储进 Web 容器的日志文件,以便开发者和管理者对 Web 程序的运行情况进行分析和判断。在 GenericServlet 中,log 方法按 javax.servlet.ServletContext 接口中的声明形式进行实现。但要注意,GenericServlet 本身并未实现 ServletContext 接口。log 方法有两种重载形式,声明如下。

① public void log(String msg)。此方法将 msg 字符串前加上 Servlet 资源名前缀写入 Web 容器的日志文件。

② public void log(String msg, Throwable throwable)。此方法将异常类实例的堆栈信息之前加上 Servlet 资源名前缀和解释文本 msg 写入 Web 容器的日志文件。

如需在请求处理方法中记录日志信息,可以直接调用这两个方法,例如:

```
log("Task was finished!");                    //将文本消息写入容器日志文件
log("A NPE occurred!",new NullPointerException() );
                                              //将异常堆栈及解释信息输出到容器日志文件
```

4.3.3 销毁阶段

当 Web 容器认为 Servlet 实例无须再被使用时,该实例将进入销毁阶段。此时,Web 容器将调用实例的 destroy 生命周期方法,该方法在 javax.servlet.Servlet 接口中声明如下:

```
public void destroy();
```

destroy 方法由 GenericServlet 类进行实现,被 HttpServlet 继承。destroy 方法在 GenericServlet 类中被实现为一个空的方法,并不含有任何代码语句。在编写 Servlet 的类定义时,可以通过改写此方法,进行一些必要的清理工作。例如,清除一些临时生成的数据,或者将一些数据写入磁盘,以便下次 Servlet 实例被容器加载时,利用 init 方法恢复这些写入的数据。destroy 方法在 Servlet 生命周期中只能被调用一次。

4.4 使用注解进行 Servlet 的配置

使用 web.xml 文件进行 Servlet 的部署设置可以带给 Web 程序在运行时的灵活性,但这种方式使得开发者既要编写 Servlet 源代码,又要编写维护 XML 文件,这为 Web 程序的开发带来了一定的复杂性。为了简化开发过程,从 Servlet 3.0 规范开始,可以在源代码中直接使用注解设置 Servlet 的部署特性。例如,在 Servlet 类定义前加入如下注解就可以设置该 Servlet 类实例在处理客户端 UA 请求时的 URL 模式:

```
@javax.servlet.annotation.WebServlet(urlPatterns="/index.htm")
public class IndexServlet{  /*类中的成员定义*/  }
```

这个注解作用于其后的 IndexServlet 类定义，可以替代 web.xml 中的 servlet 和 servlet-mapping 两个元素，简化 Servlet 实例的 URL 模式设置。从功能的角度上看，注解是用于标注程序中数据特性的数据，所以也被称为应用程序的元数据(MetaData)，采用元数据可以有效地简化部署和运行信息的设置。在实际应用领域，使用注解替代部署描述符已被广泛地应用于 JavaEE 开发。

4.4.1　注解的基本语法

注解由 Java 5 平台引入，通过在源文件中的类型、方法、字段、变量等程序组成元素定义前添加"@注解的类型名称(参数列表)"的语法形式，就可以标注它们在存储、编译以及运行时的特定性质。书写注解时，应和其标注的语法元素之间至少要隔开一个白空格。

注解的组成包括以@符号开头的类型名称和小括号中的参数列表两部分。类型名称的格式为"包名.类型名"，参数列表中的参数采用"参数名＝参数值"的格式表示，其中参数名是注解的类型定义中声明的参数名称符号，参数值应为常量表达式。

当注解的类型定义中声明了多个参数时，注解的参数列表中每个参数之间应使用逗号(,)进行分隔。如果注解的类型定义允许在使用注解时不含参数，这时可以省略参数列表两侧的两个小括号。例如，例 4-1 中使用的@Override 注解，由于不含有参数，所以省略了名称后的小括号；实际上，写成@Override()的格式也是正确的。

注解的类型定义可以采用 Java 源文件的形式直接提供给开发者，也可以在编译后以类库的形式发布。使用注解进行数据标注时，应确保包含注解的类型定义的源文件或类库文件位于编译/运行的类路径中。Servlet API 提供的注解都被包含在 servlet-api.jar 类库中，JDK 也提供了一些内置的注解类型，如 java.lang.Override、java.lang.Deprecated、java.lang.SuppressWarnings 等。

注解中存储的数据可以在编译时利用相关工具进行处理，有些注解数据也可以在运行时使用相关的解析 API 进行读取处理。Web 程序中 Servlet API 注解标注中的数据均由 Web 容器进行处理，用于组件部署和运行设定，开发者仅需了解这些注解的标注语法即可。本书不对注解中数据的读取进行讨论，仅介绍注解的类型定义语法和使用语法。

1. 注解的类型定义基本语法

注解的类型定义可以和类、接口、枚举定义放在同一个 Java 源文件中，采用@interface 关键字进行定义，定义的基本语法如下：

```
[访问修饰符]  @interface  注解的类型名称{
  参数类型  参数名()  [default 参数缺省值];
}
```

(1) 注解的访问修饰符。

注解的类型定义前的访问修饰符和 Java 语言中其他类型可使用的访问修饰符完全相同，可以是 public、private、protected，也可以省略。这些访问修饰的使用规则和限定范围与其他类型定义的访问修饰符完全相同，直接位于编译单元中的注解类型定义的访问修饰符只能省略或为 public，这种 public 注解类型定义在一个源文件中只能有一个。

(2) 注解的类型名称。

注解的类型名称应符合 Java 语言中合法的变量标识符要求，按照驼峰规则进行命名，即构成名称的单词的首字母大写。如果源文件开始含有 package 包声明，则此包声明同样作用于注解的类型定义。在使用时，带有包声明的注解类型名称应采用“包名.注解类型名称”的全名称的形式，或者采用 import 语句引入其全名称，在引入时注意注解名称前不要加@符号。

(3) 注解参数的声明。

注解中声明的参数都是公开的，参数名应符合 Java 语言中合法的变量标识要求，参数名小括号后的 default 缺省值是可选的，用于在使用该注解没有给出当前参数时，赋予其一个缺省取值。参数的类型只能在如下类型中选取。

① 基础类型，包括 byte、int、long、float、double、char、boolean 等类型。在使用注解时，这些参数值应使用语言中对应的常量表达式。

② 字符串类型，即 java.lang.String。在使用时，参数值应使用字符串的常量表达式。

③ java.lang.Class，这种类型的参数值在使用时可以通过“类型名.class”表示。

④ 枚举类型，枚举参数在使用时只需要采用枚举成员的表达式即可。

⑤ 其他的注解类型，这种类型的参数值在使用时应采用“@注解类型(参数列表)”的形式。

⑥ 以上各类型构成的数组，数组类型的参数值在使用时需要采用“{数组元素列表}”的语法形式，如果数组元素列表中的成员只有一个，也可以省略两侧的大括号。当列表中含有多个成员时，应采用逗号(,)进行分隔，每一个成员应按其类型的常量表达式书写。不含元素的数组可以使用一对空的大括号表示({})。

需要注意的是，若注解的类型定义中声明了名为 value 的参数，如果在使用该注解时只包含此参数，这时可以省略参数名 value 和其后的等号，直接采用参数值的表达式。

2. 设置注解的标注目标

注解的标注目标是指用注解标注的类型、字段、方法、参数、变量等程序组成元素。在注解类型定义前加入 JDK 内置的@java.lang.annotation.Target，可以限制该注解的标注目标，这种用于设置注解特性的注解也被称为元注解(meta annotation)。@Target 元注解有一个名为 value 的参数，类型是 java.lang.annotation.ElementType 枚举类型的数组。通过指定 value 参数值为 ElementType 中枚举成员的组合，就可以设置注解的标注目标。

在书写时，注解应位于其标注目标的定义/声明之前，也可以和访问修饰符位置互换。在 Java 8 之前的语法中，同一标注目标的声明/定义前不能有重复的同名注解。

以下列出注解类型定义中@Target 元注解的一些常用设置。为了简化代码，设注解类型定义所在的源文件中已经通过 import 语句引入了 java.lang.annotation.Target 和 java.lang.annotation.ElementType。另外，由于@Target 仅有一个名为 value 的参数，所以代码省略了参数名；当参数值的数组元素只有一个时，代码还省略了参数值两侧的大括号。

(1) 设置用于标注类型定义的类型注解。

```
@Target(ElementType.TYPE)  @interface  注解类型名称{  }
```

(2) 设置用于标注字段声明的字段注解。

```
@Target(ElementType.FIELD)  @interface  注解类型名称{  }
```

(3) 设置用于方法定义的方法注解。

```
@Target(ElementType.METHOD)  @interface  注解类型名称{  }
```

(4) 设置用于方法的参数声明的参数注解。

```
@Target(ElementType.PARAMETER)  @interface  注解类型名称{  }
```

(5) 设置注解为方法注解和字段注解。

```
@Target({ElementType.METHOD,ElementType.FIELD)  @interface  注解类型名称{  }
```

3. 设置注解的存储和使用范围

通过在注解的类型定义前加入元注解@java.lang.annotation.Retention,可以设置注解的存储和使用范围。@Retention 元注解包含一个名为 value 的参数,该参数的类型是 java.lang.annotation.RetentionPolicy,可以取其中的枚举常量,设置注解的存储特性。以下列出@Retention 的设置代码,都要保证注解类型定义所在的源文件中已经通过 import 语句引入了 java.lang.annotation.Retention 和 java.lang.annotation.RetentionPolicy。

(1) 设置注解仅在源代码中有效。

```
@Retention(RetentionPolicy.SOURCE)  @interface  注解类型定义{     }
```

这种注解一旦经过编译,就会在类文件中消失,相当于源代码中的注释。

(2) 设置注解仅在类文件中有效。

```
@Retention(RetentionPolicy.CLASS)  @interface  注解类型定义{     }
```

这是注解默认的存储和使用方式,这种方式下的注解在编译后会被存储到类文件,一旦类文件被加载到 JVM 中时,注解信息将被消除。

(3) 设置注解在运行期间有效。

```
@Retention(RetentionPolicy.RUNTIME)  @interface  注解类型定义{     }
```

这种设置让注解不仅存储在编译后的类文件中,JVM 在运行时依旧保留注解信息,因此这种注解可以在程序执行时使用注解解析 API 进行读取和处理。

4. 设置注解的继承特性

类型、字段及方法的注解默认都不会被继承,如果需要子类型继承该注解,可以在注解的类型定义前加入@java.lang.annotation.Inherited 元注解,@Inherited 元注解不含参数。

5. 设置注解的文档特性

在注解的类型定义前使用@java.lang.annotation.Documented 元注解,可以让该注解的内容可被 javadoc 工具读取,形成必要的程序文档。@Documented 元注解不含参数。

4.4.2 WebServlet 注解类型的定义和应用

1. WebServlet 注解类型

从 Servlet 3.0 规范开始,开发者可以使用@WebServlet 注解设置 Servlet 实例和 URL 模式,它的注解类型位于 javax.servlet.annotation 包中,具体的定义如下:

```
@Target(ElementType.TYPE)  @Retention(RetentionPolicy.RUNTIME)  @Documented
public @interface WebServlet{
    String  name()  default  "";
    String[]  value()  default  {};
    String[]  urlPatterns()  default  {};
    int  loadOnStartup()  default  -1;
    WebInitParam[]  initParams()  default  {};
    boolean  asyncSupported()  default  false;
    String  smallIcon()  default  "";
    String  largeIcon()  default  "";
    String  description()  default  default  "";
    String  displayName()  default  "";
}
```

由定义可知,该注解是在运行时可用的类注解,其参数都是有默认值的可选参数,其中大部分参数都能从名称上对应于部署描述符中 servlet 和 servlet-mapping 的同名子元素。

2. 利用@WebServlet 注解设置 Servlet 的实例和 URL 模式

由于 WebServlet 注解类型位于 javax.servlet.annotation 包中，最好在使用该注解时，通过以下 import 语句引入类型全名，以便直接使用 WebServlet 这个注解类型名：

```
import  javax.servlet.annotation.WebServlet;
```

(1) 设置 Servlet 实例的资源名称。

使用@WebServlet 注解的 name 参数，可以指定被标注的 Servlet 类的实例资源名称。需要注意，同一个 Web 应用中，在设置 namc 参数值时，要保证不同的 Servlet 类的实例具有不同的资源名称。

(2) 设置 Servlet 实例的初始化参数。

@WebServlet 的 initParams 参数的类型是 WebInitParam 注解类型的数组，对应于部署描述符文件中 servlet 元素的可以出现 0 到多次的子元素 init-param，可用于为 Servlet 实例提供初始化参数。WebInitParam 注解类型位于 javax.servlet.annotation 包，定义如下：

```
@Target(ElementType.TYPE)  @Retention(RetentionPolicy.RUNTIME)  @Documented
public @interface WebInitParam{
  String  value();
  String  name();
  String  description()  default  "";
}
```

由定义可知，使用@WebInitParam 注解必须提供 name 和 value 参数，以支持初始化参数对应的名-值对数据，利用 initParams 参数设置初始化参数的基本语法如下：

```
@WebServlet(initParams={参数注解数组成员})
```

参数注解数组成员为如下带有 name 和 value 参数的@WebInitParam 注解：

```
@WebInitParam(name="参数名", value="参数值")
```

(3) 设置 Servlet 实例的 URL 模式。

@WebServlet 的 value 和 urlPatterns 参数均为字符串数组类型，都可以用于设置 Servlet 实例的一个或者多个 URL 模式。如果需要设置单一 URL 模式，采用可省略名称的 value 参数的语法最为简洁，如下所示：

```
@WebServlet("URL 模式")
```

采用 urlPatterns 参数的语法为

```
@WebServlet( urlPatterns="URL 模式" )
```

如果需要为 Servlet 实例设置多个 URL 模式，使用 value 的语法格式如下：

```
@WebServlet({URL 模式字符串数组成员})
```

使用 urlPatterns 参数的语法为

```
@WebServlet(urlPatterns={URL 模式字符串数组成员})
```

注意，上述 URL 模式设置中仅使用了 value/urlPatterns 参数，这种情况下 Web 容器将自动为 Servlet 实例设置不会产生同名冲突的资源名称。还需注意，如果在注解中使用了其他参数，这时利用 value 参数设置 URL 模式时不能省略参数名 value。

在例 4-5 中，利用@WebServlet 设置了 IndexServlet 的实例资源名和该实例对应的多个 URL 模式；也设置了可供 Servlet 的 init 方法读取的两个初始化参数。

【例 4-5】 将 IndexServlet 的实例通过注解定义其实例名、URL 模式和初始化参数。

```
import javax.servlet.annotation.WebServlet;
import javax.servlet.http.*;
import java.io.*;
@WebServlet(name = "index", value = {"/index.htm", "/default.htm"},
        initParams={@WebInitParam(name="isTest",  value="true"),
                @WebInitParam(name="logutil",  value="log4j")}
        )
public class IndexServlet extends HttpServlet {
    //IndexServlet 中其他代码其他从略
}
```

在例 4-5 中，源代码的第一行通过 import 语句引入了 WebServlet 的全类型名称 javax.servlet.annotation.WebServlet，这样在 IndexServlet 类定义之前就可以直接使用@WebServlet 进行 URL 模式的配置；注意 import 语句不应加入注解的开始符号@。

例 4-5 使用了 value 参数设置 URL 模式，同时还使用 name 参数和 initParams 参数，这种情况下，就不能再使用仅给出 value 参数值的简化形式了。

例 4-5 中还给出了 initParams 参数的具体应用语法，该参数通过两个@WebInitParam 注解构成的数组给出两组初始化参数，其名-值对分别是 isTest/true 和 logutil/log4j。

4.4.3　注解和部署描述符的配置

1. 注解的使用原则

采用注解对 Servlet 进行部署设置虽然在开发时比较简洁明了，但这种方式将 Servlet 的配置信息写进了源代码中，一旦需要修改 Servlet 的配置信息，就必须重新改写和编译 Servlet 的源代码；同时，源文件中加入了配置信息会使得代码功能产生分化，这些都会对 Web 应用程序的后期维护造成不利的影响。在实际开发过程中，比较好的注解使用方式是在开发时的配置使用注解，运行时的配置采用部署描述符。

2. 注解设置功能的打开和关闭

为了能够满足开发时使用注解，运行时使用部署描述符文件，Servlet 3.0 及以上规范为 web.xml 文件中根元素 web-app 提供了一个名为 metadata-complete 的属性，该属性值取 true 时，Web 容器将不对类似于@WebServlet 的 Servlet API 注解进行处理，这就关闭了 Servlet 类文件中元数据的配置作用，从而仅使用 web.xml 文件对 Servlet 进行配置。当 metadata-complete 属性值为 false 或没有给出该属性时，注解和部署描述符将同时被 Web 容器进行处理。以下是在 Servlet 3.1 规范中的 web.xml 文件中使用 metadata-complete 属性关闭注解功能的 web-app 元素开始部分的 XML 标记片段：

```
<web-app  version="3.1"  metadata-complete="true"  xmlns="http://xmlns.jcp.org/xml/ns/javaee"
  xmlns:xsi="http://www.w3.org/2001/XMLSchema-instance"
  xsi:schemaLocation="http://xmlns.jcp.org/xml/ns/javaee
  http://xmlns.jcp.org/xml/ns/javaee/web-app_3_1.xsd">
```

3. @WebServlet 注解的使用注意事项

当 web.xml 中 web-app 根元素不含 metadata-complete 属性或该属性值为 false 时，@WebServlet 注解和 web.xml 文件中对 Servlet 的配置会同时起作用，这种情况下应注意两者对 Servlet 类的设置不能出现以下列出的实例名或 URL 模式的冲突。

（1）注解和部署描述符指定了重复的 Servlet 实例资源名。

通过@WebServlet(name="实例的资源名")指定的 Servlet 实例资源名不能和 web.xml 中 servlet-name 指定实例资源名相同，否则将会导致 Servlet 不能正常地实例化。

（2）注解和部署描述符指定了完全相同的 URL 模式。

如果通过@WebServlet("URL 模式")指定的 Servlet 实例的 URL 模式和 web.xml 文件中的 servlet-mapping 的子元素 url-pattern 指定的 URL 模式完全相同，将会造成该 URL 模式不能正确地被 Web 容器处理而导致错误。

4. Servlet 开发调试中的修改和配置

如果对 Servlet 源代码进行了修改编译，或对 Servlet 的部署运行配置项进行了修改，有些 Web 容器需要重新部署整个 Web 程序才能让修改生效。Apache Tomcat 提供了 Manager 工具，可对 Web 应用进行重新加载，无须重新部署就可以使得 Servlet 修改生效。

4.5 NetBeans 对 Servlet 的开发和运行支持

4.5.1 Servlet 创建向导

NetBeans 为其建立的 Java Web 项目提供了 Servlet 创建向导，该向导可以自动创建包含处理 GET 和 POST 请求的 Servlet 源代码，同时还会根据项目遵循的 JavaEE 规范，在 web.xml 文件中生成对应的 Servlet 实例的 URL 模式相关映射标记或@WebServlet 注解。

1. 进入 Servlet 创建向导

以 3.3.4 节中的 HelloWebApp 项目为例，确保项目窗口中 HelloWebApp 处于选中状态，然后单击 NetBeans 主窗口工具栏中的 New File 按钮，在弹出的 New File 对话框的 Web 分类中选择 Servlet 创建向导，再单击 Next 按钮，即可填写 Servlet 的类名、包名。图 4-9 显示了这个过程，图 4-9(a)是 New File 对话框，图 4-9(b)的 New Servlet 对话框中填写的 Servlet 类名为 IndexServlet，包名为 web。

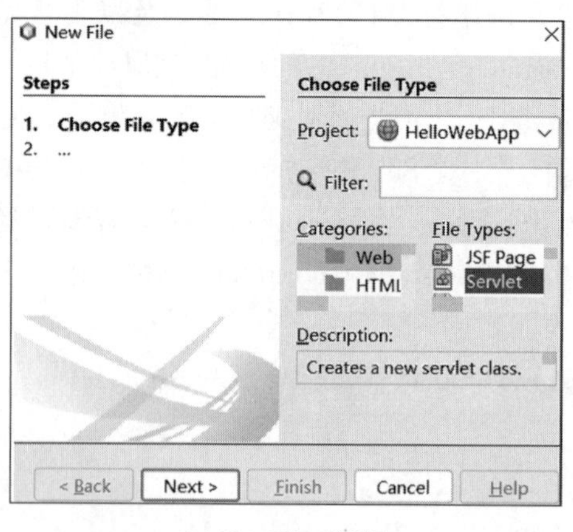

(a) New File对话框

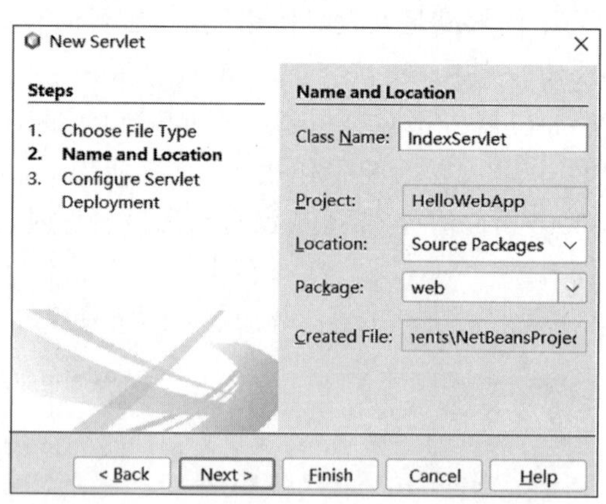

(b) New Servlet对话框

图 4-9 Servlet 创建向导

在使用 New File 对话框的提供向导时，需要注意向导的可用类型和项目类型是相关的。当 NetBeans 的项目窗口中存在多个打开的项目时，要保证 New File 对话框右侧的 Project 下拉列表中选中的项目是 Java Web 项目类型，才能使用 Servlet 创建向导。

2. 通过向导配置 Servlet 实例

在图 4-9 所示的 New Servlet 对话框中填写类名和包名之后，单击 Next 按钮即可进入 Servlet 向导的最后一步，设置 Servlet 实例的资源名称和 URL 模式，以及初始化参数，如图 4-10 所示。

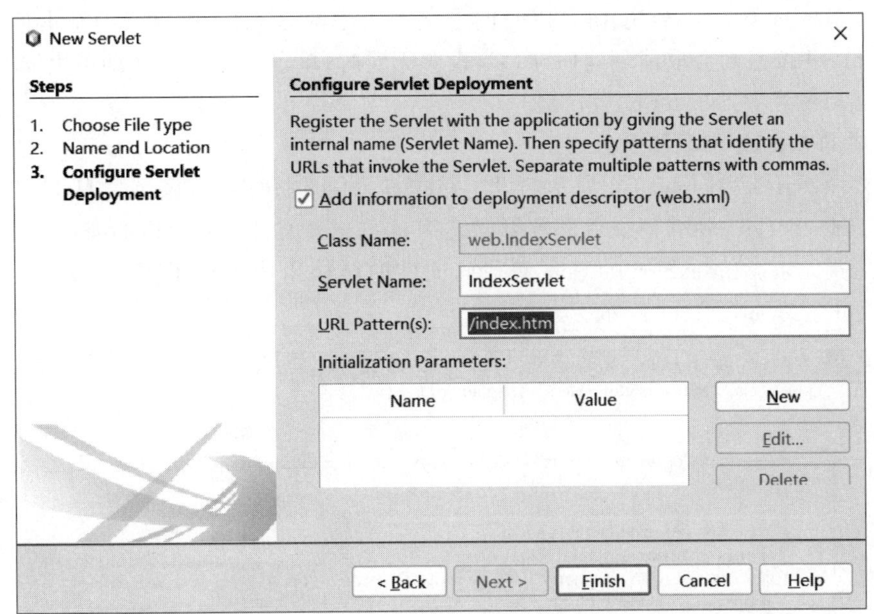

图 4-10 设置 Servlet 实例的资源名称和 URL 模式以及初始化参数

在此对话框中，需要设置和添加的项目包括 Servlet 信息是否要添加到部署描述符文件 web.xml，及 Servlet 名称、URL 模式、初始化参数的设置等。

(1) Servlet 信息是否要加入 web.xml 文件。如果没有选中图 4-10 中的 Add information to deployment descriptor(web.xml)复选框，NetBeans 将使用@WebServlet 注解生成 Servlet 代码；如果选中该复选框，NetBeans 将不会在生成的 Servlet 源代码中添加@WebServlet 注解，此时 IDE 会通过在 web.xml 文件中添加对应的 servlet 和 servlet-mapping 元素进行 Servlet 配置；如果当前项目中尚未存在 web.xml，NetBeans 将自动创建该文件。

需要注意，如果当前项目遵循的是 JavaEE 5.0 规范，由于 JavaEE 5.0 包含的 Servlet 2.5 规范不支持@WebServlet 注解，所以图 4-10 所示的向导界面中将不会显示对应的复选框。

(2) Servlet 名称。在图 4-10 中 Servlet Name 文本框中可以输入 Servlet 实例的资源名称，NetBeans 将依据此项生成@WebServlet 注解的 name 参数值或在 web.xml 文件中生成包含 Servlet 实例资源名的 servlet-name 元素。注意，该 Servlet 名称不能和其他 Servlet 实例的资源名称同名。

(3) URL 模式设置。在图 4-10 中 URL Pattern(s)文本框中可以直接输入 Servlet 实例对应的 URL 模式。由于 Servlet 2.3 以上的规范支持一个 Servlet 实例可以拥有多个 URL 模式，所以可以在该文本框中输入多个 URL 模式，每个 URL 模式之间用逗号(,)进行分隔，NetBeans 将会自动生成@WebServlet 注解的 urlPatterns 参数或 web.xml 中的 url-pattern 元素。

(4) Servlet 实例初始化参数。单击图 4-10 中的 New 按钮，即可在该按钮左侧的 Initialization Parameters 列表框中添加一条对应于初始化参数的 Name-Value(名-值对)。选中列表中的名-值对，然后再单击右侧的 Edit 或 Delete 按钮，还可以对这些初始化参数进行修改和删除。NetBeans 将利用此初始化参数列表中的名-值对数据生成@WebServlet 注解的 initParams 参数所需的 WebInitParam 类型的数组参数值或 web.xml 文件中的 servlet 元素的 init-param 子元素。

在图 4-10 中，单击 Back 按钮可以对向导上一步中的 Servlet 类定义的基本信息进行修改，单击 Cancel 按钮则会取消创建向导。当设置无误时，单击 Finish 按钮即可生成 Servlet 源代码以及必要的相关 Servlet 配置代码。

3. 生成的 Servlet 代码和配置信息

如果按照图 4-9 和图 4-10 中所示的设定完成 Servlet 创建向导，将会在 HelloWebApp 项目中生成 IndexServlet 源代码文件和部署描述符 web.xml 文件及其对应的 servlet 与 servlet-mapping 配置元素。IndexServlet.java 源代码文件的结构组成类似于例 4-1，在 NetBeans 的文档窗口中的显示如图 4-11 所示。

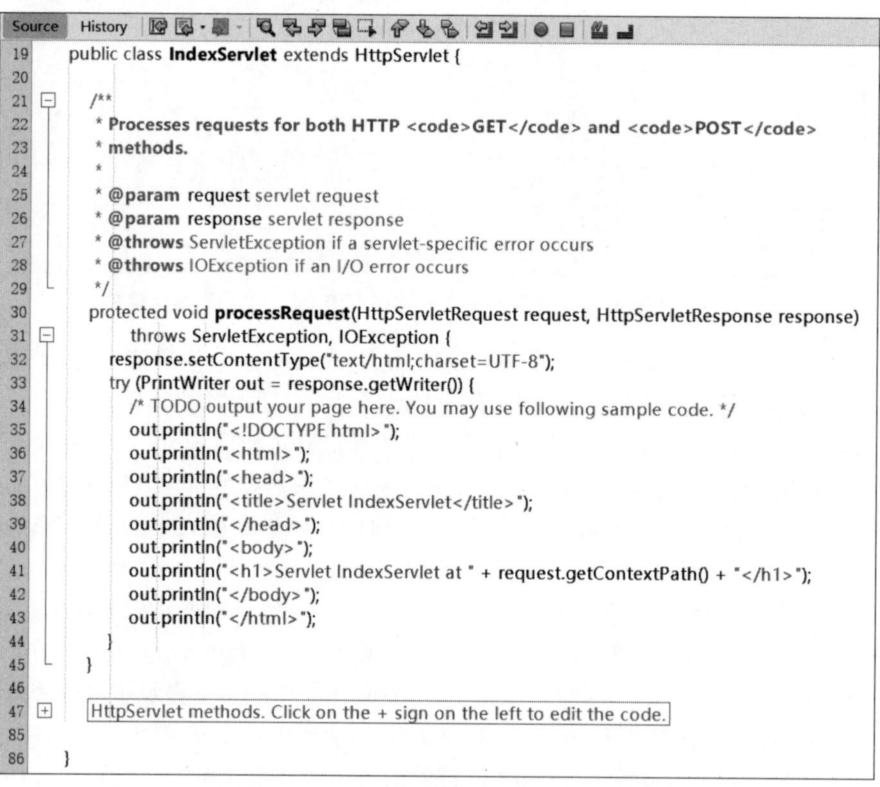

```
Source  History
19  public class IndexServlet extends HttpServlet {
20
21      /**
22       * Processes requests for both HTTP <code>GET</code> and <code>POST</code>
23       * methods.
24       *
25       * @param request servlet request
26       * @param response servlet response
27       * @throws ServletException if a servlet-specific error occurs
28       * @throws IOException if an I/O error occurs
29       */
30      protected void processRequest(HttpServletRequest request, HttpServletResponse response)
31              throws ServletException, IOException {
32          response.setContentType("text/html;charset=UTF-8");
33          try (PrintWriter out = response.getWriter()) {
34              /* TODO output your page here. You may use following sample code. */
35              out.println("<!DOCTYPE html>");
36              out.println("<html>");
37              out.println("<head>");
38              out.println("<title>Servlet IndexServlet</title>");
39              out.println("</head>");
40              out.println("<body>");
41              out.println("<h1>Servlet IndexServlet at " + request.getContextPath() + "</h1>");
42              out.println("</body>");
43              out.println("</html>");
44          }
45      }
46
47      HttpServlet methods. Click on the + sign on the left to edit the code.
85
86  }
```

图 4-11 由 Servlet 创建向导生成的 web.IndexServlet 源代码文件

图 4-11 中最左一列的数字是源代码行的行号，其中行号为 47 处是一行由加号(+)引导被折叠显示的代码。单击此加号即可看到展开后的代码由 doGet、doPost、getServletInfo 这 3 个方法组成，doGet 和 doPost 都调用了上边的 processRequest 方法。这种显示方式隐藏了一般无须修改的 doGet 和 doPost 方法，便于开发者编写实际处理请求的 processRequest 方法的实现。

NetBeans 文档窗口的这种折叠显示功能可以对一些重要的不应轻易修改的代码进行显示保护，有利于源代码的修改和维护。如果开发者也需要利用这种显示方式，只要将需要折叠隐藏的 Java 代码行包括在以下开始和结束行的注释中即可：

```
//<editor-fold defaultstate="collapsed" desc="折叠显示时的提示信息">
//</editor-fold>
```

4.5.2　Servlet 重构和部署描述符文件可视化编辑

1. Servlet 的重构

重构(refactor)是指可以根据需要修改源代码中的语言组成结构,而不会影响代码在编译和执行时的正确性。使用 Java 语言进行开发时,源文件通常会被存储到按照包名建立的文件夹中,公开类的名称也要与文件名相一致,这使得 Java 代码的重构有时需要做出多处的关联修改。Servlet 代码的重构涉及工作更多,不仅需要源代码在语法结构和存储位置上的重构,还可能会由于使用了部署描述符,涉及 web.xml 文件中相关 Servlet 配置信息的修改。NetBeans 为此提供了充分的 Servlet 重构支持。

以 4.5.1 节由 Servlet 创建向导生成的 web.IndexServlet 类为例,如果需要将其重命名为 servlet.IndexServlet,就要涉及包名的重构以及 web.xml 中的 servlet-class 元素中类名的修改。为了方便进行文件的操作,在重构前应将项目窗口中 HelloWebApp 项目的 Web Pages 结点中的 WEB-INF 文件夹和 Source Packages 结点都设置为展开状态,之后可以按照如下两种方式进行重构中的重命名操作。

(1) 通过快捷菜单中的 Refactor 命令重构。

右击 Source Packages 结点中的包名 web,在弹出的快捷菜单中选择 Refactor→Rename 命令,接下来在重构对话框中输入新的包名 servlet,单击 Refactor 按钮即可完成 IndexServlet 的重构工作,如图 4-12 所示。

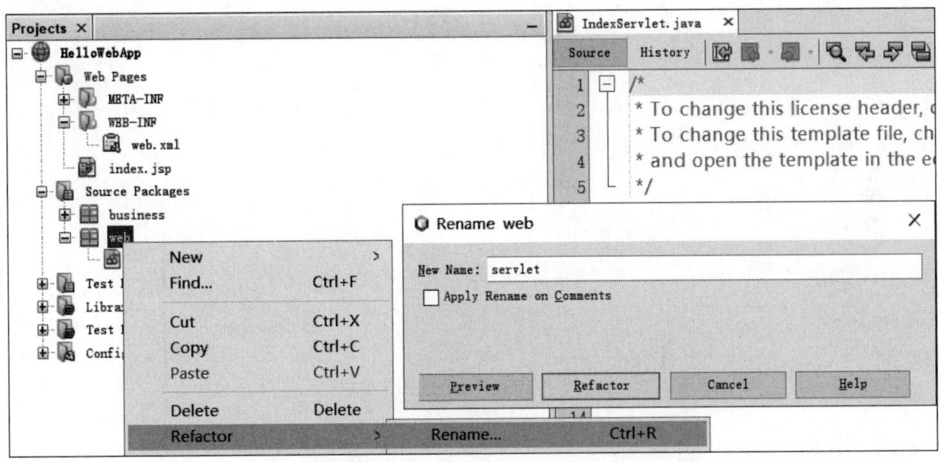

图 4-12　选择 Refactor 菜单和弹出的重构对话框

(2) 通过选中或按下快捷键进行重构。

在需要重构的语言组成上右击,通过快捷菜单中的 Refactor 命令进行重构是一种通用的重构操作。除此之外,NetBeans 的项目窗口中还为重构中的重命名提供了类似于操作系统中文件重命名操作的处理方式。还是以修改包名为例,可以先选中项目窗口中的包名结点,然后再次单击包名,或者按 F2 键,NetBeans 会将包名显示为一个文本编辑框,参看图 4-13 所示的项目窗口中的包名 servlet 的显示,在编辑框中输入新的包名,按 Enter

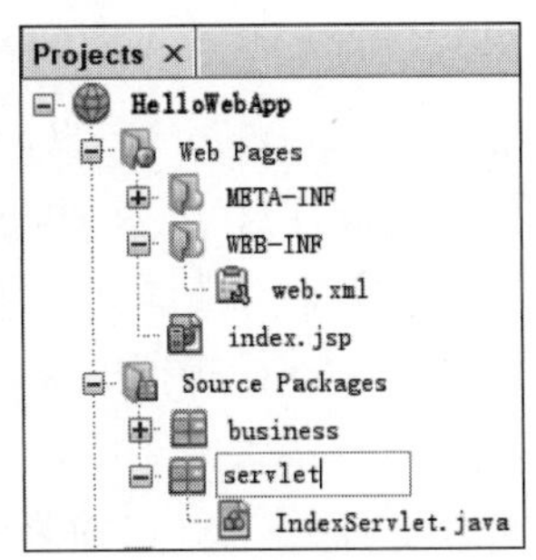

图 4-13　重命名包名

键，同样会弹出重构确认的对话框。在此对话框中继续按 Enter 键，或者单击 Refactor 按钮，即可完成修改包名的重构操作。这种重构中的重命名修改操作同样适用于项目窗口结点中其他的类名和其他的一些文件名。

在重构操作完成后，双击打开项目窗口结点的 web.xml 文件，即可看到 NetBeans 在更改 IndexServlet 所在的包名后，servlet-class 元素中的类名全称会随之修改。

2. Servlet 在部署描述符中的可视化编辑

在 NetBeans 中进行部署描述符文件的编辑时可以借助 IDE 提供的源代码标记提示功能编辑 Servlet 元素，还可以在打开的 web.xml 文档编辑窗口的上方单击 Servlets，进入 Servlet 的可视化配置界面。该界面提供了 Servlet 配置的全部参数的设置，也可以通过右侧的 Add Servlet Element 按钮在对话框中添加新的 Servlet 配置元素，如图 4-14 所示。

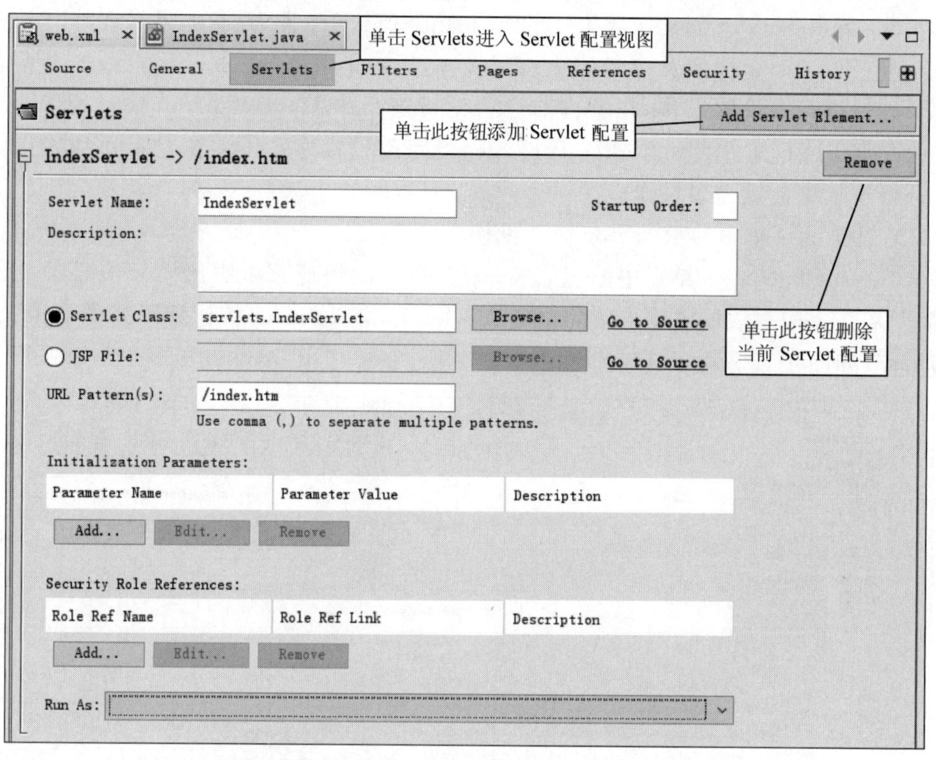

图 4-14 Servlet 在 web.xml 文件中的可视化配置

4.5.3 Servlet 的自动化部署和运行

1. 自动化部署

NetBeans 提供的最为重要的 Java 开发特性就是代码语法错误的实时显示和保存即编译功能，对于 Servlet 的开发，NetBeans 还进一步提供了在项目部署运行后，一旦 Servlet 源代码发生了修改，保存后 NetBeans 将自动更新到已经部署的 Web 应用程序，让修改自动生效，省去了使用部署工具重新加载 Servlet 所在的 Web 程序的问题。

2. Servlet 的运行支持

Servlet 编写完毕后，在 Servlet 源文件所在的文档窗口中右击，或在项目窗口中的 Servlet 源文件上右击，在弹出的菜单中选择 Run File 命令，NetBeans 将自动通过部署描述符或注解识别当前 Servlet 的 URL 模式，之后弹出 URL 模式设置输入对话框，以识别出的 URL 模式为默认输入值,单击 OK 按钮确认就可以生成必要的 Servlet 请求 URL 发送到调出的浏览器,对部署的 Servlet 进行请求,并在浏览器窗口中显示 Servlet 的回应结果页面。图 4-15 显示了在项目窗口中的 IndexServlet.java 文件上右击运行该 Servlet 的过程,以及浏览器显示的执行结果。

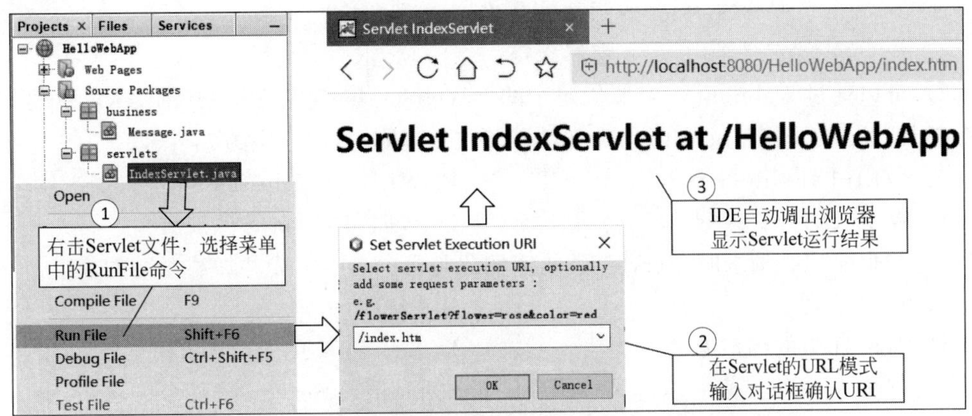

图 4-15　Servlet 运行的快捷菜单和 URL 模式设置对话框及运行结果

从图 4-15 中可以看到,快捷菜单中命令还包括了用于调试程序的 Debug File 命令。当选择该命令时,NetBeans 将以调试模式启动运行 Tomcat,并且会在 Servlet 源代码中设置的断点处暂停运行,以便开发者观察 Servlet 代码的执行情况,找出程序中可能存在的问题。

思考练习题

一、单项选择题

1. Servlet 运行在(　　)。

A. 客户端浏览器中　　B. 服务器端数据库中
C. 客户端数据库中　　D. 服务器端的 Web 容器中

2. 在 Servlet 规范中,Servlet 继承的父类 HttpServlet 所在的包名为(　　)。

A. javax.servlet　　B. javax.servlet.http
C. java.servlet　　D. java.servlet.http

3. 由 Servlet 规范提供的 HttpServlet 类中,用于处理 HTTP 请求,并调用 doGet、doPost 等方法的方法是(　　)。

A. init　　B. destroy
C. service　　D. HttpServlet 的构造方法

4. 在 Servlet 规范提供的 HttpServlet 中,doPOST 方法声明中抛出的异常个数是(　　)。

A. 1　　B. 2　　C. 3　　D. 4

5. 在 Servlet 规范提供的 HttpServlet 类中,用来处理 HTTP 中 GET、POST 请求的方法不包括(　　)。

A. service　　B. doGet　　C. doPost　　D. processRequest

6. Servlet 规范中提供的封装 HTTP 请求的接口 HttpServletRequest 由(　　)来提供其实现类。

A. 容器　　B. HttpServlet

C. 继承 HttpServlet 的子类　　D. ServletRequest

7. 对 Servlet 的 URL 模式(即 url-pattern)论述正确的是(　　)。

A. url 模式就是该 Servlet 的类名

B. url 模式就是该 Servlet 的源文件名称

C. url 模式的定义是由 Web 容器规定的

D. 可以通过 web.xml 或者源代码中的@WebServlet 定义 Servlet 的 URL 模式

8. 按照 Servlet 规范,Servlet 的类文件必须位于 Web 应用程序的(　　)。

A. WEB-INF/lib 目录　　B. WEB-INF/classes 目录

C. WEB-INF/src 目录　　D. WEB-INF/java 目录

9. 在处理 HTTP 请求时,Servlet 类的实例化是由(　　)完成并加载运行的。

A. Web 容器　　B. 浏览器

C. Servlet 类的构造方法　　D. Servlet 类中的 init 方法

10. 在 Servlet 3.0 规范中,当多个 HTTP 请求同时请求 Servlet 的某个方法时,该方法所在的 Servlet 的实例个数是(　　)。

A. 1　　B. 0　　C. 2　　D. 和请求数量相同

二、问答题

1. 在 NetBeans 中分别建立基于 JavaEE 5.0 和 JavaEE 7.0 的 Web 应用程序的 Ant 项目,观察两者的文件组成上的区别,并确定项目支持的 Servlet 规范号。

2. 在 NetBeans 的 Web 项目中通过向导建立 Servlet,并手工尝试修改其 URL 模式配置方式,比较采用@WebServlet 注解和 web.xml 配置文件之间的差异和注意问题。

第5章 Servlet 基础应用

Servlet 实例在处理 HTTP 请求时，Web 容器分别为 HTTP 请求和响应建立类型为 HttpServletRequest 接口及 HttpServletResponse 接口的对象，然后将这两个对象作为参数传递给 Servlet 类中定义的 service、doGet、doPost 等请求处理方法，供开发者在这些方法中处理请求中的数据并向客户端 UA 做出响应。本章首先讨论 HttpServletResponse 接口。

5.1 HttpServletResponse 接口

HttpServletResponse 接口位于 javax.servlet.http 包，它继承了位于 javx.servlet 包中的 ServletResponse 接口，用于封装 HTTP 的响应处理。该接口由 Web 容器负责构造其实现类的实例，作为第二个参数传入给 Servlet 的 doGet/doPost 等请求处理方法，提供了处理 HTTP 响应的相关方法。图 5-1 列出了 HttpServletResponse 接口常用的成员方法以及所属的具体接口。

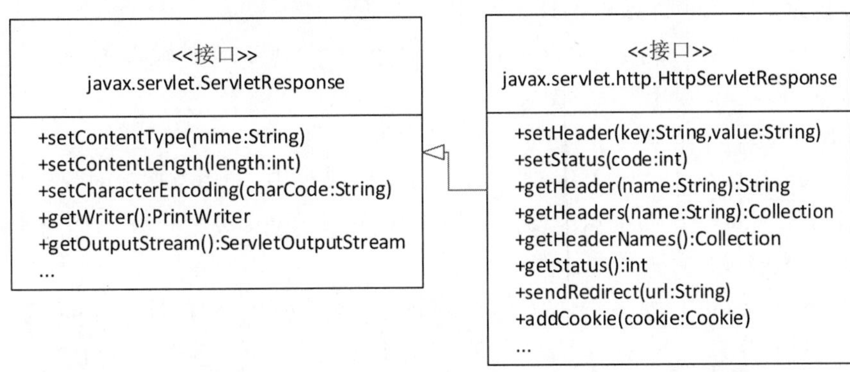

图 5-1 HttpServletResponse 接口常用的成员方法以及所属的具体接口

5.1.1 Web 应用程序的输出

输出是所有程序的基本功能，HTTP 响应相当于 Web 应用程序的输出功能。和 Java 应用程序中的本地输出不同，Web 程序的输出较少使用 System.out 对象，因为该对象的 print/println 方法只能在服务器端的控制台窗口输出文本。Web 应用程序一般要通过网络将服务器端数据向客户端进行输出，Servlet 可以采用响应流进行输出，这种响应流构成了 HTTP 响应中的数据实体。响应流可以是类型为 java.io.PrintWriter 的文本流，其 print/println 方法用于向客户端输出字符；也可以是类型为 javax.servlet.ServletOutputStream 的二进制流，其 write 方法用于向客户端输出字节数据，如图 5-2 所示。

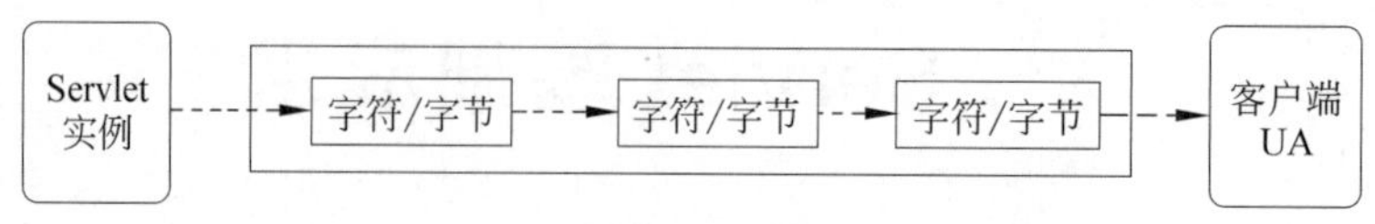

图 5-2 Servlet 向客户端 UA 传送的响应流

Servlet 的响应流具有以下特点。

(1) 响应流的相关特性数据存储在响应头部。

Servlet 在输出响应流之前，需要在响应头部设定数据流传输数据的 MIME 类型、数据编码以及数据长度等特性数据，以便客户端 UA 能够根据这些特性进行数据流的处理。这些特性可以在 Servlet 的 doGet 等请求处理方法中，利用 HttpServletResponse 响应参数中的 setContentType、setContentLength、setCharacterEncoding 等方法进行设置。

(2) 采用文本流传递 HTML 及其相关数据。

在编写 Servlet 的请求方法的代码时，可以通过响应参数对象的 getWriter 方法得到 java.io.PrinterWriter 类型的文本响应流传递 HTML 标记构成的字符数据，以供客户端 UA 进行显示和处理。

(3) 采用二进制流传递基于字节的非文本数据。

在 Servlet 的请求处理方法中，还可以采用响应参数对象的 getOutputStream 方法获取 javax.servlet.ServletOutputStream 类型的二进制响应流对象，以便向客户端 UA 输出非文本的二进制数据，这种输出流多被应用于文件下载功能的实现。

5.1.2 HTTP 响应流的设置

1. 设置响应流中数据的 MIME 类型

setContentType 方法用于设置 content-type 响应头中数据流的 MIME 类型。该方法在 ServletResponse 接口中的定义如下：

```
void  setContentType(String mime);
```

在 Servlet 的 doGet/doPost 请求处理方法的代码中，利用响应流对象输出数据之前应先通过 HttpServletResponse 响应参数调用 setContentType 方法设置响应流中数据的 MIME 类型，该方法的参数常见的取值如下。

(1) text/html[;charset=charEncoding]。"text/html"表示 HTML 文档，后面可选的分号引导的矩阵参数 charset 用于指定文档字符编码，如"text/html;charset=UTF-8"。省略 charset 时将采用 Web 容器中默认的字符编码。

矩阵参数 charset 指定的字符编码在 3.2.3 节中已经有所介绍。Web 容器早期处理的是英文和拉丁文，它们每个字符都由一字节表示，这就是 ISO-8859-1 编码。charset 参数的取值还包括 GB2312、GBK、UTF-8 等编码，将在后面的 setCharacterEncoding 方法中进行详细说明。

(2) image/<img_type>。"image/<img_type>"表示二进制图片数据，其中<img_type>指定图片的类型。例如，"image/jpeg"是不透明的 JPEG 图片格式；"image/gif"是 256 色的透明图片，这种图片除去可以和背景色相融合之外，还可以存储多幅图片构成动画效果；"image/png"则是可以支持真色彩的透明图片。

(3) application/<application_type>。"application/<application_type>"代表程序文档类型,其中<application_type>指定程序文档的类型。例如,"application/msword"为 word 文档类型,"application/vnd.ms-excel"为 excel 文档类型。

2. 设置响应流的数据编码

通过 ServletResponse 接口的 setCharacterEncoding 方法,可以指定响应文本流中的字符编码。该方法在 ServletResponse 接口中的定义如下:

```
void setCharacterEncoding(String charCode);
```

charCode 参数的取值为 setContentType 方法中的 charset 代表的字符编码名称,可以取 ISO-8859-1、UTF-8、GB2312、GBK、BIG5 等字符编码名称。注意,编码名称不区分大小写。接下来,详细说明这些编码名称代表的编码方案及特性。

(1) ISO-8859-1 编码方案。ISO 编码专用于处理西文字符,不支持中文字符。由于该编码算法简单,处理速度快,所以是包括 Tomcat 在内很多 Web 容器默认采用的字符编码方案。

(2) GB2312/GBK/GB18030/BIG5 编码方案。GB 系列是我国中文字符编码的国家标准方案,可以处理包括西文在内的字符。GB2312 包含大约 5000 个常用简体字,GBK 是 GB2312 的扩展,包含了大部分简体、繁体汉字和难检字;GB18030 可以比 GBK 表示的字符集合更多。在中文 Windows 系统中,默认字符编码是 GBK。BIG5 是我国台湾地区采用的繁体汉字的编码方案。

(3) UTF-8 编码方案。UTF-8 使用变长字节存储不同国家的字符集,是 Unicode 编码的一种变体。Linux/macOS 系统中的默认文本编码都是 UTF-8,也是本书推荐使用的字符编码方案。

在 Servlet 的 doGet/doPost 等请求处理方法中进行响应流的设置时,如果响应流中包含中文字符,就应通过调用 HttpServletResponse 响应参数的 setCharacterEncoding 方法设置字符集编码为支持中文的 GB 系列或 UTF-8;也可以调用响应参数中的 setContentType 方法,将其参数设置为"text/html;charset=中文编码"来指定响应文本流的字符编码。如果指定响应流中的字符编码,一旦页面中包含中文时将会出现乱码。

3. 设置响应流的长度

ServletResponse 接口的 setContentLength 方法用于设置响应流的数据长度,定义如下。

```
void  setContentLength(int length);
```

在 doGet 等请求处理方法中,应在响应流写入数据之前通过 HttpServletResponse 响应参数进行调用。当响应流正确关闭时,也可以不调用该方法。

5.1.3　响应数据实体的发送

1. 文本响应流的获取

在 Servlet 的 doGet 等请求处理方法中,可调用响应参数的 getWriter 方法获取文本响应流,以向客户端 UA 输出文本数据。getWriter 方法在 ServletResponse 接口中定义如下:

```
java.io.PrintWriter  getWriter();
```

该方法返回 java.io.PrintWriter 类型的输出流对象,通过此输出流对象的 print 或者 println 方法,就可以向客户端 UA 发送 HTML 标记源代码,用以构造用户端界面。

2. 二进制响应流的获取

如果 Servlet 需要向客户端 UA 传输二进制数据,可以在 doGet 等方法中调用响应参数的 getOutputStream 方法获得二进制响应流,该方法在 ServletResponse 接口中定义如下:

```
javax.servlet.ServletOutputStream  getOutputStream();
```

3. 响应数据实体的发送

在 Servlet 的 doGet/doPost 等请求处理方法中,向客户端 UA 输出数据的一般流程如下。

(1) 调用响应对象的 setContentType 方法,设置 HTTP 响应的数据类型 MIME 值。注意,应在响应流输出前调用该方法,一次响应最终也只能具有一种 MIME 设置。

(2) 调用响应对象的 getWriter/getServletOuputStream 方法,得到 PrintWriter 或 ServletOuputStream 响应流对象。

(3) 利用响应流对象的 print 或者 write 方法将数据输出到客户端 UA。如果客户端 UA 是浏览器,需要将二进制响应流作为文件下载,还要在输出数据前调用响应对象的 setHeader 方法设置 Content-Disposition 响应头的值为"attachment;filename=下载文件名"。

(4) 关闭输出流对象。应采用 try…finally 语句管理输出流对象,以保证其正确关闭。

例 5-1 中 Servlet 的 doGet 采用文本流让浏览器显示一个带有按钮的 HTML 文档,单击该按钮会调用 doPost 方法,该方法使用二进制响应流让浏览器下载生成的 HTML 文档。

【例 5-1】 DemoServlet 的 doGet/doPost 方法分别输出文本和二进制的 HTML 文档。

```
import javax.servlet.http.*;
@javax.servlet.annotation.WebServlet("/demo.html")
public class DemoServlet extends HttpServlet {
  @Override  protected void doGet (HttpServletRequest request, HttpServletResponse
response)
          throws java.io.IOException, javax.servlet.ServletException {
    response.setContentType("text/html;charset=UTF-8");
    try (java.io.PrintWriter out = response.getWriter()) {  //输出结束后将自动关闭
                                                             //out 对象
     out.print("<html><head><title>输出示例</title></head>");
     out.print("<body><form method=post><input type=submit value=下载> </form>
</body></html>");
    }
  }
  @Override  protected void doPost (HttpServletRequest request, HttpServletResponse
response)
          throws java.io.IOException, javax.servlet.ServletException {
    response.setContentType("text/html");
    response.setHeader("Content-Disposition", "attachment; filename=index.
html");
    javax.servlet.ServletOutputStream out = response.getOutputStream();
    try {
        out.write("<html><head><title>输出示例</title></head>".getBytes("UTF-
8"));
        out.write("<body><h3>这是一个标题</h3></body></html>".getBytes("UTF-
8"));
    } finally {  out.close();  /*输出结束后关闭 PrintWriter 对象*/  }
  }
}
```

5.1.4 重定向输出

在 Servlet 请求处理方法中使用文本响应流输出 HTML 文档标记的代码相对比较烦琐。Servlet 可以通过在响应中指示客户端 UA 自动请求已经存在的指定页面简化输出代码;也可以在显示一些相对简单的信息后,让客户端 UA 自动请求指定页面所在的 URL,以显示详细的页面内容，这就是重定向输出。重定向输出需要客户端 UA 的支持，大部分浏览器都支持这种重定向功能。

1. 利用 HTTP 重定向响应代码进行重定向

HTTP 定义了数值在 300～308 的重定向响应码，当服务器发送给客户端重定向响应码时，客户端 UA 在接到响应后，需要自动重新请求 location 响应头中指定的 URL。这些响应码常用的取值及含义如表 5-1 所示。

表 5-1 常用 HTTP 重定向响应码及含义

响应码	含 义	响应码	含 义
301	永久性地重定向到指定的 URL	302	暂时性重定向到指定的 URL
303	重定向的 URL 是前一个 URL 的参考	304	重定向的 URL 和前一 URL 在响应组成上除去响应码和 location 头没有不同
307	暂时性重定向到指定的 URL，此 URL 响应的数据实体内容没有变化	308	永久性重定向到指定的 URL，同时保持请求方法不变

设置响应码和 location 响应头可以使用请求处理方法的响应参数的 setStatus 和 setHeader 方法，这两个方法在 HttpServletResponse 接口中的声明如下：

```
setStatus(int code);
setHeader(String key,String value);
```

例 5-2 是在 Servlet 的 doGet 方法中重定向到 Web 程序根目录中的 index.html 代码，其中 setStatus 方法实参取值为 302，setHeader 的实参取值分别为"location"和"index.html"。

【例 5-2】 doGet 请求处理方法中通过响应参数进行重定向输出。

```
@Override  protected void doGet (HttpServletRequest  request, HttpServletResponse
response)
        throws java.io.Exception,javax.servlet.ServletException{
    response.setStatus(302);
    response.setHeader("location","index.html");
}
```

由于该例采用了相对当前页面的重定向 URI，所以一定要保证此 Servlet 实例的 URL 模式应为“/URI 标识”，否则可能引起重定向页面 index.html 的相对 URI 失效。如果重定向 URI 以/开头，则此 URI 开始部分应为当前 Web 程序部署的上下文路径。假设本例中 Web 程序的上下文路径是/HelloWebApp，则示例最后 setHeader 的调用应改为

```
response.sendHeader("location","/HelloWebApp/index.html");
```

使用重定向时不必再设置响应的 MIME 类型；同时也要注意在重定向之前和之后，无须也不能通过输出流向客户端进行输出，否则可能造成重定向失败。另外，由于重定向代表请求已经处理完毕，所以重定向代码应是请求处理方法执行逻辑中的最后部分。

2. 利用 sendRedirect 方法重定向

HttpServletResponse 接口中还提供了 sendRedirect 方法用以简化重定向代码，该方法在执行时会设置响应码 302，并将 location 响应头设置为其参数传入的重定向 URL。sendRedirect 方法在 HttpServletResponse 接口中的定义如下：

```
void  sendRedirect(String url)
```

使用 sendRedirect 方法的参数取值和调用规则和前述的重定向代码类似，在该方法调用之前以及调用之后，不要向客户端进行其他输出，sendRedirect 方法的调用应被放置于处理请

求方法执行的业务逻辑的最后。

3. 通过设置响应头或 HTML 标记实现信息输出后的重定向

sendRedirect 实现重定向时，无法在重定向之前向客户端 UA 进行输出。如果需要客户端 UA 先加载一个供使用者阅读的提示页面，再自动转入指定的 URL，可以通过在响应页面的 head 元素中添加一个 meta 子元素，指定其 http-equiv 和 content 属性值分别为 refresh 及"秒数;url=重定向 url"进行实现。标准浏览器均支持这种技术。该功能可以通过设置 refresh 响应头进行实现。接下来介绍具体的实现代码。

(1) 通过生成 HTML 标记在浏览器中进行重定向之前的页面显示。

这种 HTML 页面的核心功能标记组成如下：

```
<head><meta  http-equiv="refresh"  content="停留秒数;url=重定向 url"/></head>
```

meta 元素的 content 属性值中的矩阵参数 url 可以省略，此时当停留秒数后到达时，浏览器将自动加载该页面自身。例 5-3 显示了在 Servlet 中 doGet 方法的实现代码，此代码实现在显示 5 秒当前的页面后重定向到位于 Web 程序根目录下的 index.html。代码中还生成了可供用户单击的超链接标记，这是一种常用的预防重定向失败的补救方式。

【例 5-3】 利用 meta 元素设置重定向之前的页面显示。

```
@Override   protected void doGet (HttpServletRequest  request, HttpServletResponse
response)
            throws java.io.Exception,javax.servlet.ServletException{
  response.setContentType("text/html;charset=UTF-8");
  try(java.io.PrintWriter out=response.getWriter()){
    out.print("<html><head><meta  http-equiv=\"refresh\"  content=\"5;url=
index.html\"></head>");
    out.print("<body>5 秒后将跳转<a href=\"index.html\">index.html </a></body>
</html>");
  }
}
```

(2) 设置 refresh 响应头进行重定向前的页面显示。

通过 meta 标记设置重定向时，用户可以在浏览器中通过查看 HTML 页面源代码发现重定向的实现机制，这为 Web 程序带来了一定的安全风险。如需隐藏重定向部分的 HTML 源代码，可以将 refresh 响应头设置为停留秒数和重定向 URL，见例 5-4 给出的 doGet 请求处理方法的代码。

【例 5-4】 doGet 请求处理方法中通过设置 refresh 响应头进行重定向之前的页面输出。

```
@Override   protected void doGet (HttpServletRequest  request, HttpServletResponse
response)
            throws java.io.Exception,javax.servlet.ServletException{
  response.setHeader("refresh","5;url=index.html");     //通过 setHeader 设置 refresh
                                                        //响应头的重定向 URI
  response.setContentType("text/html;charset=UTF-8");
  try(java.io.PrintWriter out=response.getWriter()){   //将不再包含设置重定向的
                                                        //meta 元素的标记
    out.print("<html><body>5 秒后将跳转<a href=\"index.html\">index.html </a>
</body></html>");
  }
}
```

5.2　HttpServletRequest 接口

HttpServletRequest 接口继承了 ServletRequest 接口，用于封装 HTTP 的客户端请求相关的内容，该接口的继承关系及部分成员方法如图 5-3 所示。

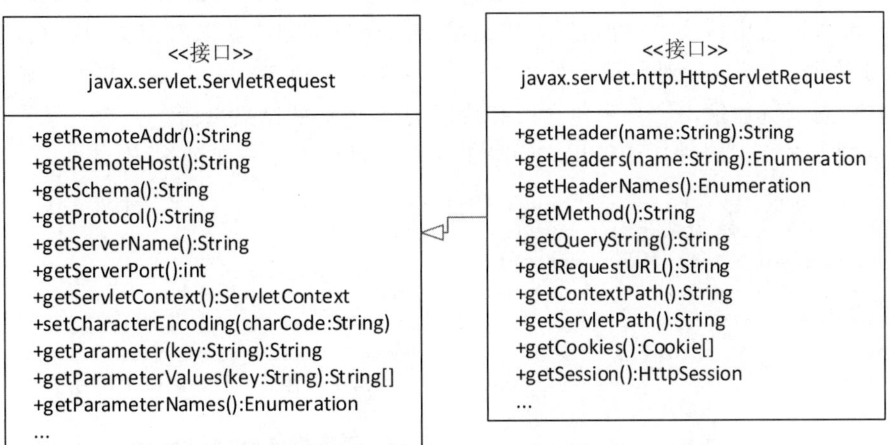

图 5-3　HttpServletRequest 接口的继承关系及部分成员方法

HttpServletRequest 接口包含 HTTP 请求的方法声明，父接口 ServletRequest 包含通用的请求方法声明，这些方法均由 Web 容器实现。当请求到达时，Web 容器会将其封装为 HttpServletRequest 类型的实例，作为第一个参数传递给 Servlet 的 doGet/doPost 等请求处理方法，用来获取 HTTP 请求行、请求头和数据实体中的相关信息。

5.2.1　客户端数据获取

1. 客户机 IP 地址和设备标识的获取

与服务器计算机相连接的每一台客户机的 IP 地址或设备标识都可以用来作为识别它们的标识，Web 程序可以利用它们对客户端请求的操作做出相应的控制。例如，利用识别客户机的 IP 或设备标识在网络投票中可以有效防止单台客户机反复刷票的行为。在 Servlet 的请求处理方法中，获取客户机 IP 地址和设备标识可以调用请求参数的 getRemoteAddr 和 getRemoteHost 方法，这两个方法在 ServletRequest 接口中的声明如下：

```
String getRemoteAddr();                    //该方法返回客户端计算机的 IP 地址
String getRemoteHost();                    //该方法返回客户端计算机的设备名称
```

需要注意的是，通过 getRemoteAddr 和 getRemoteHost 方法得到的客户机的 IP 地址和名称有可能是相同的，取决于客户端是否对主机信息进行了特定的配置。

2. 获取客户端 UA 的特征数据

Web 程序在处理请求时，经常需要按照客户端 UA 的种类、可处理的资源 MIME、语言、操作系统信息等特征数据，做出针对性的处理和响应。按照 HTTP 的约定，客户端 UA 会将这些信息放入请求头中传递给 Web 程序，开发者可以在请求处理方法中通过请求参数的 getHeader/getHeaders/getHeaderNames 系列方法进行对这些特征数据进行获取。这些方法在 HttpServletRequest 接口中的声明如下：

```
String  getHeader(String  name);           //获取 name 请求头值
```

```
java.util.Enumeration<String>  getHeaders(String  name);
                                          //获取同名请求头 name 值的集合
java.util.Enumeration<String>  getHeaderNames();  //获取所有的请求头名的集合
```

getHeader 方法的 name 参数代表请求头名称，该名称由英文字母组成，字母间可以有连接符(—，减号)，一般不使用下画线，不区分大小写。如果 name 参数指定的名称在请求中不存在，方法将返回 null。开发者可以使用 getHeaderNames 方法得到所有请求头名称构成的枚举集合，再通过遍历该集合取出名称，传递给 getHeader 方法获取对应值，从而检查客户端 UA 的特征数据，为编写针对性请求处理代码做好准备。例 5-5 的 doGet 方法中显示了具体代码，该方法向浏览器输出了一个包含所有请求头名-值对的结果页面。

【例 5-5】 在 doGet 方法中输出客户端 UA 传入的所有请求头的名-值对。

```
@Override  public void doGet(HttpServletRequest request, HttpServletResponse response)
           throws IOException, ServletException {
  response.setContentType("text/html");
  try(PrintWriter out = response.getWriter()){
    out.println("<html><body><h3>All  request  headers</h3>");
    java.util.Enumeration<String> e = request.getHeaderNames();
                                                   //e 是存储字符串的枚举集合
    while (e.hasMoreElements()) {
      String name = e.nextElement();        //强类型集合 Enumeration 中取出的均为字符串
      String value = request.getHeader(name);
                                                   //通过 name 参数指定请求头名称
      out.println(name + " = " + value+"<hr/>");
    }
    out.println("</body></html>");
  }
}
```

图 5-4 显示了通过某品牌手机浏览器进行请求时得到的回应页面。

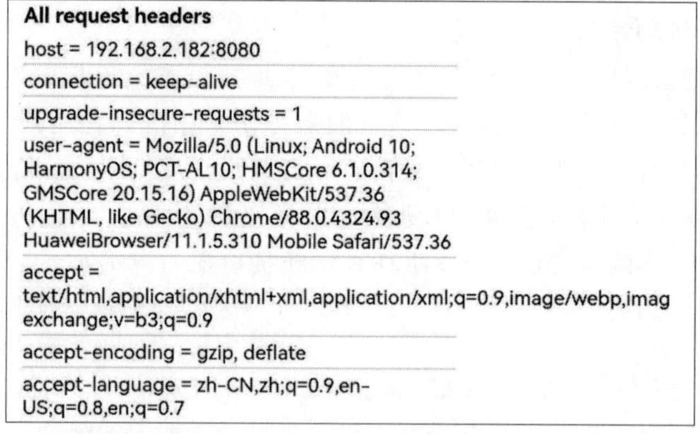

All request headers
host = 192.168.2.182:8080
connection = keep-alive
upgrade-insecure-requests = 1
user-agent = Mozilla/5.0 (Linux; Android 10; HarmonyOS; PCT-AL10; HMSCore 6.1.0.314; GMSCore 20.15.16) AppleWebKit/537.36 (KHTML, like Gecko) Chrome/88.0.4324.93 HuaweiBrowser/11.1.5.310 Mobile Safari/537.36
accept = text/html,application/xhtml+xml,application/xml;q=0.9,image/webp,imag exchange;v=b3;q=0.9
accept-encoding = gzip, deflate
accept-language = zh-CN,zh;q=0.9,en-US;q=0.8,en;q=0.7

图 5-4 手机浏览器对 Servlet 进行请求后显示的请求头中的名-值对

HTTP 要求客户端 UA 在提交的请求头中要包含一些具有规定名称的标准请求头，这些标准请求头数据均可以通过调用 getHeader 或 getHeaders 方法时传入请求头名称进行获取。注意，getHeaders 可以返回同名的多个请求头中的数据。

(1) 通过 user-agent 标准请求头获取客户机中的客户端 UA 标识。

按照 HTTP，客户端 UA 通过 user-agent 传递的 UA 标识客户端 UA 标识应包括客户端代理自身的程序标识、版本号、所处操作系统等信息。例如，图 5-4 中显示的 user-agent 请求头的信息如下：

```
Mozilla/5.0(Linux; Android 10; HarmonyOS; PCT-AL10; HMSCore6.1.0.314; GMSCore20.
15.16) AppleWebKit/537.36(KHTML, like Gecko) Chrome/88.0.4324.93 HuaweiBrowser/11.
1.5.310 Mobile Safari/537.36
```

在这个 UA 标识中,位于开始位置的 Mozilla 是客户端 UA 传递给服务器的一个关键字,代表它是一个采用了标准浏览器技术的客户端程序;后面第一对小括号中的内容则是客户端 UA 所在的操作系统的系统信息,此处括号中的 Android 和 HarmonyOS 分别代表安卓和华为公司的鸿蒙移动操作系统;在这个括号之后的 AppleWebKit 是进行 HTML 解析的核心组件的代号,其中的 WebKit 是目前大部分浏览器采用的 HTML 解析核心组件,AppleWebKit 则是经过美国苹果公司优化的 WebKit 核心组件;之后的 Chrome 和 Mobile Safari 分别代表浏览器具有谷歌和美国苹果公司移动浏览器的特性;标识中的数字都代表对应技术标准或组件的版本号。

浏览器是 Web 程序最为主要的客户端用户代理程序,即便是由于移动互联网的发展,很多移动端应用已经代替了浏览器作为 Web 程序的用户代理,它们实际上在直接使用内嵌的浏览器或模拟浏览器的 UA 标识向 Web 程序发出请求。浏览器虽然都能解析并显示 HTML 文档,但是由于历史原因,不同的软件开发商/组织提供的浏览器在处理 HTML 的样式单、执行其中的 JavaScript 代码时还是会存在着一定的差异。另外,随着移动互联网的普及和应用,Web 程序还需要识别手机和平板电脑中的移动版本的浏览器。

① Internet Explorer/Edge 浏览器的识别。

在 2010 年之前,微软的 Internet Explorer 是使用最为广泛的浏览器,一般将其简称为 IE。IE 的 8.0 及之前版本在处理 HTML 文档时和其他浏览器有着非常显著的差异,所以经常需要对其进行识别。IE 的 UA 标识中包含 MSIE 关键字,可以通过该关键字对其进行识别。例如,Windows Vista 操作系统中的 IE 8.0 浏览器的 UA 标识如下:

```
Mozilla/4.0 (compatible; MSIE 8.0; Windows NT 6.0; Trident/4.0)
```

IE 从 9.0 版本开始采用新的 HTML 解析核心组件 Trident,而且 10.0 版本之后的 UA 标识已经不再有 MSIE 关键字。例如,Windows 7 中 IE11 的 UA 标识如下:

```
Mozilla/5.0 (Windows NT 6.1; WOW64; Trident/7.0; rv:11.0) like Gecko
```

对于 10.0 以及之后的 IE 可以采用 Trident 作为关键字对其进行识别。在 2015 年,微软宣布将逐步停止对 IE 的支持,替代以 Edge 浏览器。Edge 采用 WebKit 替代了 Tridient 作为 HTML 解析的核心组件,一个典型的 Windows 10 中 Edge 浏览器的 UA 标识如下:

```
Mozilla/5.0 (Windows NT 10.0; Win64; x64) AppleWebKit/537.36 (KHTML, like Gecko)
Chrome/94.0.4606.71 Safari/537.36 Edg/94.0.992.38
```

Edge 浏览器可以通过其 UA 标识中是否含有 Edg 关键字来识别。

② Chrome/Safari/Opera 浏览器的识别。

Chrome 浏览器是美国谷歌公司推出的被广泛应用的浏览器,Safari 则是美国苹果公司在其 macOS 系统和苹果手机/平板 iOS 移动操作系统中提供的默认浏览器。这两种浏览器都采用了以 WebKit 为基础的 HTML 解析技术,因而具有类似的 HTML 解析特性。WebKit 源自 Linux 开源桌面环境 KDE 中的 HTML 处理技术,谷歌和苹果公司都对其进行了代码贡献和性能上的调优和提升,这使得 WebKit 不仅是桌面操作系统的浏览器的 HTML 解析技术,也成为安卓、苹果手机等移动操作系统中的 HTML 解析核心组件。

Windows 10 中一个典型的 Chrome 浏览器的 UA 标识如下:

```
Mozilla/5.0 (Windows NT 10.0; Win64; x64) AppleWebKit/537.36 (KHTML, like Gecko)
```

```
Chrome/95.0.4638.54 Safari/537.36
```

Chrome 和 Safari 浏览器可以通过判定在浏览器的 UA 标识中是否含有 Chrome 和 Safari 关键字来识别。另外，Windows 系统中还存在着使用类似于谷歌 Chrome 技术的第三方浏览器，如 360 安全浏览器、傲游浏览器、猎豹浏览器等。这些浏览器一般都是双核浏览器，即它们可以判别服务器端的 HTML 页面特性，自动采用 IE 浏览器的 Trident 或者 WebKit 技术进行页面的解析和处理。这些浏览器会提供类似于 Chrome/Safari 的 UA 标识或 IE 相关的 UA 标识，Web 程序一般不用刻意对其进行识别。

Opera 浏览器是早期就拥有代号为 Presto 的 HTML 解析核心组件的浏览器，该浏览器是很多非智能手机系统中的默认浏览器。但随着 WebKit 性能的提升和广泛应用，Opera 也转向了 WebKit 技术。Windows 10 中一个典型的 Opera 的 UA 标识如下：

```
Mozilla/5.0 (Windows NT 10.0; WOW64) AppleWebKit/537.36 (KHTML, like Gecko) Chrome /
94.0.4606.81 Safari/537.36 OPR/80.0.4170.72
```

可以看到，Opera 浏览器由于采用了和 Chrome/Safari 类似的 HTML 处理技术，所以它的 UA 标识也和 Chrome/Safari 非常相似，Opera 浏览器可以通过其 UA 标识中是否包含 OPR 来识别。

③ 火狐浏览器(Mozilla Firefox)的识别。

火狐浏览器是 Mozilla 开源组织开发的浏览器，Mozilla 组织由美国网景(即 NetScape)公司在 1998 年建立，主要致力于浏览器技术的研究和发展。火狐可以认为是在网景的 NetScape 浏览器基础上的延续和改进版本。网景公司的 NetScape 浏览器曾经是使用最为广泛的商业化浏览器软件，其中所采用的技术对互联网领域有着深刻的影响力。但在 1998 年，因为受到微软公司免费的 IE 浏览器的竞争影响，网景公司利润下滑，被美国在线收购。为了能够让浏览器技术能够得到延续和进一步发展，网景公司把 NetScape 浏览器的源代码捐赠给了 Mozilla 组织，Mozilla 组织在此基础上于 2002 年开发出了火狐浏览器。火狐浏览器采用了名为 Gecko 的 HTML 解析处理技术，具有良好的网络性能和高度的可定制性，一经发布便得到众多用户的好评，并由此获得了谷歌公司的巨额资助，市场占有率一度仅次于 IE 浏览器。不过随着谷歌浏览器 Chrome 的出现，火狐的市场占有率开始下降，但依然有着庞大的用户基数，同时火狐浏览器还是大部分 Linux 操作系统中自带的浏览器。Windows 10 中典型的火狐浏览器的 UA 标识如下：

```
Mozilla/5.0 (Windows NT 10.0; Win64; x64; rv:93.0) Gecko/20100101 Firefox/93.0
```

火狐浏览器可以通过浏览器的 UA 标识中是否包含 Firefox 关键字来识别。

④ 移动端浏览器的识别。

移动端主要包括手机、平板等设备，其中一般会内置基于 Chrome 的 WebKit 技术的浏览器或者 Opera 浏览器。智能手机和平板电脑中的操作系统允许用户通过应用市场安装自己喜好的移动端浏览器软件。图 5-4 中显示的就是鸿蒙操作系统中内置浏览器的 UA 标识，这些 UA 标识一般都含有 Mobi 关键字，可以用来对其进行识别。

综合上述 UA 标识论述，利用 getHeader 方法可以在请求处理方法中编写代码识别不同的浏览器，如例 5-6 所示，该例可以输出除移动端之外的浏览器名称和对应的下载链接。

【例 5-6】 在 Servlet 的 doGet 方法中通过 user-agent 请求头识别并输出浏览器信息。

```
@Override  public void doGet(HttpServletRequest request, HttpServletResponse response)
        throws IOException, ServletException {
    response.setContentType("text/html;charset=UTF-8");
```

```
        String ua = request.getHeader("user-agent").toUpperCase();
                                                    //使用大写字母的浏览器判定标识
        String browser = "未知浏览器";
        if (ua.contains("MOBI")) {
            browser = "移动端浏览器";
        } else if (ua.contains("MSIE")) {
            browser = "<a href=http://www.microsoft.com/ie>微软 IE9 或更早</a>";
        } else if (ua.contains("TRIDENT")) {
            browser = "<a href=http://www.microsoft.com/ie>微软 IE10 或更高</a>";
        } else if (ua.contains("EDG")) {
            browser = "<a href=http://www.microsoft.com/edge>微软 Edge 浏览器</a>";
        } else if (ua.contains("FIREFOX")) {
            browser = "<a href=http://www.firefox.com>火狐浏览器</a>";
        } else if (ua.contains("OPR")) {
            browser = "<a href=http://www.opera.com>Opera 浏览器</a>";
        } else if (ua.contains("CHROME")) {
            browser = "<a href=http://www.google.cn/chrome>谷歌或 Apple 浏览器</a>";
        }
        try (PrintWriter out = response.getWriter()) {
            out.println("<html><body><h3>你的浏览器类型是:</h3>");
            out.println("<p>" + browser + "<p>");
            out.println("</body></html>");
        }
    }
```

(2) 利用 accept 标准请求头获取客户端 UA 可处理的资源 MIME 类型。

accept 请求头的值用于向服务器表明可发送给该客户端 UA 处理的资源的 MIME 类型。例如，图 5-4 中显示的 accept 请求头的值如下：

```
text/html,application/xhtml+xml,application/xml;q=0.9,image/webp,image/apng,*/
*;q=0.8,application/signed-exchange;v=b3;q=0.9
```

上面的 accept 请求头对应值的组成中包括了 HTML 文档类型(text/html)、XML 应用文档类型(application/xhtml+xml 和 application/xml)、webp 格式的图片等多种 MIME 类型，这些 MIME 类型之间采用逗号进行分隔，代表该客户端 UA 能够处理多种 MIME 的资源文档。

这些 MIME 类型中，可以看到其中 XML 资源的组成是“application/xml;q=0.9”，其中分号后的矩阵参数 q 表示该客户端 UA 对 application/xml 资源处理的优先程度，它的取值介于 0 到 1 之间，缺省时其值为 1，值越大表示优先级别越高。这里的 q=0.9 表示该客户端 UA 可以接受 application/xml 资源，但不是最优先的级别。

(3) 通过 accept-language 标准请求头获取客户端 UA 支持的用户界面语言。

accept-language 请求头的值表示发出请求的客户端 UA 能够支持的用户界面语言。例如，图 5-4 中的 accept-language 请求头值的组成为

```
zh-CN,zh;q=0.9,en-US;q=0.8,en;q=0.7
```

可以看到，accept-language 请求头的值组成结构类似于 accept 请求头的值的结构，也是由逗号分隔的多个语言标识组成。图 5-4 中显示的这些语言包括简体中文(zh-CN)、中文(zh)、美国英文(en-US)、英文(en)等。这些语言标识还可以在其后通过添加分号引入矩阵参数 q，它是一个权重值，代表客户端 UA 的用户界面中采用该语言的优先级。

3. 获取客户端向 Web 程序发送请求的特征数据

客户端向 Web 程序发送请求的特征数据是指客户端 UA 的数据发送协议和传输方式、请

求 URL 中的服务器主机位置、端口、资源路径等信息。这些数据均可以在 Servlet 的请求处理方法中通过调用请求参数的相关方法进行获取。

(1) 获取客户端发送数据发送协议。

获取客户端发送数据采用的协议可以使用请求参数中的 getSchema 或 getProtocol 方法，这两个方法在 ServletRequest 接口中的声明如下：

```
String  getSchema();
String  getProtocol();
```

一般来说，客户端访问 Web 程序时都使用 HTTP 或 HTTPS 协议，通过请求参数调用 getSchema 方法返回值一般为"http"或"https"。随着安全性要求的提升，很多 Web 服务器程序开始被要求在 HTTPS 协议中运行，这种情况下该方法可以用于协议测试，如果 getSchema 方法返回"http"，则通过重定向将客户端发起的 HTTP 访问转换为 HTTPS 访问。

getProtocol 方法返回值为"协议名/版本号"的格式，比 getSchema 多了协议版本信息。例如，当客户机采用的 HTTP 为 1.1 版本时，该方法对应的返回值为"HTTP/1.1"。

(2) 获取客户端 UA 发送 HTTP 请求的 URL 及其组成部分。

客户端向服务器发送数据采用的 URL 是 Web 程序中的核心信息，Web 程序向客户端提供的所有资源均有对应的 URL，Web 程序的设计核心可以归结到 URL 的设计和处理。3.4.1 节已论述一个完整的 URL，即绝对 URL 包括协议、服务器位置信息、端口号、Web 程序部署的上下文路径和 Web 程序中资源的所在路径，具体组成格式如下：

```
协议://服务器位置信息:端口号/Web 程序部署上下文路径标识/资源路径
```

getRequestURL 方法返回当前 Servlet 资源 URL，在 HttpServletRequest 中的声明如下：

```
String  getRequestURL();
```

在 Web 程序中还经常需要使用资源 URL 中的一部分，以便客户端 UA 能够以灵活、方便的方式访问该资源。例如，Servlet 在向浏览器发送重定向 URL 时，一般仅需构造 URL 最后部分的资源路径部分；向浏览器输出的 HTML 文档时，如果包含 BASE 元素，其 href 属性值则一般应设置为当前 Servlet 的资源 URL 去掉最后的 Servlet 所在资源路径，以便该文档的表单和超链能够正确使用相对于页面的 URI。

① 获取 URL 中的 Servlet 所在的资源路径。调用请求参数的 getServletPath 方法即可获取当前 Servlet 实例所处的资源路径，该方法在 HttpServletRequest 接口中的声明如下：

```
String  getServletPath();
```

此方法返回的资源路径以正斜线开头，如果 Servlet 的 URL 模式被设置为“/路径标识符”的格式，则返回值就是 Servlet 的 URL 模式；如果 Servlet 的 URL 模式被设置为通配符模式，例如" * .do"，此时 getServletPath 方法返回其实际请求 URL 中位于 Web 程序上下文路径之后的部分。

② 获取 URL 中 Web 程序的上下文路径。调用请求参数的 getContextPath 方法可以获取 Web 程序的上下文路径，该方法在 HttpServletRequest 接口的声明如下：

```
String getContextPath();
```

对于部署为根应用的 Web 程序，该方法的返回值为空字符串(即"")，其他 Web 程序则返回由正斜线开头的 Web 程序部署标识的格式，即"/Web 程序部署标识"。由于 getContextPath 方法返回值的这种组成特点，Web 程序中的资源路径就可以使用正斜线表示程序的根目录，前面添加上 getContextPath 方法调用表达式构成的上下文路径，形成如下格式的相对于主机位置的 URI：

上下文路径/资源路径

这种 URI 既可以保证资源位置的正确性，又可以避免 Web 程序部署时上下文路径变化带来的问题，所以广泛被应用于重定向 URL、超链接 href 和表单 action 属性的设置。请求参数的 getRequestURI 方法可以直接获取这种 URI，该方法在 HttpServletRequest 中声明如下：

```
String getRequestURI();
```

③ 获取 URL 中的主机位置和端口号。请求参数的 getServerName 和 getServerPort 方法可分别用于获取 URL 中的服务器位置信息以及端口号，这两个方法在 ServletRequest 接口中的声明如下：

```
String  getServerName();  //返回 URL 中的服务器域名或者 IP 地址
int  getServerPort();     //返回 URL 中服务器处理程序监听的协议端口号
```

(3) 获取客户端 UA 发送的 HTTP 请求中的数据和数据传输方式。

请求中的数据相当于 Web 程序的输入，这些数据的传输方式由位于请求行中的 GET/POST/PUT 等标识指定，不同传输方式下数据可能位于请求中的不同位置。调用请求参数的 getMethod 方法可以获取传输方式，调用 getQueryString 方法则可以获取 GET 请求中的数据，这两个方法在 HttpServletRequest 接口中声明如下：

```
String  getMethod();       //返回值为"GET"、"POST"等
String  getQueryString()   //返回请求 URL 后面以问号(?)开头的查询字符串，不包括问号
```

HTTP 规定 GET 请求仅在 URL 后面以查询字符串的方式传输数据，当请求 URL 后面不含查询字符串时，getQueryString 方法将返回 null 值；如果请求 URL 后面仅含问号，getQuery 方法将返回一个空字符串("")。POST 请求必须利用请求的数据实体发送，调用请求参数中的 getParameter/getParameterValues/getParameterNames 等方法可以获取这些数据，这些方法可以用于获取 GET 请求通过查询字符串发送的数据，它们具体的使用方式将在 5.2.2 节中详细说明。

例 5-7 是在一个 URL 模式被设置为" *.m"的 UAServlet 的代码，该示例演示了在 service 请求处理方法中如何调用请求参数中的相关方法，并在页面中输出这些方法的返回值。

【例 5-7】 在 UAServlet 中获取客户端 UA 发送相关特征数据。

```
import javax.servlet.*;
import javax.servlet.http.*;
@javax.servlet.annotation.WebServlet(urlPatterns = "*.m")
public class NewServlet extends HttpServlet {
    @ Override  protected  void  service  ( HttpServletRequest  request,
HttpServletResponse response) throws ServletException, java.io.IOException {
    response.setContentType("text/html;charset=UTF-8");
    String schema = request.getScheme();
    String method = request.getMethod();
    if (!schema.equals("https") && method.equals("POST")) {
                                                    //非 HTTPS 且为 POST 请求
      response.sendRedirect("http://www.ccb.com");  //使用重定向到建设银行
      return; //为了保证重定向后不执行后续的输出，此处应使用 return 结束逻辑执行流程
    }
    try (java.io.PrintWriter out = response.getWriter()) {
      out.println("<html><head><title></title></head><body>");
```

```
        out.println("<h3>访问 URL:" + request.getRequestURL() +"</h3>");
        out.println("<p>访问协议:" + request.getProtocol() +  method + "</p>");
        out.println("<p>服务器:" + request.getServerName() );
        out.println("端口:" + request.getServerPort() + "</p>");
        out.println("<p>上下文路径:" + request.getContextPath() + "</p>");
        out.println("<p>Servlet 路径:" + request.getServletPath() + "</p>");
        out.println("<p>查询字符串:" + request.getQueryString() + "</p>");
        //构造一个包含提交按钮的表单,单击提交按钮,将进入中国建设银行首页
        out.println("<form method=post><input type=submit value=进入建行></form></
body></html>");
      }
    }
}
```

将此 Servlet 部署到运行在 8080 端口的 Tomcat 中的一个 Web 程序中,该 Web 程序的部署上下文路径为 t,之后在 Tomcat 本机的浏览器地址栏中输入如下 URL 对其进行请求:

```
http://localhost:8080/t/n.m? action=show
```

此时浏览器中将显示如图 5-5 所示的请求特征数据。从示例代码和结果图可以看到浏览器发出的 HTTP 请求具有以下几个重要特点。

图 5-5 本机浏览器发送的请求特征数据

① 虽然在地址栏中输入的 URL 后面附带有查询字符串,但通过请求参数调用 getRequestURL 方法返回的 URL 中并不会包含查询字符串。

② 在浏览器地址栏中通过输入 URL 发出的是 GET 请求。

③ 大部分浏览器在处理 HTTP 请求时均采用 HTTP 1.1 版本。

④ Servlet 路径位于请求 URL 上下文路径之后,以正斜线开头。

⑤ 当 HTML 表单元素没有给出 action 属性时,表单数据将提交给当前表单所在页面的 URL。由于这个原因,当用户单击页面"进入建行"按钮后,就会再次以 HTTP 的 POST 方式请求当前的 Servlet 实例,于是实例中 Servlet 的 service 方法代码中的 if 条件得以满足,使得浏览器转入"中国建设银行"的首页中。

5.2.2 表单/超链接中的数据处理

HTML 表单中的文本框、单选/多选按钮等控件和超链接是 Web 程序的用户界面中人机互动的重要界面组件,都可用于将客户端浏览器数据传输给 Servlet。

1. 表单数据传输

表单传输的是其中控件存储的数据,表单 form 元素的 action 属性用于指定接收数据的 Servlet 实例的资源 URL,method 和 enctype 属性用于指定传输的数据格式。

(1) action 属性。为了方便 Web 程序部署和运行,action 取值一般采用 Servlet 实例的相对 URI 形式,这种取值应该按照 Servlet 实例的 URL 模式设置具体的格式。

① 当 Servlet 的 URL 模式为"/资源标识"时,如果 action 取相同值,会造成 Web 程序被部署为根应用才能使得数据被目标 Servlet 获取。这种情况下,action 取值应按照相对于主机位置的 URI 进行设置,即采用"/Web 程序部署标识/资源标识"的格式。如果表单所在页面的资源路径和 Servlet 的 URL 模式中的资源路径一致,可以去掉/直接将 action 值设为"资源

标识"，这样还可以避免上下文路径变化带来的问题。

② 当 Servlet 的 URL 模式为"*.后缀名"时，表单 action 属性取值只要不以正斜线开头，结尾部分包含".后缀名"即可保证数据的正确提交。

③ 当 Servlet 的 URL 模式为"/path/*"时，表单 action 取值最好以 Web 程序上下文路径开头，后跟特定 path 路径的格式，即"/Web 程序部署标识/path/任意合法路径字符组合"。若 action 取值不以正斜线开头，必须保证提交 URL 中上下文路径后应为指定的 path 路径。

④ 当 Servlet 的 URL 模式为"/"或"/*"时，表单 action 取值只要是不以正斜线开头的任何合法路径字符组成，都能保证表单数据的正确提交。不过这两种 URL 模式较少被使用。

（2）method 属性。method 属性用于指定表单中数据的提交方式，HTML 表单元素的 method 属性取值只能是 GET 或 POST；提交时，需要传输数据的控件元素必须都要指定其 name 属性值，否则控件中存储的数据就不会传递给 Servlet。例 5-8 显示了一个位于 Web 程序根目录的 HTML 文档中的表单标记，表单数据将提交给该程序中 URL 模式为/login 的 Servlet。

【例 5-8】 提交给 URL 模式为/login 的 Servlet 的 Web 程序根目录网页中的表单标记。

```
<form action="login" method="GET">
  <input type="text" name="uid"><br>
  <input type="password" name="pwd"><br>
  <input type="submit" value="确定"><!--提交按钮没有 name 属性，其值"确定"不会被提交
-->
</form>
```

此示例表单标记中包含了 3 个 input 元素，通过指定不同的 type 属性值，定义了 3 个控件。第一个 input 元素的 type 属性值为 text，是用于用户输入账号的文本框；第二个 type 属性值为 password，是用于用户输入口令的文本框；第三个 type 的属性值为 submit，是用于提交表单数据的按钮。账号和口令的 input 元素都包含 name 属性，而"提交"按钮没有定义其 input 元素的 name 属性。当表单数据被提交到 URL 模式为/login 的 Servlet 时，按照有 name 属性的控件才被提交的规则，只有账号和口令文本框的 name 的属性值和其中存储的输入文本才能被 Servlet 获取。

示例表单的 form 元素的 method 属性值设置为 GET，实际上这是省略 method 属性值时表单默认的数据提交方式。GET 方式下表单控件中的数据将形成以问号(?)开头的查询字符串，控件的 name 属性值和其中存储的数据将构成查询字符串中参数名和参数值。例如，如果用户在示例表单中的账号口令文本框中输入的数据如下。

```
账号文本框中输入的内容:=admin;
口令文本框中输入的内容:123&456。
```

则提交的 URL 最后部分的 Servlet 资源路径和查询字符串的组成如下所示：

```
login? uid=%3Dadmin&pwd=123%26456
```

可以看到，GET 方式提交的表单控件数据构成的查询字符串中，账号文本框的输入内容中的等号(=)被编码为%3D，这实际上是在等号的十六进制的 ASCII 码前加入百分号(%)对其进行表示；口令文本框的输入内容中的连接符(&)也按照同样的方式被编码为%26。这种编码避免了查询字符串的参数名和参数值中的=、& 等特殊字符被当成数据分隔符号处理，可以防止出现错误的参数解析，这和前面讨论的 HTTP 的 GET 方式请求中查询字符串中的参数的名-值对组成和编码机制是一致的。这种数据的编码方式就是 W3C 组织制定的用于表单数据提交的 x-www-form-urlencoded 编码。

当表单的 method 属性值被设置为 POST 时，浏览器也会按照 x-www-form-urlencoded 编码对表单控件中的 name 属性值和数据进行处理，形成查询字符串之后放入请求的数据实体中传递给 Servlet。注意，POST 传输方式下存入数据实体中的查询字符串并不包括开始的问号(?)。以例 5-8 中的表单标记为例，如果将 form 元素的 method 属性值修改为 POST，用户在账号和口令文本框中输入的还是=admin 和 123&456，表单提交时，请求数据实体中的数据就是 uid=%3Dadmin&pwd=123%26456。

(3) enctype 属性。enctype 属性用于指定表单提交数据的 MIME 名称。当表单中不含有文件上传控件时，form 元素的 enctype 属性值将被浏览器默认设置为"application/x-www-form-urlencoded"，这是前述 x-www-form-urlencoded 编码数据的完整 MIME 名称。

如果表单中包含文件上传控件，即表单中包含如下标记定义：

```
<input type="file"  name="文件上传组件名">
```

这种情况下 form 元素的 enctype 属性值必须设置为"multipart/form-data"，同时也要保证 form 元素的 action 属性值设置为 POST，此时浏览器提交的请求数据实体中的表单数据和默认的" application/x-www-form-urlencoded"有着很大的不同，将在 5.3 节中讨论如何处理带有文件上传控件中的表单数据。

2. 超链接的数据传输

通过超链接元素只能采用 GET 方式传输数据，超链接元素的 href 属性用于设置接收数据的 Servlet 实例的 URL 和查询字符串数据，如下所示：

```
<a href="Servlet 资源 URL? 参数 1=值 1& 参数 2=值 2& 参数 n=值 n">超链接的显示文本</a>
```

类似于表单在 GET 方式下的数据传输，超链接查询字符串中的参数应该按照 W3C 组织规定的 x-www-form-urlencoded 编码进行处理。若采用 Servlet 的响应流生成 HTML 页面，可以调用 java.net.URLEncoder 类中的静态方法 encode 对查询字符串中的参数名和值进行 x-www-form-urlencoded 编码，该方法在 URLEncoder 类中的声明如下：

```
public static String encode(String s,  String enc)  throws  java.
io.UnsupportedEncodingException
```

参数 s 代表需编码的字串，参数 enc 是字串中非 ASCII 码字符的编码方案，推荐取"UTF-8"。方法声明抛出的 UnsupportedEncodingException 检查异常是 IOException 的子类，在 Servlet 的 doGet/doPost 等方法中调用 encode 时，由于这些请求处理方法已经声明抛出了 IOException，所以并不需要使用 try…catch 语句块对 encode 方法的调用进行处理。例 5-9 是某个 Servlet 的 doGet 方法中调用 encode 方法生成包含超链接查询字符串的页面代码。

【例 5-9】 利用 java.net.URLEncoder 中的 encode 方法编码超链接中的查询字符串。

```
@Override   protected void doGet (HttpServletRequest request, HttpServletResponse
response) throws java.io.IOException, javax.servlet.ServletException {
  String  uid=java.net.URLEncoder.encode("=admin", "UTF-8");
                                            //无须显示的 try 语句处理异常
  String  pwd=java.net.URLEncoder.encode("123&456", "UTF-8");
  response.setContentType("text/html;charset=UTF-8");
  try (java.io.PrintWriter out = response.getWriter()) {
   out.print("<html><head><title>输出示例</title></head><body>");
   String  href= "<a href=login? uid=%s&pwd=%s>登录</a>";
                                            //使用格式化字符串
   out.print(String.format(href, uid,pwd));
                                            //采用 String.format 简化字符串的拼接处理
```

```
        out.print("</body></html>");
    }
}
```

3. 在 Servlet 请求处理方法中获取表单/超链接中的传输数据

采用 GET 方式传输的查询字符串可以由 Servlet 的 doGet 方法进行处理。在 doGet 方法中，调用请求参数的 getQueryString 方法即可获取被提交的查询字符串。由于取出查询字符串中的参数需分解出字符串并使用 java.net.URLDecoder 中的静态方法 decode 对解析出的参数数据进行 x-www-form-urlencoded 编码的解码处理，所以处理查询字符串的步骤相对比较烦琐，本书对此不展开进一步的讨论。

对于表单采用 POST 方式提交的控件数据，可以在 Servlet 的 doPost 方法中调用请求参数的 getParameter/getParameterValues/getParameterNames 方法进行获取，它们可以获取 GET 请求中查询字符串的参数数据，还对参数进行了 x-www-form-urlencoded 编码的解码处理，使得开发者可以直接得到参数数据。在 javax.servlet.ServletRequest 接口中，这 3 个方法的声明形式如下：

```
String   getParameter(String  key); //返回查询字符串/数据实体中参数名 key 的参数值
String[]  getParameterValues(String key);
                                        //返回同名参数 key 对应的参数值形成字符串数组
java.util.Enumeration<String>  getParameterNames()
                                        //返回查询字符串/数据实体中的参数名集合
```

(1) 通过表单中的控件名称/超链接查询字符串中的参数名称，获取控件数据/参数值。

表单数据在提交时，表单中的控件名称往往是固定的，而其中存储的用户输入或选择的值则是变化的，这种情况通过调用请求参数的 getParameter 或 getParameterValues 方法，传入表单控件的名称，即可获取用户输入的具体数据。对于超链接查询字符串中的参数，同样可调用这两个方法由参数名获取对应的参数值。这两个方法中的 getParameterValues 可以取出所有同名参数对应的值数组，在功能上比 getParameter 更具有通用性；但 getParameter 返回单一字符串，在处理不含同名的表单控件/查询字符串参数时更方便。例 5-10 显示了 URL 模式为/login 的 LoginServlet 代码，其中 doGet 方法分别采用了 getParameter 和 getParameterValues 方法获取例 5-8 中的表单或例 5-9 中超链接传输的数据。

【例 5-10】 在 LoginServlet 中通过 doGet 方法获取表单/超链接中的传输数据。

```
import javax.servlet.http.*;
@javax.servlet.annotation.WebServlet(urlPatterns = "/login")
public class LoginServlet extends HttpServlet {
    @Override  public void doGet (HttpServletRequest request, HttpServletResponse
response) throws java.io.IOException, javax.servlet.ServletException {
      response.setContentType("text/plain;charset=UTF-8");
                                        //注意设置响应为普通的文本
      try (java.io.PrintWriter out = response.getWriter()) {
        String[] uids = request.getParameterValues("uid");
                                        //获取参数 uid 对应数组,uids[0]为账号
        String pwd = request.getParameter("pwd");      //获取输入的口令
        if (uids == null || pwd == null)
                          //uids 或 pwd 为 null 说明没有通过表单/超链接直接请求了 Servlet
          response.sendRedirect(request.getContextPath());
                                        //重定向到程序欢迎页面
        else  out.print("账号为" + uids[0]);
                                        //uids 的第一个元素为实际提交的输入账号
```

```
        }
    }/* doGet 方法结束 */
}
```

通过此示例，在调用 getParameter/getParameterValues 方法时需注意以下几点。

① getParameterValues 用于不重名的参数值获取时返回只包含一个元素字符串数组。

② 获取不存在于请求数据实体或查询字符串的参数名对应的参数值时，getParameter 和 getParameterValues 都将返回 null 值。如果用户删空了表单文本框中的内容，或查询字符串中仅给出了参数名，提交时这两个方法将返回一个空字符串数据。注意，空字符串由于不含字符，其长度为零，但它并不是 null 值。使用 if 语句同时判定 null 和空字符串时要注意避免空指针异常，如以下两个 if 条件：

a. if(pwd == null || pwd.length()==0)

b. if(pwd.length()==0 || pwd==null)

a 的 if 条件先进行 null 判定，可以避免空指针异常；b 的就不能避免空指针异常。

③ getParameter/getParameterValues 获取到的都是字符串类型的数据，在需要整型、浮点型、日期型等其他类型数据时，需要调用对应的类型转换方法。常用的有 Integer.parseInt("待转换字符串")、Double.parseDouble("待转换字符串")等封装类型提供的静态方法。由于表单数据由用户输入，所以在做类型转换时，要注意处理由输入数据格式带来的转换异常。

(2) 在未知表单控件名/查询字符串参数名的情况下获取传输的参数数据。

如果需要编写通用的表单数据/查询字符串中的参数处理代码，或者需要处理动态产生的表单控件中的数据，可以先通过 doGet/doPost 请求参数的 getParameterNames 方法取出提交数据中的参数名集合，再通过 getParameterValues 等方法获取对应的数据值。

例 5-11 显示了一个 Web 程序中的 index.html 和 SurveyServlet 类的源文件代码组成。index.html 位于 Web 程序的根目录，SurveyServlet 使用了 getParameterNames 方法处理表单数据，它的 URL 模式通过@WebServlet 注解设置为/survey。

【例 5-11】 HTML 表单及 Servlet 采用请求参数的 getParameterNames 处理数据示例。

index.html 文件的源代码如下：

```
<html><head><meta http-equiv="Content-Type" content="text/html; charset=UTF-8">
<title>00 后运动情况调查</title></head><body>
  <form action="survey" method="post">
    <fieldset style="width:60%"><legend>00 后锻炼情况调查</legend>
    姓名:<input type="text" name="name"><br>出生年月:<select name="birth">
      <option value="1999">1999 年</option><option value="2000">2000 年</option>
      <option value="2001">2001 年</option></select><br>
          性别:<input type="radio" value="female" name="gendar">女
          <input type="radio" value="male"  name="gendar">男<br>
          爱好:<input type="checkbox" value="swim"  name="hobby">游泳
          <input type="checkbox" value="bike"  name="hobby">骑行
          <input type="checkbox" value="run"  name="hobby">跑步<br>
          其他说明:<br><textarea rows="10" cols="40"  name="other"></textarea>
          </fieldset>
          <input type="submit" value="Ok" name="cmd">
          <input type="submit" value="Cancel" name="cmd">
  </form>
</body></html>
```

处理 index.html 文件中提交表单数据的 SurveyServlet.java 源文件中的代码：

```
import javax.servlet.http.*;
@javax.servlet.annotation.WebServlet("/survey")
public class SurveyServlet extends HttpServlet {
  @Override  public void doPost(HttpServletRequest request, HttpServletResponse
response)  throws javax.servlet.ServletException, java.io.IOException {
    request.setCharacterEncoding("UTF-8");
                                        //此语句可以防止取表单中输入中文时的乱码
    java.util.Enumeration  result=request.getParameterNames();
                                        //result 是表单所有控件名字的集合
    response.setContentType("text/html;charset=UTF-8");
    try (PrintWriter out = response.getWriter()) {
      out.println("<html><head><title>调查结果</title></head><body>");
      while(result.hasMoreElements()){  //遍历 result,以取出每一个控件的名称
        String name=(String) result.nextElement();
        String[] values=request.getParameterValues(name);
                                        //采用 getParameterValues 取数据
        out.println("调查项:"+name+"<br>调查结果:");
        for(String val:values)  out.println(val);
        out.println("<br>");
      }
      out.println("</body></html>");
    }                                   //try 语句结束
  }                                     //doPost 方法结束
}
```

此示例的 index.html 文件的表单标记中，所有控件元素都有 name 属性设置，有些还具有相同的 name 属性值。该页面在浏览器中显示的表单输入页面如图 5-6(a)所示。

完成输入设置后单击 OK 按钮，SurveyServlet 的响应输出内容如图 5-6(b)所示。

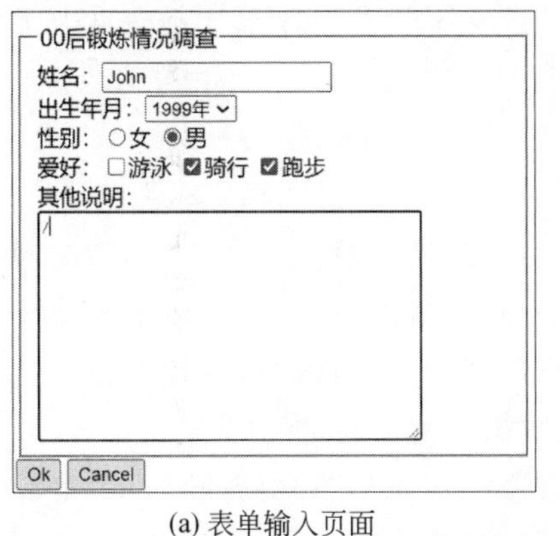

(a) 表单输入页面

调查项: name
调查结果: John
调查项: birth
调查结果: 1999
调查项: gendar
调查结果: male
调查项: hobby
调查结果: bike run
调查项: other
调查结果: /
调查项: cmd
调查结果: OK

(b) SurveyServlet的响应输出

图 5-6 index.html 页面中的表单输入页面和 SurveyServlet 的响应输出

SurveyServlet 中只包含 doPost 方法的定义，意味着该 Servlet 只能处理 POST 方式提交的 HTTP 请求，所以，该 Servlet 就不能直接在浏览器的地址栏中通过输入其 URL 进行访问，必须通过 index.html 的表单访问。在 doPost 方法中，采用了请求参数的 getParameterNames 方法获取了表单中提交的控件名称形成的 java.util.Enumeration 类型的集合。通过对该集合的 while 循环遍历，分别取出每一个控件的名称，再用请求参数的 getParameterValues 方法取出对应控件中输入或者选择的数据。

通过 Servlet 输出可以看出，表单中并不是所有设置了 name 属性值的控件数据都会被提交。对于单选按钮和多选按钮，只有被选中的按钮的名-值对数据才会被提交。另外，调查表

单中包含两个 name 属性值均设置为 cmd 的提交按钮，在提交时，只有被单击的提交按钮的名-值对才会被提交。示例页面中，单击的是 OK 按钮，所以 Servlet 的输出页面包含了该按钮的名 cmd 和值 OK。

在 SurveyServlet 的源代码中，取出表单中控件中存储或选择的值使用了请求参数的 getParameterValues 方法，可以看到使用该方法确实可以防止数据获取不完全。例如，本示例中的表单中，代表爱好的多选按钮控件有 3 个，每个控件的 name 属性值都是 hobby；示例中用户在表单中选择了两个爱好，骑行和跑步，如果采用 getParameter 方法就只能得到一个选择，而 getParameterValues 不会存在这个问题。

（3）表单/超链接数据传输获取规则小结。

① 当表单中具有相同的 name 属性控件，或具有多选性质的下拉列表控件时，或超链接的查询字符串中具有同名的参数时，可以使用 getParameterValues 方法获取这些提交的同名控件中存储的数据值或下拉列表的选择值以及查询字符串中的同名参数值。

② 当表单中包含多个具有 name 属性设置的提交按钮时，只有被单击的提交按钮的名-值对才会被提交。

③ 表单中类型为多选或者单选的控件，只有被选中且具有 name 属性设定的多选/单选按钮的 value 才会被提交。

④ 如果不能预先确定表单中控件名称或者超链接查询字符串中的参数名称，可以使用请求参数的 getParameterNames 方法获取总的提交后控件的名称集合，再遍历集合取出对应的控件值。

⑤ 一旦表单中包含文件上传组件时，如果没有对 Servlet 进行专门的设置，就不能再在 doGet/doPost 中使用请求参数的 getParameter/getParameterValues/getParameterNames 等方法获取表单中提交的数据。

5.2.3 请求数据的中文乱码处理

1. 请求数据的中文乱码产生原因

通过 Servlet 的 doGet/doPost 等方法在处理请求数据时，经常遇到的问题就是中文乱码问题。例如，在例 5-11 中，如果 SurveyServlet 的 doPost 方法去掉了第一行中设置请求参数编码的 request.setCharacterEncoding("UTF-8")的调用语句，在姓名和其他说明的文本框中输入了中文，对应的 SurveyServlet 输出的数据项就可能是乱码。

乱码这个问题是由 Web 容器采用了二进制字节流的方式处理 HTTP 请求中的数据引起的。例如表单提交的名-值对是由字符(char)组成的数据。Web 容器在处理时，默认按照 ISO-8859-1 的编码方式，将其转变成字节(byte)流中的字节数据，封装在 HttpServletRequest 请求参数中传递给 doGet/doPost 等方法。当通过请求参数的 getParameter/getParameterValues 等方法得到表单中的字符构成的字符串数据时，会执行一个反向的编码操作，将字节流中的字节重新编码，生成字符，组成方法返回的字符串。在这个过程中，如果没有指定字符编码，也是按照默认的 ISO-8859-1 的编码方式由字节数据生成字符数据。由于 ISO-8859-1 这种编码不支持中文字符，所以就会出现乱码。

由以上说明可见，中文乱码总的方案就是让请求中的名-值对数据在字节流/字符流的转换中，采用支持多字节的编码，包括 GBK/GB18030/UTF-8 等编码。由于 UTF-8 具有支持多国的文字编码、占用存储空间小等特点，所以建议采用 UTF-8 作为 HTML 文档编码。

2. POST 请求方式下数据的中文乱码处理方案

Web 容器可能会采用不同的方式处理 GET 请求和 POST 请求，所以在具体解决请求数据的中文乱码问题时，一般需要根据请求方式采用不同的解决方案。

客户端 UA 采用 POST 方法提交文本数据请求时，都应按照 HTTP 的要求，将请求数据进行以下处理。

(1) 用支持中文的编码对提交的文本数据进行处理，这样可以保证数据中的中文等非 ASCII 字符按照 UTF-8、GBK 等字符编码得到正确的处理。

(2) 以 x-www-form-urlencoded 的格式将正确编码的数据存放在请求的数据实体。

当客户端 UA 是浏览器时，请求数据实体中的中文字符编码取决于提交表单所在的 HTML 文档的字符编码。按照这个规则，在 HTML 表单页面采用了支持中文的字符编码的前提下，只要 Servlet 的 doPOST 方法的请求参数中的数据编码和提交页面的编码一致，就可以正确得到提交的表单数据中的中文字符，从而避免乱码问题。为了达到这一目标，可以调用请求参数的 setCharacterEncoding 方法设置 Servlet 得到的请求数据实体中的字符编码，该方法在 javax.servlet.ServletRequest 接口中的声明如下：

```
void setCharacterEncoding(String enc)  throws java.io.UnsupportedEncodingException
```

例 5-11 中 SurveyServlet 的 doPost 包含该方法的调用，调用时还要注意以下几点。

① 调用该方法一定要早于所有的 getParameter/getParameterValues/getParameterNames 等获取请求数据的方法调用，否则依旧可能得到不正确的中文字符。另外，在请求处理方法的代码中，只需调用一次该方法即可。

② 调用该方法时的 enc 参数应按照提交数据页面的字符编码进行指定。如果页面统一采用了本书推荐的 UTF-8 编码，enc 实参取值应是"UTF-8"。注意，编码名称并不区分大小写。

③ 该方法和 java.net.URLEncoder.encode 方法抛出同样类型的检查异常，在 doPost 这种具有抛出其父类型异常 java.io.IOException 声明的方法中调用时，并不需要处理这个异常。但如果在 doPost 产生的调用链中的其他方法中需要对其进行调用，还需要注意对于这个 java.io. UnsupportedEncodingException 检查异常的处理。

由于这种 POST 解决方案可以应用于不同的 Web 容器，所以推荐在 HTML 表单中，最好采用 POST 方法提交数据。

3. GET 请求方式下数据的中文乱码处理方案

GET 请求中的数据来源于附加在 URL 后面的查询字符串，当使用浏览器作为客户端 UA 时，网页超链接查询字符串中的参数数据和采用 GET 方法提交的表单数据都是首先采用页面的字符编码进行处理后，再按照 x-www-form-urlencoded 的编码格式提交给服务器端资源，所以由浏览器发出的 GET 请求数据和 POST 请求数据在内容格式上是一致的，区别只是 GET 请求数据采用问号为前缀直接附加在 URL 后提交给 Web 容器。

不同的 Web 容器在处理 GET 请求数据时，采用的方式也不尽相同；很多 Web 容器还可以允许使用者修改服务器对于 GET 请求的处理方式。因此，解决 GET 中的中文乱码问题需要考虑具体的 Web 容器的特点，也可以对 Web 容器进行修改定制。为了能够尽量采用统一的解决方案，本书按照 Web 容器在处理请求时的特性，讨论 GET 请求中数据的中文乱码解决方案。

(1) Web 容器采用相同的方式处理 GET 和 POST 请求。

有些 Web 容器会采用相同的方式处理 GET 和 POST 请求中的数据，例如 Apache

Tomcat 4.x 及以前的版本，以及 GlassFish Server 全系列版本。如果 Web 程序被部署到具有这种处理方式的 Web 容器，就可以直接采用和前述的 POST 请求数据相同的解决方案。通过在 doGet 或关联调用链的请求处理方法中，调用请求参数的 setCharacterEncoding 方法，传入当前数据提交页面的字符编码名称，即可避免中文乱码问题。

(2) Web 容器允许定制 GET 请求的处理特性。

目前最为常用的 Apache Tomcat 的版本号均高于 4.x，从 5.0 版本开始，Tomcat 服务器会采用不同的方式处理 POST 和 GET 请求中的数据；用户可以修改位于 conf 安装目录中的 server.xml 文件设置 GET 请求处理中的 URL 编码。对于部署在这些 Tomcat 服务器中的 Web 程序，可以按照 3.4.3 节中例 3-53 的说明，修改 server.xml 中的 Connector 元素，为其加入 URIEncoding 属性，并且将该属性值设置为支持中文的字符编码名称即可，推荐设置为"UTF-8"。为了方便阅读，在此再次给出例 3-53 中的 Connector 元素最终的设定标记，注意修改后要重启 Tomcat。

```
<Connector  port="8080"  protocol="HTTP/1.1"  connectionTimeout="20000"
redirectPort="8443"
           URIEncoding="UTF-8"/>
```

按照这种设置，只要 Web 程序中的 HTML 文档都采用了 UTF-8 编码，页面中 GET 方法提交的数据均无须 Servlet 进行特殊处理就可以获得正确的中文参数数据。

(3) Web 容器不提供 GET 请求处理的定制功能。

有时候 Web 程序需要部署到一些不提供服务器软件的定制功能的互联网主机，例如一些云主机或不提供修改 Web 容器配置权限的服务器计算机。如果在 Servlet 中处理 GET 请求数据时出现了中文乱码，可以在程序中先按照 Web 容器中的默认编码获取字符串的字节数组，然后再使用 String 类的构造方法将字节数组按照正确的字符编码重新组合为字符串，以正确字符编码为 UTF-8 为例，其代码如下：

```
String  encStr=new String("包含乱码的参数数据".getBytes("iso-8859-1"),  "UTF-8");
```

如果还是不能得到正确的中文字符，可能是 Web 容器采用了非 iso-8859-1 的默认编码方式处理请求中的字符数据，此时可以尝试去掉 getBytes 方法中的"iso-8859-1"参数，采用不带参数的调用形式(此时将采用默认的字符编码得到字节数组)，其代码如下：

```
String  encStr=new String("包含乱码的参数数据".getBytes(),  "UTF-8");
```

这种处理方式需要对每个参数都进行处理，所以应在其他方案无效的情况下使用。

5.3 文件上传处理

5.3.1 multipart/form-data 类型的上传数据

1. 表单元素在上传文件时的设置

按照 HTTP 约定，客户端 UA 文件的二进制数据需要按照 multipart 的格式传输给服务器。对应于浏览器中的 HTML 文档，应将包含文件上传组件的表单 form 元素的 enctype 属性设置为"multipart/form-data"，method 属性设置为"POST"，表单标记的基本组成如下：

```
<form enctype="multipart/form-data"  method="POST"  action="接收数据的服务器资源
URI">
    <input type="file" name="上传组件名 1"/>
    <input type="file" name="上传组件名 2"/><!--可以包含多个文件上传组件-->
```

```
  <!—其他表单组件定义省略-->
    <input type="submit" value="上传"/><!--提交按钮负责文件上传的发送-->
</form>
```

2. multipart/form-data 上传数据的组成结构

表单提交的 multipart/form-data 类型的上传数据由一个或多个 PART 数据项组成，如图 5-7 所示。每个 PART 项中包含一个提交的表单控件数据，PART 项之间采用界定(boundary)字符进行分隔。

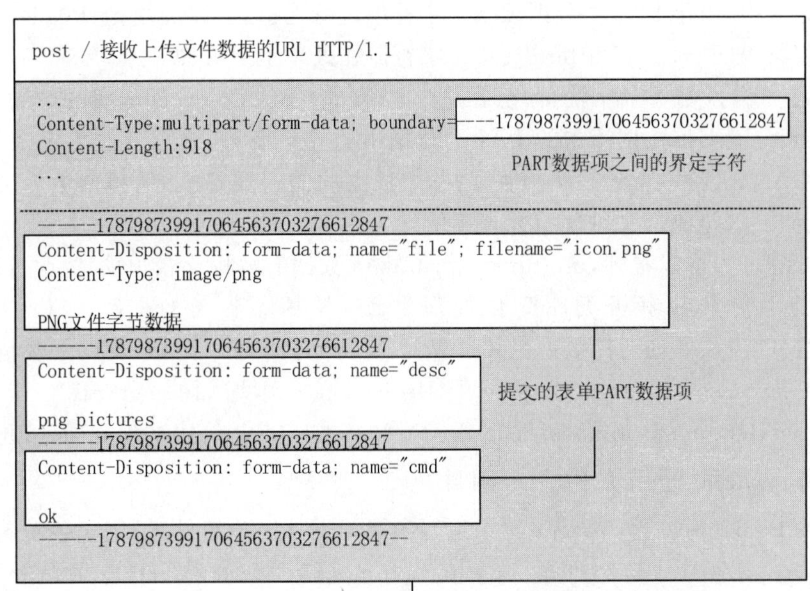

图 5-7 multipart/form-data——上传数据的组成结构示意图

(1) 界定字符。在图 5-7 中可以看到，Content-Type 请求头的取值 multipart/form-data 后面的 boundary 矩阵参数值即界定字符。界定字符由浏览器随机产生，由于它是 PART 数据项的分隔符号，所以其字符组成必须保证和所有的 PART 数据项都不相同。

(2) 上传文件的 PART 数据项。表单中的文件上传控件中的文件数据构成了上传文件的 PART 数据项，它由两个数据头子项和文件二进制字节数据组成。

① Content-Disposition 数据头子项取值固定为 form-data，后面附加的矩阵参数 name 用于指定当前 PART 数据项的名称，这个名称也是表单控件的 name 属性取值；另一个矩阵参数 filename 用于指定上传的文件名。

② Content-Type 数据头子项的取值用于指定当前 PART 数据项的 MIME 类型名称，即上传文件的 MIME 标识值。

③ 文件二进制字节数据包含上传文件中二进制字节数据，这些数据和 Content-Type 数据头子项之间间隔一个空行，以便服务器端进行字节数据的解析。

(3) 表单中非文件上传控件的 PART 数据项。普通表单控件 PART 数据项构成是上传文件 PART 数据项的子集，只包含 Content-Disposition 数据头子项和其中设置的控件数据值。Content-Disposition 数据头子项取值同样是 form-data，但只包含 name 矩阵参数，其值也是控件的 name 属性取值，用于指定当前 PART 数据项的名称。

3. multipart/form-data 上传数据的解析处理

在 Servlet 3.0 规范之前，Servlet 的 doPost 方法的请求参数提供的 getParameter 等方法仅能用于读取 x-www-form-urlencoded 编码的表单提交数据，所以需要先通过调用请求参数的 getInputStream 或 getReader 方法获取 multipart/form-data 格式的上传数据流，这两个方法在 javax.servlet.ServletRequest 接口中的声明如下：

```
javax.servlet.ServletInputStream  getInputStream()  throws java.io.IOException;
java.io.BufferedReader  getReader()  throws java.io.IOException;
```

这两个方法中，由于 PART 数据项基于字符串进行构造，所以利用 getReader 方法得到可以按行读取字符串的 java.io.BufferdReader 字符流在处理上更方便。

一旦得到了输入数据流，就可以通过读取请求头 Content-Type 取值中的矩阵参数 boundary，得到分隔上传数据流中的 PART 数据项的界定字符，之后通过界定字符解析上传数据流得到 PART 数据项，最后再按照 PART 数据项的组成格式，解析出上传文件的名称、MIME 资源类型、二进制的文件字节数据等信息。

由以上处理过程可以看到，multipart/form-data 数据的解析比较烦琐，为此可以使用一些第三方编写的上传文件解析类库简化处理过程，本书将在 5.3.2 节介绍使用 Common FileUpload 组件解析、处理上传数据。如果 Web 容器支持 Servlet 3.0 及以上规范，也可以使用 3.0 规范在 javax.servlet.http.HttpServletRequest 接口中增加的 getPart/getParts 等方法结合@javax.servlet.annotation.MultipartConfig 注解或 web.xml 中的配置项处理上传数据。

5.3.2 使用 Apache 通用文件上传组件

Common FileUpload 是 Apache 组织编写的通用文件上传组件，适用于各种 Servlet 规范版本下的 Web 应用程序。该组件是 Apache Commons 项目的子项目，它依赖于另一个子项目 Common IO，使用时需要包含这两个项目中对应的类库 JAR 文件。

1. Common FileUpload 组件的支持文件获取

(1) Common FileUpload 组件的类库文件获取。Common FileUpload 的官网是 http://commons.apache.org/proper/commons-fileupload，此网站不仅提供了组件类库文件的下载，还有非常详细的文件上传组件的使用教程。Common FileUpload 组件的类库文件以及其他相关文件被打包在一个压缩文件中，可以通过 https://dlcdn.apache.org/commons/fileupload/binaries/commons-fileupload-1.4-bin.tar.gz 直接下载其 1.4 版本的 tar.gz 压缩文件。下载解压后，其中的 commons-fileupload-1.4.jar 就是组件对应的类库文件。

(2) Common IO 的类库文件获取。https://commons.apache.org/proper/commons-io/download_io.cgi 是 Common IO 下载页面，可以通过 https://dlcdn.apache.org/commons/io/binaries/commons-io-2.11.0-bin.tar.gz 直接下载 2.11 版本的 tar.gz 压缩文件。下载解压后，其中的 commons-io-2.11.0.jar 要和 commons-fileupload-1.4.jar 一起都被加入 Web 程序的 WEB-INF/lib 目录，这样才能够使用 Common FileUpload 组件进行文件上传的处理。

2. Common FileUpload 组件的工作方式

Common FileUpload 组件处理上传文件的方式有如下两种。

(1) 文件或内存模式。文件或内存模式可以设定上传时内存中存储数据的上限，超过该内存上限，则 Common FileUpload 将上传文件写入指定位置的文件夹，否则将上传数据直接放到内存。当文件比较小的时候，这种方法便于开发者获取上传数据的字节数据，但如果 Web 程序的并发访问量比较大，这种模式就比较消耗服务器的内存资源。

(2) 流模式。流模式(streaming model)在文件上传过程中把数据流直接交给 Web 程序处理,这种模式不用生成临时文件,因而具有效率高、占用服务器内存少的优点。但流模式要求必须及时读入上传的 PART 数据项,否则上传完成的数据流将被置为 null 值而失去处理机会。流模式是处理上传数据的一般模式,本书主要介绍这种模式的文件上传处理。

3. 上传数据的流模式处理

Common FileUpload 类库中的 ServletFileUpload 类实现了流模式处理的核心功能,该类位于 org.apache.commons.fileupload.servlet 包中。在 Servlet 的 doPost 方法或其关联的调用方法中,采用流模式处理上传数据需要按照图 5-8 所示的步骤进行。

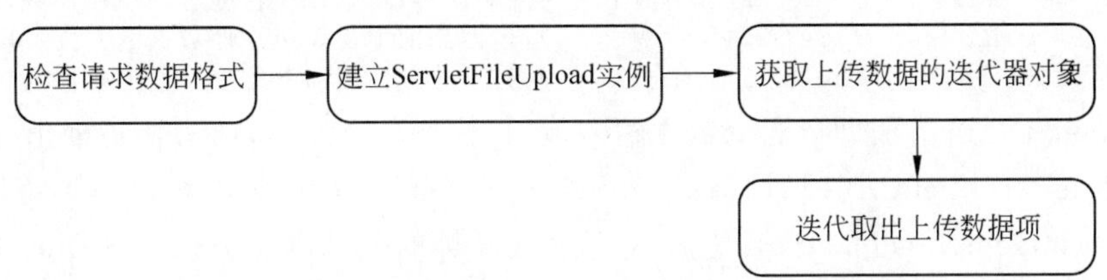

图 5-8 采用流模式处理上传数据的处理步骤

(1) 检查请求中的文件上传格式是否符合 multipart/form-data 要求。

ServletFileUpload 类只能处理 multipart/form-data 格式的上传数据,为此应调用该类中的静态方法 isMultipartContent 检查请求数据是否符合要求,该方法定义如下:

```
public static final boolean  isMultipartContent(HttpServletRequest  request)
```

参数 request 是包含上传数据的请求对象,调用时可以直接传入 doPost 方法的请求参数,如果请求数据符合要求,方法返回 true,否则返回 false,此时可停止处理上传的数据。

(2) 建立 ServletFileUpload 实例。

对于流模式的文件上传处理,可以通过 new 运算符调用 ServletFileUpload 类的不带参数的公开构造方法建立其实例,以便进行上传数据的获取。通过 ServletFileUpload 类的实例可以调用一些上传设置方法,常用的方法如下。

```
void  setFileSizeMax(long fileSizeMax)     //设置一次请求中上传单个文件最大字节数
public void setSizeMax(long sizeMax)       //设置一次请求总的上传最大字节数
void setHeaderEncoding(String encoding)    //设置请求中每个 PART 数据项中头部数据的编码
```

在实际应用中调用 setFileSizeMax 以及 setSizeMax 方法设置请求中的最大字节限制时应谨慎。有些 Web 容器中通过这些方法限制上传文件大小时,会在文件超过一定程度时造成服务器错误。

(3) 获得正在上传数据项的迭代器。

调用 ServletFileUpload 实例的 getItemIterator 方法就可以得到正在上传数据项的迭代器对象。该方法在 ServletFileUpload 类中的头部定义如下:

```
public FileItemIterator   getItemIterator(HttpServletRequest request) throws
FileUploadException, IOException
```

此方法的参数为请求对象,返回的 FileItemIterator 接口代表正在上传的 PART 数据项,此接口和方法抛出的 FileUploadException 均位于 org.apache.commons.fileupload 包。FileItemIterator 是一个迭代器接口,具体定义如下:

```
public interface FileItemIterator{
      FileItemStream  next() throws FileUploadException, IOException;
      boolean  hasNext() throws FileUploadException, IOException;
```

```
}
```

在得到 FileItemIterator 接口对象后，可以采用该对象的 hasNext 方法返回值作为循环条件，然后在循环语句块中调用对象的 next 方法获得每个正在上传的 PART 数据项。

（4）取出上传的数据项。

迭代对象的 next 方法返回 FileItemStream 接口类型对象，代表正在上传的数据项。FileItemStream 接口位于 org.apache.commons.fileupload 包，其中常用的一些方法声明如下。

```
String   getFieldName(); //返回当前的表单控件名称
boolean  isFormField();  //当前表单控件是否为普通表单字段，文件上传控件将返回 false
String  getName();       //返回当前上传文件名，一般不含该文件在客户机中所处的文件夹路径
String   getContentType();            //返回当前上传表单控件数据的 MIME 类型名称
java.io.InputStream  openStream();    //打开并返回当前上传表单控件数据的数据流
```

调用 openStream 方法即可获取数据输入流，再依据 isFormField 方法返回值处理数据。

① 如果 isFormField 方法返回 true，表示当前输入流来源于表单普通字段，可以直接调用 org.apache.commons.fileupload.util 包中的 Streams 类的公开静态方法 asString 将其直接转换为字符串，该方法在 Streams 类中有两种重载的定义：

```
static String  asString(InputStream is) throws IOException
                                    //采用系统默认编码转换 is 为字符串
static String  asString(InputStream is, String encode) throws IOException
                                    //按指定编码转换 is 为字符串
```

若表单页面采用 UTF-8 编码，调用 asString 时 encode 参数应为 UTF-8 以避免中文乱码。

② 如果 isFormFiled 方法返回 false，表示当前输入流中的数据为上传文件，此时可通过 Streams 类的公开静态方法 copy 将输入流写入输出流，将上传数据存到数据流对应的服务端资源文件中。copy 方法在 Streams 类中有两种重载的定义，如下所示：

```
static long  copy(InputStream is, OutputStream os, boolean closeOS, byte[] buffer)
throws IOException
static  long    copy ( InputStream  is,  OutputStream  os,  boolean  closeOS )
throws IOException
```

第一个 copy 方法将 is 参数代表的输入流，每次读取到 buffer 缓存字节数组，再写入 os 所代表的输出流中，直到输入流所有的数据写入完毕。如果 closeOS 参数取 true，在写入后将关闭输出流 os；为 false 时，仅调用输出流的 flush 方法确保数据从缓存数组 buffer 中完全被写入输出流，不会关闭输出流 os。

第二个 copy 方法相当于第一个 copy 方法的 buffer 缓存参数取 8192 时的简化形式。

如需上传数据流进行更多的控制，可以自行编写输入流读取和写入代码。设输入流为 is，则以下的代码片段采用 for 循环完成将输入流 is 写入特定的服务端资源文件：

```
int  SIZE=1024;                                  //缓存字节数组的长度
byte[]  buf=new byte[SIZE];                      //缓存数组
try (InputStream autoIs=is;  OutputStream out=new FileOutputStream("写入的文件路
径")){
    for(int b=autoIs.read(buf);b>0;b=autoIs.read(buf)){
        //可以添加必要的检查控制语句，如检查上传数据量是否超过给定上限等
      os.write(buf,0,b);                         //将缓存数组中的数据写入输出流
    }
} //try 语句块执行完毕将自动关闭输入流和输出流，保存写入的数据
```

需要注意，虽然 ServletFileUpload 类提供了诸如 setFileSizeMax/setSizeMax 等实例方法

用于控制每次请求中的单个文件/总的文件大小上限，但在有些 Web 容器中调用这些方法会在文件超过上限时导致服务器错误。如果不调用这些方法，而是在流模式中通过循环语句累加从输入流读入的字节总数检查文件上传量就不会引发这些问题。

4. 解决文件上传中的中文问题

文件上传过程中的中文文件名以及表单控件的中文数据在被 Web 程序处理时，也可能会出现乱码问题。为了能够获得跨平台的解决方案，还是建议使用 UTF-8 作为页面和 Common FileUpload 组件的文本处理编码，具体步骤如下。

(1) 将表单所在的 HTML 文档编码设置为 UTF-8；

(2) 通过调用 ServletFileUpload 实例的 setHeaderEncoding 方法，传入"UTF-8"参数，以获取正确的上传文件中文名称。

(3) 通过调用带"UTF-8"参数的 Streams 类静态方法 asString，获取普通字段中的中文。

5. 上传数据的流模式处理 Servlet 示例

例 5-12 中的 UploadServlet 可通过查询参数 n 定制其页面表单中上传控件的数量，支持 4MB 内的中文名多文件上传。使用 NetBeans 12.x 建立示例所在的 Ant 项目时，要在项目窗口中右击其 Libraries 结点，选择 Add Jar/Folder 命令，在弹出的 Add JAR/Folder 对话框中选择下载的 JAR 文件，如图 5-9 所示，该 Servlet 文件才能正确运行。

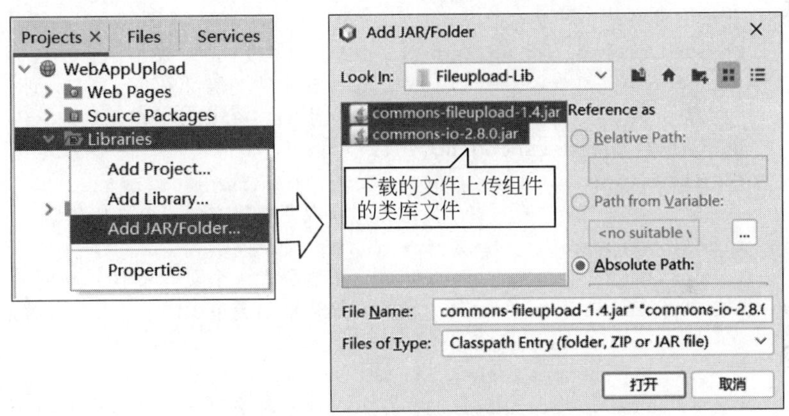

图 5-9　添加 Apache 文件上传组件的两个 JAR 类库文件

【例 5-12】 文件上传处理 UploadServlet.java 文件中的源代码。

```
import javax.servlet.http.*;  import java.io.*;  import org.apache.commons.
fileupload.*;
import org.apache.commons.fileupload.util.Streams;
import org.apache.commons.fileupload.servlet.ServletFileUpload;
@javax.servlet.annotation.WebServlet({"/up.html", "/up"})
public class UploadServlet extends HttpServlet {
    /*为了方便示例运行,UploadServlet 采用 doGet 方法生成文件上传页面。*/
        @ Override  protected  void    doGet  ( HttpServletRequest  request,
HttpServletResponse response) throws
            javax.servlet.ServletException, IOException {
        response.setContentType("text/html;charset=UTF-8");
        int fileN = 1;  //默认上传文件控件数量为 1,若有查询参数 n,则以 n 为上传文件控件
                        //数量
          try { fileN = Integer.parseInt(request.getParameter("n")); } catch
(Exception e) {}
```

```
        try ( java.io.PrintWriter out = response.getWriter() ) {
            out.println("<html><head><title>文件上传页面</title></head><body>");
            out.println("<form enctype=multipart/form-data  method=post>");
            for (int i = 0; i < fileN; i++) {
              out.println("文件小于 4MB:<input type=file name=file><br/>");
              out.println("文件说明:<input type=text  name=desc><br/>");
            }  out.println("<input type=submit value=确定></form></body>
</html>");
        }
    }                                          //doGet 方法结束
    /* doPost 用于处理包含上传文件控件的表单提交请求 */
    @Override protected void  doPost(HttpServletRequest request, HttpServletResponse
response) throws javax.servlet.ServletException, IOException {
        response.setContentType("text/html;charset=UTF-8");
        java.io.PrintWriter out = response.getWriter();
        InputStream is = null;  OutputStream os = null;
                                           //上传的输入流和准备写入的文件输出流
        StringBuilder message = new StringBuilder();
                                           //可变字符串 message 用于存储显示的消息
        try {//不符合文件上传表单设置,证明请求来源不明,直接抛出异常信息,中断上传处理
              if  (! ServletFileUpload. isMultipartContent (request))    throw new
Exception("非法请求");
            ServletFileUpload upload=new ServletFileUpload();
                                           //构建文件上传对象进行数据处理
            //设置上传 PART 数据项中头部数据编码为 UTF-8,以便获取正确的上传中文文件名
            upload.setHeaderEncoding("UTF-8");
            FileItemIterator iter = upload.getItemIterator(request);
                                           //获取所有提交的表单上传数据
            final long fileSizeMax = 4 * 1024 * 1024;
                                           //限制最大单个文件大小为 4MB
            while (iter.hasNext()) {       //循环取出表单中的上传文件及普通字段值
               FileItemStream item = iter.next();
               is = item.openStream();
               if (item.isFormField()) {  //普通字段采用 UTF-8 编码调用 asString,以获
                                           //得正确中文
                  message.append(Streams.asString(is,"UTF-8"));
                  is.close();  continue;
               }  //普通字段处理完毕,以下代码将上传文件存储到服务器的临时目录中
               String fileName = item.getName();     //得到上传的文件名
               String tmpDir = System.getProperty("java.io.tmpdir");
                                           //得到服务器临时目录名称
               File tmpFile = new File(tmpDir, "temp");
                                           //在临时目录中生成一个临时文件 temp
               os = new FileOutputStream(tmpFile);
                                           //构建写入临时文件的输出流
               byte[] buffer = new byte[1024];        //缓存字节数组
               long fileSize = 0;  boolean isTmp = false;
                                           //fileSize 和 isTmp 用于超量计数和标识
               for (int b = is.read(buffer); b > 0; b = is.read(buffer)) {
                  fileSize += b;  //累加上传文件的字节数据量,以便检查是否超过文件上限
                  if (fileSize > fileSizeMax) {//自行实现上传文件大小检查,以防服务器
                                                  //错误 bug
```

```
                    message.append("<p>" + fileName + "超过 4MB 限制未写入!" + "</
p>");
                    isTmp = true;  break;  //超过设定上限应退出写入循环,临时文件应被
                                           //删除
                }
                os.write(buffer, 0, b);    //在循环体中将缓存字节数组中的数据写入临
                                           //时文件
            }
            os.close();  os = null;  is.close();  is = null;
                                           //关闭 IO 流,置空表示正常完毕
            if (isTmp)  tmpFile.delete();  //isTmp 为真表示上传文件超限,需将临时文件
                                           //删除
            else { //满足要求正确写入的临时文件需要将其改成上传文件名
                File file = new File(tmpDir, fileName);
                                           //构建上传文件名的 File 对象
                if( !tmpFile.renameTo(file) )  tmpFile.delete();
                                           //文件已存在时删除临时文件
                message.append("<p>成功写入" + file.getAbsolutePath() + "</p>")
                       .append("<p>文件类型:" + item.getContentType () + "</p>");
            }
        }                                  //while 循环结束
    } catch (Exception ex) {               //异常捕捉到的错误信息用红色字体显示
      message.append("<p style='color:red'>" + ex.getMessage() + "</p>");
    } finally {  //在 finally 块中构造输出页面,可以一并显示包括错误信息在内的所有
                 //信息
      out.println("<html><head><title>文件上传处理结果</title></head>
<body>");
      out.println("<p>文件上传信息:" + message.toString() + "</p>");
      String n=request.getParameter("n");
                                     //可以使用请求对象取出查询字符串中的参数 n
      if(n==null)  n="";  else  n="? n="+n;
                                     //保留查询参数 n,以便返回时获得相同上传页面
      out.println("<p><a href=" + request.getContextPath() + "/up.html"+n+">
返回</a>");
      out.println("</body></html>");
      if (os != null) os.close();  if (is != null) is.close();
                                     //关闭因异常没关闭的输入输出流
    }                                //try…catch…finally 语句结束
  }                                  //doPost 方法结束
}                                    //UploadServlet 类定义结束
```

在 NetBeans 中建立该示例对应的 UploadServlet.java 文件后,可以直接在该文件的文档编辑窗口中右击,选择 Run File 命令,在弹出的 Set Servlet Execution URI 对话框中输入类似如下内容指定运行此文件:

```
/up? n=2
```

此输入在 Servlet 请求 URI 后面附加参数 n 指定页面表单中将产生两对上传文件控件,在浏览器显示的文件选择页面,选中并确定要上传的两个文件后,即可看到 Servlet 的 doPost 方法返回的上传结果页面,如图 5-10 所示。

5.3.3 使用 Servlet 3.0 规范处理文件上传

Servlet 3.0 及以上规范在 javax.servlet.http 包中增加了 Part 接口,用于封装上传的

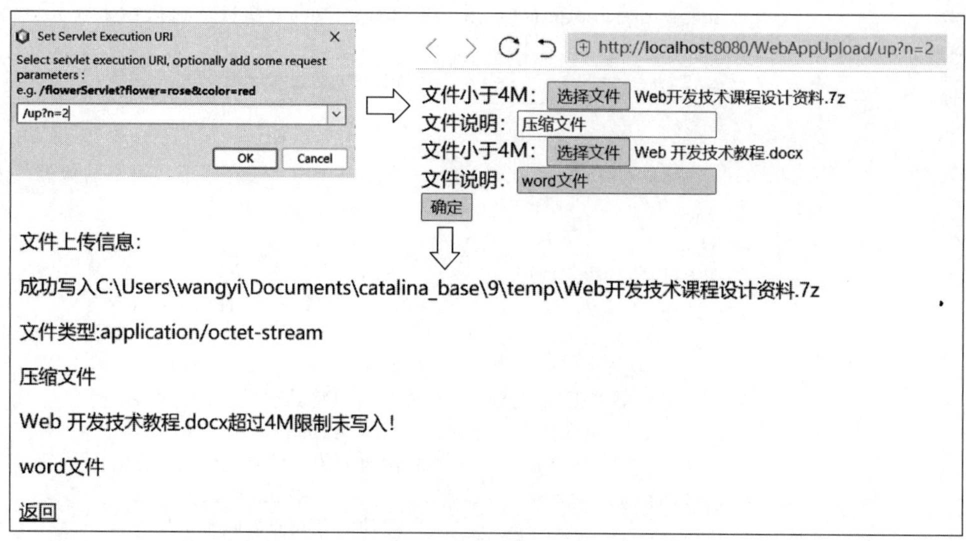

图 5-10 上传页面和返回的上传结果页面

PART 数据项；在 javax.servet.http.HttpServletRequest 接口中添加了用于获取 PART 数据项的 getPart/getParts 方法。开发者可以在 doPost 及相关调用方法中通过请求参数调用这些方法处理上传的数据。调用这些方法之前，还需要使用@javax.servlet.annotation.MultipartConfig 注解或在 web.xml 文件中通过 multipart-config 元素对 Servlet 类进行配置。通过这两种配置方式，Servlet 规范减少了 multipart/form-data 和 application/x-www-form-urlencoded 这两种数据在组成上的不同带来的处理上的差异，加强了 API 的复用性和兼容性。

1. 配置 Servlet 支持文件上传

(1) 使用@MultipartConfig 注解进行 Servlet 的配置。

@MultipartConfig 是类性注解，位于 javax.servlet.annotation 包，可按如下所示使用：

```
@javax.servlet.annotation.MultipartConfig  public class  Servlet 类定义{  /* 成员定义 */  }
```

该注解具有如下几个可选的参数。

① location，String 型，指定 Web 容器临时写入上传文件的存储目录，缺省值为""，相当于服务器为当前 Web 程序分配的临时目录。如果 location 值为相对路径，如"tmp"，则此路径将被解析为相对于此 Web 程序临时目录中的子目录，应保证其预先存在。也可以将 location 值设为服务器中某个可写入的绝对路径名称，例如在 Windows 中设置为"d:/"。

② maxFileSize，long 型，用于设置一次请求中单个文件最大字节数量，缺省值为－1，代表没有限制。指定该参数可能会在上传文件超过限制时造成某些 Web 容器出现错误。

③ maxRequestSize，long 型，用于设置一次请求最大的字节数量，缺省值为－1，代表没有限制。指定该参数可能会造成类似于指定 maxFileSize 参数时的错误，应慎重使用 maxRequestSize 和 maxFileSize 这两个参数。

④ Threshold，int 型，指定一次请求中可被写入磁盘的最小文件尺寸，缺省值为 0。

(2) 通过 multipart-config 元素在 web.xml 部署描述符文件中对 Servlet 进行配置。

通过 web.xml 文件配置时，multipart-config 元素应添加在 servlet 的子元素 servlet-class 之后，它可以按照空元素<multipart-config/>的形式添加，也可以依次含有子元素 location、 max-file-size、max-request-size、file-size-threshold 等上传设置项，如下所示：

```
<servlet> <!--注意下面的子元素必须按照前后顺序排列-->
    <servlet-name>Servlet 名称</servlet-name>
    <servlet-class>Servlet 类全名</servlet-class>
    <multipart-config>
        <location>上传文件的临时存储目录</location>
        <max-file-size>单个最大上传文件的字节数</max-file-size>
        <max-request-size>单个请求的最大字节数</max-request-size>
        <file-size-threshold>被写入临时目录中的最小文件字节数</file-size-threshold>
    </multipart-config>
</servlet>
```

使用 multipart-config 元素配置 Servlet 时还需要注意以下问题。

① max-file-size、max-request-size 这两个子元素由于有可能会造成某些 Web 容器(例如 Tomcat 高于 7.x 的版本)在处理上传文件时出现服务器错误，所以要慎重使用。

② max-file-size、max-request-size 以及 file-size-threshold 中的设置值单位均为字节，为正值时要注意应直接给出实际的字节数，不能写成类似 4 * 1024 * 1024 或 4MB 的形式。

③ 如果同一个 Servlet 即标注有@MultipartConfig 注解，又在 web.xml 文件中包含 multipart-config 配置项，则这两种配置仅作用于各自对应的 URL 模式请求中，互相之间没有影响。

2. 获取上传数据

Servlet 在添加了@MultipartConfig 注解或在 web.xml 中通过 multipart-config 元素进行了配置之后，就可以利用其 doPost 请求处理方法中的请求参数获取客户端浏览器提交的 PART 数据项，可以通过 javax.servlet.http.Part 接口对象获取这些上传 PART 项中的数据。

(1) 获取 Part 接口对象。

调用 doPost 的请求参数的 getPart 或 getParts 方法即可获得代表上传数据项的 Part 接口对象，这两个方法在 javax.servlet.http.HttpServletRequest 接口中的声明如下：

```
Part getPart(String name) throws IOException, ServletException;
Collection<Part> getParts() throws IOException, ServletException;
```

① getPart 方法用于获取表单中指定 name 属性值的表单控件对应的 PART 数据项。如果 name 参数指定的表单控件不存在时，方法将返回 null 值。

② getParts 方法返回表单中所有设置了 name 属性值控件的 PART 数据项的 Collection 类型集合。如果表单不含任何具有 name 属性值的控件，返回包含 0 个元素的集合对象。

注意这两个方法在 Servlet 没有被配置为可读取 multipart/form-data 数据时，或者读取到的 PART 数据项和上传设置项冲突，均会抛出 IllegalStateException 异常。

(2) 使用 Part 接口获取上传文件数据。

通过 getPart/getParts 方法得到 Part 对象后，就可以调用 Part 接口的方法获取具体的上传文件数据。Part 接口中的方法如图 5-11 所示。

① 获取上传的文件大小、MIME 类型、对应的文件上传组件的 name 属性等特性数据可以调用 Part 接口的 getSize、getContentType 和 getName 方法，这些方法具体声明如下：

```
String  getContentType();
String  getName();
long  getSize();
```

② 获取上传文件名可以调用 getSubmittedFileName 方法，它在 Part 接口中定义如下：

<<接口>> javax.servlet.http.Part
+getInputStream():java.io.InputStream +getContentType():String +getName():String +getSubmittedFileName():String +getSize():long +write(fileName:String) +delete() +getHeader(name:String):String +getHeaders(name:String):java.util.Collection<String> + getHeaderNames():java.util.Collection<String>

图 5-11 Part 接口的成员方法

```
String  getSubmittedFileName();
```

当 PART 数据项为普通表单字段时方法返回 null 值，注意该方法在 Servlet 3.1 及以上规范中才能使用。若 Web 容器仅支持 Servlet 3.0 规范，如 Apache Tomcat 7.x 系列，这个方法将不可用，这种情况下的上传文件名也可以由 PART 数据项中的 Content-Disposition 数据头获取。由图 5-7 及其说明可知，Content-Disposition 数据头的组成结构如下所示：

```
Content-Disposition: form-data ; name="文件上传组件 name 属性值"; filename="上传的文件名"
```

该数据头取值文本中最后的矩阵参数 filename 值即上传的文件名，可调用 Part 对象的 getHeader 方法获取 Content-Disposition 数据头取值，此方法在 Part 接口中声明如下：

```
String  getHeader(String name);
```

以下的 getFileName 方法定义实现上述解析过程，并返回解析出的文件名，可用于部署在 Servlet 3.0 规范服务器中的 Web 应用程序获取上传文件名：

```
String getFileName(javax.servlet.http.Part part) {
  String targetS = part.getHeader("content-disposition");
                                        //获取文件名所在 content-disposition 数据项
  String delim = "filename=";           //矩阵参数 filename 作为界定字符串
  int pos = targetS.lastIndexOf(delim);
  if(pos==-1) return null;    //filename 参数不存在为普通表单数据项,此时方法返回 null 值
  pos+= delim.length();                 //pos 位于文件名开始的引号位置
  return targetS.substring(pos + 1, targetS.length() - 1);
                                        //最后两个引号之间的字符串即为文件名
}
```

③ 获取上传的文件字节输入流可以调用 Part 对象的 getInputStream 方法，通过读取该方法返回的输入流，就可以将上传数据写入数据库或服务器端既定目录中的资源文件。如果只需写入文件，也可以直接调用 Part 对象的 write 方法。一般来说，Web 容器会自动删除上传的 PART 数据，如果需要在处理过程中删除数据，可以调用 Part 对象的 delete 方法将当前 PART 数据提前清除。这些方法在 Part 接口中的声明如下：

```
java.io.InputStream  getInputStream() throws IOException;
void  write(String fileName) IOException;
void  delete() throws IOException;
```

使用 write 方法将上传的文件写入 fileName 参数指定的文件中时，如果 fileName 参数采用相对路径的文件名，则该文件将被写入@MultipartConfig 注解或 multipart-config 元素指

定的 location 目录中；最好通过构造 java.io.File 对象，然后调用 File 对象的 getAbsolutePath()方法得到完整路径格式的文件名，以控制文件写入的目录。

(3) 中文问题解决方案及普通表单字段值的获取。

由于采用了@MultipartConfig 或 multipart-config 对 Servlet 实例进行了配置，所以可以沿用 doPost 方法中请求参数的 setCharacterEncoding 方法设置请求字符编码，防止上传的中文文件名以及表单普通字段中的中文出现乱码。注意，除了调用请求参数的 getPart 方法外，也可以使用请求参数的 getParameter/getParameterValues/getParameterNames 等方法获取 multipart/form-data 格式数据中的普通表单字段的名-值数据。建议还是把所有的 HTML 文档的编码都设定为 UTF-8，以获得统一的中文处理代码。

3. 使用@MultipartConfig 注解的 Servlet 示例

例 5-13 中的 MUploadServlet 使用了@MultipartConfig 注解实现了和例 5-12 完全相同的文件上传功能，可以将该源代码文件继续添加到例 5-12 对应的 Web 项目中运行。实际上，只要保证将其部署在 Tomcat 7.x 及以上的 Web 容器中，它所在的 Web 应用程序就无须添加任何类库文件，即可正常处理运行和处理上传文件。

【例 5-13】 使用@MultipartConfig 注解实现文件上传的 MUploadServlet.java 源代码。

```
import javax.servlet.http.*;  import java.io.*;  import javax.servlet.
annotation.*;
@ WebServlet("*.m")  @MultipartConfig()
                                          //一般推荐使用取默认参数的 MultipartConfig 注解
public class MUploadServlet1 extends HttpServlet {
    /* 为了方便示例运行,MUploadServlet 采用 doGet 方法生成文件上传页面 */
    @Override protected void doGet(HttpServletRequest request, HttpServletResponse
response) throws javax.servlet.ServletException, IOException {
        response.setContentType("text/html;charset=UTF-8");
        int fileN = 1;                  //设置默认的上传文件控件数量为 1
        //如果 GET 请求包含附加的参数 n,则以 n 为上传文件控件数量
          try { fileN = Integer.parseInt(request.getParameter("n")); } catch
(Exception e) { }
        try (java.io.PrintWriter out = response.getWriter()) {
            out.println("<html><head><title>文件上传页面</title></head>
<body>");
            out.println("<form enctype=multipart/form-data  method=post>");
            for (int i = 0; i < fileN; i++) {
                out.println("文件小于 4MB:<input type=file name=file><br/>");
                out.println("文件说明:<input type=text  name=desc><br/>");
            }
            out.println("<input type=submit value=确定></form></body></html>");
        }
    } //doGet 方法结束
    /* doPost 用于处理包含上传文件控件的表单提交请求 */
    @Override protected void doPost(HttpServletRequest request,
HttpServletResponse  response)  throws  javax. servlet. ServletException,
IOException {
      response.setContentType("text/html;charset=UTF-8");
      java.io.PrintWriter out = response.getWriter();
      StringBuilder message = new StringBuilder();//用于处理消息的显示
      try {
          request.setCharacterEncoding("UTF-8"); //设置请求数据编码为 UTF-8,解决中文
                                                 //问题
```

```
        java.util.Collection<Part> parts = request.getParts();
                                            //获取所有提交的表单上传数据
        final long fileSizeMax = 4 * 1024 * 1024;//限制最大单个文件大小为 4MB
        int i = 0;  String[] descs=request.getParameterValues("desc");
                                            //getParameterValues 依旧可用
        for (Part part : parts) {           //循环取出表单中的上传文件
           String  fileName=getFileName(part);
                                            //调用自定义通用文件名获取方法
           //String fileName = part.getSubmittedFileName();
                                             //在 Servlet 3.0 以上规范得到文件名
           if (part.getSize() > fileSizeMax) {
             part.delete();                 //提前删除当前的 PART 数据
             message.append("<p>" + fileName + "超过 4MB 限制没有写入!" + "</p>");
continue;
            }
            if( fileName == null ) message.append(descs[i++]);
                                            //普通表单字段 desc 直接加入消息
            else{
              String tmpDir = System.getProperty("java.io.tmpdir");
                                            //得到服务器临时目录名称
              File file = new File(tmpDir, fileName);
                                             //在临时目录中生成一个临时文件 temp
              part.write(file.getAbsolutePath());
              message.append("<p>成功写入" + file.getAbsolutePath() + "</p>")
                     .append("<p>文件类型:" + part.getContentType() + "</p>");
            }
          }//for 循环结束
      } catch (Exception ex) {              //异常捕捉到的错误信息用红色字体显示
        message.append("<p style='color:red'>" + ex.getMessage() + "</p>");
      } finally {  //在 finally 块中构造输出页面,可以一并显示包括错误信息在内的所有
                   //信息
        out.println("<html><head><title>文件上传处理结果</title></head>
<body>");
        out.println("<p>文件上传信息:" + message.toString() + "</p>");
        String n = request.getParameter("n");
                                   //可以使用请求对象取出查询字符串中的参数 n
        if (n == null) n = ""; else n = "?n=" + n;
                                   //保留查询参数 n,以便返回时获得相同上传页面
        out.println("<p><a href=" + request.getContextPath() + "/up.html" + n +
">返回</a>");
        out.println("</body></html>");
      }//try…catch…finally 语句结束
   }//doPost 方法结束
   /* 辅助方法,用于在 Servlet 3.0 规范中获取上传的文件名 */
  String getFileName(javax.servlet.http.Part part) {
    String tS = part.getHeader("content-disposition");
                                   //获取文件名所在 content-disposition 项
    String delim = "filename=";    //矩阵参数 filename 作为界定字符串
    int pos = tS.lastIndexOf(delim); if(pos==-1) return null;  else pos+= delim.
length();
    return tS.substring(pos + 1, tS.length() - 1);
                                   //最后两个引号之间的字符串即为文件名
  }
}//MUploadServlet 类定义结束
```

思考练习题

一、单项选择题

1. Servlet 的输出流 java.io.PrintWriter 属于(　　)。

   A. 文本输出流　　B. 二进制输出流　　C. 文本输入流　　D. 二进制输入流

2. 对于 HTTP 重定向输出,说法正确的是(　　)。

   A. Servlet 可以在重定向输出前向客户端 UA 输出文本

   B. 重定向的 HTTP 代码既可以通过响应对象设置,也可以通过请求对象设置

   C. 重定向的 HTTP 响应代码是以 3 开头的三位整数

   D. 响应对象中的 sendRedirect 方法设置的重定向代码是永久重定向代码

3. 如果需要向客户端 UA 回应一个图片和文字,以下说法正确的是(　　)。

   A. 可以在一个 java.io.PrintWriter 响应流中同时添加文本和二进制的图片

   B. 可以在一个 java.io.PrintWriter 响应流中同时添加文本和图片的 URL

   C. 可以在一个 javax.servlet.ServletOutputStream 响应流中添加文本和二进制的图片

   D. 不能在响应流中放置多种不同格式的文本

4. 处理文件上传时,表单的 enctype 属性应该(　　)。

   A. 无须设置,采用默认设置值

   B. 和表单的 method 属性设置一致

   C. 应保证设置为 multipart/form-data,同时表单的 method 设置为 post

   D. 一旦设置为 multipart/form-data,就不能再设置表单元素的其他属性

5. 有如下 Servlet 代码:

```
public class HelloServlet extends HttpServlet{
    protected void doGet(HttpServletRequest req,HttpServletResponse resp)
    throws ServletException,IOException{
    //下面代码获取客户机的 IP 地址
    }
}
```

能够按照上边代码中的注释要求,在 doGet 方法中完成获取客户机 IP 地址的正确语句是(　　)。

   A. String ip=request.getRemoteAddr();B. String ip=response.getRemoteAddr();

   C. String ip=req.getRemoteAddr();　　D. String ip=resp.getRemoteAddr();

6. 已知 NetBeans 中一个 Java Web 项目中的 Servlet 源文件名称为 HelloServlet.java,在该项目的 web.xml 文件中,该 Servlet 定义的 url-pattern 为/hello。现欲将项目的 web 目录的 index.html 中的某个表单标记设置为向该 Servlet 提交表单中的数据,则表单标记的开始部分的代码应该是(　　)。

   A. <form action="HelloServlet.java">

   B. <form action="/HelloServlet.java">

   C. <form action="/hello">

   D. <form action="hello">

7. 如果一个 Servlet 的 doGet 方法中有如下语句:

```
PrintWriter out=response.getWriter();
```

则能够向客户端浏览器正确回应"hello,world!"信息的语句是(　　)。

A. out.println("hello,world!");　　B. System.out.println("hello,world!");

C. response.println("hello,world!");　　D. response.sendRedirect("hello,world!");

8. 为了能够正确地得到由 HTML 表单提交的中文数据,表单数据较好的提交方式和处理提交数据时应调用的方法分别是(　　)。

A. get 和 HttpServletRequest 接口中的 setCharacterEncoding 方法

B. post 和 HttpServletRequest 接口中的 setCharacterEncoding 方法

C. get 和 HttpServletResponse 接口中的 setCharacterEncoding 方法

D. post 和 HttpServletResponse 接口中的 setCharacterEncoding 方法

9. Servlet 如果没有指定 HTTPServletRequest 请求对象中的文本编码,那么在 doGet/doPost 等方法中处理请求数据时,默认的文本编码是(　　)。

A. UTF-8　　B. GB2312　　C. GBK　　D. ISO-8859-1

10. 在 Servlet 的 doGet/doPost 方法中处理表单提交的数据时的代码片段如下:

```
String  cmd=request.getParameter("cmd"); //如果判定 cmd 中包含的数据为"ok",则执行登录验证流程
```

为了完成上述代码中注释的判定要求,以下 if 条件判定的写法在逻辑上是正确的并且不会发生空指针异常错误的是(　　)。

A. if(cmd.equals("ok") && cmd! =null){　　/*执行登录验证流程*/　　}

B. if(cmd.equals("ok") || cmd! =null){　　/*执行登录验证流程*/　　}

C. if(cmd! =null　|| cmd.equals("ok")){　　/*执行登录验证流程*/　　}

D. if(cmd! =null　&& cmd.equals("ok")){　　/*执行登录验证流程*/　　}

二、问答题

利用 NetBeans 新建一个基于 JavaEE 7.0 规范的 Web 应用项目,之后完成以下任务。

(1) 利用向导建立一个 Servlet,将其对应的页面名称设置为 index.shtm,并设法将建立的 Web 应用程序的默认页面设置为该 Servlet 生成的页面。

(2) 修改上述 Servlet 中的代码,使其生成的页面中包含一个网页链接,单击该链接,将转入本项目中由向导生成的 index.html 页面。

(3) 再在当前项目中新建一个 Servlet,然后修改 index.html 页面中的代码,为其添加一个表单,该表单包含一个文本框和一个"提交"按钮,当用户单击"提交"按钮时,将调用建立的 Servlet,对用户输入的信息进行回应。

用户可以输入如下问题:

你是谁

Servlet 应自动将用户转移到一个能够显示你的姓名、学号、班级的页面。

现在几点

Servlet 回应当前的时间,格式为*****年**月**日　**小时**分**秒

我从哪里来

Servlet 回应用户所在计算机的 IP 地址

我到哪里去

Servlet 应根据用户的浏览器类型,回应一个页面,如果用户的浏览器是 IE、火狐、谷歌,则

该页面应显示“点此进入”。当用户单击此文本时，应转入对应浏览器开发商的网站，如是微软公司的 IE 或 Edge 浏览器，则网址应为 http://www.microsoft.com，如果是火狐浏览器(FireFox)则为 http://www.mozilla.org，如果是谷歌的 Chrome 浏览器则为 http://www.google.cn。如果用户的浏览器不在上述范围之内，则在页面显示“百度一下吧”，用户单击后转入 http://www.baidu.com(注：其他浏览器可用 Opera 作测试，下载网址是 http://www.opera.com)。在上述链接的“点此进入”的文字下面，还要有“返回”的文本，用户如果单击此文本，将返回 index.html 页面。

对于其他问题，Servlet 一律回应“不知道!”。

在上述 Servlet 回应之后的页面中，均应放置一个“返回”按钮，当用户单击此按钮时，应返回到 index.html 页面。

第6章

会话管理和应用程序对象

6.1 Cookie 技术

6.1.1 HTTP 的无状态性

无状态是指在客户机与服务器进行通信时，服务器不保留特定客户机的连接信息，每次通信时，客户机都需要重新建立与服务器之间的连接。HTTP 就是按照这种无状态特性设计的，它最初的设计目的就是在互联网中进行文档的共享，文档从服务器传递给了客户机之后，就没必要再在服务器保留客户机的信息，所以 HTTP 的响应方在完成对请求的处理后，不会对本次请求的客户机信息做出记录，连接信息在处理完本次请求之后就被抛弃；以后这个客户机即便是对相同的服务器进行再次请求，都需要重新再发出新的请求。这样，在经历了多个客户端轮番请求后，服务器也不会增加太多资源占用。有时可能会有多个客户机的请求同时到达，这时，每当服务器处理完一个请求后，该请求占用的资源就会被释放，同时由于服务器不记录与之发生联系的客户机信息，处理时间相对也会缩短，这样服务器就可以腾出更多的计算资源服务更多的客户机。这种特性使得 HTTP 服务器经常可以同时处理上百个 HTTP 请求，处理能力是其他一些有状态的协议无法比拟的。例如，Windows 的文件共享协议，服务器在连接十几个访问共享文件夹的客户端后，就会变得非常卡顿。

虽然 HTTP 的无状态能有效加强服务器的处理能力，但当客户机需要服务器记录它们之间的连接信息时，就会导致客户机往往需要重复向服务器提交一些已经处理过而无须再处理的信息。例如，客户机需要服务器认证其登录的信息时，在第一次完成用户名和口令之后，每一次的连接都需要重复提交用户名和口令，这是不必要的。实际上，随着 HTTP 的广泛应用，HTTP 已经不再限于文档共享，服务器经常要读取客户机之前连接时提供的一些信息，这就要求客户机和服务器之间能够保持一些连接信息。如果每次连接都需要客户机提交相同的信息，会造成网络和服务器中不必要的数据传递和处理。

6.1.2 Cookie 和客户端持有技术

为了解决 HTTP 的无状态性带来的问题，可以让客户端在和主机进行初次连接后，由服务器端生成一个连接信息，然后交给客户端进行存储，之后客户端再次和主机进行后续连接时，会主动将这一连接信息发送给服务器，以作为连接过的凭证。这种产生于服务器端，存储在客户端的连接信息，就被称为 Cookie，也就是客户端持有技术。

Cookie 最初由网景公司在 NetScape 浏览器中引入,需要服务器端应用和客户端 UA 的相互配合支持,现已经成为浏览器和 HTTP 服务器遵循的标准化技术。Cookie 的内容具有一定的格式规定,这种规定被称为 Cookie 规范,最早的 Cookie 规范由网景公司制定,目前已经成为互联网中的标准规范 RFC 中的一部分,对应的标准号是 RFC6265,可以通过 http://www.rfc-editor.org/rfc/rfc6265.txt 了解该规范的具体内容。

Cookie 中存储的数据为文本类型,类似于表单或者超链接中的参数数据,Cookie 数据也是以名-值对的形式进行存储。Cookie 在服务器端建立后,需要由服务器端通过 HTTP 响应头部发给客户端 UA 进行存储。而客户端 UA 在接到 Cookie 后,会按照 Cookie 中指定的存活时间,将其存储在自身特定的存储空间中;一旦下次请求时,Cookie 还在其有效的存储时间段,则客户端 UA 会自动将该 Cookie 放在请求头部发回给创建该 Cookie 的服务器,从而使得服务器能够再次得到该 Cookie,从中取出以前存储的信息。

当客户端 UA 在发送请求时,如果发现自身存储的 Cookie 已经超过了它的存储期限,就不再向服务器自动发送该 Cookie,并且会自动删除该 Cookie。另外,当使用浏览器作为客户端 UA 时,也可以通过相关的设置开启/关闭对 Cookie 的支持,或者直接删除存储的 Cookie。Cookie 工作的过程见图 6-1 所示。

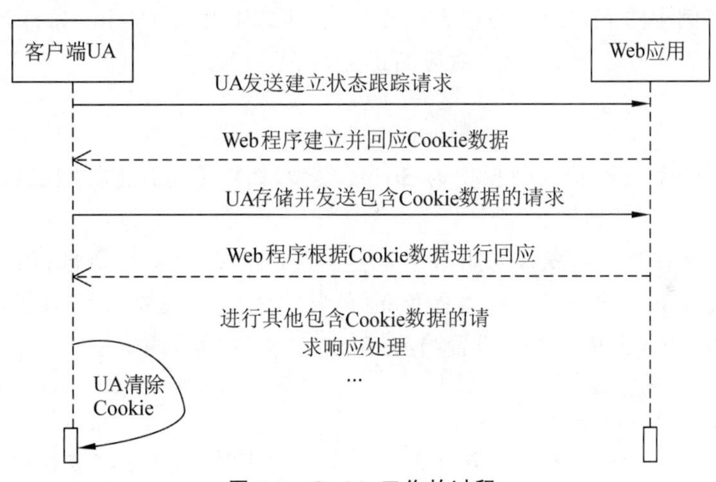

图 6-1　Cookie 工作的过程

6.1.3　Cookie 类的使用

在 Servlet API 中,Cookie 类用于封装 Cookie 数据和特性,该类位于 javax.servlet.http 包中,其中包含的成员如图 6-2 所示。

从图 6-2 可以看出,Cookie 类中除了构造方法和克隆方法之外,其余的基本都是 getter/setter 方法对,用于在其实例中取出/存入所需数据。使用 Cookie 技术首先就要在 Web 程序中创建 Cookie 类的实例,之后通过实例设置所需的 Cookie 数据和特性,之后再将存在于服务器端的 Cookie 实例通过响应对象发送到客户端浏览器。

1. Cookie 数据的建立和属性设置

(1) 建立 Cookie 类的实例存储 Cookie 数据。

Cookie 类的构造方法用于建立服务器端的 Cookie 名-值对数据,其定义如下:

```
public  Cookie(String name,  String value)
```

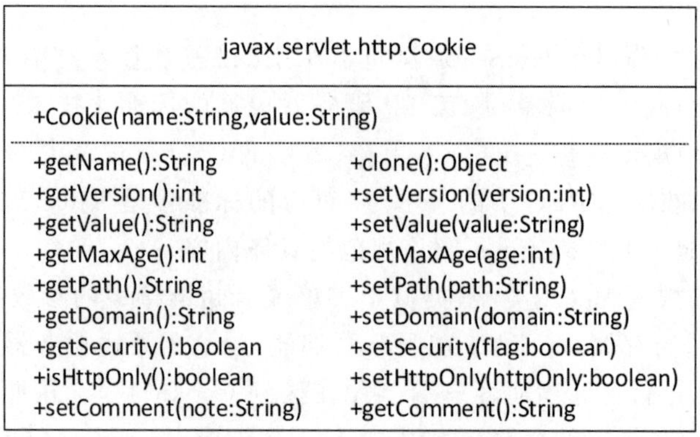

javax.servlet.http.Cookie	
+Cookie(name:String,value:String)	
+getName():String	+clone():Object
+getVersion():int	+setVersion(version:int)
+getValue():String	+setValue(value:String)
+getMaxAge():int	+setMaxAge(age:int)
+getPath():String	+setPath(path:String)
+getDomain():String	+setDomain(domain:String)
+getSecurity():boolean	+setSecurity(flag:boolean)
+isHttpOnly():boolean	+setHttpOnly(httpOnly:boolean)
+setComment(note:String)	+getComment():String

图 6-2 Cookie 类的成员

构造方法的第一个参数 name 用于指定 Cookie 的名称，第二个参数 value 则是该 Cookie 中存储的文本数据。使用 Cookie 类的实例时需要注意以下几点。

① Cookie 名称通过构造方法建立后就不能再进行修改，Cookie 类中不存在修改名称的 setName 方法，只有用来读取 Cookie 名称的 getName 方法，该方法的具体定义如下：

```
public String  getName()
```

② Cookie 实例中的值在通过构造方法建立后，可以利用 getValue/setValue 方法进行读取和修改，这两个方法在 Cookie 类中对应的定义如下：

```
public String  getValue()
public void  setValue(String value)
```

由于 Cookie 传递的名-值对数据均为 String 类型，如需传递其他类型的数据，需要进行字符串和对应的类型之间的转换。

③ Cookie 实例在建立后默认采用由网景公司设计的 Cookie 规范进行数据存储和传输，该规范对应的版本号是 0，具有最大程度的客户端浏览器支持。可以通过 Cookie 类的 getVersion/setVersion 方法读取或设置当前 Cookie 实例的版本号，这两个方法定义如下：

```
public int  getVersion()
public void  setVersion(int version)
```

setVersion 方法的参数 version 值只能取 0 或 1；为 1 时 Cookie 将被客户端浏览器按照增强的 RFC 2109 进行存储和传输。但不是所有的浏览器都支持 RFC 2109，为了取得最大的兼容性，最好采用默认的版本 0。

当 Cookie 版本值为 1 时可以调用 setComment/getComment 方法设置或读取 Cookie 中的注释说明，注意这两个方法在版本号 0 中不被支持，它们在 Cookie 类中的定义如下：

```
public void  setComment(String note)
public String getComment()
```

(2) 设置 Cookie 的最大存活时间。

服务器端建立的 Cookie 数据通过 HTTP 响应传递给客户端浏览器后，浏览器将按 Cookie 中设定的最大存活时间存储该 Cookie；在此时间内浏览器对服务器发送的请求头中都会包含该 Cookie 的名-值对数据。调用 Cookie 实例的 setMaxAge/getMaxAge 方法可以设置其最大存活时间，这两个方法在 Cookie 类中的定义如下：

```
public void setMaxAge(int maxAge)
public int getMaxAge()
```

setMaxAge 和 getMaxAge 方法中的最大存活时间均以秒为单位。按照最大存活时间的取值可以把 Cookie 分为两大类。

① 存活时间为负值的是内存 Cookie，浏览器会将其存入自身的运行内存，只要浏览器还在运行，该 Cookie 就处于有效的生命周期；当浏览器停止运行后，内存 Cookie 就会随着内存释放而被删除。Cookie 实例在建立时均默认为内存 Cookie，其存活时间值会被初始化为−1，也可以通过 setMaxAge 方法设置为其他负值。

② 存活时间为正值是持久 Cookie，客户端浏览器在接收到这种 Cookie 时，会把该 Cookie 数据以文本文件的形式存储到硬盘特定的目录，并记录第一次接收到该 Cookie 的时间。当 Cookie 达到了其存活时长后，浏览器将自动删除该 Cookie。

（3）设置 Cookie 的可见性。

① Cookie 的可见路径是指能够读取到从浏览器发送过来的 Cookie 的服务器资源所处的路径。所有位于可见路径及其子路径中的资源均可读取到该 Cookie 数据。setPath/getPath 方法用于设置和读取 Cookie 实例的可见路径，它们在 Cookie 类中的定义如下：

```
public void  setPath(String path)
public String  getPath()
```

Cookie 可见路径可按相对 URI 格式进行设置。以/开头的路径是相对于主机的 URI，正斜线后应为 Web 程序部署的上下文路径。Cookie 实例默认的可见路径为产生该 Cookie 的 Servlet 资源路径，调用 setPath 方法时传入 null 值或空字符串("")作为参数也可以达成这种可见路径的设定。如果通过 setPath 方法将可见路径设置为“/”，则该 Cookie 可被该服务器中所有的 Web 应用程序共享，这可以用来实现 SSO(Single Signed Online，单点登录)功能，即用户只需在一个应用中登录，其他应用无须再登录就可以处于登录状态。

② Cookie 的可见域名是指浏览器在发送 Cookie 时，只有具备 Cookie 中指定域名的服务器才能收到该 Cookie。可以通过 Cookie 实例的 setDomain/getDomain 方法设置或读取其可见域名，这两个方法在 Cookie 类中的定义如下：

```
public void setDomain(String domain)
public String getDomain()
```

③ Cookie 的 HTTP 独占性是指该 Cookie 只能供浏览器自身和服务器之间进行信息传递，浏览器端的 JavaScript 脚本无法利用此 Cookie 传输数据，这种特性可以预防对 Web 服务器的跨域脚本攻击，提高服务安全性。setHttpOnly 和 isHttpOnly 方法设置或获取 Cookie 实例的 HTTP 独占性，这两个方法在 Cookie 类中的定义如下：

```
public boolean  isHttpOnly()
public void setHttpOnly(boolean httpOnly)
```

需要注意，setHttpOnly/isHttpOnly 是 Servlet 3.0 及以上规范中 Cookie 类的方法，在调用时要注意 Web 容器是否支持 Servlet 3.0 或以上的规范。

④ Cookie 的安全可见性是指该 Cookie 是否需要在 HTTPS 或 SSL 安全套结层协议中使用。通过调用 Cookie 实例的 setSecurity/getSecurtiy 方法可以设置其安全可见性，这两个方法在 Cookie 类中的定义如下：

```
public void  setSecurity(boolean  httpOnly)
public boolean  getSecurity()
```

2. 使用 Cookie 数据传输数据

（1）通过 HTTP 响应向浏览器传输服务器生成的 Cookie 数据。

Cookie 数据在服务器端创建后，必须放入 HTTP 响应头部发给浏览器进行存储才能使得 Cookie 的属性生效，起到信息追踪功能。Servlet API 可以通过 HttpServletResponse 接口的 addCookie 方法完成这一任务，addCookie 在 HttpServletResponse 接口中的声明如下：

```
void addCookie(Cookie  cookie);
```

在向浏览器传输 Cookie 时，需要注意很多浏览器都有 Cookie 的数量和大小限制。一般每个浏览器对应于当前的 Web 服务器可以接受 20 个 Cookie，总的 Cookie 数量限制在 300 个，单个 Cookie 的大小不能超过 4KB。

（2）在 Web 程序中读取浏览器发送的 Cookie。

可以使用 HttpServletRequest 接口中的 getCookies 方法读取由浏览器在请求头中传入的 Cookie 数据，该方法在 HttpServletRequest 接口中的声明如下：

```
Cookie[]  getCookies();
```

需要注意，如果 Servlet 在读出 Cookie 后，需要修改其属性，如设置新的存活时间、路径、存储值，都需要使用 HttpServletResponse 接口的 addCookie 方法将其发回给浏览器，才能让 Cookie 的修改生效。

（3）Cookie 中的中文和特殊字符处理。

Cookie 实例存储的名-值对不能直接包含中文、白空格、分号、逗号、双引号、正斜线等字符。这些字符在存入 Cookie 时需使用 java.net.URLEncoder 的静态方法 encode 对其进行编码处理，才能保证该 Cookie 正常工作，推荐采用 UTF-8 进行编码。设 doGet 等请求处理方法的响应参数为 response，可以采用如下代码片段处理 Cookie 中的这些特殊字符：

```
String  val="管理员 admin,root\\;";
val=java.net.URLEncoder.encode(val,"UTF-8"); //使用 UTF-8 对中文、空格、逗号分号进行
                                             //编码处理
Cookie cookie=new Cookie("uid",val);
response.addCookie(cookie);
```

在读取经过编码后存入 Cookie 的数据时，应通过 java.net.URLDecoder 的静态方法 decode 进行解码，才能正确地被还原为原有字符串。例如，将上段代码中存入名为 uid 的 Cookie 中的信息读取还原的代码如下：

```
Cookie[] cookies=response.getCookies();
if(cookies!=null){            //确保存在着客户端浏览器发送过来的 Cookie,防止空指针异常
  for(Cookie cookie:cookies){             //通过 for 循环读取每一个 Cookie
     String name=cookie.getName();        //取出当前循环中得到的 Cookie 名称
     if(name.equals("uid")){              //如果这个 Cookie 名称是 uid,则读取其中存储
                                          //的编码数据
        String val=cookie.getValue();
        val=java.net.URLDecoder.decode(val,"UTF-8");
                                          //将编码后的字符串还原为中文及空格、分号
     }
  }
}
```

3. Cookie 使用流程小结

（1）使用构造方法创建 Cookie 实例，并存入对应的数据。使用 Cookie 类的构造方法和 setValue 方法为 Cookie 实例存入数据时，要注意中文数据需要通过编码处理，否则通过响应传递给浏览器时会引发错误。

（2）设置 Cookie 的属性，如版本号、存活时间、可见路径。要注意 Cookie 实例默认的版本

号为 0,这种版本的 Cookie 具有最大的浏览器兼容性。由于最大存活时间单位是毫秒,而设置最大存活时间的 setMaxAge 方法的参数为整型,在设置时还要注意不要超过整型的最大值,否则会由于数值的溢出,得到可能不是永久 Cookie。在设置可见路径时,也要慎用根路径,因为这样可能会导致当前 Web 程序的 Cookie 被同一服务器中的其他 Web 程序读取,造成信息泄露。

(3) 使用响应对象的 addCookie 将 Cookie 发送到浏览器。使用响应对象发送 Cookie 时要注意浏览器端对 Cookie 的总数限制,过多的 Cookie 可能引发 Web 程序的性能问题。

(4) 通过请求对象读取浏览器发送回的 Cookie 实例。在读取浏览器发回的 Cookie 时,也要注意中文等特殊数据的解码处理,处理时应采用和 Web 程序在建立 Cookie 时一致的字符编码,最好采用通用的 UTF-8 编码。

6.1.4　Cookie 登录应用示例

例 6-1 是一个 Cookie 应用的完整示例,该示例通过位于 Web 程序根目录中的 index.html 页面中的登录表单向 LoginServlet 传递用户的登录信息,当登录信息验证通过后,LoginServlet 将建立登录 Cookie,并将用户重定向到 AdminServlet 进行登录 Cookie 中的登录账号的读取和显示。

【例 6-1】 登录信息的 Cookie 建立传输和读取综合示例。

(1) index.html 文件的标记组成源代码。

```
<html><head><title>Cookie 演示</title>
<meta http-equiv="content-type" content="text/html;charset=UTF-8"></head>
<body>
        <div>请输入你的登录信息</div>
        <form method="post"  action="login">
            账号:<input name="uid"><br/>
            口令:<input type="password" name="pwd"><br/>
            <input type="submit" value="确定"/>
        </form>
    </body>
</html>
```

(2) LoginServlet.java 说明和源文件。

当检查用户输入的登录信息正确时 LoginServlet 会生成一个名为 login,用于标识用户登录的 Cookie,其中存储该用户的用户名,之后将用户重定向到 AdminServlet;如果登录信息不正确,则直接将用户重新定向到 index.html 页面,以便其重新输入登录信息。

```
package sample6_1;  import javax.servlet.http.*;
@ javax.servlet.annotation.WebServlet(name = "LoginServlet", urlPatterns = "/
login")
public class LoginServlet extends HttpServlet {
    @Override protected void doPost(HttpServletRequest request,
HttpServletResponse response)
            throws javax.servlet.ServletException, java.io.IOException {
        String uid = request.getParameter("uid");
        String pwd = request.getParameter("pwd");
        if ("admin".equals(uid) && "1234567".equals(pwd)) {
            Cookie c = new Cookie("login", uid);
            c.setMaxAge(24 * 3600);
            response.addCookie(c);
            response.sendRedirect("admin");
```

```
        } else  response.sendRedirect("index.html");
    }
}
```

(3) AdminServlet.java 说明和源文件。

如果当前请求头中存在着名为 login 的 Cookie 就说明用户已经通过了 LoginServlet 的登录检查,这时 AdminServlet 会读取并显示该 Cookie 中保存的用户登录名;如果对应的 Cookie 不存在,AdminServlet 将用户重新定向到 index.html 页面,以便其输入登录信息。

```
package sample6_1;  import javax.servlet.http.*;
@javax.servlet.annotation.WebServlet(name = "AdminServlet", urlPatterns = {"/
admin"})
public class AdminServlet extends HttpServlet {
    @Override protected void doGet(HttpServletRequest request, HttpServletResponse
response)
            throws javax.servlet.ServletException, java.io.IOException {
        String msg=null;
        Cookie[] cookies=request.getCookies();
        if(cookies==null){ response.sendRedirect("index.html");  return; }
        for(Cookie cookie:cookies){
            String cookieName=cookie.getName();
            if(cookieName.equals("login")){  msg=cookie.getValue(); break;  }
        }
        if(msg==null){ response.sendRedirect("index.html"); return; }
                                            //没有登录应回到首页进行登录
        response.setContentType("text/html;charset=UTF-8");
        try (java.io.PrintWriter out = response.getWriter()) {
            out.println("<html><head><title>管理员登录页面</title></head>
<body>");
            out.println("<h1>你的登录 ID 是 " + msg + "</h1></body></html>");
        }
    }
}
```

6.2 HttpSession 会话对象

Cookie 类实例中仅能存储字符串类型数据;Servlet 每次生成或修改 Cookie 属性时,都需要将其发送给客户端浏览器才能起作用。这些步骤使得 Cookie 的应用比较烦琐。为此,Servlet 规范提供了 HttpSession 接口类型的会话对象,用以替代 Cookie 的处理操作。

当需要使用会话对象时,如果客户端 UA 支持 Cookie,服务器将为其建立一个名为 JSESSIONID 的 Cookie,该 Cookie 被称为会话 Cookie,由支持会话对象技术的 Web 容器自动创建并维护。在会话 Cookie 的帮助下,开发者就可以在服务器端创建和管理与特定客户端 UA 关联的 HttpSession 类型的会话对象。会话对象可以存储相应客户端 UA 特定的数据,同时由于会话对象中的数据存储在服务器端,所以无须像 Cookie 那样要发回到浏览器,存储的数据值的类型也不受限制。

6.2.1 HttpSession 会话对象的创建和使用

HttpSession 接口位于 javax.servlet.http 包中,它的实例可由请求对象创建,其成员组成如图 6-3 所示。

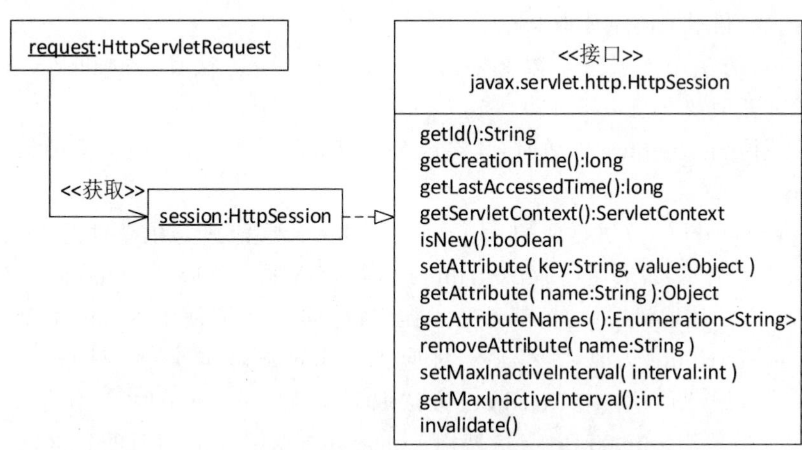

图 6-3　通过请求对象获取到的会话对象类型 HttpSession 的成员

1. 会话对象的创建

由于会话对象为接口类型，所以不能像 Cookie 那样直接实例化，同时由于会话对象和每一个访问 Web 程序的客户端 UA 相关联，所以应该通过代表当前客户端 UA 的请求对象的 getSession 方法创建，该方法在 HttpServletRequest 接口中的声明如下：

```
HttpSession getSession(boolean isCreate);
```

当该方法的参数 isCreate 为真时，如果当前客户端 UA 对应的会话对象还没有创建，则方法会创建 HttpSession 的实例并返回该实例；如果当前客户端 UA 对应的会话对象已经由其他 Servlet 或者 JSP 页面创建，则将返回已创建的 HttpSession 对象。

当 isCreate 参数为 false 时，如果没有可复用的会话对象，方法将返回 null 值，否则返回已经创建的会话对象。

该方法有一个简化的重载形式，即不含参数的 getSession 方法，这个不含参数的方法等价于 isCreate 参数取值为 true 的情况。

2. 在会话对象中存储和读取数据

会话对象所属的 HttpSession 接口提供了如下方法用于添加和删除数据：

```
void setAttribute(String key,Object value);
Object getAttribute(String key);
void remoteAttribute(String key);
```

这 3 个方法分别可以存储/读取/消除会话对象中的数据，数据以名-值对的方式存入会话对象，其中，名为 key 参数，值为 value 参数。注意，value 类型为 Object，意味着所有的数据类型都可以存入会话对象。

(1) 向会话对象中通过关键字存储数据。

setAttribute 方法用于向会话对象中写入 key/value 数据，第一个参数 key 的取值具有唯一性，相当于第二个参数 value 数据的关键字。如果通过 setAttribute 方法向会话对象中多次存入了具有相同 key 值的数据，那么会话对象中只有存有最后一对 key/value 数据。例如，以下请求处理方法中的代码片段执行完成后，会话对象中仅会有"uid"/"admin"：

```
HttpSession session=request.getSession();
session.setAttribute("uid","guest");
session.setAttribute("uid","admin");
```

（2）从会话中利用关键字读取数据。

getAttribute 方法用于通过参数 key 读取 setAttribute 方法存入的和 key 对应的 value 值。在调用该方法时要注意以下几点。

① 如果调用 getAttribute 方法时，其参数 key 对应的 value 在当前会话对象中不存在，则方法将返回 null。

② 由于 getAttribute 方法返回的 value 值是 Object 类型，所以需要注意做强制类型转换时的类型正确性。例如，如果通过 setAttribute 方法存入 key 对应的 value 为字符串类型，利用 getAttribute 方法读取该 key 时，就要注意强制转换类型也要使用 String 类型。

③ 如果 setAttribute 方法存入 key 对应的 value 是基本类型，例如 int、long、char、boolean、byte 等数据，则调用 getAttribute 方法取 key 对应的 value 时，应使用基本类型的封装类型，例如 int 应使用 Integer，long 应使用 Long，以防返回 null 值时的异常错误。例如，以下请求处理方法中的代码片段，使用 Integer 作为获取整数时的数据类型：

```
HttpSession session=request.getSession();
Integer  totalTimes=(Integer)session.getAttribute("totalTimes");
                                    //此处不能使用 int 替代 Integer
if(totalTimes == null) totalTimes=0;  totalTimes++;
session.setAttribute("totalTimes",totalTimes);
```

（3）从会话对象中获取所有数据的关键字集合。

通过会话对象的 getAttributeNames 方法可以获取到其中所有存储数据的关键字构成的字符串元素的 Enumeration 枚举类型的集合，该方法在 HttpSession 接口中的声明如下：

```
java.util.Enumeration<String>  getAttributeNames();
```

3. 会话对象中的数据传递和保护

Web 程序在接收到特定客户端 UA 传递过来的数据时，经常需要在不同的 Servlet 之间进行同一用户的数据传递，以便相关 Servlet 对其进行处理；同时，数据处理的过程和结果往往需要通过同一用户进行多次请求完成，如图 6-4 所示。会话对象可以解决请求过程中的多用户数据隔离和同步保护问题，还可以用于同一用户数据在不同 Servlet 实例之间的传递以及跨请求的数据处理。

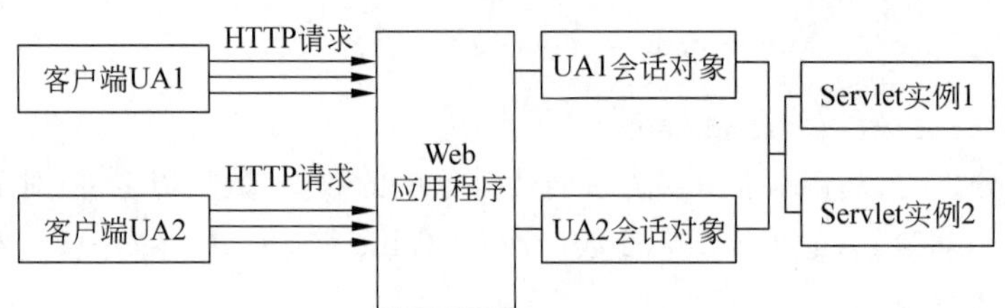

图 6-4　客户端 UA 请求和用户会话对象

（1）多用户数据隔离。在图 6-4 中，客户端 UA1 和客户端 UA2 对 Web 程序进行请求时，Web 程序可以在服务器内存中建立与之对应的两个会话对象，分别用于存储这两个用户的数据。由于每一个用户都通过其会话对象拥有一个专属的数据存储区，不同用户之间的数据就不会发生混淆，从而实现了 Web 程序中的多用户数据隔离功能。

（2）同步数据保护。如果图 6-4 中的客户端 UA1 和客户端 UA2 同时对 Web 程序发出请求，由于两者的会话数据是隔离的，所以请求处理方法在处理会话中的数据时不会产生冲突，这就起到了多用户并发访问中的同步数据保护的功能，简化了 Web 程序中多线程处理问题。

(3) 用户数据传递和跨请求数据处理。在客户端 UA 对应的会话对象存在期间,此 UA 发出的 HTTP 请求被传递给任意 Servlet 实例的 doGet/doPost 等请求处理方法时,通过该请求对象的 getSession 方法获取到的会话对象均为同一会话对象。因此,会话对象不仅提供了跨请求处理同一个用户数据的功能,还可以用于在不同的 Servlet 实例之间传递同一用户的数据。

6.2.2 销毁会话对象

一旦用户决定退出,可以调用 invalidate 方法销毁用户的会话对象,这样才能保证用户真的退出当前的会话。该方法在 HttpSession 接口中的声明如下:

```
void invalidate()
```

销毁对应会话对象的同时,也会销毁存储在该会话对象中所有存储的用户数据。注意,不要通过调用 removeAttribute 方法删除会话对象中所有的数据替代 invalidate 方法,因为 removeAttribute 方法只能消除会话对象中的数据,而不能销毁会话对象本身。还需要注意,一旦当前会话对象被销毁,它将永久性地从服务器端消失;即便通过请求对象的 getSession 方法为当前用户重建了会话对象,它也不同于被销毁的会话对象。

6.2.3 会话对象的生命周期管理

1. 获取会话对象在创建时的特性数据

(1) 会话对象的唯一标识。

Web 容器在 Web 程序中创建的每个会话对象都有一个唯一性标识,可以通过当前会话对象的 getId 方法获取此标识,该方法在 HttpSession 接口中的声明如下:

```
String  getId();
```

在大多数 Web 容器中,该方法将返回一个 32 位的字符串,对应于客户端 UA 的会话 Cookie 中存储值。Web 程序可以利用 getId 方法构造 GUID,即全局性唯一值。

(2) 新建会话对象判定。

Web 程序有时需要判断客户端 UA 是否是第一次访问该 Web 程序,例如一些购物网站在用户第一次访问首页时会提供用于优惠购物的"新人礼包",以吸引更多的用户注册。如果采用 Servlet 生成欢迎页面,则可以利用当前用户的会话对象的 isNew 方法进行这种判断,它在 HttpSession 接口中的声明如下:

```
boolean isNew();
```

如果会话对象由当前请求创建,则 isNew 返回 true。注意,如果用户首先访问的是其他页面,则生成欢迎页面的 Servlet 的 doGet 方法中通过请求对象得到的会话对象有可能已经由其他页面建立,此时调用该会话对象的 isNew 方法将返回 false,这表明 isNew 返回的结果和用户访问页面的次序有关。为了避免这种次序依赖,可以采用会话对象中是否存在指定的标识属性作为用户第一次访问的判定依据。例如,当采用一个名为 totalTimes 的标识属性统计会话存在期间用户访问 Web 程序的次数时,此属性值也可以用作第一次 Web 程序的标识属性。设请求处理方法中的请求参数为 request,如下代码片段可以用于判断用户是否第一次访问该 Web 程序:

```
HttpSession session=request.getSession();
Integer totalTimes=(Integer)session.getAttribute("totalTimes");
if( totalTimes == null )  totalTimes=0;
totalTimes++;
session.setAttribute("totalTimes", totalTimes);
if( totalTimes == 1 ) {   /* 在此可以编写处理第一次访问该 Web 程序的代码 */     }
```

（3）获取会话对象的创建时间以及访问时间。

会话对象的 getCreationTime 方法返回该会话对象的创建时间，返回值为 1970 年 1 月 1 日 0 分 0 秒到会话创建时经过的毫秒数；getLastAccessedTime 方法返回值类似，表示上一次用户请求的时间。这两个方法在 HttpSession 接口中的声明如下：

```
long getCreationTime ();
long getLastAccessedTime();
```

二者的返回值可传递给 java.util.Date 类的构造器建立可格式化的时间，代码片段如下：

```
java.util.Date date=new java.util.Date(request.getSession().getCreationTime());
                                          //得到会话的创建时间
String txtDate= new java.text.SimpleDateFormat("yyyy 年 M 月 d 日 H:m:s").format
(date);                                   //格式化时间
```

2. 管理会话对象的超时间隔

每个会话对象都具有一个最长不活动的时间间隔，如果客户端 UA 在此间隔期间内没有对 Web 程序进行请求，其会话对象将被容器自动销毁，以减少服务器端内存资源的占用。会话对象的最长不活动时间间隔也称为会话超时间隔，可以通过 Web 容器设置所有的 Web 程序中默认的会话超时间隔，也可以利用 Web 程序的 web.xml 文件以及当前会话对象的相关方法设置会话超时间隔。

（1）利用 Web 容器设置默认的会话超时间隔。

不同 Web 容器中设置默认会话超时间隔的方式不尽相同。Tomcat 可以通过修改其 conf 安装目录中的 web.xml 文件设置所有 Web 程序的默认会话超时间隔，其中 session-config 元素中的 session-timeout 子元素用于设置以分钟为单位的超时间隔，默认值为 30 分钟，代码片段如下所示：

```
<session-config>
    <session-timeout>30</session-timeout>
</session-config>
```

（2）利用 web.xml 文件设置当前 Web 程序的默认会话超时间隔。

如果在当前 Web 程序的 WEB-INF 目录中的 web.xml 文件中也通过 session-config 元素的 session-timeout 子元素设置了超时间隔，那么此设置将会替代全局的 Web 容器中的默认超时间隔。

（3）利用 setMaxInactiveInterval 方法设置当前会话对象的超时间隔。

如果调用了当前会话对象的 setMaxInactiveInterval 方法设置了超时间隔，此设置将会由于 Web 程序中 web.xml 文件的设置被采用。调用会话对象的 getMaxInactiveInterval 方法可以获取此对象的超时间隔，这两个方法在 HttpSession 接口中的声明如下：

```
void setMaxInactiveInterval(int seconds);
int getMaxInactiveInterval();
```

注意，setMaxInactiveInterval 和 getMaxInactiveInterval 方法中超时间隔的单位为秒。如果参数 seconds 给出的是负数，则会话对象将永不超时。这种“永不超时”实际上是指如果客户端 UA 不退出运行，其对应的会话对象就会一直在 Web 程序中存在；一旦客户端 UA 停止运行，其关联的会话对象也会随之销毁。

（4）监控会话对象超时。

从 Servlet 2.3 规范开始，开发者可以使用一种被称为监听器的组件监控 Web 程序中会话对象的创建和销毁，监听器尤其适合于对会话超时的管理，这是由于会话对象在超时被销毁时,负责销毁会话对象的是 Web 容器,监听器可以对此提供相应的会话对象生命周期监控接口,开发者可以实现此接口中对应的会话销毁方法,从而编写会话对象状态的管理代码。如果没有监听器的存在,开发者就不能有效地对会话对象的超时销毁进行管理。有关监听器的编写和使用将在第 12 章中进行具体介绍。

3. 通过 URL 重写构造会话对象

一般情况下,Web 容器通过生成名为 JSESSIONID 的会话 Cookie 传递给客户端 UA 进行会话对象的建立和管理。如果客户端 UA 禁用了 Cookie,将导致会话对象的创建和管理出现问题。这种情况下,可以采用在当前 URL 后面附加上当前会话标识,大部分 Web 容器采用如下包含矩阵参数 jsessionid 的重写形式:

```
URL;jsessionid=会话标识
```

调用 Servlet 的 doGet/doPost 等请求处理方法的响应参数提供的 encodeURL 方法或 encodeRedirectURL 方法可以获取到带有 jsessionid 矩阵参数的重写 URL。这两个方法在 HttpServletResponse 接口中的声明如下:

```
String encodeURL(String url);
String encodeRedirectURL(String url);
```

如果当前发出请求的客户端 UA 支持会话 Cookie,这两个方法将返回和参数 url 相同的字符串,如果客户端 UA 不支持会话 Cookie,则二者返回带有矩阵参数 jsessionid 的重写 URL。由于不同的 Web 容器在处理非重定向 URL 和重定向 URL 时 URL 重写规则存在着差异,所以用于重定向的 URL 应选择调用 encodeRedirectURL 方法,而非重定向 URL 则应调用 encodeURL 方法。

6.2.4　会话对象应用示例

以下的 Servlet 示例显示了一个通过会话对象判断用户是否是第一次访问其所在站点,如果是,Servlet 将在会话对象中记录当前的时间,并在今后每一次访问该 Servlet 时,显示该用户在 Servlet 所在的站点中的间隔时间。该 Servlet 的 URL 模式定义为 interval.html。

【例 6-2】　通过创建会话对象记录用户访问的时间间隔。

```
package sample6_2;  import javax.servlet.http.*;
@javax.servlet.annotation.WebServlet("/interval.html")
public class IntervalServlet extends HttpServlet{
  @Override public void doGet(HttpServletRequest request,HttpServletResponse
response) throws java.io.IOException,javax.servlet.ServletException{
    HttpSession session=request.getSession();
                                        //获取会话对象,如果会话不存在,则自动创建
    java.util.Date  firstDate=(java.util.Date)session.getAttribute("firstDate");
                                        //取第一次访问标记属性
    /*如果 firstDate 值为 null,说明这是第一次访问该 Web 程序,则需记录用户此时的访问
时间*/
    if(firstDate==null) { firstDate=new java.util.Date(); session.setAttribute
("firstDate",firstDate); }
    java.util.Date now=new java.util.Date();
                                        //得到当前的访问时间对象,以便计算时间间隔
    long interval=(now.getTime()-firstDate.getTime())/1000;
                                        //将得到的时间间隔由毫秒转换为秒
    /*计算访问的时间间隔,包括小时、分钟、秒*/
    long h=interval/3600; long m=(interval-h*3600)/60; long s=interval-h*3600-m*60;
    response.setContentType("text/html;charset=UTF-8");
```

```
    try(java.io.PrintWriter out=response.getWriter()){
      out.println("<html><head><title>停留时间</title></head><body>");
      out.println("<h3>你已经在本站点停留"+h+"小时"+m+"分钟"+s+"秒"+"</h3>");
      out.println("</body></html>");
    }}}
```

6.3 应用程序对象

Web 应用程序中的请求对象和会话对象都和特定的客户端 UA 相关联，这些对象中的数据虽然具有线程安全性，但不能在不同的客户端 UA 之间共享。如果 Web 程序需要为不同的客户端 UA 提供一些相同的数据，可以使用位于 javax.servlet 包中的 ServletContext 接口类型的对象，这就是应用程序对象。应用程序对象不仅可以用于解决会话对象之间的全局性共享数据问题，还可以让开发者避免多线程造成的数据冲突，简化多用户环境中的数据处理过程。

6.3.1 应用程序对象的组成和特性

1. 应用程序对象的获取

应用程序对象由容器建立，可以在 Servlet 的 doGet 等请求处理方法中调用父类 GenericServlet 的 getServletContext 方法得到应用程序对象，也可以通过 ServletConfig 对象、请求参数或会话对象得到其实例。例如，设 doGet 方法中的请求参数名为 request，获取应用程序对象的代码片段如下：

```
ServletContext  application=getServletContext();
                                  //通过 getServletContext 方法获取应用程序对象
application=getServletConfig().getServletContext();
                                  //通过 ServletConfig 对象获取应用程序对象
application=request.getSession().getServletContext();
                                  //通过会话对象获取应用程序对象
application=request.getServletContext();
                                  //Servlet 3.0 以上规范也可利用请求对象获取应用程序对象
```

2. 应用程序对象中的方法成员

应用程序对象的类型是 javax.servlet.ServletContext，此接口中的成员随着 Servlet 规范版本号的升级相应增加。实际应用中经常使用的 ServletContext 接口中成员一般都来自 Servlet 2.5 规范。图 6-5 列出了 Servlet 2.5 规范中定义的一些常用成员。

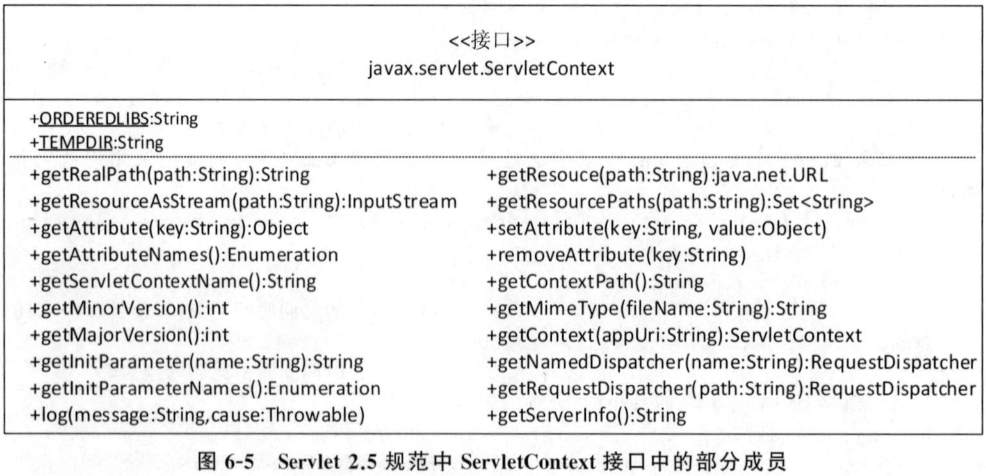

<<接口>>
javax.servlet.ServletContext

+ORDEREDLIBS:String
+TEMPDIR:String

+getRealPath(path:String):String	+getResouce(path:String):java.net.URL
+getResourceAsStream(path:String):InputStream	+getResourcePaths(path:String):Set<String>
+getAttribute(key:String):Object	+setAttribute(key:String, value:Object)
+getAttributeNames():Enumeration	+removeAttribute(key:String)
+getServletContextName():String	+getContextPath():String
+getMinorVersion():int	+getMimeType(fileName:String):String
+getMajorVersion():int	+getContext(appUri:String):ServletContext
+getInitParameter(name:String):String	+getNamedDispatcher(name:String):RequestDispatcher
+getInitParameterNames():Enumeration	+getRequestDispatcher(path:String):RequestDispatcher
+log(message:String,cause:Throwable)	+getServerInfo():String

图 6-5 Servlet 2.5 规范中 ServletContext 接口中的部分成员

由图 6-5 可知，ServletContext 接口包含两个静态的常量字段成员 ORDERDLIBS 和 TEMPDIR，该接口中的方法可以用于获取程序运行时的全局设置和资源信息、日志记录、请求页面跳转处理等任务。在 Servlet 3.0 规范后，接口中还加入了一些可以添加 Servlet、JSP 以及应用程序的配置信息的方法。

3. 应用程序对象的特性

(1) 单例特性。如果 Web 程序不采用分布式部署方式，即其部署描述符文件 web.xml 中的 web-app 元素不含 distribute 子元素，如下所示（为方便说明，标记中去掉了 web-app 元素的属性）：

```
<web-app>
  <!--此处被注释掉的 distribute 子元素用于设置分布式部署特性，此元素不存在时为非分布式
    <distribute/>
  -->
</web-app>
```

通常情况下，非分布式部署是 Web 程序在容器中默认的部署方式，这种部署方式在程序运行期间就只有一个应用程序对象，这就是应用程序的单例特性，即 Singleton。

(2) 全局的同步数据存储特性。应用程序对象和会话对象类似，也提供了 setAttribute 和 getAttribute 方法以及 removeAttribute 方法，用于其中任意类型数据的存储、取出和删除。这 3 个方法在 ServletContext 接口中的声明如下：

```
void setAttribute(String key,Object value)
Object getAttribute(String key)
void removeAttribute(String key)
```

应用程序对象也提供了 getAttributeNames 方法，该方法返回所有存入数据的 key 名称的枚举集合，用于搜索对象中所有的数据存储数据：

```
java.util.Enumeration<String>  getAttributeNames()
```

由于应用程序对象的单例性，这些数据读取方法有可能会被多个不同客户端 UA 通过 HTTP 请求同时进行调用，此时开发者不必考虑这种并发访问带来的问题，因为应用程序对象可以自动对这些并发访问进行同步处理，并不会由于并发访问造成数据的损害。

(3) 长生命周期特性。Web 应用程序中的应用程序对象和请求、会话对象相比，拥有最长的生命周期，只要 Web 程序被部署在容器中没被卸载，应用程序对象就会一直存在。

4.3.2 节中曾经说明，为了避免处理 Web 程序中由于客户端 UA 同时并发访问带来的多线程数据竞争问题，应该采用请求、会话或者应用程序对象代替 Servlet 类中的字段进行数据的写入和读取。按照数据存储所在的对象，Web 程序中的数据存储生命周期可以分为请求范围、会话范围和应用程序范围。

① 请求范围的数据存储在请求对象中。该对象类型的 javax.servlet.ServletRequest 父接口中也包含 setAttribute/getAttribute/getAttributeNames 等方法，可以通过这些方法进行数据的存入和读出。请求范围的数据都和特定的客户端 UA 相关联，且这些数据仅存在于该次请求中。通过请求对象传递数据时，处理请求的 Servlet 实例必须由同一 HTTP 请求对象进行串联。由于一个客户端 UA 只能一次发出一个请求，所以请求对象中的数据无须考虑并发问题。请求范围的数据适合于存储和请求相关的一次性信息，如登录过程中输入用户名/口令时的错误信息。

② 会话范围的数据存储在会话对象中。会话对象由请求对象创建，也和特定的客户端 UA 相关联。会话对象中的数据可以跨请求存在，其生命周期长于请求范围数据，适合于存储

一次会话期间内的一些共享性数据，如用户在登录后的账号信息。

③ 应用程序范围的数据存储在应用程序对象中。由于应用程序对象和 Web 程序同寿命，其中存储的数据可以被所有的 UA 读取，从而应用程序对象中适合存储需要在所有的客户端 UA 之间共享数据，例如 Web 程序中的在线用户总数、数据库的连接池对象等。请求、会话和应用程序这 3 种对象之间的关系如图 6-6 所示。

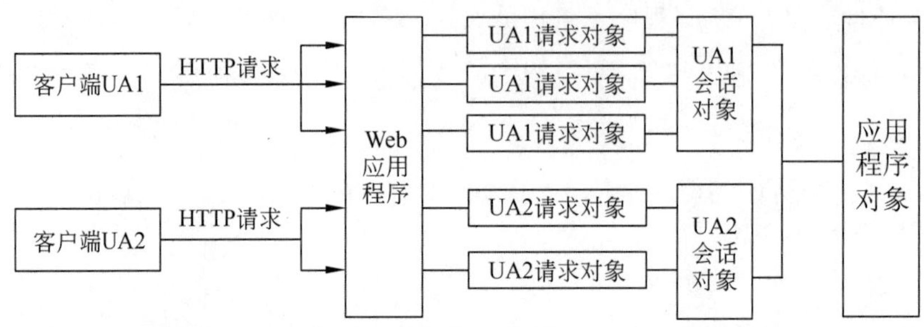

图 6-6 请求对象、会话对象和应用程序对象之间的关系示意图

6.3.2 通过应用程序对象传递请求数据

1. 重定向和请求转移

5.1.4 节中介绍了通过 HTTP 重定向响应代码让客户端 UA 重新请求新的 URL，这种重定向需要客户端 UA 本身可以支持重定向功能。当客户端 UA 不是浏览器时，例如，某些智能手机 App 中嵌入的基于 WebKit 内核的 WebView 组件，一般就不支持这种客户端的重定向功能。重定向的实质是由其他服务器端的回应数据代替客户端 UA 当前请求的响应，这种代替也可以在服务器端直接进行，即由一个 Servlet 实例将 HTTP 请求转交给其他的资源进行处理，常见的是另一个 Servlet 实例，也可以是静态的 HTML 页面。图 6-7 显示了客户端 UA 的重定向和服务器端请求转移的区别。

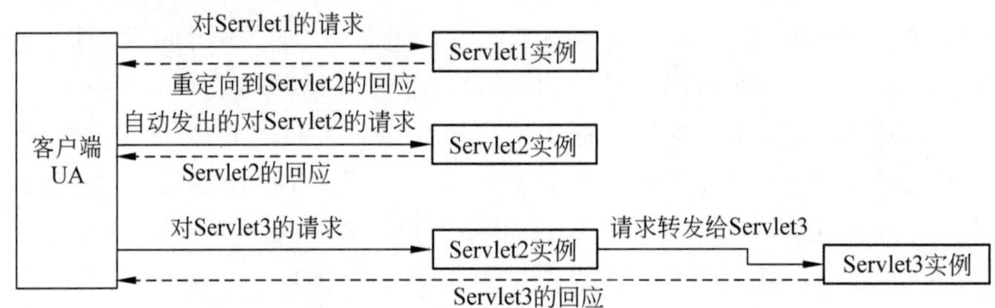

图 6-7 客户端 UA 的重定向和服务器端请求转移示意图

从图 6-7 可以看出，当响应为重定向时，客户端 UA 将自动发起一次新的请求；而在服务器端请求转移情况下，客户端 UA 仅需对负责处理请求的 Servlet 发出一次请求，得到的回应则是请求转发中最后 Servlet 发出的响应。这使得一些 Servlet 只需进行数据的处理，而让最后的 Servlet 负责客户端界面的构造，通过这种方式，Servlet 就可以进行合理分工。

2. 通过 RequestDispatcher 对象进行请求转发

在 Servlet 的请求处理方法中，可以采用 javax.servlet.RequestDispatcher 接口的实例，即请求分派对象将当前 Servlet 实例中处理的请求传递给另一个 Servlet 实例继续处理。请求分派对象可通过应用程序对象获取，如图 6-8 所示。

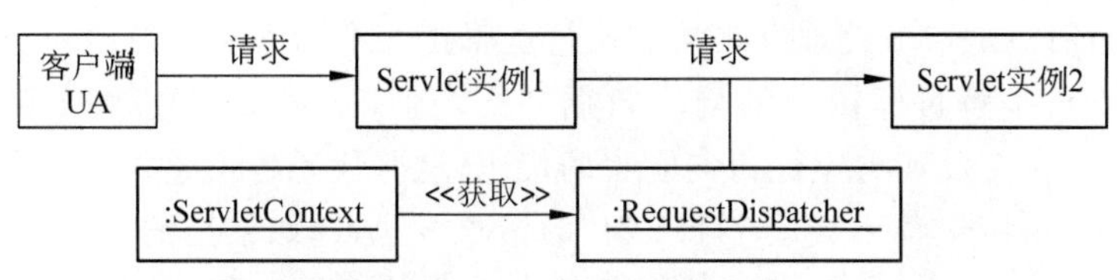

图 6-8　RequestDispatcher 请求分派对象对请求的传递

(1) 通过应用程序对象获取请求分派对象。

应用程序对象提供了如下两种 RequestDispatcher 对象的获取方式。

① 利用资源名称获取请求分派对象,应用程序对象所属的 javax.servlet.ServletContext 接口类型中提供了 getNamedDispatcher 方法返回请求分派对象,方法以资源名称作为其参数,具体的声明形式如下:

```
RequestDispatcher getNamedDispatcher( String resourceName)
```

一般来说,Web 程序中多以 Servlet 作为接收请求的资源,此时应通过 web.xml 中的 servlet-name 元素或 Servlet 注解中定义的 Servlet 名称,获取对应的请求转发 RequestDispatcher 对象。

② 通过资源路径获取请求分派对象,ServletContext 接口中还定义了同样可以返回请求分派对象的 getRequestDispatcher 方法,方法以资源服务器端 URI 路径为参数。注意,此参数必须以正斜线(/)开头,代表以当前 Web 程序的根目录为起始路径。getRequestDispatcher 方法的具体声明如下:

```
RequestDispatcher getRequestDispatcher(String path)
```

该方法通过资源路径获取请求分派对象,所以适合于将请求转发到任何具有服务器路径信息的资源中;即便该资源位于 Web 程序中对客户端 UA 不可见的/WEB-INF 路径中,也可以获取到请求。在本书第 8 章介绍的 MVC 设计架构中经常利用这一特点,将视图资源隐藏到/WEB-INF 目录中,之后通过请求转发将其作为响应的数据实体发回给客户端浏览器。如果需要转移到 Servlet 实例,则 getRequestDispatcher 方法的参数应取一个具体的 Servlet 的 URL 模式设置值。

(2) 通过请求分派对象进行请求的转发。

RequestDispatcher 接口中定义了 forward 和 include 方法用于请求转发,这两个方法的参数完全一致,都可用于启动目标 Servlet 或页面并传递请求对象,具体的声明如下:

```
void forward(javax.servlet.ServletRequest request,  javax.servlet.ServletResponse
response)
                        throws javax.servlet.ServletException,java.io.IOException
void include(javax.servlet.ServletRequest request,  javax.servlet.ServletResponse
response)
                        throws javax.servlet.ServletException,java.io.IOException
```

forward 方法执行后,目标 Servlet 或页面的输出将替代当前的 Servlet 输出;include 方法执行后,目标 Servlet 或页面的输出将嵌入当前 Servlet 的输出中。

(3) 请求转发的注意事项。

在调用请求分派对象的 forward 和 include 方法进行请求转发时,要注意以下几点。

① 调用 forward 方法之前不能向客户端 UA 输出任何响应数据实体数据,否则会导致 forward 方法调用抛出 java.lang.IllegalStateException 运行时刻异常实例,造成程序错误。

② 由于 forward 方法是将当前 Servlet 实例处理的请求转移到目标资源中,所以对

forward 方法的调用应是请求处理方法当前执行逻辑路线中的最后一条语句。

③ include 方法是将目标资源的响应数据嵌入当前 Servlet 响应数据实体中，如果目标 Servlet 请求方法中含有设置响应行和响应头的代码，这些代码将不起作用。

④ forward 和 include 都不会改变 HTTP 的请求方法，即如果当前 Servlet 处理的是 GET 请求，则目标 Servlet 对应的 doGet 方法将被调用；如果当前 Servlet 处理的是 POST 请求，则目标 Servlet 中的 doPost 方法将被调用。

⑤ 使用 forward 或者 include 进行请求转发时，原请求 URL 后附加的查询字符串参数和数据实体中的参数将被保留给目标资源，目标 Servlet 可以在请求处理方法中通过请求对象的 getParameter/getParameterValues/getParamerNames 等方法获取到这些参数数据。

⑥ 由于请求转移的目标资源所在程序中的实际目录可能和当前请求的资源路径不一致，建议目标资源中的相对链接最好都采用相对于主机的形式，即以正斜线(/)开头。

3. 应用程序对象转发请求示例

例 6-3 中包含了 WelcomeServlet 和 CheckServlet 两个 Servlet，WelcomeServlet 负责产生登录页面以及登录后的账号显示，CheckServlet 专门负责检查登录账号。

【例 6-3】 请求转发示例。

(1) 负责显示登录账号和登录表单的欢迎页 WelcomeServlet.java 文件源代码。

```
package sample6_3; import javax.servlet.http.*;
@javax.servlet.annotation.WebServlet(value = "/welcome.html", name = "welcome")
public class WelcomeServlet extends HttpServlet {
                                          //此 Servlet 改写了 service 请求处理方法
  @Override protected void service(HttpServletRequest request, HttpServletResponse
response)
            throws javax.servlet.ServletException, java.io.IOException {
  response.setContentType("text/html;charset=UTF-8");
                                          //设置响应数据实体为 HTML 格式
  try (java.io.PrintWriter out = response.getWriter()) {
                                          //为了便于理解,此 Servlet 仅输出必要的标记
    String uname = (String) request.getSession().getAttribute("uname");
                                          //用户已登录时显示其账号
    if (uname != null)  out.println("<h1>你的登录账号为 " + uname + "</h1>");
    else {  //如果会话对象中不含 uname 属性,则用户尚未登录,此时显示登录的表单界面
String errMsg = (String) request.getAttribute("errMsg");
if (errMsg != null) out.println(errMsg);
                                          //如果请求中包含上次登录错误信息,则显示这些信息
      out.println("<form action="+request.getContextPath()+"/check method=post
>");                                      //采用相对 URI
      String  inputName=request.getParameter("uname");  if(inputName==null)
inputName="";
      out.println("账号:<input name=uname value="+inputName+"><br>");
                                          //取上次输入的账号
      out.println("口令:<input type=password name=pwd><br><input type=submit
value=登录> ");
      out.println("</form>");
    }  }  }}
```

WelcomeServlet 根据用户的登录状态显示不同的信息。为了减少阅读上的代码量，该 Servlet 仅产生了必要的 HTML 标记，这对于大部分浏览器来说是允许的；同时该 Servlet 改写了其父类 HttpServlet 提供的 service 方法以便能同时处理 GET/POST 请求。

① 当用户尚未登录时，其会话对象中不会包含其账号属性 uname 的值，这种情况下，

Servlet 将产生一个登录表单,让用户输入账号和口令,并在输入后提交给 CheckServlet 实例进行检查处理。表单的 action 属性值设置为 CheckServlet 的相对于主机的 URI,即在 CheckServlet 的 URL 模式前添加了当前 Web 程序的上下文路径,避免提交失效问题。

② 在生成表单标记时,Servlet 从请求对象中利用 errMsg 属性名获取并显示上一次登录的错误信息属性,因为如果登录有错误,CheckServlet 会通过请求转发将请求对象重新交给当前 Servlet 的实例,并在请求对象中通过 errMsg 属性名存入错误的原因;同时,为了方便重新输入账号,当前 Servlet 还从请求对象中取出了上一次提交的账号信息。

③ 当用户输入了正确的账号和口令,即 admin/1234567,负责验证的 CheckServlet 会将账号信息通过 uname 属性存入会话对象,并利用客户端重定向,让浏览器重新请求 WelcomeServlet,此时由于用户的会话对象中包含 uname 属性值,处于正确的登录状态,WelcomeServlet 将直接显示该登录账号。

(2) 负责检查用户名和口令的 CheckServlet.java 的源代码。

```
package  sample6_3;  import javax.servlet.http.*;
@javax.servlet.annotation.WebServlet("/check")
public class CheckServlet extends HttpServlet {
  @Override protected void doPost (HttpServletRequest request, HttpServletResponse
response)
            throws javax.servlet.ServletException, java.io.IOException {
    String uname=request.getParameter("uname");
                                    //取出在 WelcomeServlet 生成的表单中的输入
    String pwd=request.getParameter("pwd");
    if("admin".equals(uname)&&"1234567".equals(pwd)){
                                    //采用固定账号和口令登录验证
      request.getSession().setAttribute("uname", uname);
                                    //验证成功,在会话对象中存入账号
      response.sendRedirect(request.getContextPath()+"/welcome.html");
                                    //重定向到欢迎 Servlet
    }else{  //如果登录信息不正确,则通过应用程序对象和 Servlet 名字将请求转移到欢
            //迎 Servlet
      request.setAttribute("errMsg", "<div style=color:red>账号/口令不正确</
div>");
      getServletContext().getNamedDispatcher("welcome").forward(request,
response);
    }
  }}
```

CheckServlet 仅含 doPost 方法,因此该 Servlet 不支持在浏览器中直接对其进行请求,本示例中通过 WelcomeServlet 产生的表单,利用 POST 请求将用户的账号和口令提交给此 Servlet 进行验证,为了便于理解,验证采用了非常简单的固定账号/口令方式。

① 如果验证成功,CheckServlet 在会话对象中通过 uname 属性名存入当前登录的账号,并利用客户端重定向,让浏览器重新请求 WelcomeServlet,显示登录账号。

② 如果验证失败,CheckServlet 会在请求对象中通过 errMsg 属性名存入错误信息,并利用应用程序对象的 getNamedDispatcher 方法获取到 WelcomeServlet 的请求分派对象,之后将请求重新转移给 WelcomeServlet,以便其生成登录表单时,显示登录错误信息。

6.3.3　利用应用程序对象获取 Web 程序部署信息

1. 获取当前 Web 程序运行时的配置信息

应用程序对象除去可以存储开发者设置的属性名-值对数据之外,还包含一些预置的属

性,用于存储该程序在运行时的配置信息。这些预置属性的名称类似于 Java 系统类库中的包名,由小数点(.)分隔的若干部分组成,可以通过该对象的 getAttributeNames 获取其中所有的属性名的枚举集合,然后再利用 getAttribute 方法获取这些预置属性的取值。可以在 Servlet 的请求处理方法中使用如下代码片段完成这些预置属性数据的输出,假设请求处理方法的响应参数名为 response:

```
try (java.io.PrintWriter out = response.getWriter()) {
  javax.servlet.ServletContext application = getServletContext();
                                   //获得应用程序对象
  java.util.Enumeration<String> names=application.getAttributeNames();
                                   //获取所有属性名的枚举集合
  while(names.hasMoreElements()){
                                   //在枚举集合中遍历,依次取出应用程序对象中存储的属性名
    String name=names.nextElement();
    Object val=application.getAttribute(name);
                                   //利用应用程序对象的 getAttribute 方法得到属性取值
    out.print(name+"="+val+"<hr>");
}
```

在这些预置属性中,比较常用的是 javax.servlet.context.tempdir 属性,它的值为当前程序临时的存储目录,可以用于请求处理过程中的文件暂存,该属性名可以通过应用程序对象所属类型的 ServletContext 接口中的 ServletContext.TEMPDIR 常量字段表示。

2. 获取 Web 程序实际部署目录

应用程序对象提供的 getRealPath 方法可用于获取当前 Web 应用程序部署在容器之后,指定其中的资源所处的实际文件夹,该方法在 ServletContext 接口中的声明如下:

```
String getRealPath (String  uri);
```

uri 参数表示相对于 Web 应用程序根目录的资源 URI,应以"/"作为开始字符,返回该资源实际所处的目录。例如,以下方法调用表达式返回当前 Web 程序的部署目录:

```
getServletContext().getRealPath("/")
```

需要注意,如果 Web 程序采用非解压的 WAR 文件方式部署,则该方法将返回 null 值。

3. 获取 Web 程序资源所在 URL

应用程序对象提供的 getResource 方法可用于获取当前 Web 应用程序部署在容器之后,其中的资源文件所处的位置。该方法在 ServletContext 接口中的声明如下:

```
java.net.URL getResource(String  uri) throws java.net.MalformedURLException;
```

该方法类似于 getRealPath 方法,但返回的是 uri 对应资源的 URL 格式描述。另外,即便 Web 程序采用非解压的 WAR 文件方式部署,则该方法将返回一个确定的 URL 值而非 null 值。注意,该方法抛出的异常类型 MalformedURLException 是 java.io.IOException 的子类,是检查异常,当在请求处理方法之外的方法中调用此方法时,要注意异常的处理。

以下方法调用表达式,同样可以返回 Web 应用程序部署的实际目录位置,而不受 Web 程序部署方式的影响:

```
getServletContext().getResource("/").getPath()
```

4. 获取 Web 程序中资源输入流

应用程序对象提供的 getResourceAsStream 方法可用于获取当前 Web 应用程序中资源的数据输入流,此方法在 ServletContext 接口中的声明如下:

```
java.io.InputStream getResourceAsStream(String  uri);
```

该方法类似于 getResource 方法,但返回的是 uri 对应资源的数据输入流。同样,即便 Web 程序采用非解压的 WAR 文件方式部署,该方法也将返回正确的数据流。在得到资源的数据流之后,可以根据需要读取流中的数据进行处理。

5. 获取 Servlet 容器的版本信息

应用程序对象中的 getServletInfo 方法可用于获取当前 Web 应用程序部署所在容器的版本信息,此方法在 ServletContext 接口中的声明如下:

```
String getServletInfo();
```

该方法返回类似于"服务器名称/版本号"格式的信息,例如,在 Tomcat 中,该方法返回的值可能是"Apache Tomcat/9.0.36"。

6. 通过应用程序对象获取部署信息示例

例 6-4 中的 DeployInfoServlet 使用应用程序对象获取并输出相关的部署信息。

【例 6-4】　利用应用程序获取部署信息。

```
package sample6_4; import javax.servlet.http.*;
@javax.servlet.annotation.WebServlet(name = "DeployInfoServlet", value =
"/deployinfo.html")
public class DeployInfoServlet extends HttpServlet {
  @Override  protected void doGet(HttpServletRequest request, HttpServletResponse
response)
          throws javax.servlet.ServletException, java.io.IOException {
    response.setContentType("text/html;charset=UTF-8");
    try (java.io.PrintWriter out = response.getWriter()) {
      out.println("<html><head><title>部署信息</title></head><body>");
      out.println("<h1>应用程序部署属性信息</h1>");
      javax.servlet.ServletContext application = getServletContext();
                                                        //得到应用程序对象
      java.util.Enumeration<String> names = application.getAttributeNames();
                                                        //得到属性名的枚举集合
      while (names.hasMoreElements()) {
          String name = names.nextElement();     //取出属性名枚举集合中的当前元素
          Object val = application.getAttribute(name);
                                                        //通过属性名得到属性值
          out.print(name + "=" + val + "<hr>");  //输出属性的名-值,每行用水平线分隔
      }
      out.println("应用程序部署的目录:" + application.getResource("/").getPath());
      out.println("当前 Web 容器的版本信息:" + application.getServerInfo());
      out.println("</body></html>");
    }
  }
}
```

当该 Servlet 部署到 Tomcat 9 后,在浏览器中对其进行请求的输出页面如图 6-9 所示。

http://localhost:8080/Chapter6/deployinfo.html

应用程序部署属性信息

javax.servlet.context.tempdir=C:\Users\wangyi\Documents\catalina_base\9\work\Catalina\localhost\Chapter6

org.apache.catalina.resources=org.apache.catalina.webresources.StandardRoot@3de8c719

org.apache.catalina.webappVersion=

org.apache.tomcat.InstanceManager=org.apache.catalina.core.DefaultInstanceManager@7acaaf6e

org.apache.catalina.jsp_classpath=/C:/apache-tomcat-9.0.44/lib/;/C:/apache-tomcat-9.0.44/lib/annotations-api.jar;/C:/apache
9.0.44/lib/catalina-ha.jar;/C:/apache-tomcat-9.0.44/lib/catalina-ssi.jar;/C:/apache-tomcat-9.0.44/lib/catalina-storeconfig.jar;/C
tomcat-9.0.44/lib/catalina.jar;/C:/apache-tomcat-9.0.44/lib/ecj-4.18.jar;/C:/apache-tomcat-9.0.44/lib/el-api.jar;/C:/apache-tor
9.0.44/lib/jasper.jar;/C:/apache-tomcat-9.0.44/lib/jaspic-api.jar;/C:/apache-tomcat-9.0.44/lib/jsp-api.jar;/C:/apache-tomcat-9.
schema2beans.jar;/C:/apache-tomcat-9.0.44/lib/org-netbeans-modules-web-httpmonitor.jar;/C:/apache-tomcat-9.0.44/lib/s
api.jar;/C:/apache-tomcat-9.0.44/lib/tomcat-coyote.jar;/C:/apache-tomcat-9.0.44/lib/tomcat-dbcp.jar;/C:/apache-tomcat-9.0.
9.0.44/lib/tomcat-i18n-de.jar;/C:/apache-tomcat-9.0.44/lib/tomcat-i18n-es.jar;/C:/apache-tomcat-9.0.44/lib/tomcat-i18n-fr.j
ja.jar;/C:/apache-tomcat-9.0.44/lib/tomcat-i18n-ko.jar;/C:/apache-tomcat-9.0.44/lib/tomcat-i18n-pt-BR.jar;/C:/apache-tomca
9.0.44/lib/tomcat-i18n-zh-CN.jar;/C:/apache-tomcat-9.0.44/lib/tomcat-jdbc.jar;/C:/apache-tomcat-9.0.44/lib/tomcat-jni.jar;/C
scan.jar;/C:/apache-tomcat-9.0.44/lib/tomcat-util.jar;/C:/apache-tomcat-9.0.44/lib/tomcat-websocket.jar;/C:/apache-tomcat-
9.0.44/bin/bootstrap.jar;/C:/apache-tomcat-9.0.44/bin/tomcat-juli.jar;/C:/Program Files/Java/jdk1.8.0_251/jre/lib/ext/access-
Files/Java/jdk1.8.0_251/jre/lib/ext/cldrdata.jar;/C:/Program Files/Java/jdk1.8.0_251/jre/lib/ext/dnsns.jar;/C:/Program Files/Jav
Files/Java/jdk1.8.0_251/jre/lib/ext/jfxrt.jar;/C:/Program Files/Java/jdk1.8.0_251/jre/lib/ext/localedata.jar;/C:/Program Files/Jav
Files/Java/jdk1.8.0_251/jre/lib/ext/sunec.jar;/C:/Program Files/Java/jdk1.8.0_251/jre/lib/ext/sunjce_provider.jar;/C:/Program F
Files/Java/jdk1.8.0_251/jre/lib/ext/sunpkcs11.jar;/C:/Program Files/Java/jdk1.8.0_251/jre/lib/ext/zipfs.jar

javax.websocket.server.ServerContainer=org.apache.tomcat.websocket.server.WsServerContainer@8428815

org.apache.jasper.compiler.TldCache=org.apache.jasper.compiler.TldCache@1801802d

org.apache.tomcat.JarScanner=org.apache.tomcat.util.scan.StandardJarScanner@26ec0cd4

应用程序部署的目录：/D:/WebBookSamples/Chapter6/Chapter6/build/web/ 当前Web容器的版本信息：Apache Tomcat/9.0.44

图 6-9 DeployInfoServlet 在浏览器窗口中输出的 Web 程序部署信息

思考练习题

在 NetBeans 中新建一个 Java Web 项目，在创建项目的向导中选择为项目的 JavaEE 版本选择 7.0，该项目完成一个算数游戏，由服务器计算机随机产生 10～100 的一对整数以及这两个数之间的运算符，运算符包括加、减，也是随机产生，然后让用户通过客户端浏览器计算这两个整数运算的结果；最后统计用户在 1 分钟之内完成的正确计算的次数。具体要求如下。

(1) 修改项目的欢迎页面 index.html 的代码，将页面设为如下图所示：

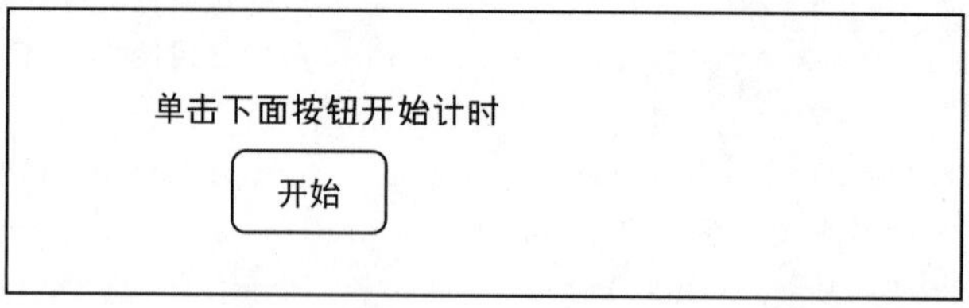

单击下面按钮开始计时

开始

在上面的界面中，用户单击“开始”按钮，将进入一个产生计算式的 GenServlet 构造出的界面并开始计时。

(2) 创建并编写 GenServlet 及其代码，该 Servlet 首先要利用 HttpSession 对象，根据用户是否第一次访问自身，在 HttpSession 对象中记录其第一次访问时间，然后随机产生一对 10～100 的整数以及加或减运算符，分别将这两个数和运算符存入 3 个 Cookie 中并发送给浏览器，最后产生如下所示的计算界面(假设产生的随机数是 10，30，运算符是加号)：

当用户输入了答案并单击“确定”或者“退出”按钮之后，将进入 ResultServlet 对应

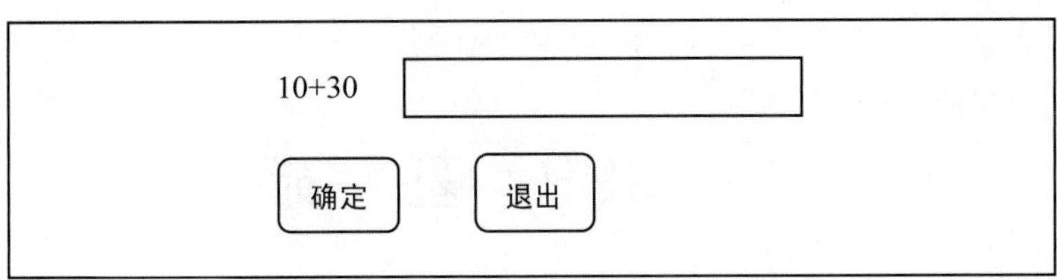

的 URL。

(3) 创建并编写 ResultServlet 及其代码，该 Servlet 首先判定用户单击的按钮是否为“退出”。如果是，则销毁该用户的会话对象，直接返回 index.html 页面；如果单击的是“确定”按钮，则读取该用户会话对象中存入的起始时间，与当前时间做对比，计算经历的时长；如果没有超过 1 分钟的时长，则读取 GenServlet 产生的 3 个 Cookie 中的数据，并按照这 3 个数据构成的计算式计算正确的结果，与用户输入的计算结果相对比，并在该用户的 HttpSession 对象中累计其正确计算的次数，然后将用户重定向到 GenServlet，以便进行下一次的计算工作。

如果超过了 1 分钟，则读取该用户的 HttpSession 对象中存储的计算正确的次数，构造如下界面(以用户算对了 10 次为例)：

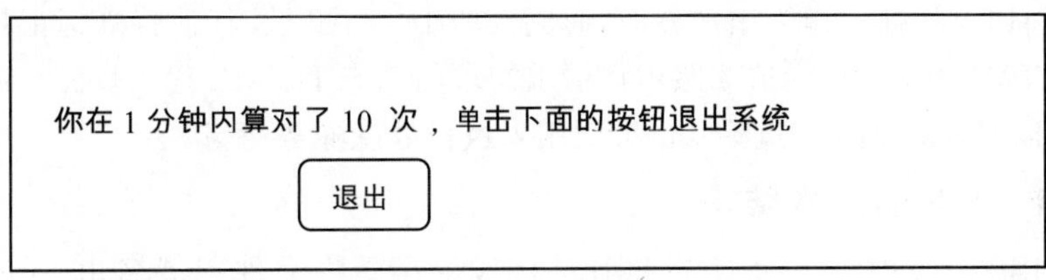

当用户单击此界面中的“退出”按钮之后，执行和(2)中的 GenServlet 构造的界面中的“退出”按钮相同的业务逻辑，即销毁用户的会话对象，并直接返回 index.html 页面。

第7章

JSP 基 础

7.1 JSP的请求处理

JSP是为了简化Servlet源代码编写的一种服务器端动态页面编程技术，它本身是一种类似HTML文件的文本文件，扩展名为jsp，这种文件在标准的HTML标记中嵌入了Java代码和其他一些特殊的标记，由JSP引擎负责处理；这样，就可以直接采用HTML标记作为用户界面，而嵌入的Java代码及其他特殊标记执行的结果嵌入HTML标记中，构造按照用户请求需求的动态HTML代码页面。因为JSP文件中可以嵌入Java代码，所以也可以用来执行处理业务逻辑。

7.1.1 JSP的基本结构

JSP文件中可以只有HTML标记，相当于将文件扩展名由html换为jsp的HTML文件；还可以在HTML标记中嵌入Java代码，如例7-1中的date.jsp文件中的内容所示。

【例7-1】 一个嵌入了可以显示当前日期的Java代码片段的date.jsp文件。

```
<html><head><meta http-equiv="content-type"  content="text/html">
<title> A  simple JSP with current date</title></head><body>
<h3>Today  is:
<%
  java.util.Date now = new java.util.Date();
  java.text.SimpleDateFormat sdf = new
  java.text.SimpleDateFormat("d MMMM", java.util.Locale.ENGLISH);
  out.print(sdf.format(now));
%>
</h3>
</body></html>
```

例7-1所示的date.jsp文件的基础的HTML标记中，Java的代码被嵌入了一对由小于、大于标记和百分号构成的"＜％％＞"标记中。为了论述方便，本书将这种符号称为"服务端标记"。在JSP文件中通过服务端标记嵌入的Java代码被称为JSP脚本片段(scriptlet)。这组Java代码通过JDK中的时间API，将当前系统时间中的代码以英文形式显示在页面中。为了简化示例中的代码，date.jsp文件中没有使用中文字符。

如果JSP页面中需要将服务端标记处理为普通字符，可以在开始标记的"％"前使用转义符(\)，即"＜\％"。还需要注意，在任何操作系统中的JSP文件扩展名(.jsp)均应使用小写字母，如果不遵循这个规则，在某些JSP容器中可能会出现处理上的问题。

7.1.2　JSP 文件的部署

JSP 在部署时，可以放置在 Web 程序的非 WEB-INF 文件夹中，这样，JSP 页面就可以像静态的 HTML 页面一样具有可以被浏览器直接请求的 URL，而无须像 Servlet 那样需要设置其 URL 模式。在一些情况下，也可以将 JSP 页面部署到 Web 程序的 WEB-INF 文件夹，此时由于 WEB-INF 文件夹的资源保护，所以这种 JSP 文件不能直接通过其所在目录构成的 URL 进行访问。

例如，例 7-1 中的 date.jsp，可以在 Web 程序的根目录建立一个名为 7-1 的文件夹，然后将 date.jsp 存储在该目录中；也可以将其隐藏存入 WEB-INF/7-1 目录中，如图 7-1 所示的两个部署位置。

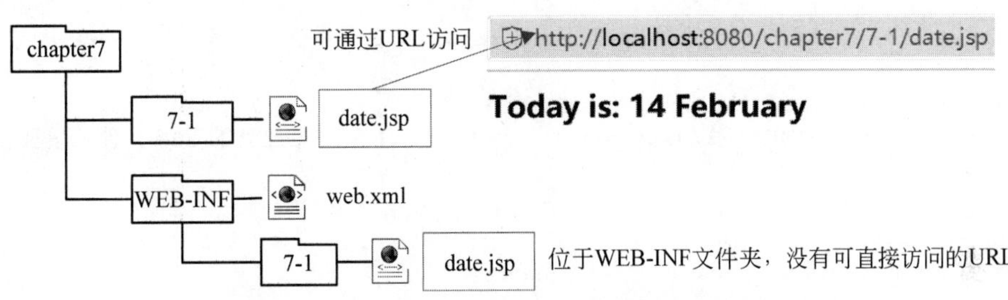

图 7-1　date.jsp 在 Web 程序中的两个部署位置

1. 非 WEB-INF 文件夹中部署

这种位置是最为常用的部署方式，JSP 可以通过其所在目录形成的 URI 进行访问。例如，在图 7-1 中，Web 程序部署在本机的 8080 端口，部署的上下文路径为/chapter7，存储在 Web 程序根文件夹中的 7-1 目录中的 date.jsp 文件，可以按其所在目录位置的 URI，即/7-1/date.jsp 形成的如下 URL 在浏览器中对其进行访问：

```
http://localhost:8080/chapter7/7-1/date.jsp
```

2. WEB-INF 文件夹中部署

由于 WEB-INF 文件夹中的资源不能被客户端 UA 直接访问，所以位于此文件夹中所有的目录和文件均不能通过其所在的存储位置对应的 URI 进行访问。例如，图 7-1 中位于/WEB-INF/7-1 目录中的 date.jsp 文件如果将其所在的目录位置的 URL，即/WEB-INF/7-1/date.jsp 形成的如下 URL 在浏览器中对其进行访问：

```
http://localhost:8080/chapter7/WEB-INF/7-1/date.jsp
```

只会得到一个显示 404 错误代码的回应页面。这种 JSP 文件可以通过请求转移进行访问或者利用 web.xml 文件部署声明其 URL 模式。

(1) 通过请求转移访问。

6.3.2 节中介绍了利用请求分派对象进行请求转移，对于 JSP 文件，可以使用应用程序对象的 getRequestDispatcher 方法，传入 JSP 文件在 Web 程序中以根目录(/)为起始位置的相对 URI 即可。例如，图 7-1 中位于 WEB-INF/7-1 中的 date.jsp 可以通过在 Servlet 的请求处理方法中利用如下的代码行继续访问(假设请求和响应参数分别是 request 和 response)：

```
getServletContext().getRequestDispatcher("/WEB-INF/7-1/date.jsp").forward
(request,response);
```

实际上，请求参数同样包含 getRequestDispatcher 方法，用来进行请求转移更为方便，代码如下所示：

```
request.getRequestDispatcher("/WEB-INF/7-1/data.jsp").forward(request, response);
```

在第 8 章介绍 MVC 架构的内容中，经常采用这种方式将 JSP 部署为视图，然后利用 Servlet 进行请求转移，向其传递请求对象中存储的模型数据。

(2) 利用部署描述符文件配置 JSP 文件的 URL 模式。

JSP 文件可以在 web.xml 文件利用 servlet 和 servlet-mapping 元素定义它的 URL 模式，只要将 servlet 的子元素 servlet-class 改为 jsp-file，设置 JSP 文件相对于 Web 程序根目录(/)的位置即可。这种配置 URL 模式的方式适用于部署在 Web 程序中任意存储位置的 JSP 文件。例如，对于图 7-1 中位于 WEB-INF/7-1 中的 date.jsp，可以在 web.xml 文件中利用 servlet 和 servlet-mapping 元素将其 URL 模式设置为“/now.jsp”。

```
<web-app><!--此处为了便于理解,省去了 web-app 元素的一些属性和其他标记-->
<servlet>
  <servlet-name>date_jsp</servlet-name>
  <jsp-file>/WEB-INF/7-1/date.jsp</jsp-file><!--注意此处的 JSP 文件位置要以正斜线开头-->
</servlet>
<servlet-mapping>
  <servlet-name>date_jsp</servlet-name>
  <url-pattern>/now.jsp</url-pattern>
</servlet-mapping>
</web-app>
```

7.1.3 JSP 文件的请求处理

在 Web 程序运行时，如果其中的 JSP 页面是第一次被客户端 UA 进行请求，此时 JSP 引擎会将其转换为 Servlet 代码并加以编译和自动配置，之后对该 JSP 页面的请求将由 JSP 引擎直接执行编译好的 Servlet 代码。例如，图 7-2 显示了例 7-1 的 date.jsp 的请求处理过程。当 date.jsp 文件第一次被客户端 UA 请求时，Tomcat 将会在自身安装目录中的 work/Catalina/localhost 文件夹中按照 date.jsp 所在 Web 程序上下文路径建立对应的文件夹 chapter7，然后在此目录将 date.jsp 转换为 Servlet 源文件，之后将其编译成类文件。当这一过程完成后，客户端 UA 对此 JSP 的请求都将由生成的 Servlet 类的实例进行处理。

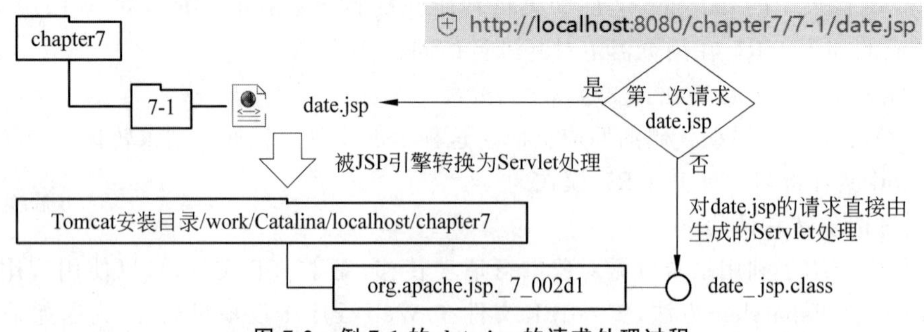

图 7-2 例 7-1 的 date.jsp 的请求处理过程

Web 容器这种处理方式使得 JSP 文件不用每次请求都要做语法解析，从而提高了 JSP 执行的效率。另外，JSP 在部署时并不需要编译，修改保存后直接复制到 Web 应用的对应目录下面就会自动被 JSP 引擎进行编译处理，所以其开发所需的工具只要一个文本编辑器即可。对于一些业务逻辑简单的站点/Web 应用程序，完全可以使用 JSP 代替 Servlet。

1. JSP 转换 Servlet 文件的位置和内容

不同 JSP 引擎在将 JSP 文件转换成的 Servlet 时，生成的 Servlet 存储位置一般都不尽相同，可以参阅对应 JSP 引擎/服务器的在线文档或者手册获得具体说明。以 Tomcat 服务器为例，在图 7-2 中 date.jsp 文件转换成的 Servlet 类文件及其所在的包文件夹被存储在 C:\apache-tomcat9.0.36\work\Catalina\localhost\chapter7 的目录中，转换后 Servlet 类的包名以"org.apache.jsp"为前缀，后面加上对 JSP 所处的文件夹进行合法化名称处理后的尾缀，此处为 org.apache.jsp._7_002d1；Servlet 的类名按照 JSP 的文件名和扩展名之间加上下画线构成，此处为 date_jsp；默认设置下，Tomcat 会同时保留生成的 Servlet 源文件以及编译之后的类文件，如图 7-3 所示。

图 7-3　被 Tomcat 9.x 服务器转换成的 date_jsp.java 源文件和 date_jsp.class 类文件

2. 生成的 Servlet 源文件的查看

开发者可以直接进入对应目录查看生成的 Servlet 源代码。如果 Web 程序采用 NetBeans 的 Java With Ant 项目向导创建，可以在项目窗口右击需要查看的 JSP 页面，选择 View Servlet 命令直接查看生成的 Servlet 源代码，如图 7-4 所示。

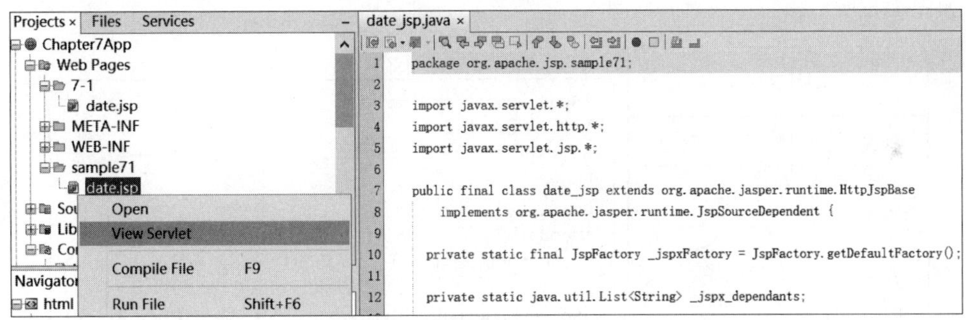

图 7-4　查看生成的 Servlet 源代码

使用 NetBeans 的 View Servlet 命令时需要注意以下几点。

① 这个命令会读取项目运行所在的 JSP 引擎生成的 Servlet 源代码，如果该 JSP 文件没有被请求过，NetBeans 会弹出一个提示必须首先运行该 JSP 的错误对话框。

② 在 NetBeans 12.x 系列版本中，若在图 7-4 所示菜单中选择 Run File 命令时并不会起到运行作用，这是 NetBeans 12.x 系列自身问题所致。此时可以直接在浏览器中输入此 JSP 的 URL 对其进行访问，然后再使用 View Servlet 命令。

③ 当 JSP 或其所在文件夹名称中包含一些特殊符号，如下画线、减号等，或不符合 Java 类名/包名的命名规范，此命令将找不到生成的 Servlet，会弹出尚未运行 JSP 文件的错误对话框，提示查看失败。例如，图 7-4 中 7-1 目录中的 date.jsp 就不能使用该命令查看。

3. 生成的 Servlet 源代码组成

一般而言，一个 JSP 文件会被转换成一个 Servlet，而转换后的源代码可能会随着 JSP 引擎不同而有所差别，但很多 JSP 引擎都会使用 Apache Tomcat 提供的转换机制。Tomcat 转换后的 Servlet 代码总体的组成如下：

```
package org.apache.jsp.必要的 JSP 所在文件夹或其转换名;
//必要的 import 语句;
public class JSP 文件名称_jsp extends org.apache.jasper.runtime.HttpJspBase{
    //字段声明
    //其他方法/静态初始化器定义
  public void _jspService( javax.servlet.http.HttpServletRequest   request,
                    javax.servlet.http.HttpServletResponse  response)
      throws java.io.IOException, javax.servlet.ServletException {
       //页面 HTML 标记的输出语句以及页面中的脚本片段代码和 JSP 引擎生成的其他代码
  }
}
```

可以看到，JSP 文件转换成的 Servlet 类继承的父类不是 HttpServlet，而是 HttpJspBase，这个类以 HttpServlet 为父类，提供了一些可供子类继承或使用的更为丰富的成员。类中处理 HTTP 的请求是一个通用的请求处理方法_jspService，该方法的返回类型、参数、异常和 HttpServlet 中提供的 service 方法完全相同，主要负责输出 JSP 中的静态 HTML 标记等内容以便构造用户界面，同时负责 JSP 脚本片段代码的执行。

7.2 JSP 的代码组成

JSP 本身主要由包含/页面/自定义标记指令、声明、模板、表达式、脚本片段以及操作元素组成，如图 7-5 所示。

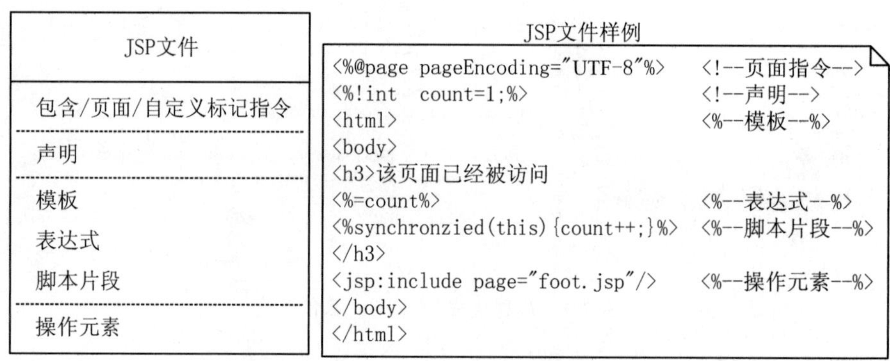

图 7-5 JSP 文件的组成结构及样例

由图 7-5 中的样例 JSP 文件的组成结构可以看到，除去模板和操作元素之外，JSP 文件中其他的组成部分都是以服务端标记（＜％％＞）作为开始和结束。而模板就是指文件中的 HTML 标记，在实际应用中包括诸如 CSS 样式、JavaScript 代码等 HTML 相关的非服务器端执行代码。模板是 JSP 中最主要的组成部分，当请求到达时，页面中的模板部分将被转换为 Servlet 的请求处理方法_jspService 中的输出语句发送到浏览器，这样，开发者就可以避免自行编写烦琐的 HTML 标记输出语句，极大简化了界面设计工作，所以 JSP 非常适合于构造人机交互界面。

7.2.1 JSP 注释

在图 7-5 所示的 JSP 样例文件中，最右一列的说明文字都是 JSP 中的注释，用于说明文件中组成部分的作用，这些注释不会影响界面显示和代码的执行结果。在图7-5中可以看到，这列注释包含了两种书写方式，分别是HTML注释和服务器端注释。

1. HTML注释

HTML注释在3.2.1节中已经介绍过，由小于号后接感叹号和两个减号开头，由两个减号和大于号结束，即如下格式：

```
<!-- 单行或者多行注释内容 -->
```

在JSP文件中，这种注释属于模板的一部分，JSP引擎会将其通过_jspService方法直接输出到客户端UA。虽然这些注释不会显示在客户端浏览器的界面中，但用户在浏览器中可以通过查看HTML源文件看到这些注释内容，由于这个原因，JSP中的HTML注释被称为客户端注释。

2. 服务器端注释

JSP还提供了一种服务器端注释，由服务端标记和左右各两个减号组成，如下所示：

```
<%-- 注释内容 --%>
```

服务器端注释可以支持多行注释内容，只要其开始和结束部分位于＜%--和--%＞之间就可以。JSP引擎在处理这种注释时，会完全忽略注释标记及其中的内容。利用这个性质，还可以使用服务端注释将JSP页面中的一些代码进行屏蔽，这可以用于JSP页面的调试和一些功能的临时禁用。

7.2.2 JSP指令

JSP指令由服务端标记(＜%%＞)的开始标记后接@(可读作at)和相关指令名及参数组成，用于指示页面的构成方式和属性取值，以及控制JSP页面转换为Servlet时的一些代码生成方式。指令主要包括页面指令、包含指令和自定义标记指令，书写时，指令和前面的@符号之间可以使用一个或多个白空格分隔，不过建议将@和指令连写以增加可读性。注意JSP指令的构成部分都严格区分大小写。

1. 页面指令

页面指令是JSP中最为常用的指令，用于指定当前JSP页面的一些重要属性和代码的相关设定。页面指令的语法格式如下：

```
<%@page {参数名="参数值"} * %>
```

式中的大括号和＊号表示其中内容可以出现多次，即页面指令可以包含多个可选的参数，其中常用的参数如表7-1所示。

表7-1　页面指令常用参数

参数名	pageEncoding	contentType	import	buffer	autoFlush	session
作用	指定存储编码	设置响应实体	导入类型	设置缓存	自动缓存输出	开启会话
取值	字符编码名称	实体的MIME值	类型全名	none/数值kb	true/false	true/false

页面指令在书写时没有顺序要求，参数之间也没有次序要求。为了提高可读性，建议在JSP文件的开始行书写页面指令。页面指令可以只出现一次，同时给出需要设置的多个参数；也可以多次使用页面指令，每次指定不同的参数和取值。当一个JSP文件中包含多个页面指令时，import参数可以出现在每一个指令中，用来为当前页面中的Java代码引入不同的类型名称。除去import参数，其他参数都不能在多个页面指令中重复出现。

(1) pageEncoding 参数。pageEncoding 参数在 JSP 1.2 规范中引入，用来指定当前 JSP 文件存储时的文本编码，该参数的取值可以是所有合法的文本编码名称，5.1.2 节介绍的 ISO-8859-1、GB2312、GBK、BIG5、UTF-8 均可应用于 pageEncoding 参数取值，推荐使用 UTF-8 编码，即通过如下的页面指令指定当前 JSP 文件采用 UTF-8 编码保存。

```
<%@page pageEncoding="UTF-8"%>
```

注意，参数取值中的编码名称不区分字母大小写。如果页面指令中没有指定 pageEncoding 参数，则当前页面可能会出现中文字符的乱码。

(2) contentType 参数。contentType 用以指定其所在的 JSP 页面给客户端 UA 传输的响应数据的 MIME 类型名称，经常使用的参数取值是"text/html;charset=UTF-8"，用以指定响应的数据实体为 HTML 文档，页面中的文本编码为 UTF-8，对应的页面指令如下：

```
<%@page contentType="text/html;charset=UTF-8"%>
```

在 JSP 1.2 规范之前，由于 JSP 引擎没有为页面指令提供 pageEncoding 参数的处理机制，所以 contentType 参数还有指定页面存储编码的功能；但在 JSP 1.2 规范之后，就可以使用 pageEncoding 代替该参数指定页面的存储编码了。如果在 JSP 页面指令没有指定该参数，则默认 JSP 响应实体的 MIME 类型为 text/html。

(3) import 参数。import 参数用于为当前 JSP 页面中所有嵌入的 Java 代码中的类型指定其全名，以便代码中可以使用简化的类型名称。该参数的作用等价于 Java 源文件的 import 语句。由于 Java 语言鼓励采用多个 import 语句引入类型全称以增加可读性，所以在 JSP 文件中也可以分多次通过 page 指令使用 import 参数。如果需要使用一个 import 参数引入多个类型，可以在每个类型全称之间用逗号分隔。例如，如果需要引入 java.util.Date 和 java.text.SimpleDateFormat，可以使用如下包含一个 import 参数的页面指令：

```
<%@page  import="java.util.Date,java.text.SimpleDateFormat"%>
```

也可以使用如下两个页面指令分别引入这两个类型：

```
<%@page  import="java.util.Date"%>
<%@page  import="java.text.SimpleDateFormat"%>
```

(4) buffer 参数。JSP 页面响应中的数据实体主要由模板部分组成，也包括 JSP 中嵌入的 Java 代码输出的数据。在默认设置下，JSP 的响应数据实体不直接发送给客户端 UA，而是先被存储到服务器的一块内存区域；当执行缓存区数据输出指令或当此内存存满后，数据才会从缓存区发送给客户端，如图 7-6 所示。这种方式可以降低服务器和客户机之间网络连接建立的次数，提高传输效率。这块用于存储响应数据实体的内存区域就是缓存区，即 buffer。

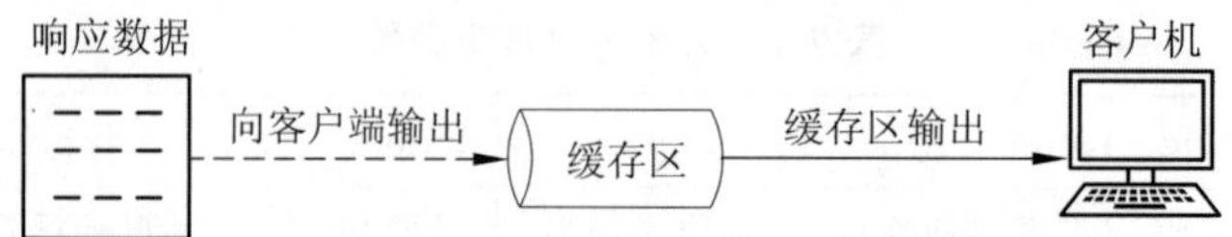

图 7-6 JSP 响应中的数据实体缓存处理机制

通过在页面指令中指定 buffer 参数，开发者可以控制该 JSP 对客户端响应需要的缓存区大小。缓存区设置的数值越大，就越有利于提高网络传输的效率，但对服务器的内存资源占用可能也会随之提升。buffer 参数的取值是以千字节，即 kb 为单位的正整数，需要注意的是在整数值后必须加上 kb 后缀，否则将导致错误。例如，以下指令将缓存大小指定为 1MB(1 兆)：

```
<%@page buffer="1024kb"%>
```

如果不希望采用缓存机制，可以将此参数值设置为 none。注意，buffer 参数取值中的 kb 或 none 一定都要小写。如果页面指令没有指定 buffer 参数，按 JSP 规范，JSP 引擎为其提供的默认值应不少于 8kb。

(5) autoFlush 参数。autoFlush 参数指定是否自动将缓存区的响应数据在缓存已满的情况下自动输出到客户端 UA，可以将其值设置为小写的 true 或者 false，默认取值为 true，代表当缓存区已满时，JSP 引擎将自动向客户端输出缓存区中当前页面的响应实体数据并清空缓存。可以采用如下页面指令在指定缓存为 10kb 时，同时将 autoFlush 指定为 false：

```
<%@page autoFlush="false" buffer="10kb"%>
```

当 autoFlush 参数值为 false 时，缓存区即使被占满也不会向客户端输出其中的数据；如果后续还有响应数据需要存储到缓存区，则当前页面将会引发处理错误。为了避免这种错误出现，建议 autoFlush 参数取 true。

还需要注意，当 autoFlush 参数值取 false 时，意味着缓存区中存入的响应实体数据不能超过其上限大小，这种情况下缓存区必须存在，此时 buffer 参数的取值不能为 none，否则将引发 JSP 页面的解析错误。

(6) session 参数。session 参数指定当前页面是否为其请求客户端 UA 产生与之关联的会话对象，参数的取值可以是 true 或 false，默认为 true，即如果客户端 UA 的会话对象不存在，当前 JSP 页面将为其创建所需的 javax.servlet.http.HttpSession 类型的会话对象。如果通过如下的页面指令将 session 参数值指定为 false：

```
<%@page session="false"%>
```

此时，当前页面将不会为客户端 UA 创建新的会话对象，若之前和客户端 UA 关联的会话对象尚未建立，则此页面将不能使用会话对象；但如果之前会话对象已经存在，则当前页面将沿用已建立的会话对象。这个参数的取值作用实际上和 Servlet 请求处理方法中通过请求参数的 getSession 方法创建会话对象时的参数作用是一致的。设 Servlet 请求处理方法中的请求参数为 request，页面指令的 session 参数取 true 等价如下语句调用：

```
javax.servlet.http.HttpSession session=request.getSession(true);
```

当 session 参数取 false 时，相当于上述代码中 getSession 方法的参数取 false。

(7) 页面指令的其他参数。

① language 参数可以指定 JSP 引擎扩展页面中嵌入的脚本语言的语法，默认值为 java。如果 JSP 引擎扩展了 JSP 页面的脚本片段中可使用语言，就可以将 language 参数设置为其他的编程语言名称。不过，目前所有 JSP 引擎对于 JSP 文件中脚本语法支持都仅限于 Java 语言，所以该参数一般无须给出或者进行设置。

② extends 参数可以指定当前 JSP 转换为 Servlet 时的父类名称。在默认情况下，大部分 JSP 引擎在 JSP 页面第一次被请求时转换成 Servlet 时，都采用了 Apache Tomcat 提供的 HttpJspBase 作为继承的父类，如果开发者有自己的 JSP 转换设计需求，也可以通过 page 指令的 extends 参数将父类改为自己定义的父类。但在一般情况下很少需要这种设计，所以该参数一般也无须给出或者进行设置。

③ isThreadSafe 参数用于指定当前 JSP 页面中的代码是否能够保证线程安全性，参数值可以取 true 或者 false，默认值为 true，即开发者应自行保证页面中嵌入代码的线程安全。当此参数值为 false 时，JSP 引擎会将对页面的并发请求进行顺序处理，以保证不会发生多线程中的资源竞争；这种保证实际上是让 JSP 生成的 Servlet 按照单线程模式运行，在 4.2.3 节介

绍过这种单线程模式。由于从 Servlet 2.4 规范开始已经废弃了这种 Servlet 运行模式，所以指定 isThreadSafe 参数值为 false 没有实际意义，所以此参数一般也无须给出或者进行设置。

除去上述的 3 个参数，页面指令还可以使用 info、errorPage、isErrorPage 和 isELIgnored 参数，这些参数的作用和取值见表 7-2。info 参数的功能是为一些开发工具提供当前 JSP 页面的简短说明，它的取值实际上就是 Servlet 类中 getServletInfo 方法的返回值。errorPage/isErrorPage 用于设置当前页面出现异常时的异常处理页面，isELIgnored 用于设置页面中的 JSP 2.0 表达式的处理方式，这些将在第 8 章中进行详细介绍。

表 7-2 页面指令的部分参数

参数名	info	errorPage	isErrorPage	isELIgnored
作用	页面的简介信息	设置错误处理页面	是否为错误处理页面	是否忽略页面表达式
取值	任意文本	错误页面名	true/false	true/false

2. 包含指令

包含指令用于在当前 JSP 页面中包含当前 Web 程序中的其他文件，语法格式为

```
<%@include file="要包含文件在 Web 程序中的路径位置"%>
```

其中，file 参数指定的文件路径位置一般以/开头，代表 Web 程序的根目录。如果不采用/开头，则被包含文件的位置信息相当于当前 JSP 页面的存储位置。

JSP 引擎在执行包含指令时，对于被包含的文件位置和文件类型没有要求。Web 程序中任何目录，包括 WEB-INF 目录中的文件都可以被包含进当前的 JSP 文件。被包含的文件可以是任意类型的文本文件，JSP 引擎不会做任何包含前的处理工作。

(1) 包含指令的应用方式。包含指令可以嵌入模板中，用以包含页面所需的一些公共元素所在的 HTML 文档，例如，网站中的版权信息、工信部的 ICP 备案证书信息、友情链接等内容的页面；也可以使用包含指令在当前页面中包含进一些存有公用代码片段的文件，以便减少整个 Web 程序中代码的数量。

(2) 被包含文件的存储位置和扩展名。由于被包含的文件一般仅含页面中的一个片段，不具备独立性，所以一般应将被包含的文件放入 WEB-INF 文件夹，以防止用户单独请求到被包含的文件。JSP 规范为被包含的 JSP 文件专门提供了一个 jspf 扩展名，并建议将这类文件放入/WEB-INF/jspf 目录。

在实际应用中，由于单个被包含文件中的代码可能需要在被引入后才能形成正确的代码，如果被包含的文件采用类似于 jsp 或 jspf 这样的已知类型的扩展名，在使用一些具有语法提示的开发工具对其进行编辑时，可能会被编辑器标记上语法错误。如果不希望看到这些错误提示，可以采用自定义的类型名称，如 incf，作为被包含文件的扩展名。

(3) 包含文件中的中文问题处理。在使用 include 指令时，如果被包含的文件中含有中文字符，一定要保证文件存储时的正确编码，否则将出现乱码。本书建议采用 UTF-8 编码存储所有的文件，并且当被包含文件含有中文字符时，在文件的开始行采用页面指令指定 UTF-8 的存储编码，其代码如下所示：

```
<%@page pageEncoding="UTF-8"%>
```

(4) 包含指令的应用示例。例 7-2 中有两个 JSP 文件，一个是被包含的 JSP 片段文件 link.jspf，该文件位于/WEB-INF/jspf，以防止该文件被客户端直接请求，另一个是位于 7-2 文件夹中的 info.jsp，它采用 include 指令，利用 link.jspf 的绝对位置将其包含。这两个文件的存

储位置在 Web 程序中的分布如图 7-7 所示,图 7-7(b)还显示了 link.jspf 文件中的代码。两个文件均使用了页面指令将自身的存储编码设置为 UTF-8,info.jsp 文件中还使用客户端和服务端两种注释说明。

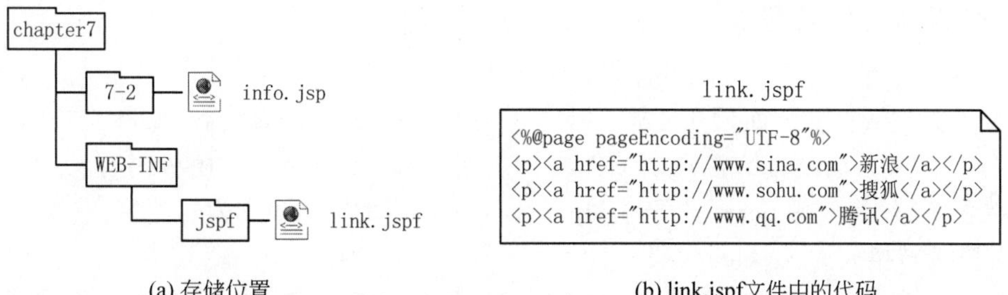

(a) 存储位置　　(b) link.jspf文件中的代码

图 7-7　Web 程序中的 info.jsp 和被包含文件 link.jspf 的位置以及 link.jspf 文件内容

【例 7-2】 含有包含指令的 info.jsp 文件。

```
<%@page  pageEncoding="UTF-8"  contentType="text/html"%>
<html><head>
<title>包含指令示例文件</title>
<style> .desc{float:center; line-height: 120px; margin-left: 10px; width: 220px;
text-align:center }</style>
</head>
<body>
<div style="float:left"><!--采用包含指令引入的友情链接-->
<%@include file="/WEB-INF/jspf/link.jspf"%><%--link.jspf 使用了以正斜线开始的绝
对位置--%>
</div>
<div class="desc">请单击左侧的链接</div>
</body></html>
```

info.jsp 页面部署在本机的 8080 端口的 Tomcat 服务器中后,浏览器对其请求得到的界面如图 7-8(a)所示,图 7-8(b)显示的是 JSP 在客户端的 HTML 源文件。

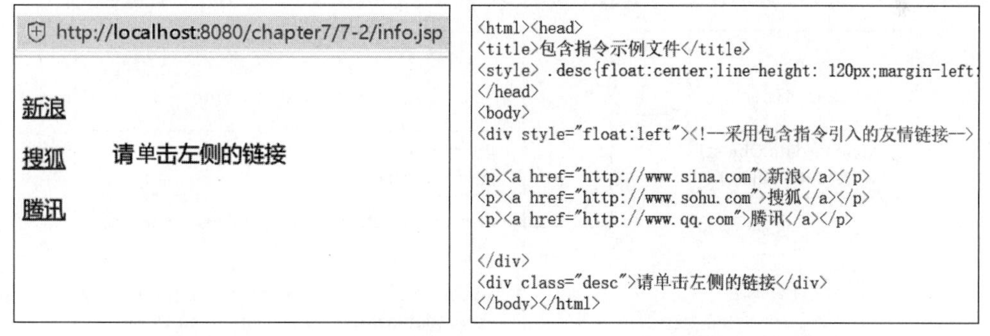

(a) HTML页面　　(b) HTML源文件

图 7-8　浏览器请求 info.jsp 后得到的 HTML 页面和源文件

通过图 7-8 也可以看到,info.jsp 中的包含指令上方的 HTML 注释出现在了浏览器显示的源文件中,而包含指令右侧的服务端注释及其内容被 Tomcat 完全忽略掉了。

3. 自定义标记指令

自定义标记指令在页面中引入可被 JSP 引擎处理的 XML 元素标记,指令语法如下:

```
<%@taglib  (uri="标记特定 URL"|tagdir="tag 标记文件路径位置")  prefix="元素标记的
前缀" %>
```

上式中的小括号部分的内容表示该指令可以选择 uri 参数或 tagdir 参数和 prefix 参数配合使用。限于篇幅，本书不介绍自定义标记元素的编写，只介绍如何通过自定义标记指令使用由 JCP 组织提供的标准化自定义标记元素，即 JSTL，将在第 11 章对其进行说明。

7.2.3 模板和脚本片段

1. 模板

模板主要包括 JSP 页面的 HTML 标记和相关的 CSS 样式等内容，实际上，在请求处理时，JSP 文件中直接被发送给客户端 UA 处理的组成部分都是模板，模板内容会按其出现次序，依次由 JSP 转换成的 Servlet 类的_jspService 方法中的输出语句发送给客户端。

（1）模板转换成的 Servlet 代码。

按照 JSP 规范，默认情况下模板内容均按文本流处理，在_jspService 方法中通过变量名为 out、类型为 javax.servlet.jsp.JspWriter 的对象进行输出，对应的代码示意如下：

```
public void _jspService( HttpServletRequest request, HttpServletResponse response)
throws IOException, ServletException {   //其他的转换代码省略，这里列出的主要是模板内容
                                          //的输出语句
      JspWriter out=null;
      try{
          //out 对象初始化语句
          out.write("模板的第一行内容\n");
          out.write("模板的第二行内容\n");
          //模板其他行的输出
      }catch(Throwable t ){  /* 异常处理语句 */  }finally{  /* 清理语句 */  }
}
```

可以看到，模板中每行文本都会形成输出语句，行尾的回车换行符号(\n)也会被输出。

（2）输出对象的类型 javax.servlet.jsp.JspWriter。

JspWriter 是 JSP 规范中专用于 JSP 页面向客户端 UA 传输响应实体数据的抽象类，它的实例由 JSP 引擎负责在_jspService 方法中构造，可以通过页面 page 指令的 buffer 参数和 autoFlush 参数对其输出数据进行缓存控制。JspWriter 的主要成员如图 7-9 所示。

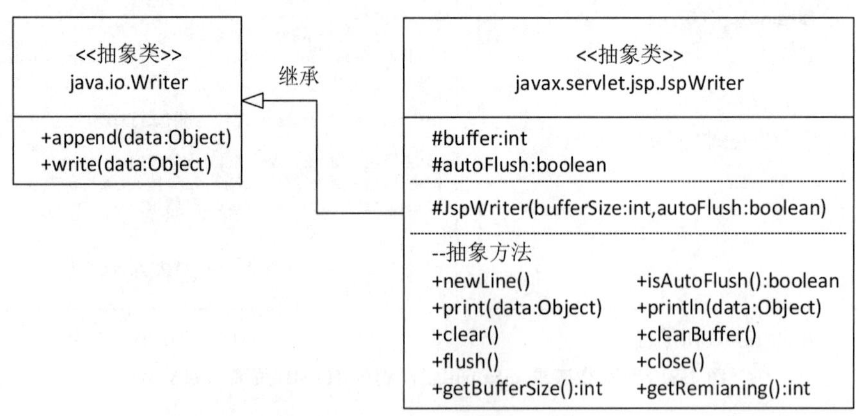

图 7-9 JspWriter 的主要成员

（3）输出对象 out 的数据输出和缓存控制。

按照 JSP 规范，在 JSP 转换成的 Servlet 的_jspService 方法中，使用 JspWriter 声明的输出流对象名称必须为 out。out 对象既可以被 JSP 引擎用于输出模板数据，也可以供开发者在脚本片段中向客户端发送必要的数据。

由图 7-9 所示的继承关系，out 对象可以使用 JspWriter 提供的 print、println、newLine 等方法向客户端输出数据，也可以使用继承自 Writer 父类的 append、write 等方法执行数据输出的任务。在缓存生效的情况下，这些输出数据先被存入服务端的缓存区，如果需要主动将缓存区的数据发往客户端后并清除缓存区，可以调用 flush 方法；如果只需清理但不发送数据，可以调用 clearBuffer 方法；clear 方法同样可以用于清理缓存区，但当缓存已空时，调用该方法会抛出异常；当 out 对象的关闭方法 close 被调用时，缓存区如果还存有数据，将自动被发往客户端。

2. 脚本片段

脚本片段是 JSP 模板中嵌入的用以处理客户端请求的 Java 语句，包括局部变量声明和类型定义语句，以及顺序、循环和分支等语句。它的语法格式如下：

```
<%  Java 变量声明语句|类型定义|语句顺序执行语句|分支语句|循环语句  %>
```

(1) 脚本片段转换成的 Servlet 代码。

脚本片段的代码将会被原样放入转换 Servlet 的_jspService 方法中。脚本片段一般都会嵌入在模板中编写，模板也可以包含多个脚本片段，_jspService 中的对应转换代码会按照模板和脚本片段出现的次序，由模板的输出语句和脚本片段中的代码依次组成。例如，某个 JSP 文件中的部分组成如下所示：

```
<p>Hello,</p><% String msg;%><%--注释的左侧和下方分别是两个脚本片段--%>
<h3><% msg="Mr.Wang";  out.println(msg); %></h3>
```

这部分的模板和两个脚本片段在_jspService 方法中形成的转换代码如下：

```
public void _jspService( HttpServletRequest request, HttpServletResponse response)
throws IOException, ServletException {  /*其他的转换代码省略,这里列出的主要是模板内
容输出语句和脚本片段中的语句*/
    JspWriter out=null;
    try{   /*out 对象初始化语句及其他输出语句省略*/
          out.write("<p>Hello,</p>");         //模板内容输出语句
          String msg;                          //第一个脚本片段中的语句
          out.write("\n");                     //第一行模板尾部的换行符也被原样输出
          out.write("<h3>");                   //模板内容输出语句
          msg="Mr.Wang";  out.println(msg);    //第二个脚本片段中的语句
          out.write("</h3>");                  //模板内容输出语句
          /*其他语句省略*/
     }catch(Throwable t ){  /*异常处理语句*/  }finally{  /*清理语句*/  }
}
```

(2) 脚本片段中的代码语法规则。

由转换代码可见，在脚本片段中编写的代码相当于 Servlet 的 doGet/doPost 等请求处理方法中的代码，所以在编写脚本片段中的代码时应遵循的语法规则是类似的。

① 代码中声明的变量和类型，分别相当于_jspService 方法中声明的局部变量和内部类型，可以在声明位置起，由当前和之后脚本片段中的输出、选择、循环等语句使用。例如：

```
<% class Person{ String name; int age;}  int i;  i=3; %> <%--在脚本中类定义和变量声
明赋值--%>
<h3><% Person p=new Person(); p.name="li"; p.age=23; %><%--在另一脚本中使用 Person
类--%>
<% out.print("name:"+p.name+"age:"+p.age); %></h3> <%--在其他脚本中输出 Person 实
例的信息--%>
```

② 代码中声明的变量，如果是数值类型，或者是在当前页面的脚本片段中已通过 new 运

算符构造实例的引用型变量，一般情况下无须考虑多线程问题；还要注意在声明变量时，不要使用 request/response/out/session/application/config/page/pageContext/exception 这 9 个名称，因为这些名称在转换成的_jspService 方法已经被定义使用。

③ 由于声明的变量是方法中的局部变量，所以不能带 public 等访问修饰符，变量类型可以来源于 JDK 基础类库以及 Servlet API，还可以是位于 Web 程序类路径中的类型，即位于/WEB-INF/classes 中的类文件和/WEB-INF/lib 目录中的 jar 类库文件中提供的类型。

④ 代码中使用带有包名的类型时，如果已经通过 page 指令的 import 参数引入对应的类型全称，可以省略包名，直接使用类型名称。另外，除去位于 java.lang 包中的类型不需要引入之外，位于 javax.servlet 以及 javax.servlet.http 包中的类型也可以直接使用类型名称而无须加上包名前缀，这是因为生成的 Servlet 源代码中会通过 import 语句引入这两个包名。例如，下面脚本片段的变量声明中的类型无须使用 javax.servlet.http.Cookie 的全称：

```
<% Cookie  myCookie=new Cookie("sample", "some cookie content"); %> <%--使用
Cookie 即可--%>
```

在编写脚本片段的代码时，由于转换后代码所在的_jspService 方法声明处已经包含了对 java.io.IOException 和 javax.servlet.ServletException 异常类型的抛出，所以在调用抛出这两种检查异常的方法时，并不一定需要采用 try…catch 语句块进行捕捉处理。

⑤ 代码中不能直接包含方法定义，这是由于转换后的脚本片段代码位于_jspService 方法中，而 Java 不容许一个方法中包含其他方法的定义。如果确实需要通过编写方法将一些公共操作合在一起，可在脚本片段中声明一个类定义，然后在类中定义所需的方法。

⑥ 由于同一页面的多个脚本片段和模板都会构成_jspService 方法中的语句，所以应按在一个方法中编写代码的角度进行脚本片段代码和模板之间的配合。如果分支/循环语句体跨越了多个脚本片段和模板，一般要在语句体的开始和结束部分使用大括号，如下所示：

```
<% if/switch/while/for(判断条件){ %>  <%--本句中的大括号为语句体开始的大括号---%>
  HTML 标记及其他模板组成部分
<% } %>  <%--本句中的大括号是语句体结束部分的大括号--%>
```

例如，下面 JSP 代码的循环语句体的开始和结束跨越了两个脚本片段，所以要使用大括号；而之后的分支 if 语句体没有使用大括号，所以达不成下方 div 元素的不显示控制：

```
<% for(int i=1;i<=6;i++){ %> <%--注意,本句中 for 循环体的开始大括号不要省略--%>
<h3>这部分的内容重复出现 6 次</h3>
<% } //for 循环体结束的大括号
if(false)%> <%--if 语句体没有使用大括号,不会产生语法错误,但可能不会有预期的显示--%>
<div style="color:red">此处的红字依旧能够显示</div>
```

⑦ 一个脚本片段中的代码可以在多行中书写，但多个脚本片段之间不能出现嵌套/交叉，脚本片段中不能包含其他服务端标记或者客户端注释，下面的 JSP 代码是错误的：

```
<%  String  msg;           <!--脚本片段中只能是 Java 代码,此处的客户端注释会导致错误-->
   <%  int cnt=0;  %>  <%--嵌套的脚本片段和服务端标记,包括服务端注释都是错误的--%>
%>
```

⑧ 在脚本片段中可以使用 return 语句，由于转换后的脚本片段所在的_jspService 方法返回类型为 void，所以只能使用不带返回值的 return。注意，执行 return 语句相当于_jspService 方法执行完毕，位于 return 语句后的所有代码和模板将不会再被执行，所以 return 语句一般会放入条件判断的执行体语句的最后。

⑨ 在脚本片段中使用不受 try…catch 语句捕捉的 throw 语句时要慎重，因为这一般会导

致页面出现处理错误，在后面章节中将会介绍 Web 中的错误处理技术。

（3）脚本片段代码处理的请求类型。

在 JSP 生成的 Servlet 类中，模板和脚本片段均被转换为_jspService 方法中的代码，而_jspService 可以处理 GET、POST、PUT、DELETE 等多种方法的 HTTP 请求，所以脚本片段中的代码和模板产生的输出在各种请求方法下都将被执行。

3. 脚本中的隐含对象

JSP 的脚本片段中可以直接使用一些无须定义的变量，这些变量就是隐含对象(implicit object)，共有 9 个。它们是 JSP 引擎将 JSP 转换为 Servlet 代码时，在_jspService 方法中生成的一些固定名称和类型的变量，用来支持脚本片段中 HTTP 请求处理。

（1）request 请求对象。request 的类型为 javax.servlet.http.HttpServletRequest 接口，该对象实际是脚本转换代码所在的_jspService 方法中的第一个参数，使用该对象可以获得客户端请求相关数据。

（2）response 响应对象。response 的类型为 javax.servlet.http.HttpServletResponse 接口，实际上是_jspService 方法中的第二个参数，使用该对象可以对其所在页面的 HTTP 响应做出处理。

（3）page 页面实例对象。page 对象代表当前 JSP 页面转换成的 Servlet 类在运行时由 JSP 引擎建立的实例，该对象实际上就是_jspService 方法中的 this。

（4）out 输出对象。out 对象的类型为已介绍的 javax.servlet.jsp.JspWriter，开发者可以利用 out 对象输出所需数据，相当于在页面模板中嵌入了脚本处理的结果，参看例 7-1 中使用该对象输出日期；还可以使用 out 的 clear、clearBuffer 等方法对已输出但尚在缓存中的内容进行清理替换。注意，在脚本片段中无须调用 out.close 关闭输出流，JSP 引擎会自行关闭该对象。

（5）session 会话对象。session 对象的类型为 javax.servlet.http.HttpSession 接口的实例，代表请求当前页面的客户端 UA 的会话对象。需要注意的是，如果该页面的 page 指令中 session 参数设置为 false，则 session 变量有可能为 null 值。

（6）application 应用程序对象。application 对象的类型为 javax.servlet.SevletContext 接口，该对象在 6.3 节中已经做了相关的介绍。JSP 的脚本片段中的这个隐含对象使得应用程序对象的获取变得更为简单。

（7）config 配置对象。在 4.3.1 节中已经详细介绍 javax.servlet.ServletConfig 接口的组成和应用，如获取位于 web.xml 文件中存储的参数信息。通过该对象也可以获取应用程序对象。

（8）exception 异常对象。这个对象类型为 Throwable，即异常类型 Exception 的父类类型，代表页面中出现的异常类的实例。注意，这个隐含对象只有在 page 指令中将 isErrorPage 参数设置为 true，即当前页面为错误处理页面时才可用。错误处理页面将在第 9 章中介绍。

（9）pageContext 页面上下文对象。pageContext 对象功能丰富，使用该对象可以获取其他隐含对象关联的实例，还可以执行初始化/释放页面对象、请求转移/包含，名-值对数据存取、处理页面异常等功能。该对象的类型是 javax.servlet.jsp.PageContext 抽象类，部分主要成员如图 7-10 所示。

如图 7-10 所示，可以调用 pageContext 对象中的方法完成如下一些常见任务。

① 从父类 JspContext 中继承的方法 getOut 以及自身的 getRequest、getResponse 等系列

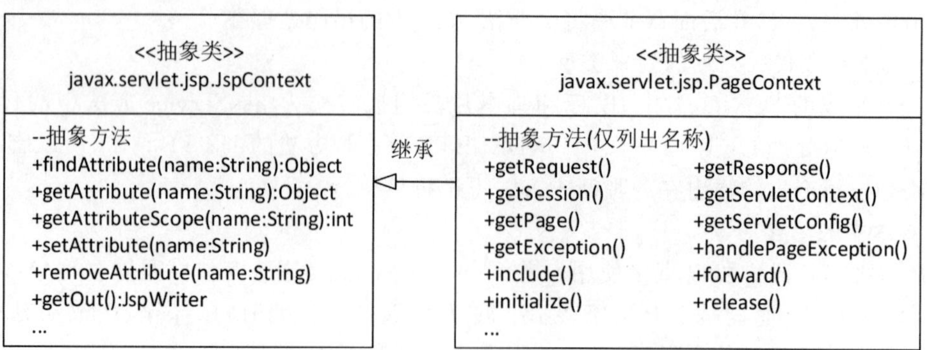

图 7-10 PageContext 抽象类及父类 JspContext 中的部分成员

get 方法，获取其他 8 个隐含对象的实例。

② 调用 forward/include 方法进行请求的转移和包含。

③ 调用继承自父类的 setAttribute/getAttribute/removeAttribute 等方法进行当前页面范围内的名-值对数据处理，通过调用 findAttribute 方法还可以在按当前页面上下文、请求、会话、应用程序对象的次序寻找指定名称的属性值。注意，当 getAttribute 和 findAttribute 方法没有找到对应名称的属性值时，都将返回 null。

④ 调用 handlePageException 方法，传入异常类的实例，以进行页面中的异常处理。

⑤ 调用 initialize/release 方法进行当前 JSP 页面的初始化/资源消除清理工作。

例 7-3 是一个采用隐含对象对登录信息进行检查、存取、输出的 JSP 文件。当用户未登录时显示登录表单；如果输入账号长度大于 4，将显示用户登录账号和当前 GMT 时间。

【例 7-3】 隐含对象登录应用的 login.jsp 文件。

```
<%@page pageEncoding="UTF-8" import="java.util.Date"%><%--page 指令指定编码,引入
日期类--%>
<html><head><title>隐含对象使用示例</title></head><body>
<% String uid = request.getParameter("uid");
                                        //通过请求对象 request 获取用户的表单中的账号输入
  pageContext.setAttribute("errMsg","");
                                        //通过页面上下文对象 pageContext 存储错误信息
  if (uid != null) { //uid 不为空值表明用户在表单中输入了账号,此时需要验证账号
    if (uid.length() > 4) session.setAttribute("uid", uid);
                                        //账号符合要求就存入会话对象 session
    else pageContext.setAttribute("errMsg","账号应大于 4 个字符!");
                                        //不符合要求就将错误存入页面范围
  }
  uid = (String) session.getAttribute("uid");
                                        //再次使用 uid 变量存入从会话对象中取出的账号
  if (uid == null) { //如果 uid 为空,说明会话对象中没有存入登录 id,即用户未登录
%> <%--以下是未登录的输入表单模板,中间加入了使用 out 对象输出登录错误的脚本片段--%>
<div style="color:red"><% out.println( pageContext.getAttribute("errMsg") ); %>
</div>
<form method="post">请输入账号:<br/><input name="uid"><input type="submit">
</form>
<%} else { //else 后就是登录为真的执行逻辑,注意,else 左侧的大括号匹配没有登录的条件结束
     Date now = new Date();             //GMT 格式的当前时间,由于页面指令引入了 Date,此处
                                        //用简称 Date
%><%--以下是已登录的模板,中间加入了使用 out 对象输出登录 id 和当前时间的脚本片段--%>
  登录 id:<% out.print(uid); %>当前时间:<% out.print(now); %>
```

```
<%}%>
</body></html>
```

该例 JSP 页面在输入账号不满足要求和满足要求的情况下的显示界面如图 7-11 所示。

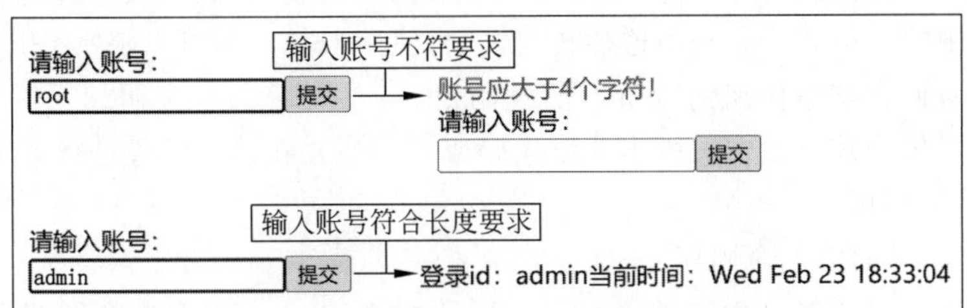

图 7-11　login.jsp 部署后的请求运行情况

7.2.4　JSP 中的表达式

JSP 的表达式是在模板中嵌入的输出语句，它的语法格式如下：

```
<%=表达式%>
```

表达式可以是脚本片段中的变量，也可以是一些有返回值的 Java 表达式，如四则运算、逻辑运算、方法调用等表达式。表达式的返回值应能够被转换为 String 类型，数值、布尔、字符等类型可以直接被 JSP 引擎转换，引用类型会调用其 toString 方法将其转换，但对于方法调用返回类型为 void 的将导致错误。注意，表达式右侧结束处不要加上分号(;)。表达式在模板中相当于脚本片段中 out 对象输出语句的简化，脚本片段代码如下：

```
<% out.write(表达式); %>
```

上述表达式被称为 JSP 1.x 表达式，在 JSP 2.0 规范及以上还可以在模板中嵌入另一种 JSP 2.0 表达式，格式为 ${表达式}，将在 8.3 节中进行介绍。

7.2.5　JSP 声明

JSP 声明用于定义当前页面中 Java 代码可使用全局性字段、类型和方法，语法格式如下：

```
<%!  {字段声明|方法定义|类型声明}*   %>
```

JSP 声明由服务端标记和感叹号引导的 Java 声明/定义组成，语法式中的大括号和 * 号表示其中可包含多个类型、方法或字段定义。一个 JSP 声明可以分多行书写，也可以使用多个 JSP 声明定义不同的字段、方法或类型。书写时，声明中的感叹号和 Java 语法的声明之间可以有零或多个白空格；建议保留一个空格以增加可读性。

1. 字段声明

这种 JSP 声明中的字段将被转换为 Servlet 类中的字段，凡是在 Java 类定义中合法的字段声明语法，都可以应用在 JSP 声明中。例如，下面的 JSP 声明中定义了整型变量 cnt 和字符串型静态常量 msg：

```
<%!public int cnt;  static final String message="Welcome!"; %>
```

此 JSP 声明在运行时将被转换为如下示意的 Servlet 类定义中的两个字段声明：

```
public class JSP文件名称_jsp extends org.apache.jasper.runtime.HttpJspBase{
    public int cnt;  static final String message="Welcome!";  //由 JSP 声明转换成的字
                                                              //段定义
    //_jspService 方法以及其他的 Servlet 类中成员定义
}
```

注意，以 jsp、_jsp、jspx 和_jspx 为前缀的名称是 JSP 规范的保留名称，声明字段时应避免使用它们。由于字段也可在脚本片段/表达式中使用,所以要注意多线程控制问题。

2. 方法声明

JSP 声明是 JSP 页面中唯一可以直接定义方法的组成部分,此处定义的方法将被转换为对应 Servlet 类中的成员方法。利用这种转换机制,使用 JSP 声明可以定义 JSP 页面的生命周期方法,以定制页面在初始化和销毁阶段的代码;也可以利用 JSP 声明编写一些处理公共业务逻辑的方法,以供当前页面中的脚本片段代码或者表达式在请求阶段进行调用,或者供声明中的其他方法进行调用。

(1) 定义 JSP 页面的生命周期方法。

JSP 规范中定义了 JSP 页面的 jspInit、_jspService、jspDestroy 三个生命周期方法,如图 7-12 所示。

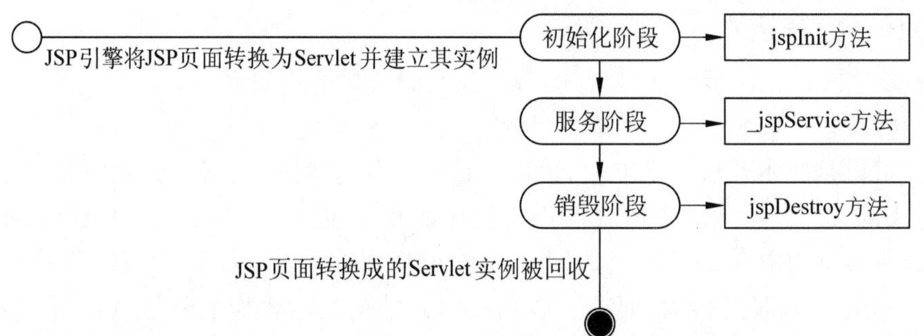

图 7-12 JSP 页面的生命周期阶段和对应的生命周期方法

JSP 生命周期中的服务阶段执行_jspService 请求处理方法,方法中的代码由脚本片段和模板输出语句组成;而初始化和销毁阶段执行的是 jspInit 和 jspDestroy,这两个方法均可利用 JSP 声明进行改写,以实现在页面初始化和销毁阶段执行所需的代码,代码如下所示:

```
<%! public void jspInit(){  /*当前页面的初始化代码*/  }
    public void jspDestroy(){ /*必要的清理代码*/  }  %>
```

在 JSP 声明中编写 jspInit 和 jspDestroy 代码要注意以下几点。

① 这两个方法在当前页面的父类中都是公开的方法,所以在页面中对其进行改写都需要有 public 修饰符,否则将引起语法错误。另外还要注意,最好不要在方法定义前使用@Override 注解,因为有些开发工具会发生误判而显示语法错误(实际运行时不会出错)。

② 这两个方法都属于回调(callback)方法,即均由 JSP 引擎自动调用执行,开发者对其进行调用。由于方法仅会执行一次,所以,也不用考虑多线程问题。

③ 这两个方法都不含参数,如果需要获取到 Web 程序的配置信息以及应用程序对象,可在编写代码时调用继承的 getServletConfig 和 getServletContext 方法,代码段如下所示:

```
ServletConfig config=getServletConfig();
ServletContext application=getServletContext();
```

④ 由于 JSP 声明中的方法会转换为 Servlet 类中的成员方法,所以当前页面声明的所有字段都可以在这两个方法中使用,但脚本片段中声明的变量和 9 个隐含对象不能使用。

⑤ JSP 规范不推荐利用 JSP 声明改写 JSP 转换成的 Servlet 从父类继承的 init/destroy 方法,这样做有可能会在一些 JSP 引擎中导致语法错误。

(2) 定义非生命周期方法。

非生命周期方法中的代码不会被自动执行,需要开发者在脚本片段或者表达式中对其进行调用,也可以在声明中的其他方法中对其进行调用。例如,下面的JSP声明包含了一个实例同步方法add和一个静态方法getMessage和其引用的字段的定义:

```
<%!
    synchronized void add() { cnt++; }          //同步方法,使用了实例字段 cnt
    static String getMessage(String name) { return msg+"name"; }
                                                 //静态方法,使用了静态字段 msg
    int cnt;  static final String msg="welcome!"; %> <%--字段声明放在方法声明前后
都可以--%>
```

此JSP声明在运行时将被转换为如下Servlet类定义中的两个方法和字段声明:

```
public class JSP文件名称_jsp extends org.apache.jasper.runtime.HttpJspBase{
    synchronized void add() { cnt++; }
    static String getMessage(String name) { return msg+"name"; }
    int cnt;  static final String message="Welcome!";
    //_jspService方法和其他成员定义
}
```

非生命周期方法中同样可以调用继承自转换成的Servlet父类中getServletConfig、getServletContext等方法,同时,由于脚本片段中声明的成员和隐含对象是转换成的Servlet类中_jspService方法的局部变量,不能在当前的这种非生命周期方法中使用。

3. 类型声明

位于JSP声明中的类型定义,将会被转换成为Servlet类定义中的内部类型。这种内部类型由于位于类定义中,所以作用范围是该类中所有的成员。可以在脚本片段和表达式中使用这种类型,也可以将其应用于JSP声明中定义的方法,还可以用于在JSP声明中定义字段的类型。

如果JSP类型声明中还包含字段声明时,需要注意字段声明后分号不能省略,同时,应该按照包含在外层类中的内部类型的Java语法规则定义类型中的成员,合理使用JSP声明中的字段。

例7-4是一个包含JSP声明、脚本片段和表达式的uainfo.jsp文件内容,该JSP页面包含了两个JSP声明:第一个声明定义了一个名为UserAgent的类和该类的字段uaInfo,用于记录当前页面被访问的总次数和页面所在的服务器名称;第二个声明定义初始化阶段的生命周期回调方法jspInit,负责建立uaInfo字段的实例,并向其中存入服务器信息。

当此页面被客户端请求时,将执行模板中的两个表达式中的代码,分别显示页面被访问的总次数和服务器信息。

【例7-4】 显示页面所在服务器及部署期被访问的JSP声明示例文件uainfo.jsp。

```
<%@page pageEncoding="UTF-8"%>
<%! class UserAgent { String serverName;  private int times;
      synchronized int visitTimes() {  return ++times;  }
                                                //此方法被脚本片段调用,要同步锁定
    }
    UserAgent uaInfo; %>
<%! public void jspInit() {                      //初始化生命周期方法定义
      uaInfo = new UserAgent();                 //建立字段 uaInfo 的实例,并通过应用程序
                                                //对象得到服务器信息
      uaInfo.serverName = getServletContext().getServerInfo();
                                                //不能直接使用隐含对象 application
    }
%>
```

```
<html><head><title>JSP声明示例</title></head><body>
<h3>本页面已经被访问<%=uaInfo.visitTimes()%>次</h3>
<p>页面部署服务器<%=uaInfo.serverName%></p>
</body>
</html>
```

7.2.6 JSP 服务端标记的 XML 语法

JSP 文件中的服务端标记(<%%>)并不符合 HTML/XML 元素标记的语法构成规则，这使得 JSP 页面中的标记语法得不到统一，有时会影响某些应用场景中对 JSP 文件的处理。例如，如果开发者需要利用标准 XML 的 API 生成具有既定结构的 JSP 文件，这种不符合元素构成语法的服务端标记就会影响 XML API 代码对文件的解析。为了统一 JSP 页面中的标记组成，JSP 规范还提供了具有 XML 元素格式的 JSP 指令、脚本片段、表达式和声明的语法，这些 XML 元素的标记均以 jsp 作为其名称空间前缀。服务端标记的 XML 语法在 JSP 1.x 规范中不能和服务端标记混合使用，但在 JSP 2.0 及以上的规范中取消了这种限制。

1. JSP 指令的 XML 语法

指令的元素名均以"directive."开头，以示其指令的特性。注意，自定义标记指令没有对应的 XML 元素。

(1) 页面指令的 XML 元素。

page 指令的 XML 元素的语法格式如下：

```
<jsp:directive.page  {参数名="参数值"}* />
```

例：

```
<jsp:directive.page  import="java.util.*"  buffer='4kB' /> <!--注意,参数值两侧也可以使用单引号-->
```

(2) 包含指令的 XML 元素。

include 指令的 XML 元素的语法格式如下：

```
<jsp:directive.include  file="被包含文件位置"/>
```

例：

```
<jsp:directive.include  file='/WEB-INF/jspf/footer.jspf'/>
```

2. 脚本片段的 XML 语法

脚本片段的 XML 元素名为 scriptlet，对应的语法格式如下：

```
<jsp:scriptlet> Java脚本片段代码 </jsp:scriptlet>
```

例：

```
<jsp:scriptlet>
 java.util.Date  now=new java.util.Date();  out.println(now);
</jsp:scriptlet>
```

3. 表达式的 XML 语法

JSP 1.x 表达式的 XML 元素名为 expression，对应的语法格式如下：

```
<jsp:expression> Java表达式 </jsp:expression>
```

例：

```
JSP Engine is:<jsp:expression>getServletInfo()</jsp:expression>
Today is:<jsp:expression>
 new java.text.SimpleDateFormat("yyyy/MM/dd").format(new java.util.Date())
</jsp:expression>
```

4. 声明的 XML 语法

声明的 XML 元素名为 declaration,对应的语法格式如下:

```
<jsp:declaration> Java 声明语句</jsp:declaration>
```

例:

```
<jsp:declaration>
 class Mark{ String name; double score; }                //类定义
 Mark[]  initMarks(int n){ return new Mark[n]; }         //方法定义
</jsp:declaration>
```

7.3　JSP 中的操作元素

在 JSP 中除去可以使用 XML 语法格式的 JSP 指令等元素之外,还可以使用其他一些具有相似语法的 XML 元素,用以控制 JSP 页面之间的包含、请求转移、数据输出、对象创建等工作,这些 XML 元素在 JSP 规范中被统称为操作元素。操作元素包括由 JSP 规范中以 jsp 为名称空间前缀的标准操作元素和自定义标记指令定义的特定前缀的 XML 元素,此处主要介绍标准操作元素 include、forward 和 plugin。

7.3.1　include 操作元素

include 元素用于当前 JSP 页面在处理请求时动态地包含 Web 程序中的另一个文件。该元素的作用和包含指令(<%@include file="包含页面 URI"%>)类似,通常用于包含 JSP 页面,页面中的服务端部分将先由 JSP 引擎进行处理,之后再被包含到当前页面。

1. include 元素的 XML 语法格式

(1) 空元素语法。

include 的空元素书写格式最为常用,利用 page 参数指定需包含的页面,具体语法如下:

```
<jsp:include  page = "被包含页面的 URI"   [ flush = "true | false" ] />
```

语法式中的方括号代表 flush 是可选参数,用于控制输出数据的缓存处理方式。

(2) 非空元素语法。

include 也可以按照非空元素的语法格式书写,其中还可以加入子元素 param 向被包含页面传入字符串参数,具体语法如下:

```
< jsp:include page="被包含页面的 URI"   [ flush = "true | false"]>
   {<jsp:param name="名"  value="值"/>} *
</jsp:include>
```

语法式的大括号和星号(*)表示 param 子元素可以出现 0 到多次。注意,include 元素开始和结束标记之间只能包含 param 子元素或白空格,出现其他内容将会导致页面出错。

2. include 元素的参数

(1) page 参数。page 是必选参数,参数值可以取被包含页面的绝对位置或者相对位置。绝对位置以正斜线(/)开头,代表从当前 Web 程序的根目录开始的路径 URI;相对位置不以正斜线开头,直接由相对于当前页面的 URI 组成。该参数值和前述 include 指令的 file 参数值在 URI 格式上的含义是一样的,被包含文件可以位于 Web 程序中的任何目录。

使用 page 参数包含文件时,需要注意以下几点。

① 被包含的文件可以是 HTML 文档等静态文件。

② page 参数取值可以采用表达式,即利用<%=expression%>的返回值,通过运行时计

算得到可变化的被包含页面；而包含指令 include 的 file 参数值只能是确定的文件 URI，这就使得 include 操作元素比包含指令更具有灵活性，下面的 JSP 代码是合法的：

```
<% String page="/WEB-INF/jspf/foot.jspf"; %>
<jsp:include page="<%=page%>"/> <%--使用表达式包含页面--%>
```

③ 当被包含的是 JSP 文件时，由于 JSP 引擎不会像 include 指令那样将页面内容合在一起后处理，而是依次执行两个页面中的代码，所以这两个 JSP 都是独立的，不能直接相互使用另一个页面中的代码。例如，A.jsp 和其包含的 B.jsp 文件中的代码如下：

```
<% String msg="hello!"%>
<jsp:include page="B.jsp"/>
<%--<%@includefile="B.jsp"%>--%>
```

A.jsp

```
<%--下方表达式中的 msg 变量会出现未定义错误--%>
<%=msg%>
<%--在 A.jsp 中使用 include 指令可以修正问题--%>
```

B.jsp

当 A.jsp 被请求时，由于被包含的 B.jsp 页面代码是独立的，所以会由于 B.jsp 页面中表达式的 msg 变量没有声明而出现错误；如果将 A.jsp 中的 include 操作元素替换成 include 指令，此时由于页面合并后 msg 变量已在 A.jsp 中声明，就不会出现错误。可以把 include 指令理解为源代码级的包含，而 include 操作只会包含页面的输出文本。

④ 可以利用请求对象在当前和被包含的 JSP 页面之间传递数据。当使用 include 操作元素包含页面时，等价于在脚本片段中调用 6.3.2 节中介绍的请求分派对象的 include 方法，代码如下：

```
application.getRequestDispatcher("被包含页面的位置 URI").include(request,
response);
```

由于被包含的页面和当前页面共享同一个请求对象，所以可以分别调用请求对象的 setAttribute/getAttribute 进行数据存入和取出，A.jsp 和 B.jsp 中的代码如下：

```
<%--利用请求对象存入数据--%>
<% request.setAttribute("msg","hello!"); %>
<jsp:include page="B.jsp"/>
```

A.jsp

```
<%--利用请求对象取出数据--%>
<%=request.getAttribute("msg")%>
```

B.jsp

除应用程序对象之外，请求对象所属的 javax.servlet.ServletRequest 接口中也提供了 getRequestDispatcher 方法，所以也可以使用请求对象实现 include 操作元素的包含功能，脚本片段如下：

```
request.getRequestDispatcher("被包含页面的位置 URI").include(request,response);
```

(2) flush 参数。flush 参数值可以取 true 或 false，默认的 flush 参数值为 false，代表在执行包含操作前，当前页面缓存的响应实体数据不进行输出。

3. param 子元素

param 子元素构造的字符串参数可以在被包含 JSP 页面的脚本片段中使用请求对象的 getParameter/getParameterValues/getParameterNames 等方法获取参数数据。这样页面之间除去使用请求对象的 setAttribute/getAttribute 方法进行数据传输之外，还可以采用查询参数传递数据，从而使得 include 操作中的页面数据传输更具有灵活性。

(1) param 子元素的语法格式。

param 子元素在书写时必须包含 jsp 名称空间前缀，一般按照空元素的语法书写，也可以使用非空元素的语法，不过开始和结束标记必须连续书写，之间不能包含任何字符。

如果需要向被包含页面传递多个字符串参数，可以在 include 元素中使用多个 param 子元素。

（2）param 子元素的参数。

param 必须包含 name 和 value 参数，分别用于指定要传输给被包含页面的字符串数据的名称和值。在使用 name 和 value 参数时，要注意以下两点。

① name 和 value 的取值都可以使用表达式。

② JSP 引擎会采用类似于 HTML 表单控件数据的格式传递 name 和 value 参数中的数据，即使用等号（=）连接 name 和 value 参数值构成名-值对，使用连字符（&）连接多个 param 子元素中的名-值对，在 GET 请求时还会在前加入问号（?）。如果名-值对数据中包含这些界定符号时，JSP 引擎会按表单数据处理模式自动将它们进行 BASE64 编码。

例如，例 7-5 中的 A.jsp 在包含 B.jsp 时，向其传递了名为 n 和 note 的两个字符串参数，其中参数 n 的值采用了一个可以产生 2～4 随机数的表达式，参数 note 的值中包含了等号、连字符和问号界定字符，这些都可以被 JSP 引擎按照 BASE64 编码规则进行处理，使得页面 B.jsp 能正确地输出这两个传递的字符串参数。

【例 7-5】 A.jsp 通过 include 操作元素向被包含的 B.jsp 页面传递字符串参数。

```
<jsp:include page="B.jsp">
   <jsp:param name="n"
          value="<%=2+(int)(3*Math.random())%>"/>
  <jsp:param name="note"
           value="random=2&4? "/>
</jsp:include>
```
A.jsp

```
<p>n is:
<%=request.getParameter("n")%>
<p>
note is:
<%=request.getParameter("note")%>
</p>
```
B.jsp

对于此例还需要注意，虽然 A.jsp 中的参数 n 采用了返回整型数的表达式，但在 B.jsp 的脚本片段或表达式中，利用请求对象的 getParameter 方法得到的是字符串。

7.3.2 forward 操作元素

forward 操作元素用于页面间的请求转移，该操作元素可以把客户端对当前页面的请求转移到目标页面，由目标页面在处理请求后负责对客户端进行响应。

1. forward 元素的 XML 语法格式

forward 元素的语法格式和 include 元素类似，同样具有指定请求转移目标页面的 page 参数和可选的用于缓存控制的 flush 参数，可以按照空元素的语法书写，代码如下：

```
<jsp:forward  page="目标页面的 URI | <%=目标页面 URI 的表达式%>"  [flush="true |
false"] />
```

也可以按非空元素的语法，加入一个或多个可选子元素 param 传递字符串参数：

```
< jsp:forward  page="目标页面的 URI | <%=目标页面 URI 的表达式%>"  [flush="true |
false"] >
  {<jsp:param name="名"  value="值"/>}*
</jsp: forward >
```

2. forward 元素的执行过程

JSP 引擎在处理 forward 元素时，执行和 include 元素相同的处理步骤，唯一区别就是目标页面的响应会完全替代当前页面，相当于执行了一次服务端的页面替换。该操作元素的功能和请求分配对象的请求转移是等价的，相当于执行了页面中如下脚本片段的语句：

```
request.getRequestDispatcher("目标页面的 URI").forward(request,response);
```

或：

```
application.getRequestDispatcher("目标页面的 URI").forward(request,response);
```

6.3.2 节中已经介绍过这种请求转移不同于客户端重定向，是服务端的页面替换。类似于 include 操作元素，由于请求没有被中断，所以可以通过请求对象的 setAttribute/getAttribute 方法在页面之间共享请求对象中存储的名-值对数据。

3. forward 元素示例

例 7-6 是对于例 6-3 的 JSP 改写版，welcome.jsp 负责登录页面和登录后的账号显示，check.jsp 用于登录信息检查，在登录有误时使用了 forward 操作元素将请求转移回 welcome.jsp，并在请求对象中存储错误提示信息以供 welcome.jsp 显示。

【例 7-6】 forward 操作元素示例。

（1）负责显示登录账号和登录表单的欢迎页面 welcome.jsp 的源代码。

```
<%@page  pageEncoding="UTF-8"%>
<% String uname = (String) request.getSession().getAttribute("uname");
                                                    //用户已登录时显示其账号
     if (uname != null){%>
<h1>你的登录账号为<%=uname%></h1>
<%} else {
      String  inputName = request.getParameter("uname"); if(inputName == null)
inputName="";
     String errMsg = (String) request.getAttribute("errMsg"); if (errMsg != null)
out.println(errMsg);
%><form action="check.jsp" method="post">
        账号:<input name="uname"  value="<%=inputName%>"><br>
        口令:<input type="password" name="pwd"><br>
        <input type="submit" value="登录">
</form><%}%>
```

（2）负责检查用户名和口令的 check.jsp 的源代码。

```
<%@page  pageEncoding="UTF-8"%><%
     String uname = request.getParameter("uname");
                                        //取出在 WelcomeServlet 生成的表单中的输入
     String pwd = request.getParameter("pwd");
     if ("admin".equals(uname) && "1234567".equals(pwd)){
                                                    //采用固定账号和口令登录验证
          request.getSession().setAttribute("uname", uname);
                                                    //验证成功,在会话对象中存入账号
          response.sendRedirect("welcome.jsp");    //重定向到欢迎页面
       } else { //如果登录信息不正确,则请求转移到欢迎 Servlet
          request.setAttribute("errMsg", "<div style=color:red>账号/口令不正确
</div>");
%><jsp:forward page="welcome.jsp"/><% } %>
```

7.3.3 plugin 操作元素

plugin 操作元素可以根据客户端浏览器支持的 HTML 版本生成<object>或<embed>标记，用以运行该元素指定的 Applet 或者 JavaBean 代码。这些 Applet 或 JavaBean 组件通过浏览器 JRE 插件在客户端 JVM 中运行，可以提供更为丰富的人机交互功能。如果浏览器没有安装 JRE 插件，plugin 元素还会生成插件的下载链接以便用户下载和安装。

plugin 元素可以按照空元素或者非空元素进行书写，空元素的语法格式如下：

```
<jsp:plugin type="bean|applet" code="Applet 或 JavaBean 类名.class"
          [name="Applet 或 JavaBean 实例名"] [codebase="类文件所在的服务器路径]"
          [archive="类文件依赖的类库文件服务器路径(如有多个,用逗号分隔)" ]
[nspluginurl="非 IE 浏览器 JRE 插件下载 URL"] [iepluginurl="IE 浏览器 JRE 下载 URL"]
```

```
        [align="bottom|top|middle|left|right"]
        [height="显示区总高度"]  [width="显示区总宽度"]
        [hspace="用户界面距显示区的水平边距" ] [vspace="用户界面距显示区的垂直边距"]
        [ jreversion="JRE 版本号" ] />
```

非空元素的语法格式如下：

```
<jsp:plugin type="bean|applet" code="Applet 或 JavaBean 类名.class"
        [name="Applet 或 JavaBean 实例名"] [codebase="类文件所在的服务器路径]"
        [archive="类文件依赖的类库文件服务器路径" ]
[nspluginurl="非 IE 浏览器 JRE 插件下载 URL"] [iepluginurl="IE 浏览器 JRE 下载 URL"]
        [align="bottom|top|middle|left|right"]
        [height="显示区总高度"]  [width="显示区总宽度"]
        [hspace="组件界面距显示区的水平边距" ] [vspace="组件界面距显示区的垂直边距"]
        [ jreversion="JRE 版本号" ]>
    [ <jsp:params> { <jsp:param name="参数名" value="参数值" />}+ </jsp:params> ]
    [<jsp:fallback>失败消息</jsp:fallback> ]
</jsp:plugin>
```

非空元素的语法格式可以在 jsp：params 中添加一个或多个 jsp：param 子元素指定传递给组件的参数，还可以通过 jsp：fallback 子元素指定在没有成功加载组件时，显示失败消息。由于安装和加载 JRE 插件会对浏览器造成一定的安全和性能问题，同时，HTML 界面技术有了显著的进步，所以目前很多浏览器默认会禁用 JRE 插件，不能保证 Applet 或 JavaBean 插件的正确运行，所以本书不对该元素进行进一步的介绍。

7.3.4　useBean 操作元素

useBean 元素用于在 JSP 中建立 JavaBean 组件实例，该元素经常和 getProperty、setProperty 等元素一起用于 JavaBean 组件的数据处理，将在第 8 章中介绍这些操作元素。

思考练习题

一、单项选择题

1. 以下关于 JSP 的论述不正确的是(　　)。

   A. 当 Web 应用程序中的 JSP 页面第一次被访问时，JSP 将被转换为 Servlet 代码

   B. JSP 文件的扩展名必须是大写的 JSP

   C. JSP 文件无须预先编译就可以直接部署到服务器中的 Web 应用程序

   D. 部署在 Web 应用中的 JSP 页面一般无须通过 web.xml 设置其 url-pattern

2. JSP 页面模板中服务器端注释的正确写法是(　　)。

   A. <%-- 注释内容 --%>　　B. <! -- 注释内容 -->

   C. /＊ 注释内容 ＊/　　D. //注释内容

3. 如果 JSP 页面中存在着中文字符，则以下能保证该页面正确地被服务器处理的 JSP 页面指令是(　　)。

   A. <%@page pageEncoding="ISO-8859-1" %>

   B. <%@page contentType="text/html;charset=ISO-8859-1" %>

   C. <%@page import="java.io.＊" %>

   D. <%@page pageEncoding="GBK" %>

4. 在 JSP 声明部分定义的变量，当 JSP 被转为 Servlet 时，将成为(　　)。

A. Servlet 类定义中的字段

B. Servlet 类定义中_jspService 方法的形式参数声明

C. Servlet 类定义中_jspService 方法的局部变量声明

D. Servlet 类定义中构造方法的形式参数声明

5. 对 JSP 脚本片段说法正确的是(　　)。

A. 一个 JSP 页面中只能出现一个脚本片段的定义

B. 脚本片段中的代码可以直接定义方法

C. 脚本片段中不能声明变量,只能使用其所在 JSP 页面的声明中定义的变量

D. 脚本片段中的代码中可以出现类定义

6. JSP 页面的脚本片段中使用的 9 个隐含对象,只能在特殊的 JSP 页面中使用的对象是(　　)。

A. session　　B. application　　C. request　　D. exception

7. 以下 JSP 脚本片段的隐含对象中存储的数据,不能直接用于页面之间数据传递的是(　　)。

A. pageContext　　B. request　　C. session　　D. application

8. 如果在 JSP 的脚本片段中有如下变量声明语句:

```
<%
  Date  now=new Date();
%>
```

若要去除掉上述代码中的错误,则应该使用的 JSP 指令为(　　)。

A. <%@include file="java.util.Date"%>

B. <jsp: include page="java.util.Date"/>

C. <%@import java="java.uti.Date"%>

D. <%@page import="java.uti.Date"%>

9. 如果一个 JSP 中的代码如下所示:

```
<%String  msg="World!";%>
<h3>Hello,
<%  out.println(msg); %>
 </h3>
```

则该页面部署到服务器中的 Web 应用程序后,用户通过浏览器请求该页面显示的内容应该是(　　)。

A. Hello,World!

B. 页面出错,因为 msg 变量仅在其声明所在的脚本片段中可用,其他脚本片段不能使用 msg 变量

C. Hello,out.println(msg);

D. 页面出错,因为该页面代码中的 out 是一个未经定义就使用的变量

10. 一个 JSP 页面中的代码如下:

```
<%! int count=0;
    void  incr(){ count++;}
%>
<%
    int count=-1;    incr();
%>
```

```
<%=count%>
```

当该页面部署在服务器中的 Web 应用程序之后被用户第一次请求时，页面的输出是(　　)。

A. −1　　B. 0　　C. 1　　D. 1−1

二、编程题

创建一个采用 JavaEE 5.0 规范的 NetBeans 的 Java Web 项目，并完成以下工作。

(1) 将项目中的 index.jsp 改写成一个用于显示自身页面被所有的用户访问(包括同一个用户多次访问)总次数的 JSP 文件。

(2) 新建一个名为 vote.jsp 的文件，该 JSP 页面中应保证自动建立会话(session)对象。页面用于统计用户对指定项目的看法，页面的布局和示例内容见下图(图中的表态项目和对应看法可以自行拟定)。

你对"大学宿舍使用电器"的

看法是：

赞成	反对	中立
1	2	5

用户可以通过单击图中的看法对应的超链接进行表态，单击后，页面将更新下方对应的累计数字。这些累计数字应为**所有用户**对相应看法的单击次数的累加和，并且在**同一次会话中，用户的表态只有第一次单击有效**，其余单击均不累加其对应看法的次数。

注意，(1)和(2)都要在各自的单一 JSP 中编写实现代码，不要使用多 JSP 页面或者其他代码编写方式。

第8章 JavaBean组件的应用

组件是程序或数据的组成模块，广义上包括程序从开发到部署、运行阶段的各种组成部分，源文件、数据库表、XML 实例及 Schema 文档、Servlet/JSP、WAR/JAR 文件都可以看成组件。本章中的组件是指一种提供了属性和事件接口的独立程序文件，可以通过“搭积木”的方式使用它们组成应用程序，这种方式不仅能够提高开发效率，还可以降低程序内部数据之间的关联程度，增加可维护性。

8.1 JavaBean 组件的编写

JavaBean 是 Java 语言提供的一种组件模型，分为图形用户界面(GUI)组件和不可见组件。第 7 章介绍的 plugin 操作元素指的就是图形用户界面组件，这种 JavaBean 运行在客户端。不可见 JavaBean 组件主要用于封装业务逻辑执行代码，以便进行服务端的数据处理和传递。本书只介绍不可见 JavaBean 组件的编写和使用。

8.1.1 JavaBean 的组成结构

1. JavaBean 的类定义

JavaBean 由一个主体类和必要的支撑类/接口组成。主体类应有公开不带参数的构造方法，同时访问修饰符应为公开，最好实现 java.io.Serializable 序列化接口，代码如下：

```
public class JavaBean类名 implements java.io.Serializable{
  public JavaBean类名(){  /*构造方法初始化代码*/  }
}
```

在编写 JavaBean 的类定义时，需要注意以下几点。

① 当 Java 类不含构造方法时，系统会为其生成一个不带参数的默认公开构造方法，所以不含构造方法的类定义也符合 JavaBean 的定义要求。

② 类定义中声明实现 Serializable 接口用于表明其实例可以被 JVM 写入持久性存储介质或者网络中，需要时还可以从存储介质/网络中读出还原为内存实例。Serializable 接口不含成员定义，其实现类应保证其中所有字段类型均为数值、布尔、字符等基础类型，或者是实现了该序列化接口的引用类型。

③ 在 Web 程序中使用的 JavaBean 组件的类定义不能位于 JSP 声明或者脚本片段，JSP 规范不提供对这种 JavaBean 的支持。

2. 属性

属性是可供读写组件中数据的一组逻辑变量。当对这种变量进行读写时，会引发关联的读写处理代码的执行。JavaBean 属性被实现为具有指定规则名称的一个或一组方法,可以分为简单属性、索引属性、绑定属性和绑定限制属性。

3. 事件

事件是组件提供的状态管理接口,开发者可以根据需要编写对应接口中的事件代码,这些代码将在组件实例的状态改变时被自动调用。事件为开发者提供了在原有组件功能基础上为其添加新功能的能力,使得组件具有更好的复用性。

8.1.2　简单属性

简单属性(simple property)由 JavaBean 类定义中的一组被称为 Setter/Getter 的公开方法组成。Setter 在属性值被写入时执行,Getter 在属性值被读出时执行,定义语法:

```
public  void set属性名称(写入数据的类型 形式参数名){ //Setter方法
    //数据写入执行代码
}
public 属性返回类型  get属性名称(){ //Getter方法
   //数据读取执行代码
   return 属性返回值;
}
```

在属性方法的名称中,位于 set/get 前缀后的属性名如果是英文,则第一个字母应大写,而属性名称本身的第一个字符则应由小写字母组成。以一个包含名为 name 的字符串型简单属性 UserBean 为例,对应的类定义如下:

```
public class User implements java.io.Serializable{
    private  String name; //字段name存储属性数据,注意其类型String以及实现了序列化
                          //接口
   //name属性写入的Setter方法,注意,方法名中的字母N要大写
    public void setName(String name){ this.name=name; }
    //name属性读出的Getter方法,注意,方法名中的字母N要大写
    public  String getName(){ return this.name; }
}
```

对于简单属性而言,可以仅有 Setter 方法而没有 Getter 方法,这种属性称为只写属性;也可以仅有 Getter 方法,而没有 Setter 方法,这种属性被称为只读属性。

Java 开发工具一般都会提供简单属性的生成功能。例如,NetBeans 可以在类中字段的基础上,生成和字段同名的简单属性的 Getter 和 Setter 方法,如图 8-1 所示。

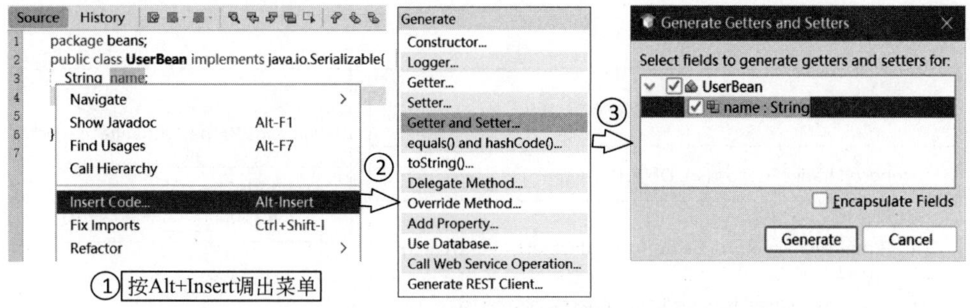

图 8-1　生成和字段同名的简单属性的 Getter 和 Setter 方法

图 8-1 左侧源代码编辑器中的 UserBean 类包含无对应属性方法的字段 name,此时右击,或按 Alt+Insert 键,选择 Insert Code→Getter and Setter 命令,在弹出的 Generate Getters and Setters 对话框中选中 name 左侧的复选框,单击 Generate 按钮即可生成 name 属性对应

的 Getter 和 Setter 方法。

在图 8-1 的 Generate 菜单中选择 Add Property 命令也能生成属性方法；在 IDE 主窗口菜单栏选择 Refactor→Encapsulated Fields 命令同样能完成类似操作。

8.1.3 索引属性

索引属性提供了组件的数组数据，当此数组进行读写时，将会执行与之关联的类似于简单属性的 Getter/Setter；索引属性还需具有以下带位置参数的 Setter 或 Getter 方法：

```
public  void set属性名称(int index, 需写入的数组元素的类型 形式参数名){ //Setter方法
    //数据写入执行代码
}
public 数组元素的类型  get属性名称(int index){ //Getter方法
   //数据读取执行代码
   return 返回值;
}
```

例如，当 UserBean 类中包含一个名为 password 的字符串数组的索引属性时，类定义中对应的 Setter/Getter 方法一共有两对，代码如下：

```
public class UserBean implements java.io.Serializable{
  private String[] password;                    //用于存储索引属性的字段password;
  public String[] getPassword() { return password; }
                                                //password的整体读方法
  public void setPassword(String[] psw) { password = psw; }
                                                //password的整体写方法
  public String getPassword(int index) { return password[index]; }
                                                //指定位置元素的读方法
  public void setPassword(int index, String psw) { password[index] = psw; }
                                                //指定位置元素的写方法
}
```

当索引属性不含特定位置上读写的 Setter/Getter 方法时，就退化成了简单属性。

8.1.4 绑定属性

绑定(bound)属性值在发生改变时，可以调用由使用者编写的监听器类中的代码。这使得使用者无须修改组件源代码就可以嵌入自己的处理代码，提高了组件的复用性。

JDK 在 java.beans 包中提供了 PropertyChangeSupport 类，可以在 JavaBean 中声明一个该类型的属性变化支持字段以帮助实现绑定属性，此类的主要成员和属性改变监听接口如图 8-2 所示。

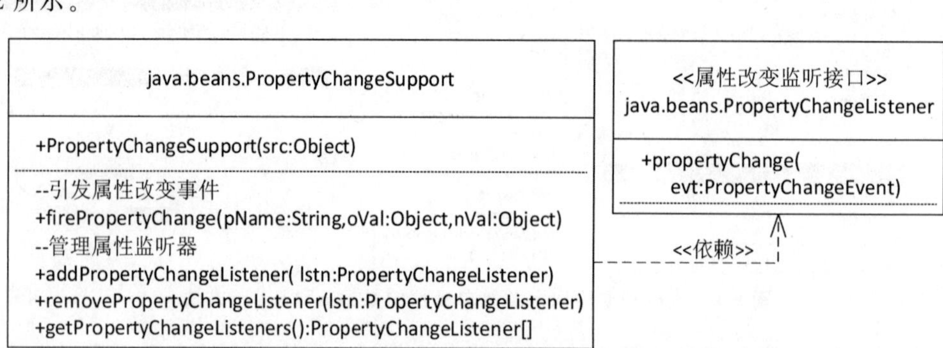

图 8-2 PropertyChangeSupport 类的主要成员和属性改变监听接口

初始化属性变化支持字段时，可以将 JavaBean 自身实例 this 作为参数传递给

PropertyChangeSupport 的构造方法，之后在属性写入方法中调用其 firePropertyChange 方法就可以引发属性改变事件；为了便于监听属性改变事件，最好在 JavaBean 中提供一个公开的监听器添加方法，以便简化 PropertyChangeSupport 字段的监听器添加方法的调用；通常，绑定属性的监听器多用于属性值变化之后的监控，代码如下：

```
class  JavaBean 类{
    //声明并初始化 PropertyChangeSupport 的字段实例，用以支持绑定属性
    java.beans.PropertyChangeSupport changeSupport = new java.beans.
PropertyChangeSupport(this);
    String  oldValue;                         //存储绑定属性值的备用字段
    public Object get 绑定属性名(){  return oldValue;  }  //绑定属性的 Getter 方法
    public void set 绑定属性名(Object  newValue){  //绑定属性的 Setter 方法
        String oldValue=this.oldValue;        //从备用字段取出原来的属性值
        this.oldValue=newValue;              //将新的属性值写入备用字段，这时属性已改变
        propertyChangeSupport.firePropertyChange("属性名", oldValue, newValue);
                                              //引发属性改变事件
  }
    /* addChangedListener 方法用于添加属性改变之后的监听器实例 */
    public void addChangedListener(java.beans.PropertyChangeListener listener){
       changeSupport.addPropertyChangeListener(listener);
                                              //为绑定属性支持字段添加监听器
    }
}
```

对绑定属性进行监控的监听器类需要实现 java.beans.PropertyChangeListener 接口，此接口在 java.beans 包中的定义如下：

```
public interface PropertyChangeListener extends java.util.EventListener {
    void propertyChange(PropertyChangeEvent evt);  //父接口 EventListener 中不含任
                                                   //何成员声明
}
```

组件使用者可以在监听器类需要实现的 propertyChange 方法中编写业务代码，方法的 PropertyChangeEvent 参数可以用于获取绑定属性所在的 JavaBean 实例以及被改变的属性名、属性的原值、属性变化后的值。监听器类的编写完成后，就可以通过调用 JavaBean 的监听器添加方法传入监听器类的实例对象执行其中的 propertyChange 方法。由于 PropertyChangeListener 接口仅包含一个 propertyChange 方法，可以采用 JDK 8 中的 Lambda 表达式，简化监听器类中 propertyChange 方法的实现。以上述 JavaBean 类提供的监听器添加方法 addChangedListener 为例，设 JavaBean 的实例为 bean，为其添加属性监听器的实现代码可以写成如下形式：

```
bean.addChangedListener(evt->{ //evt 即 propertyChange 方法的 PropertyChangeEvent
                                 //参数
    /* 在此编写针对绑定属性变化时需要执行的业务处理代码 */
});
```

8.1.5 限制属性

限制(constrained)属性具有可否决属性改变的事件监听器，如果监听方法在执行时抛出了 java.beans.PropertyVetoException 异常类的实例，则属性值将不会改变。

通过在 JavaBean 类定义中声明类型为 java.beans.VetoableChangeSupport 的字段就可以支持限制属性的实现。VetoableChangeSupport 类中的主要成员和可否决属性值改变的监听接口 VetoableChangeListener 的组成如图 8-3 所示。

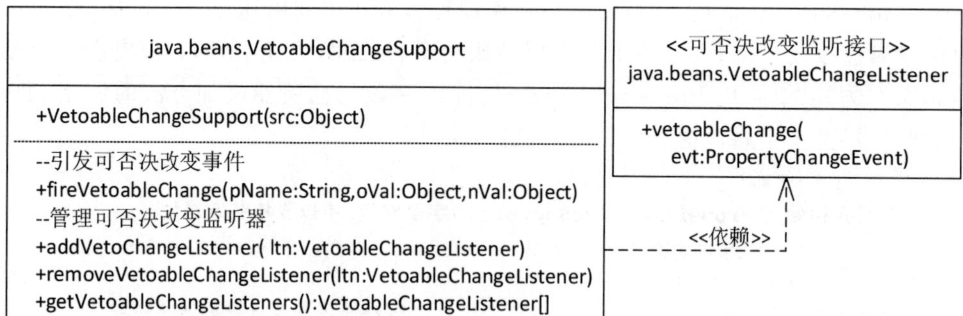

图 8-3 VetoableChangeSupport 中的主要成员和 VetoableChangeListener 监听接口

VetoableChangeSupport 类中的 fireVetoableChange 方法用于引发可否决改变事件，监听接口 VetoableChangeListener 的 vetoableChange 方法用于否决改变，这两个方法都包含 PropertyVetoException 检查异常类型的抛出声明。在 JavaBean 类的限制属性 Setter 方法中，应在改变属性值之前调用 fireVetoableChange 方法，这样就可以通过异常类的实例抛出防止属性值的改变，因此，限制属性的监听器用于属性值改变前的监控，这是和绑定属性最大的不同。通常包含限制属性的 JavaBean 的主要代码组成如下：

```
class  JavaBean 类{
  //声明并初始化 VetoableChangeSupport 的字段实例,用以支持限制属性
  java.beans.VetoableChangeSupport vetoableSupport = new java.beans.
VetoableChangeSupport(this);
  String  oldValue;                                    //存储绑定属性值的备用字段
  public Object get 限制属性名(){   return oldValue;   } //限制属性的 Getter 方法
  public void set 限制属性名(Object newValue)            //限制属性的 Setter 方法
        throws java.beans.PropertyVetoExcpetion{       //声明否决异常,也可以在方法中
                                                       //直接处理异常
     String oldValue=this.oldValue;                    //从备用字段取出原来的属性值
     vetoableSupport.fireVetoableChange("属性名", oldValue, newValue);
                                                       //引发否决改变事件
     this.oldValue=newValue; //将新属性值写入备用字段,此时没有发生否决异常,属性已
                             //改变
  }
    /* addChangingListener 方法用于添加属性改变之前的监听器实例 */
    public void addChangingListener(java.beans.VetoableChangeListener listener){
      vetoableSupport.addVoteableChangeListener(listener);
                                                       //为限制属性添加监听器
    }
}
```

对限制属性值变化进行监听需要实现 VetoableChangeListener 接口，此接口声明如下：

```
public interface VetoableChangeListener  extends EventListener{
  void vetoableChange(PropertyChangeEvent evt) throws PropertyVetoException;
}
```

在实现 vetoableChange 方法时，可以通过抛出 PropertyVetoException 异常的实例，否决属性值的改变。类似于绑定属性的监听器实现，可以采用 Lambda 表达式简化实现代码，在代码中通过抛出 PropertyVetoException 异常的实例否决当前属性的变化值。例如，设上述包含限制属性的 JavaBean 类的实例名为 bean，添加监听器实现代码如下：

```
bean.addChangingListener(evt->{
    /* if(预设变化否决条件满足)  throw new PropertyVetoException("否决原因",evt);
```

```
    其他处理代码 */
});
```

实际应用中 JavaBean 类一般会同时使用 VetoableChangeSupport 和 PropertyChangeSupport 字段，这样属性可以同时成为限制属性和绑定属性，通过监听器就可以分别执行属性值改变之前以及改变之后的数据处理代码，这会进一步提高组件的复用性。

8.2　JavaBean 组件的使用

8.2.1　JavaBean 的设计使用原则

在 Web 程序中使用 JavaBean 的一个重要目的就是尽量将 JSP 页面中的一些脚本片段中的业务逻辑代码移动到 JavaBean 中进行。如果 JSP 中的脚本片段代码较多，那么这些代码的编辑和调试以及维护工作都会变得比较麻烦。当页面中的脚本片段出错时，一些 JSP 引擎显示的错误提示和错误的位置往往不是原始的脚本片段代码的错误和位置；有的 IDE 对 JSP 中脚本片段的开发功能支持不是太完善。而 JavaBean 由完整的 Java 源代码文件组成，大部分 IDE 都有着比较完善的功能支持；所以，采用 JavaBean 封装脚本片段代码就是一种很好的处理方式，可以把比较复杂的 Java 代码编写和调试移到相对比较友好的开发环境 IDE 中进行。

在设计 JavaBean 时，应注意避免使用 Servlet API 中的数据类型，这可以让 JavaBean 组件的测试和调试脱离 Web 容器，便于排错，同时还可以增强组件代码的复用性。

设计 Web 程序中使用的 JavaBean 组件时，应尽量采用简单属性。这是由于 Web 程序中的 JavaBean 并不负责 UI 界面的构建，同时业务处理代码一般也不具备界面组件中 UI 构造代码的通用性。通过简单属性，加上处理业务的 Java 方法一般都能满足封装要求，所以 Web 程序使用的 JavaBean 组件多为开发者为了封装特定的业务处理流程自行编写，简单属性使得 JavaBean 中的源代码更容易维护。

8.2.2　JavaBean 组件实例的建立

1. JavaBean 类文件在 Web 程序中的存储位置

在 Web 应用程序建立 JavaBean 组件类的实例时，需要保证 JavaBean 的相关类文件位于 Web 程序的类路径中，即未打包的类文件(.class 文件)应位于/WEB-INF/classes 目录，按其所在的包名对应的目录进行存储；以类库文件(.jar 文件)提供的 JavaBean 则应位于/WEB-INF/lib 目录。

2. 通过 Java 代码建立 JavaBean 实例

如果需要在 Java 源文件中使用某个具体的 JavaBean 组件，可以直接通过 new 运算符调用 JavaBean 的构造方法建立 JavaBean 的实例，之后调用其中的方法以及字段以进行数据的处理。如果需要编写一些具有通用性质的 JavaBean 属性读写和事件处理代码，可以利用 JDK 在 java.beans 包中提供的一系列用于读取和处理 JavaBean 组件中成员信息的工具类和接口。例如，开发者可以通过继承 java.beans.SimpleBeanInfo 类，改写其中的一些方法获取 JavaBean 类中的成员信息。

3. 通过 useBean 操作元素建立 JavaBean 实例

在 JSP 页面中，可以通过脚本片段代码建立 JavaBean 组件的实例，不过按照 8.2.1 节中论述的 JavaBean 的设计使用原则，应该尽量避免在 JSP 中使用脚本片段；这种情况下可以利用 jsp：useBean 操作元素，由 JSP 引擎负责建立 JavaBean 实例，具体语法如下：

```
<jsp:useBean id="组件标识"
            class="JavaBean 组件类的全称" | beanName="JavaBean 组件类的全称"
            [type="JavaBean 组件可被转换的父类型名"]
            [scope="page|request|session|application"]/>
```

也可以采用非空元素的成对标记语法：

```
<jsp:useBean id="组件标识"
            class="JavaBean 组件类的全称" | beanName="JavaBean 组件类的全称"
            [type="JavaBean 组件可被转换的父类型名"]
            [scope="page|request|session|application"]>
   <!--需要初始化处理的 HTML/JSP 部分-->
</jsp:useBean>
```

（1）useBean 操作元素的参数。

① class 参数用于指定要实例化的 JavaBean 组件类的全名称。注意此参数取值不受该页面 page 指令的 import 参数的控制，如果 JavaBean 类位于有名包中，class 取值就必须是含有包名的全名称类名。

② id 参数必选，用于指定建立的 JavaBean 实例名称，此名称应符合 Java 语言中的变量命名规则，即以 26 个英文字母、下画线(_)、美元符($)开头，后可以接数字、字母或者下画线。虽然 Java 语言中允许使用中文字符作为变量名，但由于中文输入会造成一些字符切换不便，所以不建议在 id 取值中使用中文。

使用 id 参数指定的组件标识，可以直接在当前页面的脚本片段中使用，代码如下：

```
<jsp:useBean  id="muteString"
           class="java.lang.StringBuffer"/><%--采用 JDK 的内置类作为 JavaBean 组件--%
<%  muteString.append("hello!");
   out.println(muteString);  %><%!-- 输出 hello --%>
```

③ type 参数用于转换 JavaBean 的类型，参数值应为 JavaBean 实例可以被转换的类型。按照引用类型之间转换的规则，type 参数指定的类型应为 JavaBean 类的父类或者是该类实现的接口类型，否则将会引发类型转换异常。

指定了 type 参数值的 JavaBean 实例将不再完全具有其原始类型的成员，仅能使用 type 指定的父类型中的成员。例如，有如下两个 JavaBean 类定义：

```
public class User{  public String username;  }
public class  Admin extends User{  public String rolename   }
```

以下 JSP 页面中 useBean 操作元素定义的 Admin 类型的 user 实例，将被转换为 User：

```
<jsp:useBean  id="user"  class="Admin"  type="User"/><!--通过 type 参数值指定父类名称-->
<%  user.username="adminUser"  //正确,username 是父类 User 中的成员
   //user.rolename="Admin"     //错误,user 已被转换为 User 类型,不能再使用子类型的成
                               //员 rolename
%>
```

④ beanName 参数用于替代 class 参数指定需要实例化的 JavaBean 组件类的全名称，所以该参数不能和 class 参数一起使用。beanName 参数值可以采用表达式，并且一定要和 type 参数联用。联用时，type 参数值可以取和 beanName 相同的类型名，也可以是该类型的父类或实现的接口。例如，以下 JSP 代码中的 useBean 元素使用 beanName 和 type 参数分别建立了日期类 java.util.Date 和日历抽象类 java.util.Calendar 的 JavaBean 组件：

```
<% String beanName="java.util.Date";%>
```

```
<jsp:useBean beanName="<%=beanName%>"  type="java.util.Date"
        id="time"/><%--用表达式指定 beanName 参数值,type 取 beanName 相同类型
--%>
<jsp:useBean beanName="java.util.GregorianCalendar"  type="java.util.Calendar"
        id="date"/><%--直接指定 beanName 参数值,type 取其父类型--%>
```

⑤ scope 参数值可以在 page、request、session 和 application 中选择一个作为取值。该参数是可选的,如果省略,默认的取值是 page,即建立的 JavaBean 实例存放在当前页面的隐含对象 pageContext 中。指定 scope 参数相当于调用了对应 JSP 隐含对象的 setAttribute 方法,将建立的 JavaBean 组件实例以 id 属性值存入这些对象中。例如,当省略 scope 参数或将其值设置为 page 时,和以下方法调用语句起到的作用是一致的:

```
pageContext.setAttribute("JavaBean 组件 id 值", JavaBean 组件实例标识);
```

scope 参数指定的这 4 个隐含对象都具有 setAttribute 和 getAttribute 方法用于存入和取出数据,经常用于 JSP 页面内部,以及请求、会话和应用程序范围之间的数据传递,所以它们被称为范围对象(scope object)。

(2) useBean 操作元素建立 JavaBean 实例的过程。

JSP 引擎在处理 useBean 操作元素时,会在当前 JSP 页面转换成的_jspService 方法中按照如下步骤建立 JavaBean 类的实例。

① 采用 useBean 元素的 type 参数指定的类型声明一个以 id 参数值为名称的 JavaBean 变量,如果没有给出 type 参数,则此变量将被声明为 class 参数指定的类型。

② 以 JavaBean 变量名为参数,调用 scope 参数指定的范围对象的 getAttribute 方法,如果返回值不为 null,则将其赋给 JavaBean 变量;为 null 则建立 class 或 beanName 参数指定类型的 JavaBean 新的实例并赋给 JavaBean 变量,并调用 scope 参数指定的范围对象的 setAttribute 方法,以其变量名为键值存入对应的范围对象中。

由以上论述可以看出,useBean 元素仅在 scope 参数指定的范围对象中不存在时,才会建立新的 JavaBean 组件的实例,该实例不仅可以在脚本片段或表达式中通过 id 参数指定的变量名对其进行使用,还可以通过请求、会话或者应用程序对象,在不同 JSP 页面/Servlet 实例以及不同用户之间传递数据。需要注意,一个 JSP 页面中的多个 useBean 元素的 id 参数取值不能相同。

(3) 利用 useBean 的非空语法对 JSP 页面进行条件输出。

在 useBean 元素的非空元素语法中,仅当 id 参数指定名称的 JavaBean 实例在其范围对象中不存在时,JSP 引擎才会处理位于 jsp: useBean 元素开始和结束标记之间的 JSP 代码。这样,useBean 元素就在 JSP 页面中起到了条件控制作用,开发者可以利用这个特性,使用 useBean 元素选择性地输出 JSP 页面中的内容。例如,例 8-1 中的 JSP 页面在用户未输入登录账号时,useBean 中的 id 参数指定的 uid 对应的 String 类对象在会话中不存在,此时会显示登录表单。如果用户在表单中输入了长度大于零的登录账号,此时由于通过 useBean 操作元素建立了 String 类的登录账号,所以登录表单就不再显示,页面将只显示登录账号。

【例 8-1】 使用 useBean 元素控制登录表单显示的 login.jsp 页面代码。

```
<%@page contentType="text/html" pageEncoding="UTF-8"%>
<%  request.setCharacterEncoding("UTF-8");      //防止表单中文乱码
    String ruid = request.getParameter("uid");  //获取提交的用户名
    String suid=(String)session.getAttribute("uid")
                                                //suid 用于存储会话对象中的登录账号
```

```
    String msg="";                                    //msg 变量用于存储登录账号信息
    if (ruid != null && ruid.length() > 0) {          //如果用户在登录表单中输入了有效的账号
                                                      //信息,则:
       session.setAttribute("uid", ruid);             //将会话对象中的键值 uid 对应的数据设
                                                      //为输入账号信息,
       suid=ruid;                                     //同时更新存储登录信息的变量 suid
    }
    if(suid!=null){        //如果会话对象中存在着登录信息,则更新 msg 变量,以便显示登录账号,
       if(suid.length()==0)                           //当用户没有输入账号时,useBean 也会在
                                                      //会话中建立空的字串
         session.removeAttribute("uid");              //此时应除去会话中的这个空字串,以继续
                                                      //显示登录表单
       else  msg="登录用户名:"+suid;
    }
%>
<html><head><title>首页</title></head><body>
  <%=msg%><%--输出登录账号信息,未输入登录账号时,msg 值为空串,没有输出--%>
  <jsp:useBean class="java.lang.String" id="uid" scope="session"><%--uid 字串控
制表单显示--%>
    <form method="post"><!--表单使用 post 方法提交给自身页面,post 可以防止中文乱码
-->
        请输入用户名:<input name="uid"><input type="submit" value="确定">
    </form>
  </jsp:useBean>
</body></html>
```

8.2.3 JavaBean 组件实例的使用

1. 通过 getProperty 操作元素显示 JavaBean 组件属性值

使用 useBean 操作元素在当前 JSP 页面中建立 JavaBean 组件实例之后,除了可以在脚本片段中通过组件 id 变量调用其成员之外,也可以在当前页面模板中使用 getProperty 操作元素输出该 JavaBean 组件实例中的属性值。getProperty 元素的使用语法如下:

```
<jsp:getProperty  property="属性名"  name="组件 id"/>
```

该操作元素一定要在 useBean 元素之后使用,其中 property 参数指定的是 JavaBean 组件中的简单属性名称,name 参数值要和 useBean 操作元素中的 id 参数值保持一致。

使用 getProperty 可以减少页面中的脚本片段或表达式,使得页面标记相对规整。

2. 通过 setProperty 操作元素设置 JavaBean 组件的属性值

在 JSP 页面的模板中,可以通过 setProperty 操作元素对已经建立的 JavaBean 组件实例的属性进行赋值,对应的语法如下:

```
<jsp:setProperty  property="属性名"  param="表单参数名" |value="赋予属性的值"
             name="组件 id"/>
```

该操作元素可以应用于 useBean 建立的 JavaBean 实例,其 name 参数用于指定组件的 id 标识,要和 useBean 操作元素的 id 参数值保持一致;property 参数指定要赋值的属性名。

需要注意的是,即便当前页面并没有使用 useBean 建立 JavaBean 实例,只要当前 JSP 的范围对象中存在着 setProperty 元素的 name 参数指定名称的 JavaBean 实例,setProperty 操作元素就可为其属性赋值;甚至当前页面声明中定义的公开类的实例,只要将其存入范围对象,setProperty 元素也可为其属性赋值。赋值可以通过 value 参数或 param 参数进行。

(1) 通过 value 参数指定所赋的数据值。

value 参数可以直接指定需要赋予的属性值,此时的参数取值应为可以正确转换为属性对

应类型的字符组成；也可以采用 JSP 的表达式作为参数取值，要注意表达式的返回值一定要和属性数据具有相同的类型或者是可以自动转换的数据类型。例如，Web 程序中有如下定义的 JavaBean 组件类：

```
public class User{
  int id;                                          //用于存储 id 属性的同名字段
  public  int getId(){ return id; }               //id 属性的 Getter 方法
 public void setId(int id){ this.id=id}           //id 属性的 Setter 方法
}
```

在 JSP 页面中，为该组件实例的 id 属性赋值采用的是获取同名的请求参数的表达式，具体的标记如下所示：

```
<jsp:useBean  id="user"  class="User"/>
<jsp:setProperty  name="user"  property="id"
          value="<%Integer.parseInt(request.getParameter("id"))%>" />
```

在上述 setProperty 元素标记中，value 的取值采用了 JSP 表达式，由于表达式中 request 对象的 getParameter 方法返回的是字符串类型，而 User 类中定义的 id 属性是整型，所以必须使用 Integer 封装类将其转换为整型。

(2) 通过 param 参数指定来自表单或查询字符串中的赋值数据。

如果 JavaBean 组件实例的属性赋值来源于 HTTP 请求传递过来的表单或查询字符串中的参数，就可以使用 setProperty 元素的 param 参数替代 value 参数，指定需赋给 JavaBean 组件属性的参数名。当表单或查询字符串中的参数和 JavaBean 组件的属性同名时，还可以省略掉 param 参数，代码如下：

```
<jsp:setProperty  property="属性名"  name="组件 id"/>
```

如果需要将 JavaBean 组件实例所有的属性都赋予同名的表单/查询字符串参数值，可以采用如下简化形式的 setProperty 使用语法：

```
<jsp:setProperty  property="*"  name="组件 id"/>
```

这种简化形式可以极大地简化表单提交时的数据获取工作。如果被赋值的 JavaBean 组件存在和表单组件不同名的属性，则这些属性将保留其原有值。

在使用 param 和 property 参数时，需要注意以下几点。

① property 和 param 参数均不支持 JSP 表达式。

② param 指定的表单/查询字符串参数值都按 String 类型处理，在赋给 property 指定的 JavaBean 属性时，如果属性是 String 和 Object 之外的类型，将会由 JSP 引擎负责执行所需的类型转换，能够自动转换的类型如表 8-1 所示，也包括这些类型构成的数组类型。

表 8-1　表单/查询字符串参数可自动转换成的 JavaBean 属性类型和转换调用的方法

支持类型	double	float	long	int	short	byte	char	boolean
转换方法	Double .valueOf	Float .valueOf	Long .valueOf	Integer .valueOf	Short .valueOf	Byte .valueOf	String .charAt(0)	Boolean .valueOf

注意，转换失败时，jsp: setProperty 操作元素将会在当前 JSP 页面中抛出转换异常。如果不希望转换异常影响页面的处理，可以将 JavaBean 属性定义为 String 类型，然后在属性方法或其他方法中自行编写必要的转换处理代码。

③ 使用表单提交数据时，建议将表单的提交方法设置为 post，同时在使用 jsp:

setProperty 元素之前，利用脚本片段设置 request 对象的处理表单编码方式为页面中对应的文本编码，以解决表单中提交的中文乱码问题，即

```
<%  request.setCharacterEncoding("页面编码");   /*推荐 JSP 页面编码采用 UTF-8*/  %>
```

3. setProperty 和 getProperty 应用示例

例 8-2 提供了一个 cal.jsp 页面，该页面可以显示两个 10～99 随机整数，用户可以在页面表单的文本框中输入两数相加之和，单击"确定"按钮验证计算结果。当计算不正确时，当前页面用红字显示错误信息和算错次数，否则显示"计算正确"，如图 8-4 所示。用户还可以单击页面中的"换一个"按钮产生新的计算数字，此时计算错误次数将被重置为 0。

(a) 计算错误页面

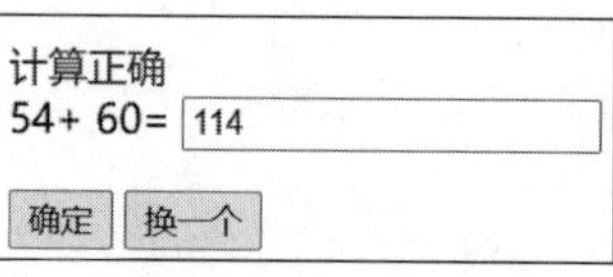

(b) 计算正确页面

图 8-4　cal.jsp 在计算错误(左)和正确(右)时的页面显示

【例 8-2】 使用 JavaBean 进行随机数计算处理。

该示例由 cal.jsp、bean.CalBean 组件类和 r.jsp 组成。cal.jsp 和 r.jsp 位于 Web 程序根目录中的同一目录中，CalBean 是核心的 JavaBean 组件类，其类文件应位于 Web 程序的/WEB-INF/classes/bean 目录中。

(1) CalBean 组件类。CalBean 类位于 bean 包，包括 4 个只读属性，其中 num1 和 num2 返回随机产生的位于【10 99】闭区间中的整数，message 和 errMsg 返回正确计算消息和错误消息；读写属性 result 用于设置和读取计算结果，为了避免转换错误，此属性为 String 类型；只写属性 command 用于判定用户单击的按钮标题，以便计算或重置计数。CalBean 的源代码如下：

```
package bean; public class CalBean {
    private int n1, n2, times;          //times 存储计算错误的次数
    private String result="",msg="",errMsg="";
    public boolean isReplay; //公开字段,用于指示是否需要重新生成当前 Bean 的实例
    public CalBean() { n1 = 10+ (int) (91 * Math.random()); n2 = 10+ (int) (91 *
Math.random());}
    public void setCommand(String cmd) {//只写属性 command 的 Setter 方法
        if ("换一个".equals(cmd) || cmd == null)   isReplay = true;
    }
    public String getMessage(){ return msg; }
                                        //只读属性 message 的 Getter 方法,返回正确信息
    public String getErrMsg(){ return errMsg; }
                                        //只读属性 errMsg 的 Getter 方法,返回错误信息
    public String getResult() { return result;  }   //result 属性的 Getter 方法
    public void setResult(String result) {
                                        //result 属性的 Setter 方法,验证并设置结果信息
      try { this.result=result;         //将计算结果存入到字段 result
          msg=errMsg="";                //清理 message 和 errMsg 属性值
          int n = Integer.parseInt(result);
                                        //结果验证,正确时设置 message 属性,否则抛出异常
          if (n == num1 + num2) msg = "计算正确";  else throw new Exception();
      } catch (Exception e) { times++; errMsg= "计算错误!"+"已错误"+times+"次"; }
                                        //设置 errMsg
    }
```

```
    public int getNum1() { return n1; }    //只读属性 num1 的 Getter 方法
    public int getNum2() { return n2; }    //只读属性 num2 的 Getter 方法
}
```

（2）cal.jsp 文件。cal.jsp 文件使用了 useBean 操作元素在会话对象中建立 CalBean 类的 JavaBean 实例完成计算和信息处理，通过 getProperty 操作元素显示 calBean 中正确消息 message 和错误消息 errMsg 以及计算结果 result 的属性值。当用户单击“确定”或“换一个”按钮时，cal.jsp 会将表单中的计算结果和单击按钮提交给 r.jsp 进行处理。cal.jsp 的源代码如下：

```
<%@page import="java.util.*"%><%@page contentType="text/html" pageEncoding="
UTF-8"%>
<jsp:useBean id="calBean" class="bean.CalBean" scope="session"/> <%--会话中的
Bean 实例--%>
<html> <head><title>随机数计算</title></head><body>
  <form  action="r.jsp" method="post"> <%--下面两行 div 使用 getProperpty 显示计算
结果信息--%>
    <div style="color:red"><jsp:getProperty name="calBean" property="errMsg"/>
</div>
    <div style="color:blue"><jsp:getProperty name="calBean" property="message"/>
</div>
    <jsp:getProperty name="calBean" property="num1"/> + <%--getProperty 显示加数
及计算和--%>
    <jsp:getProperty name="calBean" property="num2"/>=
    <input name="result"  value="<jsp:getProperty name="calBean" property="
result"/>">
    <p> <input type="submit" value="确定" name="command"><%--提交按钮使用了相同名
称--%>
      <input type="submit" value="换一个" name="command"></p>
  </form>
</body></html>
```

（3）r.jsp 文件。r.jsp 文件也是通过 useBean 元素在会话对象中建立 bean.CalBean 的实例，之后利用 setProperty 元素将提交的存有计算结果和用户单击按钮标题的表单数据赋给 CalBean 实例中对应的 result 和 command 属性，这两个属性对应的方法将处理计算结果。如果处理后需要提供重置计算数，则在会话中删除 CalBean 的实例，之后重定向到 cal.jsp；否则将请求重新分配到 cal.jsp 以显示计算结果。r.jsp 的代码组成如下：

```
<%@page contentType="text/html" pageEncoding="UTF-8"%>
<jsp:useBean id="calBean" class="bean.CalBean" scope="session"/>
<% request.setCharacterEncoding("UTF-8");%> <%--设置请求编码为 UTF-8，防止表单提交
时的乱码--%>
<jsp:setProperty property="*" name="calBean"/><%--将提交的按钮值和计算值赋给
CalBean--%>
<%  if(calBean.isReplay){                          //需要重置计算数
    session.removeAttribute("calBean");
                                    //在会话中删除由 useBean 建立的 CalBean 实例
    response.sendRedirect("cal.jsp");        //重定向到 cal.jsp
    } else                          //无须重置计数时，将请求转移到 cal.jsp，以显示计算结果
    request.getRequestDispatcher("cal.jsp").forward(request, response);
%>
```

8.3 JSP 2.0 表达式和 JavaBean 组件

8.3.1 JSP 2.0 表达式

1. 基本语法格式

JSP 2.0 及以上规范支持在 JSP 模板和操作元素的参数值中使用如下语法的表达式：

```
${el}
```

这就是 JSP 2.0 表达式，式中 el 一般取 pageContext、request、session、application 等范围对象中存入数据的属性名，此时表达式将返回对应的属性值；这里的属性名/属性值数据来源于调用范围对象的 setAttribute("属性名",属性值)方法存入的名-值对。为了方便论述，本章将 JSP 2.0 表达式简称为 2.0 表达式，一般来说，前述“<%=表达式%>”格式的 JSP 1.x 表达式都可以使用 2.0 表达式进行替换。由于 2.0 表达式可以方便地读取请求、会话、应用程序等这些跨 JSP 页面的范围对象的数据，所以经常用于输出由其他 JSP/Servlet 传递给当前 JSP 页面的数据。

2.0 表达式采用美元符号($)开头，如果在页面中需要输出美元符号自身，可以在此符号前面加入转义符(\)，JSP 代码如下：

```
<%  pageContext.setAttribute("msg","Hello,world!");  %>
${msg}  \${msg}
```

这段 JSP 代码利用脚本片段中的代码在自身的页面范围对象中存储了以 msg 为属性名的字符串属性值数据，随后使用 2.0 表达式输出 pageContext 对象中 msg 属性名对应的字符串，当客户端浏览器请求该页面后，页面输出的文本如下：

```
Hello,world ${msg}
```

可以看到，第二个 ${msg}并没有起到和第一个表达式相同的作用，这是因为该式前有转义符，从而使得美元符号失去了表达式起始字符的功能。

2.0 表达式使用的属性名一般情况下应按 Java 变量的命名规则进行命名，建议采用 26 个英文字母或者下画线开头，后接其他英文字母、数字、下画线。应该注意，在调用范围对象的 setAttribute 方法时，属性名实际上可以是任意字符组成的字符串，但包含特殊字符的属性名直接用于 2.0 表达式时会引发一些问题，因此应尽可能在存入属性数据时使用符合变量名规则的属性名。和 Java 中的变量名类似，2.0 表达式中的属性名也区分大小写。

2. 求值次序和 null 值的输出

(1) 属性数据的查找次序。

2.0 表达式返回的属性值数据可以存储在当前 JSP 页面的任意范围对象中，JSP 引擎会按照 pageContext->request->session->application 的次序寻找 2.0 表达式中属性名对应的属性值数据，返回最先找到的属性值。由于范围对象中存入的属性值类型为 java.lang.Object，所以表达式可以返回任意的数据类型。

(2) 空值 null 的输出处理。

如果在所有的范围对象中都找不到 2.0 表达式中的属性值，或者该属性名对应的属性值为 null，则模板中的表达式将不会产生任何输出。

下面的例 8-3 中的 el.jsp 利用脚本片段分别在页面、请求、会话和应用程序对象中存储了相关的属性数据，并在后面模板中使用 2.0 表达式将这些属性值进行输出。

【例 8-3】 使用 2.0 表达式输出属性数据的 el.jsp 文件源代码。

```
<%@page pageEncoding="UTF-8"%>
<html><head><title>JSP 2.0 表达式求值</title></head><body>
<%  pageContext.setAttribute("a", 1);
    request.setAttribute("b","2");
   session.setAttribute("b", new Integer(3));
   application.setAttribute("a", new java.util.Date());
   application.setAttribute("c",null);
%>
<p>  ${a}  ${b}  ${c} ${A}</p>
</body></html>
```

如果通过浏览器对该 JSP 页面直接进行访问，其中 3 个 2.0 表达式将输出如下内容。

① ${a}中指定的属性名 a 在 pageContext 和 application 对象中均有对应的属性值，按照表达式求值的查找次序，该表达式的输出是 pageContext 中的属性值 1，而不是 application 中存储的当前系统时间。

② ${b}中指定的属性名 b 在 request 和 session 对象中均有对应属性值，按照请求对象优于会话对象的查找次序，该表达式输出位于 request 对象中的属性值 2，而不是 session 中存储的属性值对象 3。

③ ${c}中的属性名 c 在 application 对象中对应属性值是 null，如果当前会话对象中不存在同名的属性，则这个表达式不会产生输出。

④ ${A}中的属性名 A 在当前页面的任何范围对象中都不存在时，表达式不会产生输出。

3. 范围对象的指定和特殊属性名的处理

如果需要 JSP 引擎在处理 2.0 表达式时，能够在指定的范围对象中寻找属性名对应的属性值数据，可以选择使用如下两种语法之一：

```
${ xxxScope["属性名"] }  |  ${xxxScope.属性名}
```

语法式中的 xxx 可以是 page、request、session 或 application，分别代表页面、请求、会话以及应用程序范围对象。左边第一种语法式具有普适性，即便属性名的字符中包含小数点、空格、问号、美元符号等特殊字符，表达式依旧能够正确输出对应的属性值；语法式的方括号中属性名两侧的双引号也可以使用单引号代替。第二种语法式中的属性名就必须符合 Java 变量名的字符组成要求，否则将会造成页面出错或者得不到正确的输出。

例 8-4 是一个通过指定求值范围对象的 scope.jsp 文件的内容，包含了两种语法式的应用示例，具体说明参见示例中的注释。

【例 8-4】 通过指定范围对象进行 2.0 表达式求值的 scope.jsp 文件组成。

```
<%@page  pageEncoding="UTF-8" %>
<% pageContext.setAttribute("p.msg","Welcome-page");
  session.setAttribute("s.msg","Welcome-session");
  request.setAttribute("msg","Welcome-request");
  application.setAttribute("msg","Welcome-application");
%><html><body>
<%--位于页面范围对象中的属性名不符合变量命名规则,表达式采用第一种语法式--%>
<h1>In page scope:${pageScope["p.msg"]}</h1>
<h2>In session scope:${sessionScope["s.msg"]}</h2><%--属性名两侧也可以使用双引号
--%>
<%--位于请求范围对象中的属性名符合变量命名规则,表达式可以采用第二种语法式--%>
```

```
<h3>In request scope:${requestScope.msg}</h3>
<h3>In application scope:${applicationScope['msg']}</h3><%--规则属性名也可以用第一种语法式--%>
</body></html>
```

4. 输出数组和列表集合中指定位置元素值

如果 2.0 表达式中的属性名关联的属性值是数组或列表集合(java.util.List 接口类型)数据,可以采用引用数组元素的下标语法返回其中的某个元素,语法式如下:

```
${属性名[下标]}
```

语法式中下标以 0 为基数,如果下标不在合法范围值中,如为负或者大于或等于元素数量,表达式不会造成错误,只是不产生输出。例 8-5 演示了这种带有数组下标的表达式。

【例 8-5】 带有数组下标的 2.0 表达式的 arrexpr.jsp 文件源代码。

```
<%   String[] users={"u1","u2"};   request.setAttribute("users",users); //Array Attribute data
      java.util.List roles=new java.util.ArrayList();
      roles.add("admin"); roles.add("root");
      pageContext.setAttribute("roles",roles); //List Attribute data
%><html><body>
1st user: ${users[0]},  2nd role: ${roles[1]},  3rd role: ${roles[2]}
</body></html>
```

该例通过脚本片段在请求对象中存储了一个包含两个字符串元素的数组,页面范围对象中存储了同样包含两个字符串元素的列表集合;之后通过模板中的 2.0 表达式分别输出了第一个数组、第二个和第三个列表元素。第一个表达式 ${users[0]}将输出第一个数组元素 u1,第二个表达式 ${roles[1]}输出第二个列表元素 root,第三个表达式 ${roles[2]}已经超过了列表最大的允许下标值,所以不会产生对应的输出。

5. JSP 2.0 表达式中的变量和常量及运算式

2.0 表达式中的属性名被称为表达式中的变量,这是由于表达式中通过属性名返回范围对象中对应的属性值,和 Java 代码通过变量名引用其数据的操作是类似的。2.0 表达式也支持 null、数值、字符串和布尔类型的常量;同时还支持变量和常量通过运算符构成的运算式。注意,一个表达式中允许多个来源于不同范围对象中的变量参与构成运算式。

(1) null 常量。在 2.0 表达式中,可以使用 Java 语言中的 null 常量符号,代表任意类型的对象引用为空。例如,下面仅含 null 标识符的 2.0 表达式是合法的,它返回 null 值:

```
${null}
```

除去使用符号常量 null 之外,前述的表达式"${属性名}"中的属性名在任何范围对象中都不存在对应的属性值时,该表达式也返回 null。需要注意,JSP 1.x 表达式返回 null 时,它将在 JSP 模板中产生 null 的文本输出,而返回 null 的 2.0 表达式不会在模板中产生任何输出。

(2) 数值常量和运算式。在 2.0 表达式中可以直接书写十进制整数和小数,这些数字就是数值常量。例如:

```
${2}  ${3.5}  ${-4}
```

数值类型的常量/变量之间还可以通过运算符构成运算式,实际上,前述数组元素的表达式"${属性名[下标]}"就可以看成变量名和下标数值常量利用中括号构成的运算式。除此之外,数值类型数据还可以通过以下两种运算式构成。

① 四则运算符构成算数运算式。支持的四则运算符包括+(加)、-(减)、*(乘)、/或 div(除)、%或 mod(求模),还可以在运算式中使用小括号改变运算符的结合优先级,此时表达式

将返回运算得到的结果值。例如下面的 JSP 代码：

```
<%  pageContext.setAttribute("a", 4);
   request.setAttribute("b", 3);
%> ${8+2}  ${7-(a+2)*1}  ${6/(3 div 2)}  ${7% (a mod b)}
```

上边的 JSP 代码在页面和请求对象中利用 setAttribute 方法调用分别建立了值为 4 的变量 a 和值为 3 的变量 b，之后使用四则运算式对指定的常量和变量 a、b 进行相关的计算，通过 2.0 表达式在页面中输出计算结果，输出的表达式值分别为 10、1、4.0、0。

由上边的运算式 6/(3/2)计算结果为 4.0 可以看到，表达式中的数值被统一处理成浮点数，不区分整数和小数，这和 Java 语言中整数运算结果还是整数的规则有所不同。注意，当运算符采用简写英文时，运算符和运算数之间至少隔开一个或者多个白空格。

② 关系运算符构成条件运算式，表达式将返回逻辑真(true)或逻辑假(false)。支持的比较运算符包括>或 gt(大于)、<或 lt(小于)、>=或 ge(大于或等于)、<=或 le(小于或等于)、==或 eq(等于)、! =或 ne(不等于)。下面的 JSP 代码片段演示这些运算符的使用：

```
<%  session.setAttribute("c",5);  application.setAttribute("d",6); %>
${c+d == 11}  ${c > 4}  ${c le 5}  ${(5+5)/2 eq c}  ${d % c ne 1}
```

该 JSP 代码输出的表达式计算值为 true true true true false。

(3) 字符串常量和运算式。在 2.0 表达式中的字符串常量是以双引号(")或单引号(')为两侧界定符的任意字符组合，例如：

```
${ '2' }  ${ 'h1' }  ${"session.hello  message!"}
```

字符串常量/变量也可以在 2.0 表达式中通过运算符构成运算式，例如前述指定在页面范围对象求值的表达式“${pageScope["属性名"]}”就可以看成是变量名 pageScope 和字符串常量通过中括号构成的运算式。除去这种运算式之外，2.0 表达式还支持如下运算符和字符串数据构成的运算式。

① 由空测算 empty 运算符构成的布尔运算式，用于测试表达式中的字符串是否为不含任何字符的空串("")或者 null 值，语法格式为

```
${[not | !] empty "字符串常量" | 变量 }
```

empty 应位于运算式中的字符串常量或变量之前，当字符串为空串或 null 时，表达式返回 true，否则返回 false。empty 前还可以加入否定运算符！或 not，代表逆向判定。在支持 JSP 2.3 规范的 JSP 引擎中，empty 运算符还可以用于判定集合数据是否为空。例如下面的 JSP 代码：

```
<%  pageContext.setAttribute("m1","");
   pageContext.setAttribute("m2",new java.util.ArrayList());
%>${empty "Hi!"}  ${not empty null}  ${!empty m1}  ${empty m2}
```

该 JSP 的脚本片段通过 pageContext 对象的 setAttribute 方法建立了变量 m1 和 m2，m1 存放的是一个空字符串，m2 存放的是一个包含 0 个元素列表集合。之后的 JSP 模板中 4 个 2.0 表达式分别利用 empty 测试字符串常量"Hi!"是否为空、null 常量是否不为空、m1 变量代表的空字符串是否不为空，以及 m2 变量代表的空列表是否为空。这些表达式中前 3 个的输出都是 false，最后一个输出为 true。

需要注意的是，not 运算符和 empty 联用时，两者之间至少要间隔一个白空格，empty 运算符和后面的常量/变量表达式之间也至少要间隔一个白空格。

② 由比较运算符构成的条件运算式，这些比较运算符和前述的表达式中用于数值的完全

相同，表达式返回布尔值 true 或 false。

字符串在比较时，将按自左至右的次序，依次比较每一位置上字符的 ASCII 编码或 Unicode 代码的大小，第一个不相同的字符比较结果即最终比较结果；如果出现比较双方是主串和字串，则具有较多字符的主串将大于字串。例如，以下两个 2.0 表达式都返回 false：

```
${'13' gt '3'}  ${'hello,world'<"hello"}
```

第一个表达式中如按数字比较应该是 13>3，但作为字符串比较时，首先比较两者左起第一个字符 1 和 3 的 ASCII 码。数字字符的 ASCII 码也是按大小排布的，所以字符 1 小于字符 3，所以比较结束，13 小于 3，因此表达式 ${'13' gt '3'}返回 false。第二个表达式中左侧主串大于右侧的子串，所以同样返回 false。

比较运算符也可以用于字符串和数值构成的运算式，但比较时必须保证字符串是合法的十进制的数值格式，此时，将按照数值大小进行比较，如下两个表达式均返回 true：

```
${'13' gt 3}  ${'5' eq 5}
```

比较运算符还可用于字符串和 null 之间，作为条件运算式，null 通常用于==(或 eq)和!=(或ne)运算符，其余的不含等于比较的运算式中一旦出现 null 都将返回 false。例如下面的 JSP 代码：

```
<%  pageContext.setAttribute("a",null);  %>
${a ne null}  ${a !=null}  ${a<null}  ${a >null}  ${a eq null}
```

该 JSP 代码利用脚本片段在页面范围对象中建立了变量 a，但为其赋予的是 null 值，在模板中的前两个 2.0 表达式都是测试 a 不为 null 值，返回均为 false；之后的两个 2.0 表达式比较变量 a 和 null 的大小，这种比较实际没有意义，表达式均输出 false；最后一个使用 eq 比较 a 是否为 null，该表达式返回 true。

③ 由四则运算符构成的算数运算式，这要求其中的字符串必须都是正确的十进制数值格式，否则将导致页面出错。支持的四则运算符和前述数值数据完全一致，运算式中也可以出现数值类型的常量或变量。例如，以下 JSP 代码利用脚本片段建立请求对象中值为 10 的数值变量 n1，然后在模板中利用 2.0 表达式的包含字符串常量的算数运算式输出计算结果：

```
<% request.setAttribute("n1",10); %>
${n1+"10"}  ${'20'-n1}  ${'14' mod n1} ${'5'+'5'}
```

此 JSP 代码在页面的输出为 20　10　4　10。

2.0 表达式对字符串算数运算式的支持方便了页面中的计算处理过程。由于 Web 开发中 JSP 页面中从客户端接收到的数据一般均以字符串类型提交，这样开发者就可以不用自行编写算数计算中的类型转换代码。

(4) 布尔常量和运算式。布尔常量在 2.0 表达式中直接用 true 和 false 表示，如下所示：

```
${true}  ${false}
```

返回 true 或 false 的运算式又被称为布尔运算式，如前述 2.0 表达式中由比较运算符构成的条件运算式，这些运算式之间还可以通过以下逻辑运算符进行连接，构成复合布尔运算式：

① && 或 and(逻辑且)，运算符两侧的布尔运算式均为 true 时返回 true，否则返回 false。运算式还支持小括号，例如：

```
${13>'2' && ( '' eq null )}  ${a!=null and (a mod 2==0) }
```

② ||或 or(逻辑或)，运算符两侧的布尔运算式有一个为 true 时就返回 true，否则返回 false。运算式也支持小括号，例如：

```
${13>'2' or ( '' eq null )}  ${a==null or (a eq  '') }
```

③ ！或 not(逻辑否)，注意和 Java 语言中的逻辑否运算符一样，该运算符是单目运算符，用于布尔运算式的开头，应用于条件运算式时，应在运算式两侧使用小括号。例如：

```
${!(3=='3')}
```

这些布尔运算符可以和条件运算式放在一起联用，注意在和运算式结合性方面，逻辑否优先级>逻辑且>逻辑或，可以使用小括号组合这些运算式，例如：

```
${!(empty a) && ( (b!=null) || c>'4' ) }
```

2.0 表达式中的这些运算式多用于自定义的操作元素的参数取值，将在第 11 章继续介绍它们的应用。

6. 在 JSP 2.0 表达式中进行方法调用

从 JSP 规范 2.1 开始，2.0 表达式中可以调用其中的变量或常量所属类型的公开方法。能够被调用的方法一定要位于公开(即 public)类型，否则会导致页面错误。如果被调用的方法参数不是数值或字符串类型，则应在 2.0 表达式中使用同类型的变量为其传递实参。例 8-6 当中的 mcall.jsp 文件演示了如何在 2.0 表达式中进行方法调用。

【例 8-6】 在 2.0 表达式中进行方法调用的 mcall.jsp 源代码的组成。

```
<%! public class A{
      public String say(){ return "hello,A!"; }
      public String echo(String msg){ return msg;}
      public String date(java.util.Date date){return date.toString(); }
   }%>
 <%  request.setAttribute("a",new A());
     pageContext.setAttribute("now",new java.util.Date());
%>
${a.say()}  ${a.echo('Hi!')}  ${a.date(now)}  ${"hello,world".substring(6)}
```

这段 JSP 代码使用声明定义了一个公开类 A，之后通过脚本片段建立了类型为 A 的变量 a 和类型为 java.util.Date 的变量 now。

模板中第一个 2.0 表达式调用变量 a 中的公开方法 say，此表达式的输出为 A。

第二个 2.0 表达式调用了变量 a 中的公开方法 echo，此 echo 方法的参数为字符串，表达式通过一个字符串常量表达式为其提供实参"Hi"，该表达式输出为 Hi。

第三个 2.0 表达式调用了变量 a 中的公开方法 date，此方法需要一个类型为 java.util.Date 的参数，所以表达式中通过变量 now 为其提供了实参，表达式返回当前的 UTC 格式的时间信息。

最后一个 2.0 表达式调用了 java.lang.String 类的取字串方法，返回 world。

8.3.2　JSP 2.0 表达式和 JavaBean

1. JavaBean 组件属性值的 2.0 表达式语法

在上一小节最后介绍了 2.0 表达式中可以调用其中常量或变量的方法。如果表达式中的变量是 JavaBean 组件的实例，可以直接采用变量名.JavaBean 属性名的语法引用 JavaBean 的属性值，如下所示：

```
${JavaBean 变量名.JavaBean 属性名}
```

而 JSP 1.x 规范中输出 JavaBean 属性值时的 getProperty 操作元素的标记语法如下：

```
<jsp:getProperty name="JavaBean 变量名" property="JavaBean 属性名"/>
```

可以看到 2.0 表达式在输出 JavaBean 组件属性值的语法上有了很大的简化，并且该语法更贴近 JavaBean 组件属性的特性，同时也不含有 HTML 的元素标记，所以建议使用 2.0 表达式替代 getProperty 操作元素用于 JSP 页面中的 JavaBean 属性处理。

如前所述，在页面或其他范围对象中生成 JavaBean 的实例可以采用 jsp：useBean 标记：

```
<jsp:useBean id="JavaBean 变量名" class="类名" scope="范围对象"/>
```

使用 2.0 表达式输出上述 JavaBean 实例中的属性时，使用 useBean 操作元素并不是唯一选择，只要当前页面中的任意范围对象中存在和表达式中的 JavaBean 变量名相同的同类型的 JavaBean 实例，即便没有使用 useBean 操作元素，2.0 表达式也可以输出其中的 JavaBean 属性值，这种表达式甚至可以输出位于 JSP 声明的公开类中的 JavaBean 属性。

JavaBean 属性值在 2.0 表达式中还可以采用其属性名构成的字符串常量形式，结合方括号运算符对其进行引用，如下所示：

```
${Javabean 变量['属性名']}
```

由于字符串常量在 2.0 表达式中可以使用单引号或者双引号表示，所以属性名两侧的单引号也可以换成双引号。这种语法格式类似于前述的通过范围对象引用其中具有特殊名称的属性值的语法。如果采用了这种 JavaBean 属性值的表达式，2.0 表达式中的字符串常量也可以使用位于任意范围对象中的变量来代替，如例 8-7 中 dymbean.jsp 的代码。

【例 8-7】 2.0 表达式中 JavaBean 属性值输出的 dymbean.jsp 文件的源代码。

```
<%! public class User{  public String getName(){ return "sample name"; }  } %>
<% pageContext.setAttribute("user",  new User());
  session.setAttribute("prop","name");
  request.setAttribute("r.user", new User());
%>
${user['name']}  ${user[prop]}  ${requestScope['r.user'][prop]}  ${requestScope
['r.user']["name"]}
${requestScope["r.user"].name}
```

在这个例子中，通过 JSP 声明定义了一个具有 JavaBean 特性的公开类 User，该类含有一个只读的属性 name。随后利用脚本片段分别建立了页面范围中的 User 类型变量 user、会话范围中字符串类型的变量 prop，以及请求范围具有特殊属性名 r.user 的 User 实例。其后模板中所有的 2.0 表达式都会在页面中输出 sample name。注意，这些表达式中，由于存储在请求对象中 JavaBean 变量名带有特殊的字符小数点，所以使用 requestScope 范围对象引用特殊属性名的语法。

利用变量表示 JavaBean 属性提供了一种动态特性，即在 2.0 表达式不变的情况下，只要设置表达式方括号中变量值，就可以输出 JavaBean 组件中的不同名称的属性值。这一特性经常被用于编写具有通用性的 JSP 代码，例如数据库中表的记录输出。

2. 使用 Map 对象代替 JavaBean 组件

从数据存储方式上，JavaBean 组件中属性包含两项信息：属性名和属性值；一个 JavaBean 组件的实例，可以看成是由名-值构成的集合，这和 Java 集合类型中由键-值组成的 Map 对象在结构上是一致的。当 JavaBean 中的属性只是用于简单存储数据时，就可以使用 Map 接口的实现类的实例代替 JavaBean 组件实例。

使用 Map 对象就无须再定义用于存储属性数据的 JavaBean 类，同时 Map 对象中的属性数据可以按需添加，这种动态添加属性也是 JavaBean 类不具备的特性。不过 Map 对象动态添加属性属于程序中的执行代码，其中具体的属性数据必须通过阅读代码执行流程获取，这就不如使用 JavaBean 组件的类定义直观，会带来代码阅读性和可维护性上的降低。

需要注意,位于 java.util 包中的 Map 是接口类型,不能直接实例化存储属性数据,通常可以 java.util 包中的 Map 实现类来代替 JavaBean,常用的有 HashMap、Properties、TreeMap 等实现类。例 8-8 显示了例 8-7 的 Map 对象移植版。

【例 8-8】 使用 Map 对象替代 JavaBean 组件的 mapbean.jsp 文件源代码。

```
<%@page pageEncoding="UTF-8" %>
<% //创建一个 HashMap 实现类的实例
  java.util.Map  user=new java.util.HashMap();
  //添加一个字符串类型的属性,属性名是 name,属性值是 simple name
  user.put("name", "simple name");
  pageContext.setAttribute("user",  user);
  session.setAttribute("prop","name");
  request.setAttribute("r.user", user);
%>
${user['name']}  ${user[prop]}  ${requestScope['r.user'][prop]}  ${requestScope
['r.user']["name"]}
${requestScope["r.user"].name}
```

8.3.3 JSP 2.0 内置对象

在 2.0 表达式中,也具有类似于 JSP 1.x 表达式和脚本片段中的一些可以直接使用的隐含对象,为了不引起混淆,本书将其称为 2.0 表达式中的内置对象。这些内置对象的使用语法和 JavaBean 语法式相同,基本语法如下,建议采用左边这种语法式:

```
${内置对象名['属性名']} | ${内置对象名.属性名}
```

这些内置对象可以在 2.0 表达式中用来处理来自于 HTTP 请求、客户端传入的 Cookie、Web 程序配置信息等数据,使用时要注意对象名严格区分大小写。

1. 请求头对象

请求头对象主要包括 header 和 headValues,用于取出当前页面的请求头中各个数据项,其属性组成和 5.2.1 节中论述的 javax.servlet.http.HttpServlet 接口中的 getHeader/getHeaderValues 方法的参数是完全一致的。实际上,header 对象对应于 getHeader 方法,其属性值返回一个字符串;headValues 对象对应于 getHeaderValues 方法,该对象属性的返回值是一个字符串数组。两对象的 2.0 表达式建议的语法如下:

```
${header['请求头名称']}  ${headValues['请求头名称'][请求值数组下标]}
```

具体应用见下面给出 JSP 代码示例:

```
<%@page pageEncoding="UTF-8"%><html><body>
浏览器类型:${ header['user-agent'] }<br>
可处理的文件类型:${ headerValues['accept'][0] }
</body></html>
```

2. 表单和查询字符串查询参数对象

param 和 paramValues 对象用于获取用户通过 HTTP 的 GET 方法传入的位于 URL 尾部的查询字符串中的参数值,或页面表单提交的组件值。这两个对象对应于请求接口 javax.servlet.http.HttpServletRequest 中 getParameter/getParameterValues 方法的调用,param 返回对应参数名的单一字符串参数值,paramValues 返回的是同名参数形成的参数值字符串数组。这两个对象的属性名取决于表单中组件的 name 属性值或查询字符串中的参数名称,建议使用的 2.0 表达式语法式如下:

```
${param['查询参数名称']}  ${paramValues['查询参数名称'][参数值的数组下标]}
```

具体的一个应用见下面的 JSP 代码：

```
<%@page pageEncoding="UTF-8"%><html><body>
你传入的数据是:username=${ param.username }
  <br>
选择的第一项课程是:${ paramValues['course'][0] }
  </body></html>
```

示例中对于 param 对象使用标准变量的 JavaBean 属性引用语法，paramValues 对象则使用了 JavaBean 通用属性引用的方式。由于客户端浏览器中的表单组件名称可能包含非标准 Java 变量名字符，所以还是推荐使用示例中的 paramValues 的语法式。

3. 客户端信息持有 Cookie 对象

Cookie 对象用于取出浏览器传递给服务器的某个指定名称的 Cookie 数据，该对象可用的属性名是对应 Cookie 名称，返回的属性值就是 6.1 节中论述的 javax.servlet.http.Cookie 类的实例。建议的 2.0 表达式语法如下：

```
${cookie['cookie 名称'].Cookie 类中的 JavaBean 属性名}
```

表达式中的 Cookie 类的 JavaBean 属性主要是指类中的 Getter 方法对应的属性名，常用的包括 value、maxAge、path 等。具体应用见下面的 JSP 代码：

```
<%@page pageEncoding="UTF-8"%><html><body>
浏览器传递的会话 cookie 中的会话 ID 是:
${ cookie['JSESSIONID'].value }<br>
过期时间是:${ cookie['JSESSIONID'].maxAge}
</body></html>
```

4. Web 程序初始配置对象

通过 initParam 对象可以读取在 web.xml 文件中通过<context-param>标记存储的初始化字符串参数值，此标记在 web.xml 中定义的格式如下：

```
<context-param>
    <param-name>p1</param-name>
    <param-value>v1</param-value>
</context-param>
```

假设某个 Web 应用程序的 web.xml 中定义的上下文参数标记片段如下：

```
<context-param>
  <param-name>db</param-name>
  <param-value>/WEB-INF/db.prop</param-value>
</context-param>
```

initParam 对象的可用属性名即为上述元素标记中 param-name 元素中定义的文本内容，例如，在 JSP 模板中可用如下代码返回属性名 db 的设置值：

```
${initParam['db']}
```

5. 页面上下文对象

pageContext 对象是唯一可以在脚本片段、JSP 1.x 表达式和 2.0 表达式中都可以使用的内置对象。该对象可以用于获取当前 JSP 页面存入的各种属性名-值对数据，例如，下面 2.0 表达式取出范围对象中存入的 user 变量对应 JavaBean/Map 对象中的属性组成：

```
${pageContext.variableResolver.resolveVariable("user")}
```

如果当前页面的任意范围对象中通过 setAttribute 方法建立了 user 变量，对应值是一个包含两个属性名值：name/simple name 和 age/18 的 Map 对象，则上述表达式将返回：

```
{name=simple name,age=18}
```

pageContext 对象还提供了 request、response、session、servletContext 和 servletConfig 属性，分别用于返回当前页面中的请求、响应、会话、应用程序和 servlet 配置对象。例如，使用 pageContext 对象返回当前 Web 程序部署的上下文路径的表达式如下：

```
${pageContext.servletContext.contextPath}
```

6. 范围对象

范围对象包含 pageScope、requestScope、sessionScope、applicationScope 四个对象，本章在前已经做过论述，在此不再重复说明。

8.4 MVC 设计架构

8.4.1 Web 程序的编程原则

Web 程序是分布式的计算模型，开发包括客户端浏览器中的 HTML 页面、服务端业务逻辑模块和数据存储模块，应尽可能把相关的任务都聚集在对应的层次中。JavaEE 的体系就是遵循分层设计的结果，分为客户端表示层、服务器端表示层和业务逻辑层以及数据存储层。对于 Web 应用程序也应该按照这个层次进行相关代码的编写和设计。

1. JSP 的设计原则

JSP 主要的功能是提供用户界面，它属于服务器端表示层，JSP 中的代码应该尽可能减少业务逻辑代码，即脚本片段不要出现太多。

2. Servlet 的设计原则

Servlet 在 JavaEE 中也属于服务器端表示层，但产生表示层并不是 Servlet 擅长的领域。Servlet 可以和 JSP 配合，为 JSP 提供数据和页面转移，但不直接提供用户界面代码。

3. 业务处理类的设计原则

处理业务逻辑的代码应尽可能独立封装，因为这些代码还有可能被复用到其他客户端传入的数据请求的处理。如果将业务逻辑代码直接写在 JSP 或者 Servlet 中，则很难将这些代码复用在其他客户端的业务请求中。还有一点，位于 JSP 或者 Servlet 中的代码在开发时很难做到脱离开服务器环境进行相关的调试，这使得程序开发中的纠错变得复杂，也难以实施自动化测试等功能。鉴于这些理由，封装业务逻辑代码最好采用 JavaBean 组件以及不含 Servlet API 的类定义。

8.4.2 JavaBean 组件和 MVC 设计架构

1. Model1 模型

采用 Model1 模型设计的 Web 程序的总体结构如图 8-5 所示。

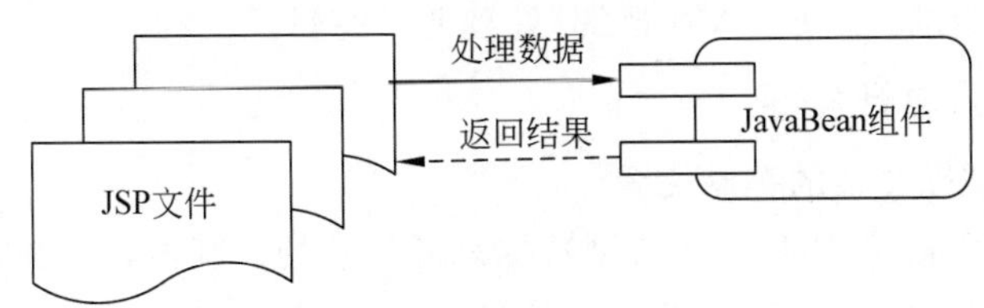

图 8-5 Model1 的总体架构

由图 8-5 可以看到，Model1 实际上就是在 JSP 页面中引入 JavaBean 组件，用 JavaBean 组件代替 JSP 中脚本片段的业务逻辑代码。这样，JSP 主要负责界面显示和界面切换，而

JavaBean 则负责业务逻辑处理，从而使得整体上的代码得到了一部分的合理分布。

2. Model2 模型

这个模式是在 Model1 的基础上，进一步引入 Servlet 作为控制器(Controller)，使用控制器进行业务逻辑组件的调用和 JSP 界面的切换，切换的同时向 JSP 页面传递业务逻辑组件处理后形成的模型数据，以便 JSP 进行显示，如图 8-6 所示。

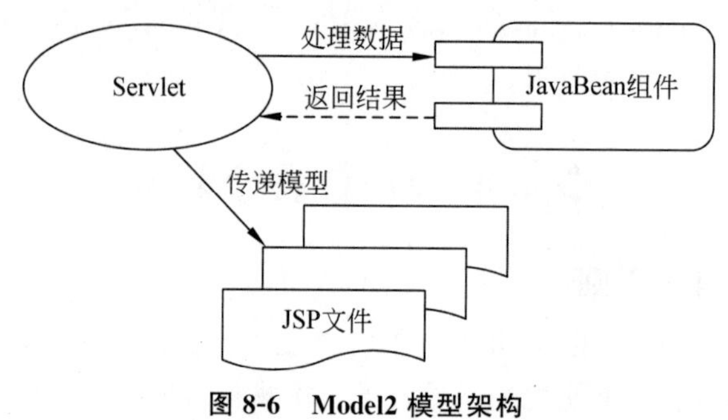

图 8-6　Model2 模型架构

这种情况下，JSP 就不再负责界面的切换，而是专注于界面的显示。这种模型被称为 MVC 设计架构，适用于设计功能复杂的大型 Web 应用程序。

(1) 模型。MVC 中的 M 是模型的英文单词 Model 的首字母，代表用于业务逻辑处理以及包含数据处理结果的组件。在 Web 程序中，模型通常由 JavaBean 及相关的业务处理类组成，它们接收由控制器传过来的数据，并在对数据进行加工后返回给控制器。

(2) 视图。MVC 中的 V 是视图的英文 View 单词首字母，代表用于显示模型处理结果数据的用户界面；Web 程序中通常使用 JSP 文件作为视图，也可以使用其他一些文件作为特定用途的视图，如 PDF 文件用于打印视图，Word/Excel 文件用于修改模板视图等。

(3) 控制器。MVC 中的 C 是控制器英文单词 Controller 的首字母，代表用于调用模型，并将处理结果数据传递给视图的业务流程管理组件。在 Web 程序中，可以使用 Servlet 作为控制器。不过由于 Servlet 的开发和编写相对比较烦琐，很多开发公司和组织为了方便开发者使用 MVC 设计架构，提供了一些可直接使用的基于 MVC 设计理念的框架(framework)，例如，SpringFrame 中的 SpringMVC，Apache 组织提供的 Struts1 代和 Struts2 代，还有谷歌提供的基于 JavaScript 技术的 AngularJS 框架，微软提供的 ASP.NET MVC 等。这些框架在提供便利的开发功能之外，都有一定的学习成本。本书仅介绍采用 Servlet 规范和 JSP 技术的 MVC 架构的 Web 应用程序，其中 Servlet 作为控制器，负责流程控制以及 JavaBean 组件的调用，JSP 是视图，负责显示 Servlet 传递过来的数据模型，JavaBean 和其他类(通常是 POJO，即普通 Java 类，不和特定的 JavaEE API 捆绑)处理业务逻辑。

8.4.3　MVC 架构的设计实现

1. MVC 架构中视图文件的存储位置

按照 MVC 设计理念，视图显示的模型数据来源于它的控制器，这意味着视图应通过控制器对其进行访问，以便获取控制器发送给它的模型数据，视图文件本身不应具有可被客户端 UA 直接访问的 URI。按此规定，视图 JSP 文件应位于 Web 程序的/WEB-INF 目录。为了便于管理，可以在/WEB-INF 目录建立 view 文件夹，以便集中存放和维护 JSP 文件。图 8-7 显示按照 MVC 架构设计的 Web 程序中视图 JSP 文件的存储位置。

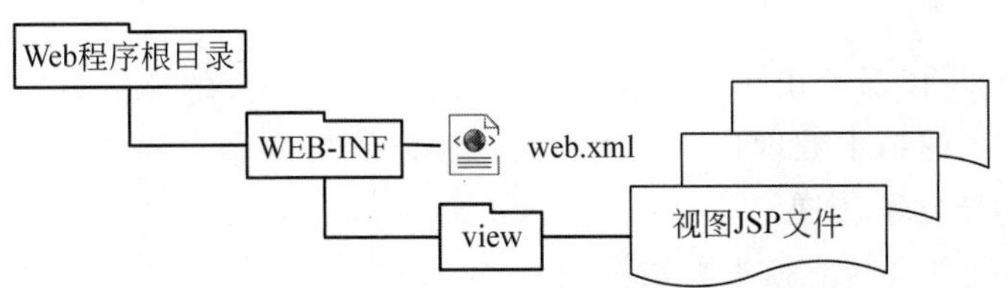

图 8-7　按照 MVC 架构设计的 Web 程序中视图 JSP 文件的存储位置

2. 控制器 Servlet 的编写

控制器 Servlet 的主要任务是接收客户端 UA 请求，调用 JavaBean 组件处理数据，之后向视图 JSP 传递模型数据，并将请求转移到相应视图 JSP，以便向用户显示用户界面。在实际应用中，一个控制器 Servlet 可以使用一个或多个 JSP 作为其视图文件。例如，图 8-8 所示的用户管理控制器 UserServlet 在处理请求时，会根据请求选择用户的列表、修改和添加 JSP 页面作为视图，这些视图 JSP 文件都位于/WEB-INF/view 目录。

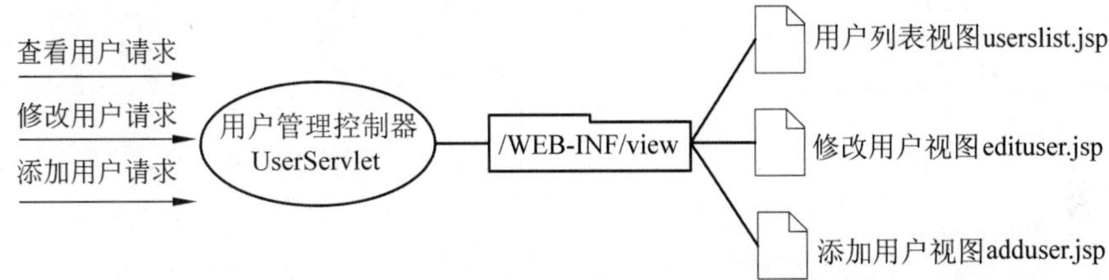

图 8-8　用户管理控制器 UserServlet 和它管理的用户管理视图 JSP 文件

在编写控制器 Servlet 类时，可以将其放置在 controllers 这种可以体现控制器特性名称的包中。在编写请求处理方法代码时，最后应将请求转发到视图 JSP，或通过客户端重定向到其他控制器。典型的控制器 Servlet 的请求处理方法中执行的请求处理流程如图 8-9 所示。

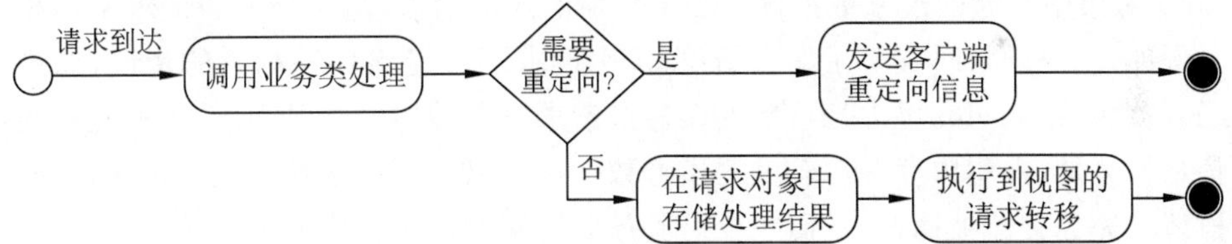

图 8-9　典型的控制器 Servlet 的请求处理方法中执行的请求处理流程

以 doPost 请求处理方法为例，其对应的示意代码如下：

```
@Override  protected void doPost(HttpServletRequest request,
HttpServletResponse response) throws  ServletException, IOException{
    try{
      //接收请求数据,调用业务处理类,进行数据处理并生成 JavaBean/Map 对象模型数据
      if(如果需要){
           //将客户端 UA 重定向到其他控制器并结束处理
           response.sendRedirect("其他控制的 URI");  return;
      }
      request.setAttribute("bean 标识",  JavaBean/Map 对象实例);  //存入模型数据
    }catch(Exception e){
       request.setAttribute("错误信息标识",  e.getMessage());//存入处理错误信息
    }
    //执行请求转移到所需的视图 JSP 文件
    request.getRequestDispatcher("/WEB-INF/view/视图 JSP 文件").forward(request,
response);
```

```
}
```

通过上述代码，可以看到由于控制器 Servlet 向客户端 UA 的响应数据实体由视图 JSP 负责构造，所以 Servlet 的请求处理代码中无须通过输出流构造用户界面 HTML 标记。

3. 模型数据的建立和传递

（1）通过业务处理类建立模型数据。

可以在 Web 程序中定义一组业务处理类，它们不调用 Servlet API，专门负责生成模型数据。当控制器 Servlet 取出客户端请求中的数据后，可以调用这些业务处理类生成模型数据。这种设计方案可以让业务处理流程独立于 Web 运行环境，增加业务处理代码的应用范围，同时便于开发中的测试和调试。这种业务处理类可以将其定义在 business 包，类名按其管理的模型数据名称加上 Manager 后缀进行命名，以表示它们是专用于管理模型的业务类。JavaBean 类定义可以位于 bean 包，也可放入 bo 包，bo 是 business object 的首字母缩写，即业务对象。以下是一个用户管理业务处理类 UserManager 的定义示例：

```
package business;                                   //业务处理包
public  class UserManager{                          //以管理的用户对象+Manager 命名业务处理类
  public bo.User findUserById(int  id) throws Exception{  /*按照 id 建立并返回用户模型数据*/   }
  public void editUser(bo.User user) throws Exception{  /*根据参数进行用户模型数据的修改*/    }
  //其他成员定义省略
}
```

（2）模型数据的传递。

控制器 Servlet 通过 RequestDispatcher 请求分派对象将请求转移到/WEB-INF 目录中的视图 JSP 页面，这使得控制器中的模型数据通过请求/会话/应用程序这 3 个对象中的任意一个都能成功传递给视图 JSP，开发者可以根据模型数据的性质和用途进行选择。

① 请求对象中存储的模型数据仅存在于当前的这次请求，适用传递和请求密切相关的模型数据。例如，用户登录时发生了输入错误，每次请求都可能出现不相同的错误，如错误的账号、口令等，控制器 Servlet 可以把这些错误通过请求对象传递给登录视图，以便显示当前的登录错误信息。另外，占用内存资源较多的模型数据也可以通过请求对象进行传递，这些模型数据在当前请求完成后即被销毁，从而减少对服务器资源的占用。

需要注意，当控制器 Servlet 采用客户端重定向将处理流程转移给其他控制器时，存入请求对象传递的数据会丢失。

② 会话对象适用于存储多次请求都需要使用的用户专有数据，例如用户的登录信息就应由控制器 Servlet 存入当前会话对象，以便视图能够显示其登录账号。会话对象中传递的模型数据还可用于客户端重定向转入的其他控制器及视图，但要注意这些模型数据将会一直占用内存空间，只有在当前会话对象被销毁时才会消失。

③ 应用程序对象适用于存储需要传输给所有用户的公共模型数据。例如，当前 Web 程序部署的上下文路径就可以加入应用程序对象，以便所有的视图 JSP 都能够构造相对于主机位置的 URI。通过应用程序对象传递的模型数据同样可以应用于客户端重定向到的其他控制器和视图。

4. 视图 JSP 文件的编写和模型数据的获取

（1）相对 URI 的处理。

在 MVC 架构中，客户端 UA 通过控制器 Servlet 的 URL 访问 JSP 视图文件，这使得 JSP

页面中的相对 URI 变得和页面所处的文件夹无关，如果在页面中使用了相对页面路径的 URI，有可能造成页面中的图片、样式文件、超链接以及表单提交失效。这一问题在 3.4.1 节中曾经做过论述，也给出了解决方案，即在页面中使用 basebase 元素的 href 属性设置这些相对页面路径的 URI 的前缀，或者使用以正斜线(/)开头的相对于主机位置的 URI。由于 JSP 文件中可以通过表达式获得 Web 程序的上下文路径，所以建议采用相对于主机位置的 URI。例如，图 8-10 中位于/WEB-INF/view 目录中的视图文件 userlist.jsp，如需显示/icon 目录中的图片 admin.jpg，可以采用 JSP 1.x 表达式，通过 request 对象获取上下文路径，嵌入 img 元素的 src 属性值，保证图片的正确显示，代码如下：

```
<img  src="<%=request.getContextPath()%>/icon/admin.jpg"/>
```

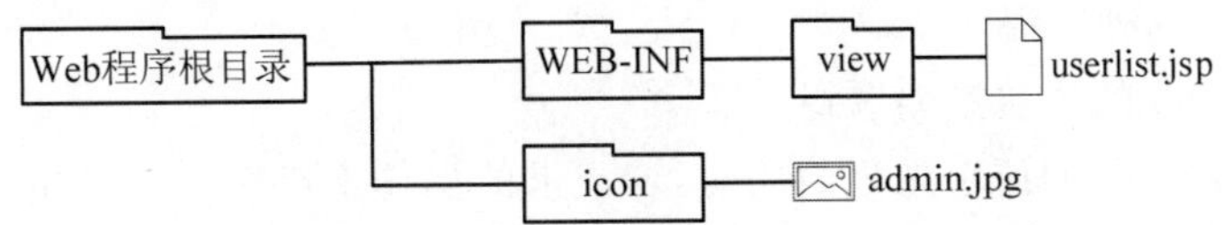

图 8-10　视图文件 userlist.jsp 和需显示图片文件 admin.jpg 的位置

也可以使用 2.0 表达式中的内置对象 pageContext 获取上下文路径，设置需要显示的图片：

```
<img  src="${pageContext.servletContext.contextPath}/icon/admin.jpg"/>
```

使用 pageContext 取上下文路径的表达式相对较长。为了简化表达式，可以先将上下文路径以较短的变量名存入应用程序对象，之后就可以在任意视图中使用 2.0 表达式，通过该变量取出上下文路径。例如，在控制器 Servlet 的请求处理方法中，使用请求参数 request 获取上下文路径，以 contextPath 为变量名将其存入应用程序对象，代码如下所示：

```
javax.servlet.ServletContext  app=getServletContext(); //获取应用程序对象
if( app.getAttribute("contextPath") == null ) app.setAttribute("contextPath",app.
getContextPath());
```

这样，当前 Web 程序的任意视图 JSP 都可以使用 contextPath 变量的 2.0 表达式返回上下文路径。例如，userlist.jsp 中 img 元素显示 admin.jpg 图片的标记就可以写成如下形式：

```
<img  src="${contextPath}/icon/admin.jpg"/>
```

在视图中使用相对 URI 时还需要注意以下几点。

① 虽然 MVC 架构的视图 JSP 文件应移入/WEB-INF 目录，但视图 JSP 中需要显示的图片、css 样式单、js 脚本等文件仍需按原来的文件夹进行分布，不能将它们也移入/WEB-INF 目录，否则这些文件将无法被视图 JSP 文件通过相应的 HTML 元素标记进行引用，从而造成页面不能正常工作。

② 视图 JSP 文件中所有指向其他视图的超链接和表单元素的 action 属性值，也应设置为相应视图控制器 Servlet 的相对于主机位置的 URI。

③ 视图 JSP 文件不能使用相对 URI 进行请求转移或者客户端重定向，这些任务均应由控制器 Servlet 完成。

(2) 模型数据的获取。

视图 JSP 文件可以使用 jsp：useBean 和 jsp：getProperty 操作元素获取和显示控制器传入的 JavaBean 模型数据。如果控制器通过请求对象传入模型数据，视图 JSP 中的 useBean 元素应将 scope 参数值指定为 request，同时将 id 参数值指定为控制器在请求对象中利用 setAttribute 方法为 JavaBean 对象实例设置的 bean 标识，代码如下：

```
<jsp:useBean  class="JavaBean类全名"  id="bean标识"  scope="request"/>
```

在支持 JSP 2.0 及以上规范的 JSP 引擎中，一般采用 2.0 表达式代替 getProperty 操作元素获取和显示 JavaBean 对象，同时 2.0 表达式还可以支持 Map 对象。注意，2.0 表达式中的变量名也应是控制器 Servlet 存入请求对象中的 bean 标识，代码如下：

```
${bean 标识.属性名}
```

使用 2.0 表达式处理模型数据时，可以不用 useBean 操作元素，如果表达式不使用范围对象，还可以自动获取通过请求、会话及应用对象传递的模型数据，这更有利于进一步简化视图 JSP 文件的代码。不过在页面中使用 useBean 操作元素相当于增加了模型数据的声明，有助于页面代码的维护，同时还可以帮助一些 IDE 提高表达式输入过程中的辅助支持。例如，当页面存在 useBean 操作元素时，NetBeans 的 JSP 页面编辑器会在输入"${bean 标识.}"时，提供可用 Java 属性名的列表提示。

5. 控制器 Servlet 的导航策略选择

编写控制器 Servlet 的请求处理代码时，若请求的操作不应由控制器的视图提供，就应该将用户重定向到其他对应控制器 Servlet。例如，登录控制器在检查用户登录信息时，登录错误则应显示自己的登录视图，以便用户能够继续登录；当输入的登录信息正确时，则将用户信息存入会话对象，并使用客户端重定向到用户管理控制器。

8.4.4 MVC 设计架构示例

例 8-8 是一个包含完整的 MVC 组成结构的登录示例，此示例由两个控制器和对应视图文件、业务处理类/JavaBean 模型数据组成，Web 应用程序的目录结构和文件组成如图 8-11 所示。

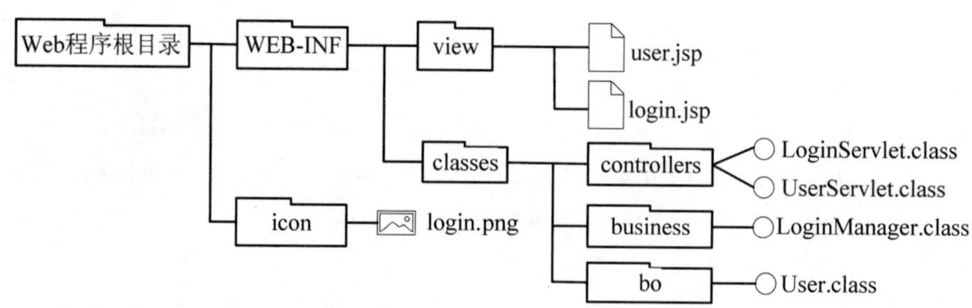

图 8-11 Web 应用程序的目录结构和文件组成

登录验证由控制器 LoginServlet 调用 LoginManager 进行验证，登录正确时先将用户登录信息存储在会话对象，然后重定向到 UserServlet 控制器，以显示登录账号；如果登录信息输入不正确，则通过登录视图显示错误信息，以便用户重新输入，如图 8-12 所示。

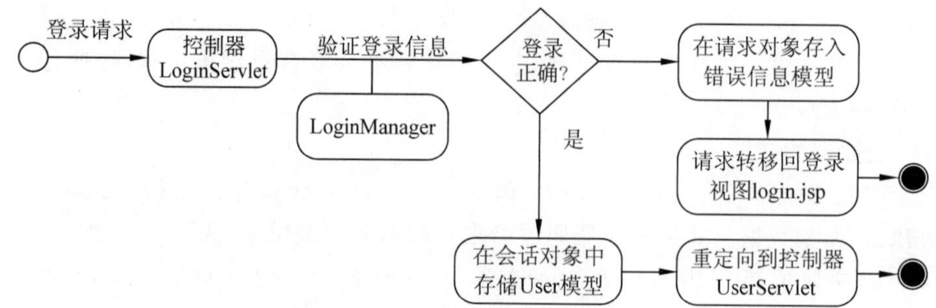

图 8-12 用户登录信息的验证流程

1. 模型和业务处理类

(1) 模型数据类 User。模型数据由位于 bo 包的 User 类表示，是一个 JavaBean 组件类，包含 uid 和 password 两个属性，用于存储登录时的账号和口令。User 类源文件中的代码如下。

【例 8-8-1】 业务模型 JavaBean 类 User.java 源代码。

```
package bo;
public class User {
  public User() { }
  public User(String uid, String pwd) { this.uid = uid;  this.pwd = pwd; }
                                                          //账号和口令构造方法
  private String uid, pwd; //uid 和 pwd 字段用于存储 uid 属性和 password 属性中的数据
  //uid 属性的 Getter 和 Setter 方法
  public String getUid() { return uid;    }  public void setUid(String uid) {  this.
uid = uid; }
  //password 属性的 Getter 和 Setter 方法
  public String getPassword() { return pwd; }  public void setPassword(String pwd) {
this.pwd = pwd; }
}
```

(2) 业务处理类 LoginManager。LoginManager 类位于 business 包，该类中公开的 checkLogin 方法负责检查登录账号和口令，在数据正确时会产生 bo.User 的模型数据，否则抛出登录异常。具体代码如下。

【例 8-8-2】 产生模型数据的业务处理类 LoginManager.java 源代码。

```
package business;
public class LoginManager {
  /* 静态工厂方法，用于创建 LoginManager 的实例 */
  public static LoginManager  newInstance(){
   return new LoginManager();
  }
  /* 检查 uid 参数代表的账号和 password 参数代表的口令是否正确 */
  public  bo.User  checkLogin(String uid,String password) throws Exception{
      if( !"test".equals(uid) || !"123456".equals(password) ){
          //不符要求，抛出登录错误的异常实例
          throw new Exception("登录错误!");
      }
      //登录信息正确，构造并返回 JavaBean 类 User 的实例
      return  new bo.User(uid, password);
   }
}
```

建立 LoginManager 类的实例，才能调用其 checkLogin 方法进行账号和口令的验证。虽然可以通过调用 LoginManager 的构造方法得到它的实例，但通过调用它的静态方法 getInstance 建立该类的实例是一种更好的方式，因为这样可以隐藏构造方法的调用细节。

LoginManager 类的 checkLogin 方法采用简化的登录验证逻辑，正确的登录账号和口令是 test/123456，其余的均会抛出包含登录错误的 Exception 异常实例。

2. 视图文件

示例中的视图文件位于程序的/WEB-INF/view 目录，包含用于显示登录表单界面的 login.jsp 和用户登录账号信息的 user.jsp 文件。以及登录成功后用户账号显示视图的页面。

(1) login.jsp 视图文件。图 8-13 显示了浏览器中通过控制器 LoginServlet 访问到的 login.jsp 视图文件产生的初始登录视图页面和登录错误视图页面。

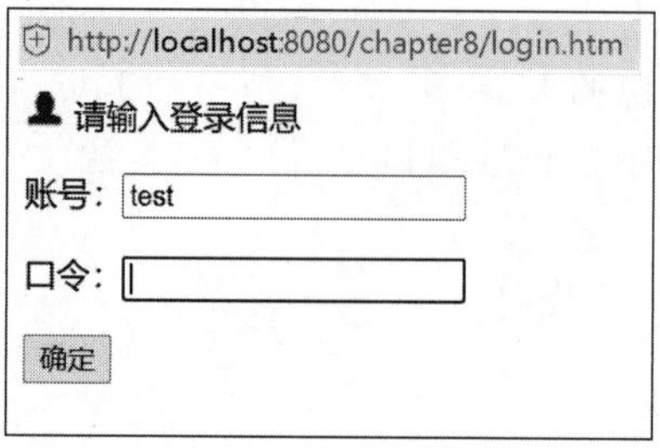

(a) 初始登录视图页面 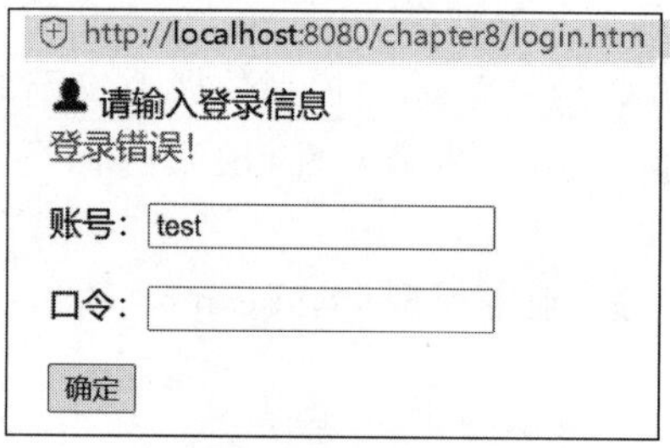　　　　(b) 登录错误视图页面

图 8-13　login.jsp 产生的初始登录视图页面和登录错误视图页面

login.jsp 源文件的组成代码如下。

【例 8-8-3】 用户登录视图 login.jsp 源文件。

```
<%@page contentType="text/html" pageEncoding="UTF-8"%>
<html><head><title>系统登录</title></head><body>
        <form  action="${contextPath}/login.htm" method="post">
        <div> <img src="${contextPath}/icon/login.png">请输入登录信息</div>
            <div style="color:red">${errMsg}</div>
            <p>账号:<input type="text" name="uid"  value="${param.uid}"></p>
           <p>口令:<input type="password" name="password"></p>
           <div><input type="submit" value="确定"></div>
        </form>
</body></html>
```

可以看到，登录视图 login.jsp 采用 JSP 2.0 表达式取出模型数据，为了便于阅读，源文件中的模型数据表达式采用了黑体，其中涉及了如下 3 个变量。

① contextPath 是由控制器 LoginServlet 在应用程序对象中建立的变量，变量值为当前 Web 程序上下文路径，用来构造相对于主机位置的 URI，以保证表单登录数据的正确提交，以及位于/icon 目录的登录装饰图片 login.png 的正确显示。

② errMsg 是由控制器 LoginServlet 建立在请求对象中的变量，其中存储了登录错误信息，用于用户在重新输入登录信息时，在 div 元素中显示红色的错误提示。

③ param 是 2.0 表达式中用于获取表单提交参数值的内置对象。由于控制器 LoginServlet 和视图 login.jsp 共享同一请求对象，将账号文本框元素的 value 属性值设置为 ${param.uid}就可以在其中显示上一次输入过的账号信息，便于用户修改输入错误。

（2）user.jsp 视图文件。user.jsp 文件是控制器 UserServlet 管理的视图，它使用 JSP 2.0 表达式显示位于会话对象中的 user 变量存储的模型 JavaBean 中的账号信息。当用户在登录视图中输入了正确的账号和口令信息之后，才能进入该视图文件产生的页面，如图 8-14 所示。

图 8-14　视图 user.jsp 产生的登录账号信息页面

user.jsp 源文件的组成如下。

【例 8-8-4】 用户信息视图 user.jsp 源文件。

```
<%@page contentType="text/html" pageEncoding="UTF-8"%>
<html><head><title>用户管理</title></head><body>
       <h3>您的登录账号是:${user.uid}</h3>
</body></html>
```

3. 控制器 LoginServlet 和 UserServlet

（1）登录管理控制器 LoginSevlet。控制器 LoginServlet 主要负责产生登录视图，以及用户登录信息的验证，源代码如下。

【例 8-8-5】 控制器 LoginServlet.java 源代码。

```
package controllers;
import  javax.servlet.http.*;
@javax. servlet. annotation. WebServlet ( "/login. htm") public class LoginServlet
extends HttpServlet {
    final String view="/WEB-INF/view/login.jsp";
    /* doGet 方法负责检查用户登录状态和显示登录视图 */
    @Override protected void doGet(HttpServletRequest request,
HttpServletResponse response)
    throws javax.servlet.ServletException, java.io.IOException {
        if ( request. getSession ( ). getAttribute ( " user ")! = null)  {  response.
sendRedirect("user.htm"); return; }
      javax.servlet.ServletContext app=getServletContext();
      if(app.getAttribute("contextPath")==null)  app.setAttribute
("contextPath", app.getContextPath());
      request.getRequestDispatcher(view).forward(request, response);
    }
    /* doPost 方法负责检查表单提交的用户账号和口令是否正确 */
    @Override protected void doPost(HttpServletRequest request,
HttpServletResponse response)
      throws javax.servlet.ServletException, java.io.IOException {
      try{
        String uid=request.getParameter("uid");
        String password=request.getParameter("password");
          bo. User user =  business. LoginManager. newInstance ( ). checkLogin (uid,
password);
        request.getSession().setAttribute("user", user);
        response.sendRedirect("user.htm");
      }catch(Exception e){
        request.setAttribute("errMsg", e.getMessage());
        request.getRequestDispatcher(view).forward(request, response);
      }
    }
}
```

该 Servlet 通过注解将其 URL 模式定义为/login.htm，包含如下两个请求处理方法。

① doGet 方法用于显示登录视图 login.jsp 页面，该方法检查会话对象中是否存在用户登录模型数据 user，如果存在，则无须再进行登录，直接将用户重定向到控制器 UserServlet；否则在应用程序中建立 contextPath 变量，通过请求分配对象 RequestDispatcher 将请求转入 login.jsp 视图，视图文件可以通过 2.0 表达式读取当前 Web 程序的上下文路径。

② doPost 方法用于处理登录视图以 POST 方式提交的表单账号和口令数据，该方法通过 try…catch 语句调用 LoginManager 类的 checkLogin 方法验证登录信息，登录正确时，将 checkLogin 方法返回的用户模型数据存入会话对象中的 user 变量，并将执行客户端重定向到控制器 UserServlet；如果验证抛出了异常，则在 catch 语句块将异常信息存储在请求对象的 errMsg 变量中，之后将请求转入登录视图页面，显示登录错误信息并让用户重新输入账号和口令。

（2）用户管理控制器 UserServlet。控制器 UserServlet 只有在用户登录后才显示其登录账号视图，它的源代码如下。

【例 8-8-6】 控制器 UsesrServlet 源代码。

```
package controllers;
import  javax.servlet.http.*;
@javax.servlet.annotation.WebServlet("/user.htm")
public class UserServlet extends HttpServlet {
    final String view="/WEB-INF/view/user.jsp";
    /*doGet方法检查用户是否登录，如果登录则显示登录账号信息视图*/
   @Override protected void doGet(HttpServletRequest request, HttpServletResponse
response)
   throws javax.servlet.ServletException, java.io.IOException {
       if (request.getSession().getAttribute("user")==null) { response.
sendRedirect("login.htm"); return; }
      request.getRequestDispatcher(view).forward(request, response);
   }
}
```

该 Servlet 通过注解将其 URL 模式定义为 user.htm，只包括 doGet 请求处理方法，用于显示用户登录账号信息的 user.jsp 视图页面。doGet 方法首先检测会话对象中是否存在登录后的模型数据 user，如果不存在，说明当前用户尚未通过控制器 LoginServlet 进行登录，所以利用重定向让客户端 UA 重新请求控制器 LoginServlet 以进行登录。

思考练习题

一、单项选择题

1. JSP 文件中如果有如下的代码：

```
<%!  String  msg; %>
<%=msg%>
${msg}
```

则该页面的输出有可能是(　　)。

A. null　　B. 空白页面　　C. 显示出错信息　　D. nullnull

2. 一个 JSP 页面中的全部代码如下：

```
<%  String  s="Hello,World!"; %> ${s}
```

则该页面部署到服务器中的 Web 程序后，假定该页面是此 Web 程序中用户通过浏览器访问的第一个页面，则该页面此时显示的内容是(　　)。

A. Hello,World!　　B. null　　C. 空白页面　　D. s

3. 如果 JSP 页面中的代码如下：

```
<%    request.setAttribute("a.a","a");    %>
```

则能在该页面中正确输出 a 的 JSP 2.0 表达式是(　　)。

A. ${a.a}　　B. ${a['a']}

C. ${requestScope['a.a']}　　D. ${sessionScope['a.a']}

4. 在 JSP 2.0 表达式中，读取优先级别最高的属性应位于(　　)。

A. 请求对象中　　B. 会话对象中

C. 页面上下文对象中　　D. 应用程序对象中

5. 如果 JSP 页面中有如下代码：

```
<%  java.util.Map user=new java.util.HashMap();
    user.put("name","admin");
    session.setAttribute("user",user);
    session.setAttribute("n","name");
%>
```

以下不能在页面中输出字符 admin 的表达式是(　　)。

A. ${user.name}　B. ${user[n]}　C. ${user['name']}　D. ${user['n']}

6. 位于 bo 包中的 Person 类的定义如下：

```
public class  Person{
    public int getAge(){  return 18;  }
    public String getName(){  return "Marry"; }
}
```

引用该类的 JSP 页面代码如下：

```
<jsp:useBean class="bo.Person"  id="person"/>
<%  pageContext.setAttribute("p","age");
    request.setAttribute("p","name");
%>
${person[p]}
```

则该页面的输出是(　　)。

A. 18　B. Marry

C. 没有输出的空白页面　D. 会出现出错信息

7. 某个页面中的表单标记定义如下：

```
<form action='r.jsp'><input type='submit' value='Ok' name='action.cmd'></form>
```

则该表单提交的 r.jsp 中的可以显示提交的按钮标题的正确表达式应为(　　)。

A. <%=param.action.cmd%>

B. <%=request.getAttribute("acton.cmd")%>

C. ${param.acton.cmd}

D. ${param['action.cmd'] }

8. 能在 JSP 页面正确输出浏览器信息的 JSP 代码是(　　)。

A. ${param.user-agent}　B. ${headerValues['user-agent']}

C. ${headerValues['user-agent'][0]}　D. ${param['user-agent']}

9. 如果对部署在本机 Tomcat 服务器中的 myapp 应用中的 index.jsp 页面进行请求的 URL 如下所示：

```
http://localhost:8080/myapp/index.jsp?action=goto&page=1
```

则 index.jsp 页面中最有可能输出 1 的表达式是(　　)。

A. ${param.action}　B. ${requestScope.page}

C. ${param.page}　D. ${param['1']}

10. 已知 a.jsp 中的代码如下：

```
<%  request.setAttribute("a","a value from a.jsp");  %>
<jsp:forward  page="b.jsp"/>
```

b.jsp 和 a.jsp 位于 Web 程序的同一目录下，b.jsp 中的代码如下：

```
<%  session.setAttribute("a","a value from b.jsp");  %>
${param.a}
```

当用户通过浏览器访问 Web 程序中的 a.jsp 时，得到的页面输出最有可能是(　　)。

A. a value from a.jsp　　B. a value from b.jsp
C. 没有输出　　D. a value from a.jsp a value from b.jsp

11. 如果一个名为 index.jsp 的页面中的代码如下：

```
<%  request.setAttribute( "demo",new edu.Demo() ); %>
<jsp:forward  page="dist.jsp"/>
```

若 dist.jsp 需要使用 index.jsp 页面中按照上述代码建立的 edu.Demo 实例，则应使用的正确标记是(　　)。

A. <jsp：useBean class="demo" id="edu.Demo" scope="request"/>
B. <jsp：useBean class="edu.Demo" id="demo" scope="request"/>
C. <jsp：useBean class="edu.Demo" id="demo" scope="session"/>
D. <jsp：useBean class="demo" id="demo" scope="request"/>

12. Java Web 的开发模型 MODEL1 和 MODEL2 的区别主要在于(　　)。

A. 是否引入了 JSP 组件　　B. 是否引入了 JavaBean 组件
C. 是否引入了 Servlet 组件　　D. 是否引入了 HTML 组件

13. Java Web 的 MVC 模型中，如果模型需要通过控制器传递给 JSP 视图，不能使用的 JSP 的范围对象是(　　)。

A. request　　B. session　　C. application　　D. pageContext

14. Servlet 通过请求对象向 JSP 页面传递数据时，为了保证请求对象中的数据不会丢失，应调用(　　)转移到 JSP 页面。

A. javax.servlet.http.HttpServletRequest 接口中的 getRequestDispathcer 方法
B. javax.servlet.http.HttpSession 接口中的 sendRedirect 方法
C. javax.servlet.http.HttpServletResponse 接口中的 sendRedirect 方法
D. javax.servlet.http.HttpServletResponse 接口中的 getRequestDispathcer 方法

15. 按照 MVC 设计要求，视图文件应放置在(　　)。

A. Web 程序的任意文件夹
B. Web 程序的/WEB-INF 文件夹
C. Web 程序的/META-INF 文件夹
D. Web 程序的根目录

二、问答题

1. 请总结 JSP 1.2 的表达式和 JSP 2.0 的表达式有什么不同之处。
2. 在 MVC 体系设计模式中，JSP 2.0 表达式有什么作用？

第9章

Web应用程序中的错误处理

9.1 错误响应代码的处理

在HTTP响应的构成中，位于响应行中的响应代码代表服务器应用程序在处理完客户端请求之后的状态。在请求处理出现问题时，Web容器不仅会在响应行中设置错误代码，还会接管Web程序对响应数据实体部分的控制，自动为其生成响应错误页面。这一自动化的处理机制使得开发者不能再通过常规的Servlet或者JSP控制响应的数据，而是要通过Web程序的部署描述符文件web.xml对Web容器这一行为进行定制，以控制Web程序生成的响应错误页面。

9.1.1 HTTP响应代码

响应代码由3位整数表示，起始数字是处理状态的编码，中间数字为0，最后一位数字是细分的处理状态编码，总的组成格式是"起始数字0x"，其中起始数字可以是闭区间[2,5]的4个整数，x为最后一位数字。响应代码按起始数字可以分成4类，分别代表响应成功、重定向和请求的操作不存在以及请求处理过程出现错误。

1. 响应成功代码20x

以200为开始的响应代码代表请求已经被成功处理执行完毕，最常见的成功执行的响应代码就是200。

2. 重定向代码30x

以300开始的响应代码代表着客户端需要重新按照响应头location指定的URL再次提交请求，这种以300开头的3位数字代表着重定向，在5.1.4节中已经做过论述。

3. 请求的操作不存在代码40x

以400开始的三位数字代表着由于客户端发出的请求操作并不存在，导致服务器应用程序并不能对客户端的请求做出响应。最常见的响应代码就是404，即客户端请求的资源并不存在。

4. 请求处理过程出现错误代码50x

以500开始的三位数字代表着服务器应用程序在处理请求时出现了问题，导致处理请求失败。例如，500代表由于服务器端的执行出现了问题，所以不能处理客户端的请求。这种问题通常是由于进行Web开发时，代码没有能够正确被编写造成的执行错误。

9.1.2 Web容器的默认出错页面

一旦客户端UA接收到了以4或5开头的响应错误代码，Web容器还会通过响应数据实体传输一个对应的错误信息页面。如果 Web 程序没有做对应的设置，Web 容器将使用系统默认的错误页面，如果是服务器的页面处理过程中出错，系统默认的错误页面就会替换掉原页面，导致用户在原页面中的操作中断，影响使用体验。例如，Apache Tomcat 在发生 404 和 500 错误时，可能会回应如图 9-1 所示的两种默认的错误信息页面。

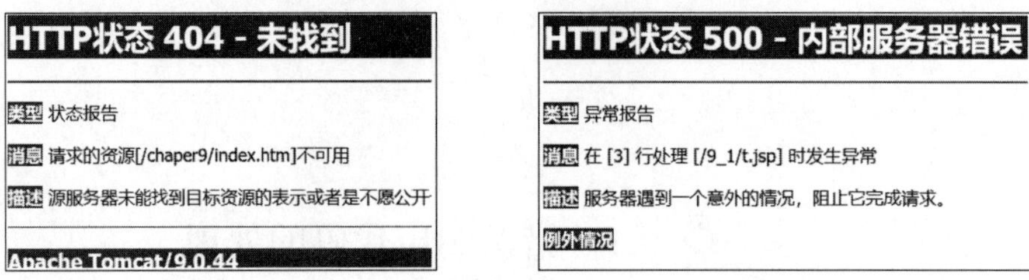

图 9-1　Apache Tomcat 回应的默认 404 和 500 错误信息页面

9.1.3　定制 HTTP 出错信息页面

为了避免 Web 容器使用默认的错误信息页面，开发者可以在 web.xml 文件中根据错误代码使用 error-page 元素定制自己的错误页面供 Web 容器使用。error-page 元素的 error-code 子元素用于定义错误代码，location 子元素用于定义对应的错误处理页面，如下所示：

```
<error-page>
  <error-code>HTTP 错误代码</error-code>
  <location>错误页面的 URI</location>
</error-page>
```

在 Servlet 2.3 以及之前的规范中，error-page 元素必须位于 welcome-file-list 元素之后，taglib 元素之前；但 Servlet 2.4 及后期的规范对 error-page 元素不再有次序要求。

1. 错误页面的 URI 组成格式要求

通过 error-page 元素中的 location 子元素标记定义错误页面位置时，页面 URI 应以/开头，代表 Web 应用根目录开始的页面位置；这个 URI 可以是位于 Web 程序任意文件夹中的 JSP 或 HTML 静态页面，包括/WEB-INF 目录中的页面文件也可以使用。例如，以下 error-page 元素指定在发生 404 错误时，Web 容器将显示当前 Web 程序的/WEB-INF 目录中 error-pages 文件夹中的 404.html 页面：

```
<error-page>
  <error-code>404</error-code>
  <location>/WEB-INF/error-pages/404.html</location>
</error-page>
```

2. 错误页面的存储位置选择

错误页面由 Web 容器自动调用，通常不应具备可供客户端直接访问的 URL，所以它们一般位于 Web 程序的/WEB-INF 或其子文件夹中。

3. 定制多个 HTTP 错误代码的错误页面

每一个 error-page 元素只能为一个 HTTP 错误代码指定其错误页面。如果需要定制多个 HTTP 错误代码对应的错误页面，可以在 web.xml 文件中添加多个对应的 error-page 元素。使用多个 error-page 元素时还需要注意以下几点。

① 在 Servlet 2.4 及以上规范中，允许多个 error-page 元素不必前后连续，不过为了阅读和维护方便，多个 error-page 元素最好还是按照先后次序放在一起书写。

② 一旦多个 error-page 元素指定了相同的 HTTP 错误代码，Web 容器以第一个遇到的

有效 error-page 中的错误处理页面为准。

③ 如果第一个 error-page 元素指定的错误处理页面 URI 无效，Web 容器将按照 web.xml 文件中 error-page 元素排列的先后次序，查找下一个 error-page 元素中有效的处理页面 URI，采用第一个被找到的有效的 error-page 元素中设置的错误处理页面；如果所有的 error-page 指定的错误处理页面 URI 都是无效的，Web 容器将使用自身产生的错误信息页面。

4. 指定 Servlet 为错误页面

错误页面也可指定由 Servlet 产生，此时应在 error-page 元素的 location 标记中指定 Servlet 的 URL 模式。例如，Servlet 资源实例的 URL 模式为/error，location 标记就可以直接采用此 URL 模式；不过要注意，如果 Servlet 的 URL 模式为通配符形式，例如 *.htm，这时 location 标记就必须指定符合此模式的一个具体 URI，如/errserv.htm。

由于 Web 容器采用请求转移的方式调用错误页面 Servlet 的请求处理方法，所以 Servlet 最好改写从 javax.servlet.http.HttpServlet 父类继承的 service 方法输出错误信息，这样 Servlet 就可以用于由 GET、POST 等多种不同方式的 HTTP 请求造成的错误响应代码。当然也可以同时改写 doGet、doPost 等方法，一旦 GET/POST 请求造成了 404 错误，则错误页面 Servlet 的 doGet/doPost 请求处理方法将被 Web 容器通过请求转移对应调用。

5. IDE 对 error-page 元素的编写和设计支持

很多 IDE 都提供了编辑 web.xml 文件的辅助支持，其中最常见的是代码辅助提示，当开发者在编辑器中输入 web.xml 文件中的标记时，IDE 会自动提示可用的元素标记。有些 IDE，如 NetBeans，还在代码辅助提示之外，提供了 web.xml 的可视化设计界面。开发者可以通过设计界面直观地选择错误页面，NetBeans 会自动生成所需的 error-page 元素标记，如图 9-2 所示。设置完成后，会生成如图 9-3 所示的代码。

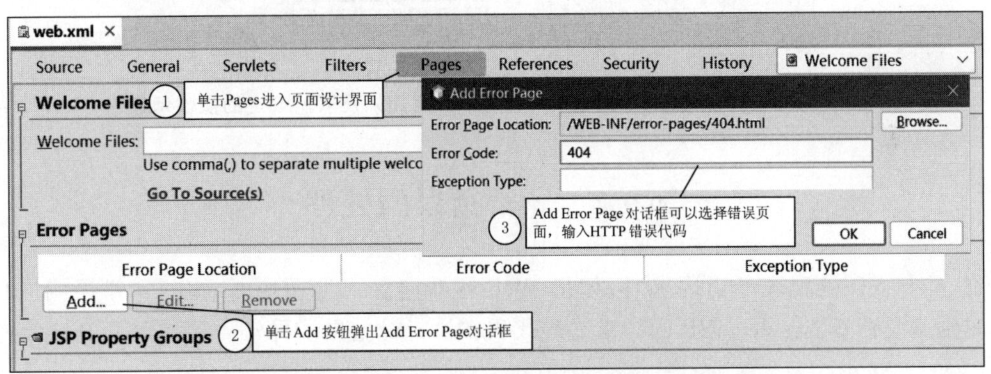

图 9-2　NetBeans 提供的错误页面可视化设计界面

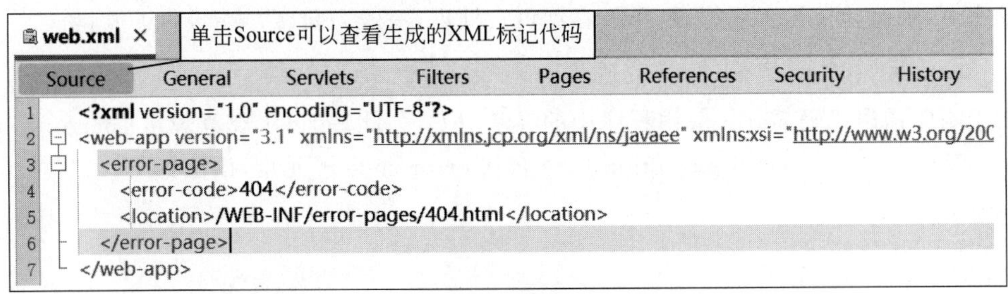


```
<?xml version="1.0" encoding="UTF-8"?>
<web-app version="3.1" xmlns="http://xmlns.jcp.org/xml/ns/javaee" xmlns:xsi="http://www.w3.org/200
    <error-page>
        <error-code>404</error-code>
        <location>/WEB-INF/error-pages/404.html</location>
    </error-page>
</web-app>
```

图 9-3　NetBeans 通过错误页面可视化设计生成 XML 标记代码

6. IE 系列浏览器的错误页面显示设置

微软的 Internet Explorer 系列，也包括采用 IE 内核浏览模式的一些“双核”浏览器，如处于“兼容模式”的 360 安全浏览器和急速浏览器，在 HTTP 响应错误代码出现时只会显示自身为错误定制的专用页面，而不会显示任何服务器端产生的错误页面，包括 Web 程序定制的错误处理页面。这类浏览器默认使用一个被称为“友好 HTTP 错误消息”的页面来替代服务器端产生的错误页面，这实际上是一种非标准处理模式，微软后续的 Edge 浏览器已经去掉了这种处理方式，其他浏览器均不存在这种问题。

用户可以通过 IE 浏览器的“Internet 选项”对话框中的“高级”选项卡中取消选中“显示友好 HTTP 错误消息”，如图 9-4 所示。关闭对话框后，IE 将按其他浏览器一致的方式，显示服务器端回应的错误页面内容。

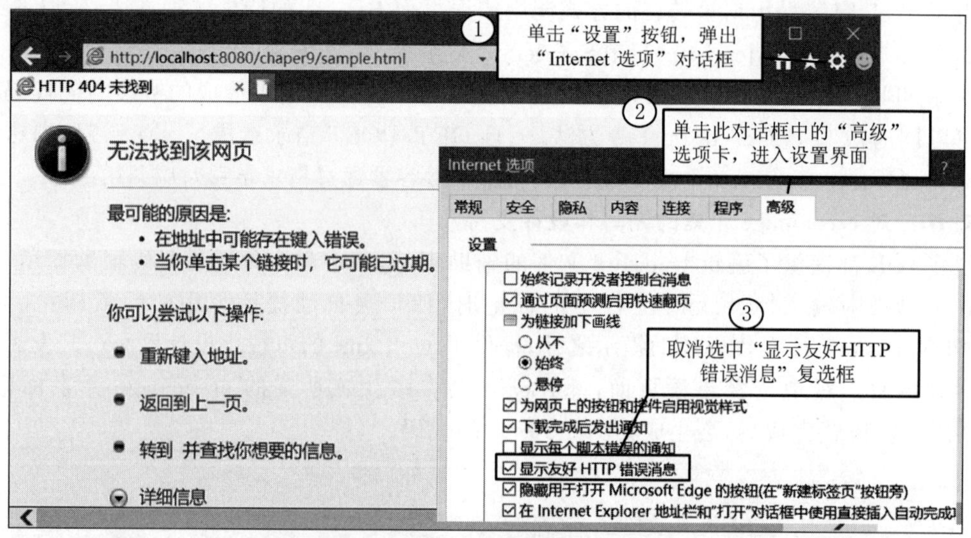

图 9-4　IE 浏览器产生的友好 HTTP 错误消息页面以及取消设定的操作示意图

9.2　异常错误的处理

在 Web 程序处理客户端请求时，如果 Web 容器向客户端回应了 HTTP 错误响应代码 50x，这通常是由于 Servlet/JSP 的请求处理代码在执行时抛出了异常。例如以下 JSP 代码：

```
<% String uid= request.getParameter("uid");  int  id=Integer.parseInt(uid);  %>
```

此代码中，如果 Integer.parseInt(uid) 方法调用抛出了 java.lang.NumberFormatException 异常类的实例，则此异常类实例将由 Web 容器负责处理，一般会向客户端报告 500 错误。

9.2.1　定义异常出错页面

由于响应错误代码 500 一般由程序中的异常引发，为此 Servlet 规范规定了 error-page 元素的另一种标记组成，即通过 exception-type 替代 error-code 子元素，语法如下：

```
<error-page>
  <exception-type>异常类的全名</exception-type>
  <location>错误处理页面 uri</location>
</error-page>
```

利用 web.xml 文件，通过异常类型设置错误页面为 Java Web 程序提供了一种全局的、统一的错误处理方案,可以降低 Servlet 和 JSP 中编写请求处理代码的复杂度。

9.2.2 Servlet 中的检查异常

1. 请求处理方法中的异常处理

通常,Servlet 的 doGet/doPost 等请求处理方法中都会使用 try…catch 语句处理可能出现的异常,以避免异常实例被抛出到容器引发 HTTP 响应错误。例如,Servlet 类中 doPost 请求处理方法中,具有代表性的代码组成结构如下:

```
public  class  Servlet类 extends HttpServlet{
    @Override public void doPost(HttpServletRequest  request, HttpServletResponse
response)
    throws javax.servlet.ServletException, java.io.IOException{
          try{
             //请求处理语句
          }catch(Exception e){
             //异常处理语句
          }
    }
}
```

如果已经在 web.xml 中通过 error-page 元素指定了异常类型的错误页面,例如:

```
<error-page>
<exception-type>java.lang.Exception</exception>  <location>/WEB-INF/globerr.
jsp</location>
</error-page>
```

此时,Servlet 的请求处理方法就可以不用自己处理这种异常,而是通过 throw 语句将其实例抛出到 Web 容器,以便利用这种异常类型的错误页面统一显示错误消息和操作提示。不过,当错误页面由检查异常引发时,按 Java 语法要求,Servlet 的请求处理方法也应在声明处添加此检查异常,但这样会带来 doGet/doPost 等方法不能正确改写父类方法,从而导致编译语法错误。下面 Servlet 类定义中的 doGet 和 doPost 方法都是错误的:

```
public  class  Servlet类 extends HttpServlet{
    @Override public void doGet(HttpServletRequest  request, HttpServletResponse
response)
    throws javax.servlet.ServletException, java.io.IOException{
      //下面的 throw 语句抛出检查异常实例时,doGet 方法应该包含此声明异常类型的声明
      throw new  Exception("系统配置有误!");
    }
    @Override public void doPost(HttpServletRequest  request, HttpServletResponse
response)
    throws javax.servlet.ServletException, java.io.IOException, Exception{
      //虽然 doPost 为抛出检查异常实例添加了异常声明,但又违背了 doPost 方法改写的要求
       throw new Exception("连接数据有误!");
    }
}
```

解决这个问题可采用 javax.servlet.ServletException 对检查异常实例进行封装,另外,Servlet 规范还提供了该类的一个子类 javax.servlet.UnavailableException 供开发者使用,这两个异常类也都属于检查异常。

2. ServletException 异常类型

javax.servlet.ServletException 提供了一些构造方法,用于在 Servlet 或者 JSP 中包装其他的异常或者直接构造 ServletException,常用的构造方法如下。

```
/**直接构造 ServletException 实例 * /
public ServletException()
/**通过给定异常原因构造自身实例 * /
public ServletException(String message)
/**通过给定具体的异常类实例,生成一个包含特定异常的 ServletException 实例 * /
public ServletException(Throwable otherException)
/**通过给定具体的异常类实例和异常原因,构造一个包含特定异常的 ServletException 实例 * /
public ServletException(String message,Throwable otherException)
```

由以上构造方法可知,通过检查异常类实例为构造方法的参数,建立 ServletException 实例后,就可以将其抛出到 Web 容器了。例如:

```
public  class  Servlet 类 extends HttpServlet{
    @Override public void doGet(HttpServletRequest  request, HttpServletResponse
response)
    throws javax.servlet.ServletException, java.io.IOException{
      //其他语句省略,下面的 throw 语句是正确的,不会造成 doGet 语法错误
      throw new javax.servlet.ServletException( new Exception("系统配置有误!") );
    }
}
```

注意,此时虽然抛出的异常实例类型是 ServletException,但 web.xml 的 exception-type 元素指定的应该是其中包含的检查异常实例的类型,如此处的 java.lang.Exception。当然,将 exception-type 指定为 javax.servlet.ServletException 类型是可以的,但这样可能会失去一些具有针对性的异常出错页面的设置。

3. UnavailableException

javax.servlet.UnavailableException 异常类的实例表示请求处理中出现了严重执行错误,对应的 HTTP 错误编号是 503,代表当前资源由于严重的错误而不可用。Web 容器一旦接到了该异常类的实例,它将销毁抛出此异常的 Servlet/JSP 在 Web 容器中的资源实例,对该 Servlet/JSP 的请求将导致 404 错误。UnavailableException 提供了以下两种构造方法。

(1) 包含一个用于设置不可用原因的字符串参数的构造方法:

```
public UnavailableException(String errMsg)
```

该构造方法建立的实例一旦抛出,将使得当前的 Servlet 实例在销毁后永久不可用。

(2) 包含一个字符串参数和不可用秒数的构造方法:

```
public UnavailableException(String errMsg, int seconds)
```

抛出该构造方法建立的实例后,该 Servlet 实例将暂时不可用一段时间,当容器销毁了抛出这种异常实例的 Servlet/JSP 的资源实例后,会按照 seconds 参数指定的秒数重新构建 Servlet 或 JSP 的实例。如果 seconds 参数给出的是 0 或者负数,则重新构建的时间将由容器自行决定。

9.2.3 在出错页面中获得出错信息

在 Web 容器捕捉到 HTTP 错误代码或者异常时,会在当前 Web 程序的请求对象中建立用于记录错误信息的具有特定名称的属性数据。如果 web.xml 中 error-page 元素指定的错误页面是 JSP 或 Servlet,就可以通过请求对象的 getAttribute 方法获取这些信息,以便对错误信息进行处理。这些存储在请求对象中包含错误信息的属性均以"javax.servlet.error."作为名称前缀,共有 5 个。需要注意的是,在 HTTP 错误代码发生时,这些属性不一定都会在请

求对象中存在。由于这个原因，在请求对象中获取这些属性进行处理时，一般都要测试其属性值是否为空，以免引起空指针异常或其他错误。

1. javax.servlet.error.status_code

这个属性名中存储了错误发生时的响应代码，如 404、500 等，属性值的实际类型为 Integer。

2. javax.servlet.error.message

这个属性名中存储了引发错误的原因，这个原因就是异常类实例中存储的异常消息，属性值的实际类型为 String。

3. javax.servlet.error.exception

该属性存储了 Servlet/JSP 抛出的异常类实例，属性值的实际类型为对应的异常类型，通过调用异常实例的 getMessage 方法，可以得到引发异常的原因。

4. javax.servlet.error.request_uri

该属性值是出现异常时客户端 UA 正在请求的 URL 中服务端的 URI 部分，即以上下文路径为开始部分的相对于主机位置的 URI。

5. javax.servlet.error.servlet_name

该属性值的实际类型为 String，包含了抛出异常的 Servlet 实例的名称。

9.2.4　错误页面设置和编写示例

1. 示例程序的功能说明

以下是一个错误页面设置和编写的综合示例 Web 程序，用户在 calE.jsp 页面输入自然对数底数 E 值的计算精度后，页面将调用 CalEServlet 完成计算并显示计算结果；输入不是整数时将显示输入错误，输入精度在合理范围将显示 E 的计算值，如图 9-5 所示。

(a) calE.jsp的初始访问界面

(b) 输入精度值错误的显示页面

(c) 按输入精度计算出E值

图 9-5　calE.jsp 页面输出

CalEServlet 采用长整型数存储阶乘值(n!)，利用如下的阶乘倒数求和公式计算 E 值：

```
E=1+1/1!+1/2!+1/3!…+1/n!
```

其中，当 n!定义为 n=1 时，n!=1，当 n>1 时，n!=n*(n−1)，n 为大于 1 的自然数。当阶乘 n! 计算到 16 位数字后，n 值再增长就会超出长整数的上限，所以当计算精度超过 16 位时，CalEServlet 会向 Web 容器抛出 PreciseException 检查异常的实例，示例程序的 web.xml 中为此异常定义了一个专门的错误页面 prec.jsp，以显示错误信息，帮助使用者重新输入计算精度。同时，为了防止客户端请求不存在资源时出现系统默认的 404 错误页面，web.xml 文件中还定制了处理 HTTP 错误代码 404 的 404.jsp 错误页面。图 9-6 是这两个页面出现时的显示输出。

2. 示例 Web 程序的目录结构

示例程序的目录结构和文件分布如图 9-7 所示。

(a) URL错误页面404.jsp　　(b) 精度输入错误页面prec.jsp

图 9-6　404.jsp 页面和精度输入错误时的显示输出

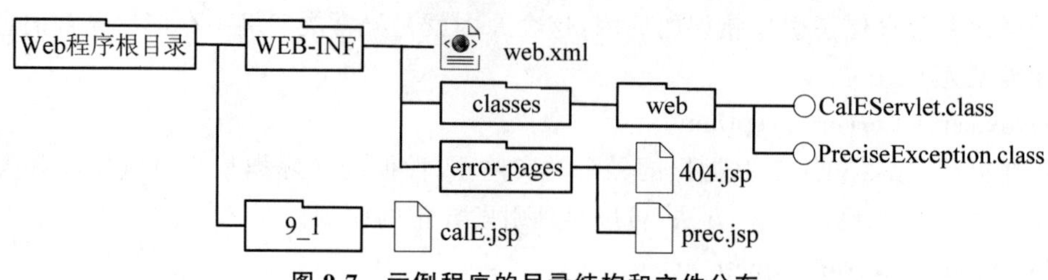

图 9-7　示例程序的目录结构和文件分布

3. 示例 Web 程序中的源文件组成

(1) 部署描述符 web.xml。示例中 web.xml 采用了 Servlet 3.1 规范，其中两个 error-page 元素分别定义了 404 错误页面和 web.PreciseException 类型异常的错误页面 prec.jsp，具体的标记组成如下：

【例 9-1-1】 web.xml 源文件组成。

```
<?xml version="1.0" encoding="UTF-8"?>
<web-app version="3.1" xmlns="http://xmlns.jcp.org/xml/ns/javaee"
        xmlns:xsi="http://www.w3.org/2001/XMLSchema-instance" xsi:schemaLocation
="http://xmlns.jcp.org/xml/ns/javaee http://xmlns.jcp.org/xml/ns/javaee/web-app
_3_1.xsd">
    <error-page>
        <error-code>404</error-code>
        <location>/WEB-INF/error-pages/404.jsp</location>
    </error-page>
    <error-page>
        <exception-type>web.PreciseException</exception-type>
        <location>/WEB-INF/error-pages/prec.jsp</location>
    </error-page>
</web-app>
```

(2) 错误处理页面 404.jsp。404.jsp 位于/WEB-INF/error-pages 目录，该页面通过 2.0 表达式输出位于请求对象中客户端 UA 发出的 URL 中的服务 URI 部分，也通过 2.0 表达式获取上下文路径，以便构造相对于主机位置的 URL，以便用户单击回到程序的计算页面 calE.jsp，具体的源文件组成如下。

【例 9-1-2】 错误处理页面 404.jsp 源文件组成。

```
<%@page contentType="text/html" pageEncoding="UTF-8"%>
<html>
<head><title>请求资源不存在!</title></head>
<body>
<h3>您访问的${requestScope['javax.servlet.error.request_uri']}不存在!</h3>
<a href="${pageContext.servletContext.contextPath}/9_1/calE.jsp">点此</a>返回
</body>
</html>
```

(3) 错误处理页面 prec.jsp。prec.jsp 位于/WEB-INF/error-pages 目录，专用于 Web 容

器处理 web.PreciseException 的实例时，显示异常中的错误消息，构造返回计算页面 calE.jsp 的超链接。该页面采用 2.0 表达式从请求对象中读取异常消息和 Web 程序的上下文路径，具体的源文件组成如下。

【例 9-1-3】 错误处理页面 prec.jsp 源文件组成。

```
<%@page contentType="text/html" pageEncoding="UTF-8"%>
<html>
<head><title>精度错误</title></head>
<body>
  <h3 style="color: red">${requestScope["javax.servlet.error.exception"].
message}</h3>
  <a href="${pageContext.servletContext.contextPath}/9_1/calE.jsp">点此</a>返回
计算页面
</body>
</html>
```

(4) 检查异常类 PreciseException。PreciseException 位于 web 包，它是继承 java.lang.Exception 的检查异常，代表 E 值计算的精度错误。计算 E 时精度被限制在 5～16 位，16 位用于防止计算中阶乘值超过长整型的最大限制，不在精度范围内将抛出此异常的实例。PreciseException 类的源代码如下。

【例 9-1-4】 检查异常 PreciseException.java 源代码。

```
package web;
public class PreciseException extends Exception {
  public  PreciseException(String errMsg){
    super(errMsg);
    }
}
```

(5) 计算 E 值的 CalEServlet。CalEServlet 位于 web 包，其中 doGet 预防用户直接访问，直接将用户重定向到计算页面 calE.jsp，doPost 方法用于处理 calE.jsp 页面提交的计算请求，具体的源代码如下。

【例 9-1-5】 计算 E 值的 CalEServlet.java 源代码。

```
package web;
import  javax.servlet.http.*;
@javax.servlet.annotation.WebServlet("/calE")
                                        //通过注解将 Servlet 的 URL 模式定义为/calE
public class CalEServlet extends HttpServlet {
  //doGet 方法用于防止用户直接对 Servlet 进行 GET 请求
  @Override  protected void doGet(HttpServletRequest request, HttpServletResponse
response)
  throws javax.servlet.ServletException, java.io.IOException {
    response.sendRedirect(request.getContextPath()+"/9_1/calE.jsp");
                                        //直接访问,将用户导入计算页面
  }
  //doPost 方法调用 cal 方法处理 E 值计算
  @Override protected void doPost(HttpServletRequest request, HttpServletResponse
response)
   throws javax.servlet.ServletException, java.io.IOException {
    try{  int  precise=Integer.parseInt(request.getParameter("precise"));
         request.getSession().setAttribute("result", cal(precise));
                                        //将计算出的 E 值放入会话对象
```

```
            response.sendRedirect(request.getContextPath()+"/9_1/calE.jsp");
                                                    //通过重定向
        }catch(web.PreciseException e){             //将异常抛出到 Web 容器,显示 prec.jsp 页面
            throw new javax.servlet.ServletException(e);
        } catch(Exception e){                       //请求转移,让 calE.jsp 显示错误信息
            request.setAttribute("errMsg", "请输入整型的精度!");
            request.getRequestDispatcher("/9_1/calE.jsp").forward(request, response);
        }
    }
    private String cal(int precise) throws web.PreciseException {
                                                    //precise 值不在范围内,将抛出检查异常
      if(precise<=4||precise>=17)  throw new web.PreciseException("精度必须在 5-16
位之间!");
      long s=1, n=0;  double e=1, limit= 1/Math.pow(10,precise);
                                                    //e 为计算值, s 是阶乘, limit 是小数位
      while(1.0/s>limit){ s*=(n+1);  n++;  e+=1.0/s; }
                                                    //实现计算公式 e=1+1/1!+1/2!+… 1/n!
      String r= (e+"").substring(0,2+precise);
      return r+"精度"+precise+"位";              //cal 方法返回具有指定精度的计算结果
    }
}
```

CalEServlet 的 doPost 采用 try…catch 语句块处理请求,处理过程共分为如下 3 个步骤。

① 在 try 语句块中,首先将表单参数 precise 代表的计算精度由 String 转换为 int 类型,然后将其传递给类中的 cal 方法并计算出 E 值,如果计算正确,则在会话对象中建立 result 变量,存储计算结果,并将客户端重定向到结果显示页面 calE.jsp,以显示计算值。

cal 方法执行采用循环语句实现 E 值的阶乘倒数求和计算公式,每一次循环将阶乘 n! 的计算值存在 long 型局部变量 s 中,方法一开始,判定参数 precise 值小于 5 时计算意义不大,超过 16 时,计算会产生溢出错误,这两者都抛出 PreciseException 异常实例。循环条件采用累加通项表达式 1/s 小于 $1/10^{precise}$ 时就结束,将 E 值按精度转换为字符串返回。

② 第一个 catch 语句块处理精度超出范围的异常(PreciseException),该异常实例由 cal 方法抛出,catch 语句块将这个异常实例通过 throw 语句再次向外抛出给 Web 容器,以便引发错误页面 prec.jsp,显示异常消息。注意,由于 PreciseException 是检查异常,所以必须通过 ServletException 进行封装后抛出。

③ 第二个 catch 语句块主要用于处理精度异常之外的所有异常,这种异常一般都是由于输入的精度值不是整数造成的整型转换异常。在 catch 语句块中,首先在请求对象中建立 errMsg 变量,存入输入错误提示消息,之后再把请求转移回 calE.jsp,并显示精度输入错误。

(6) 计算精度输入和结果显示页面 calE.jsp。calE.jsp 页面用于提供 E 值精度的输入,以便提交给 CalEServlet 进行计算,它同时是计算结果的显示页面,该页面源文件组成如下。

【例 9-1-6】 计算小数位输入和结果显示页面 calE.jsp 源文件的组成。

```
<%@page contentType="text/html" pageEncoding="UTF-8"%>
<html>
<head><title>E 值计算</title></head><body>
<h3>请输入 E 值计算到的小数点位数</h3><%--表单 action 采用了相对主机位置的 URI--%>
<form action="${pageContext.servletContext.contextPath}/calE" method="post">
  <div style="color:red">${errMsg}</div><%--采用表达式显示错误信息--%>
  <input type="text" value="${param.precise}" name="precise"/><%--采用表达式显示
输入错误值--%>
  <input type="submit" value="确定"/>
```

```
  <div>${result}</div><%--采用表达式显示计算结果--%>
</form>
</body></html>
```

calE.jsp 源文件中需要注意以下几点。

① 页面表单在提交计算精度输入值时，CalEServlet 的 URL 模式是/calE，如果直接将表单的 action 属性值设置为 calE，由于 calE.jsp 位于 9_1 文件夹，提交后的 URI 将具有前缀 9_1/calE，导致表单不能正确提交 CalEServlet。为了解决这个问题，表单的 action 属性取值采用 2.0 表达式构造了 CalEServlet 的相对于主机位置的 URI。

② 页面采用 ${errMsg}和 ${param.precise}显示请求对象中的错误信息和错误输入。

③ 页面利用 ${result}显示位于会话对象中 E 的成功计算结果。

9.3　JSP 错误页面

9.3.1　指定 JSP 专用的错误页面

web.xml 文件中的 error-page 元素指定的错误页面是针对整个 Web 应用程序的设定，也可以在一个 JSP 页面中使用 page 指令的 errorPage 参数指定该页面专用错误页面的 URI，错误页面 URI 可以相对于当前的 JSP 页面的文件夹或文件，也可以使用正斜线(/)开头，代表从 Web 程序根目录开始的文件位置，如下所示：

```
<%@page errorPage="/WEB-INF/error-pages/my.jsp"%>
```

9.3.2　错误页面的设置

错误页面 JSP 文件应使用 page 指令将 isErrorPage 参数设置为 true：

```
<%@page isErrorPage="true"%>
```

通过以上设置，一旦设置了错误页面的 JSP 文件中的代码在执行时发生了异常，Web 容器将通过请求转移调用错误页面，并传递隐含对象 exception，该对象类型为 Throwable，代表错误发生页面抛出的异常类实例，开发者可以在页面的脚本片段或者 JSP 1.x 表达式中使用该隐含对象，进行错误信息的获取和显示。

和 web.xml 设置的 Web 程序全局性的错误页面类似，这种 JSP 错误页面可以通过请求对象中以“javax.servlet.error.”开头的 status_code、message、exception、request_uri、servlet_name 五个属性名获取响应状态代码、错误消息、异常实例、请求 URI 和发生异常时的 Servlet 名称。

9.3.3　JSP 专用错误页面示例

例 9-2 包含两个 JSP 文件：dateinput.jsp 负责让用户输入一个具体的日期数据并对其进行验证；位于同一目录中的错误页面 err.jsp 负责处理日期验证异常。

1. 日期输入和验证 JSP 文件 dateinput.jsp

dateinput.jsp 页面中日期的输入和正确日期格式的验证信息显示如图 9-8 所示。

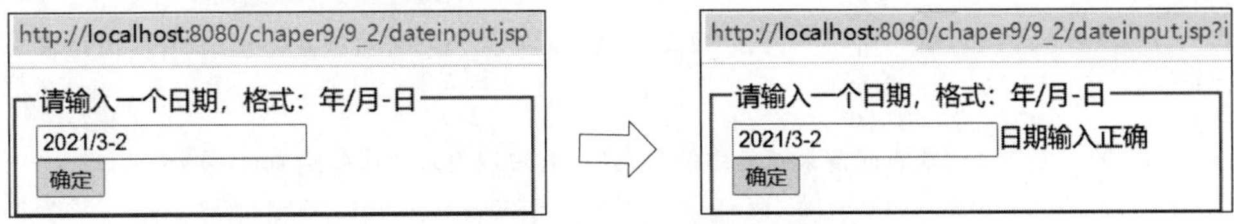

图 9-8　dateinput.jsp 页面中日期的输入和正确日期格式的验证信息显示

该页面源文件组成如下。

【例 9-2-1】 日期输入和验证 dateinput.jsp 源文件组成。

```
<%@page contentType="text/html" pageEncoding="UTF-8" errorPage="err.jsp"%>
<%  java.text.SimpleDateFormat sdf=new java.text.SimpleDateFormat("yyyy/M-d");
    String input=request.getParameter("input"); //获取输入的日期字符串
    if(input!=null&&!input.isEmpty()){ //如果用户输入并提交了有效的日期字符串
     sdf.parse(input); //调用日期格式对象的验证方法,验证不通过将引发异常,导致 err.jsp
                      //的调用
     pageContext.setAttribute("msg", "日期输入正确");
                                      //验证通过,在页面范围对象中建立通过消息
    }%>
<html> <head><title>日期输入异常示例</title></head><body>
<form><fieldset style="width: 300px">
  <legend>请输入一个日期,格式:年/月-日</legend><%--通过 2.0 表达式显示输入和验证消息
--%>
  <div><input  type="text"  name="input"  value="${param.input}">${msg}</div>
  <input type="submit" value="确定">
</fieldset></form></body></html>
```

该页面源文件的主要功能如下。

(1) 通过 page 指令的 errorPage 参数指定了错误页面为其同一目录中的 err.jsp 页面。

(2) 提供了一个日期输入文本框的表单。如果用户在文本框中输入了日期,由于表单没有设置 action 和 method 属性,所以表单中的输入日期将默认的 HTTP 方法传递给自身的脚本片段代码进行处理。表单中通过 2.0 表达式显示用户的日期输入和验证消息。

(3) 页面脚本片段代码调用存有指定格式字符串的 SimpleDateFormat 实例的 parse 方法对其进行验证,如果验证不通过,将引发异常,导致 err.jsp 被 Web 容器调用;否则在当前页面存入验证通过消息。

2. 错误页面 err.jsp

在错误页面 err.jsp 的 dateinput.jsp 中若日期输入格式错误,Web 容器显示的错误信息如图 9-9 所示。

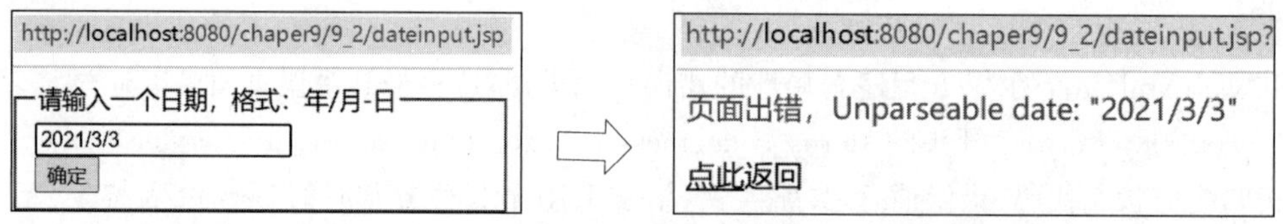

图 9-9 dateinput.jsp 页面的日期格式输入错误时在 err.jsp 页面中的显示

err.jsp 页面源文件组成如下。

【例 9-2-2】 JSP 专用错误页面 err.jsp 的源文件。

```
<%@page contentType="text/html" pageEncoding="UTF-8" isErrorPage="true"%>
<html><head><title>出错!</title></head>
<body>
  <p style="color:red"><%--在 JSP 1.x 表达式中使用隐含对象 exception 取出错误原因
--%>
          页面出错,<%=exception.getMessage()%>
  </p><%--2.0 表达式返回请求对象中的错误时,客户端请求的服务端 URI--%>
  <a href="${requestScope['javax.servlet.error.request_uri']}">点此</a>返回
</body>
</html>
```

对于 err.jsp 文件，需要注意以下几点。

(1) 由于 Web 容器采用请求转移的方式调用 err.jsp 文件，所以它在显示时的 URL 和当前页面是一致的，由此可见，JSP 专有的错误页面最好应该放入/WEB-INF 文件夹，以防客户端直接请求到错误页面。

(2) err.jsp 通过 page 指令设置 isErrorPage 参数值为 true，这样才能够使用 exception 隐含对象。

(3) err.jsp 确实也能和 web.xml 设置的全局错误一样，可以通过请求对象中存入的相关特定名称的属性，得到出错时的错误信息，甚至可以从请求对象得到 exception 对象的引用。err.jsp 利用这种属性，通过 2.0 表达式，构造了返回出错时用户所在的操作页面，即 dateinput.jsp 的相对于主机位置的 URI 连接，以便用户单击后返回并重新输入正确的日期信息。

思考练习题

一、单项选择题

1. Web 程序中抛出的检查异常类型的实例由容器进行处理时，导致的 HTTP 响应代码可能是(　　)。

A. 200　　B. 300　　C. 404　　D. 500

2. 如果某个部署在容器中正常运行的 Servlet 仅编写了 doPost 方法，则通过浏览器的地址栏中输入该 Servlet 的请求 URL 对其进行请求时，则最有可能的结果是(　　)。

A. 会发生错误代码为 5**的 HTTP 响应错误
B. 会发生错误代码为 4**的 HTTP 响应错误
C. Servlet 可以正确响应浏览器提交的请求
D. Servlet 将会使得容器重启

3. 可以用于全局性处理 Web 应用程序中发生的异常的技术手段是(　　)。

A. 使用 try…catch 语句块
B. 使用<%@page errorPage="错误处理页面 URI"%>
C. 在 web.xml 文件中定义<error-page></error-page>标记
D. 使用<%@page isErrorPage="true"%>指令

4. 在 web.xml 中通过<error-page></error-page>标记指定的错误处理 JSP 页面，如果需要在页面中得到其部署所在的 Web 容器中传递过来的错误信息，可以使用的隐含对象是(　　)。

A. page　　B. pageContext　　C. request　　D. application

5. 若需在 Servlet 的 doGet 方法中抛出检查异常类的实例 ce，则正确的 Java 语句是(　　)。

A. throw ce;
B. throws ce;
C. throw new javax.servlet.ServletException(ce);
D. throw new java.lang.Exception(ce.getMessage());

6. 对于 Web 程序中的错误处理页面，以下说法正确的是(　　)。

A. 错误处理页面必须位于/WEB-INF 文件夹
B. 错误处理页面可以位于 Web 程序的任意文件夹

C. 错误处理页面如果是静态 HTML 页面，就必须位于/WEB-INF 文件夹之外

D. 不能使用 Servlet 代替 JSP 作为错误处理页面

7. 如果 Web 程序需要自定义 404、500 和 503 代码的错误处理页面，在 web.xml 文件中需要(　　)个 error-page 元素。

A. 1　　B. 2　　C. 3　　D. 4

8. 在 Servlet 的 doGet 方法中有如下异常抛出语句：

```
throw  new javax.servlet.UnavailableException("");
```

抛出的异常实例被容器处理后，客户端 UA 访问该 Servlet 时将得到的响应代码是(　　)。

A. 500　　B. 503　　C. 404　　D. 200

9. 如果处理 HTTP 错误代码的 JSP 页面需要获取具体的错误消息，应使用的隐含对象是(　　)。

A. session　　B. application　　C. request　　D. page

10. 有些浏览器支持的“友好 HTTP 错误消息”适用的 HTTP 响应代码不包括(　　)。

A. 300　　B. 404　　C. 500　　D. 503

二、问答题

1. 总结 JSP 中的 page 指令指定的错误处理 JSP 页面和 web.xml 文件中指定的异常处理 JSP 页面可用的错误信息和获取来源方法的差异。

2. 既然 Web 程序可以通过 web.xml 指定错误代码和异常处理的页面，那么是否还应在 Servlet/JSP 使用 try…catch 语句块处理异常？

第10章

Web中的数据库访问

10.1 JDBC的驱动程序

JDBC是Java平台中提供的关系数据库连接和访问技术，是JDK中的标准API。JDBC可以让开发者在Java应用程序中通过编写SQL(Structured Query Language，结构化查询语言)语句，传递给关系数据库系统进行执行，从而对数据库中的数据进行查询、添加、更新以及删除操作，实现Java程序中的数据和数据库中的数据之间的转换和传递。

关系数据库主要分为桌面数据库和网络数据库两大类，前者主要用于单机环境的数据存储，后者提供了客户/服务器模式，用户可以通过客户机连接数据库服务器，以便执行数据的本地处理和服务器存储，形成可以被客户机共享的服务器数据。Web程序访问的数据库，以网络型数据库为主要形式，企业中常用的SQL Server、Oracle、MySQL、DB2、PostgreSQL等关系数据库都是网络型数据库。不过JDBC既可以用于访问桌面型数据库，又可以访问网络型数据库，只要数据库系统提供了对应驱动程序。

10.1.1 JDBC驱动程序的种类

JDBC驱动程序是由数据库提供商或第三方组织按照JDBC标准API提供的具体数据访问功能的实现，其中包含一个核心驱动类，负责将应用程序中的JDBC API调用转换为特定数据库中的执行代码；不同的数据库系统都有其专用的驱动程序，如图10-1所示。

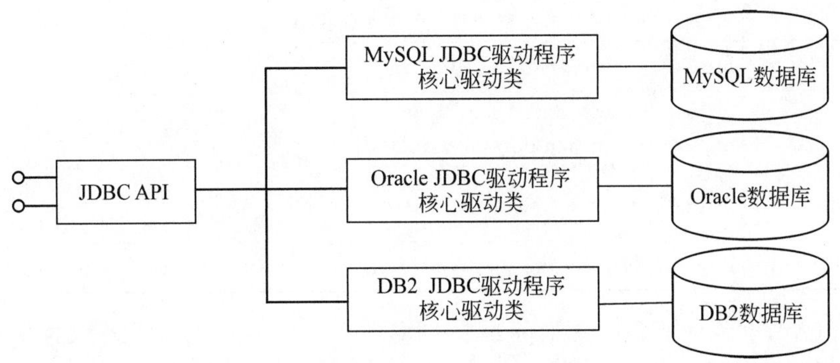

图10-1 JDBC API通过专有驱动程序中的核心驱动类访问特定数据库示意图

通常，驱动程序以类库文件(JAR或ZIP)的形式提供，有些还需配合数据库提供的辅助组件使用,由此 JDBC 将驱动程序分成 4 种类型,分别是 JDBC-ODBC 桥接驱动以及 Type2 型～Type4 型三种驱动。

1. JDBC-ODBC 桥接驱动

ODBC 是微软公司提供的通用数据库访问技术,它通过特定数据库的 ODBC 驱动程序,为 C/C++ 这类语言提供了数据库访问通用 API。JDBC-ODBC 桥接驱动就是将 JDBC API 通过 JNI(Java Native Interface,Java 本地接口)委托给相应的 ODBC 驱动程序。JDK 早期版本中内置了这种桥接驱动,但由于桥接驱动效率低,难于跨平台使用,JDK 从 1.7 版本开始去掉了内置的桥接支持,JDBC API 也不推荐使用 JDBC-ODBC 桥接驱动。

2. Type2 型驱动

Type2 型驱动采用 JNI 访问本地支持库文件实现数据库访问,并不依赖于 ODBC 驱动。虽然这种驱动拥有比 JDBC-ODBC 桥更高的数据访问效率,但是由于不是采用纯 Java 语言编写,所以依旧存在执行效率和通用性方面的问题。

3. Type3 型驱动

Type3 型驱动采用纯 Java 语言编写,但在使用时需要数据库系统的客户端运行环境的支持。Type3 型驱动主要用于需要较高访问性能,以及更多数据库本地功能支持的场景。很多企业级数据库系统,如 Oracle、SQL Server 都提供 Type3 型驱动的支持。

4. Type4 型驱动

Type4 型驱动采用纯 Java 语言编写,同时并不需要额外数据库系统的客户端配置支持。只要有驱动程序的类库文件,就可以进行数据库访问。对于使用 Java 语言的开发者,这种驱动是最为方便的。目前大部分关系数据库系统都提供这种 Type4 型驱动,本书只介绍 Type4 型驱动程序的使用。

10.1.2 数据库 JDBC 驱动程序类库的获取

1. 通过互联网获取驱动程序类库

大部分数据库供应商的官网提供了驱动程序类库文件的下载。表 10-1 列出了常用数据库 JDBC 驱动程序下载页面 URL 和核心驱动类。

表 10-1 常用数据库 JDBC 驱动程序下载页面 URL 和核心驱动类

数据库系统	JDBC 驱动下载页面 URL	核心驱动类
MySQL	https://dev.mysql.com/downloads/connector/j/	com.mysql.jdbc.Driver
PostgreSQL	https://jdbc.postgresql.org/download.html	org.postgresql.Driver
Oracle	https://www.oracle.com/jdbc	oracle.jdbc.OracleDriver
DB2	https://www. ibm. com/support/pages/db2-jdbc-driver-versions-and-downloads	com.ibm.db2.jdbc.app.db2driver
SQL Server	https://docs.microsoft.com/sql/connect/jdbc/	com.microsoft.sqlserver.jdbc.SQLServerDriver
Derby/JavaDB	https://db.apache.org/derby/derby_downloads.html	org.apache.derby.jdbc.ClientDriver

目前大部分供应商会提供 Type4 型 JDBC 驱动程序类库,驱动程序文件是一个 JAR 类库文件,很少再有以 ZIP 文件格式提供的驱动程序类库文件。当下载的 JDBC 驱动程序类库是 ZIP 等压缩文件时,将其解压后,就可以得到驱动程序的 JAR 类库文件。建议阅读驱动程序类库文件随附的说明文档,或者在线的 JDBC 程序文档,以获取驱动程序使用的相关详细信息。

2. 通过数据库本地安装目录获取 JDBC 驱动程序类库

大部分数据库系统在本机操作系统中安装后，也会在特定的安装文件夹中提供 JDBC 驱动程序类库。以表 10-1 最后一行所示的 Derby 数据库为例，它是 Apache 组织采用纯 Java 语言开发的关系数据库系统，数据库核心组件由 derby.jar 和 derbynet.jar 两个文件组成，仅有 3MB 大小。在 2018 年 7 月 17 日之前，Oracle 发布的 JDK 1.6 及以上版本中都内置了该数据库系统，所以它还被称为 JavaDB。本书使用该数据库进行相关的数据库访问说明及示例，可以直接利用如下的 URL 下载 10.14.2.0 版本的 Derby。

```
https://dlcdn.apache.org//db/derby/db-derby-10.14.2.0/db-derby-10.14.2.0-bin.tar.gz
```

下载后的 tar.gz 压缩文件在 Windows 中可以利用 7zip/WinRAR/360 压缩等工具进行解压。Derby 采用 Java 编写，只要系统安装了 JRE/JDK 就可以直接运行，解压后的文件夹即可作为其安装文件夹，其目录结构和 JDBC 驱动程序类库文件如图 10-2 所示。

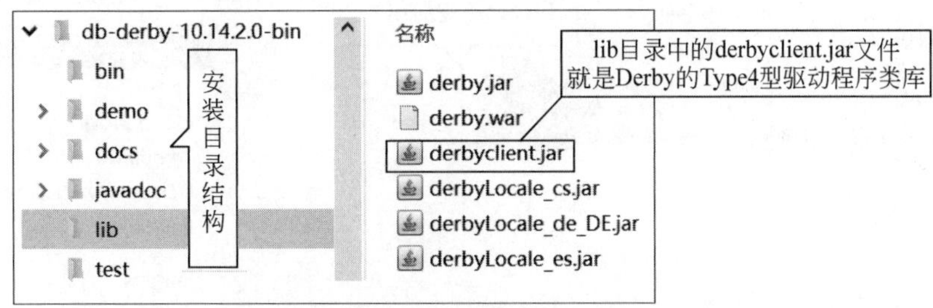

图 10-2 Derby 数据库的安装目录结构和 JDBC 驱动程序类库文件

在 Windows 系统中，确保安装了 JRE/JDK，或者正确设置了 JAVA_HOME 环境变量，进入 Derby 的解压/安装文件夹的 bin 目录，双击 startNetworkServer.bat 文件即可启动数据库服务器，如图 10-3 所示。在 NetBeans 服务窗口中也可以通过设置 JavaDB 启动 Derby 服务器，将在 10.4 节进行说明。

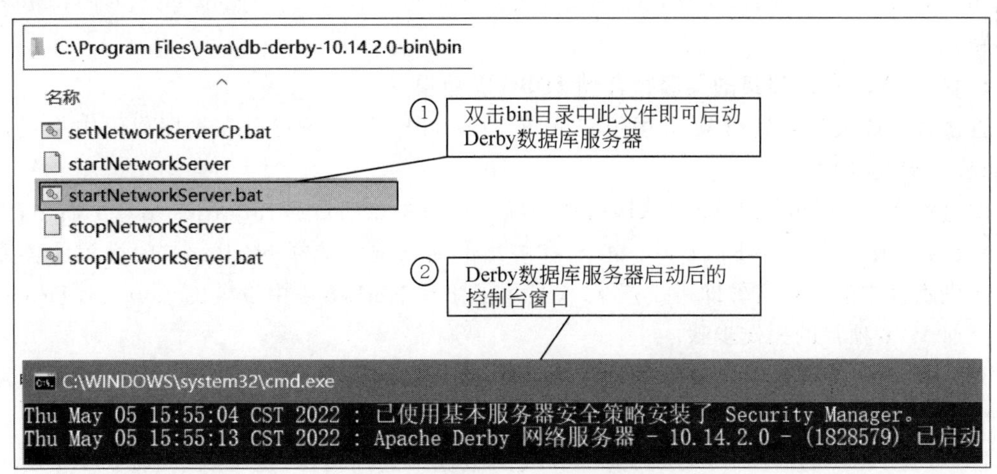

图 10-3 启动 Derby 服务器

3. 从 JavaEE 服务器/开发工具中获取 JDBC 驱动程序类库

有些 JavaEE 服务器为了方便部署在其中的 Web 程序访问数据库，会在其安装目录中提供 JDBC 驱动程序类库文件。例如，GlassFish 服务器的安装文件夹中就包含了一个名为

javadb 的目录存放 Derby 数据库系统，derbyclient.jar 驱动程序类库就在其中的 lib 文件夹。

有些 JavaEE 开发工具也会带有常用的数据库 JDBC 驱动，例如，NetBeans IDE 的一些版本中包含 MySQL、PostgreSQL 以及 Derby/JavaDB 的数据库 JDBC 驱动类库文件；可以在 IDE 主窗口选择 Tools→Library 命令，在弹出的 Ant Library Manager 对话框左侧的 Libraries 列表中查看和设置 JDBC 驱动程序类库文件，如图 10-4 所示。

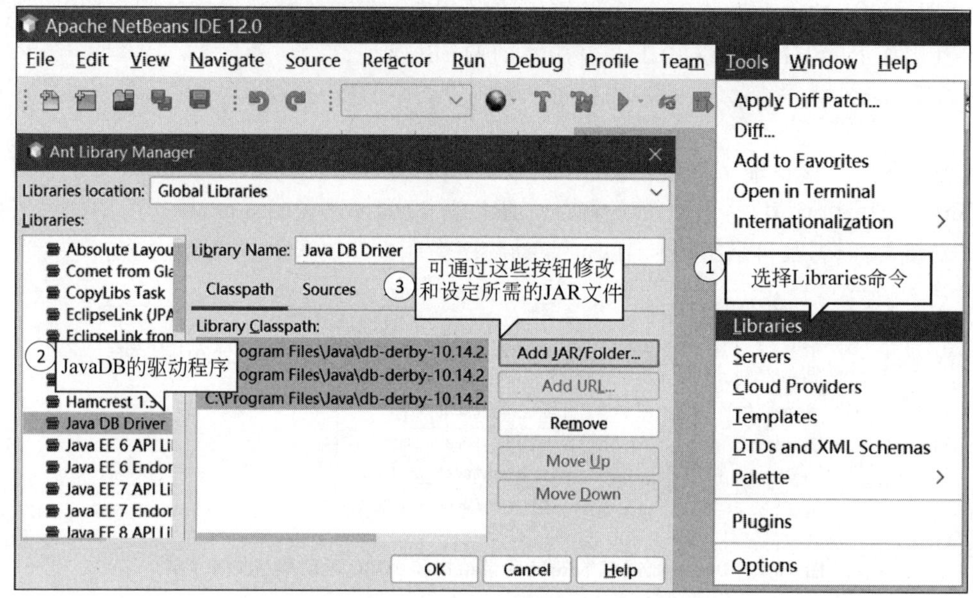

图 10-4　查看和设置 JDBC 驱动程序类库文件

10.1.3　Web 程序中驱动程序的存储位置

JDBC 驱动程序类库应存储于运行环境的类路径中，才能使得其核心驱动类被 JVM 加载和使用。对 Web 程序而言，驱动程序类库文件既可以放入自身类路径，也可以位于 Web 容器的类路径。

1. 利用 Web 程序自身的类路径存储 JDBC 驱动程序

直接将类库文件复制到 Web 程序的/WEB-INF/lib 目录，就可以在程序代码中加载核心驱动类访问相应的数据库。

如果使用 NetBeans 的 Ant 项目，可以在项目窗口中该项目的 Libraries 结点上右击，选择 Add Library 或者 Add JAR/Folder 命令，在弹出的对话框中选择 NetBeans 中设置的类库或者计算机磁盘中的类库文件即可。图 10-5 显示了添加 NetBeans 中设置的 Java DB Driver 类库到当前 Web 项目的操作步骤。

在图 10-5 中可以看到，NetBeans 预置的 JavaDB 驱动程序包含了 3 个 JAR 文件，实际上只需要其中的一个 derbyclient.jar 就可以。如果只想引入 derbyclient.jar，可以在图 10-5 的①中选择 Add JAR/Folder 命令，从当前计算机的磁盘中选择文件；也可以进入图 10-4 所示的 Ant Library Manager 对话框，将库中多余文件通过 Remove 按钮移除。

需要注意，使用 NetBeans 12.x 系列版本时可能找不到图 10-4 和图 10-5 中预置的 Java DB Driver 库，这是由于没有在 NetBeans 服务窗口的 Databases/JavaDB 结点中设置有效的 Derby 安装位置。可以通过在 Java DB 结点上右击，选择 Properties 命令，在弹出的对话框中设置其正确的安装位置和数据库文件存储位置，操作步骤如图 10-6 所示。

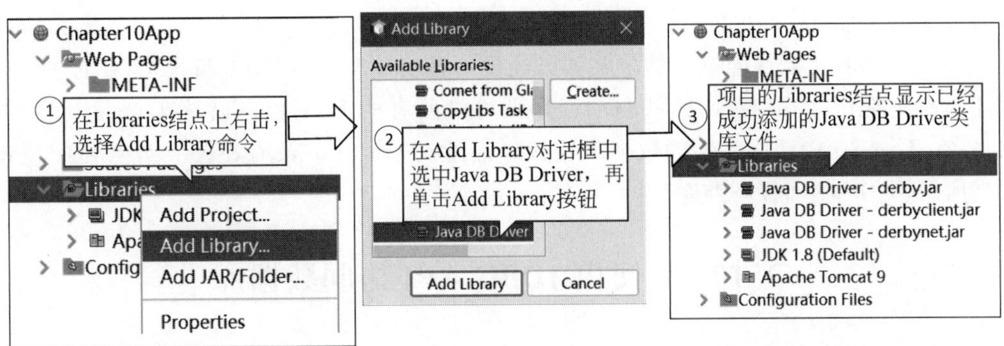

图 10-5　添加 NetBeans 中设置的 Java DB Driver 类库到当前 Web 项目的操作步骤

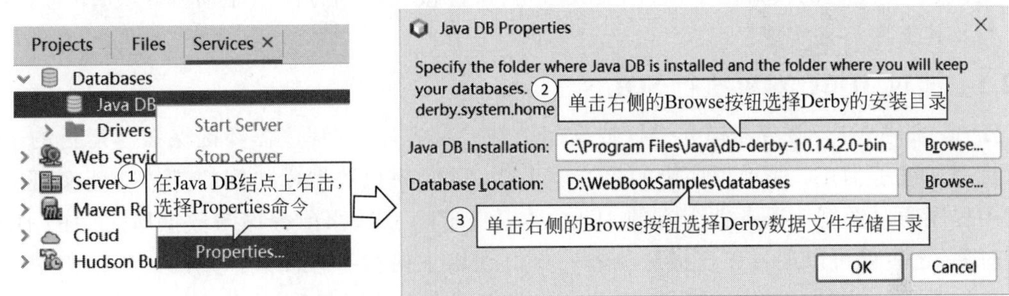

图 10-6　设置 Java DB 数据库的安装位置和数据库文件存储位置

需要注意，如果在上述设置之前，在 NetBeans 中已经添加了 GlassFish 服务器，则以上的步骤可以省略，IDE 会自动按照 GlassFish 中的 javadb 目录位置设置 Java DB 结点，并预置 Java DB Driver 库。一旦设置了 Java DB 的安装目录和数据库存储位置，就可以直接在 Java DB 结点上右击，选择 Start Server 命令启动 Java DB 数据库服务器，如图 10-7 所示。

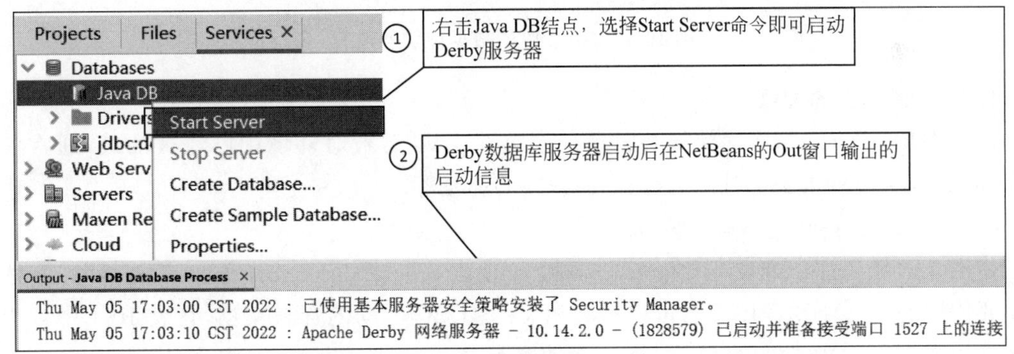

图 10-7　在 NetBeans 整合 Java DB 后启动 Derby 数据库服务器

注意，如果之前已经通过 startNetworkServer.bat 启动了 Derby 数据库服务，一定要先关闭对应服务，否则将因端口号冲突导致 NetBeans 中的 Derby 数据库服务启动失败。

2. 使用 Web 容器的公共类路径存储 JDBC 驱动程序

Web 容器在安装后，一般都会将一个特定安装目录设置为公共类路径，在其中复制的 JDBC 驱动程序类库可以被所有部署在其中的 Web 程序加载，这样单个 Web 程序就无须在自己的/WEB-INF/lib 目录中复制所需的 JDBC 驱动文件。这种公共类路径可以减少服务器中总的部署量和内存资源占用，同时还可以加快数据库连接的建立速度。例如，前述的 GlassFish 内置 Derby 数据库及其驱动，使用该服务器开发和运行 Web 程序时，连接 Derby 数据库时就无须添加 derbyclient.jar 这个 JDBC 驱动程序文件。

Apache Tomcat 默认配置下的公共类路径位于其安装文件夹的 lib 目录，只要将 JDBC 驱动程序类库复制到此 lib 目录，这些驱动程序即可被所有的 Web 程序以及 Tomcat 服务器自身共享，在 Tomcat 中建立高效的数据库连接。注意，Tomcat 并没有在公共类路径中预置任何数据库的 JDBC 驱动程序类库。

10.2 使用 JDBC API 访问数据库

关系数据库的特点是可以使用 SQL 对其中的数据进行增加、删除、修改和查询。为此，JDBC 提供了一系列的接口用于执行 SQL 语句，这些接口中的方法由驱动程序类库中的核心驱动类及其支撑类来实现。

10.2.1 通过 JDBC 对象执行 SQL

JDBC 采用客户/服务器模式进行数据库访问。首先，应用程序需要确保在其运行的 Java 虚拟机中加载了 JDBC 驱动程序中的核心驱动类，以便获得数据库访问的具体功能实现。之后应用程序通过数据库服务器专有的 JDBC 连接 URL，获得当前程序与数据库之间的 JDBC 连接对象，之后就可以通过该连接对象进一步得到用于执行 SQL 的语句对象，利用语句对象即可执行所需的 SQL 语句，实现增、删、改、查等数据库操作任务；在操作完成后关闭连接对象即可。这一访问流程如图 10-8 所示。

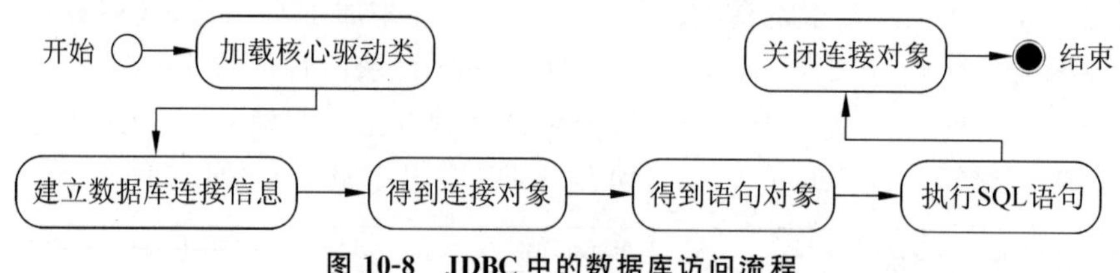

图 10-8 JDBC 中的数据库访问流程

1. 核心驱动类的加载

使用 JDBC API 时，应确保核心驱动程序类在 Java 运行时环境中已经被加载，通常使用 java.lang.Class 类的静态方法 forName 加载核心驱动类：

```
Class.forName("核心驱动类全名称");
```

使用该语句要注意处理 forName 方法抛出的 java.lang.ClassNotFound 检查异常，方法参数需要使用的核心驱动程序类名可以参阅相关的 JDBC 驱动的资料文档，在表 10-1 中列出了一些常用数据库 JDBC 驱动程序的核心驱动类名称。有些开发工具，如 NetBeans，也会在其数据库支持工具中提供查看核心驱动类名称。

需要注意，由于加载后的核心驱动类会一直常驻在 Java 虚拟机直到整个程序运行结束，所以 Class.forName 的方法调用在程序运行期只需调用一次即可。可以将其放到类定义的静态初始化器中执行，代码如下：

```
public  class  UserManager{
    static{
            try{  Class.forName("org.apache.derby.jdbc.ClientDriver ");
            }catch(ClassNotFoundException e){  throw new RuntimeException(e);  }
    }
}
```

Type4 型 JDBC 驱动可以自动加载其核心驱动类，可省略 Class.forName 方法的调用；但有时会因类加载器机制导致自动加载失效，所以最好保留对 Class.forName 的调用。

2. 获取 JDBC 连接对象

JDBC API 提供了 java.sql.Connection 接口封装应用程序和数据库之间连接的基本功能。大部分数据库在连接时，需要提供授权认证和数据库服务的网络/本地 URL 信息。

(1) 数据库服务器的访问授权信息。

访问数据库服务器时，服务器通过授权信息保护数据的安全。大部分数据库需要访问者提供用户名和口令，以便验证身份和确定数据的使用权限，有些数据库还需要更多的安全认证信息，如微软公司的 MS SQL Server 数据库可以整合其所在 Windows 系统中当前用户登录的身份认证信息进行授权。

(2) 数据库连接 URL。

JDBC 采用了和访问 Web 程序相似的方式，为数据库服务器提供了 JDBC URL，这个 URL 即数据库连接 URL。每一个数据库服务器都有其特定的连接 URL 格式，其中包括服务器主机位置(IP 地址或域名)、端口号、数据库名称以及其他一些额外的参数数据。表 10-2 列出了一些常用数据库连接 URL 组成及说明。

表 10-2　常用数据库连接 URL 组成及说明

数据库系统	数据库连接 URL 组成	说　明
MySQL	jdbc：mysql://host[：port][/database][? props]	props 参数按查询字符串格式
PostgreSQL	jdbc：postgresql://host[：port][/database][? props]	props 参数按查询字符串格式
Oracle	jdbc：oracle：thin：@//host[：port][/database]	URL 中的 thin 是指 Type4 型驱动
DB2	jdbc：db2://host[：port][/mydb][：matrixparams]	maxtrixparams 矩阵参数用;隔开
SQL Server	jdbc：sqlserver://host[：port][;matrixparams]	maxtrixparams 矩阵参数用;隔开
Derby/JavaDB	jdbc：derby://host[：port][/database][;matrixparams]	maxtrixparams 矩阵参数用;隔开

表 10-2 中 URL 组成中的 host 代表主机位置，port 代表端口号，database 代表要访问的具体数据库名称，中括号部分代表是可选的，如果需要更为详细信息的参考内容，可以访问表 10-1 中列出的驱动下载页面对应的 URL 获取。

(3) 获取数据库连接对象。

JDBC 提供的 java.sql.DriverManager 类的静态方法 getConnection 可以通过数据库连接 URL 和认证信息获取连接对象 java.sql.Connection 的实例，语句如下：

```
Connection conn=DriverManager.getConnection("数据库连接 URL","授权的用户名","授权口令");
```

也可以构造 java.util.Properties 的实例，放入授权信息作为 getConnection 的参数：

```
Properties props=new Properties();  props.put("user","授权用户名");  props.put
("password","口令");
Connection conn=DriverManager.getConnection("数据库连接 URL", props);
```

这种调用方式可以通过 Properties 实例的 put 方法加入更多的连接属性设置。

调用 DriverManager 的 getConnection 方法时，需要注意以下几点。

① getConnection方法会抛出检查异常java.sql.SQLException，调用时需要通过try…catch语句进行处理或在方法声明处采用throws关键字抛出声明。

② 执行getConnection方法调用前，如果加载的数据库JDBC驱动低于Type4，还需保证之前已经通过Class.forName方法加载了JDBC驱动核心类。

③ 如果数据库服务器访问并不需要授权的用户名和口令，或在数据库URL中已经给出了用户名和口令，可以省略getConnection方法中的授权信息相关参数。

数据库连接对象在获取并使用完毕之后，一定要调用其close方法将连接关闭，这样数据库服务器才能将连接对象占用的内存资源释放。调用close方法时，最好使用try…finally语句结构，在finally语句块中进行调用；由于java.sql.Connection接口继承了java.lang.AutoCloseable，所以也可以使用try(建立自动关闭连接对象语句){}的语法结构，以确保执行流程中的错误不会影响到连接的关闭，否则有可能会引起数据库服务器不能正确地关闭连接，造成内存泄漏。另外，close方法同样会抛出java.sql.SQLException检查异常，所以最好在调用所在的方法声明中加入throws抛出声明，方法定义如下：

```
void sqlMethod( ) throws SQLException{
    //采用try(建立连接对象){}语句,建立的连接对象将在try语句块执行结束后自动关闭
    try( Connection conn=DriverManager.getConnection("数据库连接URL","用户名","口令") ){
        //通过连接对象执行一些SQL语句
    } //conn连接对象将在try语句块执行完毕后被自动关闭
}
```

(4) 通过数据库连接池优化数据库连接对象的创建。

数据库连接池是预先建好的一组数据库连接对象。数据库连接对象在创建时，需要数据库服务器建立对应的连接及相关资源，所以建立一个连接对象需要花费比较长的时间。数据库连接池中预建了一些数据连接对象，所以通过连接池就可以省去建立连接对象的时间，能够更快地获取连接对象。同时，连接池还可以自动管理其中的连接对象，在对象不够的情况下，可以自动增加连接对象，在连接对象长久不被使用的情况下，回收连接对象。由于数据库连接池的这一特性，所以在Web应用程序中应用较多。

应用程序自己可以建立数据库连接池，也可以由Web服务器/容器建立。大部分Web容器提供了建立连接池的功能，很多JDBC驱动程序也会提供数据库连接池。为了统一数据库连接池的创建和使用，JDBC提供了javax.sql.DataSource接口，该接口也具有getConnection方法供开发者获取连接池中的数据库连接对象，数据库厂商以及相关开发组织可以利用该接口封装连接池的实现。例如，Derby数据库驱动程序就提供了一个名为org.apache.derby.jdbc.ClientConnectionPoolDataSource的DataSource接口实现类，可以通过该类的实例建立数据库连接池，再通过连接池获取连接对象。下面的代码片段演示了这一过程，为了做对比，代码的最后一行采用DriverManager获取了另一个连接对象：

```
ClientConnectionPoolDataSource ds=new ClientConnectionPoolDataSource();
                                        //Derby数据库连接池
ds.setDatabaseName("derby数据库名称");
ds.setUser("授权用户名");  ds.setPassword("口令");
javax.sql.DataSource  dataSource=ds;
                                        //Derby的连接池对象实现了DataSource接口
java.sql.Connection conn=dataSource.getConnection();
                                        //注意,此处也要处理抛出的SQLException
java.sql.Connection otherConn=DriverManager.getConnection(
```

```
                    //此处使用了 DriverManager 获取连接
"jdbc:derby://localhost:1527/derby 数据库名称","授权用户名","口令");
```

3. 通过语句对象执行 SQL

java.sql.Statement 接口封装了 SQL 执行功能，可以调用其中的 executeQuery 和 executeUpdate 方法，分别执行查询和更新 SQL，它们在 Statement 接口中的声明如下：

```
java.sql.ResultSet  executeQuery(String selectSQL) throws java.sql.SQLException;
int executeUpdate(String updateSQL) throws java.sql.SQLException;
```

(1) 语句对象的获取。通过连接对象的 createStatement 方法可以得到 java.sql.Statement 接口实例，设连接对象名为 conn，如下代码得到语句对象 st：

```
Statement st=conn.createStatement();
```

(2) 更新 SQL 语句的执行。在得到了 Statement 接口对象后，调用 executeUpdate 方法就可以执行其字符串参数所代表的更新 SQL，该方法返回的整型数代表 SQL 执行影响的记录行数。更新 SQL 一般分成以下几类：

① 表记录插入语句，属于数据操作语句(DML)，通用的 SQL 语法为

```
insert into 表名(列名 1,列名 2,…) values (值 1,值 2,…)
```

② 表记录删除语句，属于数据操作语句(DML)，通用的 SQL 语法为

```
delete from  表名  where  条件
```

③ 表记录更新语句，属于数据操作语句(DML)，通用的 SQL 语法为

```
update 表名 set 列名 1=值 1, 列名 2=值 2,  …  where  条件
```

④ 数据定义语句(DDL)，由于这类语句处理的是表结构而不是表中的记录，所以 executeUpdate 的执行返回值均为 0。例如，表创建和删除的 SQL 语法：

```
create 表名(列名 1 类型 约束,列名 2 类型 约束, …, primary key(主键列 1,主键列 2,…))
drop table 表名
```

注意，executeUpdate 方法会抛出 java.sql.SQLException 检查异常，在调用时需要注意异常处理，还要注意 SQL 语法中列值的表达式形式，有些列类型的值在不同的数据库中表示方式可能有所差异。以下是一个执行表创建和示例记录插入的方法定义：

```
void createTestTableAndRecord(Statement st) throws SQLException{
    st.executeUpdate("create table test(id int primary key, msg varchar(75))");
    st.executeUpdate("insert into test(id,msg) values(1, 'a test message ')");
}
```

(3) 查询 SQL 语句的执行。executeQuery 方法用于执行其字符串参数所代表的数据查询语句(DQL)，执行的查询结果集合放入 java.sql.ResultSet 接口的实例中，该方法也会抛出 java.sql.SQLException 检查异常，在调用时需要使用 try…catch 捕捉或者将其抛给上层调用者处理。设语句对象名为 st，得到结果集合的示例代码片段如下：

```
java.sql.ResultSet rs=st.executeQuery("查询 SQL 语句");
```

这种数据查询语句一般都是如下语法的 select 语句：

```
select 列 1, 列 2, … from 表名 where  查询条件
```

按照 SQL 标准，还可以为 select 语句添加 group by、order by、having 等子句。在执行查询 SQL 语句，得到 ResultSet 后，可以采用如下步骤进行记录的获取。

① ResultSet 接口中提供如下声明的 next 方法进行记录的遍历和检测：

```
boolean next() throws java.sql.SQLException;
```

该方法用于在 ResultSet 的记录集合中向后移动当前的记录指针，当获取到 ResultSet 对

象后，第一次调用该方法会将记录指针移动到第一条记录上。如果此时 ResultSet 对象中不含记录，则 next 方法将返回 false；如果包含记录，则该方法返回 true；如果已经移动到最后一条记录，则再次调用该方法将返回 false。

按照上述的性质，这个方法经常遍历记录时的条件控制，代码如下：

```
ResultSet rs=st.executeQuery("select 语句");
if(rs.next()){//证明 select 语句检索到了有效的记录集合，此时记录指针位于第一条记录
    //在此可以取出当前的第一条记录
}else{  System.out.println("没有查到任何记录!");   /*处理没有记录的查询结果*/    }
```

需要注意，按 ResultSet 接口的默认设定，当调用 next 方法向后移动当前记录指针时，之前经过的所有记录数据都将被丢弃，这种设计可以减少结果集的内存占用。ResultSet 对象的这种默认设定使得它成为了一种只能进行单向遍历的集合，这种特性非常适合在 Web 程序中使用。

② ResultSet 接口中提供了如下一些名称格式为 getXxx 的方法，用于取出 ResultSet 中当前记录行的字段值：

```
String getString(String fieldName) throws java.sql.SQLException;
String getString(int fieldNo) throws java.sql.SQLException;
int getInt(String fieldName) throws java.sql.SQLException;;
int getInt(int fieldNo) throws java.sql.SQLException;;
Object getObject(String fieldName) throws java.sql.SQLException;;
Object getObject(int filedNo) throws java.sql.SQLException;;
...
```

这些方法可以利用字段名或者字段在 select 语句中的位置序号（注意，序号编号从 1 开始），取出 ResultSet 当前记录中对应的字段值。getXxx 中的 Xxx 代表字段的类型名称，如 String、Int、Double、Float、Boolean 等，方法的返回值也是对应的类型。如果不想或者不明确具体的类型，可以使用 getObject 方法。例如，以下代码片段会输出查询结果中第一列对应的所有记录：

```
ResultSet rs=st.executeQuery("select 语句");
while(rs.next()){
  System.out.println( rs.getObject(1) );  //通过列的序号，输出第一列的当前记录值
}
```

这些 getXxx 方法在声明中抛出了 java.sql.SQLException 检查异常类型，所以调用时也要注意检查异常的处理。

需要注意，ResultSet 代表的结果集数据在默认设置下是只读的，每一行记录数据只能读取，不可修改。

③ ResultSet 接口中还提供了 getMetaData 方法，可以获取到查询语句中列的相关信息，它在接口中的声明如下：

```
java.sql.ResultSetMetaData getMetaData() throws java.sql.SQLException;
```

getMetaData 方法返回的 java.sql.ResultSetMetaData 接口类型中，提供一系列用于获取位于 select 语句中列信息的方法，常用的方法如下。

```
int getColumnCount() throws SQLException;                    //返回列的总数
String getColumnName(int col) throws SQLException;           //返回列名称
String getColumnLabel(int col) throws SQLException;
                                    //返回 as 定义的列标签，没使用 as 时返回列名
int getColumnType(int col) throws SQLException;
                                    //返回 java.sql.Types 常量字段表示的类型标识
```

上述方法中的 col 参数均为 select 语句中列出现的位置。注意,位置计数从 1 开始。

例 10-1 演示了 JSP 中访问 Derby 数据库 tmpdb,在其中创建临时表 tmp 并添加记录后,再进行查询,利用 ResultSetMetaData 接口中的方法获取列信息并输出记录的代码。

【例 10-1】 Derby 数据库访问示例文件 derbydemo.jsp 源文件组成。

```
<%@page pageEncoding="UTF-8" contentType="text/html" import="java.util.*, java.
sql.*"%>
<html><head><title>Derby 数据库访问演示</title></head><body><h3>临时数据表 tmp
内容(<%
Class.forName("org.apache.derby.jdbc.ClientDriver");   //加载 Derby 驱动核心类
Properties props=new Properties();
props.put("create", "true"); //设置连接属性,create=true 代表如遇数据库不存在,将自动
                             //创建它
try (Connection conn = DriverManager.getConnection("jdbc:derby://localhost:1527/
tmpdb",props)) {
  Statement st = conn.createStatement();
  try { st.executeUpdate("create table tmp( id integer, col1 varchar(20) )");
                                                    //表创建语句
      st.executeUpdate("insert into tmp values(1,'test1') ");
                                              //插入语句,数值列值两侧无须界定符
      st.executeUpdate("insert into tmp values(2,'test2')");
                                              //插入语句,文本列值两侧要用单引号
  } catch (Exception e) { /*此处忽略由于表已经存在时造成的异常错误*/ }
  ResultSet rs = st.executeQuery("select tmp.*, col1 as msg from tmp ");
                                              //*表示按创建顺序排列的所有列
  ResultSetMetaData rsmd = rs.getMetaData();
  int cols = rsmd.getColumnCount();
                              //cols 值为 3,因为表共有两列,select 语句还加了一行
  String col1 = rsmd.getColumnName(1);
                              //col1="id",按创建顺序 id 列在第 1 个位置
  String col2 = rsmd.getColumnLabel(2);
                              //col2="col1",按创建顺序 col1 列在第 2 个位置
  String col3 = rsmd.getColumnName(3);
                              //col3="msg",因为 select 中使用了 as 将 col1 定义为 msg
  if(rsmd.getColumnType(1)==java.sql.Types.INTEGER) out.print(col1+"为整型,");
  if(rsmd.getColumnType(2)==java.sql.Types.VARCHAR) out.print(col2+"为文本型)
</h3>");
  while (rs.next())  out.print(col1+"="+rs.getInt(1)+";"+
                         col2+"="+rs.getString(2)+";"+
                         col3+"="+rs.getObject(3)+"<hr/>");
}%>
```

请求该 JSP 须保证启动 Derby 服务,Web 程序添加了 Derby 驱动,输出如图 10-9 所示。

10.2.2 JDBC 对象的生命周期管理

临时数据表tmp内容(ID为整型,COL1为文本型)
ID=1; COL1=test1; MSG=test1
ID=2; COL1=test2; MSG=test2

图 10-9　derbydemo.jsp 页面的输出

JDBC 中的 Connection、Statement 和 ResultSet 都继承了 java.lang.AutoCloseable 接口,因此对应的数据库连接对象、语句对象以及结果集对象都具有 close 方法,用于在数据处理结束时清理自身数据,消除不再需要使用的内存资源。一旦调用了这些对象的 close 方法,代表其生命周期已经结束,相关的方法调用也将随之失效。在进行数据处理时,一旦连接、语句和结果集对象的任务完成,均应及时调用其 close 方法,结束其生命周期,以便释放其占用的系统资源。

1. JDBC 对象生命周期的关联性

由于语句对象通过连接对象创建，结果集对象由语句对象创建，所以这 3 个 JDBC 对象的生命周期存在着相关性。图 10-10 标出了这种关系，图中每个对象下的竖柱表示其生命周期长度。一旦语句对象关闭，由该语句对象创建的结果集对象也将随之被关闭；同样，一旦数据库连接对象关闭，则由其创建的语句对象也将随之被关闭，进而导致与语句对象关联的结果集也都会被关闭。

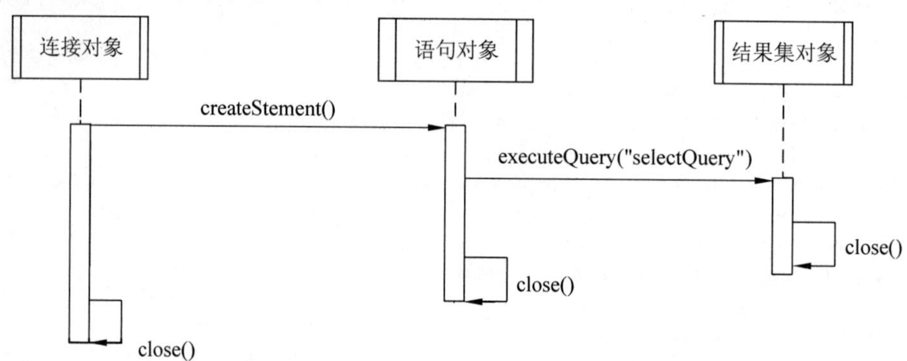

图 10-10　数据库连接对象、语句对象及结果集对象之间的关系

由此可见，只要保证最终关闭了数据库连接对象，就可以让和该连接对象关联的所有语句对象和结果集对象关闭，从而不会造成内存的资源泄露。

2. Web 程序中 JDBC 对象的生命周期管理

在 Web 程序中通过 JDBC 访问数据库时，必须处理好 JDBC 对象的生命周期，以便查询结果数据能够在 Servlet 实例/JSP 页面以及不同用户之间正确传送；结果集对象的生命周期受到语句对象的影响，最终决定于接口对象，这就涉及了页面、会话以及应用程序这些范围对象和 JDBC 对象之间的生命周期管理。

(1) 在页面范围内限定 JDBC 对象生命周期。

将 JDBC 对象限定在页面范围内，实际上就是在请求处理方法或在处于请求调用链的方法中建立数据库连接对象和语句对象，通过结果集对象取出数据，在方法执行结束时关闭连接对象，例 10-1 就采用了这种管理方案。

当需要在不同页面或不同用户之间传递查询结果数据时，可以将数据从结果集对象中取出后，存入请求、会话或应用程序对象中进行传递。由于这种 JDBC 对象的生命周期管理方案简单明了，所以被大部分 Web 程序所采用。

将连接对象生命周期限制在页面范围内时，连接对象将在方法范围内被打开和关闭；在请求增多时，连接将被频繁地建立和销毁。由于连接的建立和关闭都属于耗时操作，会导致 Web 程序的响应速度变慢，所以建议使用数据库连接池代替 DriverManager 以加快连接对象的获取速度。由于程序中有一个连接池就可以生成所需的连接对象，所以经常采用单例模式来管理连接池，例 10-2 就是一个可扩充单例模式抽象类 Db 定义。

【例 10-2】　采用单例设计模式的 Db.java 代码。

```
package util;
import org.apache.derby.jdbc.ClientConnectionPoolDataSource;
public abstract class Db{                              //抽象类，防止从外界获取该类实例
  /* singleton 存储实现了 Derby 连接池的 Db 匿名内部类的实例，是存储 Db 类的单例静态字段 */
  private static Db singleton = new Db() {             //建立 Db 的匿名内部子类实现抽象方
```

```
                                              //法 getDataSource
    @Override public javax.sql.DataSource getDataSource() {
            ClientConnectionPoolDataSource derbyDs = new
  ClientConnectionPoolDataSource();
            derbyDs.setDatabaseName("tmpdb");   //设置本机中要连接的 Derby 数据库
            derbyDs.setConnectionAttributes("create=true");
                                              //如果数据库不存在,则自动创建
            return derbyDs;   }
    };
    /* 静态工厂方法 build 直接返回 DbUtil 的单例 */
    public static Db build() {   return singleton;   }
    /* 利用数据库连接池获取数据库连接对象 */
    public java.sql.Connection getConnection() throws Exception{ return
  getDataSource().getConnection(); }
    /* 供子类实现的获取数据源对象的抽象方法 */
    public abstract javax.sql.DataSource getDataSource();
  }
```

为了防止外部直接实例化,Db 类被定义为抽象类,它包含一个静态自身类型的私有字段 singleton,该字段在声明时即被赋予其匿名内部子类的实例。由于静态字段仅在类被加载时初始化一次,所以 singleton 在运行期只会有一个实例,即 Db 是一个单例类。

singleton 用于存储 Db 的匿名内部子类实例,该子类实现了 Db 中 getDataSource 抽象方法,建立 Derby 数据库连接池。使用 Db 时,既可以通过其静态工厂方法 build 获取含 Derby 连接池的单例;也可以通过继承 Db 类,实现 getDataSource 抽象方法建立其他的数据库连接池。例如,下面的代码片段使用了匿名内部子类创建自己所需的连接池:

```
util.Db  db=new util.Db(){
          @Override public javax.sql.DataSource getDataSource(){
                                                //建立自己所需的连接池
              java.sql.DataSource ds=null;
              /* 建立所需数据源的具体代码从略 */
              return ds;
          }
        };
java.sql.DataSource ds=db.getDataSouce();       //获取自己所需的连接池而非 Db 类内置
                                                //的 Derby 连接池
```

(2) 将 JDBC 对象存入会话对象中管理。

如果需要在会话范围内使用结果集对象,若 JSP 页面的脚本片段代码使用了例 10-2 提供的 Db 类获取 Derby 数据库连接,代码如下所示

```
<% try( java.sql.Connection conn = util.Db.build().getConnection() ){
      ResultSet rs=conn.createStatement().executeQuery("select * from tmp");
      session.setAttribute("result",rs);
  }%>
```

上述代码将查询得到的结果集对象 rs 直接放入会话中,但在 try 语句块执行完毕后,连接对象 conn 就会被关闭,由此,rs 中的数据会随之失效,这样就不能在会话范围中传输包含查询结果数据的 rs 对象。

解决这个问题的一个方案是将连接对象也存入会话对象,并在会话存续期间不对其进行关闭,这样结果集对象就会一直在会话期间保持生效状态;这种方案还可以避免频繁在请求处理方法中打开和关闭数据库连接带来的性能问题。

但是通过会话对象管理连接对象的生命周期存在以下几个问题。

① 在会话对象被销毁时，不易实现连接对象的随之关闭。虽然用户可以通过请求主动销毁会话对象，此时可以利用请求处理方法同时关闭连接对象；但是，会话对象还存在超时被 Web 容器销毁的可能性，这时要同步关闭连接对象就需要对会话对象进行状态监控。虽然 12.2 节介绍的监听器可以解决这个问题，但也会带来代码复杂度的提升。

② 由于数据库连接会在会话对象存续期间一直处于打开状态，会使得即便当前用户处于闲置状态，只要会话不销毁，数据库连接就会依旧占用资源，从而带来资源分配不合理的问题。

③ 连接对象放入会话对象后，会造成应用程序执行的数据库处理业务逻辑和 Web 请求处理绑定在一起，不便于对数据库业务处理的功能性测试，同时使得系统的设计分层的耦合度加深，系统架构变得不易维护。

由这些问题可见，利用会话管理 JDBC 对象不太适合请求量较大，以及采用 MVC 架构的 Web 程序。

(3) 利用应用程序对象管理 JDBC 对象。

应用程序对象是 Web 程序中的共享性全局对象，而 JDBC 对象往往和特定用户相关联，所以应用程序对象只适合存储数据库连接池对象，即便查询到的结果集对象是所有用户共享的数据，最好也不要将其直接存入应用程序对象，以免由于连接对象的关闭导致的数据不可用。

将应用程序对象应用于存储数据库连接池时，也存在数据库处理和 Web 操作绑定的问题，不利于 Web 程序的分层设计。当采用 MVC 架构设计时，建议使用诸如例 10-2 所示的单例模式类的实例替代应用程序对象进行数据库连接池的管理。

3. 查询结果集数据和 JDBC 对象的解耦处理

结果集对象中的数据由于受到语句和连接对象的生命周期控制，不便于在 Web 程序中进行传递，所以最好将结果集数据转存到数组/集合对象中，这样就可以消除这些数据和 JDBC 对象之间的关联，交由程序中各组成层次做出相应的处理操作。

将结果集对象中的数据存入列表集合是一种常用的解耦处理方式，列表中的元素相当于 ResultSet 中的当前记录，可以采用 JavaBean 实例或者 Map 对象进行表示。例 10-3 中的 CommonDb 类继承了例 10-2 的 Db 类，其中 query 方法执行查询语句，它调用的 toList 方法采用 Map 对象存储查询结果集对象数据，返回包含 Map 对象的列表集合。

【例 10-3】 查询通用转换抽象类 CommonDb.java 源代码。

```
package util;
import java.sql.*;
import java.util.*;
public abstract class CommonDb extends util.Db{
  public List<Map> query(String selectSQL) throws Exception {
    try ( Connection conn = getConnection()){
      return toList(conn. .createStatement().executeQuery(selectSQL));  }
                                                  //try 语句结束
  }
  protected List<Map> toList(ResultSet rs) throws SQLException {
    List<Map> totalRecs = new java.util.ArrayList();
                                                  //待返回的 List 查询结果集合
    ResultSetMetaData rsmd = rs.getMetaData();    //获取 SELECT 中的列信息
    String[] colNames = new String[rsmd.getColumnCount()];
                                                  //建立存储 SELECT 中列名的数组
    for (int i = 0; i < colNames.length; i++)     //将 SELECT 中的列名的小写形式存入列
```

```
                                                //名数组
    colNames[i] = rsmd.getColumnLabel(i + 1).toLowerCase();
  while (rs.next()) {                           //开始遍历结果集合
    Map rec = new java.util.HashMap();          //建立存入当前记录信息的 Map 对象
    for (int i = 0; i < colNames.length; i++) {
      rec.put(colNames[i], rs.getObject(i + 1)); //将列名和记录值存入 Map 对象
      rec.put(i + 1, rs.getObject(i + 1));      //将列位置(以 1 为基数)和记录值存入
                                                //Map 对象
    }
    totalRecs.add(rec);                 //将 Map 对象代表的当前记录加入结果的 List 集合中
  }//while 循环结束
  return totalRecs;                             //返回 List 查询结果集合
 }                                              //toList 方法定义结束
}
```

通过上边的代码可以看到,query 公开方法调用 toList 保护方法,返回的列表集合中每一条记录采用 Map 对象表示,可以通过小写的列名从 Map 对象中取出记录值,也可以利用列的序号(1 为基数)取出记录值,如以下取出查询结果代码片段所示：

```
CommonDb  db=                          //获取 CommonDb 实例代码从略;
List<Map>  recs=db.query("select col1, col2  from  表名");
if(recs.size()==0) throw new Exception("数据表为空!");
                                       //表空抛出异常,防止后续记录引用下标越界
Map  firstRec=recs.get(0);             //取第一条记录值对应的 Map 对象
Object col1=firstRec.get("col1");      //通过列名 col1 取其对应的记录值,注意是通用类
                                       //型 Object
int nCol1=(Integer)firstRec.get(1);
                                //通过 col1 列序号(1 为基数)取其记录值,此处做了类型转换
String col2=(String)firstRec.get(2);
                                //通过 col2 列序号取其记录值,此处做了强制类型转换
```

10.2.3　执行带参 SQL

使用 Statement 对象的 executeQuery/executeUpdate 方法执行 SQL 语句时,编写 SQL 语句字符串时可能会遇到一些困难。例如,当插入的 SQL 语句中含有时间日期值时,往往需要依据数据库处理时间日期的函数进行字符串的拼接。例如,以下代码片段使用了 uid、uname 和 logtime 三个字符串变量,结合 SQL Server 数据库中的日期处理函数 convert,拼接了用于 SQL Server 数据库中插入日期数据的 SQL：

```
String  insertSQL="insert into userlog(uid, uname,logtime)  values(";
insertSQL += uid+", '"+uname+"', "+"convert(varchar, '"+logtime+"', 120))";
conn.createStatement().executeUpdate(insertSQL);
```

可以看到,该段代码中构造 SQL 语句字符串非常烦琐,虽然可以使用 String.format 方法简化这一过程,但还是有一些特定类型的列值难于给出具体的字符串表示形式。例如,BLOB 类型的列值,所需数据是一个二进制类型的数据流,这在 SQL 语句字符串中就无法直接进行表示;同时,拼接 SQL 字符串时,还有可能因为其中的一些数据来源于使用者,造成潜在的安全隐患,如用户在查询界面中输入了带有 SQL 关键字的特殊数据,使得最终拼接成的查询 SQL 语句被附加了子查询,造成数据库中一些关键信息的泄露,这就是 SQL 注入攻击的原理。为了避免这些问题,JDBC 允许在 SQL 语句字符串中使用问号(?)表示待确定的列值,这种包含问号的 SQL 语句就是带参 SQL,JDBC 提供了 PreparedStatement 对象,即预编译语句对象给这些参数赋值并执行对应的 SQL 语句。

1. 带参 SQL 的语法

在使用带参 SQL 时，问号参数只能用于表示待定的列值，如 insert/update 语句中待插入、更新的列值，或者是语句中 where 条件中的列值，而不能是表名或者其他语句关键字。例如，上边拼接的插入日期数据的 SQL 语句，用参数语法形式可以写成：

```
insert into userlog(uid,uname,logtime) values(?,?,?)
```

在使用列值参数时，任何类型的参数两侧都无须界定字符。例如，虽然标准 SQL 语句中的文本类型(varchar)列值要使用单引号界定，但使用参数时，问号两侧无须加入单引号，代码片段如下：

```
String noParamSQL=" select * from userlog where uname='admin' ";
                                        //普通 SQL 字符串
String paramSQL=" select * from userlog where uname=?";
                                        //带参 SQL 字符串,参数不能写成 '?'
```

2. 预编译语句对象的获取和生命周期管理

用于执行带参 SQL 的预编译语句对象的类型是 java.sql.PreparedStatement 接口，该接口是 java.sql.Statement 的子接口，其实例需要通过 Connection 连接对象的 prepareStatement 方法获取，此方法在 Connection 接口中的声明如下：

```
PreparedStatement prepareStatement(String SQL) throws SQLException;
```

把带参 SQL 语句作为字符串传递给 prepareStatement 方法，就可以获得预编译语句对象的实例，代码片段(设连接对象名为 conn)如下：

```
try(PreparedStatement  ps=conn.prepareStatement("带参 SQL 语句")){
   //通过预编译语句对象 ps 对带参 SQL 语句中的参数赋值,并执行该 SQL 语句
}
```

需要注意，和 Statement 对象的生命周期不同，当创建 PreparedStatement 对象的连接对象关闭后，预编译语句对象并不会随之自动关闭。一旦通过连接对象创建了预编译语句对象，就会引起数据库服务器对其带参 SQL 语句做预编译处理，并在服务器内存中保留预编译结果以便下一步执行工作；当 SQL 语句执行完成后，数据库服务器也不会清除预编译结果，而是将其保留在内存以备再次执行该语句。这种处理方式适合于多次重复执行同一个带参 SQL 语句，由于省去了执行前的词法分析和编译处理，该语句每次都可以获得较快的执行速度；只有预编译语句对象调用了自身的 close 方法，数据库服务器才会真正完全清除预编译 SQL 语句占用的系统资源。

由此可见，预编译语句对象和连接对象一样，需将其 close 方法的调用通过 try…finally 或 try(){}语句块进行管理，否则可能会造成数据库服务器中的内存泄漏；在关闭时还要注意次序，应先确保关闭了所有的预编译语句对象，最后再关闭创建它们的连接对象。

3. 带参 SQL 中参数的赋值和语句的执行

在执行 PreparedStatement 代表的 SQL 语句之前，需要调用该接口提供一系列的 setXxx 方法，设置 SQL 语句中对应于问号参数的具体数据值。类似于 ResultSet 接口提供的获取特定类型列记录值的方法 getXxx，这里的 Xxx 代表问号参数对应 Java 语言中类型的名称。例如，PreparedStatement 接口中以下这些 setXxx 方法的声明：

```
void  setString(int  pos, String val) throws SQLException;     //设置文本型列值
void  setInt(int pos, int val) throws SQLException;            //设置整型列值
void  setDate(int pos, Date val) throws SQLException;          //设置日期列值
void  setObject(int pos, Object val) throws SQLException;      //通用的列值设置
```

```
void  setBinaryStream(int pos, java.io.InputStream val) throws SQLException;
                                                        //设置 BLOB 类型列值
void  setCharacterStream(int pos, java.io.Reader val) throws SQLException;
                                                        //设置 CLOB 类型列值
...
```

注意，这些 set 方法中的第一个位置参数的计数从 1 开始。还可以看到，这些方法中的 setBinaryStream/setCharacterStream 可以将二进制流或文本流写入 BLOB/CLOB 列，从而为图片、各种程序文档等的数据存入数据库提供了方法。

在设置完 SQL 语句中的所有参数后，就可以调用 PreparedStatement 对象提供的用于执行查询 SQL 语句的 executeQuery 和用于执行更新 SQL 的 executeUpdate 方法，如下代码片段使用了 executeUpdate 方法执行带参的插入 SQL 语句(设连接对象名为 conn)：

```
try(PreparedStatement  ps1=conn.prepareStatement(
                     " insert into userlog(uid,uname,logtime) values( ?, ?, ?) ");
   PreparedStatement  ps2= conn.prepareStatement(" select  *  from logtime where
uid=?")){
  ps1.setInt(1,uid);                          //设置整型列插入值
  ps1.setString(2,uname);                     //设置 varchar 列插入值
  ps1.setDate(3,new java.text.SimpleDateFormat("yyyy-MM-dd").parse(logtime));
                                              //设置日期列插入值
  ps1.executeUpdate();                        //执行带参插入 SQL 语句
  ps2.setInt(1,uid);                          //设置查询条件中的整型列值
  ResultSet rs=ps2.executeQuery();            //执行带参查询 SQL 语句
}
```

由上述代码片段可以看到，由于已经通过连接对象的 prepareStatement 方法设置了带参 SQL 语句，所以在 PreparedStatement 接口中的 executeUpdate 和 executeQuery 两个方法都不含参数，而方法的返回值和异常声明均和 Statement 接口中的同名方法一致。

需要注意，通过预编译语句对象的 executeQuery 方法获得的 ResultSet 对象依旧会随着预编译语句对象的关闭而关闭。例 10-4 提供了一个 DbUtil 类，它继承了例 10-3 的 CommonDb，通过 query 和 update 方法简化了通过预编译语句对象执行带参 SQL 的步骤。

【例 10-4】 DbUtil.java 源文件代码的组成。

```
package util;
import java.sql.*;
import java.util.*;
public abstract  class DbUtil  extends util.CommonDb{
  public List<Map> query(String selectSQL, Object... args) throws Exception {
    List<Map> totalRecs=new java.util.ArrayList();
                                              //待返回的 List 查询结果集合
    try ( Connection conn=getConnection();
        PreparedStatement ps = conn.prepareStatement(selectSQL)){
     for(int i=0;i<args.length;i++) ps.setObject(i+1, args[i]);
                                              //设置带参查询 SQL 中的参数值
     return toList(ps.executeQuery());        //调用继承的 toList 方法将查询结果集转换
                                              //为 List 集合
    }//try 语句结束
  }
  public int update(String updateSQL,Object... args) throws Exception {
    try ( Connection conn=getConnection();
        PreparedStatement ps=conn.prepareStatement(updateSQL)){
        for(int i=0;i<args.length;i++) ps.setObject(i+1, args[i]);
                                              //设置带参更新 SQL 中的参数值
```

```
        return  ps.executeUpdate();           //执行更新语句
    }}// try语句和 update 方法定义结束
}
```

使用 query 和 update 方法时要注意可变参数和带参 SQL 中的参数匹配,也可以使用对象数组代替可变参数。例 10-5 是使用了 DbUtil 类的一个 JSP 文件的源代码,它采用匿名子类实现了 DbUtil 中的 getDataSource 抽象方法,直接调用了继承的 Derby 数据源。

【例 10-5】 使用 DbUtil 类显示 Derby 临时表中的数据的 dbutil.jsp 源文件内容。

```
<%@page pageEncoding="UTF-8" import="java.util.*,javax.sql.*,util.*"%>
<% DbUtil db=new DbUtil(){ public DataSource getDataSource(){
                    return build().getDataSource(); }};
try{ db.update("create table t(id int primary key, item varchar(30))");
                                        //SQL 不含参也可以
    db.update("insert into t values(?,?)", 1, "test1");
                                        //SQL 中参数数量和其后的可变参数数量要一致
    db.update("insert into t values(?,?)", new Object[]{2, "test2"});
                                        //可以直接使用对象数组为参数
}catch(Exception e){ /*忽略表创建及插入语句造成的异常*/}
List<Map> recs=db.query("select * from t ");
for(Map rec: recs) out.print("id="+rec.get(1)+",item="+rec.get(2)+"<hr/>"); %>
```

10.2.4 执行批次 SQL

如果需要快速执行 SQL 语句,采用可以执行带参 SQL 的预编译处理语句是一种选择,但仅限于需要重复执行一条带参数的 SQL 语句的场景;如果每次执行的是不同的 SQL 语句,采用预编译语句由于每次都需要额外的预编译时间,反而不如直接使用 Statement 语句效率高。Statement 接口还提供了批次 SQL 的执行能力,即一次执行多个 SQL 语句,这种执行方式比多次执行一条语句拥有更高的效率。Statement 接口中的 addBatch 和 executeBatch 用于添加和执行这种批次 SQL,executeLargeBatch 方法用于执行更大批次数量的 SQL 语句;而 clearBatch 方法可以清除当前已经添加的所有批次 SQL 语句。这些方法在 Statement 接口中的声明如下:

```
void addBatch(String sql) throws SQLException;
int[] executeBatch() throws SQLException;
                                        //返回每一条语句影响的行数构成的整型数组
long[] executeLargeBatch() throws SQLException;
                                        //返回每一条语句影响的行数构成的长整型数组
void clearBatch() throws SQLException;
```

注意,批次执行的 SQL 语句均应为 insert/update/delete 数据操作或数据定义语句,如果其中包含 select 语句,或者某个数据操作/定义语句在执行时失败,executeBatch 方法将会抛出 java.sql.BatchUpdateException 异常实例,该异常类是 java.sql.SQLException 的子类。当批次 SQL 全部执行成功,executeBatch 返回按照加入次序形成的每一条 SQL 执行影响的行数构成的整型数组。executeLargeBatch 在 JDK 1.8 中加入,如果执行的批次 SQL 数量超过了 Integer.MAX_VALUE,也就是最大的 32 位整数,可以使用该方法获取所有 SQL 全部执行成功后影响的行数构成的长整型数组。一般来说,批次 SQL 主要应用于需要快速插入或更新的场景。例 10-6 采用了批次 SQL 改写了例 10-5 中的更新语句。

【例 10-6】 采用批次 SQL 执行更新的 batch.jsp 源文件组成。

```
<%@page pageEncoding="UTF-8" import="java.util.*,javax.sql.*,util.*"%>
<% DbUtil db = new DbUtil() { public DataSource getDataSource() {
```

```
        return build().getDataSource(); }};
try ( java.sql.Connection conn=db.getConnection()){  //保证连接对象被正确关闭
    java.sql.Statement st=conn.createStatement();
    st.addBatch("drop table t");                     //添加删除表 DDL
    st.addBatch("create table t(id int primary key, item varchar(30))");
                                                     //添加创建表 DDL
    st.addBatch("insert into t values(1, 'batchtest1')");    //添加插入 DML
    st.addBatch("insert into t values(2, 'batchtest2')");    //添加插入 DML
    st.executeBatch();                  //执行添加的批次 SQL,包括 DDL 和 DML,不能有 DQL
    st.clearBatch();                                 //消除批次 SQL
} catch (Exception e) {                              //显示执行错误
out.print(String.format("<div style=color:red>%s</div>",e.getMessage()) ); }
List<Map> recs = db.query("select * from t ");
for (Map rec : recs)
    out.print("id=" + rec.get(1) + ",item=" + rec.get(2) + "<hr/>");%>
```

10.2.5　SQL 的执行控制

1. 查询系统中已存在的表名称

执行 SQL 语句时经常需要对表存在进行判定，SQL 标准使用“编目.模式.表名”表示一张表，这是一种层次结构表示法，对应的层次结构如图 10-11 所示。当省略表名中的编目和模式时，数据库系统会按照一定的规则确定该表所属的层次。

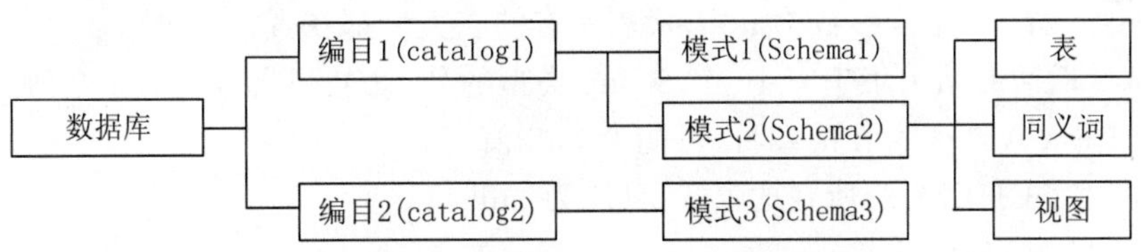

图 10-11　SQL 标准中的数据库中表的层次结构

(1) 表所在的编目。编目(catalog)位于表的层次型组织结构中的最高层，不过很多关系数据库对编目并不支持，所以表所在的编目往往为空。

(2) 表所属模式。模式(schema)是表所在的直接层次，是对表进行分类的主要方式。大部分关系数据库都支持模式，但具体的概念表述可能会有所不同。例如，MySQL 中的模式就是数据库本身，SQL Server 的模式则是表的拥有者，Oracle 和 Derby 将数据库的用户视为模式，DB2 则允许一个用户拥有多个模式。

(3) 表类型。模式中的表是一个广义的概念，既包括数据表，也包括以下的概念表。

① 视图，即 VIEW，由表查询的语句形成的语义表。

② 同义词，即 SYNONYM，某张表或其他数据库中的表的另一个名称。

③ 别名，即 ALIAS，类似于同义词，不过一般仅限于当前数据库中的表。

数据表又可以分为普通表(TABLE)、由数据库系统自动管理的系统表(SYSTEM TABLE)、全局临时表(GLOBAL TEMPORARY)和本地临时表(LOCAL TEMPORARY)。

(4) 通过连接对象获取表信息。连接对象的 getMetaData 方法可以得到表的信息，它在 Connection 接口的声明如下：

```
DatabaseMetaData getMetaData() throws SQLException;
```

方法返回的 DatabaseMetaData 接口提供涉及表信息获取的方法如下。

```
ResultSet getTables (String catalog, String schemaPattern, String tableNamePattern,
String[] types)
```

```
            throws SQLException;                       //返回表信息结果集
ResultSet getCatalogs() throws SQLException;           //结果集含 TABLE_CAT 列
ResultSet getSchemas() throws SQLException;
                                //结果集含 TABLE_SCHEM 和 TABLE_CATALOG 列
ResultSet getTableTypes() throws SQLException;         //结果集含 TABLE_TYPE 列
String getUserName() throws SQLException;
                                //当前使用者,有些数据库系统可以作为当前模式名
```

这些方法中用于直接得到表信息的方法是 getTables,该方法具有 4 个参数,分别是表所在的编目名称、模式名称、表名、表类型名数组。

① 编目名称参数 catalog 可以为 null 值,代表在所有的编目中查找表信息。

② 模式名称参数 schemaPattern 支持 SQL 中的标准通配符,即下画线(_)符号表示任意一个字符,百分号(%)代表任何数量的字符。

③ 表名参数 tableNamePattern 和模式名称参数 schemaPattern 的取值类似,既可以是一个具体的表名,也可以采用通配符,如%表示所有的表名。

④ 表类型名数组参数 types 用于指定查找的表类型,其数组元素可以由 getTableTypes 方法返回的结果集对象获取,该结果集中只有一个名为 TABLE_TYPE 的列,对应 7 条记录,包括"TABLE","VIEW","SYSTEM TABLE","GLOBAL TEMPORARY","LOCAL TEMPORARY","ALIAS","SYNONYM",这些值都可以作为 types 参数的数组元素,限定查找的表类型。如果 types 参数为 null,代表所有的表类型都在查找范围中。

getTables 返回的结果集中有 10 个 String 类型的列,此处列出常用的 4 个列。

① TABLE_CAT,表所在的编目,可能为 null 值。

② TABLE_SCHEM,表所在的模式,可能为 null 值。

③ TABLE_NAME,表名。

④ TABLE_TYPE,表类型名。

由以上说明,可以编写一个返回给定模式中所有表名集合的 getSchemaTables 方法:

```
public java.util.List<String> getSchemaTables(String schemaName, java.sql.
Connection conn)
throws SQLException{
  java.sql.DatabaseMetaData  dbInfo=conn.getMetaData();
  java.sql.ResultSet  rs=dbInfo.getTables( null, schemaName, "%", new String[]
{"TABLE"});
  java.util.List<String>  tableNames=new java.util.ArrayList();
  while(rs.next()) tableNames.add(rs.getString("TABLE_NAME"));  rs.close();
  return tableNames; }
```

例 10-7 在 getSchemaTables 的基础上,将其放入 DerbyUtil 类,该类继承例 10-4 中的 DbUtil 类。由于访问数据库 Derby,当前模式名为其用户名,所以去掉了 getSchemaTables 的模式名参数和数据库连接参数,同时将其改名为 getTableNames。

【例 10-7】 提供获取当前模式中的表名称方法的 DerbyUtil.java 源代码组成。

```
package util;
public class DerbyUtil extends util.DbUtil {
  public java.util.List<String> getTableNames() throws Exception {
    try (java.sql.Connection conn = getConnection()) {
      java.sql.DatabaseMetaData dbInfo = conn.getMetaData();
      java.sql.ResultSet rs = dbInfo.getTables(null, dbInfo.getUserName(), "%",
new String[]{"TABLE"});
      java.util.List<String> tableNames = new java.util.ArrayList();
```

```
        while (rs.next()) tableNames.add(rs.getString("TABLE_NAME"));  rs.close();
        return tableNames; }
    }
    @Override public javax.sql.DataSource getDataSource() { return build().
getDataSource(); }
}
```

2. 获取自动产生的插入主键列值

在设计数据库表时，来源于数据实体中具有唯一性属性的主键列被称为自然主键，例如，学生表中采用学号作为主键列就是自然主键。还有一种设计方案是采用一个由系统自动产生唯一性键值的列作为主键，这就是人工主键，通常采用整型作为人工主键列的类型。人工主键可以简化表的操作，避免自然主键导致的一些修改、添加方面的问题。大部分数据库系统都支持整型主键列值的自动产生，例如，Derby 数据库可以在表创建语句中将整型列标注为 generated always as identity 为其自动产生主键值，语法如下所示：

```
create table 表名( 列名 int generated always as identity primary key,  [其他列定义] )
```

对于这种包含自动主键的表的插入 SQL，无须对其自动主键列提供键值，如需获取插入记录中自动生成的主键值，可以采用执行插入语句的 PreparedStatement 对象的 getGeneratedKeys 方法，该方法在接口中的声明如下：

```
ResultSet getGeneratedKeys() throws SQLException;
```

此方法返回的结果集中包含自动产生的主键值，但需要预编译语句对象通过连接对象的带有返回自动主键值参数的 prepareStatement 方法创建，代码片段如下：

```
PreparedStatement ps=conn.prepareStatement("插入 SQL", Statement.RETURN_GENERATED
_KEYS);
//执行对插入 SQL 中问号参数的赋值从略
ps.executeUpdate();
ResultSet rs=ps.getGeneratedKeys();        //得到插入记录中的自动生成的主键值结果集合
while( rs.next() ) int autokey=rs.getInt(1);    //从结果集中取出自动生成的主键值
```

例 10-8 中的 autokey.jsp 采用了例 10-7 中的 DerbyUtil 类，演示了一个包含自动主键列测试表 auto 的创建和记录的插入，以及自动主键列值的获取代码。

【例 10-8】 auto 表自动主键列值的获取示例 autokey.jsp 源文件组成。

```
<%@page contentType="text/html" pageEncoding="UTF-8"  import="java.sql.*,util.
*"%>
<%  DerbyUtil db = new DerbyUtil();  //auto 表存在时先删除，再创建，确保其包含自动主
                                     //键列
    if (db.getTableNames().contains("AUTO")) db.update("drop table auto");
    db.update("create table auto( id int generated always as identity primary key,
item varchar(30) )");
    try (Connection conn = db.getConnection();
        PreparedStatement ps = conn.prepareStatement(
        "insert into auto(item) values(?)", Statement.RETURN_GENERATED_KEYS)) {
        ps.setString(1, "test1");  ps.executeUpdate();
        ResultSet rs = ps.getGeneratedKeys();
        if( rs.next() ) out.println("成功执行插入，自动产生的键值是:"+rs.getInt(1));
}%>
```

3. 查询结果的分页

在实际应用中，经常需要对查询结果中过多的记录进行数量限制，以便进行分页显示。分页处理不仅可以协助用户查看数据，还能防止过量的数据带来的内存占用问题。

分页处理一般采用等差数列的方式分配每页中的记录数量，页数一般以 1 为基数，查询结果中的记录序号一般以 0 为基数。设每页中的记录数量为 n，页数为 p，每页中开始的记录序号为 offset，则 offset 的取值应按等差数列的通项公式结算，即

```
offset=(p-1) * n
```

分页功能的实现关键在于，在指定查询条件下的记录集合中，按照页数 p，定位到集合中的 offset 位置，然后取 n 次数据。通过 JDBC 对象中的 Statement/PreparedStatement 配合 ResultSet 就可以实现分页，也可以采用和特定数据库相关的 SQL 实现方案。

(1) 使用 JDBC 对象实现分页。

通过语句/预编译语句对象的 executeQuery 方法得到结果集对象后，按照分页的要求调用 offset+1 次结果集对象的 next 方法，然后取 n 次数据，就可以得到所需的分页数据；语句对象的 setMaxRows 方法还能限制结果集中记录的总数，降低内存占用。

例 10-9 在 pageshow.jsp 中编写了一个返回 ResultSet 对象的 getPageResultSet 方法，通过该方法分页显示了例 10-8 中的 Derby 数据库中的 auto 表中的记录。

【例 10-9】 auto 表记录的分页显示 pageshow.jsp 源文件组成。

```
<%@page contentType="text/html" pageEncoding="UTF-8" import="java.sql.*,util.
*"%>
<%!ResultSet getPageResultSet(String sql, int p, int n, Connection conn) throws
SQLException{
  Statement st = conn.createStatement(); //创建语句对象,以执行 sql,得到分页用的结果集
  st.setMaxRows(p * n); //setMaxRows 设置结果集中从第 1 页到当前第 p 页应存放的总记录数
  ResultSet rs = st.executeQuery(sql);
  if (!rs.next()) throw new SQLException("没有记录数据!");   //没有记录时抛出异常
  int offset = (p - 1) * n, i = 0;                         //初始化
  while (i < offset && rs.next()) i++;
                                   //将记录指针移到第 p 页中的第一条记录上,供调用者使用
  if(i<offset) throw new SQLException("页数超过最大限制!");
                                   //循环结束没有记录时,页数 p 超限
  return rs;}%>
<html> <head><title>分页示例</title></head><body>
<table border="1"><caption>分页显示示例</caption><th>ID</th><th>ITEM</th>
<% try(Connection conn=Db.build().getConnection()){
    String  p=request.getParameter("page");
    int curPage=1; if(p!=null) curPage=Integer.parseInt(p);
                                                  //得到要显示的当前页数
    String go=request.getParameter("go");          //得到用户单击的 next 或 prev 按钮
    if(go!=null&&go.equals("next")) curPage++;    //next 时页数+1
    if(go!=null && go.equals("prev")) {curPage--;  if(curPage<1) curPage=1;}
                                                  //prev 时页数-1
    pageContext.setAttribute("curPage", curPage);
                                             //页数存到页面对象,以便后面表单页码显示
    ResultSet rs=getPageResultSet("select * from auto", curPage, 5, conn);
                                                  //结果集最多含 5 条记录
    do{//注意得到的分页结果集中记录指针就位于第一条记录上,所以需要直接取出显示
        out.println("<tr><td>"+rs.getInt(1)+"</td><td>"+rs.getString(2)+"</td>
</tr>");
    }while(rs.next());                       //每次把当前记录取完,再向后移动记录指针
    }catch(Exception e){ request.setAttribute("errMsg", e.getMessage());}%>
</table><form><div style="color:red">${errMsg}</div>
<div><input type="submit" name="go" value="prev"/>
     <input type="text" name="page" value="${curPage}" size="1"/>
```

```
    <input type="submit" name="go" value="next"/></div>
</form></body></html>
```

示例 JSP 页面中定义的 getPageResultSet 方法有 4 个参数，分别是查询 sql、当前页码 p、每页的记录数量 n、连接对象 conn。该方法返回的结果集中的当前记录指针指向页码参数 p 页中的第一条记录，所以需要直接使用该结果集的 getInt、getString 等方法取出对应的记录，然后再调用结果集的 next 方法移动记录指针。如果用户在单击翻页按钮时，调用 getPageResultSet 方法传入的当前页码 p 超过了允许的最大页数，方法将抛出异常。

示例页面访问的 Derby 数据表 auto 共有 30 条记录，每页设定显示 5 条记录，所以合法的页数应在 1～6。页面的脚本片段利用表单提交的页码，配合用户单击的按钮进行页码的加减，调用 getPageResultSet 方法，利用循环显示结果集中的记录。当页码超过 6 页时，通过捕捉方法抛出的异常，在浏览器中显示错误信息，如图 10-12 所示。

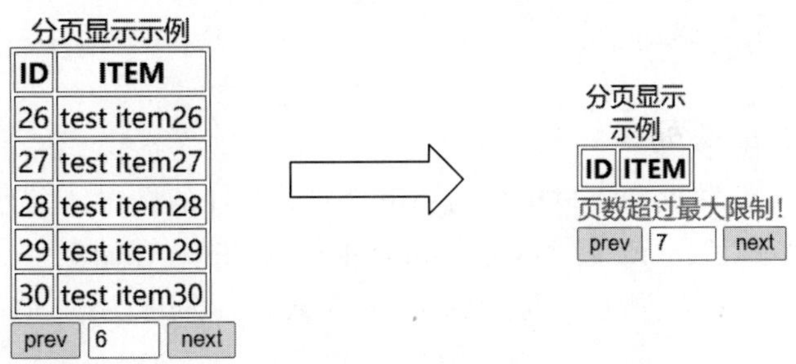

图 10-12　包含 30 条记录的 auto 表的第 6 页以及第 7 页显示

(2) 特定数据库的分页 SQL 实现方案。

使用结果集对象存储分页记录时，虽然 Statement 语句对象提供了 setMaxRows 方法，但却没有提供限制结果集中当前页的起始记录位置 offset 的相关方法，这使得每次查询时得到的结果集中记录总是从第一条到当前页码中的最后一条，使用时必须从开始移动记录指针，直到当前页码的第一条记录；这不仅降低了效率，而且在记录量很多时会造成对内存资源的过度占用。更有效的分页方案是借助于具体数据库支持的分页查询 SQL 语法直接得到分页记录数量 n 的结果集，如图 10-13 所示。

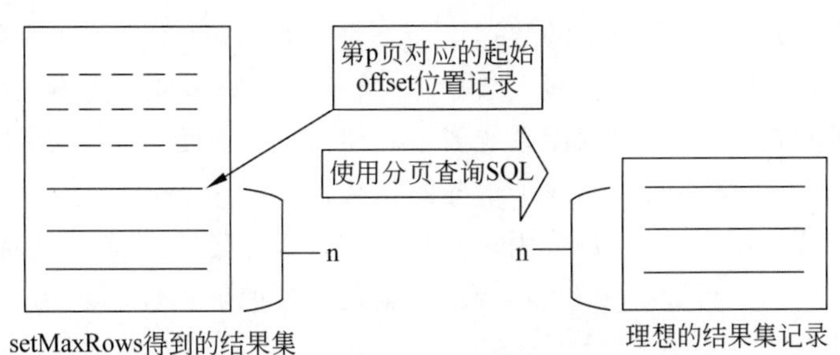

图 10-13　setMaxRows 方法得到的结果和分页查询 SQL 得到的结果集

采用分页 SQL 时，需注意各数据库的具体语法都不尽相同：MySQL 使用 limit 子句进行分页查询；SQL Server 仅支持 top 子句的基本分页限定；Oracle 可以使用存储记录的自然序号的伪列 rowid；Derby 通过 offset 和 fetch 子句支持分页。开发者可以根据使用的数据库文档获取到具体的 SQL 语法。以 Derby 数据为例，其分页 select 语法如下：

```
select 列名 from 表名 [其他条件] [offset 记录偏移量 row] [fetch next 最大记录数 row only]
```

例 10-10 中的 DerbyDb 类继承了例 10-7 中的 DerbyUtil，增加了一个支持分页查询的 pagedQuery 方法，使用了 Derby 数据库的分页查询 SQL 语法。

【例 10-10】 提供分页查询方法 pagedQuery 的 DerbyDb.java 源代码。

```
package util;
import java.util.List;
import java.util.Map;
public class DerbyDb extends util.DerbyUtil {
  public List < Map > pagedQuery (int p, int n, String selectSQL, Object... args)
throws Exception {
    if (n <= 0 || p <= 0)  return query(selectSQL, args);
                                            //页面记录数 n 或页码数 p 为负/0 不分页
    int offset = (p - 1) * n;
    String pagedSQL = selectSQL + " offset " + offset + " row  fetch next " + n + " row
only";
    return query(pagedSQL,args); }                //执行查询语句
}
```

10.2.6 JDBC 中的事务处理

事务(transaction)是数据库用户执行的一组具有关联性的操作，它们要么全部执行成功，要么被全部撤销。例如，account 数据表包含账号主键列 uid 和存储额列 addit，现在用户需对此表执行转账操作，将 uid 为 01 的账号中的 10 元存款，转入 uid 为 02 的账号中，执行这一转账操作的步骤如下。

(1) 检索 uid 列值为 01 账号的 addit 列值是否大于 10 元，不足 10 元取消操作。

(2) 将 uid 列值为 01 账号的 addit 列值减去 10，如果减 10 失败，则取消操作。

(3) 将 uid 列值为 02 账号的 addit 列值加上 10，如果加 10 失败，则取消操作。

只有以上 3 个步骤全部执行成功，转账操作才算成功；其中任意一步出现问题，转账操作就无效。例如，当第(1)步和第(2)步都已执行成功，执行第(3)步前计算机突然断电；一旦系统恢复运行，就需要取消第(2)步操作，否则将导致 01 账号的存款异常。所以，转账操作的这 3 个步骤密不可分，都应放置到一个用户事务中，这样数据库系统才可以保证转账操作的数据正确，这就是事务的原子性(atomicity)和一致性(consistency)。

当一个用户事务开始后，事务中的数据更新都是临时的，只有向数据库系统确认当前所有操作都有效时，数据更新才会被真正写入数据库，这一确认操作被称为事务的提交(commit)；如果操作中出现了问题，可以向数据库系统要求将所有的数据更新都取消，这种操作被称为事务的回滚(rollback)。提交和回滚体现了事务的持久性(durability)。

如果数据库支持多用户操作，每个用户开启的事务操作还需要进行一定程度的隔离，以便不同用户之间能够协同进行数据更新和查询，这就是事务的隔离性(isolation)。

1. 事务的分类

按照是否涉及网络通信，事务分为本地事务(local transaction)和分布式事务(distributed transaction)。本地事务仅在本机数据库进行，JDBC 连接对象处理的就是本地事务。分布式事务是网络中多台计算机中的数据库协同进行的事务操作，Java 技术主要通过 JTA(Java Transaction API)进行处理。JTA 采用 javax.sql.XADataSource 接口类型的分布式数据源进行事务管理，可以允许不同计算机数据库中的连接对象参与事务。

对于大部分 Web 应用程序而言，涉及的主要是本机事务；只有特定领域的分布式应用，如银行、证券、电子支付等业务处理架构才需要分布式事务处理。本书仅讨论 JDBC 涉及的本地

事务。

2. 连接对象中的事务管理

(1) 自动事务管理模式。JDBC 通过数据库连接对象管理本地事务,在连接对象创建后,它会默认采用自动事务管理模式。在这种模式下,通过连接对象创建的语句/预编译语句对象,每一次执行其 executeUpdate/executeQuery 方法时,连接对象中都会为其创建一个事务,当更新 DML 语句执行成功时,该事务会自动被提交;执行失败则事务自动回滚,之后结束当前的事务。对于查询 DQL 语句,一旦查询得到的 ResultSet 对象关闭,事务结束。

(2) 事务保持模式。当通过一个连接对象执行多次 executeUpdate 方法时,自动事务管理模式会导致事务多次被创建和提交,造成执行效率的降低。开发者可以调用连接对象的 setAutoCommit 方法关闭自动事务管理模式,此时连接对象将进入事务保持模式,所有关联的语句/预编译语句对象执行的数据操作都纳入当前的事务。使用这种模式时需要注意以下几点。

① 只有在调用连接对象的 commit 方法提交事务后,所有的数据更新操作才会真正被写入数据库。

② 如果执行出现错误,可调用连接对象的 rollback 方法回滚事务,取消所有更新操作。

③ 当所有的事务处理完毕后,应再次调用连接对象的 setAutoCommit 方法,将事务管理方式设置回自动管理模式,这样才能结束当前的事务,关闭连接对象。

下面的代码片段是一个典型的事务保持模式下的数据更新过程。

```
try{
    //conn 为连接对象,获取该对象的代码从略
    conn.setAutoCommit(false);                //取消自动事务管理,明确当前事务由此开始
    Statement st=conn.createStatement();
    st.executeUpdate("插入 SQL");
    st.executeUpdate("删除 SQL");
    //其他更新或查询 SQL
    conn.commit();           //提交事务,让当前事务中所有的更新操作全部正式写入数据库
}catch(Exception e){
    conn.rollback();         //出现错误时可以回滚事务,取消当前事务中所有对数据库的更新
}finally{
    conn.setAutoCommit(true);//将连接对象设置回自动事务管理模式,以便结束当前事务
    conn.close();            //确保当前事务结束,才能正常关闭连接对象
}
```

setAutoCommit、commit 和 rollback 方法在 Connection 中的声明如下:

```
void setAutoCommit(boolean autoCommit) throws SQLException;
void commit() throws SQLException;
                             //仅在调用 setAutoCommit 关闭自动事务管理模式后可用
void rollback() throws SQLException;
                             //仅在调用 setAutoCommit 关闭自动事务管理模式后可用
```

连接对象的自动事务管理模式关闭,否则这两个方法将抛出异常;在关闭连接对象之前,一定要调用其 setAutoCommit 方法恢复自动事务管理模式,否则连接对象将因当前事务没有结束而不能关闭,在调用关闭连接 close 方法时抛出异常,造成内存泄漏。

3. 事务的隔离级别设置

大部分数据库都可以同时支持多用户访问,Web 程序在进行数据处理时,也会把相关多用户的数据请求操作委托给数据库系统进行管理,这样 Web 程序自身就可以避免使用多线程相关的处理代码,简化数据处理的过程。

如果数据库访问者处理的数据之间没有交集，这种情况下数据库系统可以高效并行地处理好用户所需的数据操作。一旦多个用户处理的数据相互联系，甚至是相同的数据，就需要数据库系统保证数据的完整性和有效性，这种情况下用户需要通过设置自身事务的隔离级别，以指示数据库系统为其提供满足需求的有效数据。

(1) 事务中的数据读取。如前所述，事务中的数据操作并不仅限于更新操作，查询也可以参与到事务的操作中。在事务处理过程中，更新操作涉及的数据在事务没有提交或回滚前处于不确定的状态，所以这些数据被称为“脏数据”(dirty data)。在多用户访问数据表中的同一条记录时，会由于脏数据以及其他用户的事务操作，使当前用户事务中对该记录的数据查询得不到确定的结果，主要包括以下几种情况。

① 脏读取(dirty read)，即查询获取到了事务中未被提交的记录，一旦事务回滚，记录中更新的数据就被取消，甚至记录本身都会消失，所以脏读取很容易得到无效的记录。

② 不可重复读取(non-repeatable read)，即在查询所处的事务中，读取这条记录后，这条记录又被其他用户事务中的操作进行了修改并做了提交。此后在当前用户事务中，如果再次读取这条记录，就会得到不同的记录数据。

③ 幻影读取(phantom read)，是指当前事务中先对数据表进行了 where 条件的查询，之后其他用户事务中在此数据表中插入并提交了满足当前查询 where 条件的记录，在此之后，当前事务再次进行相同 where 条件的查询时，就会出现原来没有的记录。

以上由多用户事务操作造成的读取问题，可以通过设置数据库事务的隔离级别解决。

(2) 设置数据库事务隔离级别。设置事务隔离级别的实质就是指定多用户下数据库系统采用的数据锁定方式，防止幻影读取是最高级别的锁定记录的方式，但可能会因为数据库的用户访问增多而降低数据库系统处理用户操作的效率。以下按照由低到高的次序列出事务隔离级别。

① 读取未提交(read uncommitted)，这是一种可导致脏读取的事务隔离级别。如果数据库全部都是只读操作，可以采用这种级别加快数据读取效率。

② 读取已提交(read committed)，这种事务隔离级别可以防止脏读取，但不能防止不可重复读取和幻影读取问题。大部分数据库系统默认都采用这种事务隔离级别。

③ 可重复读取(repeatable read)，这是一种可防止脏读取和不可重复读取问题的事务隔离级别，但依旧存在幻影读取问题。

④ 序列化(serializable)，是最高级别的事务隔离级别，可以防止脏读取、不可重复读取以及幻影读取问题。采用序列化会使得涉及修改和读取记录的所有用户事务操作排队进行，虽然可以防止所有的读取问题，但也会带来数据库系统处理效率的降低。

(3) JDBC 中事务隔离级别的设置。连接对象可以调用其 setTransactionIsolation/getTransactionIsolation 方法设置/读取管理的事务隔离级别，这两个方法在 Connection 接口中的声明如下：

```
void setTransactionIsolation(int level) throws SQLException;
int  getTransactionIsolation( ) throws SQLException;
```

调用 setTransactionIsolation 方法时，level 参数可以取 Connection 接口中定义的整型符号常量，例如以下语句将连接对象 conn 的事务隔离级别设置为可重复读：

```
conn.setTransactionIsolation(java.sql.Connection. TRANSACTION_REPEATABLE_READ);
```

默认情况下，连接对象的事务隔离级别一般为 2，即 Connection 接口中定义的常量

TRANSACTION_READ_COMMITTED 取值，代表可以防止脏读取问题的 read committed 级别。这些接口中的常量名称、对应数值和涉及的事务隔离级别读取问题如表 10-3 所示。

表 10-3　Connection 接口中定义的事务隔离级别常量和读取问题

Connection 接口中定义的事务隔离级别整型常量	常量值	脏读取	不可重复读取	幻影读取
TRANSACTION_NONE	0	N/A	N/A	N/A
TRANSACTION_READ_UNCOMMITTED	1	存在	存在	存在
TRANSACTION_READ_COMMITTED	2	不存在	存在	存在
TRANSACTION_REPEATABLE_READ	4	不存在	不存在	存在
TRANSACTION_SERIALIZABLE	8	不存在	不存在	不存在

使用 setTransactionIsolation 设置事务隔离级别时要注意，不要再通过特定的 SQL 语句设置事务隔离级别，这有可能会造成 JDBC 和数据库自身的事务隔离级别出现冲突。

10.3　MVC 模式中的 JDBC 访问

由于使用 JDBC 访问数据库代码相对比较复杂，所以在实际应用中，Web 程序大多会采用 MVC 架构进行数据库访问，以便让 Web 程序中各个层次都得到良好的设计和维护。

10.3.1　MVC 中 JDBC 代码的封装

在 MVC 模式下，JDBC 访问代码一定要独立于 Web 层，一般将其封装在业务处理类中，用于处理由控制器传入的请求数据，再为视图生成模型数据。

1. 业务类中 JDBC 代码的编写模式

业务类在调用 JDBC API 时，可以编写一个封装了通用 JDBC 访问功能的父类，然后让业务类继承此类获取数据库访问方法。例如，以下的业务处理类 UserManager 继承了例 10-10 中提供的 util.DerbyDb 类，其中 checkLogin 继承的 query 方法的验证账号和口令如下：

```
public class UserManager extends util.DerbyDb{
  public void check(String uid, String pwd) throws Exception{
    List<Map> users=query("select pwd from users where uid =? ",uid);
                                          //query 方法由 Deryby 继承
    //其他代码…
  }
}
```

继承父类的优点在于可直接调用数据库访问方法，隐去 JDBC API，让业务处理类的代码集中于数据处理。缺点在于限制了业务处理类的继承，降低了编写类代码的灵活性。

为了解决继承问题，可以在业务类中引用数据库访问类的实例，以该实例来调用其中的数据库方法，这时业务类和数据库访问类之间就不再是继承而是依赖关系。例如，以下 UserManager 业务处理类采用字段存储 DerbyDb 的实例，以实现 checkLogin 方法：

```
public class UserManager{
  util.DerbyDb  db=new DerbyDb();        //获取到 DerbyDb 的实例
  public void checkLogin(String uid,String pwd) throws Exception{
    List<Map>  users=db.query("select pwd from users where uid=? ",uid);
                                   //通过实例调用数据库方法
    //其他处理代码
```

```
    }
}
```

2. 数据库连接池的选择

MVC 架构中的数据库连接一般都是在业务处理方法中打开和关闭，所以最好使用数据库连接池创建连接。虽然很多驱动程序自带了数据库连接池的实现类，如 Derby 驱动中的 org.apache.derby.jdbc.ClientConnectionPoolDataSource 类，但驱动中的连接池一般都只能专用于自身数据库。实际应用中，开发者一般会选择一些第三方连接池的实现，或者使用 Web 容器中自带的连接池，这些连接池都具有通用性，不限于特定的数据库。

Web 容器自带的连接池一般通过 JNDI(Java Naming Directory Interface，Java 命名目录接口)服务提供，需要在 Web 容器中建立专门配置文件或通过专门的配置程序进行设置，使得应用程序的部署运行步骤变得比较烦琐。使用第三方的数据库连接池可以不借助 JNDI 服务，甚至无须部署到 Web 容器就可以直接使用这些连接池，这不仅便于 Web 程序的部署，也使得 MVC 架构的 Web 程序无须启动 Web 容器，就可以测试其业务逻辑。

常用的第三方数据库连接池有 c3p0、dbcp、proxool 等。以 c3p0 为例，它拥有较好的连接池管理和回收效率，其官网是 https://www.mchange.com/projects/c3p0。连接池以 zip 压缩格式提供，可以在官网找到其下载链接。下载并解压后，把其中 lib 目录下的 JAR 类库文件复制到 Web 程序的/WEB-INF/lib 文件夹，即可使用其中 ComboPooledDataSource 连接池实现。例如，以下代码片段建立了 Derby 数据库连接池：

```
ComboPooledDataSource cpds =new com.mchange.v2.c3p0.ComboPooledDataSource();
cpds.setDriverClass( "org.apache.derby.jdbc.ClientDriver" );
                                                    //加载 Derby 的数据库驱动程序
cpds.setJdbcUrl( "jdbc:derby://localhost:1527/_tmpdb" );
                                                    //设置要连接的 Derby 数据库
javax.sql.DataSource ds=cpds;            //将连接池数据源对象 cpds 传递给标准数据源对象
java.sql.Connection conn=ds.getConnection();           //获取数据库连接对象
//…
cpds.close();    //c3p0 还提供了关闭方法，以清除连接池对象占用的资源
```

3. 数据库连接属性的设置

使用数据库连接池时，将驱动程序类名、连接 URL、用户名、口令，以及其他相关的设置参数直接写进代码是一种很直观的方式。不过一旦需要更改这些设置参数，就需要修改 Java 源代码；而程序在开发时的数据库位置、用户名、口令一般都不同于部署环境，这样会使得程序在真正部署前不得不重新进行编译和打包，同时会导致程序难于在数据库系统参数需要变动的情况下进行调整。因此，在实际应用中，经常采用将设置参数保存在配置文件中，由程序在运行时读出再进行设置，以防参数修改导致源文件重新编译。

Web 程序自身就采用了类似的机制，如采用部署描述符文件 web.xml 就是为了获得部署的灵活性。web.xml 文件还可以加入程序中需要读取的设置项，如 4.2.1 节中介绍的 servlet 子元素 init-param，以及 4.3.1 节介绍的 context-param 元素，都可以用于设置数据库连接参数。不过这种参数适合于 Servlet 和 JSP 进行读取，MVC 架构 Web 程序的数据库访问代码读取其中的参数并不方便。

2.3.4 节介绍过每行由“配置项名称＝设置值”组成的属性文件，这种文件一般采用 properties 为扩展名，可以通过 java.util.Properties 集合类读出，非常适合用来存储 JDBC 的数据库配置参数。可以将这种属性文件和类文件放入同一个目录，就可以利用 java.lang.Class

类型信息进行加载，代码片段如下：

```
InputStream is = this.getClass().getResourceAsStream("db.properties");
                                                    //在类路径中加载属性文件
java.util.Properties dbProps=new java.util.Properties();
dbProps.load(is);                                   //加载属性文件 db.properties 文件中的 JDBC 数据
                                                    //库配置参数到集合类
String dbUrl=dbProps.getProperty("dburl","缺省的数据库 URL");
                                                    //读取连接 URL 的配置项
```

这种属性文件的读取和 Servlet API 无关，非常适合于 MVC 架构 Web 程序的业务处理类加载数据库配置信息。例 10-11 给出了一个继承例 10-4 中的 DbUtil 的子类 C3p0Db，它通过 c3p0 连接池改写了 getDataSource 方法，利用类路径相同目录中的属性文件读取所需的 JDBC 数据库连接信息，建立数据源。当属性文件不存在，默认建立 Derby 数据源。

【例 10-11】 可以连接任意数据库的 c3p0 数据库工具类的源代码组成。

```
package util;
public class C3p0Db extends util.DbUtil {
  private com.mchange.v2.c3p0.ComboPooledDataSource cpds;
  @Override  public javax.sql.DataSource getDataSource() {
      try  (java. io. InputStream  is  =  getClass ( ). getResourceAsStream ( " db.
properties")) {
       cpds = new com.mchange.v2.c3p0.ComboPooledDataSource();
       java.util.Properties dbProps = new java.util.Properties();
       if (is != null)  dbProps.load(is);
                                      //加载属性文件 db.properties 文件中的数据库配置参数
       cpds.setDriverClass(dbProps.getProperty("driver", "org.apache.derby.jdbc.
ClientDriver"));
       cpds.setJdbcUrl(dbProps.getProperty("url", "jdbc:derby://localhost:1527/_
tmpdb"));
       cpds.setUser(dbProps.getProperty("user", "APP"));     //设置数据库用户名
       cpds.setPassword(dbProps.getProperty("password", "APP"));
                                                             //设置数据库口令
       return cpds;
    } catch (Exception ex) {   throw new RuntimeException(ex.getMessage());  }
  }
    public void closeDataSource() {  cpds.close();  }
                                                   //封装 c3p0 提供的数据源关闭方法
}
```

如果需要定义例 10-11 中数据源连接的数据库，可以在该类所在的类路径的 util 包文件夹中建立一个名为 db.properties 的属性文件，提供 driver、url、user、password 四个属性名-值对的设置行。例如，需要连接 Derby 数据库 mydb，该数据库的授权用户名为 sa，口令为 123456，由于 C3p0Db 的 getDataSource 方法中默认加载 Derby 驱动，所以 db.properties 的内容可以省略 driver 属性，只有如下 3 行代码即可：

```
url= jdbc:derby://localhost:1527/mydb
user=sa
password=123456
```

在使用属性文件存储配置项时需要注意，在 JDK 1.8 及之前的 Java 运行环境中，属性文件内容中仅允许出现 ISO-8859-1 编码的字符，不能直接包含中文等 Unicode 字符，否则 Properties 类的 load 方法将无法加载该文件。由于数据库配置项一般不含中文，所以这个限制不会造成太大问题。如确需包含中文字符，可以利用 JDK 1.8 提供的 native2ascii 命令将文

件转换为 Unicode 转义码文件；如果使用 NetBeans，编辑器会在保存属性文件时，自动将其中的中文做转义码处理。在 JDK 1.8 之后的 Java 运行环境，只要保证属性文件存储时采用 UTF-8 编码，就可以直接加入中文等 Unicode 字符。

10.3.2 Web 程序中的领域对象

采用 MVC 设计模式的数据库 Web 程序的数据处理层次和 JavaEE 程序分层基本一致，可以分为表示层、业务逻辑层和数据存储层。表示层主要通过视图构造用户界面，业务逻辑层主要由控制器和业务处理类组成，数据存储层则主要由 JDBC API 封装类组成。每个层次中，都需要使用或传递必要的数据对象，这些数据对象可以分为值对象（Value Object，VO）或数据传递对象（Data Transfer Object，DTO）、业务对象（Business Object，BO）和持久性对象（Persistence Object，PO）。这些对象中的数据大都由普通的 Java 类进行封装定义，术语为 POJO（Plain Old Java Object，普通传统 Java 对象），和 Servlet 这样由容器管理的对象相对应。由于它们分别处于不同的领域层次，如图 10-14 所示，所以也被称为领域对象（domain object）。

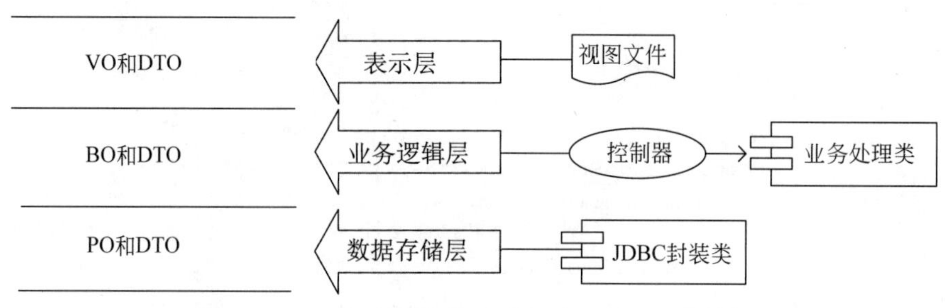

图 10-14 MVC 程序中领域对象所处的层次示意图

1. 表示层中的值对象和数据传递对象

值对象（VO）是 MVC 中的 JSP 视图用于界面显示的领域对象，它是 JavaBean 组件或者 Map 对象。JSP 视图文件通常采用 2.0 表达式显示 VO 中的属性数据，这些属性数据由控制器组件调用 JDBC 封装类的数据库访问方法，把数据库中的记录转换为数据传递对象（DTO），再通过请求、会话、应用程序等范围对象传给 VO。在以浏览器为用户界面的 Web 程序中，DTO 和 VO 一般被简化合并设计为 JavaBean 组件或者 Map 对象。

虽然 Map 对象作为 VO 可以省去 JavaBean 类的设计代码，但在实际应用中，MVC 架构的 Web 程序一般还是会将 VO 对象设计为 JavaBean 类的实例，这样虽然增多了类定义，但会让程序中的数据结构变得明确易读，便于后期的升级和维护。

VO 在视图中还用于封装用户的输入数据，这些数据一般来源于 JSP 视图页面提交的表单组件，控制器在接收到这些输入数据后，一般会将其存入建立的 VO 的属性中，通过 DTO 传递给业务处理类，以便将其存入数据库。通常，作为控制器的 Servlet 接受请求的表单数据时，采用请求处理方法的请求参数的 getParameter/getParameterValues 方法获取表单中的数据过程相对烦琐，很多 MVC 框架，如 SpringMVC、Struts 可以简化由表单数据转换为 VO 的过程。

2. 业务逻辑层中的业务对象

业务对象（BO）是对程序中的核心业务数据采用面向对象分析的结果，一般将其类型定义放入 bo 包。作为存放核心数据的领域对象，一般将其设计为既包含有用于视图的 VO 对象，也包含需要存储到数据库的 PO 对象；这种情况下程序可以仅设计 BO 对象，在需要的时候，将其作为其他领域对象使用，或者取出其中部分数据转换为 VO/PO 对象。

在 MVC 模式下，由于控制器是由 Web 容器调用的 Servlet，为了和 Servlet API 解耦，便于程序功能模块的测试，通常会采用位于 business 包中的业务处理类负责 BO 对象的生成和管理，它们可以使用 JDBC 访问数据库以处理 BO 中的 PO 的存入和取出，同时也会将 BO 中的 VO 返回给控制器，以便控制器将这些 VO 传递给视图文件。控制器、业务处理类和这些领域对象之间的关系如图 10-15 所示。

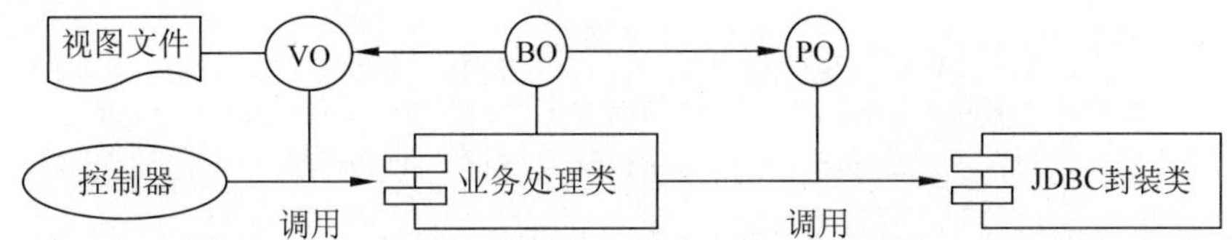

图 10-15　控制器、业务处理类和这些领域对象之间的关系

业务处理类的实例一般采用工厂模式建立，由于它们由控制器通过客户端请求进行调用，为了节约对内存的占用，同时能够保证程序中仅需创建一个数据库连接池，业务处理类通常采用单例模式。例如，采用继承了例 10-11 中 C3p0Db 数据库访问封装类，采用单例静态工厂方法创建实例的 UserManager 业务处理类定义如下：

```
package business;
public class UserManager extends util.C3p0Db{
    private static UserManager inst=new UserManager();         //私有当前类的单例
    public static UserManager get(){  return inst;  }          //获取私有单例的公开静态
                                                               //工厂方法
    //其他成员定义省略
}
```

3. 数据存储层中的持久对象

JDBC 的 API 的核心在于 SQL 语句的执行，而 SQL 中的数据是分散的列值，这种不分散的数据在计算机学科术语中称为标量(scalar)，如整数、小数、字符等基本类型的数据都是标量；而类似类的实例、数组等整体性的一组数据称为矢量(vector)。SQL 语句的这种标量特性使得很多采用 JDBC API 的 Web 程序并不会专门设计 PO，往往使用 BO 代替 PO 进行数据的增、删、改、查。同时，由于 JDBC 的查询结果集对象的生命周期和数据库连接对象之间的关联性，MVC 程序一般都会将结果集对象转换为 Java 中的集合对象，本章中给出的所有 JDBC 封装类的示例都采用了这种转换方式。另外，需要注意，虽然结果集 ResultSet 对象通过其语句对象的设置可以用于对于其查询数据表的修改，但实际上它一般仅用于查询；插入、修改、删除等操作一般都是通过对应 SQL 语句完成。

例 10-12 是 LoginManager 类中对位于 Derby 数据库中的用户表 users 中用户记录进行添加/修改，以及检查登录信息是否合法的方法代码，users 表采用如下 DDL 创建：

```
create table users( uid varchar(20) primary key, pwd varchar(20) not null)
```

user 表中的账号和口令通过业务对象类 bo.User 进行封装设计，其中，uid、pwd 列作为 bo.User 中的 JavaBean 属性 uid 和 password，为它们设计了对应的 Getter/Setter 方法。

【例 10-12】 使用 bo.User 业务类对象进行用户信息维护的 LoginManager 类定义组成。

```
package business;
public class LoginManager extends util.C3p0Db {
    private LoginManager() { //为了便于部署，创建用户表 users，忽略表已存在造成的异常
```

```
        try { update("create table users( uid varchar(20) primary key, pwd varchar
(20) not null )");
        } catch (Exception e) {   e.printStackTrace(); }
    }
    private static LoginManager inst = new LoginManager();    //私有当前类的单例
    public static LoginManager get() { return inst; } //获取私有单例的公开静态工厂方法
    /**regist 方法负责新用户的注册,将 user 参数中的账号和口令插入 users 表 * /
    public void regist(bo.User user) throws Exception {
      String sql = "insert into users( uid, pwd ) values( ?, ?)"; //默认为插入用户数据
      update(sql, user.getUsername(), user.getPassword());  //执行插入/修改 SQL
    }
   /**checkLogin 方法检查账号和口令,并返回合法的账号和口令对应的 bo.User 业务对象 * /
   public bo.User  checkLogin(String uid, String pwd) throws Exception {
      java.util.List<java.util.Map> r=query("select uid, pwd from users where uid=?",
uid);
      if(r.isEmpty()) throw new Exception("账号不存在!");
      java.util.Map u=r.get(0);
      if(!u.get(2).equals(pwd)) throw new Exception("口令错误!");
      bo.User user=new bo.User((String)u.get("uid"), (String)u.get("pwd"));
      return user;
   }
}
```

例10-12实际上是将例8-8中的LoginManager业务处理类的checkLogin方法改为数据库登录检查支持,同时还为其增加了用户注册方法regist。本示例的LoginManager可以直接替换例8-8中的该类,再将LoginManager继承的C3p0Db以及相关的其他类和支持类库放入指定目录,即可对原示例进行数据库升级。

10.3.3 对象和关系之间的映射

由于JDBC主要以标量的形式支持Java程序中的数据读写,所以往往需要使用面向对象的分析和设计封装JDBC的API,这个过程实际上是将关系数据库中的记录和程序中的对象进行转换,所以,也被称为对象(Object)-关系(Relationship)之间的映射(Mapping),简称为ORM。

在例10-12中,LoginManager的regist方法执行的就是将bo.User业务对象转换为Derby关系数据库中users表的记录,而checkLogin方法则将users表中满足条件的记录转换回bo.User业务类,这实际上就是在完成对象-关系之间的映射,而bo.User业务对象在这里充当了持久对象PO。如果需要专门的PO进行ORM,可以使用JavaEE中的JPA规范(Java Persistence API,Java持久化API),也可以采用开源组织提供的一些O-R Mapping框架。

1. JPA框架

JPA在JCP社区的规范号是JSR317(https://jcp.org/en/jsr/detail? id=317),现已经移至JakartaEE社区(https://jakarta.ee/specifications/persistence)。它在JCP社区的最终标准是2.0版本,JakartaEE社区是在此版本上的进一步升级。不过要注意和其他JavaEE规范一样,JakartaEE规范的包名均由javax改为了jakarta前缀,因此,JavaEE和JakartaEE之间存在包名不一致的兼容问题。

使用JPA规范实际上还要选择该规范的实现框架,常用的实现框架包括开源的EclipseLink(https://www.eclipse.org/eclipselink/)和Hibernate(https://hibernate.org)。早期的NetBeans 8.x系列版本中自带这两个JPA框架类库,现在的NetBeans 12.x及后续版本中仅包含EclipseLink的类库,可以直接将其添加至NetBeans的Ant项目。而Hibernate

需要单独下载，或者使用 Maven/Gradle 项目进行引入。

JPA 的核心在于 javax.persistence.EntityManager 接口，该接口提供了操作持久对象的相关方法。在 JPA 中，持久对象 PO 采用实体类（entity class）进行表示，它是带有@javax.persistence.Entity 和@javax.persistence.Id 注解的遵循 JavaBean 标准定义的类，代表需要存储到表中的对象结构，这些实体类通过持久性单元文件 persistence.xml 定义其数据库连接信息或者数据源信息。

使用 JPA 的优势在于可以做到数据库无关性，JPA 为此提供了独立于数据库系统的查询语言——JPQL。NetBeans 对 JPA 开发有比较完善的支持，提供了包括持久性单元生成以及可视化编辑、实体类代码生成等向导。限于篇幅，本书不详细介绍 JPA 的使用。

2. Hibernate 框架

Hibernate 是较早出现的开源对象关系映射框架，JPA 最初的规范即由 Hibernate 项目发起人 Gaven King 负责制定。Hibernate 既可以采取 JPA 规范实现框架的形式进行使用，也可以调用它自身的一些 API 进行 ORM。不过 Hibernate 依赖的其他开源项目较多，当和其他一些框架联用时，相互间的类库有可能存在一定的版本冲突，所以目前 Hibernate 的官网不再提供独立的压缩文件包，而是以 Maven 软件仓库的形式向开发者提供类库，以避免使用时出现依赖类的版本问题。

Hibernate 提供了类似于 JPQL 的 HQL 查询语言以供开发者编写独立于数据库系统的应用程序，这种特性对于一些通用性的 Java 程序开发提供了灵活的数据库切换功能，非常适合于企业资源管理系统（ERP）及财务、金融方面的企业级应用软件的开发。受篇幅所限，Hibernate 的应用本书不做展开介绍。

3. MyBatis 框架

相对于 JPA 和 Hibernate 框架，MyBatis（https://mybatis.org/mybatis-3）是一个小巧而灵活的 ORM 框架，开发者可以在 MyBatis 的映射配置文件中通过编写 SQL 语句进行持久对象和数据库表之间的映射，从而将程序的 SQL 语句和源代码解耦。由于 MyBatis 不像 JPA/Hibernate 那样试图通过 JPQL/HQL 屏蔽底层 JDBC 中的 SQL 语句，同时兼有 ORM 的转换，所以目前被广泛应用于各种 Java 应用领域的开发。限于篇幅，本书不对 MyBatis 做详细的介绍。

10.4　NetBeans 中的数据库工具

数据库系统软件属于操作系统中的基础支撑软件，国内应用较多的关系数据库有 MySQL、Oracle、SQL Server、DB2 等。这些数据库系统一般都配有专用的客户端管理程序，它们的安装和使用都需要较为烦琐的操作和配置过程。为了便于开发者对这些数据库进行管理，NetBeans 内置了一个通用的数据库管理工具，该工具采用了 JDBC 的访问机制，因此可以管理任何提供了 JDBC 驱动程序的数据库系统；同时，此工具还对特定类型的数据库系统有更为方便的支持。在进行 JDBC 程序设计时，还可以参考该工具中的 JDBC 信息，获取到所需的驱动程序的核心类、数据库连接 URL、登录认证等重要的信息。

10.4.1　特定数据库服务支持

1. 数据库自动感知支持

NetBeans 可以自动探测到系统中已经安装的 MySQL 和 Java DB 数据库系统，一旦系统中运行了 MySQL 服务程序或安装了 JavaDB，NetBeans 在启动后，会在服务窗口的 Databases 结点中添加这两种数据库系统以及其中具体的数据库名称。不过由于安装方式的差异，有时还需对这些数据库安装的位置做设定。例如 JavaDB 数据库，可能还需要按照图 10-6 显示的设置过程进行配置后，才能对其进一步使用。

2. 数据库服务的启动和关闭支持

对于 MySQL 和 JavaDB，可以在服务窗口中直接右击 Databases 中对应数据库结点，就可以直接启动或关闭对应的数据库服务。例如，图 10-7 就显示了右击 Java DB 结点后出现可以用于启动 Java DB 服务的 Start Server 命令和停止服务的 Stop Server 命令。

3. 数据库创建向导支持

MySQL 中的数据库和模式是相同的概念，都是指存储了表、视图的特定文件夹和文件；Java DB 中的数据库和 MySQL 中的数据库含义类似。NetBeans 提供了这两种数据库的创建向导，可以直接利用右击数据库结点弹出的快捷菜单中的相关命令，通过向导指定必要的参数进行数据库的创建。例如，在图 10-7 中，选择 Create Database 或 Create Sample Database 命令，即可创建包含特定用户名和口令认证的 Java DB 数据库；同时，NetBeans 还会按照需要自动启动 Java DB 的数据库服务。

10.4.2 通用数据库访问工具

1. 添加/修改/删除数据库驱动程序

除了 MySQL 和 JavaDB 数据库系统之外，其他数据库如需使用 NetBeans 的数据库工具进行管理，需要先在服务窗口的 Databases 下的 Drivers 结点中添加其驱动程序类库，就可以进一步建立 JDBC 连接结点对其进行管理。

例如，单击服务窗口 Databases 的 Drivers 结点，可以看到其中已经包含一些常见的数据库的驱动程序，如 JavaDB、MySQL、Oracle、PostgreSQL 等。右击 Drivers 结点，在弹出的菜单中选择 New Driver 命令，即可进入新建 JDBC 驱动的对话框。在此对话框中单击 Add 按钮找到需要添加的驱动程序类库文件后，再单击 OK 按钮关闭对话框，即可在 Drivers 结点中添加新的数据库 JDBC 驱动，如图 10-16 所示。

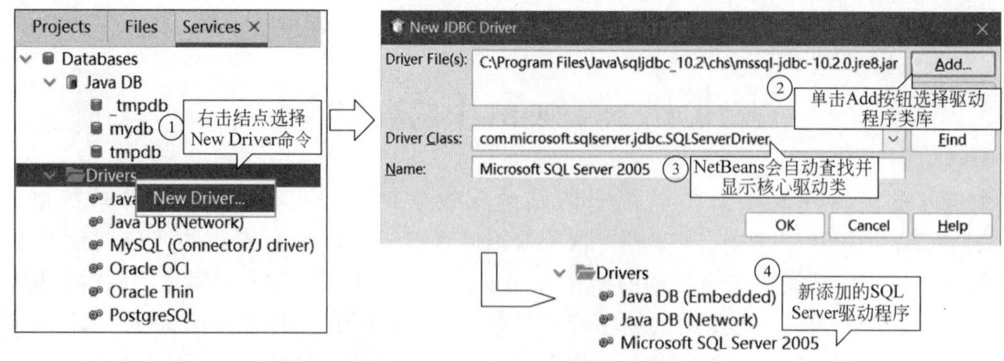

图 10-16 添加数据库驱动程序

对于已添加的驱动，也可以修改其类库文件的组成：在对应的驱动结点上右击，选择 Customize 命令，即可进入定制 JDBC 驱动对话框。在该对话框中，单击 Add 按钮可以添加新的驱动类库；选中已添加的类库后，单击 Remove 按钮可以将其删除；还可以自行在 Driver Class 列表中选择所需的核心驱动类，如图 10-17 所示。

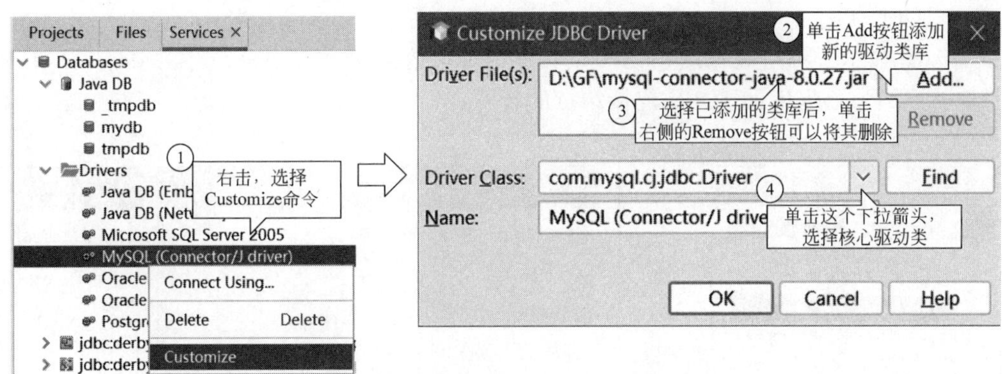

图 10-17 定制已经添加的驱动程序

由图 10-17 左侧可以看到，在已有的驱动结点上右击时，弹出的菜单中还有一项 Delete 命令，选择该命令即可将已有驱动从 Drivers 结点中删除。

2. 建立 JDBC 连接结点

(1) 通过 JDBC 驱动建立 JDBC 连接。

如果在 Drivers 结点中已经包含了所需数据库的驱动，可以右击此结点，选择 Connect Using 命令，即可进入新建连接向导对话框。在对话框中输入所需连接的数据库主机的 IP 地址/域名、端口、数据库名称、认证的用户名和口令等信息，对话框会自动在下方的 JDBC URL 文本框中显示对应的连接 URL；也可以直接在此文本框中输入 JDBC URL；输入完成后，直接单击 Finish 按钮结束向导，或单击 Next 按钮进行下一步设置，即可在 Databases 结点下建立可以进行数据管理的 JDBC 连接，如图 10-18 所示。

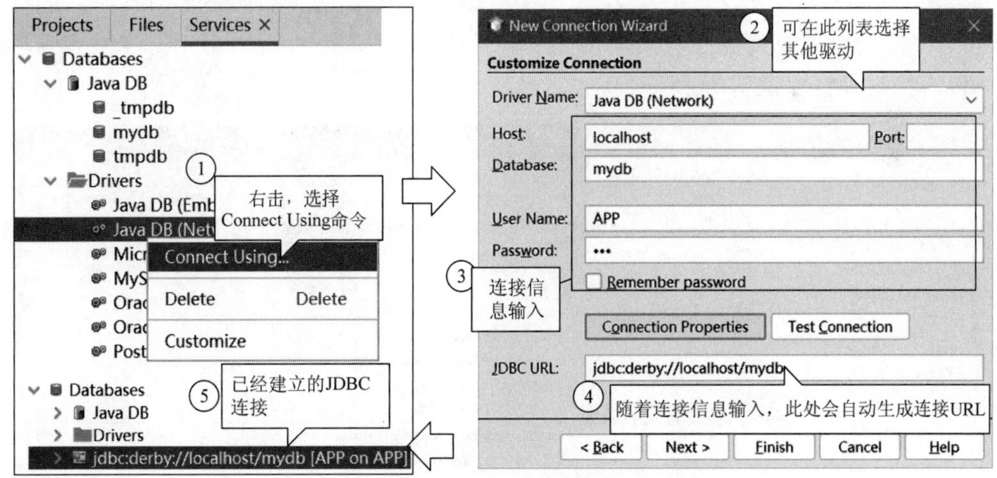

图 10-18 通过 JDBC 驱动建立 JDBC 连接

(2) 通过数据库创建向导建立 JDBC 连接。

如果通过 NetBeans 的向导创建 JavaDB 或 MySQL 系统中的数据库，IDE 会自动为其在服务窗口的 Databases 结点下添加对应数据库的 JDBC 连接。具体操作如下。

① 在服务窗口中的 Databases 下的 JavaDB 或 MySQL 结点上右击，选择 Create Database 命令，进入新建数据库向导对话框。

② 在向导对话框中填写需创建的数据库信息后，NetBeans 会自动在 Databases 中添加该

数据库的 JDBC 连接。

图 10-19 显示了利用数据库创建向导创建 Derby 数据库系统中一个名为 demodb 的数据库，并自动添加该数据库的 JDBC 连接结点的步骤。

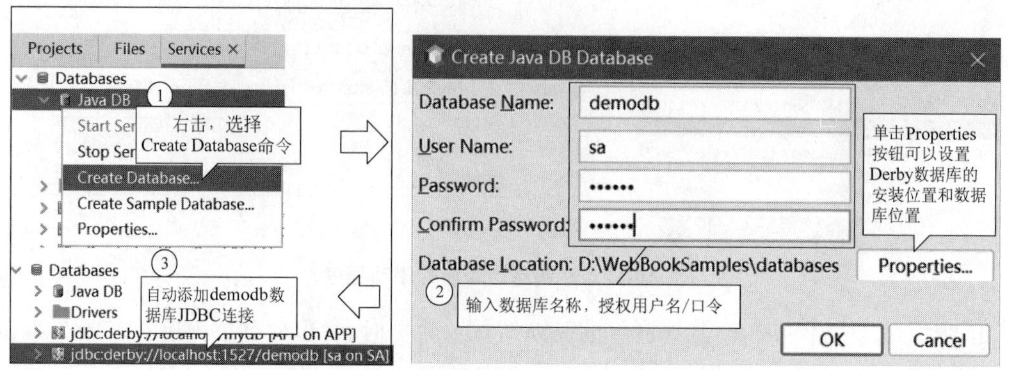

图 10-19 创建数据库并自动添加其 JDBC 连接结点

(3) JDBC 连接的管理和维护。

JDBC 连接建立后，右击该结点会弹出管理该结点的上下文菜单，常用的命令如下。

① Connect 命令用于打开该连接，以便进行数据管理；

② Disconnect 命令用于关闭已打开的连接；

③ Rename 命令用于修改此连接的显示名称；

④ Delete 命令用于删除该连接；

⑤ Properties 命令用于弹出连接属性设置对话框，通过该对话框可以查看和修改此连接的属性设置，包括 JDBC 驱动核心类名称、连接 URL、登录数据库的用户名、口令等信息。这些信息还可以选中后复制到剪贴板，以便粘贴到源代码编辑器，用于 JDBC 程序的编写，如图 10-20 右侧对话框中说明所示。

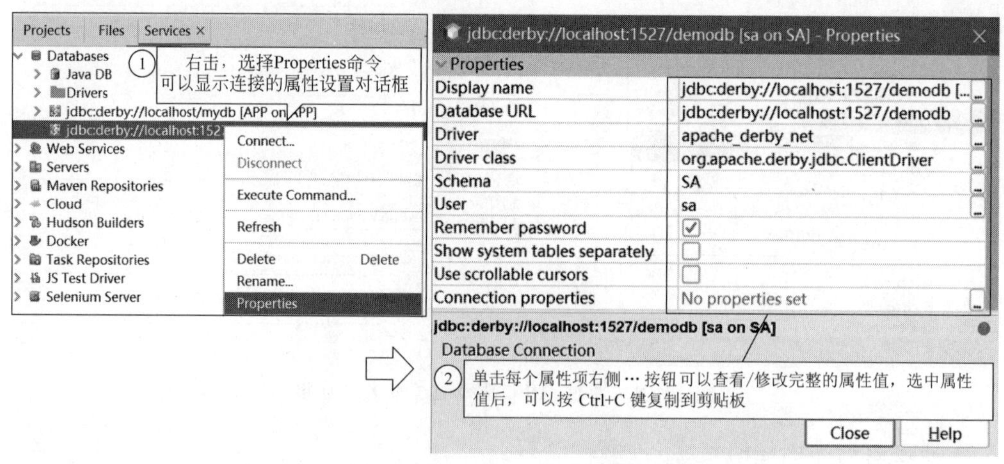

图 10-20 选择 Properties 命令和连接属性设置对话框

3. 表的创建和管理

(1) 表创建对话框。使用图 10-20 中的快捷菜单中的 Connect 命令打开 JDBC 连接后(双击连接也可以打开)，逐级点开连接中的结点，在模式下可以看到 Tables、Views 和 Procedures 结点，分别用于显示数据库中的表、视图和存储过程。在 Tables 结点上右击，选择 Create

Table 命令，就可以使用表创建对话框进行表的创建，如图 10-21 所示。

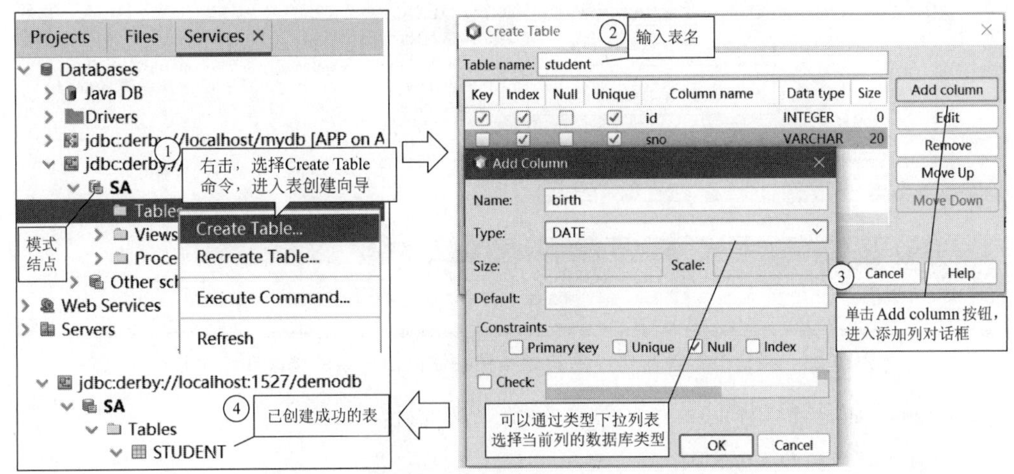

图 10-21　通过表创建对话框创建当前数据库中的表

(2) 表维护右键菜单命令。在已有的表上右击，可以在弹出的菜单中对表进行维护操作；在表的列上右击，还可以选择 Delete 命令对列进行删除，如图 10-22 所示。

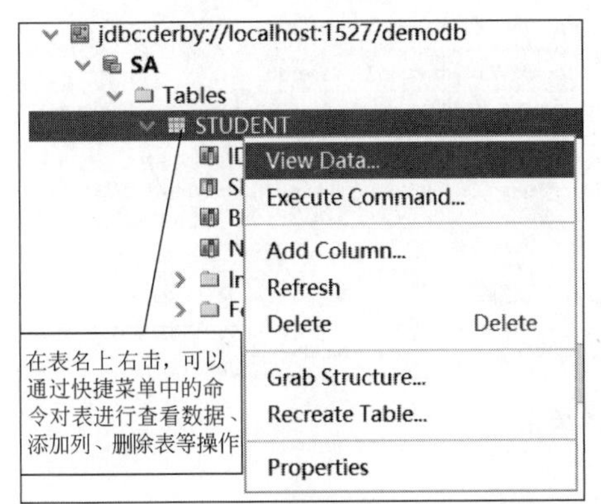

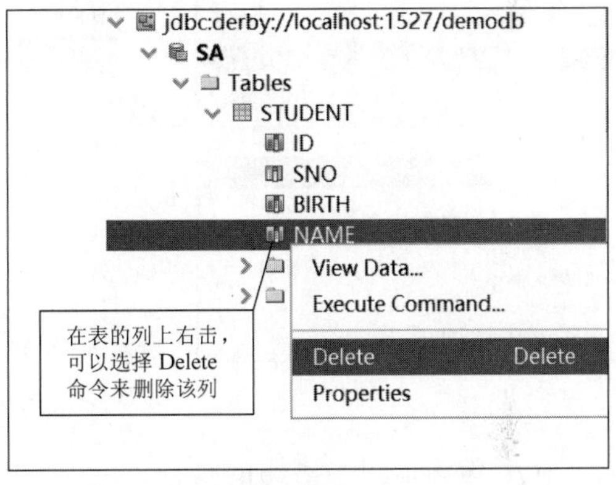

图 10-22　在 JDBC 连接结点中对已有表进行维护操作

(3) 记录管理工具。如图 10-22 所示，在表名上右击，选择 View Data 命令，即可进入记录管理窗口，此窗口可以用来添加、删除、修改记录。NetBeans 会在窗口的编辑区显示当前表的查询 SQL 语句，窗口下方显示已经存在的记录。可以单击显示的记录列修改已有记录，也可以选择多行记录整体进行删除，或批量复制到系统剪贴板中备用。如需添加新记录，可单击记录显示区工具条最左侧的添加按钮，进入插入记录对话框添加新记录，添加时还可以从 Word/Excel 粘贴具有相同列数的表格数据，如图 10-23 所示。

4. SQL 命令的执行

在图 10-23 所示的记录管理窗口编辑区中，可以直接输入所需执行的 SQL 语句，单击窗口上方工具条中的 Run SQL 按钮( )，或者右击后选择快捷菜单中的 Run Statement/Run File 命令，即可运行编辑区中输入的 SQL 语句。实际上，记录管理窗口就是一个 SQL 编辑窗口。

NetBeans 提供多种进入 SQL 编辑窗口的方式：在服务窗口里已经打开的 JDBC 连接上右击，以及在除去模式结点外其他的结点上右击，弹出的快捷菜单中都具有 Execute

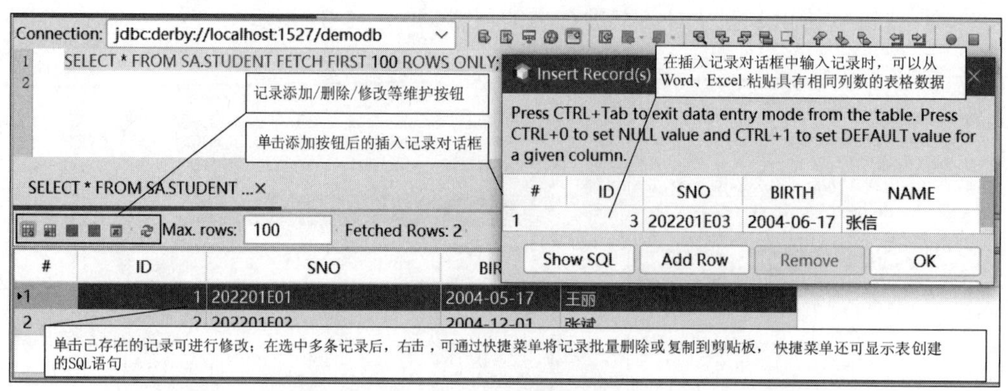

图 10-23　在记录管理窗口中的记录维护按钮以及记录的修改和添加操作

Command 命令，通过选择该命令，即可进入 SQL 编辑窗口。

（1）SQL 编辑窗口中的 SQL 编写要求。

在 SQL 编辑窗口中，可以输入多条需要执行的 SQL 语句，每条 SQL 语句均可分行书写，每个语句之间采用分号(;)进行分隔；如果有些 SQL 语句需要暂时不执行，可以使用"/ * 语句 * /"的注释让其暂时无效，如图 10-24 所示。

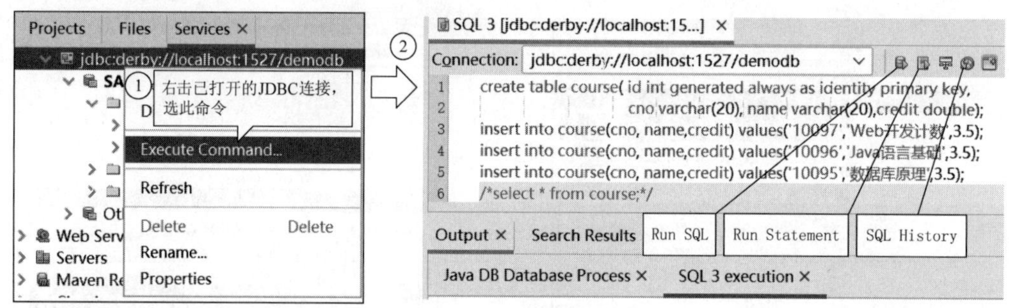

图 10-24　SQL 编辑窗口

（2）SQL 编辑窗口中语句的执行。

在图 10-24 所示的 SQL 编辑窗口工具栏中，可以单击图中所示的按钮执行 SQL 语句。

① 单击 Run SQL 按钮可以执行编辑窗口中所有的 SQL 语句；

② 单击 Run Statement 按钮可以执行编辑光标所处的 SQL 语句；

③ 单击 SQL History 按钮调出 SQL 执行的历史记录的 SQL History 对话框，如图 10-25 所示。其中显示的历史 SQL 语句可以按图中所示插入 SQL 编辑窗口中的当前编辑位置。注意，这是一个非模态对话框，即该对话框打开后，无须对其关闭，依旧可以在 SQL 编辑窗口中进行 SQL 的编写和编辑光标的定位，以便从历史记录对话框中插入所需的 SQL。

在 SQL 编辑窗口中，如果只想执行其中部分 SQL 语句，可以选中这些待执行的 SQL 语句，然后通过右击，在弹出的快捷菜单中选择 Run Selected SQL 命令执行相关的 SQL 语句，如图 10-26 所示。

（3）SQL 编辑窗口中语句的保存。

如果需要将当前 SQL 编辑窗口中的 SQL 语句保存到文件，可以选择 IDE 主窗口的 File→Save As 命令，NetBeans 会默认以扩展名为 sql 的弹出文件保存对话框，以便用户指定具体的文件保存目录位置和文件名。如果需要再次执行保存的 SQL 文件，可以选择 IDE 主窗口

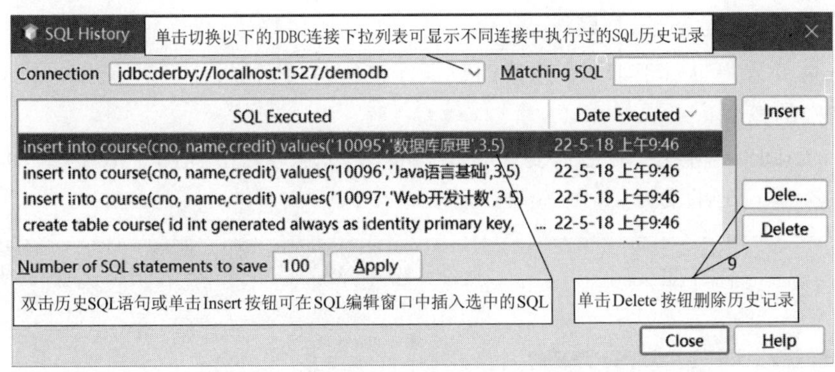

图 10-25　SQL History 对话框以及历史记录 SQL 语句的使用

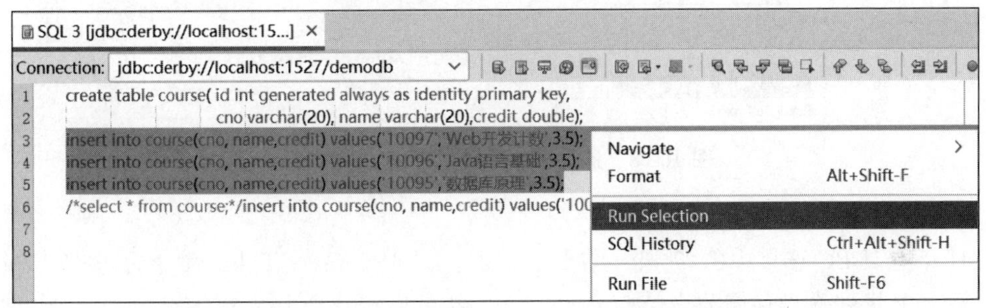

图 10-26　在 SQL 编辑窗口中右击弹出的快捷菜单

的 File→Open File 命令在 SQL 编辑窗口中打开所需文件，然后为其选择要执行的 JDBC 连接，即可执行这些 SQL 语句。

在保存 SQL 文件时需要注意，如果当前 SQL 编辑窗口的 SQL 语句含有中文，在中文 Windows 系统中可能会提示编码问题；如果确认进行保存/打开操作，中文会出现乱码。这个原因是 NetBeans 默认采用 UTF-8 进行 SQL 文件的保存，而中文 Windows 中的实际编码是 GBK。这种情况可以先使用 Windows 的记事本打开 SQL 文件，会自动识别其中的中文，然后将记事本文件内容全部选中并复制到剪贴板，再粘贴回 NetBeans 的 SQL 编辑窗口。

建议在 NetBeans 当前项目中通过新建文件向导创建 SQL 文件，如图 10-27 所示，这种项目中的 SQL 文件不会有中文乱码，注意对话框中新建 SQL 文件位于 Other 分类中。

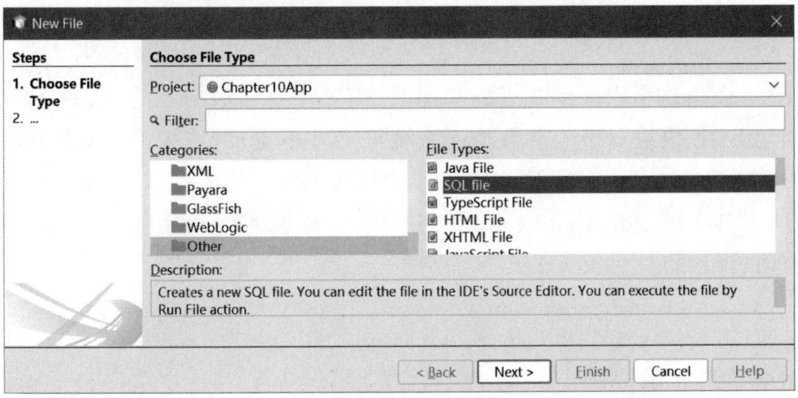

图 10-27　NetBeans 项目中新建 SQL 文件的向导对话框

10.4.3 数据库系统维护工具

NetBeans 并未提供对于 JDBC 连接的数据库整体备份功能，仅可对表结构进行维护。

1. 表结构的抓取

在打开的 JDBC 连接中，右击需要保存结构的表，选择 Grab Structure 命令，即可将表结果保存扩展名为 grab 的文件，如图 10-28 所示。

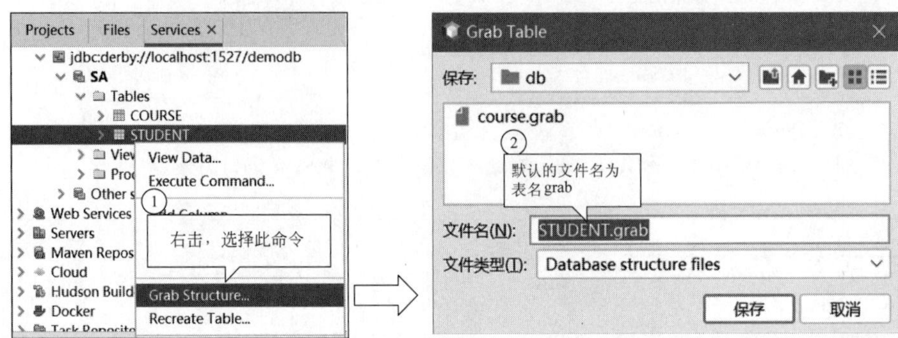

图 10-28 抓取表结构以保存成 grab 文件

2. 表的再创建

在打开的 JDBC 连接中的 Tables 结点上右击，选择 Recreate Table 命令后，在弹出的文件打开对话框中找到磁盘存储的表结构 grab 文件，就可以进入 Name the table 对话框，此对话框采用和 grab 文件同名的方式对重新创建的表命名，可以修改这个名称，单击 OK 即可创建所需的表，如图 10-29 所示。

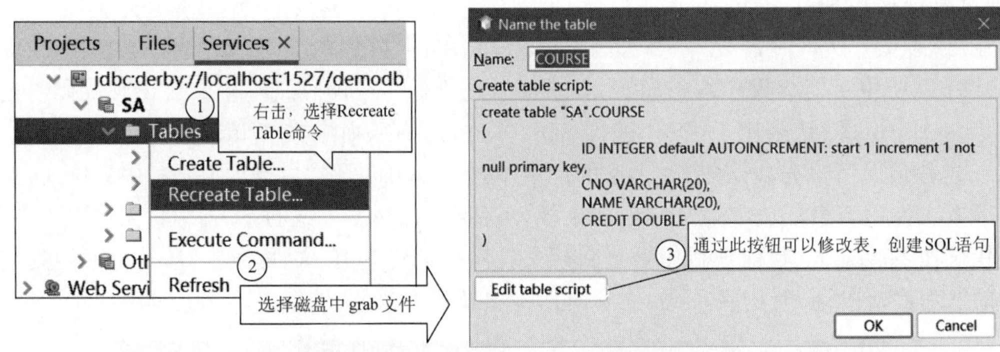

图 10-29 利用表结构 grab 文件重新创建表

使用 NetBeans 中这个重新创建表的功能时，需要注意最后一步的 Name the table 对话框中显示的表创建 SQL 语法对于一些数据库系统可能并不支持，直接单击 OK 按钮会出现语法错误。以图 10-29 中的 Course 表创建 SQL 为例，其 DDL 语法就不被 Derby 数据库系统支持；这时需要单击其中的 Edit table script 按钮，此时表创建的 SQL 文本将变为可修改状态，将其修改为前面曾经给出过的 DDL：

```
create table course(id generated always as identity primary key,
            cno varchar(20), name varchar(20), credit double)
```

才能保证 course 表的正确创建。

思考练习题

一、单项选择题

1. Web 程序中高效获取 JDBC 的 java.sql.Connection 连接对象的方式是(　　)。
   A. 通过 java.sql.DriverManager 类的静态方法 getConnection
   B. 通过 java.sql.Connection 的构造方法
   C. 通过数据库连接池
   D. 通过实例化数据库驱动程序类

2. 必须放在 finally 语句块中关闭的 JDBC 对象是(　　)。
   A. ResultSet 对象　　B. Statement 语句对象
   C. PreparedStatement 语句对象　　D. java.lang.Class 对象

3. 以下(　　)用于执行 SQL 语句。
   A. Statement 对象　　B. ResultSet 对象
   C. Connection 对象　　D. DriverManager 对象

4. 第一次调用 java.sql.ResultSet 对象的 next 方法时,如果 next 返回 false,则代表(　　)。
   A. 结果集对象中的记录数量为 0　　B. 结果集对象中的记录数量为 1
   C. 结果集对象为 null　　D. 结果集对象已经关闭

5. 执行带参(?)SQL 语句,需要使用的 JDBC 对象是(　　)。
   A. java.sql.ResultSet　　B. java.sql.Statement
   C. java.sql.Connection　　D. java.sql.PreparedStatement

6. 如需获取插入数据库表记录时自动生成的主键列值,在连接对象的 preparedStatement 方法中的第二个参数中,使用常量符号位于(　　)。
   A. java.sql.Statement 接口　　B. java.sql.DriverManager 类
   C. java.sql.Connection 接口　　D. java.sql.ResultSet 接口

7. 对于查询结果的分页处理设计,以下说法正确的是(　　)。
   A. 所有关系数据库都提供了相同的 SQL 标准分页语句
   B. 分页效率最高的方式是借助具体数据库的分页 SQL 语句
   C. java.sql.ResultSet 对象提供了完整的分页支持方法
   D. JDBC 驱动程序核心类提供了查询分页的方法

8. JDBC 连接对象的事务处理默认的模式是(　　)。
   A. 一次 SQL 语句的执行对应于一个事务的开始和结束
   B. 多次 SQL 语句的执行仅对应于一个事务
   C. 一个连接对象执行多次查询语句,只会产生一个事务
   D. 查询 SQL 不会产生事务

9. 最高级别的事务隔离级别是(　　)。
   A. Read Uncommitted　　B. Read Committed
   C. Repeatable Read　　D. Serializable

10. 如果需要在 MVC 设计模式中利用 JDBC 访问数据库,则相关的 JDBC 代码应(　　)。
    A. 写在 JSP 页面中　　B. 写在 Servlet 中

C. 写在 JavaBean 中　　　　D. 同时写在 Servlet 和 JSP 中

二、操作题

按照 MVC 的设计原则，利用 NetBeans 设计一个基于数据库支持的登录验证及注册 Web 应用程序，要求如下。

1. 建立数据库

在 NetBeans 数据库工具的 JavaDB 中建立一个名为 db 的数据库，并在该数据库中建立用于存储用户登录信息的 users 表，users 表的结构如下。

列　名	类　型	长　度	约　束	说　明
Uid	integer		主键	用户编号
Uname	varchar	30	不为空且唯一	登录账号名
Pwd	varchar	30	不为空	登录口令

2. 建立视图

在 NetBeans 的 Java Web 项目中删除所有的 HTML 文件和 JSP 文件，之后在 Web 文件夹的/WEB-INF 目录中新建一个名为 view 的文件夹，并在此文件夹中分别建立 3 个 jsp 页面，分别命名为 index.jsp、login.jsp 和 reg.jsp，建立这些 JSP 文件之后的项目中文件的布局应如图 10-30 所示。

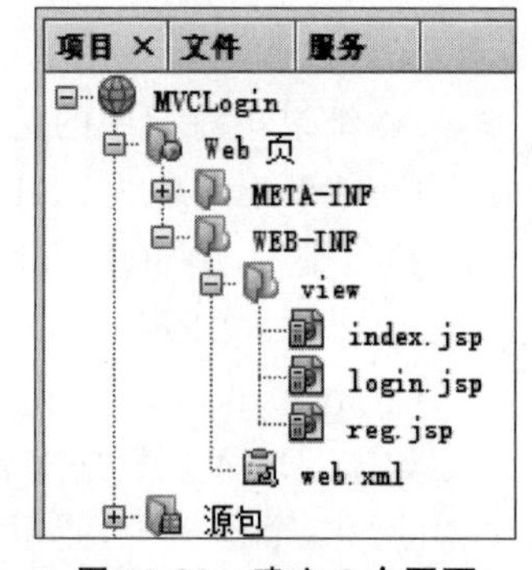

图 10-30　建立 3 个页面

上述 3 个 JSP 视图文件的功能设计如下。

(1) index.jsp。该视图显示用户登录成功后的账号名称和用户编号，即数据库表 users 中对应于 uname 和 uid 列的记录值。

(2) login.jsp。该视图显示一个登录界面，要求用户输入账号和口令，并提供“登录”按钮和“注册”按钮，如果用户在本系统的 users 表中没有保存其账号信息，则可以通过单击“注册”按钮进入 reg.jsp 页面视图中进行用户注册；如果用户输入的账号/口令在 users 表中不能正确匹配对应的 uname 和 pwd 列的记录信息，则 login.jsp 页面将显示登录错误信息；如果用户输入了正确的账号和口令，则将其转入 index.jsp 页面视图。

(3) reg.jsp。该视图显示一个用户注册页面，要求用户输入需要注册的账号和口令信息，并提供“确定”和“取消”按钮，当用户单击“确定”按钮时，将其输入的注册信息作为一条记录添加到数据库表 users 中，其中账号对应 uname 列，口令对应 pwd 列，并为其自动生成 uid 列所需的值。在添加成功后，自动将用户转入 index.jsp 页面，如果由于重复的账号或者其他原因导致在 users 表中记录添加失败，则 reg.jsp 显示注册失败信息。

3. 建立模型

在项目的源包中增加一个名为 model 的 package 定义，然后在此包中建立一个名为 User 的对应于数据库 users 表结构的 JavaBean 类，负责保存用户的注册信息，并在此源包中编写一个名为 UserDao 的公开类，在该类中利用 JDBC 编写对于保存在 users 表中的用户注册信息进行查找、添加的公开方法，UserDao 类的框架代码如下：

```
package business;
public class UserDao{
```

```
    public User  checkUser (String uname,String  pwd ) throws Exception{
    /*利用 JDBC 读取 users 表中对应于 uname 参数值的记录,并比较 uname 和 pwd 参数值和对应
的记录值是否一致,若不一致则抛出 Exception 异常类的实例;一致则将对应的 uname、pwd 和 uid 存
入 User 实例中并返回该 User 实例*/
}
public void addUser(User user) throws Exception{
    /*利用 JDBC 在 users 表中插入参数 user 中存储的 uid、uname 和 pwd,注意,user 参数中的
uid 应按照 users 表中的主键列 uid 的唯一性要求产生,可以采用最大-最小算法,即首先在 users
表查找最大的 uid 记录值,然后在此值基础上+1 作为 user 参数中的 uid 值写入 users 表。如果添加
记录失败,如重复的账号或者其他原因导致记录插入没有完成,则抛出 Exception 异常类的实例*/
    }
}
```

4. 建立控制器 Servlet

在项目中,分别建立对应视图的控制器 Servlet,其中,index.jsp 视图对应的控制器为 IndexServlet,login.jsp 视图对应的控制器为 LoginServlet,reg.jsp 视图对应的控制器为 RegServlet;适当设置这些控制器的 url-mapping,以便项目运行时,依旧可以显示对应视图的内容。对于这些 Servlet,还应设计其代码,使其在接到对应视图表单中提交的数据时,能够正确调用模型中的 UserDao 类提供的方法,完成登录信息的检查和注册信息的添加,并将对应的模型数据传递给自己的视图,以便视图能够显示模型中存储的数据。

第11章

JSTL 的应用

在 JSP 中，除了可以使用 jsp：forward、jsp：include 等以 jsp 为名称空间前缀的标准操作元素标记之外，也可以通过@taglib 指令自行定义所需的名称空间前缀，从而在页面中使用诸如<my：element/>的自定义元素标记，替代脚本片段代码处理页面数据。不过，这种自定义标记的实现相对比较烦琐，可以在页面中直接使用由 JCP 组织制定的 JSP 标准化标记库(JSP Standard Tag Library，JSTL)提供的元素标记。这种 JSTL 标记可以替代脚本片段代码所做的大部分工作，简化页面组成结构，使得页面易于维护。在 MVC 架构的 JSP 视图文件中使用 JSTL 标记，可消除其中的脚本片段，让视图文件清晰明了。

11.1 JSTL 的组成

JSTL 的 JSR 标准编号是 052(https://www.jcp.org/en/jsr/detail? id=52)，JCP 组织将标准中的 API 放入 JAR 类库文件中进行发布；JavaEE 平台开发商或第三方组织可按标准的 API 功能实现要求，对其中的接口和抽象类进行实现。在 JSP 页面中使用 JSTL 标记时，应确保 JSLT 的标准 API 和相关实现的 JAR 类库文件均位于 Web 应用程序的/WEB-INF/lib 目录。

11.1.1 JSTL 标记的定义方式和功能

JSP 页面中可以使用如下@taglib 指令，为 JSTL 元素的名称空间 URI 定义其前缀：

```
<%@taglib  prefix="前缀"  uri="JSTL 元素所处的名称空间 URL"%>
```

前缀的命令应符合 XML 中的元素名称规则。在定义了前缀后，在该页面就可以使用具有此前缀的 JSTL 元素标记进行数据的处理。JSTL 标记按照其完成的功能，可以分为核心标记、数据库标记、自定义函数标记、格式化标记、XML 处理标记。注意，这些标记中的元素均位于不同的名称空间，使用时需要按照其名称空间 URI 分别定义对应的前缀。

1. 核心标记

核心标记主要用于 MVC 中 JSTL 视图中的流程控制和输出模型中的数据，是 JSTL 中最常用的标记。核心标记还可以完成数据定义、URL 操作、文件引入等功能，是本书重点介绍的标记。

2. 数据库标记

数据库标记在 JSP 页面中定义访问数据库所需的数据源，数据源在前面已经做过介绍，用于管理数据库连接，增加数据库访问的效率。数据库标记还可以在页面中执行查询、更新、插入、删除等 SQL 语句，在输出查询数据时，还可以进行分页处理。

3. 自定义函数标记

自定义函数标记一般用于处理 JSP 2.0 表达式中的字符串数据，也可以直接应用于页面中 JSP 2.0 表达式中的数据输出。

4. 格式化标记和 XML 处理标记

格式化标记用于页面中数据的特定格式输出，XML 处理标记用于处理 Web 应用程序的 XML 文件。限于篇幅，本书对格式化标记和 XML 处理标记不做介绍。

11.1.2　JSTL 版本及其相关类库下载

1. JSTL 规范的版本

JSTL 规范主要包含 1.0～1.2 三个版本。

(1) JSTL 1.0 规范。1.0 版本的 API 针对当时的 J2EE 1.3 规范制定，可以应用在遵循 Servlet 2.3/JSP 1.2 标准开发的 Web 程序中的 JSP 页面中。按照 JavaEE 兼容特性，该版本的标记也可以用于遵循更高规范设计的 Web 程序。

(2) JSTL 1.1 规范。1.1 版本的 JSTL 标记适用于 J2EE 1.4 及以上的运行环境，可以在遵循 Servlet 2.4/JSP 2.0 标准或更高标准的 Web 程序中使用。

(3) JSTL 1.2 规范。1.2 版本是 JCP 组织至今发布的最后一个 JSTL 规范，适用于 JavaEE 5.0 及以上的 JavaEE 平台，可以应用在遵循 Servlet 2.5/JSP 2.1 标准或更高标准设计的 Web 程序。

由于 JavaEE 向 JakartaEE 的迁移，JSTL 规范已转移给了 Eclipse 组织，目前其官网已经转移到 https://jakarta.ee/specifications/tags/。

2. JSTL 规范的 JavaEE 服务器实现类库

JSTL 规范必须配合其实现类库才能在 Web 程序中使用，但有些 JSP 引擎，例如 Apache Tomcat 并未包含 JSTL 规范及其实现类库。不过按照 JavaEE 规范的要求，所有实现了 JavaEE 规范的服务器均应提供 JSTL 实现类库，因此开发者可以直接使用实现了 JavaEE 规范的服务器部署 Web 程序，就可以在 JSP 页面中使用 JSTL。例如 GlassFish 服务器中就包含 JSTL API 规范和对应实现类库文件。

3. Apache Tomcat 提供的 JSTL 规范实现类库

虽然 Apache Tomcat 没有在它的安装下载文件中提供 JSTL 的实现类库，但在 Apache Tomcat 官网中提供了 JSTL 规范的各个版本及其实现类库的下载页面，可以通过 http://tomcat.apache.org/taglibs/standard 下载所需的版本规范和实现类库文件。建议下载 JSTL 1.2 版本，下载时可以根据需要选择下载如下 JAR 文件。

(1) taglibs-standard-spec-1.2.5.jar 和 taglibs-standard-impl-1.2.5.jar，这两个类库是 JSTL 1.2 的标准功能实现，如果仅使用核心标记、数据库标记和格式化标记，下载这两个类库文件即可。

(2) taglibs-standard-jstlel-1.2.5.jar，这个类库用于 JSTL 1.0 规范中的一些特定的标记，如果不使用 1.0 规范，该类库无须下载。

(3) xalan.jar 和 serializer.jar，这两个是 Apache Xalan 项目的类库文件，用于 JSTL 中的 XML 标记功能实现，可在 Xalan 官网的下载页面(https://downloads.apache.org/xalan/xalan-j/binaries/)中下载包含这两个类库文件的 Xalan 2.7.1 或以上版本的压缩文件。如果

Web 程序不使用 JSTL 的 XML 标记，这两个类库文件无须下载。

确定需要的 JSTL 类库之后，只需保证这些类库位于 Web 程序的/WEB-INF/lib 目录中，即可在 JSP 页面中使用 JSTL 标记。如果使用 NetBeans 开发 Web 项目，也可以使用 IDE 自带的 JSTL 类库。

11.1.3 NetBeans 对 JSTL 的支持

NetBeans 8 及以上的版本都包含了 JSTL 1.2 版本的 JAR 文件。以本书介绍的 NetBeans 12.x 系列版本为例，当使用 Java with Ant 向导创建了 Web 项目后，在项目中 Libraries(库结点)上右击，在弹出的菜单中选择 Add Library(添加库)命令，然后在弹出的对话框中选择 JSTL 1.2.1 即可为项目加入 JSTL 实现类库，如图 11-1 所示。

图 11-1 添加 JSTL 1.2.1 规范及其实现类库

在项目包含了 JSTL 类库后，NetBeans 还可以在编辑 JSP 文件时，提供 JSTL 的代码提示。按下 Ctrl+\(Mac 系统是按下 Cmd+\)键可以在编辑器中任何编码位置给予必要的代码补全或者提示菜单。在定义 JSTL 标记时，该快捷键可以提供 taglib 指令的 URI 参数所需的列表菜单；在使用 JSTL 标记时，这个快捷键还可以提供代码提示，如图 11-2 所示。

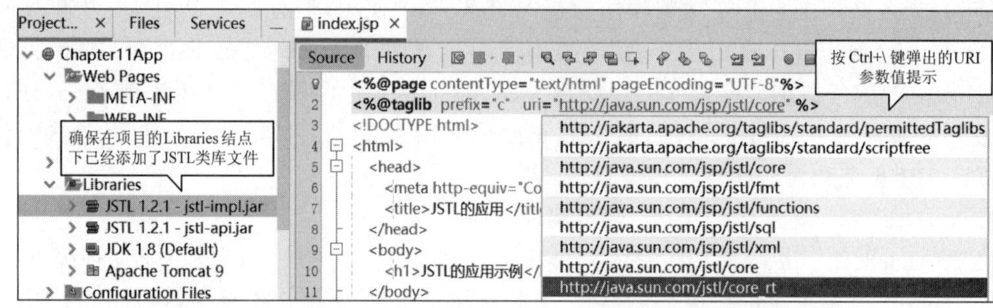

图 11-2 添加的 JSTL 类库和编辑 JSP 文件时 taglib 指令的参数提示

11.2 JSTL 核心标记

JSTL 中提供的核心元素的名称空间 URI 可以是 http://java.sun.com/jsp/jstl/core 或 http://java.sun.com/jstl/core_rt，对应的 taglib 指令为

```
<%@taglib  uri="http://java.sun.com/jsp/jstl/core"  prefix="c"%>
```

注意，指令中 prefix 参数的取值只要是合法的 XML 元素名即可，不一定用 c。不过 c 这个前缀比较简短，且对应于“核心”的英文单词 core，所以被广泛应用于核心元素的前缀表示。

核心标记元素主要包括 set、remove、out、if、choose-when-otherwise、forEach、forTokens、 url、redirect、catch，这些元素使用时需加入 taglib 指令指定的前缀，本书一律采用上述的前缀 c，对应的元素表示为“c:元素名”。使用 JSTL 元素标记还要注意，标记中表达式的字串常量界定符号('或")不要和标记的参数值两侧的界定符号相同('或")。

11.2.1　赋值元素 set 的标记

set 元素负责在范围对象中建立变量，具体的标记语法如下：

```
<c:set  var="属性名"  value="值|表达式"  [scope="page|request|session|application"]/>
```

set 元素将 value 参数值按照 var 参数指定的属性名存入 scope 参数标明的范围对象。省略 scope 参数时存入 pageContext 对象中。value 的值可以采用 JSP 1.2(<%=%>)或 2.0 的表达式。

set 元素标记在 JSP 页面中使用的代码片段如下所示：

```
<c:set  var="password"  value="123456"  scope="request"/>
<%--将字符串"123456"以属性名 password 存入 request 对象中--%>
<c:set  var="uname"  value='${param["uname"]}'/> <%--value 参数值的界定符不要用双引号--%>
<c:set  var="username"  value="${uname}"/>
<%--将用户提交给当前页面的 uname 参数值取出，存入 uname 属性；然后再将该值以 username 为属性名存入页面对象中--%>
```

11.2.2　去除元素 remove 的标记

remove 元素执行 set 元素相反的操作，将指定变量从范围对象中删除，标记语法如下：

```
<c:remove  var="属性名"  [scope="page|request|session|application"]/>
```

remove 元素的 var 参数指定要删除的变量名，scope 参数指定要删除的变量所在 pageContext、request、session 或 application 范围对象，若省略 scope 参数，则默认为页面范围。

remove 元素在 JSP 页面中的代码片段如下：

```
<%--先利用 set 标记在页面和会话对象中建立变量 errMsg--%>
<c:set  var="errMsg"  value="error in this page"/>
<c:set  var="errMsg"  value="error in session"  scope="session"/>
<%--使用 remove 标记删除会话对象中建立变量 errMsg--%>
<c:remove  var="errMsg"  scope="session"/>
${errMsg}  <%--由于会话中的 errMsg 变量被删除，此表达式输出 error in this page--%>
```

11.2.3　输出元素 out 的标记

out 元素用于页面中的文本输出，可对输出内容中的 XML 标记字符进行实体引用的转换处理，经常用于用户在页面表单中输入数据的显示输出，以防输入数据中的 HTML 标记字符破坏页面的显示。out 元素具体的标记语法如下：

```
<c:out  value="值|表达式"  [escapeXML="true|false"]  [default="缺省值"]/>
```

value 参数值指定要输出的文本内容，可以取 JSP 1.x 或 2.0 表达式。

escapeXML 为可选参数，当该参数取 true 时，out 元素会将 value 值中的小于号(<)、大于号(>)、双引号(")、单引号(')、连字符(&)转换为实体引用表达式进行输出，以便在浏览器中能够正常显示这些符号。省略 escapeXML 参数时，该参数值将默认为 true。

default 是可选参数，用于在 value 参数值为 null 时，指定替代的输出值。

out 元素标记在 JSP 页面中的示例代码片段如下：

```
<c:out value="<h3>3 号标题</h3>" /> <%--输出和 value 参数中一样的文本内容--%>
```

```
<c:out value="<h3>3 号标题</h3>"
    escapeXML="false"/>  <%--输出显示为黑体 3 号标题的"3 号标题"--%>
<c:out value='<%=request.getParameter("msg")%>'
    default="未提交"/> <%--输出 JSP1.x 表达式值,msg 查询参数值为 null 输出"未提交"
--%>
<c:out value="${param.msg)}"
    default="未提交"/> <%--输出 2.0 表达式值,msg 查询参数值为 null 输出"未提交"--%>
<c:out value="${cookie['JSESSIONID'].value}"/>  <%--输出会话 ID,value 参数值两侧要
用双引号--%>
```

11.2.4 条件判定元素 if 的标记

if 元素用于页面中按指定逻辑条件结果进行选择性的处理操作,对应的标记语法如下:

```
<c:if  test="<%=逻辑表达式%> | ${判定表达式}" >
<%-- 条件为真时需要执行的 JSP 代码 --%>
</c:if>
```

if 标记 test 参数值可以是一个返回逻辑真或逻辑假的 JSP 1.x 的表达式,也可以是 JSP 2.0 的表达式。当 JSP 1.x 表达式返回 true,或者 JSP 2.0 表达式返回 true、不为 null、不等于 0 时,则 JSP 引擎将处理标记间的 JSP 代码。

1. if 标记中的条件运算式

if 标记的 test 参数值多采用 JSP 2.0 表达式,此时 if 标记支持更灵活的判定,可以使用 8.3.1 节中介绍的由比较运算符构成的条件运算式。

(1) 比较运算符。在 test 参数的 2.0 表达式中可以使用以下比较运算符。

① 大于运算符,用>或 gt 表示。

② 小于运算符,用<或 lt 表示。

③ 大于或等于运算符,用>=或 ge 表示。

④ 小于或等于运算符,用<=或 le 表示。

⑤ 等于运算符,用==或 eq 表示。

⑥ 不等于运算符,用!=或 ne 表示。

(2) 比较运算的数据类型。test 参数的 2.0 表达式中可以比较的数据分为如下 3 种类型。

① 字符串类型,在进行比较时,字符串顺次按照其中字符的 Unicode/ASCII 编码比较。

② 数值类型,比较时按照数值大小进行判定。

③ 逻辑类型,真值>假值。

(3) 不同数据类型的比较运算。在进行比较运算时,如果比较运算符两侧的数据类型不同,运算时的规则如下。

① 字符串和数值比较时,全部转换为数值类型。

② 字符串和数值比较时,如果不能转换为数值类型时将出现错误。

③ 字符串和逻辑类型比较时,全部转换为字符串类型数据后进行比较。

④ 数值类型和逻辑类型之间不能比较。

在 JSP 页面使用 if 标记中的条件运算式的代码片段如下:

```
<%  request.setAttribute("a","3");  %>
<c:if test="${a > 13}">a&lt;13</c:if>
<c:if test="${a gt '13'}"> a&gt;'13'</c:if>
<c:if test="${false gt true}"> false!</c:if>
<c:if test='${''a" > true}'>a!</c:if>
```

该 JSP 代码片段将在页面输出 a>'13'。

2. if 标记中的逻辑运算式

if 标记的 test 参数支持 2.0 表达式通过逻辑运算符连接条件运算式，构成逻辑运算式。

(1) 逻辑运算符。逻辑运算符按照优先级排列如下。

① 逻辑否，用 not 或！表示。

② 逻辑与，用 and 或 && 表示。

③ 逻辑或，用 or 或||表示。

使用这些运算符时，利用小括号可以改变逻辑运算符的组合和优先级。

JSP 页面中使用 if 标记进行逻辑运算的代码片段如下：

```
<%
request.setAttribute("a","3");
pageContext.setAttribute("b","5");
%>
<c:if test="${a > 13 or b eq '5'}">OK!</c:if>
<c:if test="${a>'13' and (b !=5) }">Wrong!</c:if>
```

该 JSP 代码将在页面输出“OK!”。

(2) 求空运算符。逻辑运算式支持 empty 运算符，当表达式为 null 或空字符串("")时，empty 运算符返回逻辑真，否则返回逻辑假。not empty 是 empty 运算符的逆运算。

在 if 标记中使用 empty 运算符的代码片段如下：

```
<c:if test="${not empty param['a']}">a is not null</c:if>
```

此 if 标记的功能相当于以下脚本片段：

```
<%  String a=request.getParameter("a");
  if(a==null||a.length()==0){%>
    a is null
<%}%>
```

(3) 字符串表达式。test 参数的 2.0 表达式可以采用字符串表达式，返回 true/false 的判定逻辑如下。

① "true"字符串(不区分大小写)将被转换为逻辑真值 true，其他的字符串，包括空字符串("")都转换为逻辑假值 false。

② 如果表达式的值为 null，则该表达式被视为 false。

if 标记使用字符串表达式在 JSP 页面的代码片段如下：

```
<%  pageContext.setAttribute("a",true);
    request.setAttribute("b",null);
    session.setAttribute("c","other");
    application.setAttribute("d","");
%>
<c:if  test="${'True'}"> 'true' </c:if>
<c:if  test="${a}"> a=true </c:if>
<c:if test="${b}"> b=null </c:if>
<c:if test="${c}"> c='other'</c:if>
<c:if test="${d}"> d=""</c:if>
```

此 JSP 代码片段将输出“'True' a=true”。

3. if 标记中的算术运算式

if 标记的 test 参数支持 2.0 表达式使用算术运算符构成算术运算式进行比较运算。

(1) 算术运算符。支持的算术运算符如下。

① 乘法运算符，用 * 表示。

② 除法运算符，用/或 div 表示。

③ 加法运算符，用+表示。

④ 减法运算符，用-表示。

⑤ 求余运算符，用%或 mod 表示。

其运算优先级和四则运算相同，可以使用小括号改变运算优先级。

(2) 运算数据类型。算术运算符一般用于数值类型之间，但也可以用于能够转换为数值类型的两个字符串之间，或者能够转换为数值类型的字符串和数值之间。

if 中的算术运算符在 JSP 代码片段中的应用如下：

```
<c:set var="add1" value='<%= request.getParameter("add1") %>'/>
<c:set var="add2" value="${param.add2}"/>
<c:if test="${add1+add2==5}">
  The answer is 5
</c:if>
```

该页面取出 add1 和 add2 查询参数值，然后用 if 标记检查两个参数之和是否为 5。

4. 在范围对象中存储 if 标记判定结果

if 标记 test 参数的表达式运算结果可以通过添加 var 参数存储在页面、请求、会话或者应用程序对象中，以便其他 if 标记进行使用，具体的语法如下：

```
<c:if  test="${判定表达式}"  var="属性名"  scope="page|request|session|
application">
   输出内容
</c:if>
```

利用 var 指定存储的属性名，通过 scope 指定要存储的范围；省略 scope 时，运算结果将存储在 pageContext 对象中。

使用范围对象存储 if 标记运算结果的 JSP 代码片段示例如下。

```
<%  request.setAttribute("a",10);
    request.setAttribute("b",2);
%>
<c:if test="${(a+b) mod 2 eq 0}" var="result">
    ${a+b}为偶数
</c:if>
<c:if test="${result}">
 已存储运算结果${result}
</c:if>
```

11.2.5 条件判定元素 choose-when-otherwise 的标记

choose 元素用于多条件判定，它可以包含多个 when 子元素用于判定，otherwise 子元素用于在 when 条件判定都不成立时的数据处理，弥补了 if 元素没有反向条件的缺点。choose 元素具体的标记语法如下：

```
<c:choose>
 <c:when test="<%=逻辑表达式 1%> | ${判定表达式 1}">
  输出内容 1
 </c:when>
 <c:when test="<%=逻辑表达式 2%> | ${判定表达式 2}">
 输出内容 2
</c:when>
 …
<c:otherwise>
```

```
其他输出
</c:otherwise>
</c:choose>
```

在使用 choose 标记时，需要注意 choose 元素和 when、otherwise 子元素的标记之间只能存在空格、回车等字符，不能有其他文本或标记出现。when 标记和 otherwise 标记必须位于 choose 标记之间，when 标记可以出现多次，且必须位于 otherwise 标记之前，其 test 参数中的表达式支持和 if 标记基本相同。otherwise 标记必须位于所有的 when 标记之后，最多只能出现一次，它是个可选标记，用于所有 when 标记都不满足的情况下的输出。

11.2.6　循环处理元素 forEach 的标记

forEach 元素执行循环操作，经常用于 MVC 架构中 JSP 视图文件读取控制器传递给它的模型数据中的集合元素。forEach 元素具有多种标记语法，可以对集合中的元素进行循环读取，也能进行计数循环和循环进度状态监控，forEach 元素还支持标记的嵌套。

1. forEach 元素的集合读取标记

从集合中循环读取其中的元素是 forEach 最常用的一种标记语法，如下所示：

```
<c:forEach  var="变量名"  items="${集合表达式} | <%=集合表达式%>">
  <%--需要进行的循环处理操作%>
</c:forEach>
```

forEach 元素的这种语法标记可将 items 参数值中指定的集合或数组类型表达式中的每个元素取出，将其存放在 var 参数指定的变量中，并根据集合的元素数目，进行循环中的操作处理。

(1) 循环中当前元素的获取。在 forEach 的标记体中，当前集合元素以 var 参数指定的变量名被存储在 pageContext 对象中，可以从中取出该元素进行处理，如使用 ${变量名}将其进行输出。

(2) items 参数中的集合类型。forEach 标记的 items 参数取值可以是以下类型的 JSP 1.x/2.0 表达式。

① 实现了 java.util.Collection 接口的类。

② 实现了 java.util.Map 接口的类。

③ 实现了 java.util.Enumeration 接口的类。

④ 实现了 java.util.Iterator 接口的类。

⑤ 一切数组类型。

⑥ 字符串类，即 java.lang.String，仅循环一次，将取出该字符串中所有内容。

forEach 标记的 JSP 代码片段示例如下。

```
<%  int[]   a={1,2,3,4,5};
    java.util.Collection b=new java.util.ArrayList();
    b.add(1);b.add(2);b.add(3);b.add(4);b.add(5);
   pageContext.setAttribute("b",b);
%>
<c:forEach var="a" items="<%=a%>">${a}</c:forEach>
<c:forEach var="s" items="<br>">${s}</c:forEach>
<c:forEach var="bb" items="${b}">${bb}</c:forEach>
```

上述 JSP 页面将输出两行 123456，注意，第二个循环标记实际上输出的是 HTML 的换行符
。

2. forEach 元素的计数循环标记

forEach 元素可以按指定的循环次数进行循环处理，这种计数循环的标记语法如下：

```
<c:forEach  begin="开始值"  end="结束值"  [var="循环变量"]  [step="步长"]>
  <%--需要循环输出的内容--%>
</c:forEach>
```

(1) 计数边界的控制。begin 和 end 参数分别用于指定循环开始和结束的计数值；当没有指定 step 参数时，循环的执行次数为 begin-end＋1。注意，这两个参数值只能取大于或等于 0 的整数。

(2) 计数步数的控制。step 参数用于控制循环计数的增量，它是可选的，省略时默认增长值为 1。注意，step 不能取负整数或零。

(3) 循环计数值的获取。可选的 var 参数用于将循环计数器中的当前值以指定的变量名存入 pageContext 对象中，可以通过此范围对象中的变量名将其取出，获得当前的循环计数值。注意，此循环计数值并不一定是执行到当前循环时的执行次数，而是 begin＋(循环次数－1)×step。

使用计数循环的 JSP 代码片段示例如下。

```
<c:forEach begin="1" end="6">-</c:forEach>
  <c:forEach begin="1" end="6" var="i">
   <H${i}>Hi!</H${i}>
   </c:forEach>
<c:forEach begin="1" end="12" step="2">-</c:forEach>
```

该 JSP 代码片段在页面输出以 6 个减号为开始和结束行，中间包含 6 个 H1～H6 标题大小的文本“Hi!”。

3. forEach 元素的集合计数循环处理标记

forEach 标记在处理集合时，可以指定集合中循环的开始位置和结束位置，语法如下：

```
<c:forEach  var="变量名"  items="集合表达式"
        [begin="起始值"]  [end="终止值"]  [step="步长"]/>
循环输出内容
</c:forEach>
```

(1) 集合计数循环的开始和结束位置。

begin 和 end 参数指定集合中循环的开始和结束位置，它们的取值应在 0 到元素数量－1 的整数区间之内。注意，集合元素的位置计数从 0 开始，第一个元素位置为 0。

如果仅指定了 begin 参数，循环将从 begin 位置的元素开始直到集合元素最后一个元素；仅指定了 end 参数，循环将从集合中第一个元素开始直到集合中 end 位置上的元素。

注意，如果 begin 参数值超过了集合元素的最大合法下标，forEach 标记将不做循环处理，并不抛出异常错误；如果 end 参数值超过了集合元素的最大合法下标，forEach 循环将在循环达到集合最大下标后自动停止循环处理。

step 参数用于指定每一次循环中计数增长的步长，缺省值为 1。step 不能取零或负数。

(2) 集合计数循环中的当前元素。

var 参数指定的变量中存储的是当前循环对应的集合元素，而不是当前的循环计数值。

输出指定集合元素的 JSP 代码片段示例如下。

```
<%int[] a={1,2,3,4,5,6};%>
<c:forEach  var="a"
         items="<%=a%>"
```

```
        begin="2"  end="6">
    ${a}
  </c:forEach>
```

由于集合的第一个元素编号为 0，而代码中 forEach 标记的 begin 参数指定的循环开始位置为 2，相当于从数组 a 的第三个元素开始循环，所以此代码片段在页面中输出的是 3456。虽然 end 参数指定的值超过了数组中最大元素下标 5，但也不会发生数组越界错误。

4. 循环状态的监测

forEach 元素的可选参数 varStatus 用于指定存储当前循环的状态值变量，语法如下：

```
<c:forEach 其他参数 varStatus="监控变量">
    <%--需要循环输出内容，可使用监控变量获取当前循环的状态值--%>
</c:forEach>
```

varStatus 参数可以搭配 forEach 元素的任意其他参数使用，当和不同参数在一起使用时，它指定的监控变量的结构组成也会有所差异。

(1) 监控变量的存储范围。

通过 varStatus 参数指定的监控变量被存储在 pageContext 页面范围对象中，可以通过 2.0 表达式从中取出所需的循环状态信息。

(2) 监控变量的结构组成。

监控变量是一个 JavaBean 组件，其中包含的 JavaBean 属性如下。

① begin，循环计数开始值，整型。如果 forEach 标记不含 begin 参数，此属性值为 null。

② end，循环计数的结束值，整型。如果 forEach 标记不含 end 参数，此属性值为 null。

③ step，循环的步长，整型。如果 forEach 标记中不含 step 参数，则此属性值为 null。

④ count，当前循环的计数值，(1 为基数)，整型。

⑤ index，当前循环的计数值，(0 为基数)，整型。

⑥ first，是否为第一次循环，布尔型。

⑦ last，是否为最后一次循环，布尔型。

⑧ current，集合中对应于当前循环的元素。

注意，监控变量这些属性仅在 forEach 标记之内才有效，示例如下：

```
<c:forEach var="v"   items="<%=request.getHeaderNames()%>"
                     varStatus="s">
<c:if test="${s.first}"><p>-----请求头信息-----</p></c:if>
(${s.count})${v}=${header[s.current]}<br>
<c:if test="${s.last}"><p>------输出结束------</p></c:if>
</c:forEach>
```

这段 JSP 代码可以在页面输出对该页面请求的请求头中的所有信息，并利用监控变量的相关属性对输出进行了一些格式化工作。这段代码中，s.current 和 v 的值是相同的。

11.2.7　字符串分隔循环元素 forTokens 的标记

forTokens 元素可以按照指定的定界字符(delimiter)对字符串进行分隔，将分隔后形成的子串数组进行循环处理，基本标记的语法如下：

```
<c:forTokens  items="字符串"  var="变量名"  delims="分隔字符">
  <%--执行需要的循环操作--%>
</c:forTokens>
```

forTokens 标记在执行时，会将 items 参数指定的字符串按照 delims 参数给出的字符进行分隔，按照分隔后的子字符串个数进行循环，其中 var 参数指定每次循环时用于存储分隔子串的变量名，该变量存储在 pageContext 范围对象中。

使用 forTokens 标记的 JSP 代码片段示例如下：

```
<c:forTokens items="user=wang&course=web"
        delims="&"  var="pv">
  <c:out value="${pv}"/><br>
</c:forTokens>
```

上述 JSP 代码片段将在当前页面中分两行输出 user＝wang 和 course＝web。

和 forEach 标记类似，forTokens 标记也可以使用 begin、end、step 和 varStatus 可选参数，这些参数的用法和 forEach 标记中的对应语法相同，此处不再赘述。

11.2.8 重定向元素 redirect 的标记

redirect 元素可以向请求客户端发送重定向响应，其标记语法如下：

```
<c:redirect  [url="url"]  [context="上下文路径"]>
   {<c:param name="参数名" value="参数值"/>}*
</c:redirect>
```

在标记语法式中，url 和 context 参数都是可选的，两者可以同时出现，或仅出现其中一个参数。param 子元素标记两侧的大括号和星号表示该标记可以出现零到多次。不含 param 子元素时，redirect 元素可以按照空元素的标记语法书写，省去结束标记部分。

1. 指定重定向 URL

(1) url 参数。url 参数指定重定向 URL，只使用此参数时，url 可以是以协议名开头的绝对 URL，也可以是相对 URI。注意，此处的相对 URI 是指 Web 程序目录中的页面相对位置，采用正斜线(/)开头时，后面不要附加 Web 程序的上下文路径，标记在执行时会自动为其加入当前 Web 程序上下文路径前缀。此参数值可使用 JSP 1.x/2.0 表达式。

(2) context 参数。context 可选参数用于指定 Web 程序上下文路径，该参数值可以使用 JSP 1.x/2.0 表达式。当和 url 参数一起使用时，常用于不同 Web 程序页面之间的重定向，此时 url 参数值必须是以正斜线(/)开头的相对于程序根目录的 URI。

如果仅给出了 context 参数，则重定向 URL 将是参数值对应的 Web 程序上下文路径。

2. 为重定向 URL 添加查询字符串

param 子标记用于在重定向 URL 的后面附加由 name 和 value 参数构成的查询字符串。注意，如果 param 子标记的 name 和 value 参数中包含一些影响查询字符串构造的字符，例如，等号、双引号、问号等，redirect 会将这些字符自动编码为“%字符的十六进制编码”的格式，这个编码功能和浏览器处理表单中提交的数据类似。

3. 使用 redirect 标记的注意事项

redirect 标记通常和 if 标记配合使用，用于重新分配请求。该标记会中断当前请求处理代码，使标记后的页面部分得不到处理；执行标记前的页面输出也会被忽略。MVC 架构中请求分派已由控制器负责，所以 redirect 标记一般不用于 MVC 架构的 JSP 视图文件。

下面的 JSP 代码将客户端请求重定向到和当前页面位于同一目录中的 other.jsp：

```
<c:redirect url="other.jsp"/>  <%--重定向采用了相对 URI--%>
```

以下 redirect 标记将请求重定向到/otherApp 上下文路径程序的根目录中的 o.jsp：

```
<c:redirect url="/o.jsp"  context= '/otherApp'/> <%--有 context 参数时，url 参数值
必须以/开头--%>
```

以下 redirect 标记利用 param 子元素为当前 Web 程序根目录下的 i.jsp 重定向页面构造

查询字符串,其 name 和 value 参数值自动被编码成特定的字符:

```
<c:redirect  url="/i.jsp">
    <c:param name="p" value="&"/>  <c:param name="q" value="="/>
</c:redirect>
```

此标记执行时会在/i.jsp 前自动加入当前 Web 程序上下文路径,形成的重定向 URL 为

```
/当前 Web 程序上下文路径标识/i.jsp?p=%26&q=%3d
```

11.2.9　URL 重写元素 url 的标记

url 元素在当前页面中输出指定的 URL,如果用户关闭了浏览器的 Cookie,则该标记还可以自动产生 URL 重写字符串,以维护当前页面中会话对象的正常工作。基本标记语法如下:

```
<c:url  [value="url"]  [context="上下文路径"]>
 {<c:param name="参数名" value="参数值"/>}*
</c:url>
```

1. URL 的页面输出

此标记和 11.2.8 节 redirect 元素的标记组成相似,区别在于使用 value 参数替换了 url 参数。实际上,两者在标记语法上的要求是相同的;在执行上的区别仅在于 redirect 元素会对生成的 URL 进行重定向操作,url 元素只会在页面中输出生成的 URL。

以下是 url 标记在一个 JSP 页面中的使用示例:

```
<a href="<c:url value='index.jsp'>
        <c:param name='action'  value='?2'/>
      </c:url>">
返回首页
</a>
```

此 url 标记在当前 JSP 页面生成如下超链接:

```
<a href="index.jsp?action=%3f2">返回首页</a>
```

2. 在范围对象中存储 URL

通过 url 标记直接在当前页面生成 URL 有时候会让页面的代码显得比较混乱,此时,可在 url 标记中使用 var 和 scope 参数,将生成的 URL 存入 var 参数指定的属性中,之后可以使用 JSP 2.0 表达式将生成的 URL 取出,这样的方式更有利于 JSP 页面代码的维护。具体的标记语法如下:

```
<c:url  [value="url"]  [context="上下文路径"]
    var="存储 url 的变量名"  [scope="page|request|session|application"]>
  {<c:param  name="参数名"  value="参数值"/>}*
</c:url>
```

添加了 var 属性后,url 标记将不在当前页面中产生输出,而是将生成的 url 存储在 var 指定的变量中。如果省略 scope,则该变量将存储在 pageContext 范围对象中。

带有 var 和 scope 参数的 url 标记示例如下:

```
<c:url value='index.jsp'  var="url">
  <param name='action'  value='?2'/>
</c:url>
<a href="${url}"返回首页</a>
```

该段代码类似上一示例,可在 JSP 页面生成一个如下的超链接:

```
<a href="index.jsp?action=%3f2">返回首页</a>
```

和上一示例相比,url 标记和超链接标记分别使用,具有较好的可读性。

3. URL 重写

如果用户禁用了 Cookie，则 session 对象在 JSP 页面中将不能正常使用。大部分服务器在此情况下，自动在请求的页面后添加一个会话 id 的参数，以保持 session 的可用性。这种自动生成带有会话 id 的 URL 的功能称为 URL 重写。

url 标记可自动生成重写 URL，如上例中，如果用户禁用 Cookie，则生成的 href 的查询参数前将被添加了矩阵参数 jsessionid，变为如下形式：

```
index.jsp;jsessionid=E4A0EB8280B7817CF3D465FEBC6A3007?c=%3f2
```

11.2.10 捕捉异常元素 catch 的标记

catch 元素用于将 JSP 页面中抛出的异常实例存储到页面范围对象中，从而避免 JSP 页面出现错误的信息，具体的标记语法如下：

```
<c:catch var="存储异常实例的变量名">
  <%--可能发生异常的 JSP 代码--%>
</c:catch>
```

在标记语法式中，var 参数指定 catch 元素捕捉到的异常实例存储在 pageContext 范围对象中的变量名，可以使用 if 标记测试此变量是否为空，不为空时可以进一步处理捕捉到的异常对象。

catch 元素的开始和结束标记之间，一般需包含可能会引发异常的 JSP 代码，包括 JSTL 中的元素标记。

catch 标记在 JSP 中的使用示例如下：

```
<c:catch var="ex">
    <% int a=Integer.parseInt("3.0");%>
</c:catch>
<c:if test="${not empty ex}">
  Convert Integer Error:${ex}
</c:if>
```

该 JSP 页面会捕捉在类型转换时发生的异常，从而显示该异常信息。

11.2.11 资源引入元素 import 的标记

import 元素的功能和 jsp：include 元素类似，可以在页面中插入 Web 程序的其他页面资源，还可以插入来源于其他 Web 程序和互联网中的资源。具体的标记语法如下：

```
<c:import  url="页面资源 url"  [context="Web 程序上下文路径"]  [charEncoding="编码"]
            [var="变量名" | varReader="变量名"]  [scope="page|request|session|application"]>
  {<c:param name="参数名" value="参数值"/>}*
</c:import>
```

如果不含可选的 param 子元素，import 元素也可以按照空元素的标记语法书写。

1. 引入 Web 程序中的资源

(1) 引入当前 Web 程序和其他 Web 程序中的资源

import 元素的 url 和 context 参数的使用规则类似于 redirect 元素中的同名参数，单独使用 url 参数用于引入当前 Web 程序中的其他页面资源；当给出了 context 参数时，url 取值必须以正斜线开头，相对于 Web 程序根目录的 URI，而 context 一般取其他 Web 程序的上下文路径，这样 import 元素就可以引入其他 Web 程序中的页面资源。

例如，下面两个 import 标记分别引入当前 Web 程序根目录中 inc 目录中的 logo.jsp 文件，以及位于/resource 上下文路径的 Web 程序中根目录下 img 文件夹中的 logo.png 文件：

```
<c:import url="/inc/logo.jsp" /> <c:import url="/img/logo.png" context=
"/resource" />
```

(2) 指定引入页面的文本编码。

如果 url 参数指定页面的编码同当前页面的编码不一致，可以使用 charEncoding 属性指定其编码，可以避免被包含页面因为和当前页面编码不同造成的乱码问题。例如，下面 import 标记引入了 Web 程序根目录中的文件编码为 gbk 的 foot.inc 文件：

```
<c:import url="/foot.inc" charEncoding="gbk"/>
```

(3) 指定引入页面所需的查询字符串参数。

如果需要为引入的页面指定查询参数，可以添加 param 子元素。

```
<c:import url="/user.jsp" context="uapp">
  <c:param name="uid" value="${param.uid}"/>
</c:import>
```

2. 引入任意 URL 资源

url 参数不和 context 参数一起使用时，也可以指定来源于任意 URL 中的资源，如可以是一个来源于某个 FTP 资源的文件。例如，以下标记引入一个位于 FTP 主机中的 GBK 编码的 README.txt 文件：

```
<c:import url="ftp://ftphost.com/README.txt" charEncoding="GBK"/>
```

如果需要为引入外部资源指定查询参数，同样可以添加 param 子元素。例如，引入百度的首页并自动为其提供搜索关键字：

```
<c:import url="https://www.baidu.com/s"> <c:param name="wd" value="saka"/> </
c:import>
```

3. 将引入的文本存入范围对象中的变量

如果不需要将引入文本插入当前的页面，可以在 import 标记中使用 var 或 varReader 参数，var 参数指定存储引入文本的 String 类型的变量名；varReader 指定存储了引入文本流的 java.io.Reader 类型的变量名，scope 参数指定变量所在的范围对象。例如，以下的 import 标记将上下文路径为/novel 的 Web 程序根目录中一个名为 M.txt 的文件内容读取到名为 M 的文本流变量，并将该变量存入当前 Web 程序的应用程序范围对象中：

```
<c:import url="/M.txt" context="/novel" varReader="M" scope="application"/>
```

11.3　JSTL 数据库元素标记

数据库元素由 setDataSource、query、update 和 transaction 组成，有两种等价的数据库元素名称空间 URI，在使用@taglib 指令时，可任选其中的一种：http://java.sun.com/jsp/jstl/sql 或 http://java.sun.com/jstl/sql_rt。如果采用第一种名称空间 URI，数据库元素名称空间前缀定义的@taglib 指令可以写成如下语法：

```
<%@taglib uri="http://java.sun.com/jsp/jstl/sql" prefix="sql"%>
```

为了方便论述，本书均采用 sql 作为数据库元素的名称空间前缀。在访问数据库时，先通过 setDataSource 元素标记建立连接池对应的数据源，然后再使用 query 和 update 元素利用 setDataSource 建立的数据源进行记录的读取和更新操作；使用 transaction 元素进行查询和更新过程中的事务控制处理。当数据库访问结束后，无须关闭 setDataSource 建立的数据源。数据库元素标记的使用步骤如图 11-3 所示。

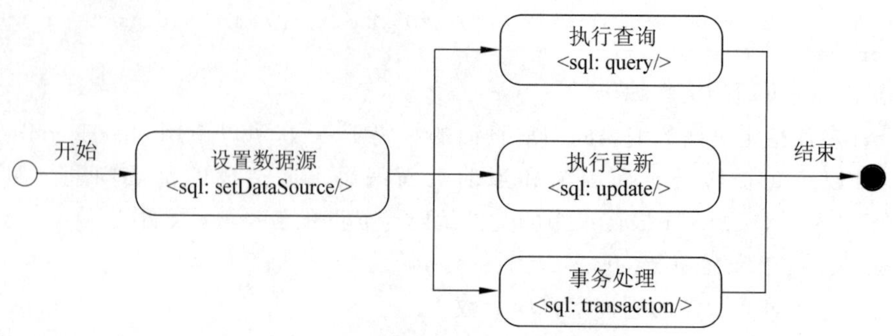

图 11-3 数据库元素标记的使用步骤

11.3.1 数据源设置元素 setDataSource 的标记

setDataSource 元素用于建立代表着数据库连接池的数据源对象，具体标记语法如下：

```
<sql:setDataSource
 driver="数据库 JDBC 驱动类名"  url="数据库连接 url"
 [user="用户名"]  [password="口令"]
 [var="数据源变量名"]
 [scope="page|request|session|application"]/>
```

1. 数据源建立参数

(1) 指定数据库 JDBC 驱动和数据库连接信息。

setDataSource 元素标记的 driver 参数用于指定数据源连接的数据库的驱动程序类名，url 参数指定数据库的 JDBC 连接地址，user 和 password 用于指定连接数据库的用户名和口令。当数据库接受匿名连接或者可以通过 JDBC 连接 URL 后传入用户名和口令时，user 和 password 参数可以省略。

(2) 指定数据源变量和应用范围。

var 和 scope 参数分别用于指定数据源的变量名和变量存储的范围对象，省略 scope 参数时，默认的数据源变量被存储在当前页面范围对象。当需要在其他页面中使用该标记建立的数据源时，可以同时指定 var 和 scope 参数，将建立的数据源变量存储到 scope 指定的 request、session 或 application 等范围对象中，以便其他页面通过 JSP 2.0 的表达式引用 var 参数指定的数据源变量。建议将 scope 参数值指定为 application，这样可避免在 Web 程序中重复建立数据源，节约系统资源。

如果仅在当前的页面中使用数据源，var 和 scope 参数都可省略，此时，setDataSource 标记将在内部产生一个名称，并将其存入当前页面的 pageContext 对象中，以供当前页面中其他的数据库元素标记使用该数据源建立的数据库连接。

2. 数据源的生命周期管理

建立数据源是使用其他数据库标记的前提。JSTL 内置了数据库连接池的实现，并且可以自行管理其建立的数据库连接池的打开和关闭，也可以自动管理连接池中的数据库连接的打开和关闭；因此，使用 JSTL 的数据库标记时，开发者无须对建立的数据源进行生命周期方面的直接管理，只需建立数据源并使用即可。另外，setDataSource 标记也可以通过 jndiName 参数指定 Web 容器中建立的数据库连接池。但由于不同容器建立数据库连接池的步骤不尽相同，而且一旦使用了这种基于容器数据库连接池的数据源，Web 程序的部署也会相应地增加复杂度，所以本书并不介绍如何在 setDataSource 标记中使用容器建立的数据源。

3. 数据源和 JDBC 驱动程序类库

在使用 setDataSource 元素标记时，一般要确保需要连接到数据库的 JDBC 驱动程序类库应位于 Web 程序的/WEB-INF/lib 目录，否则有可能导致数据源建立失败。另外，也要保证数据源连接的数据库服务处于运行状态，以便数据源中的数据库连接能够正常工作。

下面所示的 setDataSource 元素的标记可以在当前 JSP 页面中建立连接到 Derby 系统中的 demodb 数据库的数据源。

```
<sql:setDataSource
    driver="org.apache.derby.jdbc.ClientDriver"
    url="jdbc:derby://localhost:1527/demodb;create=true"
    user="sa"
    password="123456"/>
```

为了确保此数据源的建立和正常使用，Derby 数据库的 JDBC 驱动类库 derbyclient.jar 应位于当前 Web 程序的/WEB-INF/lib 目录，同时 Derby 数据库服务已经启动。

需要注意，标记中的 url 参数取值中的 create=true 参数会在 demodb 数据库不存在时，自动创建该数据库；这种方式创建的 Derby 数据库是开放式的，任何用户名和口令均可对其进行访问，实际应用中不建议使用这种开放式的数据库。如果 demodb 数据库已经存在，此参数会被忽略，将使用 demodb 数据库安全认证的用户名和口令进行连接时的验证。

使用 NetBeans 可以对 Derby 数据库服务进行启动和关闭，还可以通过数据库向导创建 ds.inc 中 setDataSource 标记中指定的 demodb 数据库和认证用户及口令，可参考 10.4.2 节中的图 10-19 及相关论述。在创建 demodb 数据库时，要注意授权用户名和口令要和此处的 setDataSource 标记中的 user 和 password 参数值保持一致。

11.3.2 数据库查询元素 query 的标记

查询元素 query 用于执行对数据表的投影操作，即 select 语句的执行。query 元素可以采用非空元素标记语法或空元素标记语法。

非空元素标记语法如下：

```
<sql:query  var="查询结果变量名"  [scope="page|request|session|application"]
                                  [dataSource="${数据源变量名}"]>
    select 语句
</sql:query>
```

空元素标记语法如下：

```
<sql:query  var="查询结果变量名"  [scope="page|request|session|application"]
         sql="select 语句"        [dataSource="${数据源变量名}"] />
```

如果需要执行的 select 语句比较复杂，建议采用非空元素标记语法格式，这种格式中的 SQL 语句文本中还可以加入 JSP 1.x 或 2.0 表达式；如果 select 语句比较简单，可使用空元素标记语法格式，将 select 语句作为 query 参数的取值。

1. 查询参数的指定

query 标记中的参数主要包括 dataSource、var、scope、startRow 和 maxRows。

(1) 指定查询数据源。

dataSource 参数用于设置查询所用的数据源，此参数值应指定为 setDataSource 标记建立的数据源变量。如果当前页面的 setDataSource 标记没有通过 var 参数指定数据源变量名，此时该属性必须省略；否则，必须利用 dataSource 参数指定数据源变量。注意，在指定 dataSource 参数值时，要使用 JSP 2.0 的表达式语法“${数据源变量名}”。

(2) 查询结果的存储。

var 参数指定存储查询结果的变量名，之后可以利用＜c：forEach＞标记中的 items 参数取出其中的查询结果。

scope 参数用于指定查询结果变量所处的范围对象，可以取 page、request、session 或者 application。当 scope 参数省略时，查询结果变量将被存在 pageContext 范围对象中。

(3) 查询结果中的记录分页。

当查询的记录数量较多时，可以为 query 标记添加 startRow 和 maxRows 参数限制查询到的记录数，实现查询结果的分页功能。

startRow 参数指定查询结果中包含的开始记录数，省略该参数时将以 0 为开始值。maxRows 参数指定查询结果中最多包含的记录数，该值为－1 或省略时将包含所有的记录。

2. 查询结果的获取

在 query 元素标记的参数中，var 是最为重要的参数，该参数指定的查询结果变量是一个包含 columnNames、rows、rowsByIndex 等属性的 JavaBean 组件。

(1) 查询中列名的获取。columnNames 属性是由查询列名构成的字符串数组，可利用循环标记从中取出列名。

(2) 获取包含列名的记录集合。rows 属性是一个记录数组，可利用循环标记将数组元素写入记录变量进行读取。记录变量是一个由列名/列值构成的 Map 对象，可采用 2.0 表达式“${记录变量名.列名}”或者“${记录变量名['列名']}”获取到记录中列名对应的列值。

在使用 2.0 表达式获取列值时，注意列名并不区分大小写。这是因为记录变量的实际类型是 java.util.SortMap，可将其键名设置为不区分大小写。

(3) 获取不含列名的记录集合。rowsByIndex 是一个二维对象数组，该数组的每一行对应于一条查询记录，记录数组中列值的排列位置由查询 SQL 语句中列的排列次序决定。

(4) 获取查询得到的记录数量。rowCount 属性是一个存储了查询记录总数的整型数据。

(5) 确定查询是否进行了分页。limitedByMaxRows 是一个布尔类型的属性，表示执行的查询是否通过 maxRows 参数限制了最大查询的行数。

在查询结果的 JavaBean 属性中，rows 和 rowsByIndex 是两个核心属性，分别表示包含列名的记录数组和不含列名的记录数组。这两个属性包含的记录数据的存储模式如图 11-4 所示。

rows属性是包含列名的SortMap[]数组

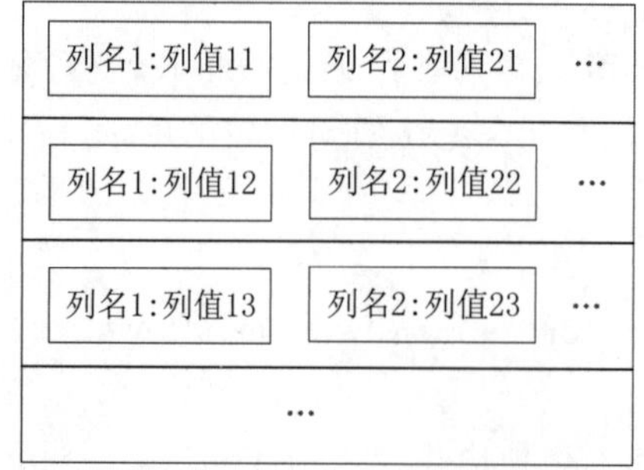

rowsByIndex属性是不含列名的Object[][]数组

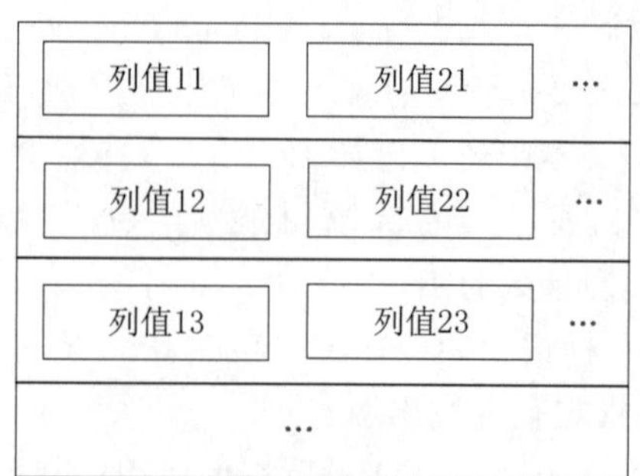

图 11-4 rows 和 rowsByIndex 属性包含的记录数据的存储模式

下面的例 11-1 的 student.jsp 在当前页面中建立了用于连接 Derby 系统中的 demodb 数据库的数据源，通过 query 标记对数据源中的 student 数据表进行查询，之后利用 forEach 核心标记对查询结果变量中的 rows 和 rowsByIndex 属性进行记录的遍历和输出。

例 11-1 使用的 student 数据表可以参考 10.4.2 节中介绍的表创建对话框进行创建和记录输入。表 11-1 是 student 数据表的列组成。

表 11-1　student 数据表的列组成

列　名	列 类 型	列 宽 度	约　束	列 说 明
ID	INTEGER		主键	系统编号
SNO	VARCHAR	20	非空且唯一	学号
BIRTH	DATE		可以为空	生日
NAME	VARCHAR	10	非空	姓名

该表也可在 NetBeans 的 demodb 数据库 JDBC 结点中执行如下 SQL 命令直接建立：

```
create table student(id int primary key, sno varchar(20) not null unique,birth date,
name varchar(10) not null)
```

【例 11-1】 使用 query 标记查询 Derby 数据库 demodb 中 student 表的 student.jsp。

```
<%@page  pageEncoding="UTF-8"%>
<%@taglib  uri="http://java.sun.com/jsp/jstl/core"  prefix="c"%>
<%@taglib  uri="http://java.sun.com/jsp/jstl/sql"  prefix="sql"%>
<sql:setDataSource
   driver="org.apache.derby.jdbc.ClientDriver"
   url="jdbc:derby://localhost:1527/demodb;create=true"
   user="sa"  password="123456"/>
<%--使用 query 标记,将查询结果存入名为 r 的属性--%>
 <sql:query var="r">  SELECT  *  FROM  student  </sql:query>
<table> <%--使用结果集的 columnNames 属性打印列名--%>
   <c:forEach var="colName"  items="${r.columnNames}"  varStatus="status">
   <th>${colName}</th>
   <%--下面 if 标记用于在循环结束时在页面中存储列总数,用于跨列信息显示--%>
   <c:if test="${status.last}"><c:set var="colnum" value="${status.count}"/></
c:if>
  </c:forEach>
   <tr><td colspan="5">使用 rows 属性取出结果集中的记录</td></tr>
  <c:forEach var="row" items="${r.rows}">
     <tr>  <%--直接使用列名取记录值,注意,列名不区分大小写--%>
      <td>${row['id']}</td><td>${row.sno}</td><td>${row.birth}</td><td>${row.
NAME}</td>
     </tr>
  </c:forEach>
<tr><td colspan="${colnum}">
使用 rowsByIndex 取出结果集中记录</td>
</tr>
<c:forEach var="row" items="${r.rowsByIndex}">
<tr>
  <c:forEach var="field" items="${row}">
     <td>${field}</td>
  </c:forEach>
</tr>
</c:forEach>
```

```
</table>
```

此例的 JSP 页面输出如图 11-5 所示。示例中通过 forEach 标记，输出 rowsByIndex 属性中的记录集合是具有通用性质的代码，可用于输出任意查询 SQL 结果的记录。

ID	SNO	BIRTH	NAME
使用rows属性取出结果集中的记录			
1	202201E01	2004-05-17	王丽
2	202201E02	2004-12-01	张斌
3	202201E03	2004-06-17	张信
4	202201E04	2004-05-09	张伟
使用rowsByIndex取出结果集中记录			
1	202201E01	2004-05-17	王丽
2	202201E02	2004-12-01	张斌
3	202201E03	2004-06-17	张信
4	202201E04	2004-05-09	张伟

图 11-5 student 数据表的 JSP 页面输出

3. 查询 SQL 语句中的参数

当 query 标记执行的查询 SQL 语言中包含列值条件子句时，可以采用含有问号(?)的带参 SQL 语句，此时可以在 query 元素标记中添加 param 子元素标记提供对应的参数数据；还可以使用 dateParam 子元素为日期型列值指定其中需要的日期或时间部分。

(1) 通过 param 子元素提供 SQL 参数值。

含有 param 子元素的 query 标记语法如下：

```
<sql:query>
   {<sql:param value="<%=参数值表达式%> | ${参数值表达式}"/>}*
   带参 SQL 查询语句
 </sql:query>
```

其中，param 两侧的大括号和星号代表该子元素可以出现零到多次。注意，param 子标记次序和数目应和 where 子句中问号的次序和数目相同，value 参数用于提供具体的参数取值，取值表达式可以是 JSP 1.x 或 2.0 表达式。

(2) 通过 dateParam 子元素提供 SQL 中的日期参数值。

当查询 SQL 中问号参数为日期类型时，由于数据库中包含日期、时间、时间戳等不同精度的日期类型，而 Java 中的日期类型主要是以 java.util.Date 和 java.util.Calendar 为代表的精确日期时间数据，所以直接为 SQL 语句中的日期参数传入 Java 的日期数据可能得到不需要的查询结果。

例如，在 Derby 数据库 Date 类型列中存储生日时，只会精确到年、月、日，而不会精确到更小的时间单位。为此，JSTL 为 query 标记提供了 dateParam 子元素代替 param 子元素，用于日期类型的数据查询。dateParam 标记中允许开发者在使用 java.util.Calendar 或 java.util.Date/java.sql.Date 类型的数据作为日期型参数，并通过 type 参数指定日期中的有效部分，从而提供了更为有效的日期操作。dateParam 子元素的标记语法如下：

```
<sql:query>
  {<sql:dateParam  value="日期型表达式"  type="date | time | timestamp" />}*
    带有日期参数的 SQL 语句
</sql:query>
```

语法式中 dateParam 标记的出现要求和次序规则和 param 标记类似，要和 SQL 语句中的问号参数在数量和次序上保持一致，其 type 参数值应为以下文本(不区分大小写)。

① "date"，代表日期类型的参数值只取年、月、日部分；

② "time"，代表日期类型的参数值中只取时间部分，即不含年、月、日；

③ "timestamp"，代表全部的日期参数数据都是有效的。

(3) 参数查询示例。

例 11-2 修改了例 11-1 的 student.jsp 文件，为其添加了 NAME 列的模糊查询和 BIRTH 列的日期查询功能，该页面显示的 student 数据表中所有记录及查询记录如图 11-6 所示。

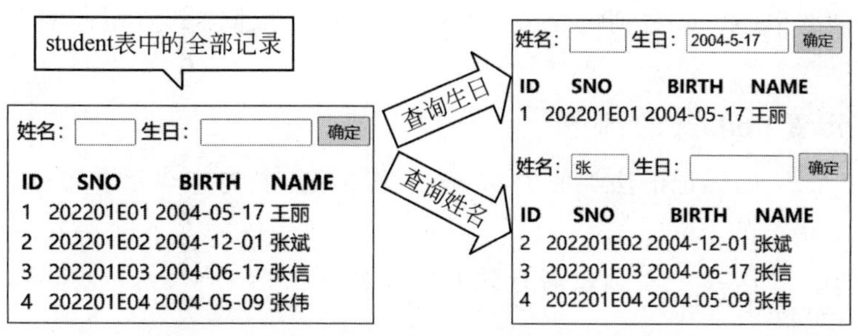

图 11-6 student 数据表中所有记录及查询记录

【例 11-2】 使用 query 和 param 及 dateParam 数据库标记支持查询的 student.jsp 文件。

```
<%@page  pageEncoding="UTF-8"%>
<%@taglib  uri="http://java.sun.com/jsp/jstl/core"  prefix="c"%>
<%@taglib  uri="http://java.sun.com/jsp/jstl/sql"  prefix="sql"%>
<% request.setCharacterEncoding("UTF-8"); %>  <%--防止中文乱码--%>
<c:catch var="err"> <%--catch标记防止执行错误,发送错误时将捕捉和显示错误消息--%>
  <sql:setDataSource  driver="org.apache.derby.jdbc.ClientDriver"
      url="jdbc:derby://localhost:1527/demodb;create=true"
      user="sa"  password="123456"  var="derbyDs"/> <%--建立了数据源变量--%>
  <sql:query var="r"  dataSource="${derbyDs}"> <%--此处必须指定数据源变量--%>
    <sql:param value="%${param.name}%"/> <%--为姓名模糊查询构造所需的通配符(%)参数
--%>
    <c:if test="${not empty param.birth}"> <%--提交生日查询时,构造所需的日期参数-
-%>
      <% String birth = request.getParameter("birth");
          java.util.Date d = new java.text.SimpleDateFormat("yyyy-MM-dd").parse
(birth);
          pageContext.setAttribute("birthClause", " and birth=? ");
                                                   //为 SQL 添加 BIRTH 列的查询条件
      %>
      <sql:dateParam  value="<%=d%>"  type="DATE"/> <%--为生日查询提供日期参数
--%>
    </c:if>
    <%--SQL 使用 like 实现模糊查询,用 2.0 表达式为生日查询附加 where 子句条件--%>
    select  *  from  student  where  name  like ?  ${birthClause}
  </sql:query>
</c:catch>
<div style="color:red">${err.message}</div><%--显示 catch 标记捕捉到的如日期格式的
错误信息--%>
<form  method="post">
  姓名:<input name="name" size="2" value="${param.name}">
  生日:<input name="birth" size="8" value="${param.birth}">  <input value="确定"
  type="submit">
</form>
<table>
  <c:forEach var="colName"  items="${r.columnNames}" > <th>${colName}</th> </c:
forEach>
  <c:forEach var="row" items="${r.rowsByIndex}">
    <tr> <c:forEach var="field" items="${row}"> <td>${field}</td> </c:forEach>
    </tr>
  </c:forEach>
</table>
```

例 11-2 使用了 catch 标记捕捉可能出现的错误,并将异常实例存入 err 变量以供显示错误消息。从例 11-2 中还可以看到，param 和 dateParam 可以同时为 query 标记提供所需的参数值。

11.3.3 更新元素 update 的标记

更新元素 update 的标记语法类似于 query 元素标记，也支持空元素和非空元素两种标记语法，空元素标记语法如下：

```
<sql:update  [var="存储更新行数的变量名"]  [scope="page|request|session|application"]
    sql="更新 sql 语句"  [dataSource="${数据源变量名}"] />
```

非空元素的标记语法如下：

```
<sql:update  [var="存储更新行数的变量名"]  [scope="page|request|session|application"]
            [dataSource="${数据源变量名}"]>
更新 sql 语句
</sql:update>
```

update 可以和 param、dateParam 子元素连用，以对带参更新 sql 提供参数值。

例 11-3 使用 update 标记为例 11-2 中的 student 数据表提供了记录录入功能。

【例 11-3】 使用 update 元素标记添加记录的 student.jsp。

```
<%@page  pageEncoding="UTF-8"%>
<%@taglib  uri="http://java.sun.com/jsp/jstl/core"  prefix="c"%>
<%@taglib  uri="http://java.sun.com/jsp/jstl/sql"  prefix="sql"%>
<% request.setCharacterEncoding("UTF-8"); %>
<sql:setDataSource  driver="org.apache.derby.jdbc.ClientDriver"
    url="jdbc:derby://localhost:1527/demodb;create=true"
    user="sa"  password="123456" />
<c:catch var="err">
  <c:if test="${!(empty param.id || empty param.sno || empty param.name || empty param.birth)}">
      <sql:update>  <%--如果表单输入项均不为空，则通过带参 SQL 进行记录的插入操作--%>
         <sql:param value="${param.id}"/>     <sql:param value="${param.sno}"/>
         <sql:param value="${param.name}"/>  <sql:param value="${param.birth}"/>
         insert into student(id,sno,name,birth) values(?, ?, ?, ?)
      </sql:update>
  </c:if>
</c:catch> <%--此处的 catch 主要用于处理表单中的输入错误--%>
<div style="color:red">${err.message}</div>
  <sql:query var="r" >  select  *  from  student  </sql:query>
<form  method="post">
序号:<input name="id" value="${param.id}"> 学号:<input name="sno" value="${param.sno}"><br>
姓名:<input name="name" value="${param.name}"> 生日:<input name="birth" value="${param.birth}">
<br><input value="添加"  type="submit">
</form>
<table>
<c:forEach var="colName"  items="${r.columnNames}" > <th>${colName}</th> </c:forEach>
  <c:forEach var="row" items="${r.rowsByIndex}">
    <tr> <c:forEach var="field" items="${row}"> <td>${field}</td> </c:forEach> </tr>
  </c:forEach>
</table>
```

例 11-3 构造的插入记录页面执行情况如图 11-7 所示。

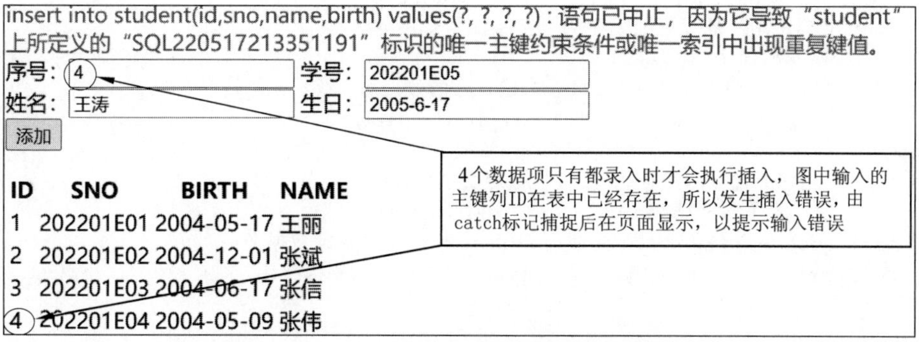

insert into student(id,sno,name,birth) values(?, ?, ?, ?) : 语句已中止，因为它导致“student”上所定义的“SQL220517213351191”标识的唯一主键约束条件或唯一索引中出现重复键值。

序号: 4　　学号: 202201E05

姓名: 王涛　　生日: 2005-6-17

添加

ID	SNO	BIRTH	NAME
1	202201E01	2004-05-17	王丽
2	202201E02	2004-12-01	张斌
3	202201E03	2004-06-17	张信
4	202201E04	2004-05-09	张伟

4个数据项只有都录入时才会执行插入，图中输入的主键列ID在表中已经存在，所以发生插入错误，由catch标记捕捉后在页面显示，以提示输入错误

图 11-7　例 11-3 构造的插入记录页面执行情况

例 11-3 中 JSP 文件采用 if 标记检查需要插入的 4 项数据是否都由表单进行了输入，满足条件，就通过 update 标记以及 param 子元素执行带参的插入(insert)语句。注意，虽然 BIRTH 列是日期列，但页面没有使用 dateParam 子元素为其提供参数，而是采用了 param 子元素直接提供了表单输入值，这种情况需要用户按照数据库既定的日期数据格式输入。

为了防止输入错误造成页面出现 HTTP 错误代码，例 11-3 采用了 catch 标记进行了针对输入部分的异常捕捉，图 11-7 就显示了由 catch 标记捕捉到的异常信息，例 11-3 采用了 2.0 表达式取出其中的错误消息进行显示。

11.3.4　事务元素 transaction 的标记

事务元素 transaction 对于其标记中嵌入的元素 update、query 等执行的数据库操作进行本地事务管理，标记语法如下：

```
<sql:transaction  dataSource="${数据源名称}"
   isolation="read_committed | read_uncommitted | repeatable_read | serializable">
  需要事务处理的查询和更新标记
</sql:transaction>
```

标记语法式中的数据源 dataSource 和事务隔离级别 isolation 参数都是可选的。isolation 参数的隔离级别取值可参考 10.2.6 节中隔离级别的介绍。

对于嵌套在事务标记中的更新或查询标记，均使用事务标记中的 dataSource 指定的数据源，不得再自行指定数据源。

通常使用 catch 标记对事务产生的异常进行捕捉，以防止在事务出现回滚时抛出的异常导致页面出现错误：

```
<c:catch var="tx">
  <sql:transaction>…</sql:transaction>
</c:catch>
<c:if test="${not empty tx}">
  事务处理回滚提示:${tx.message}
</c:if>
```

例 11-4 的 transaction.jsp 演示了如何通过事务控制更新。

【例 11-4】　事务控制演示的 transaction.jsp 文件。

```
<%@page  pageEncoding="UTF-8"%>
<%@taglib  uri="http://java.sun.com/jsp/jstl/core"  prefix="c"%>
<%@taglib  uri="http://java.sun.com/jsp/jstl/sql"  prefix="sql"%>
<sql:setDataSource  driver="org.apache.derby.jdbc.ClientDriver"
```

```
    url="jdbc:derby://localhost:1527/demodb;create=true"
    user="sa"  password="123456"  var="derbyDs" />
<%--catch 标记用于捕捉可能发生的异常错误信息--%>
<c:catch var="tx">
<%--以下插入 SQL 没有使用事务,可以指定自己的数据源--%>
    <sql:update dataSource="${derbyDs}"> delete from student where id=5 </sql:
update>
    <!--利用事务控制两组插入 SQL,数据源由事务标记指定-->
    <sql:transaction dataSource="${derbyDs}">
    <sql:update> <%--注意,此处的 update 标记不可指定数据源--%>
      insert into student(id,sno,name,birth) values(5,'202201E05','小赵','2005-3-
21')
    </sql:update>
    <sql:update> <%--param 标记为第一个 id 列提供的参数值为 5,造成主键重复异常--%>
      <sql:param value="5"/>     <sql:param value="202201E06"/>
      <sql:param value="郑凡"/>  <sql:param value="2005-1-2"/>
      insert  into  student(id, sno, name, birth)  values(?, ?, ?, ?)
    </sql:update>
  </sql:transaction>
</c:catch>
<c:if test="${!empty tx}"> <div style="color:red">插入失败:${tx.message}事务已回滚
</div></c:if>
<sql:query var="r" dataSource="${derbyDs}">select * from student</sql:query>
<table><%--显示事务控制插入后的 student 表中的所有记录--%>
  <c:forEach var="colName"  items="${r.columnNames}" > <th>${colName}</th> </c:
forEach>
  <c:forEach var="row" items="${r.rowsByIndex}">
    <tr> <c:forEach var="field" items="${row}"> <td>${field}</td> </c:forEach>
</tr>
  </c:forEach>
</table>
```

例 11-4 首先通过独立的 delete 语句删除了数据表 students 中的主键列 id 值为 5 的记录，以防止插入 id 值为 5 的记录时发生错误。随后两组 insert 语句均使用事务标记控制。第一个 insert 语句成功插入一条 id 列值为 5 的记录；第二个 insert 语句又准备插入新的记录，但误将此记录的 id 列值也设置为 5，这违反了数据库中数据表主键必须唯一的约束，所以它的插入操作是失败的。

由于两个 insert 语句均由事务控制，第二条插入语句失败，事务回滚，第一条插入的记录也随之无效。表 student 此时不再包含 id 值为 5 的记录。

11.4 JSTL 自定义函数

在最初的 JSP 2.0 规范中，2.0 表达式仅能通过读取 JavaBean 组件的属性间接调用该属性的 Getter 方法，表达式中缺乏对组件其他公开方法的调用语法，这使得表达式处理数据的功能受到了一定的限制。例如，2.0 表达式中数组长度就无法直接获取。为了增强 2.0 表达式的数据处理能力，JSTL 规范提供了可以在 2.0 表达式中调用的自定义函数。这些自定义函数可以对表达式中的字符串进行截取、合并、查找等工作，还可以用于数组和集合的处理。

这些自定义函数位于的名称空间 URI 是 http://java.sun.com/jsp/jstl/functions，对应的名称空间前缀需要通过@taglib 指令进行定义，常用 fn 作为其前缀，对应的指令语法为

```
<%@taglib  prefix="fn"  uri="http://java.sun.com/jsp/jstl/functions"%>
```

为了方便论述,本书一律采用 fn 作为 JSTL 自定义函数的前缀。

11.4.1　自定义函数调用的语法式

自定义函数在 2.0 表达式中通过"前缀:函数调用式"的方式进行调用,具体的调用语法如下:

```
${fn:函数名(参数列表)}
```

在自定义函数的调用语法式中,参数列表由一个或多个参数组成,当包含多个参数时,参数之间采用逗号进行分隔;这些参数就是需要借助自定义函数进行处理的表达式数据。它们可以是当前表达式中的常量,也可以是来源于任何范围对象中的变量,还可以是其他自定义函数的调用式。需要注意,当参数是自定义函数调用式时,函数的名称前面也要具有 fn:前缀。

以下 if 标记调用 JSTL 自定义函数测算表单提交的用户名参数是否以 admin 开头。

```
<c:if test="${fn:startsWith(param.uname, 'admin')}"> <%--注意表达式中 admin 两侧要
用单引号--%>
    <c:out value="管理员登录"/>
 </c:if>
```

实际上,如果 JSP 页面部署在支持 JSP 2.1 及以上规范的 Web 容器时,也可以直接在 2.0 表达式中调用 String 类自身的 startsWith 方法:

```
<c:if test="${param.uname.startsWith( 'admin')}">
    <c:out value="管理员登录"/>
 </c:if>
```

虽然在表达式中调用数据类型中的公开方法很方便,但有些应用场景使用 JSTL 自定义函数还是会获得更方便的处理方案,如利用 fn:length 返回表达式中数组的长度。另外,使用自定义函数还可以降低 Web 程序部署的依赖性。

11.4.2　字符串转换自定义函数

字符串转换自定义函数不会改变原有的字串,它们只是返回新的转换后的字串。这些转换函数主要包括如下几种。

(1) 小写转换函数 toLowerCase,返回转换后的小写字串。调用格式如下:

```
fn:toLowerCase(字符串表达式)
```

(2) 大写转换函数 toUpperCase,返回转换后的大写字串。调用格式如下:

```
fn:toUpperCase(字符串表达式)
```

(3) 实体引用转换函数 escapeXml,对字符串中包含的大于号(>)、小于号(<)、单引号(')、双引号(")、连字符(&)等符号用其实体引用的方式进行替换(如大于号转换为">"),返回替换后的字符串。调用格式如下:

```
fn:escapeXml(字符串表达式)
```

11.4.3　字符串测试自定义函数

字符串测试函数对字符串的性质进行判定,返回判定的逻辑真值 true 或假值 false。这类自定义函数主要包括如下几种。

(1) 判定字符串前缀标识的 startsWith 函数,调用格式如下:

```
fn:startsWith(字符串表达式 1,字符串表达式 2)
```

如果串 1 以串 2 开头,返回 true,否则返回 false。

（2）判定字符串尾缀标识的 endsWith 函数，调用格式如下：

```
fn:endsWith(字符串表达式 1,字符串表达式 2)
```

如果串 1 以串 2 结尾，返回 true，否则返回 false。

（3）判定字符串之间是否包含的 contrains 函数，调用格式如下：

```
fn:contrains(字符串表达式 1,字符串表达式 2)
```

如果字符串 1 包含字符串 2，返回 true，否则返回 false。

（4）忽略大小写，判定字符串之间是否包含的 contrainsIgnoreCase 函数，调用格式如下：

```
fn:contrainsIgnoreCase(字符串表达式 1,字符串表达式 2)
```

功能和返回值与 contrains 类似，只是不区分字符串的大小写。

11.4.4 子串处理自定义函数

子串处理是 Web 程序中经常需要完成的工作，包括测试子串在主串中的位置，求子串等操作处理。这类自定义函数包括如下几种。

（1）返回子串位置的函数 indexOf，调用格式如下：

```
fn:indexOf(主字符串表达式 1,子串表达式 2)
```

返回子串 2 在主串 1 中的位置，位置的计数从 0 开始；如串 2 不在串 1 中，返回－1。

（2）返回删除头尾空格后的子串函数 trim，调用格式如下：

```
fn:trim(字符串表达式)
```

返回删除首尾空格字符的子字符串。

（3）返回主串中指定位置上的子串函数 substring，调用格式如下：

```
fn:substring(字符串表达式,起始位置,终止位置)
```

按照起始位置和终止位置，返回截取后的字符串。注意，字符串中字符的位置从 0 开始计数，而该函数返回的子串为起始位置到终止位置－1 处的子串。

（4）返回主串中位于指定子串前的子串 substringBefore，调用格式如下：

```
fn:substringBefore(字符串表达式 1,字符串表达式 2)
```

返回字符串 1 中在字符串 2 之前的部分。

（5）返回主串中位于指定子串后面的子串 substringAfter，调用格式如下：

```
fn:substringAfter(字符串表达式 1,字符串表达式 2)
```

返回字符串 1 中在字符串 2 之后的部分。

（6）返回按照指定子串对主串进行分隔后形成的字符串数组 split，调用格式如下：

```
fn:split(主字符串表达式 1,子串表达式 2)
```

以字符串 2 为标记，对字符串 1 进行分隔，返回分隔之后的字符串数组。

11.4.5 字符串合并替换和长度测算自定义函数

这类自定义函数包括如下几种。

（1）将字符串数组用指定字符串连接形成的新字符串函数 join，调用格式如下：

```
fn:join(字符串数组, 连接字符串)
```

（2）替换字符串中指定的子串的函数 replace，调用格式如下：

```
fn:replace(字符串表达式 1,字符串 2,字符串 3)
```

将字符串 1 中包含的字符串 2 用字符串 3 替换，返回替换之后的字符串。

（3）返回指定字符串或集合（包括数组）的函数 length，调用格式如下：

```
fn:length(表达式)
```

返回表达式的长度。

11.4.6　自定义函数示例

自定义函数示例如下。

(1) 以下 JSP 代码输出 wyi。

```
${fn:substring('wyi@ncepu.edu.cn',0,3)}
```

(2) 以下 JSP 代码利用 2.0 表达式中的 param 对象测验用户输入的电子邮件是否合法。

```
<c:if test="{ !fn:contrains(param.email,'@'))}"/>
    电子邮件不合法!
</c:if>
```

(3) 以下 JSP 代码利用自定义函数 join 和 split 将页面中防止网络爬虫邮件地址恢复正常。

```
${ fn:join(fn:split('wyi_ncepu.edu.cn',  '_'),  '@' ) }
```

该表达式等价于：

```
${fn:replace('wyi_ncepu.edu.cn','@')}
```

思考练习题

一、单项选择题

1. 以下对 JSTL 在 Java Web 中应用领域说法正确的是(　　)。

   A. 仅用于 JSP 文件

   B. 仅用于 Servlet

   C. 是用于 HTML 文件中的一种自定义标记

   D. 是 HTML 文件中的一种层叠式样式单(CSS)

2. 在 JSP 页面中引入 JSTL 需要使用(　　)。

   A. page 指令　　B. taglib 指令　　C. include 指令　　D. language 指令

3. 以下对于 JSTL 说法正确的是(　　)。

   A. JSTL 不属于 JSP 中的自定义标记

   B. JSTL 在使用时必须同时指定其所有功能的前缀

   C. JSTL 在使用时必须保证在其所在的 Web 应用程序的/WEB-INF/lib 目录中包含对应的类库文件

   D. JSTL 核心标记在使用时,其前缀标记必须定义为字符 c,否则不能正常使用

4. 支持 JSP 表达式的 JSTL 核心标记的 URI 应该是(　　)。

   A. http://java.sun.com/jstl/core　　B. http://java.sun.com/jsp/jstl/core

   C. http://java.sun.com/core_rt/jstl　　D. http://java.sun.com/jsp/core

5. 某个 JSP 页面中已经正确设定了核心标记,现页面中有以下代码：

```
<% pageContext.setAttribute("m","<h1>Hello,world!"); %>
<c:out value="m"/>
```

则 out 标记在页面中输出的内容应是(　　)。

   A. m

B. <h1>Hello.world!

C. 按照 HTML 的 1 号标题字体输出的 Hello,world!

D. null

6. 与以下使用 JSTL 中的 if 标记等价的 JSP 代码是(　　)。

```
<c:if test="${param.uid eq 0 }">
welcome admin!
</c:if>
```

A. <%if(request.getParameter("uid").equals("0")){%>
welcome admin!
<%}%>

B. <%if(request.getAttribute("uid").equals("0")){%>
welcome admin!
<%}%>

C. <%if(request.getParameter("uid").equals("0")) %>
welcome admin!

D. <%if(request.getAttribute("uid").equals("0")) %>
welcome admin!

7. 正确设定了核心标记的 JSP 页面中有一段代码：

```
test  '5'  &gt; 13
<c:if test="${ '5' gt 13 }"> true</c:if>
```

则这段代码的页面输出是(　　)。

A. test '5' > 13 true　　B. test '5' > 13

C. test '5' > 13　　D. test '5' > 13 true

8. 某 JSP 中的脚本片段和使用核心标记的代码如下：

```
<% int[]  aa={1,2,3,4,5,6}; pageContext.setAttribute("pa",aa); %>
<c:forEach var="a" items="${aa}"> ${a} </c:forEach>
```

如果该页面已经对核心标记进行了正确的设定，并且除设定核心标记和上述代码之外再无其他代码。若该页面是其所在的 Web 应用程序中的欢迎页面，则当用户第一次访问该 Web 应用程序时，页面的输出是(　　)。

A. 无输出的空白页面　　B. 123456

C. ${a}　　D. ${aa}

9. 已知在某个 JSP 页面中，使用如下的 JSTL 的数据库标记设定了数据源：

```
<sql:setDataSource
   driver="org.apache.derby.jdbc.ClientDriver"
   url="jdbc:derby://localhost/ctest"
   user="sa" var="ds"/>
```

如果该 JSP 需要利用上述标记建立的数据库源进行数据库中表 users 所有记录的查询，那么正确的 JSTL 标记的写法应该是(　　)。

A. <c: query sql="select * from users" var="r" dataSource="ds" scope="page"/>

B. <c: query sql="select * from users" var="r" dataSource="${applicationScope.ds}"/>

C. <c: query sql="select * from users" var="r" scope="page"/>

D. <c: query sql="select * from users" var="r" dataSource="${pageScope.ds}" />

10. 已知数据库中 login 表包含用户登录的账号名列 uname 和口令列 pwd，其中，uname 列和 pwd 列均为 varchar 类型。现在有某个 JSP 页面使用了如下 JSTL 标记进行用户在登录时通过表单提交的用户名和口令信息的验证：

```
<sql:query var="r">select pwd from login where uname='${param.uname}' </sql:query>
<c:choose> <c:when test="${empty r.rowsByIndex }">不存在此用户!</c:when>
<%-- 此处需添加一个验证口令不合法的子标记 when --%>
</c:choose>
```

上述代码可以验证用户是否输入了正确的用户名，如果需要进一步验证用户输入的口令是否合法，则按照上述标记的 JSP 注释所示。可以在 choose 标记中添加的验证口令不合法的 when 子标记正确的写法应该是(　　)。

A. <c: when test="${r.rowsByIndex[0][0] ! = param.pwd}">口令不合法! </c: when>

B. <c: when test="${r.rowsByIndex[0]['pwd'] ! = param.pwd}">口令不合法! </c: when>

C. <c: when test="${r.rows[0][0] ! = param.pwd}">口令不合法! </c: when>

D. <c: when test="${r.rows['pwd'][0] ! = param.pwd}">口令不合法! </c: when>

二、操作题

在 NetBeans 中新建一个 Java Web 项目，在创建项目的向导中选择为项目的 JavaEE 版本选择 5，请在该项目生成的 index.jsp 的基础上，再添加 3 个 jsp 文件，并在项目中添加 Derby (JavaDB)的 JDBC 驱动程序类库和 JSTL 类库，要求完全采用 JSTL 的核心标记和数据库标记，完成一个留言板功能的 Web 程序。具体要求如下。

(1) 修改项目的 index.jsp 文件中的标记代码，将页面设为如图 11-8 所示。

在该页面中，用户可以输入姓名、联系方式和建议。单击“确定”按钮后，将检查用户输入的数据是否为空，为空则在恰当的位置上用红字提示。满足要求，将用户的输入以及当前的系统时间写入 Derby 数据库的一个数据表中。表的列请自行设计。当存入后，用户单击“查看所有的建议”链接后，将转入(2)所示的页面。

(2) 用户提交建议或单击链接后，转入的页面请自行确定 JSP 文件名，并按照图 11-9 设计其页面。

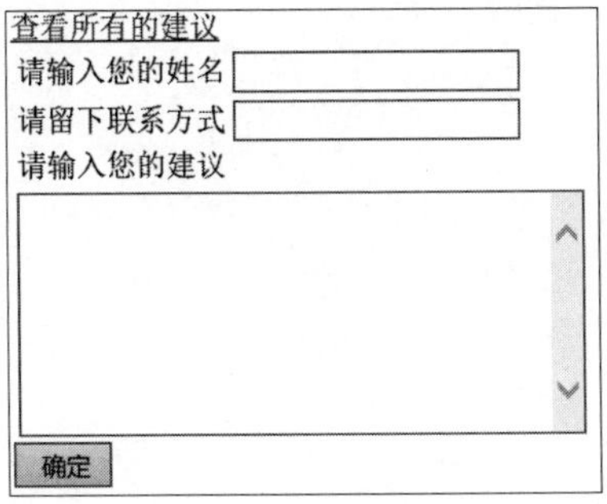

图 11-8　第(1)题页面

提交时间	提交人	联系方式	提交意见
2020-11-19 11:20	张三	电话11302288	单击查看详情
2020-11-18 11:00	李四	电话10302291	单击查看详情
2020-11-17 14:30	张三	电话11302288	单击查看详情
2020-11-16 10:20	王力	电话13022910	单击查看详情
2020-11-19 11:20	张年	电话136202208	单击查看详情

图 11-9　第(2)题页面

该 JSP 页面采用 JSTL 显示位于 Derby 数据库中数据表存储的建议，并具有如图 11-9 所示的分页功能，每页显示 5 条记录，用户可以单击下面的按钮翻页，或输入页号进行页面的跳转。注意，如果用户输入的页码不在合法范围，则忽略，回到当前的页面。

当用户单击表格右侧的“单击查看详情”按钮时，将转入这条建议对应的建议显示 JSP 页面，该页面也采用 JSTL 显示用户的建议。注意，当用户输入了一些特殊的字符，如 HTML 标记，应能够将这些特殊字符的 HTML 标记功能去除，直接显示它们自己的字符形式。

第12章

过滤器和监听器

12.1 过 滤 器

在 Web 应用中，有时候需要对客户端代理的访问集中进行控制，如监控用户对程序的某些页面的访问，如果这些页面要求用户登录后才能访问，那么当用户还未登录时就应该禁止其访问这些页面。如果依赖于程序自身的编码解决这个问题，可以在每个页面中加入 session 检查，但这会使得程序的登录检查变得分散，过滤器可以在不增加额外的检查代码的基础上完成这些任务，从而使得 Web 程序的业务逻辑控制更为集中和条理化。

12.1.1 过滤器执行机制和应用

过滤器是运行在容器中的实现了 javax.servlet.Filter 接口的类的实例，从运行方式上看，过滤器相当于一种高优先级别的 Servlet。Web 程序中可以包含多个对同一 URL 请求进行监控的过滤器，这些过滤器构成的过滤器链就可以监控客户端代理对 Web 程序中指定 URL 的访问请求，如图 12-1 所示。如果监控过滤器链中有一个过滤器不允许请求到达最终的资源，则请求将在此过滤器结点被拦截阻断；只有过滤器链中全部的过滤器都同意请求通过，客户端 UA 才能访问到最终资源。通过这种监控方式，过滤器提供了一种集中控制客户端代理访问服务器资源的手段，这种工作方式有些类似于面向方面的编程(Aspect Oriented Programming，AOP)程序设计中的拦截器(interceptor)。

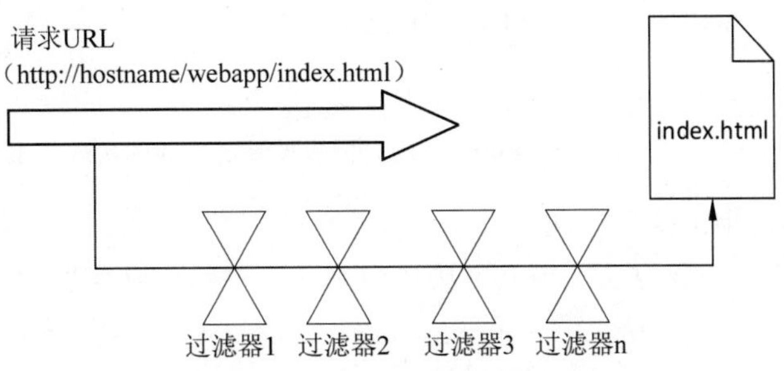

图 12-1 过滤器监控请求 URL

过滤器除去可以用来防止未经授权的站内资源访问，还可以用于防止其他网站盗链当前站点中的资源。例如，有些网站会未经当前站点授权，就引用站内的图片或其他一些页面资源，此时站点收到的请求头中会存在一个名为 refer 的请求头信息，其中包含了引用当前资源的站点信息，过滤器可以对请求头中的这个 refer 请求头对应的值进行检查，如果发现 refer 请求头的值不属于授权的站点，就可以阻断当前站点对当前资源的请求。

过滤器不仅可以用来阻断 HTTP 请求，还可以对 HTTP 响应做出修改。例如，过滤器在判定出客户端的用户代理属于移动设备中的浏览器后，就可以修改响应的 HTML 文本，使之适应移动设备的浏览器显示；过滤器还可以对响应的数据实体进行基于 zip 算法的压缩处理，以降低移动客户端消耗的流量。也有些站点使用过滤器对 JSP 访问数据库得到页面进行静态化处理，当页面代码从数据库中得到数据后，就将生成的 HTML 标记写入一个静态的 HTML 页面中，以后对该 JSP 页面的访问，都会直接转换为对生成的静态 HTML 页面的访问，从而降低数据库服务器的压力，提高站点的响应能力，这种处理方式多见于新闻、财经类的网站，这些站点的特点是历史数据写入数据库后，就不再或很少改变，从而可以使用这种动态页面静态化的处理模式，减少不必要的数据库重复访问。

限于篇幅，本书仅讨论过滤器对 HTTP 请求的检查、修改和阻断功能。

12.1.2 过滤器类的编写

编写过滤器需要首先编写过滤器类的 Java 源文件，然后再配置过滤器监控的 URL。NetBeans 中可以使用过滤器向导，简化过滤器的开发过程。

过滤器类必须定义为公开类，还需要实现 javax.servlet.Filter 接口，代码如下所示：

```
public class 过滤器类名  implements  javax.servlet.Filter{
    public void doChain (javax. servlet. ServletRequest request, javax. servlet.
ServletResponse response)
    throws javax.servlet.Exception{  /* 过滤监控代码 */    }
}
```

当用户请求特定的 URL 时，过滤器类将由容器进行实例化，用于实现 Filter 接口的 doFilter 方法会被调用，该方法提供了对 HTTP 请求和响应的监控和修改。Filter 接口位于 javax.servlet 包，图 12-2 显示了接口成员和过滤器之间的实现关系。

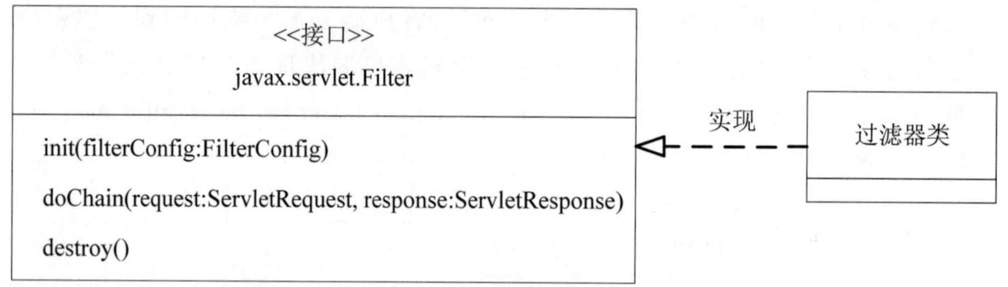

图 12-2 Filter 接口成员和过滤器之间的实现关系

1. Filter 接口中的成员组成

(1) init 方法。init 方法在 Filter 接口中采用了默认实现声明的语法，如下所示：

```
default void init(javax.servlet.FilterConfig filterConfig) throws javax.servlet.
ServletException{}
```

默认声明实现是在 JDK 1.8 中引入的语法，这种语法可以使得实现类在不需要对该方法进行实现时，由接口提供默认的实现代码。init 方法默认实现代码为空，不含任何语句。

过滤器的生命周期和 Servlet 类似，也是一种无状态的 Web 组件，init 方法是容器建立过滤器类实例时调用的方法，在过滤器的生命周期中仅被调用一次。

过滤器类可以通过 init 方法进行过滤器的初始化处理，例如，读取 Web 程序在部署描述符文件 web.xml 中为过滤器建立的设置项目，建立网络或数据库连接，或者初始化一些系统需要的缓存数据，init 方法的 FilterConfig 参数可以用于提供读取这些配置项目。

（2）destroy 方法。destroy 方法在 Filter 接口中采用了默认实现声明的语法，形式如下：

```
default void destroy(){}
```

destroy 方法在 Filter 接口中的默认实现代码为空，不含任何处理语句。和初始化 init 方法对应，destroy 方法在 Web 容器销毁过滤器实例时被调用，实现类可以在该方法中进行关闭过滤器中打开的网络连接、数据库连接，清理不再需要的缓存数据等工作。

（3）doFilter 方法。doFilter 方法的声明形式如下：

```
void doFilter (javax. servlet. ServletRequest request, javax. servlet.
ServletResponse response,
                javax. servlet. FilterChain chain) throws ServletException,
IOException;
```

doFilter 是过滤器类必须实现的方法。当客户端代理请求被过滤器监控的资源的 URL 时，在请求到达目标资源之前，过滤器的 doFilter 方法会首先被调用，开发者可以在 doFilter 方法中根据配置信息和具体的业务要求，允许或禁止请求到达目标资源。

2. 过滤器的初始化

虽然可以利用过滤器类的构造方法进行过滤器的初始化工作，但由于 Web 容器要在构造方法执行之后才会读取位于 web.xml 中的配置信息，所以过滤器类通过实现 Filter 接口的 init 方法进行初始化会获取到更丰富的配置信息。

（1）web.xml 文件中过滤器的配置信息。

和 Servlet 的配置信息类似，web.xml 文件中可以利用 filter 元素为过滤器类定义其初始参数，以便 init 方法能够利用其 filterConfig 参数从中读取这些配置信息。filter 元素的标记定义语法如下：

```
<filter>
  <filter-name>过滤器名</filter-name> <filter-class>过滤器类全名</filter-class>
  {<init-param>
     <param-name>参数名</param-name><param-value>参数值</param-value>
  </init-param>}*
</filter>
```

语法式中的 init-param 子元素标记用于定义初始化参数，标记两侧的大括号和星号（*）代表 init-param 子元素可以出现零到多次，从而可以为过滤器定义多个初始化参数。

（2）过滤器的配置信息读取。

init 方法的 filterConfig 参数类型为 javax.servlet.FilterConfig 接口，该接口包含一系列用于读取配置信息的方法声明，介绍如下。

① getFilterName 方法，声明形式如下：

```
String  getFilterName();
```

该方法返回 web.xml 文件中 filter 元素为过滤器定义的名称。

② getInitParameter 方法，声明形式如下：

```
String  getInitParameter(String name);
```

该方法返回 web.xml 文件中 filter 元素的初始化参数名对应的参数值。通过该方法，过滤器可以根据起始参数的设定，对过滤器运行时需要的一些配置进行设定，提高代码的灵活性。如果方法中的 name 参数不存在，方法将返回 null 值。

③ getInitParameterNames 方法，声明形式如下：

```
java.util.Enumeration  getInitParameterNames();
```

该方法返回 web.xml 文件 filter 元素中所有起始参数名的枚举集合，可以利用该枚举集合取出所有参数名，之后再利用 getInitParameter 方法获取对应的参数值。

④ getServletContext 方法，声明形式如下：

```
javax.servlet.ServletContext  getServletContext();
```

该方法用于获取当前过滤器所在的 Web 程序中的应用程序对象，通过应用对象，init 方法中还可以进一步对 web.xml 文件中 context-param 元素定义的全局参数进行读取。

3. 过滤处理

过滤器中的 doChain 方法相当于 Servlet 中的请求处理方法，每当 Web 容器检测到过滤器监控的 URL 请求到达时，都会先调用过滤器中的 doChain 方法以便让过滤器接管并处理请求和响应。

(1) 过滤器中的请求和响应。

doChain 方法中的请求和响应参数的类型是位于 javax.servlet 包中的 ServletRequest 和 ServletResponse 接口，作为处理 HTTP 的 Web 应用程序中的过滤器，Web 容器在调用 doChain 方法时，为其传递这两个参数的实际类型是位于 javax.servlet.http 包中的 HttpServletRequest 和 HttpServletResponse 接口。在 doChain 方法中，可以通过强制类型转换得到基于 HTTP 的请求和响应对象，代码如下：

```
public void doChain(ServletRequest request, ServletResponse response, FilterChain
chain)
throws ServletException, IOException {
    HttpServletRequest req=(HttpServletRequest) request;        //强制类型转换
    HttpServletResponse res=(HttpServletResponse) response;     //强制类型转换
    //使用 req 和 res 处理 HTTP 请求和响应代码……
}
```

(2) 过滤器的请求阻断和延续。

doChain 方法的第 3 个参数类型为 javax.servlet.FilterChain 接口，代表当前请求所处的过滤器链。该接口中定义了一个 doFilter 方法，声明形式如下：

```
void doFilter(ServletRequest request,  ServletResponse response) throws
ServletException, IOException;
```

编写 doChain 方法的代码时，可以采用以下方式对请求进行阻断或延续。

① 不调用过滤器链参数的 doFilter 方法，则当前请求被阻止，不能到达目标资源。

② 调用过滤器链参数的 doFilter 方法，传递当前的请求和响应对象，则 Web 容器会将请求传递给下一个过滤器的 doFilter 方法；重复这种处理请求将延续，直到到达请求的资源。

③ 在调用过滤链参数的 doFilter 方法之后，还可以修改响应数据，这种修改可以采用构造 javax.servlet.http 包中的 HttpServletResponseWrapper/HttpServletRequestWrapper 的子类，封装响应/请求对象，替代原请求/响应对象传递给 doFilter 方法，限于篇幅不再展开说明。

上述过程的示意代码如下：

```
public void doChain(ServletRequest request, ServletResponse response, FilterChain
chain)
throws ServletException, IOException {
    if(请求的通过条件为真){
```

```
        chain.doFilter(request, response);
                              //让请求通过,之后还可以在此处理过滤后的响应数据
    }else{  return;  }
                              //不满足通过条件,没有调用 chain 的 doFilter 方法,阻止了请求继续
}
```

12.1.3　配置过滤器监控的 URL

编写好过滤器类之后,可以在 web.xml 文件中通过 filter 和 filter-mapping 元素,定义过滤器监控的 URL;如果 Web 应用程序部署的容器支持 Servlet 3.0 以上的规范,也可以采用@javax.servlet.annotation.WebFilter 注解直接在过滤器类定义前指定其监控的 URL。对于开发阶段,使用注解要方便一些,但实际部署中,还是建议采用 web.xml 文件配置过滤器的监控 URL。

1. 通过 web.xml 配置过滤器的监控 URL

过滤器监控 URL 的配置类似 Servlet 的 URL 映射,具体的 XML 配置组成如下:

```
<filter>
  <filter-class>过滤器类的全名</filter-class>
  <filter-name>过滤器名称</filter-name>
  <init-param>
      <param-name>参数名</param-name>
      <param-value>参数值</param-value>
  </init-param>
</filter>
<filter-mapping>
  <filter-name>过滤器名称</filter-name>
  <url-pattern>URL 监控模式</url-pattern>
</filter-mapping>
```

如前所述,filter 元素中的子元素 init-param 是可选的,用于定义过滤器 init 方法的 FilterConfig 参数,可以读取到的名-值对信息。如果需要传递多个名-值对,可以定义多个 init-param 元素。

(1) filter 元素和 filter-mapping 元素。

对应于一个 filter 元素标记定义的过滤器名称,可以使用多个 filter-mapping 元素标记为其定义对应的监控 URL 模式。

在 Servlet 2.4 规范之前,要求＜filter＞和＜filter-mapping＞标记的次序不能颠倒,其他子元素标记也存在着次序上的要求;Servlet 2.4 之后的 filer 以及 filter-mapping 元素的标记次序不再有次序要求。可以采用 NetBeans 的 web.xml 文件可视化编辑功能设置过滤器,以简化配置标记的编写,同时可以避免出现次序问题。

(2) filter-mapping 中的 url-pattern。

filter-mapping 中的 url-pattern 子元素中的 URL 监控模式和 servlet-mapping 的 url-pattern 子元素中的 URL 模式设置要求完全相同。如果过滤器和 Servlet 都设置了相同的 URL 模式,过滤器将优先于 Servlet 被容器调用,以起到监控过滤作用。

在实际应用中,往往将过滤器配置为能够对一组特定的 URL 进行监控的 URL 模式。例如,将 URL 模式设置为/protected/ * ,代表对所有以/protected 为开始路径的 URL 进行监控;设置为 * .htm,代表对所有以.htm 为结尾的 URL 进行监控。需要注意的是,当过滤器监控的 URL 模式为/ * 时,这种模式会对所有的 URL 进行监控,如果某个过滤器在某种条件下阻断了请求,可能会使得客户端代理得不到显示页面所需的样式单和图片文件,造成页面不能

正常显示一些必要的图片及样式信息。所以，将过滤器监控 URL 模式设置为/＊时，如果过滤器类的 doFilter 方法需阻断当前的请求，此时应检查当前请求的 URL 构成，对于一些特定的 URL 请求应给予放行处理。

（3）定义过滤器链。

如果需要定义多个过滤器，可以在 web.xml 文件中添加多个 filter 以及对应的 filter-mapping 元素。如果这些过滤器监控的 URL 模式都相同，则 Web 容器将按照它们配置的次序，形成对监控 URL 的过滤器链。

2. 利用 WebFilter 注解配置监控 URL

采用注解配置过滤器需要在过滤器类定义前添加 WebFilter 注解，该注解位于 javax.servlet.annotation 包，常用的参数包括 filterName、urlPatterns 以及 value。注解和 web.xml 文件之间的作用规则可以参看 4.4.3 节。

（1）定义过滤器名称和监控 URL。

filterName 和 urlPatterns 参数用于定义过滤器名称和监控 URL 模式，代码如下：

```
@javax.servlet.annotation.WebFilter(filterName ="过滤器名称",
                                    urlPatterns ={"URL 模式 1","URL 模式 2",…} )
```

urlPatterns 参数定义的每一个监控 URL 模式的规则类似于 web.xml 中的 url-pattern 参数的要求，多个监控 URL 模式之间通过逗号隔开，整体参数值两侧用大括号界定。

（2）仅定义过滤器监控 URL。

WebFilter 注解可以仅使用 value 参数定义过滤器监控 URL，此时可以省略 value 参数名，代码如下：

```
@javax.servlet.annotation.WebFilter({"URL 模式 1","URL 模式 2",…} )
```

（3）单一 URL 模式的注解。

采用 urlPattern 或 value 参数定义的监控 URL 只有一个时，可以省略 URL 模式两侧的大括号。例如，使用 value 参数定义一个监控 URL 模式的 WebFilter 注解如下：

```
@javax.servlet.annotation.WebFilter( "URL 模式" )
```

12.1.4 过滤器示例

本节编写两个过滤器示例，用来说明如何利用过滤器修改请求对象，以及在指定条件下阻断用户的请求。

1. 使用过滤器集中设置请求中的字符编码

在 5.2.3 节中讨论对于表单数据获取时的中文乱码问题，通常的解决方案是将表单的提交方式设置为 POST，同时在获取表单数据之前，调用请求对象的 setCharacterEncoding 方法，设置表单提交数据的编码为其所在页面的编码。每次都需要设置请求对象编码是一个经常需要执行的方法，所以例 12-1 提供了一个名为 EncodingFilter 的过滤器，用于集中设置请求的字符编码，这样获取表单数据时就无须再进行编码设置。该过滤器不阻断请求，只是修改请求中的表数据编码。编码写在 web.xml 配置文件中，以增加程序的灵活性。

（1）过滤器源代码。

【例 12-1-1】 设置请求编码的过滤器 EncodingFilter.java。

```
package filters;
import javax.servlet.*;
public class EncodingFilter implements Filter {
  String  encoding;
```

```
  @Override public void init(FilterConfig filterConfig) throws ServletException {
     encoding=filterConfig.getInitParameter("encoding");
     if(encoding==null) encoding="UTF-8"; //没有进行配置,默认为 UTF-8
  }
  @Override public void doFilter(ServletRequest request, ServletResponse response,
                              FilterChain chain) throws java.io.IOException,
ServletException {
        request.setCharacterEncoding(encoding);
        chain.doFilter(request, response);
    }
}
```

(2) web.xml 文件的过滤器配置。

web.xml 文件中配置 EncodingFilter 过滤器的标记如例 12-1-1 所示。

【例 12-1-2】 配置 EncodingFilter 的 web.xml 文件中的相关 filter 和 filter-mapping 标记。

```
<filter>
  <filter-name>EncodingFilter</filter-name>
  <filter-class>filters.EncodingFilter</filter-class>
  <init-param>
    <param-name>encoding</param-name>
    <param-value>UTF-8</param-value>
    </init-param>
</filter>
<filter-mapping>
    <filter-name>EncodingFilter</filter-name>
    <url-pattern>/*</url-pattern>
</filter-mapping>
```

2. 使用过滤器进行集中统一登录监控

Web 程序中用户在成功通过系统登录验证后,一般会在其会话范围对象中放入名为 uid 的变量,值为其登录账号名。通过检查当前用户会话对象中是否存有这个变量,就可以判定其是否已经登录系统。例 12-2 中的过滤器通过检查会话对象中的变量 uid 是否存在,如不存在,则认为用户没有登录,此时为其生成登录页面,并检验用户输入的用户名和口令是否符合/WEB-INF/users.properties 属性文件中的要求。

过滤器 LoginFilter.java 文件中通过 WebFilter 注解定义其监控 URL 模式为/*,即对所有的请求 URL 都进行监控。示例过滤器利用 Web 程序的 WEB-INF 文件夹中的 login.jsp 进行用户验证页面的显示,整个 Web 程序的文件及目录结构设置如图 12-3 所示。

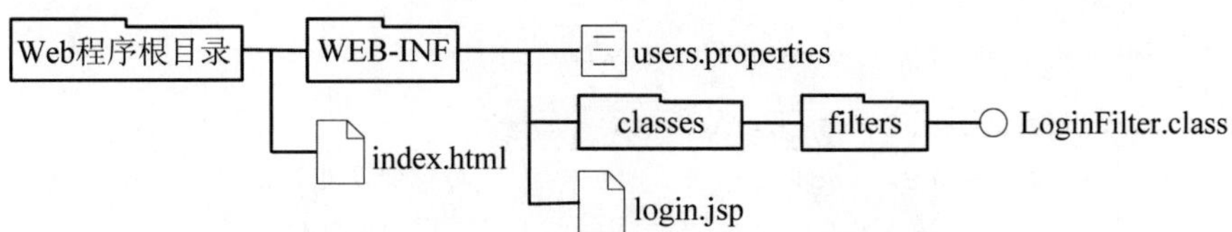

图 12-3　整个 Web 程序的文件及目录结构设置

由于示例采用了注解定义过滤器,所以,应保证其部署在支持 Servlet 3.0 规范的容器中,对应的 Tomcat 要求在 7.x 及以上版本。

(1) 登录页面 login.jsp。

index.html 是 Web 程序的欢迎页面,一般容器都会默认将此页面作为整个 Web 程序的欢迎页面，由于这个页面在本示例中只用于显示请求 URL，所以没有列出它的代码，读者可以自行设定其中的 HTML 标记。

【例 12-2-1】 登录页面 login.jsp 的代码。

```
<%@page contentType="text/html" pageEncoding="UTF-8"%>
<html>
<head> <title>登录系统</title></head>
<body> <div style="color:red">${errMsg}</div>
       <form  method='post'>
           账号:<input  name=uname  value=${param.uname}><br>
           口令:<input  type=password  name=pwd value=${param.pwd}><br>
           <input type=submit  value=确定>
       </form>
</body>
</html>
```

login.jsp 页面负责构建用户登录页面，它在过滤器验证用户信息时由请求分派对象转入，在用户输入用户名和口令后，将登录信息再次发送给过滤器进行验证。由于该页面会在用户没有登录的情况下请求特定的 URL 时作为登录界面进行显示，所以其中表单元素 form 并没有设定其 action 属性，此时表单提交的 URL 将为请求 URL，但该请求 URL 将被过滤器首先截获，所以，过滤器可以在用户输入登录后，对登录信息进行验证，通过后，将用户重定向到其请求的 URL。

login.jsp 中多处都使用了 JSP 2.0 的表达式，其中 ${errMsg}用于取出并显示过滤器在请求对象中放入的登录验证的错误信息；而 ${param.uname}和 ${param.pwd}采用 JSP 2.0 的内置对象 param，读取每次用户在表单中输入过的账号和口令，并将输入信息作为登录界面中默认的账号和口令值，简化用户的输入过程。

(2) 用户口令文件 users.properties。

users.properties 是一个存储了用户名和口令的属性文件，存储了 admin 和 guest 两个用户的口令信息。这些信息由过滤器在初始化时进行读取，以便用于登录信息的验证。

【例 12-2-2】 user.properties 文件内容。

```
admin=123456
guest=guest
```

(3) 登录验证过滤器 LoginFilter.java。

【例 12-2-3】 过滤器 LoginFilter.java 源代码。

```
package filters;
import javax.servlet.*;
@ javax.servlet.annotation.WebFilter(filterName = "LoginFilter", urlPatterns =
{"/*"})
public class LoginFilter implements Filter {
  String[] sufixs=new String[0];                      //存储不阻断的请求后缀形成的数组
  java.util.Properties users=new java.util.Properties();
                                                      //存储属性文件中的登录用户名和口令
  @Override public void init(FilterConfig filterConfig) throws ServletException {
    /*从过滤器的起始参数中读取不阻断的请求后缀，如果没有读到，就从全局的起始参数读取*/
    String exclude=filterConfig.getInitParameter("exclude");
    if(exclude==null) exclude=filterConfig.getServletContext().getInitParameter
("exclude");
    String sp=filterConfig.getInitParameter("sp");
                                                //从过滤器起始参数中取不阻止请求的后缀分隔符
```

```
    if(exclude==null) exclude=".css;.jpg;.png;.js";    //默认的不阻止请求后缀
    if(sp==null) sp=";";  sufixs=exclude.split(sp);   //默认的分隔符为分号
    String file=filterConfig.getServletContext().getRealPath("/WEB-INF/users.
properties");
    try (java.io.InputStream is=new java.io.FileInputStream(file)){  users.load
(is);  }
    catch (Exception ex) { /* try 语句加载 users.properties 文件用户认知信息,忽略加载错
                            误 */ }
  }
  @Override public void doFilter(ServletRequest request, ServletResponse response,
FilterChain chain)
   throws java.io.IOException, ServletException {
    javax.servlet.http.HttpServletRequest req=(javax.servlet.http.
HttpServletRequest)request;
    javax.servlet.http.HttpSession session = req.getSession();
                                                //强制转换为 HTTP 请求后,取会话对象
    String uid=(String)session.getAttribute("uid"); //在会话对象中取 uid 变量
    if(uid!=null){ chain.doFilter(request, response);  return; }
                                                //uid 变量存在时,用户已登录,放行
    String uri=req.getRequestURI();
                                                //没登录时取出请求 URL 的服务器路径
    for(String sufix :sufixs)                   //放行不阻断的预设请求,如网页中图
                                                //片、样式或者 JavaScript 脚本
     if(uri.endsWith(sufix)) { chain.doFilter(request, response); return; }
                                                //不阻断预设的请求
    String uname=request.getParameter("uname");  String pwd=request.getParameter
("pwd");
    if(uname==null||pwd==null){                 //在响应阻断时,如果还没输入登录信
                                                //息,转入登录页面
      request.getRequestDispatcher("/WEB-INF/login.jsp").forward(request,
response);
    }else { //登录验证,从 user.properties 文件中检索登录的账号和口令是否匹配
     if(users.get(uname)!=null&&users.get(uname).equals(pwd)){
      session.setAttribute("uid", uname);
        javax.servlet.http.HttpServletResponse resp = (javax.servlet.http.
HttpServletResponse) response;
      resp.sendRedirect(uri);
     }else {  request.setAttribute("errMsg", "错误的用户名/口令");
          request.getRequestDispatcher("/WEB-INF/login.jsp").forward(request,
response);
     } }}}
```

LoginFilter 通过 WebFilter 注解的 urlPattern 参数将自身设置为监控所有 URL 的/*模式,它会阻断在未登录情况下对页面及其他 Servlet 的请求,所以,LoginServlet 必须对请求 URL 作出详细的判定,以防阻断不应阻断的请求,造成 Web 程序不能正常工作。

首先,LoginFilter 在 init 方法中读取设置在自身以及全局中名为 exclude 的初始化参数中的无须阻止的请求 URL 的后缀,这些后缀之间可以通过 sp 参数定义它们的分隔符号。如果没有读取 exclude 参数和 sp 参数,过滤器将默认按照分号将不阻断的 URL 后缀设置为常见的 jpg 和 png 图片文件,以及 js 的 JavaScript 代码文件和 css 样式单文件,并将这些后缀分别记录在自身的 excludes 数组字段中,以便 doFilter 方法读取。

在 LoginFilter 过滤器的 doFilter 方法实现中,首先将请求参数类型转换为其实际类型 HttpServletRequest,以便从中取出会话对象。之后在会话对象中检查是否存在作为登录标

记的变量 uid，如果存在，则直接调用 chain 参数的 doFilter 方法放行请求。如果不存在，就检查是否为无须阻断的 URL 的请求；如果是，就放行，以便页面能够利用这样请求显示图片、样式单或者装载 JavaScript 文件。

如果当前请求是对阻断 URL 的请求，则进入验证阶段。首先，检查用户是否在登录页面进行了登录，如果没有登录，则调用请求分配对象将用户导入登录页面 login.jsp，如果在 login.jsp 页面进行了登录，则验证其账号和口令是否匹配 users.properties 文件中的记录，验证通过，则通过重定向转入其预先欲请求的 URL，否则，在请求对象中放入登录错误信息 errMsg，并再次将用户导入登录页面 login.jsp，以便输入正确的登录信息。

通过这个示例可以看出，过滤器可以充当 MVC 设计模式中的控制器，实际上，使用过滤器进行登录验证，其他页面就可以不用进行登录验证，有利于 Web 应用程序设计的模块化，加强系统代码在编写上的业务逻辑分层。因为这些因素，过滤器也被广泛应用在一些基于 Java Web 技术的框架中。例如，SpringMVC 框架，就使用了过滤器进行总体上的请求分配工作。

12.2 监 听 器

12.2.1 监听器的功能和应用

监听器用于监控 Web 应用程序中的由自身引发的一系列事件，如在 Web 容器装入 Web 应用程序，用户的 session 被创建、销毁，session 中被存入数据、删除数据等事件。当这些事件发生时，监听器将会被自动调用。

利用监听器，Web 程序可以更好地控制程序的执行。例如，当用户第一次访问 Web 应用程序时，容器将为其分配 HttpSession 会话对象，此时可以在其请求的页面中，对在线人数进行累加，以便统计站点的在线用户数量。但由于 Web 程序基于请求—响应模式，Web 程序本身不太好确定哪个 Servlet 或者 JSP 页面将被用户第一次请求。所以，进行在线人数统计时，就得在每一个可能的页面或者 Servlet 中对新建的会话对象进行判断和统计，这个功能会造成对应的 JSP 页面或者 Servlet 中包含很多重复的统计代码。而过滤器提供了对会话对象的监控功能，通过监听器的会话监控方法，就可以集中编写在线人数的统计代码，不会造成代码的重复编写或者调用，提高整个 Web 程序代码的可读性和可维护性。

使用监听器需要容器支持 Servlet 2.3 及以上的规范。Servlet 规范通过接口定义 Web 程序中需要监听的事件集合，接口中的方法代表需要监听的具体事件。编写监听器，实际上就是编写对应于监控事件所在接口的实现类，之后在 Web 程序中注册监听器实现类。监听器类在注册后，一旦其所在的 Web 程序中发生了对应的事件，容器将自动实例化监听器类，并调用事件对应的实现方法。

12.2.2 监听器接口

在 Servlet 规范中，事件监听的接口分为三大类，分别提供了对 Web 程序中的应用程序对象、会话对象、请求对象的监控功能。在每个类别中的接口中，又分为对应用程序、会话、请求等对象的创建、销毁进行监控和对象中存储的数据变化进行监控两种接口，总计 6 个接口。这些接口统一继承了 java.util.EventListener 父接口，具体包括 ServletContextListener、ServletContextAttributeListener、HttpSessionListener、HttpSessionAttributeListener、ServletRequestListener、ServletRequestAttributeListener。

1. 应用程序对象监听接口

(1) javax.servlet.ServletContextListener。该接口用于监控 Web 应用程序装入和卸载事件,其中定义了两个方法。

① public void contextInitialized(ServletContextEvent evt)

该方法将在 Web 应用程序启动以及添加或重新装入上下文时由容器自动调用,可以利用该方法分配一些资源,如打开数据库的连接,创建所需的数据库文件、表等工作。

② public void contextDestroyed(ServletContextEvent evt)

该方法将在 Web 应用程序关闭或者删除时由容器自动调用 ,可以利用该方法进行一些资源清理工作,如关闭数据库连接,或者清理过滤器工作期间生成的一些临时文件。

这两个方法都接受一个类型为 javax.servlet.ServletContextEvent 接口的参数,调用该参数的 getServletContext 方法,可以用于获取当前 Web 应用程序的应用程序对象,即 javax.servlet.ServletContext 对象。在具体的事件处理代码中,可以利用应用程序对象存储一些需要全局共享的数据。

(2) javax.servlet.ServletContextAttributeListener。该接口用于监控应用程序对象中数据的变化。当 Web 程序通过应用程序对象的 setAttribute 和 removeAttribute 方法向其中添加、修改或者删除基于名-值对的数据时,该接口中的相应方法将被调用,具体包括如下几种方法。

```
public void attributeAdded( ServletContextAttributeEvent evt)
```

该方法在向 ServletContext 中添加属性时自动被容器调用。

```
public void attributeRemoved(ServletContextAttributeEvent evt)
```

该方法在 ServletContext 中删除属性时自动被容器调用。

```
public void attributeReplaced(ServletContextAttributeEvent evt)
```

该方法在 ServletContext 中替换属性时自动被容器调用。

这 3 个方法都有一个类型为 javax.servlet.ServletContextAttributeEvent 接口的参数,ServletContextAttributeEvent 接口继承了 ServletContextEvent 接口,在继承父接口的 getServletContext 方法的基础上,该接口还提供了 getName 和 getValue 两个方法,分别用于获取应用程序对象中被添加、修改或删除的数据的属性名和属性值。注意,getName 方法的返回类型是 String,而 getValue 方法返回的则是 Object 类型,在使用时,可能需要按照其实际类型做强制类型转换。

2. 会话对象监听接口

(1) javax.servlet.http.HttpSessionListener。该接口用于监控 Web 应用程序中的会话,即 HttpSession 对象的创建和删除。可以通过此接口中相关的方法监控在线用户的数量,这些方法定义如下。

```
public void sessionCreated(HttpSessionEvent evt)
```

该方法在建立某个用户的会话对象时自动被容器调用。

```
public void sessionDestroyed(HttpSessionEvent evt)
```

该方法在用户对象被销毁时自动被容器调用。

这两个方法都包含一个类型为 javax.servlet.http.HttpSessionEvent 接口的参数,通过该参数的 getSession 方法,可以获取当前被创建或者将要被销毁的会话对象。

(2) javax.servlet.http.HttpSessionAttributeListener。该接口用于监控 Web 应用程序的

会话对象中存取数据时，当 Web 应用程序通过会话对象的 setAttribute、removeAttribute 方法向其中进行数据的添加、修改、删除时，对应的方法将被容器自动调用，这些方法分别介绍如下。

```
public void attributeAdded(HttpSessionBindingEvent evt)
```

该方法在将属性添加到会话时由容器自动调用。

```
public void attributeRemoved(HttpSessionBindingEvent evt)
```

该方法在会话中删除属性时由容器自动调用。

```
public void attributeReplaced(HttpSessionBindingEvent evt)
```

该方法在会话中替换属性时由容器自动调用。

这 3 个方法都包含了一个类型为 javax.servlet.http.HttpSessionBindEvent 接口的参数，HttpSessionBingEvent 继承了 HttpSessionEvent 接口，除去继承了父接口中的 getSession 方法之外，HttpSessionBindEvent 还提供了 getName 和 getValue 两个方法，分别用于取出被添加、修改或删除的会话对象中数据的属性名称和属性值。其中，getName 方法返回值为 String 类型，getValue 方法返回的数据类型则是 Object，代表属性名对应的属性值，使用时，可能需要按其实际类型做强制类型转换。

对于访问量较大的站点，由于其用户对应的 HttpSession 会话对象较多，同时，可能存在比较频繁的会话对象中数据的修改工作。如果通过 HttpSessionAttributeListener 接口监控会话对象中数据的变化，可能会对 Web 应用程序的性能造成较大的影响，所以，应慎用该接口监控会话对象的数据变化。

3. 请求对象监听接口

(1) javax.servlet.HttpRequestListener。该接口在 Servlet 2.4 规范中引入，用于监控 Web 应用程序对象中的请求对象的创建和销毁事件，其中的方法如下。

```
public void requestInitialized(ServletRequestEvent sre)
```

该方法在请求对象创建时被容器调用。

```
public void requestDestroyed(ServletRequestEvent sre)
```

该方法在请求对象销毁时被容器调用。

这两个方法都包含一个类型为 ServletRequestEvent 接口的参数，此参数的 getServletRequest 方法用于获取被创建或将要被销毁的请求对象。

需要注意的是，使用该接口监控 Web 应用程序的请求时，实际获取到的请求对象类型为 javax.servlet.http.HttpServletRequest。由于 Web 程序中经常要大量地创建请求对象，而且，一个请求对象在一次 HTTP 请求完成后将立即被容器销毁，所以，监控请求对象创建和销毁对 Web 应用程序的性能会造成较大的影响，在实际使用时要慎重。

(2) javax.servlet.ServletRequestAttributeListener。类似于 ServletRequestListener，该接口是在 Servlet 2.4 规范中引入，用于监控请求对象中数据的添加、修改和删除。当 Web 程序通过请求对象的 sctAttributc、removeAttribute 等方法向其添加、修改或删除数据时，ServletRequestAttributeListener 接口中定义的方法将被容器调用，这些方法如下。

```
public void attributeAdded(ServletRequestAttributeEvent srae)
```

该方法在请求对象中的属性被添加时，由容器自动调用。

```
public void attributeReplaced(ServletRequestAttributeEvent srae)
```

该方法在请求对象中的属性被修改时，由容器自动调用。

```
public void attributeRemoved(ServletRequestAttributeEvent srae)
```

该方法在请求对象中的属性被删除时，由容器自动调用。

这 3 个方法都包含类型为 javax.servlet.ServletRequestAttributeEvent 接口的参数，ServletRequestAttributeEvent 接口继承了 ServletRequestEvent 接口，除去继承的 getServletRequest 方法之外，此接口还定义 getName 和 getValue 方法，分别用于返回请求对象中被添加、修改或删除的属性的名称和值。需要注意的是，getName 方法返回 String 类型，代表属性名；getValue 方法返回类型为 Object，代表对应的属性值，可能需要根据属性值的实际类型对其做强制类型转换。

由于 Web 应用中请求创建的频繁性，同样要慎用此接口监控请求对象中的数据变化事件，以免对 Web 程序性能造成较大的影响。

12.2.3　监听器的配置

监听器既可以通过 web.xml 文件进行配置，也可以通过 WebListener 注解在监听器类的源代码中直接进行配置。

1. 通过 web.xml 进行配置

在 web.xml 文件中加入如下标记，即可将监听器加入 Web 程序启动监听作用：

```
<listener> <listener-class>监听器类名的全称</listener-class> </listener>
```

注意，每一个<listener>标记只能设置一个监听器，如果有多个监听器需要设定，则需要添加多个<listener>标记。

Servlet 2.4 之前的规范对 listener 元素还有顺序要求，建议使用 NetBeans 的 web.xml 文件的可视化编辑功能配置监听器，以免出现错误。

2. 通过 javax.servlet.annotation.WebListener 注解进行配置

只要在监听器的实现类定义之前加入@ javax.servlet.annotation.WebListener，即可完成监听器的配置工作。

虽然利用注解配置监听器比较简单，但还是推荐采用 web.xml 文件配置监听器，这样可以在需要的时候，不用修改或重新编译源代码就可以进行监听器的切换或删除。

12.2.4　监听器的应用示例

例 12-3 中的监听器利用 HttpSessionListener 接口监控 Web 程序中的会话对象的创建和销毁，在会话对象创建时，利用全局的应用程序对象累加在线人数；在会话对象销毁时，利用全局的应用程序对象减少在线人数。

【例 12-3】　用于监控在线人数的监听器 AppListener.java。

```
package listeners;
import javax.servlet.http.*;
@ javax.servlet.annotation.WebListener
public class AppListener implements HttpSessionListener{
    @Override public void sessionCreated(HttpSessionEvent se) {
        //获取应用程序对象,以累加在线人数
        javax.servlet.ServletContext application=se.getSession().getServletContext();
        Integer total=(Integer) application.getAttribute("total");
        if(total==null) total=0;
        total++;
        application.setAttribute("total", total);
    }
    @Override  public void sessionDestroyed(HttpSessionEvent se) {
```

```
            //获取应用程序对象,以减少在线人数
            javax.servlet.ServletContext application=se.getSession().getServletContext();
            Integer total=(Integer) application.getAttribute("total");
            total--;
            application.setAttribute("total", total);
        }
    }
```

由于该监听器在应用程序对象中的 total 属性中存储了在线人数,任何 JSP 页面都可以使用 JSP 2.0 的表达式 ${total} 显示当前 Web 应用程序中的在线人数。另外需要注意的是,该监听器通过@WebListener 注解实现了监听器在 Web 程序中的配置。

◇思考练习题

1. 请查询关于 javax.servlet.http.HttpServletResponseWrapper 的相关资料,了解过滤器如何通过封装响应对象进行响应流的加工处理。

2. 请总结过滤器和监听器在 Web 程序中具体的应用场景。

第13章

JavaScript 基础

JavaScript 简称为 JS，它的基本语法类似 Java，现已发展为完全面向对象的语言。JavaScript 最初由网景公司为 Web 页面提供更多的交互功能创建，叫作 Live Script，后因与 Sun 公司对 Live Script 进行合作开发，所以改名为 JavaScript。网景在 1996 年将 JavaScript 提交给欧洲计算机制造商协会（European Computer Manufacturer's Association，ECMA）进行标准化，标准化后的 JavaScript 被称为 ECMA Script，简称为 ES。目前，浏览器支持的较为广泛的版本是 ES5/6，这两个版本是微信小程序采用的编程语言。

13.1 JavaScript 的编写和执行方式

JavaScript 是一种解释型的脚本代码，主要运行在客户端浏览器的 HTML 页面中。随着语法越发丰富和执行速度的提升，现在也可以独立运行，如嵌入某种语言，或直接运行在服务器端处理 HTTP。本书主要还是讨论在 Web 页面中的执行方式。

13.1.1 使用 script 元素标记嵌入 JavaScript 代码

可以添加 script 元素标记以及 type 或 lang 参数在当前的 HTML 文档中引入需要执行的 JavaScript 代码，代码中支持多行注释（/* */）以及单行注释（//），语法如下：

```
<script  type="text/javascript" | lang="javascript">
    //代码从这里开始
    /*在此编写 js 代码*/
</script>
```

script 标记在书写时一定要采用非空元素的成对标记语法，推荐使用 type 参数指定 JavaScript 代码。大部分浏览器，如 Chrome、Safari、Firefox、Edge/IE 都可以省略 type 或 lang 参数，直接在＜script＞＜/script＞开始和结束标记中间嵌入 JS 代码。

出于安全考虑，大部分浏览器都可以设置为禁用 JavaScript 模式。为防止浏览器在不支持 JS 时显示代码内容，可在 script 标记中加入 HTML 注释和 JS 单行注释，代码如下。

```
<script  type="text/javascript"><!--//js 代码开始
  //JS 代码
//-->
</script>
```

13.1.2 在独立的 JS 文件中编写 JavaScript 代码

script 元素标记中的 JavaScript 代码仅能应用于当前的 HTML 页面,如果需要在不同的页面中复用 JS 代码,可以将这些代码写在扩展名为 js 的文本文件中,然后通过 script 元素标记的 src 参数指定要运行的 JavaScript 代码所在的文件名,代码如下:

```
<script  type="text/javascript"  src="JS 文件 URI"></script>
```

使用 script 元素标记引入 JS 代码要注意以下事项。

(1) JavaScript 是大小敏感语言,但引入 JS 代码的<script>及其参数并不区分大小写。

(2) 被引入 js 文件应直接书写 JS 代码,不要在开始和结束处使用 script 元素标记。

(3) 使用 src 参数的 script 元素标记中不能再嵌入代码,也不能嵌套书写 script 元素。

(4) <script>标记在 HTML 文档中没有位置要求和次数限制,在当前的 HTML 页面中通过<script src="xxx.js"></script>标记引入的 JavaScript 代码及通过<script></script>标记嵌入的 JavaScript 代码,浏览器都会将这些代码进行统一的解析和处理。

13.1.3 在浏览器中直接编写 JavaScript 代码

大部分浏览器都提供 JavaScript 开发工具窗口,其中的控制台(Console)可供输入并运行 JavaScript 语句,开发者还可以通过工具窗口对当前 HTML 文档中的 JS 代码设置断点,以便进行页面中代码的调试测试。

图 13-1 显示了 Chrome 浏览器中的开发工具窗口。注意,控制台中输入回车符将运行当前行代码,如需输入多行代码再运行可使用 Shift+Enter 组合键。

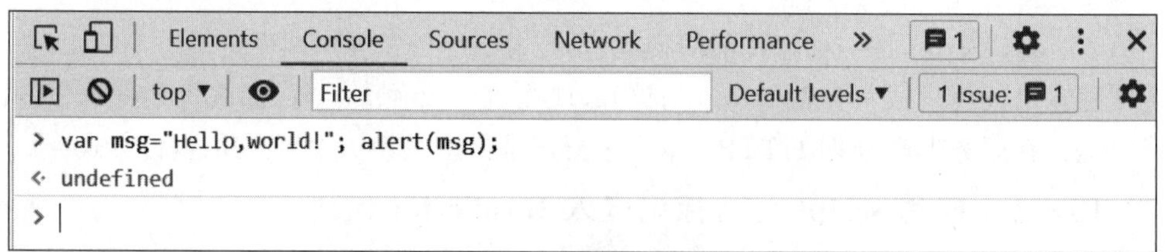

图 13-1 Chrome 浏览器中的开发工具窗口

有些浏览器还提供了 JavaScript 集成开发环境,例如有些版本的火狐浏览器中的"代码草稿纸(Scratchpad)"工具;Edge 浏览器带有一个名为 DevTools 的集成环境,在浏览器窗口中按 F12 键即可进入此开发环境进行 JS 的编写和测试运行,如图 13-2 所示。

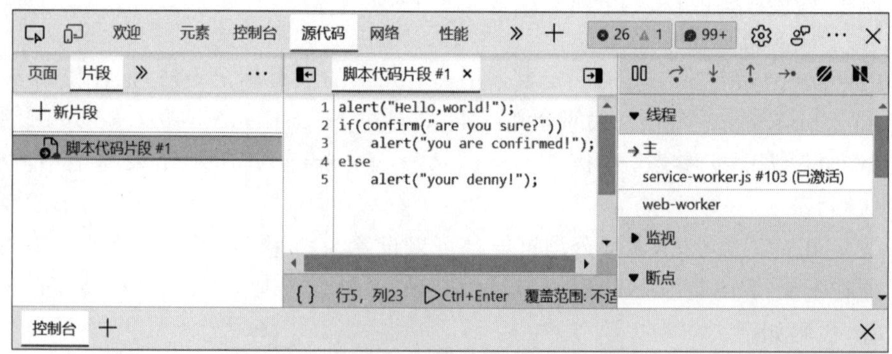

图 13-2 Edge 浏览器中的 DevTools 开发环境

13.2　JavaScript 的基本语法

JavaScript 是大小写敏感语言，语句结束可使用分号(;)，也可以采用自然行，此时每行只能有一个语句。JavaScript 中的数据可通过 var 关键字声明变量进行定义，语法如下：

```
var 变量名[=初始值][;]
```

也可以使用 var 一次声明多个变量，每个变量之间采用逗号分开：

```
var 变量名 1[=初始值 1], 变量名 2[=初始值 2],  … , 变量名 n[=初始值 n][;]
```

JavaScript 变量的命名规则类似于 Java 语言，应以字母、下画线、$ 符开头，由字母/数字组合。JS 变量中可以存储任意类型的数据。除去使用 var 关键字声明变量之外，也可以直接通过赋值语句建立变量。

例 13-1 提供了一个 HTML 文件中位于<script>标记中 JavaScript 基本语句示例。

【例 13-1】 HTML 文档中的 JavaScript 基本语句示例。

```
<html><head><meta charset="UTF-8"><title>基本 JS 语句示例</title></head><body>
<script>
  var  a=1                        //a 此时存储整型数,注意,此声明语句没有分号,也是正确的
  a="hello";          //这是 JavaScript 的赋值语句,a 此时又可以用于存储字符串类型的数据
  a='Hi';                         //JavaScript 中的字符串可以使用单引号,等价于双引号
  b=4;                            //变量 b 没有声明也可以直接使用
  if(b==4){                       //这是条件判定语句
    alert("this \n b="+b);        //alert 函数相当于输出语句,会弹出对话框显示其中的内容
  }
  var  s=0;
  for(a=1; a<=100; a++){          //这是循环计数 for 语句
    switch(a%2){                  //这是 switch 语句
      case 0: s+=a; break;
    } //switch 语句结束
  } //for 循环结束
  alert("1~100 的偶数和"+s);
</script></body></html>
```

从例 13-1 可以看到，script 元素标记中 JS 语句类似于 JSP 中的脚本片段代码，可以直接运行。JS 的基本分支和循环语句与 Java 语言相同，还可以使用一些内置的函数。

13.2.1　数据类型

JavaScript 中数据类型由表达式决定，这些类型及对应的表达式如表 13-1 所示。

表 13-1　JavaScript 中的数据类型及对应的表达式

类型	数据表达式示例	说　明
数值	8.9、4e2、011、0xF	十进制数(支持科学记数法)，或以 0\0x 开头的八/十六进制数
布尔值	true、false	逻辑真、逻辑假，注意，true 和 false 要全部为小写
字符串	"Smith"、'hello'	单引号或者双引号括起来的字符串
对象	{ name: 'James', age: 24 }	具有属性和方法的实体，采用大括号作为界定符
数组	[1, 'Jane', {age: 24}]	按次序存储的数据的组合，采用方括号作为界定符

注意，JS 中没有字符型数据，只有字符串类型的数据。字符串数据在 JS 中依旧是常量，

其中可以支持 Java 语言中的转义符字符(以\开头),如\n、\t、\"、\'、\\等。

13.2.2 运算符

JavaScript 中的运算符大部分都是 Java 语言中的运算符,它们可以和变量、数据表达式一起使用。表 13-2 是这些运算符执行的操作和表示符号。

表 13-2 JavaScript 中运算符执行的操作和表示符号

运算操作	表示符号	运算操作	表示符号
加	+	减	−
乘	*	除	/
求余	%	赋值	=
自增	++	自减	−−
逻辑否	!	按位异或	^
逻辑与	&&	按位与	&
逻辑或	||	按位或	|
按位反	~	无符号按位右移	>>>
按位左移	<<	带符号按位右移	>>
等于	==和===	不等于	! =和!==

表 13-2 中应注意以下运算符号。

(1) ==,用该符号比较数据时,会对一些数据进行必要的类型转换。例如,1=="1"这个表达式返回 true 值,因为这个比较运算符会把两侧的值都转换为数字进行比较。

(2) ===和!==,这两个属于严格比较运算符,它们不对数据做类型转换,例如 1==='1'返回值为 false。因此,如果需要严格的比较,应该使用这两个运算符。

(3) +,可以用于数字类型之间的加法运算,也可以用于其他类型的数据之间的合并运算。如果字符串和其他任意类型数据相加,得到的结果依旧是字符串类型。

(4) /,在除数为 0 时将得到正/负无穷大。对于除、减、乘运算,如果参与的运算数据不能转为数字,将得到 NaN。注意,true 参与运算时被转换为 1,false 被转换为 0。

13.2.3 null 常量和 undefined 常量

将变量赋予 null 常量,表示没有确定分配空间的对象。undefined 常量表示声明后没初始化赋值的变量值,以下 JS 代码说明了这两个常量之间的关系。

```
var  a;
alert(a);                       //调用 alert 函数显示交互式对话框,显示 a 值为 undefined
alert(undefined==null);         //undefined 和 null 使用==比较,结果为 true
alert(undefined===null);        //undefined 和 null 用===比较,结果为 false
alert(a==undefined);            //变量 a 声明未赋值,其值为 undefined,比较结果为 true
alert(a==null);         //用==比较 a 和 null,相当于比较 undefined 和 null,结果为 true
alert(a===null);        //用===比较 a 和 null,相当于比较 undefined 和 null,结果为 false
```

通过上例可以看出,如果采用==运算符比较 null 和 undefined 时会认为两者的值是等同的,但是,如果采用===运算符时,则两者被判定为不相同。

13.2.4 typeof 运算符

typeof 运算符检查变量的类型,返回类型的名称字符串。注意,在 JS 中,如果变量没有声明，其他代码引用该变量将会发生运行时错误，而使用 typeof 运算符时不会发生错误，此时 typeof 将返回'undefined'字符串。typeof 运算符的使用语法如下。

```
typeof 变量/常量
```

以下 JS 代码演示了 typeof 的调用和返回值：

```
var   a;
alert(a);                           //undefined
alert(b);                           //出错,因为没有定义变量 b
alert(a==b);                        //出错,变量 b 没有定义
alert(typeof b);                    //输出 undefined
alert(typeof a);                    //输出 undefined
alert((typeof a)==undefined); //输出 false,因为 typeof 返回的是字符串'undefined'
alert((typeof b)=='undefined'); //输出 true
```

由于 typeof 返回字符串，比较时应使用字符串表达式。示例代码中由于变量 b 没有定义，所以 typeof 返回的是'undefined'字符串，而不是 undefined 常量。

JS 中最好在声明变量时为它赋初值，如果该值不能确定，则赋 null 值，这样就可以避免没有声明过的变量和声明过但没有初始化过的变量在 typeof 运算符中均返回 undefined 的问题，JS 代码如下：

```
var o=null;                         //对象类型的变量
alert(typeof o);                    //输出 object
alert(typeof oo);                   //因为 oo 变量没有声明,所以输出 undefined
var oo={};                          //JavaScript 对象类型的变量声明,此处是一个空对象
alert(typeof oo);                   //输出 object
alert(o==oo);                       //输出 false,说明空值(null)并不等于空对象
var so="";                          //so 为空字符串
alert(so==o);               //输出 false,说明 so 存储的空字符串和变量 o 代表的 null 也不相等
```

13.2.5　用户交互函数

使用预定义交互函数可以显示消息对话框，调用交互函数会暂停当前代码的执行，显示消息对话框；用户关闭了对话框后代码才会继续执行。这些交互函数如下。

（1）alert 函数在前面示例中已经多次出现，它显示一个含有“确认”按钮的消息对话框，用户可单击其中的“确认”按钮关闭对话框，以继续执行 alert 后的代码。该函数的调用语法如下：

```
alert(要显示的变量/表达式);
```

（2）prompt 函数显示一个包含“确认”和“取消”两个按钮的输入对话框，并可指定输入初始值；单击“确认”按钮时函数将返回输入字符串，否则返回 null。此函数的调用语法如下：

```
接收输入文本的变量=prompt(要显示的变量/表达式, 输入的初始值变量/表达式);
```

（3）confirm 函数显示一个包含“确认”和“取消”两个按钮的选择对话框，用户单击“确认”按钮，函数返回 true，否则返回 false。此函数的调用语法如下：

```
存储结果逻辑的变量=confirm(要显示的变量/表达式);
```

例 13-2 演示了一个 HTML 页面中 JS 代码的交互函数调用和执行结果。

【例 13-2】　HTML 页面中的交互函数调用。

```
<html><head><meta  charset="UTF-8"><title>交互函数演示</title></head><body><
script>
  var  input=prompt("请输入你的姓名:","");           //输入对话框
  alert("prompt 函数的返回结果是:"+input);           //结果显示消息对话框
  var  result=confirm(" 是否确认你的姓名输入:\" "    //选择对话框,提示信息中使用\"表示
                                                    //双引号
```

```
            +input+" \" ");
    alert("confirm 函数的返回结果是:"+result);          //结果显示消息对话框
</script></body></html>
```

示例交互执行中，如果用户一直单击“确认”按钮，显示的 4 个对话框如图 13-3 所示。

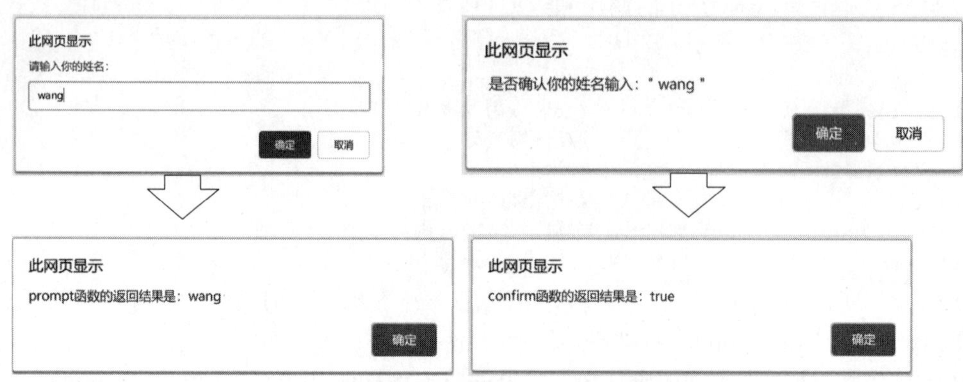

图 13-3 用户交互函数显示的网页对话框

不同浏览器显示的消息对话框界面风格可能并不相同，但都会添加“网页”之类的提示，以对使用者进行安全提示。

13.2.6 判断结构

JavaScript 的判断结构包括 if 和 switch 语句，两者和 Java 语言在语法结构上基本一致。

1. if 条件语句

JavaScript 的单条件和多条件 if 语句的基本构成语法格式如下：

```
if(条件) {
  // 要执行的语句
}else {
  // 要执行的语句
}
```

```
if(条件 1) {
  // 要执行的语句
}else if(条件 2){
  // 要执行的语句
}else if(条件 3)
…
else{        }
```

if 语句的 else 子句是可选的；如果 if 条件要执行的语句只有一条，两侧大括号可以省略。if 条件表达式可以是任意类型，0、null、undefined 和空字符串("")代表假值，其他数据均代表为真。要注意两个等值(==和===)以及赋值(=)运算符的判定规则。如果误将等值写成了赋值，JS 并不报错，只会按逻辑运算规则进行判定。

以下 JS 代码使用 if 语句进行逻辑判定：

```
var type=prompt("Enter 1 continue, 0 exit", "1");
if(type = 0) alert( "Exit !");                    //if 条件使用赋值符导致 type 被赋 0,0
                                                  //为 false,所以不执行输出
type=prompt("Enter 1 continue, other to exit", "1");
if(type === 1) alert("Now Continue…");            //输入 1 时返回字符串'1',所以不会显示
                                                  //Now Continue…
else alert(" Exit!");
```

该代码在检验用户输入的内容时，第一个 if 条件中使用了赋值(=)运算符号，从而使得变量 type 被赋值为 0，对应于逻辑假，导致此 if 条件对应的 alert 输出都得不到执行。

第二个 if 条件采用===比较 type 中的字符串和数字 1，由于不同类型数据比较返回 false，所以总执行 else 输出的“Exit!”。采用自动类型转换比较==运算符可以解决该

问题。

if 条件如果涉及不同类型数据的比较,JS 总会试图将其转换为数值进行比较,如果不能转换为数值,那么比较结果总是 false。注意,true 参与比较被转换为 0,false 转换为 1。

2. 独立逻辑表达式语句

JavaScript 支持逻辑或(||)以及逻辑且(&&)运算符构成的独立逻辑表达式,返回第一个可以使得运算结果确定的表达式,例如:

```
var  i=3, j=0, m='hello', e='', n=null, q;
var  r=i || j;  //独立逻辑或表达式,i 为 3 代表逻辑真,即可确定运算结果为真,所以 r 值为 3
r= i && j;      //独立逻辑与表达式,j 为 0 代表逻辑假,即可确定运算结果为假,所以 r 值为 0
r=m || e;       //r 值为"hello"字符串
r=m && n;       //r 值为 null
r=m || q ;      //r 值为"hello"字符串
```

这种独立的逻辑表达式构成的语句相当于简化后的 if 条件赋值语句。

3. switch 判定语句

switch 语句用于表达式取值多条件判定比较,该语句的语法格式如下:

```
switch(表达式) {
    case 值 1:
      //要执行的语句
      break;
    case 值 2:  case 值 3:                    //要执行的语句
      break;
    default:
        //要执行的语句
      break;
}
```

switch 对应的 case 值应该以冒号(:)结束。如果多个 case 要执行同一组语句,它们可以连续书写,如 case 值 2 和 case 值 3 的语法所示。一旦发现 case 后的值能够匹配,就开始执行该 case 后的语句,并且会一直执行直到遇到 break 关键字。default 用于所有匹配表达式均不成立时的处理逻辑,switch 语句可以不包含 default 分支。

需要注意,JavaScript 的 switch 表达式可以是数值类型、布尔类型和字符串类型。

13.2.7　循环结构

循环允许程序员指定特定的代码段重复执行直至遇到终止循环的条件。JavaScript 支持 for 循环和 while 循环,其语法构成和 Java 语言一致。

1. for 语句

for 循环适合用作计数循环,其语法结构如下:

```
for(初始化; 条件; 表达式){
  // 一个或几个语句
}
```

如果 for 循环的语句体仅由一条语句组成,两侧的大括号也可以省略。一段采用 for 语句进行计数循环的 JS 代码如下:

```
var number =prompt("请输入要累加的自然数的上限:","10");
var sum = 0;
for(i=0;i<=number;i++) {   sum += i; }
alert(number+"之前自然数累加和为"+sum);
```

代码使用 for 循环结构计算从 0 到给定数字的总和。这段代码说明了 JS 中比较运算中字符串和数值之间的转换规则，虽然 number 变量中存入的 prompt 返回的字符串数据，但 JS 会将其自动转换数值进行 for 循环中的条件比较。

2. while 语句

while 主要用于通过逻辑条件控制循环语句的执行，语法如下：

```
while(条件表达式){
  // 一个或几个语句
}
```

JS 支持至少执行一次循环语句的 do…while 语法：

```
do {
  // 一个或几个语句
} while(条件表达式)
```

while 或 do 语句块中如果只有一条循环语句，可以省略两侧的大括号；while 的条件判定表达式的逻辑运算规则和 if 语句的条件表达式规则完全相同。

3. break 和 continue 语句

JS 支持在循环体语句中采用 break 语句退出当前 for 或 while 循环，continue 语句提前结束本次循环。下面的 JS 代码使用了 break 语句退出自然数累加计算循环：

```
var number = prompt("请输入要累加的自然数的上限:","10");
var sum = 0, i =0;
while(true) {
  sum += i;  i++;
  if(i>number)  break;  }
alert(number+"之前自然数字累加和为"+sum);
```

13.2.8 内置函数

函数和 Java 语言中的方法类似，是实现某些功能的一组代码，可以接受一个或几个输入参数并返回结果。JavaScript 语言内置的函数包括 eval、isNaN、parseInt、parseFloat 等，它们可以在 JS 运行的任何环境中进行调用。

(1) eval 函数可以对字符串表达式进行求值并返回计算结果，调用语法如下：

```
eval("表达式")
```

字符串表达式可以由四则运算、逻辑运算等运算式组成，甚至可以是函数调用式，JS 代码如下：

```
a=eval( "5+6*(7-3)" );                    //四则运算表达式,计算结果是 29
b=eval( " '13' > '3' " );                 //比较运算表达式,按字符串比较,计算结果为 false
eval( "alert('messge from eval')" ); //可调用 alert 交互函数,显示网页消息对话框
o=eval( "({name:'li', age:22})" );   //将对象的字符串转换为真正 JS 中的对象
alert( o.name );                       //输出对象变量 o 中的 name 字段,网页消息对话框将显示 li
```

(2) isNaN 函数返回表达式计算结果是否为数字，不是数时返回 true，否则返回 false。调用语法如下：

```
变量=isNaN(计算表达式)
```

isNaN 参数中的计算表达式可以是任何 JS 的运算表达式，涉及不同类型数据的四则运算时，要注意除去加法运算外，其余运算 JS 会尽量将运算数都转换为数字，转换不了时，运算结果就不是一个数，isNaN 将返回 true，代码如下：

```
r1=isNaN(3*'a');  r2=isNaN(89-'0'); //乘除运算中,'a'无法转换,但'0'可以转换
alert(r1);  alert(r2);                //r1 是 true,r2 为 false
r3=isNaN(4/0);                         // 4/0 是正无穷大也是数;
```

```
r4=isNaN(-4/null);        //-4/null 中 null 被转换为 0,所以等价于-4/0,为负无穷大,也是数
alert(r3);  alert(r4);              //r3 和 r4 是测试正负无穷大是否是数,所以均为 false
alert( isNaN(3+'a') )    //此处的加法不是四则加法,而是字符串相加,结果'3a'不是数,NaN 返回 true
alert( isNaN(true) )     //true 和 false 在 JS 中相当于 1 和 0,所以也是数,isNaN 返回 false
```

(3) parseInt 函数可以对表达式的值进行分析并返回得到的整数,调用语法如下:

```
变量=parseInt(表达式, [进制基数]);
```

该函数可以对字符串自左向右逐字符处理,如果是数字(0~9)、符号(+,-),就将其放入转换结果,直到遇到第一个非数字字符为止。如果开始字符就是非数字字符,将返回 NaN;函数以 0x 开头的十六进制字符串,也可以去掉小数点及其后的部分,返回数值的整数部分。

该函数的第 2 个参数是可选的,此参数值为 10,表达式按照十进制处理;当表达式为八/十六进制时,则该参数应取 8/16,此时表达式不用以 0/0x 开头。调用示例如下:

```
i1=parseInt("+200w");  i2=parseInt("-200/85");  i3=parseInt(200/85);
                                                  //i1=200,i2=-200,i3=2
i1=parseInt("0xe2");    i2=parseInt("e2",16);   i3=parseInt(0xe2, 16);
                                                  //i1,i2,i3=226
i1=parseInt("012");     i2=parseInt("012",8);   i3=parseInt("12",8);
                                                  //i1=12,i2=10,i3=10
i1=parseInt(12.6);      i2=parseInt("12.6");     i3=parseInt("12.6e2");
                                                  //i1=12,i2=12,i3=12
```

由以上代码注释说明的运行结果可以看到,parseInt 函数中的参数如果是字符串,那么其中的运算符表达式并不会起作用,采用科学记数法的指数形式的表达式也不会被记数,例如最后一个"12.6e2",并不会返回其科学记数法的运算结果 12600。

(4) parseFloat 函数将表达式转换为对应的浮点数,对应调用语法如下:

```
变量=parseFloat(表达式, [进制基数]);
```

该函数处理表达式参数的值并返回浮点数,可选参数用于指定表达式的进制数,可取 10、8、16,分别代表待处理的表达式参数是十进制、八进制和十六进制数据。该函数对表达式的处理是在 parseInt 函数处理基础上的扩充,表达式中的小数点(.)以及采用指数 e 的科学记数法都可以被正确转换;同样,如果字符串第一个字符是非数字字符,函数返回 NaN。需要注意,和 parseInt 函数不同,当 parseFloat 的表达式参数为字符串时,转换仅支持十进制,进制基数参数将不起作用,转换计算结果的代码如下:

```
i1=parseFloat("12.2");           //i1=12.2,字符串转换为浮点数
i1=parseFloat("12e2");           //i1=1200,支持科学记数法
i1=parseFloat("e2");             //i1 为 NaN,因为第一个字符不是数字或小数点
i1=parseFloat("e2",16);          //i1 依旧为 NaN,因为字符串表达式不支持十六进制
i1=parseFloat("0xe2",16);        //i1=0,因为进行字符串转换时,仅支持十进制表示法
i1=parseFloat(0xe2,16);          //i1=226,这种数值表达式才能进行十六进制转换,e2
                                 //的十进制为 226
```

13.2.9 用户定义函数

除去使用内置函数之外,开发者也可以采用以下语法定义自己的函数:

```
function 函数名(参数 1, 参数 2, …, 参数 n){
  函数体语句
}
```

函数采用 function 关键字定义,函数名应符合变量命名规则,不能是语言中的关键字。注意,定义中的参数无须 var 进行声明。函数的返回值由函数体中的 return 语句的语法决定:

```
return [表达式][;]
```

如果 return 语句中没有表达式或函数没有 return 语句，此函数返回值将为 undefined。

1. 函数的调用

函数中的代码只有在函数被调用时才会执行，函数调用的语法如下：

```
函数名([实际参数 1, 实际参数 2, … , 实际参数 n]);
```

在 HTML 文档中调用 JS 自定义函数时，要确保当前浏览器窗口已经加载了该函数的定义。在<script>标记中调用函数时，一般应位于该函数定义之后。例 13-3 是一个 Web 页面中 head 元素中的自然数累加和（sumN 函数）的定义，以及 body 元素中的函数调用。

【例 13-3】 HTML 文档中的函数定义和调用。

```
<html><head><meta charset="UTF-8"><script>
function sumN(n) { var sum=0; for(i=0; i<= n ; i++) { sum += i; } return sum; }
</script><title>自定义函数</title></head>
<body>
<script> alert( "1-100 的累加和是:"+sumN(100) );</script>
</body></html>
```

2. 函数的参数

调用函数时，实际参数可以和定义的参数不同，见下面函数 f 和 ff 的定义和调用代码：

```
function f(){  alert("F!");  }     function ff(a){  alert(a);  }
f();                       //正确
f('del');                  //正确,虽然 f 没有定义参数,但在调用时依旧可以传递一个参数给它
f(1,2);                    //正确,调用时传递两个或更多的参数也可以
ff();                      //正确,ff 定义了一个参数,但在调用时没有为其传递参数, 此时 ff 中参
                           //数 a 的值将为 null
```

函数定义中可以不含参数，这时可以在函数中使用名为 arguments 的数组变量，如果调用时没有传参，arguments 的元素数量将是 0，否则 arguments 按照自左至右的次序存储调用时为函数传递的实际参数，JS 代码如下：

```
function f(){
   alert(arguments.length);  //输出实际参数的总数
   alert(arguments[0]);  //采用数组元素表达式,数组下标从 0 开始,输出第一个实际参数
}
f();            //调用函数 f,没有为其传递参数,实际参数总数为 0,第一个数组元素是 undefined
f('hello');     //调用函数 f,传递了一个参数,实际参数总数为 1,第一个元素是字符串 hello
```

3. 自定义函数中参数和变量的作用域

在 HTML 页面的<script>标记中，通过 var 声明或赋值语句建立的变量属于全局变量，可以在该页面所有的<script>标记中的语句以及自定义函数中对其进行赋值或者引用。

函数语句体中使用 var 声明的变量属于局部变量，这种变量和函数定义中的参数的作用域都仅限于函数内部。var 声明的变量都会被自动放到函数定义的开始处，var 还可以声明多个同名变量，这些变量将被合并为开始处的一个变量声明。还要注意，在函数语句体中使用赋值语句建立的变量具有全局作用域，可应用在该函数被调用后的 JS 代码中。

JavaScript 函数中的参数或局部变量可以和全局变量重名，此时函数内部的参数/局部变量将隐藏全局的同名变量，即函数内部引用的变量名将被认为是参数/局部变量。

例 13-4 显示了全局变量以及自定义函数中的参数及局部变量的作用域。

【例 13-4】 全局变量和局部变量的作用域。

```
<html><head><meta  charset="UTF-8"><title>变量作用域</title></head><body>
<script>
  var name="global";                //name 为全局变量
```

```
  function fn(name){              //name 参数与全局变量 name 同名
    alert("函数 fn 中 name="+name);  name="";
                                  //此处 name 是参数 name,不是全局变量 name
    var  i=1;  var i=2;           //var 重复声明 i 将被合并,最终 i=2,但 i 是局部变量,在函
                                  //数外将不存在
    j=2;                          //变量 j 直接通过赋值语句建立,是全局变量
  }
  fn("local");                    //调用 fn1,传入实参"local",fn1 中的 alert 语句将输出
                                  //local,而不是 global
  alert(typeof i);                //i 是函数中的局部变量,在 fn 调用后已不存在,typeof i 返
                                  //回 undefined
  alert(j);                       //j 是在 fn 函数中及建立的全局变量,fn 调用后依旧存在,此
                                  //处 j 值为 2
  alert(name);                    //在 fn 函数中修改了 name,但参数 name 隐藏了全局 name,
                                  //所以全局值依旧是 global
</script></body></html>
```

4. 函数变量和闭包函数

JavaScript 支持匿名函数的定义,即在 function 关键字后面省略函数名,一般可将匿名函数赋给变量,该变量即为函数变量,可作为函数名加以调用,语法如下:

```
[var] 函数变量=function([参数列表]){  函数语句体   }[;]
```

例 13-5 中使用了函数变量实现并输出两个数之间的加法运算。

【例 13-5】 使用函数变量进行数的加法运算。

```
<html><head><meta charset="UTF-8"><title>函数变量示例</title></head><body>
<script>
  //将匿名函数赋值给 fAdd 函数变量
  var  fAdd=function(a,b){
          return a+b;
  }
  //定义匿名函数时,同样可以使用 arguments 取出实际参数
  fSub=function(){
        return arguments[0]-arguments[1];
  }
  alert(fAdd(3,4));                         //输出 7
  alert(fSub(3,4));                         //输出-1
</script>
</body></html>
```

JavaScript 支持闭包函数,即定义在函数内部的函数。闭包函数可以使用其所在函数定义的变量,仅供其所在函数内部进行调用。闭包函数在 JavaScript 面向对象的程序设计中应用较广,可以实现原型继承和对象的封装。例 13-6 使用闭包函数实现了阶乘计算。

【例 13-6】 使用闭包函数进行数的阶乘运算。

```
<html><head><meta charset="UTF-8"><title>闭包函数示例</title></head><body>
<script>
  var  factor=function(a){
    var s=1;
    //闭包函数
    function inner(n){
      for(var i=1;i<=n;i++) s*=i;           //闭包中可以使用外层函数中定义的变量 s
    }
    inner(a);                               //调用闭包函数进行阶乘运算
    return s;                               //变量 s 存储了阶乘运算的结果
  }
```

```
  alert(factor(3));                                //输出 6,即阶乘 3 的运算结果
</script>
</body></html>
```

13.3 语言对象

JavaScript 内置了一些可以直接在语言中使用的对象类型定义,用以提供类似于 Java 语言中面向对象的语法。这些对象类型和内置函数类似,不受 JavaScript 代码运行环境的影响,可以在浏览器以及嵌入式的运行环境中使用它们。

13.3.1 Boolean 对象

Boolean 对象用来将其他类型数据转换为布尔值 true 或 false,使用 new 运算符调用其构造方法,创建该类型的对象的语法如下:

```
var  变量=new Boolean(待转换真假值的数据)
```

该对象仅含 valueOf 方法,此方法按构造方法传入的数据,遵循下列规则返回 true/false。

(1) 0 返回 false,此外的所有数值都被认为是 true。

(2) 空字符串返回 false,此外的所有字符串具有的值都是 true。

(3) 布尔值 false 返回 false,而 true 返回 true。

(4) 任何合法的对象都返回 true,null 和 undefined 返回 false。

转换示例代码如下:

```
var n1=0, n2=100;  var s1="", s2="some string";  var u;
                                             //u 是声明未初始化的变量,值为 undefined
var r=new Boolean(n1);  if( !r.valueOf() ) alert("布尔对象 0 为假");       //可以输出
r=new Boolean(n2); if( r.valueOf() ) alert( "布尔对象 100 为真" );         //可以输出
r=new Boolean(s1); if( !r.valueOf() ) alert( "空字符串布尔对象为假" );      //可以输出
r=new Boolean(s2); if( r.valueOf() ) alert( "非空字符串布尔对象为真" );     //可以输出
r=new Boolean(null); if( !r.valueOf() )  alert("null 布尔对象为假");       //可以输出
r=new Boolean(u); if( !r.valueOf() )  alert("undefined 布尔对象为假");     //可以输出
```

13.3.2 Number 对象

Number 提供了一些静态成员用于数学计算中的一些极限值的处理。

(1) Number.NaN,代表不是一个数字;

(2) Number.MIN_VALUE,最小的整型数值;

(3) Number.MAX_VALUE,最大的整型数值;

(4) Number.POSITIVE_INFINITY,正无穷大;

(5) Number.NEGATIVE_INFINITY,负无穷大。

使用 Number.NaN 时要注意,由于任何 NaN 之间都不相等,所以判定 NaN 应使用 isNaN 函数。以下代码使用了 Number 中静态成员判定 JS 中特殊的四则运算的结果:

```
var result = 1/0;                                     //正无穷大
result = -1/0;                                        //负无穷大
if ( result == Number.POSITIVE_INFINITY || result == Number.NEGATIVE_INFINITY )
alert("计算结果有误!允许的范围在"+ Number.MIN_VALUE +"到" + Number.MAX_VALUE);
if( 5/"3"==Number.NaN )  alert( " 5/\"3\"=NaN " );  //虽然计算结果是 NaN,但不会输出这
                                                      //个结果
if( isNaN(Number.NaN) )  alert("Number.NaN!");      //使用 isNaN 函数成功判定 NaN
```

13.3.3　Math 对象

Math 提供了一些用于数学运算的静态方法，JS 代码如下：

```
alert(Math.abs(-213.23));                    // 绝对值
alert(Math.ceil(-213.23));                   // 最高值
alert(Math.max(120, 120.122));               // 两个值中的最大值
alert(Math.exp(0));                          // 给定自然对数指数值
alert(Math.sqrt(120.122));                   // 给定值的平方根
alert(Math.pow(2,6));                        // 2 的 6 次幂
Math.pow(2,3);                               //返回 2 的 3 次幂,8
alert(Math.E);                               //输出自然对数底数,2.7 左右的数值
alert(Math.PI);                              //输出圆周率
```

13.3.4　String 对象

JS 中字符串并不是对象类型，String 对象是字符串的对象封装，构造语法如下：

```
变量=new String("字符串")
```

下面的 JS 代码将字符串封装为 String 对象：

```
var s="hello,world!"; alert(typeof s);       //输出 string
s=new String("hello,world!");  alert(typeof s);  //输出将 s 封装为 String 对象,输出 object
```

实际上，String 对象和字符串仅存在类型上的不同，字符串本身可以当成 String 对象一样调用其方法，但要注意，JS 的 String 对象采用 length 属性而不是 length 方法调用返回字符串的字符数。一些常用方法如下。

(1) indexOf，返回 String 对象中指定子串第一次出现的位置。

(2) lastIndexOf，返回 String 对象中指定子串最后一次出现的位置。

(3) split，返回按指定子串将 String 对象拆分成字符串数组。

(4) substring，根据指定的位置返回 String 对象的子串。

(5) charAt，返回指定位置上的字符。

(6) toLowerCase 和 toUpperCase，把字符串转换成大写或小写。

这些方法都和 Java 中的字符串支持的方法的用法一致，参见下面的 JS 代码段：

```
var str = new String ( " Humpty Dumpty sat on the wall, Humpty Dumpty had a great
fall!!!") ;
var firstIndex = str.indexOf("Dumpty");      //7
var lastIndex = str.lastIndexOf("Dumpty");   //38
alert( str.substring(firstIndex,firstIndex+"Dumpty".length) );
                                             //返回 [begin,end-1]位置子串,Dumpty
alert( str.substring(lastIndex) );
                        //返回 lastIndex 后的所有尾缀子串,"Dumpty had a great fall!!!"
alert( "Dumpty".charAt(0) );   //字符串也可以直接当成 String 对象使用,输出 D
arr = str.split(" ");   //以空格为定界符,把字符串拆分成单词子串的数组
alert(arr.length);    //12
```

String 对象可以表示出现在浏览器中的字符串文字。它具有的属性包括粗体、斜体、删除线和小型字体等，还具有锚点(anchor)和链接(link)方法，将在 13.4 节介绍。

13.3.5　Array 对象

1. 数组元素和 Array 对象

Array 对象用于表示 JavaScript 中的数组，通过 Array 类构造方法定义语法：

```
var 数组变量=new Array( 数组元素列表 );
```

数组元素列表可以为空,如包含多个数据元素,每项数据之间应采用逗号(,)隔开。也可以采用方括号的简化形式声明 Array 对象,语法如下:

```
var 数组=[数组元素列表];
```

注意,此语法式中的方括号不代表可选,而是数组元素的开始和结束界定符。下面的 JS 代码使用了不同的语法方式声明了多个数组变量:

```
var a=new Array();                    //通过 Array 构造方法建立一个空的数组对象 a
var b=[];                             //直接通过方括号建立空数组对象 b
var c=new Array("1", "2", "3");       //使用 Array 构造方法建立包含 3 个元素的数组对象 c
var d=["1", "2","3"];                 //使用方括号建立包含 3 个元素的数组对象 d
```

在数组元素列表中,还可以通过将元素设置为另一个数组,构成多维数组。下面的 JS 代码定义了一个二维数组:

```
var  matrix=[  [1,2,3],
               [4,5,6],
               new Array(7,8,9)     //等价于[7,8,9]
             ];
```

JS 数组中的元素可以是任意类型的数据,例如,下面的 JS 代码声明的 animalsMatrix 是一个 3 行 2 列的二维数组,其中第 1 列元素是数值类型,第 2 列元素是字符串类型:

```
var animalsMatrix = new Array( [1,"Dog"], [2,"Cat"], [3,"Lion"] );
```

2. 数组元素的引用

JavaScript 引用数组元素的语法和 Java 语言相同,例如,一维数组和二维数组分别使用:

```
一维数组变量[元素下标]   二维数组变量[行下标][列下标]
```

数组下标从 0 开始计数,和 Java 语言中的数组一样,JS 的数组也具有 length 属性,返回数组中元素的数量。对于一维数组来说,合理的数组下标应在[0,数组.length－1]内,当引用下标超过数组元素最大下标值时,JavaScript 不会报错,只返回 undefined 常量。

JS 中数组的元素还可以动态扩充,当对超过最大下标值的数组元素赋值时,JavaScript 就会自动扩充该数组,以达到赋值时指定的下标值。下面的 JS 代码使用了不同的方式进行数组元素的引用,也对数组进行了扩充:

```
var  countArray=new Array();                     //初始长度为 0
for(var i=0;i<6;i++)  countArray[i] = i+1;       //通过数组元素引用的赋值,扩充到 6 个元素
alert(countArray.length);                        //输出 6
var  array2D=new Array([1, "one"], [2,"two"]);   //声明了一个 2 行 2 列的二维数组
array2D[array2D.length]=[3,"three"];        //扩充二维数组,添加一行元素,使其成为 3 行 2 列
for(var i=0; i<array2D.length; i++)        //通过嵌套循环,依次输出二维数组中的每一个元素
  for(var j=0;j<array2D[i].length;j++) alert(array2D[i][j]);
```

对数组元素赋值时,元素下标还可以使用字符串,这样,在引用数组元素时,就可以使用字符串作为数组下标,对应的引用语法如下:

```
数组变量名["字符串下标"]
```

需要注意的是,数组的 length 属性返回的计数中,并不包括字符串下标的元素数量(这是因为字符串下标元素实际上是数组中的对象属性)。

下面的 JS 代码演示了数组元素扩充时字符串下标的使用:

```
var a = [];                                 //空数组
a[0]=1;  a[2]=3;                            //对超过最大下标值对应的元素赋值,以扩充数组
alert("a[1]="+a[1]);                        //a[1]=undefined
alert("now a.length="+a.length);            //now a.length=3
```

```
alert("a[3]="+a[3]);                      //a[3]=undefined
a['name']='wang';
a["age"]=24;                              //字符串下标
alert("a['name']="+a["name"]);            //a['name']=wang
alert("a['age']="+a['age'];               //a['age']=24;
alert("now a.length="+a.length);          //a.length=3
```

3. 数组元素的管理

(1) 后进先出的栈式管理。

① push 方法用于在数组尾部添加数据;

② pop 方法用于从数组尾部删除数据。

(2) 先进先出的队列式管理。

① unshift 方法用于从数组头部添加数据;

② shift 方法用于从数组头部删除数据。

(3) 元素的连接管理。

数组还提供了 join('间隔字符')方法,该方法返回数组元素以指定的间隔字符连接形成的字符串。采用这种方法连接字符串,比用加号(+)连接字符串要更快,更节约运行空间。

以下 JS 代码使用队列、栈的数组方法和 join 对数组进行了处理:

```
var a=[];
a.unshift(1); a.unshift(2);
a.unshift(3); a.unshift(4);               //从队首添加元素
alert(a);                                 //4,3,2,1
a.shift()                                 //从队首删除一个元素
alert("after shift():"+a);                //3,2,1
a.push(0); a.push(-1);                    //在队尾添加元素
alert("now push 0,-1:"+a);                //3,2,1,0,-1
a.pop();                                  //在队尾删除一个元素
alert("after pop:"+a);                    //3,2,1,0
alert("with join:"+a.join(","));          //join 方法使用逗号连接数组元素,形成的字符串
                                          //是"3,2,1,0"
```

13.3.6 Date 对象

Date 对象表示当前的系统日期和时间,它的方法包括 getMinutes、getHours、getSeconds、getDate、getMonth 和 getYear。

以下代码使用了 Date 对象输出当前系统中时间的组成:

```
var x= new Date();
alert(x);
alert(x.getYear())
alert(x.getMonth())
alert(x.getDate())
alert(x.getSeconds())
alert(x.getMinutes())
alert(x.getHours())
```

13.4 浏览器的 BOM 对象

BOM(Browser Object Model)对象是指在浏览器中运行的 JavaScript 代码可以使用的由浏览器窗口及其页面组成的一些对象,这些对象的类型和组成结构如图 13-4 所示。

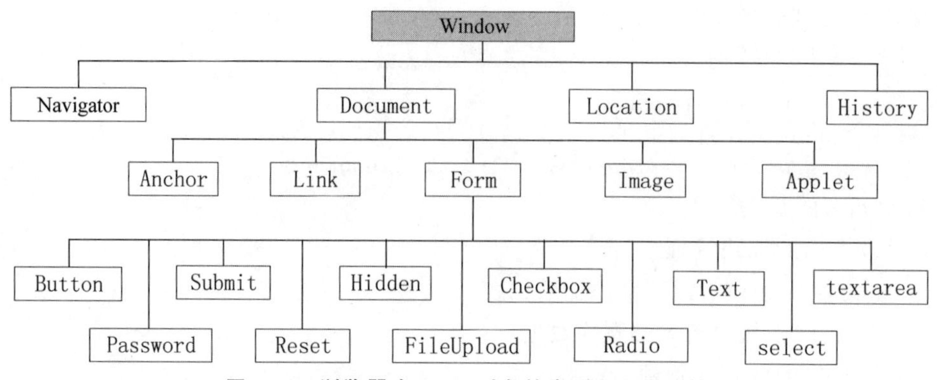

图 13-4 浏览器中 BOM 对象的类型和组成结构

BOM 对象按照树状关系进行组织，浏览器加载 Web 页面时，将根据页面标记自动创建对应的 BOM 对象，开发者无须使用 new 运算符创建 BOM 对象。

13.4.1 Window 对象

1. Window 对象的属性和方法

Window 对象是所有 BOM 的顶层对象，代表当前浏览器窗口的实例。在浏览器加载当前页面时，总会为其创建唯一的一个 Window 对象；在页面的 JS 代码中，可以通过语言预置的 window 全局变量获得该对象的引用。Window 对象中常用的属性和方法如下。

（1）name 属性代表浏览器窗口的名称。

（2）open 方法打开一个新浏览器窗口，方法调用格式如下：

```
var  窗口变量=window.open("新窗口要加载文档的 URI","窗口名称","窗口物理属性名-值对");
```

其中，物理属性名-值字符串的格式组成如下：

```
"物理属性 1=值 1,物理属性 2=值 2,…, 物理属性 n=值 n"
```

常用物理属性包括 left、top、width 和 height，分别指定打开窗口的屏幕左侧 x 坐标、顶部 y 坐标、窗口宽度和高度，这些物理属性取值均以像素为单位；toolsbar、scrollbars、location、menubar 和 resizable 分别指定是否出现工具栏、滚动条、地址栏、菜单栏以及窗口可否调整大小，这些物理值可取 yes 或 no。

open 方法返回新窗口的 Window 对象。下面的 open 方法调用在当前浏览器窗口中弹出一个包含中国教育科研网首页的新窗口：

```
var newWindow = window.open( "http://www.edu.cn" , "temp" ,
"left=200, top=200, height=300, width=500, scrollbar=no, location=no,resizable=
no,menubar=no");
```

调用 open 方法时要注意以下 3 点。

① 目前主流浏览器均默认对这种打开的窗口进行屏蔽处理，只有经过用户允许后，open 方法调用才能真正打开新的窗口。这种处理方式是因为如果新窗口中的页面也包含 window.open 方法的调用，可能会导致浏览器连锁弹出新窗口占用过多系统资源，同时也影响用户进行其他操作。

② 很多浏览器并不会完全遵守 open 方法中物理窗口属性的指定，有些浏览器也不弹出新窗口，而是通过新标签页打开指定 URI 的页面。

③ 如果具有同名的窗口，浏览器将尽量复用这个窗口加载指定的页面。

（3）setTimeout 方法用于设置自动计时的函数调用。该方法包含一个需要计时执行的函数名参数和毫秒级的计时间隔，返回建立的计时器的数字标识，具体调用格式如下：

```
var  计时标识变量=window.setTimeout(要执行的函数名, 间隔毫秒数, [函数参数 1, 函数参数
2, …]);
```

在调用该方法后，当方法的第二个参数指定的时间间隔到达时，第一个参数指定的函数将被执行，同时为其传递所需的函数参数。如果计时执行的是自定义函数，可以在自定义函数中，再次调用 setTimeout 方法，传入自身的函数名，从而达到循环计时执行的效果。

【例 13-7】 循环计时弹窗示例。

```
<html><head><meta charset="UTF-8"><title>循环计时弹窗</title></head><body>
<script>
  var  link=new Array( ["edu","http://www.edu.cn"],
                              //弹窗的窗口名称和链接全局二维数组
              ["news","http://www.qq.com"],  ["game","http://www.4399.com"] );
  var times=0;                //全局计数变量
  function  openLink(){       //按照全局链接数组中元素数量,间隔 3 秒进行链接站点的弹窗
     if(times<link.length){  window.open( link[times][1] , link[times][0] );
times++;  }
     window.setTimeout(openLink, 3000);   //继续设置对函数自身的计时调用
  }
  alert("请打开浏览器的对本站点的弹窗限制,以便观看效果!");
  window.setTimeout(openLink,3000);
</script>
<h3>间隔 3 秒弹出教育网/QQ 新闻/4399 在线游戏站点,请解除浏览器地址栏中的弹窗限制!</h3>
</body></html>
```

示例页面通过 setTimeout 方法和 openLink 函数，每隔 3 秒依次打开教育网、QQ 新闻和 4399 在线游戏站点，在 Chrome 浏览器中执行时，可在地址栏中单击取消弹窗限制的图标，查看自动弹窗的站点，如图 13-5 所示。

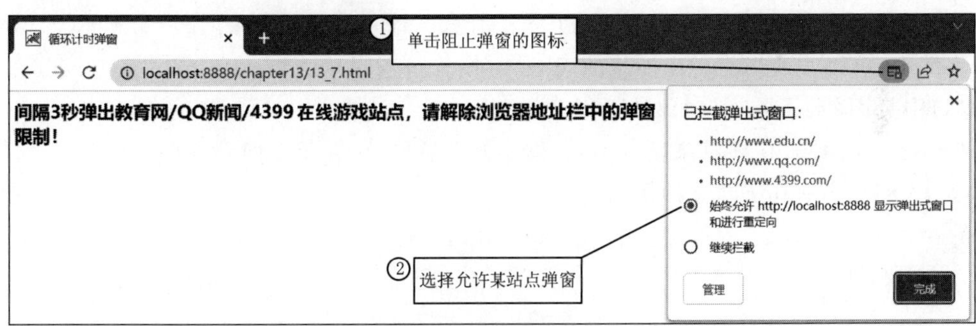

图 13-5　取消 Chrome 浏览器中对当前页面的弹窗限制

(4) clearTimeout 方法，该方法可以清除 setTimeout 方法建立的计时器，停止计时。它以 setTimeout 方法返回的计时标识数字为参数，调用格式如下：

```
window.clearTimeout(计时器标识数字)
```

(5) 对于通过 frameset/frame 或 iframe 元素标记在一个浏览器窗口中引入的多帧(也叫框架)页面，Window 对象还可以使用以下属性获取这些帧页面对应的子窗口对象。

① top 指的是在帧分层结构中位于最顶部的 Window 对象。

② self 指的是脚本文件所在的 Window 对象。

③ parent 指的是在多帧分层结构中的直接上层 Window 对象。

④ opener 指的是打开当前窗口的 Window 对象。

2. Window 对象的缺省特性

Window 对象是包含其他所有 BOM 对象的顶层对象，在使用其中大部分 BOM 成员属性和方法时，可以省略 Window 对象名本身。如例 13-7 中的 window.setTimeout 方法的调用，以及 openLink 函数中的 window.open 方法调用都可以省去"window."前缀。例如，调用弹窗方法 window.open 打开链接数组 link 中的链接，可以直接写成：

```
open( link[times][1] , link[times][0] );
```

另外，在当前页面的 script 元素标记中建立的全局变量，以及自定义函数，都会自动成为这个语言内置变量 window 中的属性和方法。利用这一个特性，在自定义函数中需要引用和参数/局部变量同名的全局变量，可以使用"window.全局变量名"的语法形式。

13.4.2 Navigator 对象

Navigator 对象代表运行 JS 的浏览器，可以通过 window.navigator 或 navigator 对象名获取其引用。该对象的属性和方法可以检测浏览器的类型、版本和用户代理等。参见以下 JS 代码的输出说明：

```
alert("Application Name is "+navigator.appName);
                                    //IE 输出 Microsoft Internet Explorer,其余 Netscape
alert("Application Version is "+navigator.appVersion);          //浏览器版本
alert("User Agent is "+navigator.userAgent);                    //用户代理名
alert("Platform is "+navigator.platform);              //所处的操作系统平台名,如 Win32
```

需要注意的是，除了 IE 浏览器，其他浏览器中的 Navigator 对象的 appName 属性都返回 Netscape，如果需要区分浏览器，应采用 userAgent 属性。

13.4.3 Location 对象

Location 对象表示载入浏览器窗口的 Web 页面的 URL，它还含有当前 Web 程序所在服务器的 IP 地址、主机名、HTTP 监听端口号等信息。通过对该对象的 href 属性赋予给定的 URL 字符串，可以改变当前窗口加载的 Web 文档。可通过 window.location 或 location 得到当前窗口中页面的 Location 对象的引用。

例 13-8 使用 Location 对象显示 Web 程序的部署信息，并重定向到其他站点。

【例 13-8】 Location 对象使用示例。

```
<html><head><meta charset="UTF-8"><title>Location 对象示例</title></head><body>
<script type="text/javascript"><!--//
// 主机的 IP 地址
alert(window.location.host);
// 主机名
alert(window.location.hostname);
// URL 中指定的主机端口
alert(window.location.port);
if(confirm("使用属性把页面重定向到 IBM 站点?"))
  window.location.href = "http://www.ibm.com";
else if(confirm("将页面重定向到新浪站点?")==1)
  window.location.replace("http://www.sina.com.cn");
//-->
</script></body></html>
```

location.replace 方法用来从一个页面定位到另一个页面，而不在浏览器中显示 URL，使用这个方法访问的 URL 不在历史记录中。另外，直接对 location 自身赋值也能改变当前窗口的加载文档，例如，示例中重定向到 IBM 官网，可以写成：

```
location="http://www.ibm.com";
```

实际上,不仅 Window 对象中包含 location 成员,后面介绍的 Document 对象中也包含 Location 成员,两者包含的都是完全相同的 Location 对象,所以上式也可以写成:

```
document.location="http://www.ibm.com";
```

13.4.4　History 对象

History 对象代表当前浏览器会话中保留访问过的站点,可以通过 window.history 或 history 对象名获取它的引用。History 对象提供的方法如下。

(1) forward 方法把用户重定向到历史记录中的下一个站点。

(2) back 方法把用户重定向到历史记录中的上一个站点。

(3) go(n)方法在浏览历史记录中将当前页面向前或向后移动|n|步,n>0 时向前移动,n<0 时向后移动。

在 JS 代码中,调用 history.go(1)等价于 history.forward(),history.go(−1)等价于 history.back()。

13.4.5　Document 对象

Document 对象代表浏览器窗口中加载的 Web 文档,该对象提供了 DOM(Document Object Model,文档对象模型)事件机制和方法用以操控文档中的界面组件。一个页面中只包含一个 Document 对象,可以通过 window.document 或 document 对象名获得其引用。

1. Document 对象的属性

(1) BOM 成员。

anchor、link、image、form 都是 Document 对象中的 BOM 成员,将在 13.4.6～13.4.9 节中进行展开说明。

(2) 文档属性。

① title,用于读取/设置当前文档的标题文本字符串。

② fgColor 和 bgColor,用于读取/设置当前文档的前景和背景颜色,可以使用颜色名称字符串或以#开头的十六进制 RGB 颜色值字符串。

③ linkColor、alinkColor 和 vlinkColor,用于读取或设置文档中链接、被单击链接以及已访问链接的颜色值,可以使用颜色名或以#开头的十六进制的 RGB 颜色值字符串。

④ cookie,用于读取或写入 cookie 的"cookie1=val1;cookie2=val2"名-值对格式的字符串。

⑤ fileCreatedDate、fileModifiedDate、fileSize 等读取文档创建修改时间及大小的属性。

(3) 事件属性和 DOM 属性。

事件属性和 DOM 属性经常用于页面和用户之间的交互操作,将在 13.5 节进行详细介绍。

2. Document 对象的方法

(1) 文本写入方法。文本写入方法可以让文档的内容通过代码方式生成,可用于多个 HTML 页面中共用组成部分的内容生成。主要文本写入方法如下。

① open,打开 Document 对象的写入流,使文本可以写入其中。

② write("文本内容"),用来把文本内容写入 Document 对象。

③ clear,用来清除 Document 对象流打开期间的已写入的内容。

④ close,用来关闭 Document 对象打开中的写入流。

例 13-9 中使用了 Document 对象的属性和方法生成当前文档中的数据内容。

【例 13-9】 使用 Document 设置文档颜色和输出文档标题以及 Cookie 内容。

```
<html><head><meta charset="UTF-8"><title>JS 生成 HTML 文档</title></head><body>
<script>
document.fgColor="black";  document.bgColor="yellow";  document.alinkColor=
"#00ff";
document.open();  //文档中文字为黑色,背景为黄色,被单击的活动链接颜色为绿色
document.write("本文档的标题:"+document.title);
document.write("<p><a href='http://www.edu.cn'>教育网链接</a>");
document.write("<p><a href='#'>已访问链接色</a>");
document.write("<p>客户端 Cookie 数据:"+document.cookie);
document.close();
</script></body></html>
```

(2) DOM 方法。Document 对象的 DOM 方法主要用于当前的 HTML 页面结构的修改和调整,主要包括 createElement、appendChild、removeChild、replaceChild 等 DOM 结点的创建、添加、删除、修改等方法,将在 13.5 节进行详细介绍。

(3) 事件监听方法。Document 对象的事件监听方法是对事件属性的进一步强化,早期的浏览器为 Document 对象提供的事件监听方法并不统一。随着 W3C 组织的浏览器 DOM 规范被浏览器开发商逐渐接受,目前的大部分浏览器的事件监听方法都已经统一到 DOM 规范中的事件模型,将在 13.5 节进行详细介绍。

13.4.6 Anchor 对象

Anchor 对象没有定义任何属性或方法,表示包括超链接在内的 HTML 页面中的锚点元素(即 a 元素)。String 对象也可以用来生成 Anchor 对象,在 Document 对象的 write 方法中使用 String 对象生成锚点对象的用法如下:

```
document.write( anchorStr.anchor("about_anchor"));
```

当前页面的所有 Anchor 对象可以通过 document.anchors 锚点数组来获取。

13.4.7 Link 对象

Link 对象是含有 href 属性的 Anchor 对象,代表当前文档中的超链接,document.links 返回当前网页文档中所有的 Link 对象形成的数组。类似于 Anchor 对象,也可以使用 String 对象来创建 Link 对象,形成页面中的超链接,例如以下 JS 代码在页面中构建了一个链接显示文本为 ECMAScript,单击此链接会转入 ES 规范官网页面的超链接:

```
var urlStr="ECMAScript";
document.write(urlStr.link("http://www.ecma-international.org/publications/
standards/Ecma-262.htm"));
```

13.4.8 Image 对象

Image 对象代表文档中通过<img>标记显示的图像。当前 HTML 文档中的所有 Image 对象都存储在 document.images 数组中。Image 对象常用的属性如下。

(1) src,用于指定要显示的图片 URI 对应的字符串,将 src 属性赋予新的图片 URI 将改变当前 Image 对象的显示内容。

(2) name,用于指定当前 Image 对象名称。如果该名称在当前页面所有 img 元素的 name 属性值中具有唯一性,可以在 JS 代码中使用数组字符串下标语法得到该 Image 对象:

```
document.images['图片 name 属性名']
```

(3) width 和 height,用于指定图片显示的宽度和高度数值,单位为像素。

Image 对象通常用于页面中的图片切换显示。通过 document.image 数组获取 Image 对象,修改其 src 属性即可实现页面中图片的切换,如下所示:

```
document.images['图片唯一性 name 属性名'].src="图片文件 URI"
```

或

```
document.images[图片序号].src="图片文件 URI"
```

例 13-10 是一个使用 Image 对象切换图像的示例,注意该示例使用了 Image 对象的鼠标移入和鼠标移出的事件属性引入 JavaScript 图片切换代码。

【例 13-10】 使用 Image 对象动态切换图片。

```
<html><head><meta charset="UTF-8"><title>JavaScript 图像交换示例</title></head>
<body>
<img name="chicken" src="c1.jpg"
onMouseOver="document.images['chicken'].src='c2.jpg';"
onMouseOut="document.images[0].src='c1.jpg';"/>
</body></html>
```

这个例子中采用了两种 Image 对象数组引用方法,一个是利用 img 元素的 name 属性值作为数组下标,另一个是采用了 img 元素在页面中的序号,注意序号从 0 开始计数。

13.4.9 Form 对象和字段对象

Form 对象代表文档中的表单元素。表单元素的主要作用是将用户输入/选择的数据提交给 Web 程序中的 Servlet 或者 JSP 页面,通过 JS,开发者可以为表单提供更为灵活的数据输入能力,控制表单中的数据提交。

1. Form 对象的获取

通过 document.forms 数组获取当前 HTML 文档中所有的表单对象。特定的 Form 对象推荐采用以下两种语法方式进行获取:

```
document.forms["表单的唯一性 name 属性值"]
document.forms[表单的序号]
```

如果 Form 对象的 name 属性值符合 JavaScript 的变量名命名规则,也可以使用如下表达式获取 Form 对象:

```
document.表单 name 属性值
```

需要注意的是,当一个页面中含有同名的多个表单元素时,通过 name 属性值获得的 Form 对象将形成一个数组,数组元素序号按照 form 元素在页面中出现的次序排列。下面的 form 元素标记和 JS 代码显示了如何对页面中 Form 元素进行引用。

```
<form  name="base"></form>  <form  name="detail"></form>  <form  name="detail">
</form>
<script  type="text/javascript">
  alert(document.forms.length);          //因为有 3 个 form 元素,所以输出 3
  alert(document.forms[0].name);         //通过数组下标得到第一个 Form 对象,输出名字
                                         //"base"
  var  frm0=document.forms['base'];      //通过表单 name 属性值作为数组下标获取第一个
                                         //Form 对象
  alert(frm0.name);                      //输出"base"
  var  frm1=document.detail;             //名为 detail 的 form 元素有两个,所以 frm1 是
                                         //一个 Form 对象数组
```

```
  alert(frm1[0].name);        //输出第一个名为 detail 的 Form 元素的 name 属性"detail"
  alert(frm1[1].name);        //输出第二个名为 detail 的 Form 元素的 name 属性"detail"
</script>
```

2. 表单中的数据提交控制

Form 对象中控制数据提交的属性和 form 元素标记的参数相对应，数据提交的方法对应于表单中的"提交"按钮、"重置"按钮，还可以使用 onsubmit 事件属性控制数据的提交。

(1) 数据提交属性。

① method 属性，用于读取或设置表单提交的 HTTP 方法，可取"get"/"post"。

② action 属性，用于读取或设置表单提交的 Servlet/JSP 的 URI。

(2) 数据提交方法。

① reset 方法用于将表单中所有组件恢复其初始值，等价于表单中 reset 按钮的作用。

② submit 方法将提交表单组件数据，等价于表单中的 submit(提交)按钮的作用。

(3) 数据提交事件。

form 元素可以指定其 onsubmit 事件属性，该属性值是 return 语句构成的 JS 代码，将在表单提交时被自动执行；通常 return 语句会执行一个自定义函数，具体语法格式如下：

```
<form  onsubmit="return  自定义函数()"><!--表单中的组件定义--></form>
```

在数据提交前，如果 return 语句的自定义函数返回 true，那么当前表单的数据将被提交；自定义函数返回 false 时不会执行数据的提交。通常，函数返回 false 是因为已经通过自身代码提交了表单中的数据，这种处理方式多用于 RIA 技术(见第 14 章)中的 AJAX 程序。

3. 表单字段对象的获取

JavaScript 将表单的组件定义为字段对象，包括 Button、Submit、Reset、Text、textarea、Password、Hidden、Radio、Checkbox、select、Option、FileUpload 等类型。字段对象可以通过表单对象的 elements 数组，利用组件的次序号或 name 属性值进行访问，两种语法如下。

```
表单对象.elements[组件的序号]
表单对象.elements['组件元素的 name 属性值']
```

如果组件元素的 name 属性值符合 JavaScript 的变量名命名规则，则对应的字段对象也可以使用如下表达式访问：

```
表单对象.组件元素 name 属性值
```

当表单有多个相同 name 属性值的组件时，采用 name 值获取的将是字段对象数组。以下 HTML 标记定义了表单中的一些组件，其后 JS 代码对这些字段对象进行了获取：

```
<form  name="base"> 姓名:<input name="person">
男:<input type="radio" name="sex" value="male"> 女:<input type="radio" name="sex"
value="female">
</form><script  type="text/javascript">
  var  frm=document.forms['base'];  //利用名称获取表单对象,注意页面不能有和 base 重名
                                    //的表单
  var  person=frm.elements[0];      //利用 elements 数组的下标得到第一个文本字段对象
  alert(person.name)                //输出 person
  alert( frm.elements[1].value );   //利用 elements 数组下标获取第二个单选按钮并输出
                                    //其值"male"
  alert( frm.elements['sex'][0].value ); //单选按钮重名,得到 Radio 数组,第一个元素值依然
                                    //是"male"
  alert( frm.sex[1].value )       //单选按钮重名同样得到 Radio 数组,第二个元素值是"female"
</script>
```

4. 字段对象的使用

字段对象具有一些通用的方法和属性，例如，focus 和 blur 方法可以让其获得或去除焦点；disabled 属性设置为 true/false 对其进行禁用/启用；form 代表其所在的表单对象。

(1) Textbox、textarea、Password 和 FileUpload 字段对象。

这些对象代表文本组件和文件上传组件，常用的属性如下。

① defaultValue，代表页面载入时字段的值；

② value，代表字段的当前值；

③ name，代表字段的名称；

④ type，代表字段的类型名称，即组件的 type 属性值。

(2) Hidden、Button、Submit 和 Reset 字段对象。

Hidden 组件存储文本，Button、Submit 和 Reset 组件供用户单击，常用的属性如下。

① value，代表字段的当前值；

② name，代表字段的名称；

③ type，代表字段的类型名称，即组件的 type 属性值。

(3) Radio 和 Checkbox 类型的字段对象。

Radio 和 Checkbox 字段对象代表单选和多选按钮，常用的属性如下。

① value，代表字段的当前值；

② name，代表字段的名称；

③ type，代表字段的类型名称，即组件的 type 属性值；

④ checked，设置或读取组件的选中状态，为 true 时选中，为 false 时不被选中；

⑤ defaultChecdked，缺省的选中状态取值，为 true 时缺省选中，为 false 时不选中。

(4) select 类型字段对象。

select 字段对象代表表单中的列表或者下拉菜单组件，该字段对象中常用的属性如下。

① value，代表当前选中项的值；

② name，代表字段的名称；

③ type，代表字段的类型属性，允许多选时为"select-multiple"，否则为"select-one"；

④ length，代表选择列表中的选项数目；

⑤ options，代表 Option 对象构成的选择列表元素数组；

⑥ selectedIndex，代表选中项目的下标，−1 为没有选择，多选时返回第一个选中项的下标；

⑦ size，代表列表中可见的选项数量；

⑧ multiple，若为 true 时可多选，false 则是单选。

(5) Option 对象。

Option 对象是 select 元素选择列表中的数组成员，该对象常用的属性如下。

① value，代表选项的值；

② text，代表选项的显示文本；

③ selected，代表该选项是否被选中，true 为选中，false 为未选中。

13.4.10 DOM 操作

在实际应用中，经常会涉及对 HTML 文档中的表格、段落等元素中数据的引用，以及页面结构的修改，这种情况下可以使用 DOM 操作完成这种任务。

1. DOM 对象

BOM 中的 Document 对象就是 DOM 对象，一个页面中所有的 HTML 标记元素都是按层次进行组织的树状结构。树中被上层结点包含的结点称为“子结点”，同级子结点之间称为“兄弟结点”，子结点的上层结点称为“父结点”。这种由页面中的 HTML 元素构成的树被称为 DOM 树，HTML 文档也由此被称为 DOM 文档。

W3C 组织为 DOM 文档的操作提供了标准化的 DOM API 接口，可以在 Document 对象的基础上，通过 Node 对象和 Element 对象对 HTML 文档所有的组成部分进行操控。

(1) Node 对象。Node 对象代表 DOM 树的组成结点，DOM 文档中的元素、属性、文本结点、注释以及文档自身都是 Node 对象。Node 对象提供了一些通用性的结点属性和结构修改方法。

① nodeName，表示结点名称。

② nodeType，表示结点类型的整数。可使用 Node 中的常量符号表示，如 3 对应于 Node.TEXT_NODE，表示文本结点；1 对应于 Node.ELEMENT_NODE，表示元素结点。

③ nodeValue，表示该结点中的数据。文本类型结点的 nodeValue 即文本的组成字符串；如果该结点是一个元素结点，则其 nodeValue 为 null。

④ childNodes，表示取出当前结点所有直系子结点，该属性为 Node 数组类型。

⑤ parentNode，表示当前结点的父结点。

⑥ nextSibling 和 previousSibling，表示当前结点的下一个兄弟结点和上一个兄弟结点。

⑦ appendChild(node)，表示在当前结点中添加一个新子结点。

⑧ replaceChild(newChild，oldChild)，表示将当前结点的指定子结点用新的子结点代替。

⑨ insertBefore(newChild, refChild)，在当前结点的指定子结点前插入新的子结点。

⑩ removeChild(child)，删除当前结点中指定子结点。

(2) Element 对象。Element 对象是带有元素标记的 Node 对象，HTML 文档中所有标记元素都是 Element 对象。除了具有 Node 对象中的属性和方法之外，Element 对象常用的属性和方法如下。

① style，代表元素的样式单，其中的样式项可以采用成员名的形式进行引用，例如，名为 div 的元素，将其显示内容进行隐藏的 JS 语句可以写成：

```
div.style.display='none';
```

② innerHTML，该属性存储了当前元素中的子元素 HTML 标记或文本，可以用于读取或改变元素中的组成结构。例如，在名为 div 的元素中设置红色警告文本可写成：

```
div.innerHTML="<span  style='color:red'>警告:发生错误!</span>";
```

需要注意，innerHTML 属性虽然被浏览器支持，但它并不是 DOM API 标准中的属性。

③ getAttribute("属性名")，取出元素中指定名称的属性值字符串。

(3) Document 对象。Document 对象是一种 Node 对象，所以可以通过 document 对象名调用 Node 对象的属性和方法。Document 对象还具有一些创建 Element 和 Node 结点以及获取 Element 结点的方法，结合 appendChild、removeChild、replaceChild 等方法，就可以对 DOM 文档进行修改。Document 对象常用的一些成员如下。

① documentElement，返回文档 html 根元素对应的 Element 对象。

② head，返回当前文档中的 head 元素对应的 Element 对象。

③ body，返回当前文档中的 body 元素对应的 Element 对象。

④ createElement("元素名"),创建并返回 Element 对象。

⑤ createTextNode("文本"),创建并返回文本结点对应的 Node 对象。

⑥ getElementById("ID 属性值"),通过 ID 属性值得到文档中指定的 Element 对象。

⑦ getElementsByTagName("元素名"),文档中具有相同元素名的 Element 对象数组。

⑧ getElementsByName("属性值"),文档中具有相同 name 属性值的 Element 对象数组。

⑨ getElementsByClassName("类样式名"),文档中相同类样式的 Element 对象数组。

注意,⑥～⑨的 getElement(s)系列方法同样可以应用于 Element 对象获取其子元素。

2. DOM 操作应用示例

例 13-11 演示了如何通过 DOM API 在当前的 HTML 文档中创建一个可以按照用户给定的数量输入课程信息的示例。

【例 13-11】 使用 DOM API 生成表单输入内容示例。

```
<html> <head><title>课程输入</title><meta charset="UTF-8"></head><body>
<form><p>请输入课程名称</p> </form></body></html>
<script>
  var frm=document.forms[0];
  var n=prompt("请输入课程数量:", 3);
  for(var i=0;i<n;i++){
    var div=document.createElement("div");  //创建 div 元素对应的 Element 对象
    div.innerHTML="<input name=c> 必修<input type=checkbox name=m>";
                                             //建立文本框和多选框
    frm.appendChild(div);     //将创建好的 div 元素及其中的文本框和多选框组件添加到表单
  }
  var p=document.createElement("p");           //创建一个段落元素,其中加入一个确定按钮
  p.innerHTML="<input type=submit value=确定>";
  frm.appendChild(p);          //将包含确定按钮的段落元素加入表单
</script>
```

示例页面在加载时,将弹出网页输入对话框,输入课程数量后,JS 将按照输入数量通过循环调用 DOM API,创建所需的文本框和复选框,如图 13-6 所示。

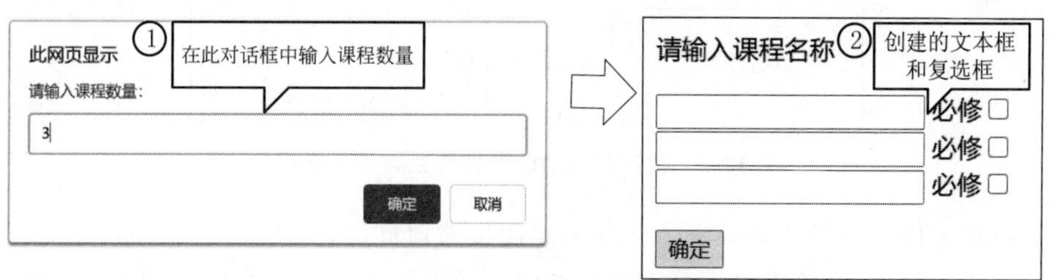

图 13-6　通过 DOM API 按照输入的数量动态创建的课程信息录入表单

3. DOM 对象的 ID 属性应用

如果当前 HTML 文档中的元素结点包含 ID 属性,除去可以使用 Document 对象的 getElementById 方法得到对应的 Element 对象之外,还可以在该元素的 ID 属性值符合 JS 变量名的条件下,在 JS 中直接使用该 ID 属性值为变量名,引用所需的 Element 对象。

例如,下面的 HTML 标记中,段落 P 元素的 ID 属性值为 p1,在其后的 JS 代码中,即可用变量名 p1 表示此段落的 Element 对象;当用户在 confirm 对话框中确定信息后,使用其 innerHTML 属性将段落内容改为“Changed!”。

```
<p id="p1">This is a demo</p>
<script  type="text/javascript">
```

```
  if(confirm("Do you want to change the text? "))  p1.innerHTML="Changed!";
</script>
```

按 HTML 规范,同一文档中元素的 ID 属性值都应唯一。如果页面中不同元素拥有相同的 ID 属性值,document 的 getElementById 方法将返回第一个匹配的 Element 对象;使用 ID 属性值变量时,将得到和重复 ID 等量元素的 Element 数组。注意,8.0 及以下版本的 IE 不支持 ID 属性值变量,但可以通过 document.all 引用 ID 属性值对应的元素,如下所示:

```
document.all.ID属性值
```

13.5 浏览器的事件处理

13.5.1 浏览器的事件处理模型

浏览器事件是指用户对浏览器中 HTML 文档完成了某种交互式操作,如用户单击了表单中的按钮,或者在图片上移动了鼠标指针,或者在文本框中输入了账号、口令等操作。一旦发生这种交互式操作,往往要求当前的 HTML 文档能够根据事件发生的情况,完成对应的处理任务,这就是浏览器中的事件处理。当一个交互式的事件发生时,浏览器在处理这些事件时,主要有捕捉和冒泡两种方式。

(1) 在捕捉方式中,事件首先在 DOM 树外层元素中发生,然后按照由外向内的顺序在元素中传播。例如,当用户单击 HTML 页面的表单中 input 元素形成的按钮时,用户被认为先单击了 HTML 文档,然后又单击了页面中的表单,最后单击了表单中的按钮。

(2) 在冒泡方式中,事件先是在最内层元素中发生,然后由内向外在 DOM 树中传播。例如,同样是用户单击了页面表单中的按钮,冒泡方式认为是先单击了按钮,然后才是单击了表单,最后单击了文档。这两种方式的事件发生顺序示意图如图 13-7 所示。

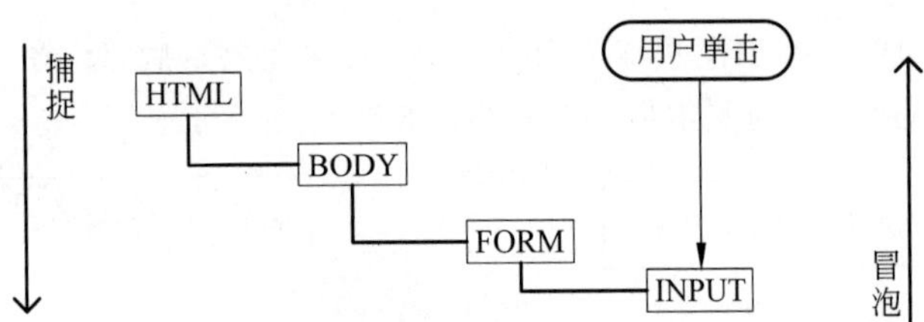

图 13-7 捕捉和冒泡的事件发生顺序示意图

浏览器对事件采用不同的处理方式是一个历史遗留问题。20 世纪 90 年代到 21 世纪初,为了争夺市场份额,浏览器提供商都对自己的浏览器附加了一些独有性能和功能特性,以期在竞争中获取优势,这就带来了浏览器在很多方面的差异,尤其是涉及 JavaScript 语言支持和事件处理领域。直到 IE 9 之前,微软的 IE 浏览器都是采用冒泡事件处理方式,而火狐、Chrome 等浏览器支持先捕捉,再冒泡的处理方式。这两种不同的事件处理方式,为浏览器事件处理带来一定的复杂性,W3C 组织一直在消除这种差异,方便浏览器的开发者编写统一的 JavaScript 代码。为此,他们将事件处理按照浏览器 DOM 模型进行了级别划分,以便在不同的级别上统一事件处理的方式,主要包括 DOM0 级和 DOM2 级两种方式。

13.5.2 DOM0 级事件处理方式

这是浏览器中最通用的一种方式,所有浏览器都支持 DOM0 级的事件处理方式,它是通过指定需要处理事件的 BOM 对象的事件属性,将事件和 JavaScript 代码关联在一起。

1. 事件

浏览器事件都和浏览器窗口中特定的 BOM 对象相关联，表 13-3 列出了部分常用的事件及其关联的 BOM 对象，有些浏览器还会对事件关联的 BOM 对象做一些扩充。

表 13-3　浏览器部分常用的事件及其关联的 BOM 对象

事件名称	事件关联的 BOM 对象	事 件 说 明
blur	Button、Checkbox、FileUpload、Frame、div、Password、Radio、Reset、Select、Submit、Text、textarea、Window	文本框失去输入焦点，或界面组件的单击焦点发生转移
focus	Button、Checkbox、FileUpload、Frame、div、Password、Radio、Reset、Select、Submit、Text、textarea、Window	表单组件或其他对象得到输入焦点或单击焦点
change	FileUpload、Select、Text、textarea	表单组件的数据发生改变
submit	Form	表单数据提交
click	Button、Checkbox、Document、Link、Radio、Reset、Submit	表单组件或超链接对象被单击
dblclick	textarea、Document、Link	双击
keydown	Document、Image、Link、Text、Password、textarea	键盘按键被按下
keyup	Document、Image、Link、Text、Password、textarea	键盘按键被放开
load	Document、Image、div、Window	对象装入完成
unload	Document、Window	文档和窗口被关闭
mousedown	Document、Window	鼠标按钮被按下
mouseover	Document、Window、Image	鼠标移动到对象上
mouseout	Document、Window、Image	鼠标离开对象

在处理浏览器事件时，需要注意事件的引发条件和 DOM 对象的加载情况。

(1) 浏览器事件一般由用户操作产生。例如，当用户单击表单提交按钮时，表单的 submit 事件就会发生；而通过 JS 代码调用表单对象的 submit 方法就不会引发 submit 事件。

(2) 有些事件只有特定条件才会被引发，例如在文本框输入时不会发生 change 事件，只有输入焦点发生转移后才可能引发文本框的 change 事件。实时监控输入文本可以使用 keyup 事件，按键放开输入就会确定，这时取出文本框的内容，就可以监控其输入过程。

(3) 事件发生时，需要处理的 DOM 对象要确保已经被浏览器加载，否则可能会导致事件处理失败。通常，要避免直接在 JS 中直接使用全局变量引用 DOM 对象，因为此时页面中的 DOM 有可能还尚未被浏览器加载。

2. 利用事件属性指定事件处理代码

在事件名称前加入 on 前缀即可构成事件属性，例如，对于 click 事件，对应的事件属性名为 onclick。需要注意的是，HTML 元素标记中的事件属性名并不区分大小写；而 JS 代码中 BOM 对象的事件属性名均应采用小写字母。

(1) 在 HTML 元素标记中指定事件属性的处理代码。

页面元素的事件属性取值可以直接设置为由分号分隔的 JS 语句，事件发生时，这些代码将被浏览器自动执行。在例 13-12 的 HTML 文档中，表单删除按钮的 input 元素设置 onclick 事件属性值为自定义函数 del 的调用式，通过 del 函数中的代码处理单击按钮事件。

【例 13-12】 单击按钮事件属性设置示例。

```
<html><head><meta charset="UTF-8">
<script>
  function del(){  alert("删除按钮被单击!");  } //自定义函数 del 用于处理单击按钮事件
</script>
</head><body>
<form>
  <input type="button" value="删除"  name="btnDel"
       onclick="del()" /><!--onclick 是事件属性,注意,此处的函数名不能取关键字
delete-->
</form>
</body></html>
```

(2) 通过为事件属性指定匿名函数进行事件处理。

对 BOM 对象的事件属性赋予匿名函数,同样可以进行事件的处理。事件属性可以采用对象成员名或数组成员名下标两种语法,如下所示:

```
对象名.事件属性名=function(){    };          //通过对象成员名赋予匿名事件处理函数
对象名['事件属性名']=function(){    };       //通过数组成员名赋予匿名事件处理函数
```

这种事件处理方式可以让 JavaScript 代码和 HTML 文档标记相分离,便于 HTML 文档的维护。例 13-13 中的 HTML 文件采用了这种方式,使自身不含具体的 JS 代码。

【例 13-13】 利用函数变量处理表单数据非空检查的 HTML 文件和 JS 文件代码。

```
<html><head><meta charset="UTF-8">
<script  src="13_13.js"></script><!--引用外部 JS 文件中的代码进行事件处理-->
</head><body>
<form>
<p>账号:<input name="uid"></p><p>口令:<input name="pwd" type="password"></p>
<div style="color:red"  id="err"></div><input type="submit"  value="确定"/>
</form></body></html>
```

示例页面引入的 13_13.js 和当前页面位于同一目录,其中的代码如下:

```
window.onload = function () {
  var frm = document.forms[0];
  var pwd=frm.elements['pwd'];
  //采用常规的对象名.事件属性名的语法
  pwd.onblur = function (){ if(!pwd.value) err.innerHTML='口令不能为空!'; else
err.innerHTML=''; };
  //以下事件处理代码中,Form 对象的 onsubmit 事件属性采用了对象名['事件属性名']的语法
  frm['onsubmit']=function() {
     if(frm.uid.value==''){ alert('账号不能为空!'); frm.uid.focus(); return false;}
else return true;
  }; };
```

示例 JS 文件对 window 对象装入事件属性赋予的匿名函数将在浏览器加载文档被调用;在此函数中,又为密码框的焦点转移和表单提交通过匿名函数添加了检查代码,检查执行的效果如图 13-8 所示。注意,JS 代码中事件属性名均应使用小写字母。

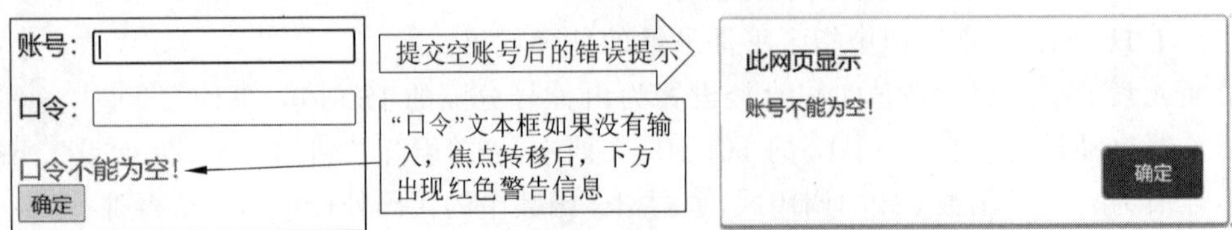

图 13-8 示例页面中的表单数据非空检查

使用函数变量语法形式设置事件虽然可以将页面和 JS 进行分离，简化页面中的 HTML 标记，但 JS 文件中的代码需要根据页面中的相关 DOM 对象进行编写，也会使 JS 代码编写的难度加大。这种方式一般应用在一些通用框架性质的 JS 代码库中。

3. 事件源和 Event 对象

（1）事件源。在编写事件处理代码时，经常需要得到与事件关联的 BOM 对象，该对象就是引发事件的事件源。在事件属性值的处理代码中，可以使用关键字 this 获取事件源，代码如下：

```
<input  type="button"  name="btnOk"  onclick="alert(this.name+'\'s  type='+
this.type)">
```

其中，onclick 事件处理代码中的 this 就代表引发单击事件的按钮，所以在单击该按钮时，alert 对话框中将显示"btnOk's type=button"。

（2）Event 对象。事件处理代码可使用 event 变量得到 Event 对象，以获取事件详情，常用的成员如下。

① target，引发事件的 BOM 对象，在 DOM0 级的事件处理代码中，和 this 指向的事件源对象一致。注意，IE 在 9.0 之前的版本中不支持该属性，需要使用 srcElement 替代。

② keyCode，返回键盘事件中的键值 Unicode 码。

③ type，返回事件类型的名称字符串。

④ which，如果是鼠标事件，返回鼠标按钮编号(1 为左键，2 为中间，3 为右键)，如果是键盘事件，等价于 keyCode，返回按键的 Unicode 代码。

⑤ preventDefault，阻止事件默认操作发生。注意，IE 不支持此方法，但 IE 的 Event 对象中含有一个 returnValue 属性，将其赋值为 false 可以达到同样的效果。

13.5.3　DOM2 级事件处理方式

W3C 组织制定的 DOM1 级规范主要针对 DOM 对象本身的处理，在事件处理方面并未引入新的标准模式。DOM2 级规范引入的事件处理为浏览器事件处理过程中的冒泡模型和捕捉模型提供一种统一的处理方式，还可以为同一个 BOM 对象添加多个事件处理函数。

1. DOM 标准事件监听方法

在 DOM2 级规范中，BOM 对象可以调用 addEventListener 和 removeEventListener 这两种方法添加/删除监控事件的函数，两者的调用语法如下：

```
对象名.addEventListener("事件名",  函数变量,  是否在冒泡阶段添加该事件);
对象名.removeEventListener("事件名",  函数变量,  是否在冒泡阶段删除该事件);
```

在上述事件监控方法中，第一个参数应采取小写的事件名称；第二个参数可以直接定义匿名函数，或者使用已经定义的函数名或函数变量名；第三个参数为 true 时，代表该事件处理的函数将在冒泡阶段被调用，为 false 时，将在捕捉阶段被调用。

例 13-14 的 HTML 文档中使用 addEventListener 方法为表单添加了按键和单击两个事件的监控。当用户在表单密码框输入口令时，如果选中了右侧的显示复选框，则将显示输入的口令。例 13-14 中还演示了如何使用 event 对象，确定表单中引发事件的具体组件。

【例 13-14】　使用 DOM2 级事件显示口令文本框输入的口令。

```
<html><head><meta charset="UTF-8"><title>DOM2 事件示例</title></head><body>
  <form>
  口令:<input type='password'/>显示<input type='checkbox'><span id="msg"></span>
  </form></body></html>
```

```
<script>
var frm = document.forms[0];                    //获取表单对象
var pwd = frm.elements[0], show = frm.elements[1];
                                                //获取 Password 和 Checkbox 对象
function showPwd() {              //自定义函数 showPwd 用以在按键事件中显示/隐藏口令
  if(event.target == pwd && show.checked) msg.innerHTML=pwd.value;   else msg.
innerHTML='';
}
frm.addEventListener("keyup", showPwd, false);
                                          //使用自定义函数 showPwd 进行按键事件监控
//使用匿名函数进行单击事件监控
frm.addEventListener("click", function () {
  if(event.target==show) if(show.checked)  msg.innerHTML=pwd.value;   else
msg.innerHTML='';
},false);
</script>
```

此示例需要注意以下两点。

(1) 为了简化代码,在 JS 代码中通过全局变量引用了表单和其中的字段对象。这种方式需要保证<script>标记位于 HTML 文档构成标记的后面,才能保证表单和字段对象的正确引用。

(2) 如果使用 IE 浏览器运行此示例,当 IE 版本低于 9.0 时将不能正常工作,这是因为 IE 8 及以前的版本不支持 DOM2 的 addEventListener 和 removeEventListener 方法,也不支持 event 对象中的 target 属性。由于除此之外,其他浏览器都支持 DOM2 级事件的处理方法,包括火狐、Chrome、Opera、Safari、IE 9(和之后版本)、Edge。

2. IE 浏览器专有的事件监听方法

对于 IE 8 及以下的版本,可以调用以下两种方法为 BOM 对象添加/去除监听事件:

```
对象名.attachEvent("事件名称",事件处理函数)
对象名.detachEvent ("事件名称",事件处理函数)
```

这两种方法的第一个参数是事件名称,注意,此处的格式为"on 事件名",而 DOM2 的 addEventListener/removeListener 中的事件名称没有 on 前缀。第二个参数可以是匿名函数、函数变量以及自定义函数名。注意,IE 8 及以下版本的 IE 浏览器仅支持冒泡事件模型,并不支持事件的捕捉阶段,所以这两种方法没有第三个指定是否在冒泡阶段进行监听的参数。

如果在 IE 8 及以下版本运行例 13-14,要把其中的 addEventListener 方法替换为 attachEvent 方法,例如,表单按键事件监控应改写成如下语句:

```
frm.attachEvent('onkeyup', showPwd);
```

同时要把 event.target 替换为 event.srcElement。

由于 IE 浏览器是 Windows 系统中捆绑的浏览器,微软公司并未提供它的独立安装程序,所以 IE 8 及以下的版本主要存在于 Windows 7 版本系统之前。在 Windows 10 版本系统之后,IE 版本都高于 9.0,不再需要使用 attachEvent/detachEvent 方法以及 event.srcElement。

3. 通用的事件处理方案

(1) 通用事件处理函数。虽然当前主流浏览器都已经遵循 DOM 规范,但由于互联网组成的复杂性,很多用户的浏览器未必能够提供 DOM2 规范的事件处理方法,编写一些具有兼容性的事件处理代码有利于 Web 程序浏览器界面在使用上的便利性。以下给出的自定义函数 addEvent 中使用了一些事件特性的逻辑判定,可以将其用作兼容性的事件监听函数:

```
function addEvent(elem,etype,handle){
     if(elem.addEventListener)
        elem.addEventListener(etype,handle,false);
     else if(elem.attachEvent)
        elem.attachEvent('on'+etype,handle);
     else elem['on'+type]=handle;
}
```

该函数接受如下 3 个参数。

① elem,代表待添加事件处理的 HTML 元素对象。

② etype,代表添加的事件的类型名,字符串型,如 click、dblclick、blur、focus。

③ handle,代表具体的事件处理的函数。

该函数首先测试浏览器是否支持 addEventListener,如果不支持,则测试是否支持 attachEvent,如果还不支持,则使用 DOM0 的事件处理方式。

(2) 事件处理函数中的 Event 对象引用。利用 DOM2 规范中的 addEventListener 方法添加的事件处理函数,以及赋给事件属性的匿名函数,除去 8.0 及以下的 IE 浏览器之外,9.0 以上的 IE、Edge、Opera、Chrome、Firefox 都会向其传递 Event 对象参数。当事件处理函数调用式作为 HTML 元素标记的事件属性值时,由于可以直接在调用式中传递参数,所以浏览器并不会为这种事件处理函数自动传递 Event 对象参数;不过在所有事件处理函数中,都能使用 window.event 或 event 获取 Event 对象。Event 对象在事件处理函数中的引用方式以及对 target 属性的支持如表 13-4 所示。

表 13-4　Event 对象在事件处理函数中的引用方式以及对 target 属性的支持

事件添加方式	能否使用 arguments[0]	能否使用 window.event	是否支持 event.target 属性
元素的事件属性值	不确定	√	不确定
事件属性匿名函数	√	√	不确定
addEventListener	√	√	√
attachEvent	√	√	×

从表 13-4 中可见,在事件处理函数中使用 event 变量名引用 Event 对象是一种浏览器兼容解决方案,另外,可以使用如下的逻辑或语句解决 event 中 target 属性引用的兼容问题:

```
var  target=event.target || event.srcElement; //IE8
```

例 13-15 使用上述的兼容性事件添加函数 addEvent 改写了例 13-14,并对其代码进行了适当的简化和优化。

【例 13-15】 使用浏览器兼容函数 addEvent 显示口令文本框输入的口令。

```
<html><head><meta charset="UTF-8"><title>浏览器兼容事件处理示例</title>
<script>
  function addEvent(elem, etype, handle) {
    if (elem.addEventListener)  elem.addEventListener(etype, handle, false);
    else if (elem.attachEvent)   elem.attachEvent('on' + etype, handle);
    else  elem['on' + type] = handle;
  }
  function handle(){
    var pwd=document.forms[0].elements[0];
    var show=document.forms[0].elements[1];
    if(show.checked)  msg.innerHTML=pwd.value;  else msg.innerHTML='';
```

```
    }
    addEvent(window,'load',function(){
      addEvent(document.forms[0].elements[0],'keyup',handle);
      addEvent(document.forms[0].elements[1],'click',handle);
    });
  </script>
  </head><body>
    <form>口令:<input type='password'/>显示<input type='checkbox'><span id="msg">
</span></form>
  </body></html>
```

13.6 JavaScript 中的面向对象编程

13.6.1 对象的定义

JavaScript 使用对象变量进行数据和方法的封装,并没有单独的类定义语法。建立对象可以使用 Object 函数进行动态构造,也可以采用大括号构成的对象成员进行定义。

1. 使用 Object 函数建立对象

通过 new 运算符调用 Object 函数,就可以建立一个空的对象,语法如下:

```
var  对象变量=new Object();
```

建立对象之后,可以按照需要通过赋值语句为该对象添加属性和方法,语法如下:

```
对象变量.属性名=属性值表达式;
对象变量.方法名=function(){ /* 代码 */ };
```

以下是建立一个名为 o 的对象变量并为其添加属性和方法的具体 JS 代码:

```
var  o=new Object();
o.name="object";                                        //增加一个 name 属性
o.data=1;                                               //增加一个 data 属性
o.sayName=function(){  alert("is a method!");  };      //添加方法
```

2. 利用 JSON 语法建立对象

JavaScript 还提供了 JSON(JavaScript Object Notation,JavaScript 对象表示)格式的对象定义,即直接在大括号中通过逗号分隔的名-值对表示对象的属性和方法,以提高对象组成的可读性,语法如下:

```
var  对象变量={
      属性名 1:表达式 1,
      属性名 2:表达式 2,
        …
      属性名 n:表达式 n
};
```

通过 JSON 格式定义对象变量时,要注意以下几点。

(1) JSON 对象中的属性名既可以使用常规的变量名,也可以使用字符串属性名,即属性名两侧使用双引号或单引号包围,此时属性名可以不遵循变量名的命名规则。

(2) 属性名冒号后的属性值可以是常量表达式,如数值常量、字符串常量、数组声明([])、其他 JSON 对象定义({}),也可以是出现在 JSON 对象定义之前的变量、自定义函数名或匿名函数的定义。

(3) JSON 语法建立的对象也能继续添加新的成员。开发者可以使用一对空大括号声明一个不含任何成员的对象,之后再通过赋值语句为其添加属性和方法。

以下的 JS 代码使用 JSON 定义了 o1 和 o2 两个对象变量，o2 为空对象。

```
var age=24;    function add(a,b){  return a+b;  }
var o1={
  name:'wang',                                    //字符串属性
  data:[1,2,3],                                   //数组属性
  age:age,                                        //使用变量 age 作为属性值
  "1birth":{year:1999,month:12,day:31},           //字符串属性名,可以使用不规则名称
  sayName:function(){ alert("a method!");}        //匿名函数为对象 o1 添加了一个
                                                  //sayName 方法
};
o1.add=add      //通过赋值语句为对象 o1 添加了 add 方法,该方法执行自定义函数 add 中的代码
var o2={};                                        //o2 为不含任何成员的空对象
o2.sayHello=function(){ alert("Hello,world!"); };  //为 o2 添加了 sayHello 方法
```

JSON 规范要求在定义 JSON 对象时使用字符串属性名。不过为了书写方便，浏览器允许在 JavaScript 中声明 JSON 对象时，符合变量命名规则的属性名两侧不加引号。

JSON 对象还可以单独存放在扩展名为 json 的文本文件中，用于数据存储；或者作为客户端和服务器之间 application/json 的 MIME 数据传输格式。在这种独立的 JSON 文件或数据中，必须使用字符串属性名，否则会导致解析/传输错误。

13.6.2 对象成员的使用

对象的属性或方法可以使用“对象名.成员名”的语法方式进行访问或者调用，还可以采用数组语法使用对象中的成员，即

```
对象名['属性名']
对象名['方法名'](实际参数数据列表)
```

当对象变量中的成员名不符合变量命名规则时，就只能采用这种访问方式。例如下面的 JS 代码定义了变量 o。

```
var o={  "1data":[1, 2, 3, 4],                    //属性名以数字开头,不符合变量命名规则
       "2data":{d1:1, d2:2, d3:4},
       print:function(data){ alert(data); }     //方法名符合变量命名规则
};
alert( o['1data'][3] );                         //输出 4
alert( o['2data']['d1'] );          //利用数组下标访问"2data"属性对象的 d1 属性,输出 1
alert( o['2data'].d2 );             //利用对象名.成员的语法访问 d2 属性,输出 2
o['print']( o['2data'].d3 );        //使用数组语法调用 print,其参数采用对象名.成员名
                                    //语法,输出 4
```

在 JavaScript 中，对象变量均可通过赋值语句在运行时为其添加所需成员，建立对象中新的成员可以采用如下通用的语法形式：

```
对象名['属性或方法名'] = 属性值表达式 | 自定义函数名 | 匿名函数定义;
```

这种建立对象中的属性或方法的赋值语句同样适用于使用 new 运算符建立的语言对象，以及由浏览器创建的 BOM 对象。另外，由于 window 对象是浏览器中 DOM 文档中的默认对象，所以通过页面 script 元素标记中建立的全局变量，以及使用 function 声明的自定义函数都会自动成为 window 对象的属性和方法。实际上，alert、prompt 和 confirm 三个互动函数也是 window 对象的方法。

例 13-16 的 JS 代码中，为 String 对象添加了新的属性和方法，同时也演示了 window 对象中自动添加的成员 s 和方法 sayHello。

【例 13-16】 String 对象中添加属性和方法以及 window 对象特性。

```
<html><head><meta charset="UTF-8"><title>String 对象和 window 对象成员添加示例
</title><script>
  var  s=new String("Hello,world!");              //建立一个 String 对象
  s['name']='String 对象';                         //为 s 添加一个 name 属性
  s.outString=function(){ alert(s); };             //为 s 添加一个可以输出自身字符串的方法
  s['outName']=function(){ alert(s.name); };       //为 s 添加一个可以输出其 name 属性值的
                                                   //方法
  s.outString();                                   //输出"Hello,world!"
  s.outName();                                     //输出"String 对象"
  window.alert(window.s);                          //由于对象 s 会被自动添加到 window 对象,所
                                                   //以输出"Hello,world!"
  function  sayHello(){ alert(s); }                //自定义函数 sayHello 会成为 window 对象
                                                   //中的方法
  window.sayHello();                               //输出"Hello,world!"
</script></head><body>
<form><input  type="submit"  value="再执行一遍"></form></body></html>
```

利用 window 对象中的属性是全局变量这个特点，可以解决在 8.0 及以下版本的 IE 浏览器不支持元素的 ID 属性值变量引用的问题：在 window 对象中存入 ID 的属性值作为变量名，通过 Document 对象的 getElementById 得到的元素对象作为变量值，这样就可以使用 ID 值变量引用该元素对象。例 13-17 提供了具体的实现方案示例。

【例 13-17】 利用对象实现浏览器兼容性的 ID 属性值变量示例。

```
<html><head><meta http-equiv="content-type" content="text/html;charset=UTF-8">
<script src="13_17.js"></script>
<script>
    function cP(){ p1.innerHTML="changed!"; }/* p1 是 window 中加入的全局变量 */
</script></head><body>
<p id="p1">this is a test text!</p>
<form><input type="button" value="ok" onclick="cP()"></form>
</body></html>
```

单击示例中的 ok 按钮，会执行 cP 函数的 p1.innerHTML 赋值语句，将按钮上方文本改为"changed!"。示例通过 13_17.js 文件中的 cmpt 对象封装建立 ID 值属性变量的算法，使其可以工作在 8.0 及之前版本的 IE 浏览器中，具体的代码组成如下：

```
var cmpt={
     /* setIdVars 方法负责建立指定元素及其子元素的 id 属性值变量 */
    setIdVars:function (e) {
      if (!e) return; else if ( e.nodeType == Node.ELEMENT_NODE ) {
        var id = e.getAttribute("id");        //只有 Element 对象才有 getAttribute 方法
        if (id) window[id] = document.getElementById(id);
                                              //在 window 中建立全局 ID 属性值变量
      }
      for (var i = 0; i < e.childNodes.length; i++)
        cmpt.setIdVars(e.childNodes[i]);
                                     //递归调用自身,建立所有的子元素 id 的属性值变量
    },
    /* setIds 方法负责建立当前 Web 页面中所有元素的 id 属性值变量 */
    setIds:function() {
        var html = document.documentElement;
        cmpt.setIdVars(html);
    }
};
```

```
if(!window.addEventListener)                    //判断浏览器版本,以便为 IE 8 及以下版本建
                                                //立 id 属性值变量
  if(window.attachEvent) window.attachEvent('onload',cmpt.setIds); else window.
onload=cmpt.setIds;
```

cmpt 对象的核心方法是 setIdVars,它先设置参数 e 元素的 ID 属性值变量,再递归调用自己,设置 e 的子元素的 ID 属性值变量。

需要注意的是,对象内部的方法之间的调用要使用"对象名.方法名"的格式,否则可能会导致找不到方法的错误或者是调用了错误的其他方法。

JavaScript 还提供了一种可获取对象中所有成员名称的 for…in 循环语法,语法如下:

```
for([var] 成员变量  in  对象变量){
    //可以通过成员变量值代表的成员名,访问方法对象中的成员,例如,对象变量[成员变量]
}
```

以下 JS 代码通过 for…in 循环输出对象变量 o 中所有的成员名称:

```
var o={ p1:24 }; o.f1=function(){ alert(this.p1); };
for(var m in o) alert(m+"="+o[m]); //消息对话框依次输出 p1=24  f1= function(){ alert
                                   //(this.p1); }
```

13.6.3　this 关键字

在 JavaScript 的自定义函数中,可以使用 this 关键字代表执行时负责调用该函数的对象。当自定义函数用于事件处理时,可以看成事件源对象调用了函数,所以此时 this 就代表事件源对象;而当函数作为对象的方法进行调用时,this 代表的对象会随着该函数所在的对象有所不同。参看下面的 JS 代码:

```
var color='red';
var o={color:'blue'};          //对象变量 o
function f(){
  alert(this.color);
}
f();           //相当于使用 window 调用 f,其中的 this.color 是全局变量 color,所以输出 red
o.f=f;                         //将函数赋值给对象 o,此时 f 成为对象 o 的方法
o.f();                         //this.color 代表对象 o 中的 color 属性,所以输出 blue
```

在 JavaScript 的对象方法中引用该对象中的属性,调用对象中其他方法时,可以使用该对象变量的名称,也可以使用 this 关键字,代码如下:

```
var  person={
    name:'李平',
    age:24,
    /* 以下语句中的 person 或 this 都不能省略,否则有可能导致成员访问错误 */
    printName:function(){
      alert(person.name);    //使用对象名引用对象中的属性 name
    },
    printAge:function(){
      alert(this.age);       //使用 this 引用对象中的属性 age
    },
    print:function(){
        this.printName();    //使用 this 调用其他对象方法
        person.printAge();   //使用对象名 person 调用其他对象方法
    }
};
person.print();        //调用 person 对象中的 print 方法,输出 person 中的 name 和 age 属性
```

由于 JavaScript 对象中的方法并不一定由其所在对象进行调用,所以使用 this 访问对象

中其他成员时可能会出现问题。例如，以下代码采用了两种方式将 evt 对象方法 click 用于处理表单变量 frm 中按钮 ok1 和 ok2 的单击，其中 ok1 按钮被单击时将会出现错误：

```
var evt={
    add:function(a,b){
      alert( parseInt(a)+parseInt(b) );
    },
    click:function(){
     this.add(1, 1);                //click 使用了 this 调用 evt 中的 add 方法计算 1+1
    }
};
frm.ok1.onclick=evt.click;          //单击 ok1 按钮时,click 方法中将会出现找不到 add 方法的
                                    //错误
frm.ok2.onclick=function(){ evt.click(); }; //按钮 ok2 的匿名事件函数,利用 evt 不会出
                                            //现错误
```

将 evt 的 click 方法赋予按钮 ok1 的 onclick 事件属性后，方法内部的 this 将变为表单按钮 ok1，而此按钮并没有 add 方法，所以会导致找不到 add 方法的错误；但采用匿名函数通过 evt 调用 click 就不会出现问题。

由此可见，对象中的方法最好使用自身的对象变量名访问其他成员，以防出现问题。

13.6.4 构造方法

在 JavaScript 中，任何自定义函数都可作为构造方法(constructor)，通过 new 运算符构造对象变量，语法如下：

```
var 对象变量=new 函数名称(实际参数列表);
```

在这种情况下，函数相当于对象的模板，函数中可以通过 this 关键字赋值形成对象的属性或方法。例如，以下自定义函数 M 用于构造一个包含 name 和 age 属性，以及 print 方法的对象：

```
function M(name,age){
    this.name=name;                 //建立属性 name
    this.age=age;                   //建立属性 age
    this.print=function(){          //建立方法 print
      alert(this.name+'年龄是'+this.age);
    };
}
var m=new M('wang',24);             //通过 new 运算符调用函数 M,构造对象 m
alert( m.name );                    //输出对象 m 中的属性 name,显示"wang"
m.print();                          //调用对象 m 中的 print 方法,输出其中的 name 和 age 属性
                                    //值,显示"wang 年龄是 24"
```

13.6.5 对象的 constructor 成员

对象变量可以使用 constructor 成员获取其构造方法，引用语法如下：

```
对象变量.constructor
```

在以下的 JS 代码中，通过 Person 构造方法生成的对象 m，使用了 constructor 成员对其构造方法直接进行了调用：

```
function  Person(name){          //构造方法 Person
      this.name=name;
      this.print=function(){
         alert('姓名:'+this.name);
      }
      if(arguments.length==0) alert("作为普通函数调用!");
```

```
}
var m=new Person('wang');
m.print();                      //输出"姓名:wang"
m.constructor();                //输出"作为普通函数调用"
```

13.6.6 函数的 prototype 属性

在 JavaScript 中，即便是通过同一构造方法生成的对象，生成后对象中的属性和方法都仅能应用于其所在的对象，而不能在对象间共享。属性专属于其所在对象这一特性和 Java 语言接近，但方法仅能通过其所在对象调用这一特性大大降低了方法可用性。

这个问题可以通过函数的 prototype(原型)属性解决。原型属性的引用语法如下：

```
函数名.prototype
```

在原型属性中通过赋值语句建立的属性和方法，都会在以该函数作为构造方法生成的对象中共享。例如：

```
function Student(){  this.name="zhang";  }
var s1=new Student();
s1.sayName=function(){ alert("in s1:"+this.name); };
s1.sayName();                                 //输出"in s1:zhang"
var s2=new Student();
s2.sayName();                                 //出错,因为 sayName 方法只存在 s1 中
Student.prototype.sayName=function(){ alert(this.name); };
                                              //通过原型属性添加对象间共享的方法
s1.sayName();                                 //正确,输出"in s1:zhang"
s2.sayName();                                 //正确,输出"zhang"
```

在使用原型属性时，应注意以下几点。

(1) 对象的方法应尽可能地添加到 prototype 属性，以便所有同类型对象都能使用；属性可以直接建立在对象中，这种对象结构和其他面向对象语言的对象模型最为接近。

(2) 如果对象中的成员和其构造方法原型中的成员同名，对象成员要优先于原型中的成员。例如，对象 s1.sayName 方法输出的是其专属 sayName 方法的运行结果，而不是原型中的同名 sayName 方法运行结果。

(3) prototype 属性仅能应用于函数，对象变量并不存在原型属性。如需通过对象变量设置对象间共享的属性和方法，可以利用对象变量的 constructor 成员得到其构造方法，之后再采用构造方法的 prototype 属性设置对象间共享的属性和方法。

例如，在上边的代码中，通过对象变量 s1 设置一个共享的 major 属性代码如下：

```
s1.constructor.prototype.major='Information';
alert( s1.major );                            //输出 Information
alert( s2.major );                            //输出 Information
```

图 13-9 显示了代码中对象变量 s1、s2 中专属的 name 属性和它们的 constructor 成员指向的 Student 构造方法共享 major 属性和 sayName 方法。

13.6.7 原型链继承(派生)

JavaScript 中对象之间的派生通过构造方法的原型链实现。通过将子类型的构造方法的 prototype 属性指定为父类型的构造方法的实例，就可以在派生类型(也就是子类型)的构造方法中实现对父类型成员的继承，语法如下：

```
子类型构造方法名.prototype=new 父类型构造方法( 实际参数列表 );
```

在下面的 JS 代码中，子类型通过其构造方法 Son 的原型属性继承了构造方法 Father 对

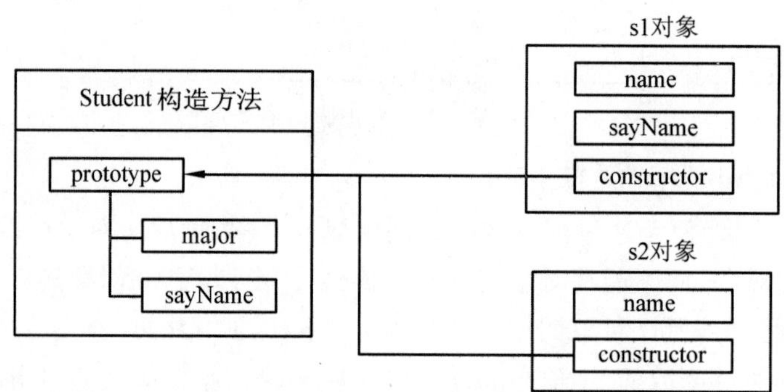

图 13-9 Student 构造方法共享 major 属性和 sayName 方法

应父类型中的成员 name 属性和 sayName 方法：

```
function Father(){
   this.name="father";                    //父类型 Father 中包含属性 name
}
Father.prototype.sayName=function(){  //sayName 方法是父类型中原型属性的成员
  alert(this.name);
}
function Son(){
  this.name="son";                        //子类型 Son 中包含自己的属性 name
}
Son.prototype=new Father();               //通过原型链继承父类型 Father 中的属性 name 和
                                            原型方法 sayName
var s=new Son();                          //建立子类型的对象 s
s.sayName();                  //对象 s 中的 sayName 方法来源于对父类原型链的继承,输出"son"
```

13.6.8 原型复制继承

原型复制继承模式由 JSON 的发明者道格拉斯·克洛弗德(Douglas Crockford)提出,它提供了一个用于返回子类型对象的自定义函数,函数中利用闭包函数的 prototype 属性实现对传入的父类型对象的继承。习惯上将此函数命名为 object,具体定义如下：

```
function object(o){
    function F(){}
    F.prototype=o;
    return new F();
}
```

原型复制继承实际上就是将原型链的继承通过 object 函数进行封装,函数中将闭包函数 F 原型属性 prototype 赋值为父类型参数对象实现了继承;通过返回 F 所代表的子类型对象实例,使得继承的语法变得更为直观简洁,代码如下：

```
var 子类型实例=object(父类型实例);
```

以下的 JS 代码使用 object 函数进行了继承：

```
var father={name:'father',data:1};    //父对象
var son=object(father);               //子类型对象 son 继承父类型 father 对象的属性
alert(son.name);                    //输出子类型对象中继承的 name 属性,输出为"father"
son.name="son";                       //为子类实例 son 添加自己的 name 属性
father.constructor.prototype.sayName=function(){
        alert(this.name);
};                                    //为父类添加一个 sayName 方法
son.sayName();                //通过继承的 sayName 方法输出子类型对象中自己的名字 son
```

13.6.9　静态成员

在面向对象的编程中，静态成员是指通过对象的模板，即类型直接引用的属性或方法。由于 JavaScript 通过构造方法代表类型定义，所以，静态成员可以通过对构造函数名进行属性或方法的赋值实现，语法如下：

```
构造方法名.成员名=属性表达式 | 函数表达式
```

例如：

```
function Student(){ }
Student.school="NCEPU";                  //添加静态属性 school
Student.print=function(){ alert(Student.school); }     //添加静态方法 print
Student.prototype.printSchool=function(){
        Student.printSchool();           //在原型方法中调用静态方法 print
}
var  s=new Student();                    //建立 Student 对象变量 s
s.printSchool();                         //调用 s 原型方法 printSchool,间接调用静态方法
                                         //printSchool,输出"NCEPU"
```

13.6.10　OO 封装和应用示例

例 13-18 在 eventutil.js 文件中使用 eventUtil 对象封装了具有浏览器兼容性的事件函数 addEvent，并增加了事件源获取 target 方法以及阻止事件默认操作的 stopAction 方法。13_18.html 引用了 eventutil.js 和 13_18.js 演示 eventUtil 对象的使用。

【例 13-18】　OO 封装的事件处理示例。

eventutil.js 文件中的 eventUtil 对象代码如下：

```
var eventUtil={
  addEvent:function(elem,etype,handle){
   if(elem.addEventListener)  elem.addEventListener(etype,handle,false);
   else if(elem.attachEvent)   elem.attachEvent('on'+etype,handle);
   else elem['on'+type]=handle;
  },
  target:function(){ return event.target || event.srcElement; },
  stopAction:function(){ if(event.preventDefault) event.preventDefault(); else
event.returnValue=false; }
};
```

13_18.html 文件的组成内容如下：

```
<!DOCTYPE html>
<html><head><meta  charset="UTF-8"><title>面向对象的事件封装处理示例</title>
    <script src="eventutil.js"></script>
    <script src="13_18.js"></script>
</head><body>
<form><input type="button" value="Click me!"></form></body>
</html>
```

13_18.js 中使用 EventUtil 对象处理 13_18.html 页面中的按钮单击事件，代码如下：

```
function handle(){  alert(eventUtil.target().value);  }
eventUtil.addEvent(window,'load',function(){
    var btn=document.forms[0].elements[0];
    eventUtil.addEvent(btn,'click', handle);
});
```

思考练习题

1. 请总结 var 关键字在 JavaScript 声明变量时的特点。

2. 请归纳 HTML 页面中如何使用 DOM API 对段落、div 元素以及 span 元素进行引用、修改和删除。

3. 结合 Java 语言的面向对象语法特性，对比 JavaScript 语言在类定义和声明、继承和多态上实现的语法差异。

第14章

RIA 技 术

14.1 RIA 技术概论

RIA 是 Rich Internet Applications 的缩写，即丰富互联网应用程序。传统网络程序的开发是基于页面的、服务器端数据传递的模式。网络程序的表示层建立于 HTML 页面之上，HTML 页面中哪怕仅有一部分来自服务端的更新，也需要传送全部的页面数据，这种用户界面的更新方式已经渐渐不能满足网络浏览者更高的、全方位的体验要求。而 RIA 的出现就是为了解决这个问题。

14.1.1 RIA 的特点

丰富互联网应用程序是将桌面应用程序的交互式用户体验与传统的 Web 应用的部署灵活性结合起来的网络应用程序，其客户端使用异步客户/服务器架构连接现有的后端应用服务器，这是一种安全、可升级、具有良好适应性的面向服务的模型，这种模型由 Web 技术的服务器端驱动，在客户端结合了声音、视频和实时对话等综合技术，使用户得到更好的用户体验。

"富"的概念包含两方面，分别是数据模型的丰富和用户界面的丰富。数据中的"富"的意思是用户界面可以显示和操作更为复杂的嵌入在客户端的数据模型，它可以操作客户端的计算，并进行非同步的发送和接收数据操作。这种模式相对于传统的 HTML 页面的优点是客户端更多地和用户进行交互，同时尽可能少地进行和服务器之间的数据交换。平衡客户端和服务器端之间的数据交互是 RIA 的一项重要任务。

14.1.2 RIA 的种类

早期的互联网中流行过一段含有利用 Java 编写的 Applet 的网页，这些网页中包含了 Applet 小程序，可以让用户通过互联网体验到动画、三维电影、特效图像等效果，这实际上就是基于 Java 解决方案的 RIA 技术。但由于微软公司和 Java 创始公司 SUN 之间的矛盾，使得 Applet 技术并没有成为 RIA 技术的主流。现在互联网中的 RIA 技术主要是使用 JavaScript 技术的 RIA，也存在一些其他形式的 RIA 技术。

基于 JavaScript 的 RIA 使用 JavaScript 处理客户端的界面交互工作，并利用浏览器内置的 XMLHTTP 技术和网站的服务器进行交互，从而不需要刷新整体页面，即可从网站服务器中取到相应的数据。目前应用得较为广泛的是 AJAX (Asynchronous JavaScript Application XML)，即异步 JavaScript 应用，它规定了由客户端如何向服务器端无整体刷新就可以更新页面中元素的规则，而在具体的实现上有着各种不同的方案。

14.1.3 RIA 开发工具

支持 JavaScript 的 RIA 技术的开发工具目前有很多选择，其中广为应用的有基于 Eclipse 的扩展开发环境，以及其他一些集成开发环境，例如微软的 Visual Studio 及其衍生产品 Visual Studio Code，还有本书主要介绍的 NetBeans IDE。NetBeans 不仅提供了 Java 技术的开发功能，对 JavaScript 的编写也提供诸如代码提示、浏览器对 JavaScript 的支持情况提示，以及 JavaScript 变量重构等重要辅助功能。

进行基于 JavaScript 的 RIA 开发，主要就是需要了解浏览器为 JavaScript 提供的 XMLHTTP 对象的工作方式和属性以及相关的事件处理模型。

14.2 XMLHTTP 基础

14.2.1 网页与服务器交互原理

在通常的动态页面中，用于和服务器端进行数据传送的主要机制就是超级链接和表单。而表单在此承担了大部分的交互任务。按照前面章节所述，表单标记的 action 属性指明了数据要发送的服务器端程序的名称，代码如下：

```
<form action="handle.jsp">
    Please input your name:<input type="text">
    <input type="submit">
</form>
```

在用户单击了提交按钮后，表单中的数据将会被发送到服务器端的 handle.jsp 动态页面中。handle.jsp 对表单数据进行处理后，就会将处理后的结果回传给浏览器，这时浏览器中的整个页面将被刷新。

不让浏览器将整个页面全部刷新传统的解决方案利用框架（使用 FrameSet/Frame 或 iFrame 元素），将页面分成两部分，主页面占浏览器窗口长度的绝大部分，而将表单放入一个小得“看不见”的框架页面，如该页面的高度只占几像素大小，这样在通过 JavaScript 在两个页面间进行数据的传送。实际上，早期的很多聊天室就是采用的这种技术。但这种技术用起来比较复杂。

当前主流浏览器都支持利用 JavaScript 脚本，创建 XMLHTTP 对象来发送数据，这个对象在传递数据时根本就无须更新页面，可以直接将数据发送到服务器端，并且可以带回由服务器端写回的数据。

14.2.2 XMLHTTP 对象的创建

不同浏览器的 XMLHTTP 对象的创建方式各有不同，IE 浏览器可以通过 Windows 系统中的 ActiveX 组件创建 XMLHTTP 对象，其他浏览器一般是利用 new 运算符建立 XMLHttpRequest 对象。下面的代码给出了一个通用的创建方案，可以适合于任何浏览器：

```
var xmlhttp;
if ( window.ActiveXObject && !window.XMLHttpRequest )
  xmlhttp = new ActiveXObject( "Microsoft.XMLHTTP" );
else
  xmlhttp = new XMLHttpRequest(); //Chrome, Mozilla Firefox, Opera
```

在这段 JavaScript 代码中，通过检测 window 对象的 ActiveXObject 属性是否存在，从而可以在 IE 或其他浏览器中创建 XMLHTTP 对象。

14.2.3 利用 XMLHTTP 对象发送请求

1. 建立和服务器之间的连接

建立好 XMLHTTP 对象后，就可以向服务器端发送数据，此时需调用 XMLHTTP 对象的 open 方法打开到服务器端的连接。设 XMLHTTP 对象名为 xmlhttp，对应的 open 方法调用语法如下：

```
xmlhttp.open(http-method, url, async, userID, password)
```

方法的参数说明如下。

(1) http-method，HTTP 的通信方式，如 GET 或是 POST。程序可以选择利用 get 方式或是 post 方式传送数据。如果用 get 方式，就必须将要传送的数据放入 url 参数中。这时每个数据需要利用查询字符串的形式放入 url 参数中。

(2) url，接收 XML 数据的服务器的 URL 地址。通常在 URL 中要指明 ASP 或 CGI 程序。如果在 url 中没有指明协议和主机名称，则默认传送的主机为当前的网页所在的服务器。

(3) async，一个布尔标识，说明请求是否为异步的。如果是异步通信方式(true)，客户机就不等待服务器的响应；如果是同步方式(false)，客户机就要等到服务器返回消息后才去执行其他操作。

(4) userID，用户 ID ，用于服务器身份验证。

(5) password，用户密码，用于服务器身份验证。

open 方法的前 3 个参数是必选的，而后两个参数则是可选参数，用于需要身份验证才能登录的服务器。

值得注意的是，不同的浏览器对 open 方法中的 url 参数所指向的主机有不同的要求。在低版本的 IE(主要是 IE 6.0 以前的版本)中，可以将 url 参数设置成任意主机。但在高本版 IE 及 Chrome 或火狐浏览器中，只容许网页和它所处的服务器进行连接，如果连接的是另一个主机，浏览器将拒绝进行连接，这主要是出于安全角度的考虑。

2. 向服务器发送数据

利用 open 方法打开到服务器连接后，就可以通过调用 send 方法传送具体的数据。设 XMLHTTP 的对象名为 xmlhttp，send 方法的调用式如下：

```
xmlhttp.send(data)
```

data 的参数类型是任意的，可以是字符串、DOM 树或任意数据流。发送数据的方式分为同步和异步两种。在异步方式下，数据包一旦发送完毕，就结束 send 方法的执行，客户机执行其他的操作；而在同步方式下，客户机要等到服务器返回确认消息后才结束 send 方法的执行。

按照 HTTP 标准，如果采用 HTTP 方法 get 传送数据，send 方法应不含 data 参数，因为数据已经附加在 url 尾部的查询字符串被发送到服务器；如果采用 HTTP 方法 post，send 方法的 data 参数应按 application/x-www-form-urlencoded 的表单数据格式进行编码。

发送数据前，还可以调用 XMLHTTP 对象的 setRequestHeader 方法设置 HTTP 请求头，可以在请求头中附加一些数据，以便向服务器端传送更多的信息。该方法的调用式如下：

```
xmlhttp.setRequestHeader('需设置的请求头名','设置值')
```

3. 处理服务器返回的数据

(1) 就绪状态属性。

XMLHTTP 对象中的 readyState 属性能够反映出服务器在处理请求时的进展状况。客户机的程序可以根据这个状态信息设置相应的事件处理方法。readyState 的属性值及其含义如表 14-1 所示。

表 14-1 readyState 的属性值及其含义

值	说　明
0	响应对象已经创建,但由 send 方法发送的数据上载过程尚未结束
1	send 方法发送的数据已经装载完毕
2	send 方法发送的数据已经装载完毕,正在处理中
3	send 方法发送的数据已经部分处理
4	send 方法发送的数据已经解析完毕,客户端可以接受返回消息

(2) 响应实体数据属性。

网页接收到返回消息后,就可以处理由服务器端返回数据了。服务器端返回的数据可以通过 XMLHTTP 对象的以下属性获得:

① responseText,将返回消息作为文本字符串;

② responseXML,将返回消息视为 XML 文档,在服务器响应消息中含有 XML 数据时使用;

③ responseStream,将返回消息视为 Stream 对象。

在 JavaScript 中,如果 open 方法采用的异步模式打开和服务器之间的连接,要接收到服务器端返回的数据就要监控 XMLHTTP 对象的 readyState 属性的值。所以,以下代码演示了一种常用的处理异步 XMLHTTP 调用的方法:

```
xmlhttp.open("GET", "test.txt",true);
xmlhttp.onreadystatechange=function() {
    if (xmlhttp.readyState==4) {
      /* 在此处理服务器返回的数据,如此处利用 alert 方法显示返回的文本值 */
      alert(xmlhttp.responseText)
    }
};
xmlhttp.send();
```

在上述代码中,利用了 JavaScript 中的事件处理方法,监控 XMLHTTP 对象的 onreadystatechange 事件,在 onreadystatechange 事件发生时,将执行 function 所定义的匿名函数中的代码段,取回服务器端的返回值。

(3) 采用 JSON 对象格式作为响应数据。

XMLHTTP 对象的 responseXML 响应数据的解析相对烦琐,其中的元素标记也使得传输时的冗余数据较大。进行服务器的响应处理时,建议使用 JSON 格式响应数据,这种 JSON 数据可以通过 JS 中的 eval 函数按如下调用格式直接转换为对象变量:

```
eval("("+JSON 字符串+")")
```

以下 JS 代码将一个 XMLHTTP 对象中的响应 JSON 字符串解析为 JavaScript 对象:

```
var data= eval( "("+xmlhttp.responseText+")" );   //设响应文本是:{"result":90,"
desc":"数学分数"}
alert(data.desc+data.result);
```

(4) 获取响应头的方法。

XMLHTTP 对象的方法中的 getAllResponseHeaders 方法无须任何参数,可以获得服务器端回传的所有响应头值；而 getAllResponseHeader 方法需要一个指示要取得响应头名称的字符串，以取得对应的响应值。

例如，一个 HTTP 响应头的组成如下所示：

```
HTTP/1.1 200 OK
Server: Apache-Tomcat/9.0
Cache-Control: max-age=172800
Expires: Sat, 06 Apr 2022 11:34:01 GMT
Date: Thu, 04 Apr 2022 11:34:01 GMT
Content-Type: text/html
Accept-Ranges: bytes
Last-Modified: Thu, 14 Mar 2022 12:06:30 GMT
ETag: "0a7ccac50cbc11:1aad"
Content-Length: 52282
```

以下代码将输出这些数据：

```
xmlhttp.open("HEAD", "/faq/index.html",true);
xmlhttp.onreadystatechange=function() {
   if (xmlhttp.readyState==4) { alert(xmlhttp.getAllResponseHeaders()); }
};
xmlhttp.send();
```

以下代码可以检查服务器端 faq 目录中 index.html 文件的最后修改时间：

```
xmlhttp.open("HEAD", "/faq/index.html",true);
xmlhttp.onreadystatechange=function() {
  if (xmlhttp.readyState==4) {
     alert ( "File was last modified on - "+ xmlhttp. getResponseHeader ( "Last-
Modified"));
  }
};
xmlhttp.send()
```

(5) 响应状态代码属性。

XMLHTTP 对象的 status 属性用来表示提出请求后的服务器端的响应代码。以下代码检查指定的 XMLHTTP 请求的“/faq/index.html”资源是否存在：

```
xmlhttp.open("HEAD", "/faq/index.html",true);
xmlhttp.onreadystatechange=function() {
  if (xmlhttp.readyState==4) {
    if (xmlhttp.status==200) alert("URL Exists!") else if (xmlhttp.status==404)
alert("URL doesn't exist!")
    else alert("Status is "+xmlhttp.status)
  }
};  xmlhttp.send();
```

4. XMLHTTP 对象发送表单数据的 JSP 处理示例

例 14-1 中 14_1.jsp 的 JS 脚本使用 XMLHTTP 对象异步提交表单的两个加数，并监控服务端 JSP 脚本片段加法计算结果的响应文本。当服务端的响应到达后，XMLHTTP 对象的 onreadystatechange 事件处理方法将表单的文本字段 total 的值设置为响应结果。

【例 14-1】　14_1.jsp 使用 XMLHTTP 对象进行表单加法计算。

```
<%@page pageEncoding="UTF-8"%><%
  //XMLHTTP 对象采用 GET 方法传递查询参数，所以可使用处理表单请求的方式取出查询参数
  String a=request.getParameter("a");  String b=request.getParameter("b");
  try{ //回应计算结果，成功时只需回应计算结果，无须再进行其他处理工作
      out.print(Integer.parseInt(a)+Integer.parseInt(b)); return;
```

```
    } catch(Exception e){  /*忽略计算中出现的错误*/  }
%>
<html><head><title>无刷新表单加法计算</title>
<script>
if(window.ActiveXObject&&!window.XMLHttpRequest )
  xmlhttp=new ActiveXObject( "Microsoft.XMLHTTP" );
else  xmlhttp = new XMLHttpRequest();                  //构建 XMLHTTP 对象
function calc(frm) {
  var url=frm.action+"?a="+frm.a.value+"&b="+frm.b.value; //通过表单对象获取到请
                                                          //求的 URL
  xmlhttp.open("GET", url, true);          //异步打开 XMLHTTP 对象的 HTTP 连接,按 GET 方
                                           //法传递数据
  xmlhttp.onreadystatechange=function() { //监听服务端响应,将表单中 total 字段设置为
                                           //计算结果
    if(xmlhttp.readyState==4 && !isNaN(xmlhttp.responseText) ) frm.total.value=
xmlhttp.responseText;
    else frm.total.value='计算错误!';
  }; xmlhttp.send(); return false;        //异步发送表单数据后,返回 false 让表单不再提
                                           //交数据
}
</script>
</head><body>
<form  onsubmit="return calc(this)">
<input size=2 name=a>+<input size=3 name=b>=<input name=total>
<input type=submit value="计算!">
</form></body></html>
```

14.3 AJAX 应用程序的编写

14.3.1 AJAX 程序的编程模型

由例 14-1 中的代码可见,使用 XMLHTTP 对象时,Web 程序中的客户端表示层、服务器端的业务逻辑层之间的分界变得更加明确。XMLHTTP 对象代替了表单的提交,负责向服务器端发出异步请求,并监控响应。服务端只负责发送客户端所需要的数据,当数据到达浏览器时,监控响应的 JS 代码将负责用户界面的更新,这种编程模型如图 14-1 所示。

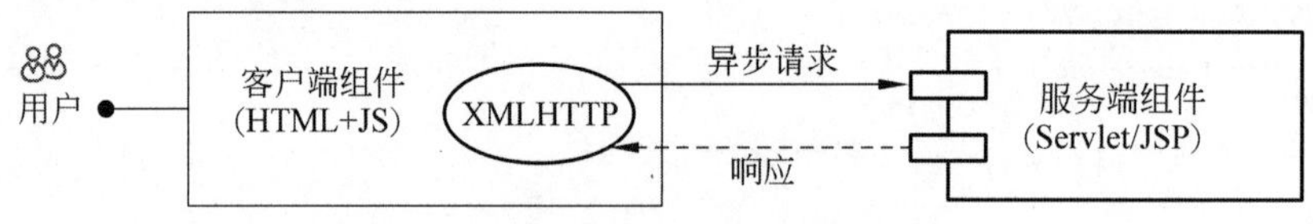

图 14-1 XMLHTTP 对象的编程模型

按照图 14-1 所示,编写 AJAX 程序时的步骤如下。

(1) 确定客户端异步请求发送的数据格式。一般数据提交应保持原有 GET/POST 格式,这样处理请求的 Servlet 和 JSP 可继续使用原有获取客户端数据的编程模式。

(2) 确定服务端响应的数据格式,通常简单的数据可使用普通文本;复杂数据建议采用 JSON 格式。Servlet/JSP 应按响应格式构建 XMLHTTP 对象所需数据,而不是整体页面。

(3) 编写客户端 JS 代码,以进行浏览器中的事件处理,构建 GET/POST 提交数据。

(4) 编写客户端 JS 代码,调用 XMLHTTP 对象异步发送数据,同时设置并编写处理响应数据的代码,这部分代码的任务一般是操作页面的 DOM 对象进行界面更新。

由例 14-1 可见，即便处理简单的页面数据传输和服务器回应，调用 XMLHTTP 对象的 JS 代码还是比较琐碎。所以，应尽可能地使用 JavaScript 面向对象的特性封装浏览器中的事件和异步请求和响应的处理代码，以简化 AJAX 应用程序的编写。

14.3.2　浏览器数据处理的 JavaScript 对象设计

由于调用 XMLHTTP 对象进行异步请求和响应处理都位于当前页面，所以可以设计一个页面对象封装当前页面中的异步请求处理；一个响应对象负责响应处理。响应对象通过构造方法传递给页面对象，页面对象采用 sendData 方法发送异步请求，并调用响应对象的 data 方法处理成功响应的数据，error 方法处理 HTTP 错误。页面对象的核心成员和响应对象的主要成员组成如图 14-2 所示。

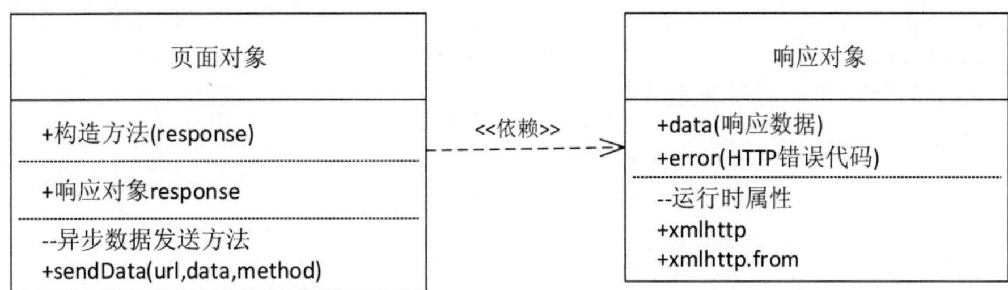

图 14-2　页面对象的核心成员和响应对象的主要成员

1. 页面对象的核心成员设计

图 14-2 中显示的页面对象的核心成员包括响应对象 response 和异步数据发送方法 sendData。由于异步发送数据主要来源于表单组件，为简化表单的异步发送代码，在页面对象中添加一个默认值为"data-bind"的 asynTag 成员，凡具有 asynTag 值属性的表单，都由页面对象统一将其提交事件代码设置为调用 sendData 方法进行异步数据提交。

综上所述，页面对象中的核心成员主要包括响应对象、异步提交表单的属性标识 asynTag 以及 sendData 方法，其中响应对象和 asynTag 成员均可由构造方法的参数传入。

(1) 页面对象的构造方法。为了便于简化代码，将此页面对象的构造方法命名为 F，则函数 F 的任务是将响应对象和 asynTag 参数赋值为自身对象中的成员，具体代码如下：

```
function F(response, asynTag){
  this.response=response || {};            //如果没有响应对象传入,默认使用空对象
  this.asynTag=asynTag || 'asyn';          //如果没有给出异步表单属性参数,默认使用 asyn
                                           //作为属性名
}
```

构造方法 F 通过 this 关键字，利用赋值语句为其所代表的对象建立了 response 和 asynTag 属性。赋值号右侧使用了逻辑或运算符，用以为相关的参数生成默认值。

(2) sendData 方法。sendData 是所有页面对象都可使用的方法，在 F 原型中的方法定义如下：

```
F.prototype.sendData=function ( url, data, method ){
  if( !window.XMLHttpRequest && window.ActiveXObject ){   //8.0 及以下版本的 IE 浏
                                                          //览器
    try{ var xmlhttp= new ActiveXObject("Msxml2.XMLHTTP"); }
                                              //优先使用微软二代 XMLHTTP
    catch(e){ var xmlhttp=ActiveXObject("Microsoft.XMLHTTP"); }
                                              //不支持二代再使用一代
  } else var xmlhttp= new XMLHttpRequest();   //主流浏览器
```

```
  xmlhttp.from=event.target || event.srcElement;
                                        //为 xmlhttp 添加 from 属性,代表事件源对象
  var m=method || 'get';  m=m.toLowerCase();
                                        //获取 HTTP 方法,默认为 GET,转为小写便于比较
  var resp=this.response;   //将响应对象成员存入变量 resp,避免 onreadystatechange 方
                            //法中 this 问题
  xmlhttp.open(m, url, true);
  if(m=='post')             //POST 请求需设置请求数据实体的 MIME,以便服务端能正确处理
    xmlhttp.setRequestHeader("Content-Type", "application/x-www-form-
urlencoded");
  xmlhttp.onreadystatechange =function(){
                            //onreadystatechange 事件方法监控异步请求响应状态
    if (this.readyState == 4){   //注意,此处的 this 代表的是 xmlhttp 对象
      resp.xmlhttp=this;    //为响应对象添加其对应的 XMLHTTP 对象
      if(this.status >= 200 && this.status< 300){
         if( resp.data ) resp.data(this.responseText);
                            //调用响应对象的 data 方法处理成功回应
      }else if(resp.error) resp.error(this.status);
                            //调用 error 方法处理错误
    }
  }; if(m=='get') xmlhttp.send(); else xmlhttp.send(data);
                            //GET 和 POST 的异步数据提交
};
```

sendData 方法的实现代码以及调用该方法时需要注意以下几点。

① 在 IE 浏览器中创建 XMLHTTP 对象时,使用了类似于 Java 语言的 try…catch 语法,当 try 语句块中出现异常时,将执行 catch 语句块;通过这种语法,可以获取拥有更好性能的第二代 XMLHTTP 对象。

② 方法每次都会新建 XMLHTTP 对象发送请求,在 HTTP 响应到达时,会在响应对象成员中添加此 XMLHTTP 对象,以便从中得到本次请求—响应的详细信息。为方便获取请求源,方法还在 XMLHTTP 对象中添加了 from 成员,代表引发请求的页面事件源对象。

③ 如果采用 GET 提交数据,只需传递给 sendData 方法第一个 url 参数,此时应在 url 参数后附加"?"来查询参数字符串,而不能将查询参数作为 data 参数进行传递。

④ 在 XMLHTTP 对象的事件处理函数 onreadystatechange 中,要注意 this 代表的是 XMLHTTP 对象,而不是 sendData 方法所在的页面对象。由于 sendData 方法需要利用此事件处理函数调用自身 response 成员的 data 和 error 方法,所以在建立 onreadystatechange 事件前,sendData 方法将 this.response 赋值给了变量 resp,然后在 onreadystateschange 函数中使用变量 resp 避免了这个问题。

(3) 响应对象。响应对象可以直接通过 JSON 对象的格式定义,在其中编写处理响应的 data 和 error 方法,然后传递给页面对象的构造方法,或赋值给页面对象的 response 属性。响应对象还提供了代表本次请求的 xmlhttp 成员,其中的 from 一般为提交数据的表单,具体代码如下:

```
var resp={
  data:function(responseText){
    /* if(this.xmlhttp.from==document.forms[0])
                            //引用当前异步发送数据的表单对象
      对 responseText 参数代表的响应数据进行处理 */
  },
  error:function(errCode){
    /* 根据 errCode 参数代表的 HTTP 响应错误代码处理响应错误 */
```

```
    }
};
var f=new F(resp);              //将响应对象传递给页面对象的构造方法
f.response=resp;                //给页面对象的 response 赋值也可以进行回应数据的处理
```

在编写响应对象时，应注意以下几点。

① 响应对象中的 data 和 error 方法均为可选，可以单独为页面对象的响应对象编写处理方法，如为上边代码中的页面对象 f 编写错误处理函数，可以按照下面所示语法进行编写：

```
f.response.error=function(errCode){
    /* if (this.xmlhttp.from==document.forms[0])  处理错误 */
};
```

② data 方法中的 responseText 参数是字符串类型，如果属于 JSON 对象格式，可以利用 eval 方法将其转换为真正的 JSON 对象。

③ error 方法的第一个参数是以 4 或 5 开头的 3 位 HTTP 错误代码。

④ 使用和响应关联的运行时属性 xmlhttp 可获取响应码、响应头等详细响应信息。

⑤ 可以在服务端通过响应数据实体回传和请求关联的信息，以便 data 方法进行处理。

2. 页面对象中表单数据异步提交的方法设计

(1) 构造表单组件数据的查询参数字符串的 getFormQuery 方法。

在此仅讨论表单默认的 application/x-www-form-urlencoded 格式数据的构建，即拼接表单字段组件的 name 属性值和 value 属性值，形成如下格式的查询参数字符串：

```
组件 1 的 name 属性值=组件 1 的 value 属性值 & 组件 2 的 name 属性值=组件 2 的 value 属性值  …
```

构建查询参数字符串时，可以使用 for 循环取出 Form 对象的 elements 数组属性中的字段对象，利用字段对象的 name 和 value 属性值进行拼接，处理步骤如下。

① 没有 name 属性以及未被选中的单选/多选组件无须处理；

② 组件的 name 和 value 属性值均应调用 encodeURIComponent(属性值)进行编码，以符合 x-www-form-urlencoded 编码要求，防止其中的等号、连字符等符号破坏查询参数；

③ 多选性质的下拉列表组件需要取出其 options 属性中的选择项，处理其中的选中项；

④ 用数组存入各"名=值"对，调用其 join("&")方法比拼接字符串拥有更高的效率。

按上述步骤说明，形成页面对象原型的封装方法 getFormQuery，具体的代码如下：

```
F.prototype.getFormQuery=function (form){
  var params=new Array();       //用于生成表单数据的数组,每个数组元素由"名=值"的形式组成
    for(var i=0;i<form.elements.length;i++){
      var e=form.elements[i];   //没有 name 属性的字段和没被选择的单选/复选按钮不用构
                                //造数据
       if( !e.name || (e.type=='checkbox'||e.type=='radio') && !e.checked )
continue;
      if(e.multiple){           //多选列表中选择项的处理
          for(var j=0; j<e.options.length; j++) if(e.options[j].selected)
              params.push( encodeURIComponent(e.name)+"="+
                     encodeURIComponent(e.options[j].value) );
          continue;             //多选列表组件的数据处理完毕,直接进行下个组件的处理
      }
      params.push( encodeURIComponent(e.name)+"="+
               encodeURIComponent(e.value) );   //非多选列表组件的数据处理
    }//for 循环结束,将需要的名-值对数据都放入数组 params 准备连接成查询字符串或实体数据
    return params.join("&");
}
```

(2) 发送表单数据的 sendFormData 方法。

通过 getFormQuery 方法,就可编写用于表单数据异步提交的方法 sendFormData:

```
F.prototype.sendFormData=function (form){   //form 参数代表要异步提交的表单对象
    var m=form.method || "get";              //从表单 method 属性获取提交 HTTP 方法,默
                                             //认为 get
    var data=this.getFormQuery(form);        //获取到查询参数字符串
    if(m.toLowerCase()=='get') this.sendData(form.action+'?'+data);
                                             //get 异步发送
    else this.sendData(form.action || location.href, data, m);   //post 异步发送
    return false;               //返回 false,阻止已异步提交数据的表单发生页面的同步提交
};
```

对于 sendFormData 方法,应注意以下几点。

① sendFormData 方法的参数代表需要异步发送数据的表单对象,当该方法用于表单的 onsubmit 事件属性取值时,可在方法调用式中使用 this 为其传入当前表单。

② sendFormData 方法并没有将引发提交事件的表单对象写入响应对象,这是因为请求和响应是异步的,响应对象的 data 方法执行时,可能该表单对象已经不是发送对应请求的表单,如果需要获取请求的表单,可以使用响应对象的 xmlhttp 成员的 from 属性。

③ 当表单设置为 post 提交方式时,如果表单 action 属性值没有设置,会使得 XMLHTTP 对象的 open 方法的第一个 url 参数为空字符串,这在某些浏览器中将引发调用错误,此时需使用 window 或 document 对象的 location.href 属性替代空字符串,所以在调用 sendData 方法时,第一个 url 参数使用了逻辑或表达式 form.action || location.href。

3. 表单提交事件处理和页面对象定义的函数封装

设计了 sendFormData 方法后,就可以将其指定为当前 HTML 页面中所有具有 asynTag 名称属性的表单的提交事件处理函数;此项任务应通过 Window 对象的加载事件处理代码进行,以防执行时浏览器尚未加载当前页面文档。

由于页面对象采用构造方法进行设计,页面对象的原型成员定义是分散的,不如 JSON 语法那样紧凑。为了解决这个问题,可以将页面对象的构造方法及其原型方法定义全部放入一个函数中,该函数包含构造方法相同的参数,返回值为页面对象的实例,这样就可以通过此函数封装页面对象的建立代码,还可以在函数中执行表单提交事件的处理,从而减少构造方法需要执行的代码。当使用 Page 为函数名时,对应的代码如下:

```
function Page(response, asynTag){
  function F(response, asynTag){ this.response=response || {}; this.asynTag=
asynTag || 'data-bind'; }
  F.prototype.sendData=function(){ /* sendData 代码实现省略 */ };
  F.prototype.getFormQuery=function(form){ /* getFormQuery 代码实现省略 */ };
  F.prototype.sendFormData=function(form){ /* sendFormData 代码实现省略 */ };
  var f=new F(response,asynTag);              //可以在 Page 函数中建立页面对象的实例 f
  Page.addEvent(window,'load',function(){     //窗口加载时指定异步表单的提交方法为
                                              //f.sendFormData
    for(var i=0;i<document.forms.length;i++){
      var form=document.forms[i];
      var asyn=form.getAttribute(f.asynTag);  //取出表单的异步提交对应的 asynTag 属
                                              //性值
      if( asyn==null ) continue;              //无异步提交的属性名无须进行提交事件设置
      form.onsubmit=function(){ return f.sendFormData(this); };
    }
  });
```

```
  return f;                                //Page 函数返回建立的页面对象实例 f
}
```

上述的 Page 函数定义中，通用事件函数 addEvent 被定义为 Page 的静态方法，这可以让 addEvent 方法应用于所有引用了 Page 函数的页面；由于需要通过 Page.addEvent 的名称调用该方法，还可以有效避免代码中函数的重名问题。注意，即便在 Page 函数内调用 addEvent，也要使用 Page.addEvent 的名称；类似地，还可将解析 JSON 字符串、获取事件源、阻止事件默认操作等定义为 Page 的静态方法，如下所示：

```
Page.addEvent=function(elem,etype,handle){ //将添加事件的 addEvent 定义为 Page 的静
                                           //态方法
    if(elem.addEventListener)  elem.addEventListener(etype,handle,false);
    else if(elem.attachEvent)  elem.attachEvent('on'+etype,handle);
    else elem['on'+type]=handle;
};
Page.json=function(data){ return eval('('+data+')'); };
                                         //返回 JSON 字符串转换成的 JavaScript 对象
Page.target=function(){  return event.target || event.srcElement; };
                                         //返回事件源,可适应 IE 浏览器
Page.stopAction=function(){
  if(event.preventDefault)   event.preventDefault(); else event.returnValue=
false;
}; //停止事件造成的默认操作,如表单提交、窗口关闭等默认处理,可应用于 IE 浏览器
```

Page 函数采用了 13.6.8 节中介绍的 object 函数的设计模式，这种设计使得构造方法定义的对象更具有整体性，可将其定义存在 page.js 文件，以便在其他页面中使用。

4. 页面对象的使用

使用 Page 函数后，页面主要的 JS 编码任务即可被简化为调用 Page 函数，传入响应对象处理异步表单的请求结果。

(1) HTML 页面的设置。页面主体标记包括引入 page.js 的 script 元素和异步提交表单元素标记，组成如下：

```
<!--HTML 头部元素标记省略-->
<script src="page.js 文件位置"></script>
<script>  /* 调用 Page 函数处理异步表单提交结果的 JS 代码 */  </script>
<!--HTML 的 body 元素标记省略--->
<form data-bind='true'><!--异步提交数据表单具有 data-bind 属性--></form>
<form data-bind><!--异步提交数据表单只要 data-bind 属性名即可,可不设置其属性值-->
</form>
```

(2) 建立页面对象。调用不带参的 Page 函数即可创建页面对象，还可设置 asynTag 成员以定制异步提交表单元素的标识属性。文档中只需一个页面对象即可处理所有表单的异步请求，如下所示：

```
var ajax=Page();
ajax.asynTag='async'; //设置异步提交数据表单的属性名为 async,默认属性名为 data-bind
```

需要注意的是，如果通过 Page 函数建立了多个页面对象处理不同表单的提交，这种情况下每个页面对象都应将 asynTag 成员设置为不同的名称，以和对应表单相关联；或使用表单的 onsubmit 事件属性替代 asynTag 属性名。

(3) 编写响应对象，处理异步请求的响应数据。

页面对象建立后，为 response 属性编写 JSON 语法式即可处理请求，如下所示：

```
var ajax=Page();
```

```
ajax.response={
    data:function( resTxt ){ /* 处理响应数据 * / },
    error:function( errcode){ /* 处理 HTTP 错误 * / }
});
```

也可以在调用 Page 函数时,将 JSON 语法式作为参数传递,从而处理响应数据:

```
Page({
    data:function( resTxt ){ /* 处理响应数据 * / },
    error:function( errcode ){ /* 处理 HTTP 错误 * / }
});
```

下面的例 14-2 将例 14-1 中的表单加法计算代码改用了 Page 函数进行处理。为了演示 JSON 格式的回应数据格式,示例 JSP 对计算结果采用了 JSON 格式字符串表示计算错误和正确的计算结果;示例中的 14_2.js 文件演示了如何通过一个页面对象,分别进行计算表单和回应表单的响应数据处理的过程。

【例 14-2】 利用 Page 对象进行表单加法计算和 JSON 回应处理的 14_2.jsp 文件内容。

```
<%@page contentType="text/html" pageEncoding="UTF-8"%><%
  String a=request.getParameter("a"), b=request.getParameter("b"),
                                                   //取加数和被加数
  name=request.getParameter("name"), cmd=request.getParameter("cmd");
                                                   //取名字和要执行的操作
  if(cmd!=null&&cmd.equals("echo")){               //如果是需要回应名字的操作
    out.print("你好,"+(name.isEmpty()?"请输入姓名":name));
    return;
  }else if(cmd!=null&&cmd.equals("cal")){     //如果是需要计算加法的操作
    try{ //回应一个包含正确计算结果 result 属性的 JSON 串
       out. print (String. format ( " {result:% s}", Integer. parseInt (a) + Integer.
parseInt(b)));
    }catch(Exception e){ out.print("{error:'计算错误!'}"); }
                                                   //回应包含 error 属性的 JSON 字符串
    return;
  }%>
<html><head>
<script src="page.js"></script><!--引入 Page 函数文件-->
<script src=14_2.js></script>  <!--引入所需的 JS 文件-->
<title>表单计算</title></head><body>
<form data-bind="true"><!--利用 data-bind 属性设置需要异步发送数据的表单-->
  <input size=2 name=a>+<input size=3 name=b>=<input name=total>
  <input type=submit value=计算><input type=hidden name=cmd value=cal>
</form>
<form onsubmit="return ajax.sendFormData(this)"><!--利用 sendFormData 方法异步发
送表单数据-->
  请输入你的姓名:<input name="name" type="text">
  <input type=submit value=回应> <input type=hidden name=cmd value=echo>
</form></body></html>
```

示例 JSP 页面中,两个异步提交数据的表单都使用名为 cmd 的 hidden 组件存储操作标识,服务端以及客户端代码都可以通过检索该组件的存储值,执行不同的操作;这是一种常见的表单设计处理技巧。另外,由于示例 JSP 文件使用了 Page 函数,大部分 JS 代码都可以写在独立的文件中;和例 14-1 相比,页面中的 JS 代码得到了极大的简化。

JSP 页面中 script 元素引用的 14_2.js 中的内容如下:

```
var ajax=Page({
    data: function(respTxt){
```

```
            var frm=this.xmlhttp.from;
            if(frm.cmd.value=='cal') {      //判断是加法计算表单提交了数据,
              var r=Page.json(respTxt);     //调用 Page 静态方法 json 进行 JSON 字符串解析
              if(r.error) alert(r.error); //如果包含 error 属性,则显示计算错误信息
              else frm.total.value=r.result;
                                            //否则将结果文本框的值设置为计算结果
            }else if(frm.cmd.value=='echo')  alert(respTxt);
                                            //如果是回应表单,只需输出回应文本即可
        }
    });
```

可以看到,代码中 Page 函数的参数为处理数据的响应对象,其中 data 方法利用响应对象的 xmlhttp.from 属性获取引发响应的表单对象,然后根据表单中隐藏组件 cmd 的值处理响应数据:加法操作时将响应文本解析为 JSON 对象,包含 error 属性就显示错误对话框,否则设置 total 文本框为计算结果;回应操作则显示回应文本对话框。示例执行时的页面显示如图 14-3 所示。

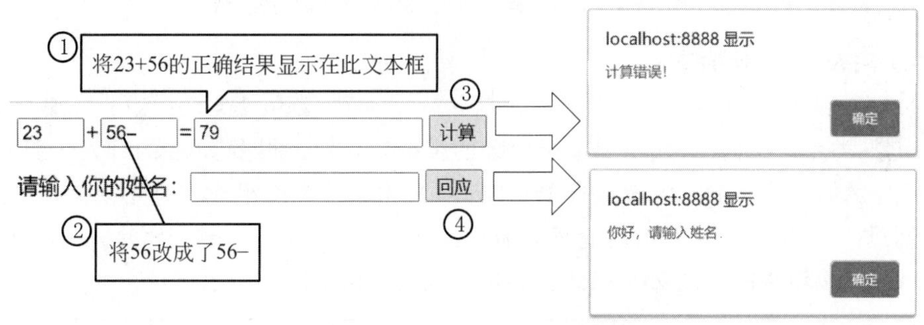

图 14-3　示例执行时的页面显示

(4) Page 函数使用注意事项。

使用 Page 函数建立页面对象时,要注意以下几点。

① 如果将响应对象 r1 作为调用 Page 函数的参数建立了页面对象,然后又对建立的页面对象的 response 成员进行了另一个响应对象 r2 的赋值,代码如下:

```
var p1=Page(r1);  p1.response=r2;
```

此时,将由响应对象 r2 负责响应数据的处理。

② 可以直接为 Page 函数传递响应对象和标识属性名,但如果之后又对页面对象的 asynTag 成员进行了赋值,则以最后的赋值为异步提交的表单标识属性名,如下所示:

```
var p2=Page(r, 'asyn');         //传入响应对象 r,同时将异步提交表单的标识属性名设置为 asyn
p2.asynTag='data-bind';         //又将异步属性名设回了 data-bind
```

③ 不能通过 Page 函数中的响应对象直接处理服务器回应的客户端重定向响应。如需重定向,可在响应对象的 data 或 error 方法中将 location 对象赋予服务端返回的 URL。

④ 使用响应对象的 xmlhttp 成员的 getResponseHeader 和 getAllResponseHeaders 方法可以得到响应头,后者返回所有响应头由换行符(\n)分隔的"响应头名:响应头值"格式的字符串。

14.3.3　服务端的 JSON 数据处理

处理 AJAX 异步请求的 Servlet 或者 JSP 一般都采用 JSON 格式回应 XMLHTTP 对象所需的数据。从例 14-2 的 JSP 脚本片段代码可以看到,构造 JSON 格式的字符串相对比较烦

琐，使用一些专门的处理类库会简化这一过程。在 JSON 官网(http://www.json.org)中，提供了多种可供 Java 语言开发者使用的工具库，如图 14-4 所示。本节主要介绍排在首位的 JSON-java 工具类的使用。

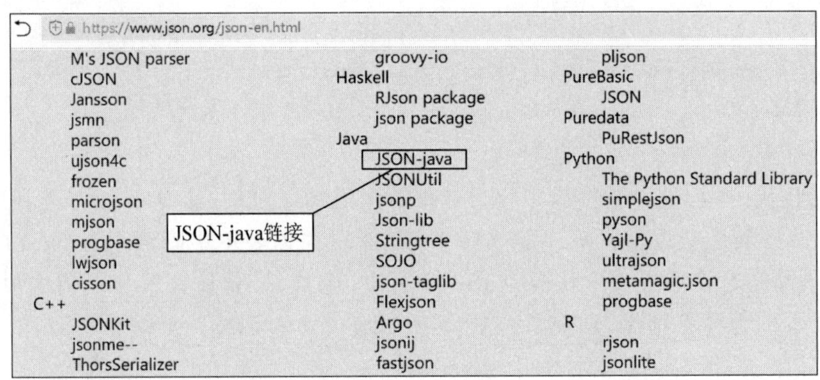

图 14-4 JSON 官网中的 JSON-java 的链接

1. JSON-java 源文件的下载

JSON-java 是由 JSON 的发明者道格拉斯·克洛弗德(Douglas Crockford)编写的 JSON 格式处理工具类库，现由 JSON 组织进行后续的维护和开发。很多 Java 的开发工具包中内置了该工具库，例如，安卓 SDK 中就包含 JSON-java。由于该类库组成文件不多，开发者可以从 JSON 官网进入它的 github 源代码仓库(https://github.com/stleary/JSON-java)页面，单击页面中的 Code 按钮直接下载 ZIP 格式打包的源文件，如图 14-5 所示。

图 14-5 下载 JSON-java 源文件

解压缩下载后的 ZIP 文件，对应的源文件位于 src/main/java 文件夹中，如图 14-6 所示。由于所有的 JSON-java 类都被建立在 org.json 包，所以将图 14-6 的 java 文件夹中的 org/json 包目录以及其中的 Java 源文件复制到 Web 程序所在项目的源代码文件夹，即可使用 JSON-java 提供的 JSON 类。

在 NetBeans 的项目中使用 JSON-java 时，可以直接将 org 文件夹拖曳到项目窗口的 Source Packages 结点，也可以通过复制/粘贴的方式将 org 文件夹复制到项目的源文件夹。图 14-7 显示了 NetBeans 项目窗口中已经存在的 org.json 包以及其中的 Java 源代码。

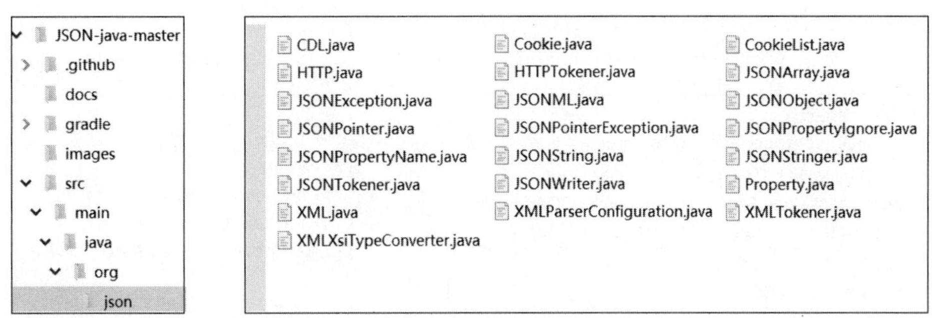

(a) JSON-java的目录结构　　(b) org/json包目录中的Java源文件

图 14-6　JSON-java 的目录结构和 org/json 包目录中的 Java 源文件

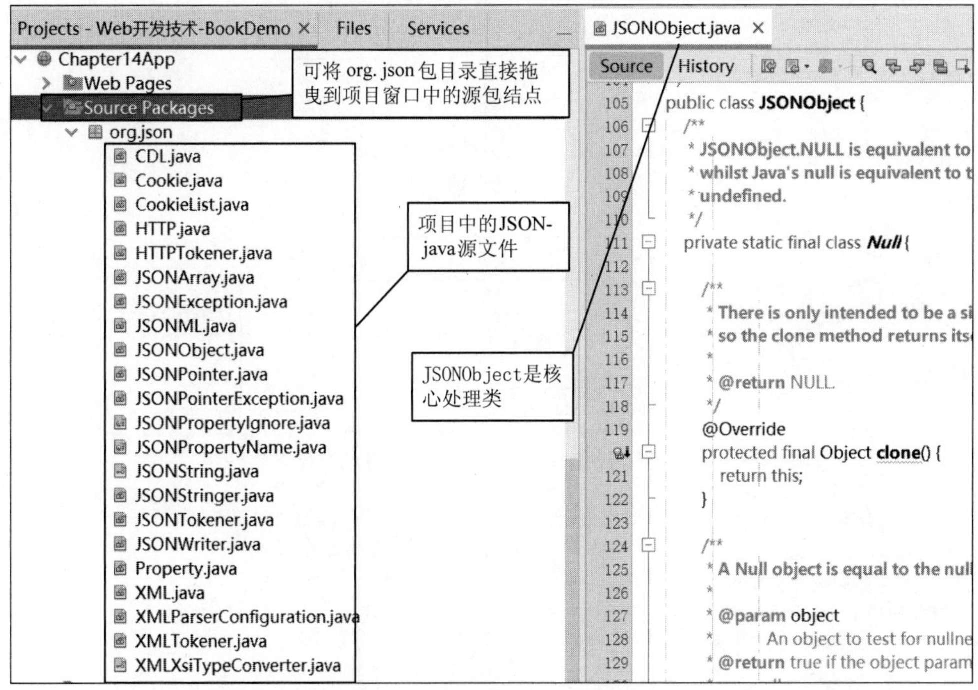

图 14-7　NetBeans 项目窗口中已经存在的 org.json 包以及其中的 Java 源代码

2. JSON-java 中的核心类 JSONObject 的使用

在 JSON-java 中，org.json.JSONObject 是处理 JSON 格式数据的核心类，其他类都是 JSONObject 的辅助类。JSONObject 在语义上相当于 key 为字符串类型的 Map 类型，该类实例可以将通过 put 方法存入其中的 key-value 数据对转换为 JSON 格式的字符串。JSONObject 类中的主要成员和辅助类如图 14-8 所示。

在 AJAX 程序中使用 JSONObject 实例进行 JSON 格式数据输出的步骤如图 14-9 所示。

(1) JSONObject 对象的创建。

最常用的 JSONObject 对象的创建方式是通过无参构造方法进行创建：

```
org.json.JSONObject  jo=new org.json.JSONObject();
```

无参构造方法创建的 JSONObject 对象对应于 JavaScript 中的空对象({})。JSONObject 还提供了其他一些构造方法，常用的包括从 JSON 字符串、Map 对象、已有的 JSONObject 对象创建当前 JSONObject 的实例，代码如下：

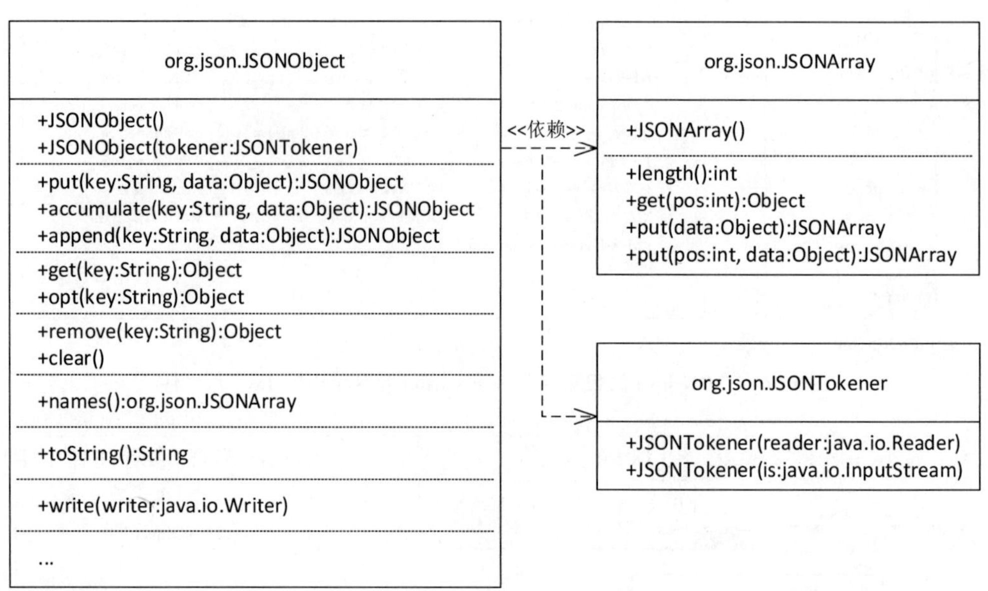

图 14-8 JSONObject 类中的主要成员和辅助类

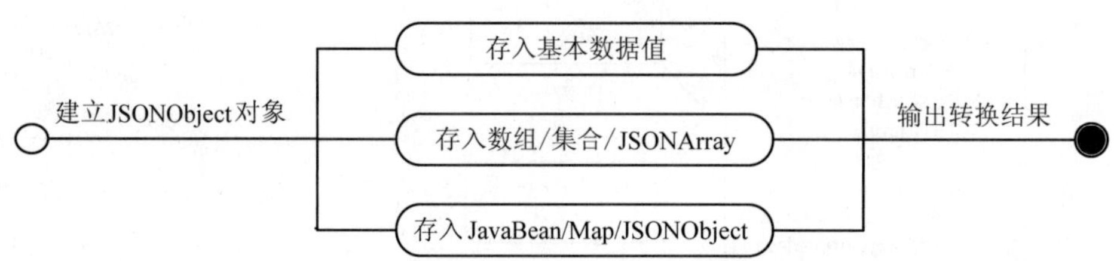

图 14-9 使用 JSONObject 实例进行 JSON 格式数据输出的步骤

```
org.json.JSONObject jo=new org.json.JSONObject("{'result':100}");
                                        //通过 JSON 字符串创建
java.util.Map map=new java.util.HashMap();  map.put("name","li");
jo=new org.json.JSONObject(map);  //使用 Map 对象作为 JSON 字符串内容创建 JSON 对象
org.json.JSONObject jo1=new org.json.JSONObject(jo);
                                        //使用 JSONObject 对象构造当前 JSON 对象
```

(2) JSONObject 对象中基本类型数据的存入和 JSON 字符串的输出。

创建 JSONObject 对象后，开发者就可以调用 JSONObject 实例的 put 方法，将响应生成的字符串、数值、布尔等基本类型的数据和其 key 名称存入自身对象中：

```
JSONObject 实例.put("key 名称", 基本类型数据);
```

JSONObject 的 toString 方法返回其数据的 JSON 格式字符串，可以直接将 JSONObject 实例作为 JSP 中的表达式或输出语句中的输出对象。例如，JSP 页面中使用 JSONObject 对象回应两个查询参数 a 和 b 进行加法计算的结果，其脚本片段中的代码如下：

```
<% org.json.JSONObject jo=new org.json.JSONObject();
   try{
    String a=request.getParameter("a"), b=request.getParameter("b");
    int r=Integer.parse(a)+Integer.parseInt(b);
    jo.put("expr", a+"+"+b);        //存入字符串
    jo.put("result",r);             //存入数值
   }catch(Exception e){
    jo.put("error",true);           //存入布尔值，当异常错误发生时，回应文本为：
```

```
    jo.put("errmsg",e.getMessage());
                                       // {"error":true, "errmsg":"具体异常信息描述"}
  }
  out.print(jo);  //直接输出 jo,如果 a 为 3,b=2,将回应的文本将是:{"expr":"3+2",
                  //"result":5}
%>
```

通过 put 方法存入的数据,JSONObject 在生成 JSON 字符串时,key 的两侧都会加上双引号界定符;和 key 对应的基本类型数据值,将按照 JavaScript 中常量表达式的要求,在值两侧添加必要的界定符号。

(3) JSONObject 对象中集合类型的存入。

如果通过 put 方法存入的 key-value 中的 value 为数组/Collection 集合类型,JSONObject 在生成 JSON 字符串时,会自动将其转换为 JavaScript 中以"[]"为界定符的数组表达式。以下 JSP 的脚本片段代码中,在 JSONObject 对象中存入了数组和 List 集合,参看注释中生成的 JSON 字符串文本:

```
<% org.json.JSONObject jo=new org.json.JSONObject();
   jo.put("array", new Object[]{1, "some", true});  //存入对象数组
   java.util.List  list=new java.util.ArrayList();  list.add(2); list.add
   ("thing"); list.add('B');
   jo.put("list", list);                            //存入列表集合
   out.print(jo);      //生成的文本:{"array":[1, "some", true], "list":[2, "thing", "B"]}
%>
```

为了方便 JSON 数组表达式的生成,JSONObject 还提供了 append 和 accumulate 两个方法,它们的参数和 put 方法相同,但在添加的 value 值中已经存在相同 key 时,该 value 会被添加到原 value 值后变为 JSON 数组表达式。append 和 accumulate 的区别在于当添加的 key 不存在时,accumulate 和 put 方法作用相同,而 append 方法会直接将添加的 value 值转换为只包含一个元素的 JSON 数组表达式,参看以下 JSP 的脚本片段代码:

```
<% java.util.Map map=new java.util.HashMap(); map.put(1,"one");
  org.json.JSONObject jo=new org.json.JSONObject(map);
                                  //利用 Map 对象建立 JSONObject 实例
  jo.accumulate("2","two");       //为 2 的 key 不存在,形成:"2":"two"
  jo.accumulate("1","first");     //为 1 的 key 存在,形成:"1":["one","first"]
  jo.append("1",1);               //为 1 的 key 存在,形成"1":["one","first",1]
  jo.append("3","three");         //为 3 的 key 不存在,形成"3":["three"]
  out.print(jo);
%><!-- 生成文本:{"1":["one", "first", 1], "2":"two", "3":["three"]} -->
```

JSONObject 还可以使用 org.json.JSONArray 构建 JSON 数组,JSONArray 的构造方法允许使用数组或 Collection 集合为参数建立 JSONArray 的实例,也可以调用 JSONArray 的 put 方法为其添加/修改元素,get 方法取出其中的元素,length 方法得到其中的元素数量,JSP 脚本片段代码如下:

```
<% org.json.JSONArray array = new org.json.JSONArray(new String[]{"one"});
                                  //采用数组初始化
  array.put("two");               //在数组尾部添加元素
  array.put(2, "three");          //向位置 2 赋值,若此位置大于从 0 计数的最大下标,
                                  //则扩充数组达到要求
  for (int i = 0; i < array.length(); i++) out.println(array.get(i));
                                  //输出 onetwothree
  org.json.JSONObject jo = new org.json.JSONObject();
  jo.put("ja", array);
```

```
  out.print(jo);                    //产生的文本:{"ja":["one", "two", "three"]}
%>
```

(4) JSONObject 对象中其他 JSONObject 以及 Map 对象的存入。

JavaScript 允许对象中的属性值是另外一个对象。如果 JSONObject 的 put 方法存入的是 JSONObject/Map 类型数据,生成的 JSON 字符串中会将其转换为嵌入的 JavaScript 对象表达式。服务端可以用这种方式向客户端一次性回应多个 JSON 对象。下面的 JSP 脚本片段代码演示了通过这种 put 方法存入的 course 对象和 teacher 对象的转换结果:

```
<% org.json.JSONObject jo=new org.json.JSONObject();
  java.util.Map course=new java.util.TreeMap();
  course.put("name","Web");  course.put("credit",3);
  jo.put("course",course);            //存入 course 对应的 Map 对象
  org.json.JSONObject joT=new org.json.JSONObject("{'name':'Wang'}");
  jo.put("teacher",joT);              //存入 teacher 关联的 JSONObject 对象
 out.print(jo);                       //回应文本为:{"teacher":{"name":"Wang"},
                                      //"course":{"credit":3,"name":"Web"}}
%>
```

注意,如果 put 方法存入的是一个 JavaBean 的实例,JSONObject 在转换时并不会对其进行属性解析生成对象表达式,但如果将 JavaBean 实例放入集合或者数组中,JSONObject 会将其解析为对象数组的 JSON 字串。下面的 JSP 代码体现了这个特点。

```
<%!public class Depart {  String name ; //JavaBean 属性对应的字段
   public String getName () { return name; }  public void setName (String name) {
this.name = name; }
}%><%
 org.json.JSONObject jo=new org.json.JSONObject();
 java.util.Collection  departs=new java.util.ArrayList<> ();
 Depart depart=new Depart();
 depart.setName("IT section");  departs.add(depart);
 jo.put("depart", depart);    //不会对 depart 进行 JavaBean 属性值解析
 jo.put("departs", departs);  //集合中的 JavaBean 对象会得到 JavaBean 属性解析
 out.print(jo);     //回应的文本是:{"depart":"org.apache.jsp.newjsp_jsp$Depart@
                    //5c2eb19b",
%>           <!--   "departs":[{"name":"IT section"}]}              -->
```

此 JSP 代码将 Depart 类通过页面声明进行了定义,然后在脚本片段中建立了 Depart 的实例 depart,并将其加入集合对象 departs。从注释可以看到,JSON 字串转换并没有对 depart 属性值进行组成解析,但 departs 集合中的 depart 元素得到了组成解析。这一特性便于 MVC 中的控制器中通过 JSONObject 对象向 AJAX 页面响应 JavaBean 模型的集合。

(5) JSONObject 对象中的数据获取。

JSONObject 的 get/getInt/getString/getJSONArray 等 get 系列方法根据 key 参数读取对应类型的 value 值,当 key 不存在时,get 系列方法会抛出 org.json.JSONException 运行时异常;也可以使用 opt/optInt/optString/optJSONArray 等 opt 系列方法替代 get 系列方法避免处理异常,它们在 key 不存在时,返回 null 或 0 值;optInt/optString 等获取具体类型值的方法还可以在 key 参数后指定一个缺省值参数,以避免 null/0 值的处理问题。

可以通过 JSONObject 提供的 keySet、keys、names 等方法得到对象中所有 key 的集合。设 JSONObject 的对象名为 jo,这些方法的调用式如下:

```
java.util.Set<String>  keySet=jo.keySet();   //得到的是所有 key 的 Set 集合
java.util.Iterator<String>  keys=jo.keys(); //得到的是所有 key 的迭代器
```

```
org.json.JSONArray  names=jo.names();                //得到的是所有 key 的 JSONArray 对象
```

调用 keySet 或 keys 方法得到 Set 或 Interator 集合后，如果对集合中的 key 进行了修改或删除，将会连带修改/删除 JSONObject 中的 key-value 数据，在使用时要小心。

以下 JSP 脚本片段代码使用 JSONObject 的 keys 方法输出其中所有的 key-value：

```
<% org.json.JSONObject jo=new org.json.JSONObject("{'n':10,'m':100,'t':'hello'}");
  java.util.Iterator<String>  keys=jo.keys();
  while(keys.hasNext()){
   String  key=keys.next();
   Object  val=jo.get(key);
   out.print( String.format("key=%s, value=%s<hr>",key,val) );
  }
%>
```

遍历 JSONObject 可以调用它的 toMap 方法，将其数据转换为 Map<String，Object>类型的 Map 对象进行处理，JSP 脚本片段代码如下：

```
<% org.json.JSONObject jo=new org.json.JSONObject("{'n':10,'m':100,'t':'hello'}");
  java.util.Map<String,Object> mjo=jo.toMap();
  for(String key:mjo.keySet())
    out.print( String.format("key=%s,value=%s<hr>",key, mjo.get(key) );
%>
```

(6) JSONObject 对象中数据的删除。

调用 JSONObject 对象提供了 clear 和 remove 方法用于删除其中的数据：

```
JSONObject 对象.clear();
Object  val=JSONObject 对象.remove("key 名");
```

clear 方法可以删除所有数据；remove 方法删除指定 key 名称的数据，当 key 不存在时，remove 方法返回 null 值。以下 JSP 代码使用这两种方法进行 JSONObject 数据的删除。

```
<% org.json.JSONObject jo=new org.json.JSONObject("{'n':10,'m':100,'t':'hello'}");
  out.print( jo.remove("n") );          //n 键值对应的数据为 10,所以输出 remove 返回的 10
  out.print( jo.remove("n") );          //由于键值 n 已被删除,所以此时输出为 null
  out.print(jo);                        //输出{"m":100, "t":"hello"}
  jo.clear();                           //全部删除
  out.print( jo );                      //输出{}
%>
```

3. 使用 JSON-java 处理 JSON 文件

存储有 JSON 对象格式的文本文件就是 JSON 文件，文件扩展名一般为 json。这种格式的文件现在被广泛用于应用程序之间的数据交换以及应用程序自身配置信息的存储，甚至作为非关系数据库的数据存储格式。在 JSON-java 中，JSONObject 本身就提供了 JSON 数据的文件写入和读取功能。

(1) JSON 数据的文件写入。

JSONObject 的 write 方法可以将自身的 JSON 格式文本写入方法中指定的数据流，该方法的调用式如下：

```
JSONObject 对象.write( java.io.Writer 的文本输出流对象 );
```

在使用该方法将 JSON 文本写入文件时，应注意以下几点。

① writer 方法并不负责输出流的关闭，开发者必须负责关闭文本流。为了保证在任何情况下都能正确关闭流对象，应使用自动 try 语句或 try…finally 语句关闭文本输出流。

② 如果使用 java.io.FileWriter 的文本输出流对象作为 write 方法的参数，写入的文本文件编码将是当前操作系统中默认的文本编码，这种方式可能会造成程序在不同操作系统中执行时的乱码。建议使用 java.io.OutputStreamWriter 文本流对象，该对象可以通过输出字节流和指定的字符编码进行创建，对应的构造方法声明如下：

```
public OutputStreamWriter(OutputStream os, String charSet)
```

通过该构造方法指定输出流为 FileOutputStream 对象，字符编码名称为 UTF-8，即可避免不同平台中的中文乱码问题，JSP 脚本片段如下。将 JSONObject 对象中的 JSON 文本采用 UTF-8 编码保存到 Web 程序运行的/WEB-INF 目录中的 course.json 文本文件：

```
<% org.json.JSONObject jo=new org.json.JSONObject();
   jo.put("名称","Web Programming");
   jo.put("学分",3.0);  jo.put("种类","必修");
   java.io.File saveFile=new java.io.File(application.getRealPath("/WEB-INF"),"
course.json");
   try(java.io.FileOutputStream fos=new java.io.FileOutputStream(saveFile);
       java.io.OutputStreamWriter writer=new java.io.OutputStreamWriter(fos,"UTF
-8");){
       jo.write(writer);
       out.println("JSON 文件保存成功!");
   }catch(Exception e){ out.println("JSON 文件保存失败!"); }
%>
```

(2) JSON 文件的解析和读取。

对于已经存在的 JSON 文件，JSONObject 提供了一个带有 org.json.JSONTokener 类型参数的构造方法，该构造方法的声明如下：

```
public JSONObject(org.json.JSONTokener tokener)
```

JSONTokener 的实例可以通过其构造方法从 JSON 文件构建，这样就可以将 JSON 文件中的 JSON 文本解析并存入 JSONObject 对象。JSONTokener 带有文本输入流的构造方法声明如下：

```
public JSONTokener( java.io.Reader )
```

java.io.Reader 代表的是抽象的文本输入流，实际调用时可以使用它的具体子类 java.io.FileReader 或者 java.io.InputStreamReader。FileReader 类似于 FileWriter，都是采用操作系统中默认的编码进行文本存储，在不同的操作系统中，可能会由于生成的文件编码不一致而造成乱码。而 InputStreamReader 的构造方法可以指定一个输入流和字符编码名称，如下所示：

```
public InputStreamReader(InputStream is, String charSet)
```

这样，在构造 InputStreamReader 的实例时，只要指定 FileInputStream 和 UTF-8 编码名称，就可以防止不同操作系统的中文乱码问题。下面的 JSP 脚本片段代码中，将/WEB-INF 目录中的 course.json 文件中的文本读取到 JSONObject 实例：

```
<% java.io.File  jsonFile=new java.io.File(application.getRealPath("/WEB-
INF"),"course.json");
    try(java.io.FileInputStream fis=new java.io.FileInputStream(jsonFile);
        java.io.InputStreamReader reader=new java.io.InputStreamReader(fis,"UTF-
8");){
        org.json.JSONTokener tokener=new org.json.JSONTokener(reader);
        org.json.JSONObject jo=new org.json.JSONObject(tokener);
        org.json.JSONArray names=jo.names();
        for(int i=0;i<names.length();i++){
```

```
            String key=names.getString(i);
            Object val=jo.get(key);
            out.print(String.format("key=%s, value=%s<hr>",key,val));
        }
    }catch(Exception e){ out.print("读取 JSON 文件出错:"+e.getMessage() ); }
%>
```

14.3.4 AJAX 程序示例

本节介绍一个 MVC 架构的 AJAX 程序的综合示例 14-3,该示例演示了在 AJAX 页面中使用 Page 函数和 JSON 文件处理系统登录和用户的管理,初始登录界面如图 14-10 所示。

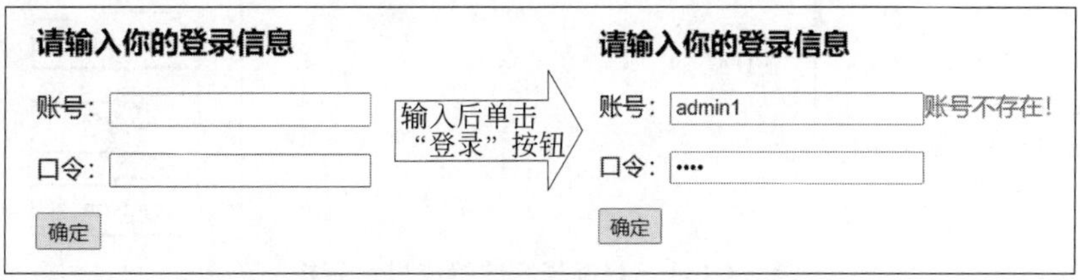

图 14-10 示例程序的登录界面和登录错误处理信息

在输入正确的登录信息后(系统默认账号为 admin,口令是 123456),即可进入系统用户管理页面,如图 14-11 所示。

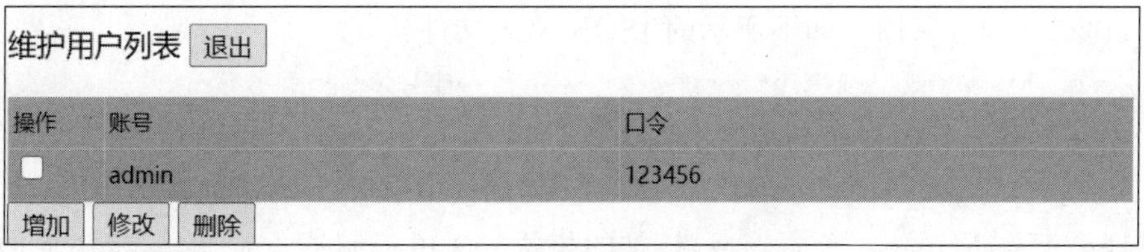

图 14-11 示例程序的用户管理界面

在用户管理界面中,选中“操作”列下方的复选按钮,再单击“修改”按钮即对选中用户的口令进行修改,也可以单击“删除”按钮删除选中的用户;还可以单击“增加”按钮,页面会添加新行供使用者输入新用户的账号和口令。进行用户添加、修改、删除时,页面下面的按钮行将出现“确定”和“取消”两个按钮,以供使用者确定或者取消操作结果。如果单击“确定”按钮时输入的数据不符合要求,将在相应数据项右侧显示错误提示,如图 14-12 所示。只有当全部数据无误时,单击“确定”按钮才能保存用户处理结果。

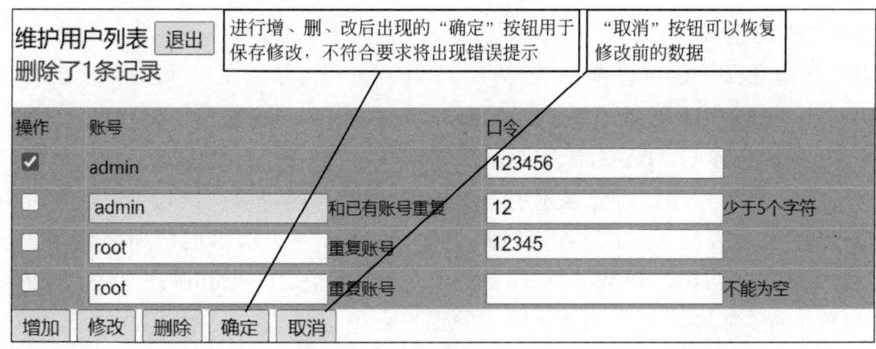

图 14-12 示例程序的用户管理界面中增、删、改的操作界面

由图 14-11 和图 14-12 可见,使用者进行用户的管理操作时,只需要在一个页面中进行,

并不需要像传统的 Web 应用程序那样进行页面之间的切换。这种操作方式更接近于本地程序，体现了 RIA 程序的优势。

1. 程序的总体文件结构组成

该 AJAX 程序采用 MVC 架构组织程序文件，具体的组成目录结构如图 14-13 所示。

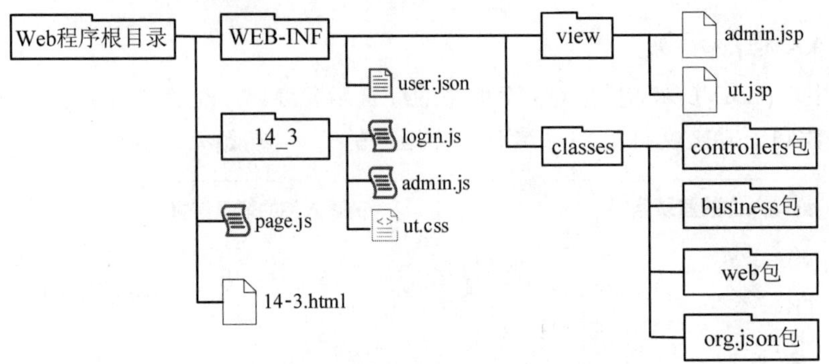

图 14-13 AJAX 程序的组成目录结构

(1) 程序中的模型组成。

由于示例程序中要管理的主要是系统用户的登录口令和账号，模型相对简单，所以程序并没有专门为其定义 JavaBean 组件，而是采用 Map 对象作为视图中的模型。程序在存储用户的账号和口令数据时，采用了如下所示的 JSON 格式文件：

```
{"账号 1" : "口令 1",  "账号 2" : "口令 2",  … ,  "账号 n" : "口令 n"}
```

此 JSON 数据在应用程序部署时由系统监听器 AppListener 自动创建，并存储在程序的/WEB-INF 目录中的 user.json 文件中。JSON 文件的读取和模型数据的转换由 business 包中的业务处理类 UserManager 负责完成，该类的相关方法由控制器负责调用，将生成的 Map 对象模型数据交给 JSP 视图文件进行显示；而 UserManager 在进行 JSON 处理时，采用了 JSON 组织提供的 org.json.JSONObject 工具类。模型数据处理过程如图 14-14 所示。

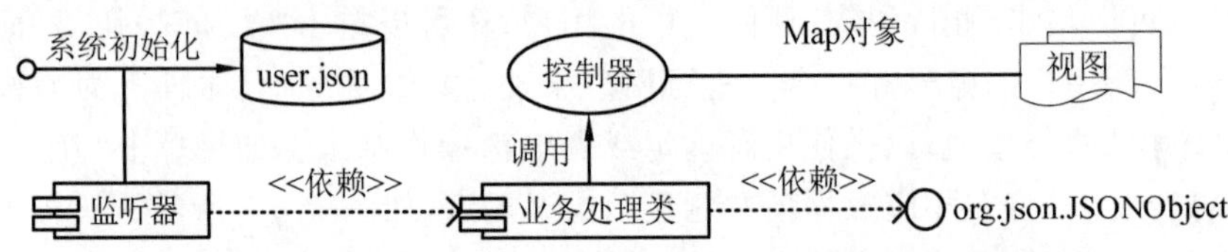

图 14-14 程序中 Map 对象模型数据和 JSON 数据的处理过程

(2) 视图文件的组成。

示例中的严格意义上的视图文件为/WEB-INF/view 目录中的 admin.jsp 文件，它负责显示来源于 AdminServlet 控制器的用户账号和口令数据的 Map 对象。admin.jsp 通过包含以下列出的文件，完成具体的 Map 对象数据显示和页面中的 AJAX 处理。

① ut.jsp 文件使用 JSTL 标记显示所有用户登录数据构成的表格。该文件和 admin.jsp 位于同一目录，既由 admin.jsp 文件在运行时包含，又为 AJAX 请求回应所需的用户表格。

② ut.css 样式单文件位于 Web 程序的/14_3 目录，它由 admin.jsp 通过 link 元素引入 admin.jsp 视图页面，为其嵌入的 ut.jsp 构造的用户数据提供表格显示的样式，包括背景色、边线和单元格的宽度。注意，ut.jsp 采用无序列表结合 span 元素，采用样式单的方式代替了 table 元素，这种技术可以避免表格内容只有在表格被全部加载后才能显示的弊端，被广泛应用在互联网页面的表格构建。

③ page.js 和 admin.js 文件被 admin.jsp 页面引入用于处理视图页面中的 AJAX 请求和回应。其中，page.js 位于 Web 程序的根目录，而 admin.js 则位于/14_3 目录。admin.js 借助于 page.js 中提供的 Page 函数构建 AJAX 请求和回应，是用户管理的客户端核心 JS 实现。

除去 admin.jsp 视图文件外，程序还使用了位于其根目录下 14_3.html 构建了图 14-10 中的系统登录页面，它引入了根目录中的 page.js 和/14_3 目录中的 login.js，进行登录信息的 AJAX 验证和向 admin.jsp 视图页面的切换。

（3）程序中的控制器和相关辅助组件。

程序中的控制器由位于 controllers 包中的 LoginServlet 和 AdminServlet 组成，分别负责登录信息的验证和用户管理中的 AJAX 操作处理，两者都通过调用位于 business 包中的 UserManager 业务类进行具体的处理。另外，系统还使用了 AppListener 和 AppFilter 进行系统初始化和登录资源的集中控制保护，AppFilter 还负责处理 POST 请求中的中文编码设置，防止页面数据传输过程中的乱码问题。

2. 登录功能的实现

14_3.html 页面通过 Page 函数进行登录表单的 XMLHTTP 异步请求发送，登录处理过程如图 14-15 所示。由图可见，控制器 LoginServlet 在登录验证成功后，并不是发送客户端重定向指令以让浏览器转向其他页面，而是回应包含有 location 成员的 JSON 对象，以便让页面 JS 响应对象的 data 方法利用 window.location 向用户管理页面进行转移。

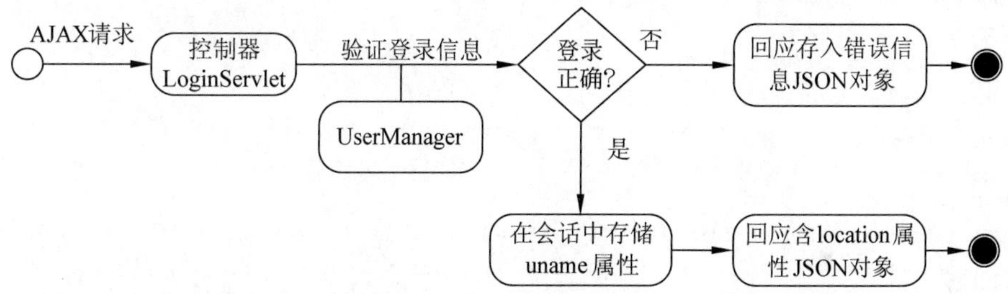

图 14-15　登录验证控制器 LoginServlet 的 AJAX 请求回应过程

（1）14_3.html 和 login.js 源代码。

【例 14-3-1】　14_3.html 页面源代码。

```
<html><head><meta charset="UTF-8"><title> JSON应用登录及修改综合示例</title>
  <script src="page.js"></script>
  <script src="14_3/login.js" ></script><!--引入处理 login.js 文件-->
</head><body><h3>请输入你的登录信息</h3>
<form action="login" data-bind="true" method="post"><!--表单采用异步发送提交给登录控制器-->
<p>账号:<input  name="uname">
   <span style="color:red" id="error_uname"></span></p> <!--账号错误采用 span 元素显示-->
<p>口令:<input  type="password" name="password">
   <span style="color:red" id="error_password"></span></p> <!--口令错误采用 span 元素显示-->
<div><input type="submit" value="确定"></div>
</form>
</body></html>
```

该页面代码引入了 page.js 进行异步表单发送，其核心处理文件是 login.js 文件。

【例 14-3-2】 login.js 文件的源代码组成。

```
Page({
  data:function(resTxt){
    var jo=Page.json(resTxt);
    if(jo.errors){ //验证失败时,从响应的 JSON 对象中依次取出错误标识,设置错误消息
      for(var id in jo.errors) document.getElementById(id).innerHTML=jo.errors
[id];
    }else location.href=jo.location; //验证成功转入用户管理页面
  },
  error:function(code){ alert('出现错误!\n 错误代码:'+code); }
});
```

login.js 的响应对象采用 JSON 语法直接在 Page 函数的参数中编写,此对象的 data 方法使用了一个循环进行页面错误消息的设置,这是由于页面中用于错误显示的 span 元素的 id 属性采用和错误 JSON 对象中的属性同名原则进行设置,这是简化代码的常用技巧。

(2) 控制器 LoginServlet 的代码组成。

LoginServlet 仅处理 POST 请求,它调用业务处理类 UserManager 进行登录验证,成功时使用 JSONObject 返回包含用户管理控制器 URL 的 location 属性 JSON 对象,否则返回对应账号或口令错误信息。

【例 14-3-3】 LoginServlet 的源代码。

```
package controllers;
import javax.servlet.http.*;
import org.json.JSONObject;
@javax.servlet.annotation.WebServlet("/login")
public class LoginServlet extends HttpServlet {
  @Override protected void doPost(HttpServletRequest request, HttpServletResponse
response)
  throws javax.servlet.ServletException, java.io.IOException {
    response.setContentType("application/json;charset=UTF-8");
                                                      //设置响应的 MIME 为 JSON 格式
    java.io.PrintWriter out = response.getWriter();
    String uname = request.getParameter("uname"), password = request.getParameter
("password");
    JSONObject jo = new JSONObject(),               //jo 为回应的 JSON 对象
               errors = new JSONObject();           //errors 为错误信息所在的 JSON 对象
    try { //初始化账号和口令的错误信息 JSON 对象,将其设置为没有错误信息的空字符串
        errors.put("error_uname", "");  errors.put("error_password", "");
        //调用业务处理类 UserManager 的单例,检查账号和口令,有问题会抛出异常
        business.UserManager.getSingleton().check(uname, password);
        //验证通过,在会话对象中设置登录的账号,以便标识用户已经登录
        request.getSession().setAttribute("uname", uname);
        //通过 JSON 对象回应用户管理控制的 URL
        jo.put("location", request.getContextPath()+"/login/admin");
    } catch (Exception e) {
        String errMsg = e.getMessage();
        //构造账号错误信息,JSON 对象的错误属性和页面中 SPAN 元素的 ID 属性一致
        if (errMsg.contains("账号"))  errors.put("error_uname", errMsg);
        //构造口令错误信息,JSON 对象的错误属性和页面中 SPAN 元素的 ID 属性一致
        else  errors.put( "error_password",errMsg);
        jo.put("errors", errors);                   //以错误属性 errors 存入回应的 JSON
                                                    //对象中的 errors 对象
    }
```

```
    out.print(jo); out.close();                    //回应 JSON 格式的数据
  }}
```

LoginServlet 采用了 application/json 格式作为响应数据的 MIME 类型，以便客户端 JS 进行处理；jo 作为服务端响应的 JSON 对象，代码采用 try…catch 语句结构，try 语句块中设置正确的 JSON 对象回应属性，catch 语句块设置回应的 JSON 对象中以 errors 为属性名的错误属性。该 Servlet 在登录验证正确时回应如下的 JSON 字符串：

```
{ "location":"/Web 程序部署的上下文路径标识/login/admin" }
```

验证账号失败时，将返回如下的 JSON 字符串：

```
{ "errors":{"error_uname" : "账号不存在", "error_password" : ""}
```

(3) UserManager 的单例模式及 check 方法实现。

验证登录的账号和口令的核心业务逻辑位于 business.UserManager 类中的 check 方法，该方法利用从父类 AppScope 继承的 JSONObject 类型的静态成员 users 验证账号和口令。

【例 14-3-4】 UserManager 类中单例模式和 check 方法实现代码。

```
package business;
import java.util.*;
public class UserManager extends AppScope {
  private UserManager() { }
  private static UserManager singleton = new UserManager();   //静态单例
  public static UserManager getSingleton() {  return singleton;  }
                                                //静态单例模式方法
  /**check 方法从继承的 users 静态 JSONObject 成员中检索账号口令进行登录验证 */
  public void check(String uname, String password) throws Exception {
    Object pwd = users.opt(uname);       //使用 JSONObject 的 opt 方法获取账号对应的口令
    if(pwd==null) throw new Exception("账号不存在!");
    if (!pwd.equals(password)) throw new Exception("口令不对!");
  }
  /* 其他方法省略 */
}
```

业务处理类 UserManager 被设计为单例模式，其中 check 方法使用的 users 存储了系统中所有的用户登录账号和口令，该静态成员在程序部署时，由监听器调用 AppScope 的 init 方法进行初始化设置。AppListener 监听器和 AppScope 以及 UserManager 之间的关系如图 14-16 所示。

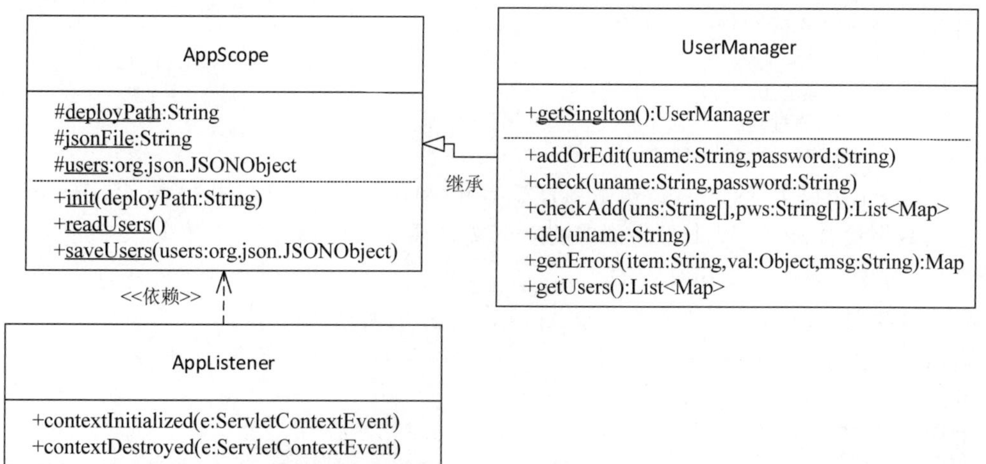

图 14-16　AppListener 监听器和 AppScope 以及 UserManager 之间的关系

(4) AppScope 类的实现。

AppScope 是为了统一业务处理类的基本操作设计,业务处理类继承该类就可获取对系统中 JSON 数据的访问功能。该类成员均为静态成员,具体设计实现如下。

【例 14-3-5】 AppScope 类的实现。

```
package business;
import java.io. * ;
public class AppScope {
  protected static String deployPath;     //应用程序部署后,JSON 文件所在的实际目录
  protected static String jsonFile = "user.json";
                                        //默认的存储用户登录账号口令的 JSON 文件名
  protected static org.json.JSONObject users;
                                        //从 JSON 文件中读取到的所有用户账号和口令信息
  public static void init(String deployPath) throws Exception {
                                        //系统初始化方法,由监听器进行调用
    AppScope.deployPath = deployPath;
    File file = new File(deployPath, jsonFile);
    if (!file.exists()) { //如果 JSON 文件不存在,生成默认的账号和口令并存入 JSON 文件
      users=new org.json.JSONObject();
      users.put("admin", "123456");     //初始账号为 admin,口令为 123456
      saveUsers(users); //调用 saveUsers 方法将 JSONObject 中的数据存入 JSON 文件
    }else readUsers();   //如果存在 JSON 文件,则从中读取并初始化 users 对象中的数据
  }
  /**静态同步读取 JSON 文件的方法 readerUsers,将文件中的数据读取到 users 成员中 * /
  public  synchronized static void  readUsers() throws IOException{
    File file=new File(deployPath,jsonFile);
     try (InputStreamReader reader = new InputStreamReader (new FileInputStream
(file), "UTF-8")) {
      users = new org.json.JSONObject(new org.json.JSONTokener(reader));
    }
  }
  /**静态同步写入 JSON 文件方法 saveUsers,将其参数代表的 JSON 数据存储到 JSON 文件 * /
  public  synchronized static void saveUsers(org.json.JSONObject users) throws
IOException {
    File file=new File(deployPath,jsonFile);
    try (OutputStreamWriter writer = new OutputStreamWriter(new FileOutputStream
(file), "UTF-8")) {
        AppScope.users = users;
        users.write(writer);
    }
  }
}
```

(5) AppListener 类的实现。

AppListener 位于 web 包,在初始化方法 contextInitialized 中调用了 AppScope.init 进行系统中的数据设置,还将 Web 程序部署的上下文路径存入应用程序对象,以便在 JSP 视图中进行使用,防止出现错误的相对 URI。

【例 14-3-6】 应用程序部署监听器 AppListener 的实现代码。

```
package web;
import business.AppScope;
import javax.servlet. * ;
@javax.servlet.annotation.WebListener
public class AppListener implements ServletContextListener {
```

```
  @Override  public void contextInitialized(ServletContextEvent sce) {
    ServletContext application = sce.getServletContext();
    String deployPath = application.getRealPath("/WEB-INF");
    try {
      AppScope.init(deployPath);        //调用 AppScope 的初始化方法建立系统的数据
      application.setAttribute("cp", application.getContextPath());
                                        //在应用程序对象存入上下文路径
    } catch (Exception ex) {   throw new RuntimeException(ex);  }
  }
  @Override  public void contextDestroyed(ServletContextEvent sce) {   }
}
```

(6) 过滤器 AppFilter 的实现。

AppFilter 位于 web 包,其 URL 模式为/login/ * ,它对所有试图访问以/login 开头的登录页面进行会话标识检查。如果会话中并不含登录标识属性 uname,且不是登录请求,则将访问重定向至登录页面。同时,它还对请求对象的编码设定为 UTF-8,防止中文乱码。

【例 14-3-7】 AppFilter 的实现代码。

```
package web;
import javax.servlet.*;
@javax.servlet.annotation.WebFilter("/login/*")
public class AppFilter implements javax.servlet.Filter {
  @Override  public void doFilter(ServletRequest request, ServletResponse response,
FilterChain chain)
  throws java.io.IOException, ServletException {
    request.setCharacterEncoding("UTF-8");
                                    //对表单 POST 提交进行编码设置,以防中文出现乱码问题
     javax. servlet. http. HttpServletRequest  req  =  ( javax. servlet. http.
HttpServletRequest) request;
    if(req.getSession().getAttribute("uname")==null){
      String uname=request.getParameter("uname"),password=request.getParameter
("password");
      if(uname==null &&password==null ){
          javax. servlet. http. HttpServletResponse  res = (javax. servlet. http.
HttpServletResponse) response;
        res.sendRedirect(req.getContextPath()+"/14_3.html"); return;
                                    //未授权访问被导航到登录页面
      }
    }
    chain.doFilter(request, response);
  }
}
```

3. 用户管理功能实现

当使用者通过登录验证后,就会进入用户管理视图,该视图由控制器 AdminServlet 的 doGet 方法调用 UserManager 业务处理类进行模型数据提供。使用者在用户管理视图中可以进行用户的添加、删除、修改等操作,操作结果采用 XMLHTTP 对象提交给 AdminServlet 的 doPost 方法进行处理和响应。用户管理整体执行流程如图 14-17 所示。

(1) AdminServlet 的 doGet 方法和 UserManager 模型数据提供 getUsers 方法的实现。

AdminServlet 的 doGet 方法的主要作用就是调用 UserManager 的 getUsers 方法获取用户模型数据存入请求对象,然后将请求转入用户管理的 admin.jsp 视图文件。

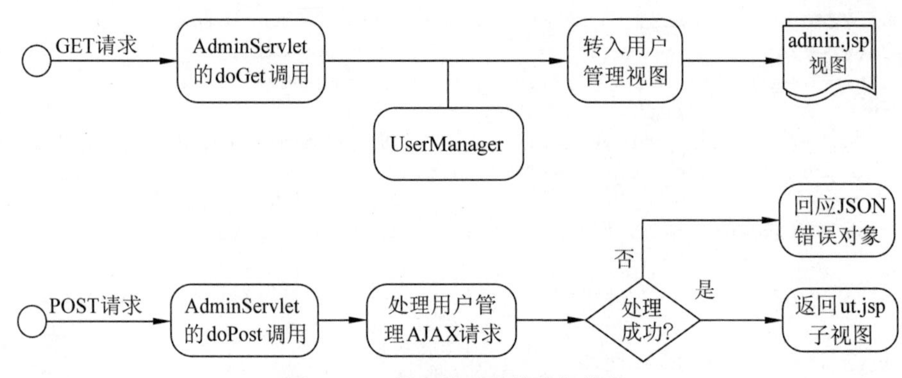

图 14-17 用户管理整体执行流程

【例 14-3-8】 AdminServlet 的类定义和 doGet 方法实现代码。

```
package controllers;
import business.UserManager;
import javax.servlet.http.*;
import java.util.*;
@javax.servlet.annotation.WebServlet("/login/admin")
public class AdminServlet extends HttpServlet {
  @Override protected void doGet(HttpServletRequest request, HttpServletResponse
response)
  throws javax.servlet.ServletException, java.io.IOException {
        //得到用户模型数据,存入请求对象中以供视图进行处理和显示
        request.setAttribute("users", UserManager.getSingleton().getUsers());
        //将请求转入 admin.jsp 视图
        request.getRequestDispatcher("/WEB-INF/view/admin.jsp").forward(request,
response);
    } /*其他方法省略*/
}
```

可以看到,AdminServlet 通过@WebServlet 注解将自身的 URL 模式设置为/login/admin,这一 URL 模式受到 AppFilter 过滤器的登录保护,所以 AdminServlet 的 doGet 方法中并不需要进行登录检查,只需调用业务处理类 UserManager 的 getUsers 方法,获取用户模型传递给 admin.jsp 视图即可。

【例 14-3-9】 UserManager 的 getUsers 方法的代码实现。

```
public class UserManager extends AppScope {
  public java.util.List<java.util.Map> getUsers(){
    java.util.List<java.util.Map>  result=new java.util.ArrayList<>();
    //将 JSONObject 类型的 users 中的用户数据转换为列表模型数据
    for(String  uname:users.keySet()){
      java.util.Map  user=new java.util.HashMap();
      user.put("uname", uname);                    //转换为带 uname 标签的账号数据
      user.put("password", users.get(uname));      //转换为带 password 标签的口令数据
      result.add(user);
    }
    return result;
  }
  /*其他方法定义省略*/
}
```

getUsers 方法就是将 JSONObject 对象 users 中的账号和口令数据,转换为视图 JSP 文件可以直接通过 JSTL 核心 forEach 标记处理的 List<Map>列表模型数据,列表中的 Map

对象中，带有 uname 和 password 数据标签，例如以下一行的用户转换：

```
admin:123456  =>  uname:"admin" password:"123456"
```

（2）admin.jsp 视图和 ut.jsp 子视图。

admin.jsp 中引入了 page.js 和 admin.js 用以实现 AJAX 操作；通过 jsp：include 元素包含 ut.jsp 子视图进行模型数据的表格显示。

【例 14-3-10】 admin.jsp 的源代码组成。

```
<%@page contentType="text/html" pageEncoding="UTF-8"%>
<html><head> <link rel="stylesheet" href="${cp}/14_3/tab.css" type="text/css">
<!--引入表格样式单-->
<script src="${cp}/page.js"></script><script src="${cp}/14_3/admin.js"></script>
<!--引入 JS 文件-->
<title>用户信息管理</title></head><body>
<form action="${cp}/login/admin" data-bind method="post"><!--表单采用 post 异步提
交给控制器-->
<div>维护用户列表 <input type=submit value=退出></div>
<div class="body"><jsp:include page="ut.jsp"/></div><!--包含子视图 ut.jsp 文件显
示用户数据表格-->
<div>
  <input type=button value=增加><input type=button value=修改><input type=button
value=删除>
  <span style="display: none" id="divcmd"><!--通过 display 样式隐藏确定和取消按钮-->
      <input type=submit value=确定><input type=submit value=取消>
      <input type=hidden name=del ><input type=hidden name=cmd><!--隐藏字段-->
  </span>
</div>
</form>
</body></html>
```

注意，admin.jsp 中 HTML 模板部分在引用 JS、CSS 等文件时，必须使用带有 Web 程序部署上下文路径的相对于主机的 URI，以防出现引用位置的错误。为此使用了 JSP 2.0 表达式 ${cp}，式中的 cp 是监听器建立在应用程序范围对象中的变量，存有上下文路径。

admin.jsp 含有异步提交的表单及操作按钮，表单中的数据表来源于 jsp：include 包含的 ut.jsp 子视图，该子视图采用 JSTL 核心标记 forEach 进行用户模型列表数据循环处理，形成第 1 列值为账号，名为 id 的复选框，第 2 列为账号，第 3 列为口令的表格显示。

【例 14-3-11】 ut.jsp 子视图文件源代码组成。

```
%@page contentType="text/html" pageEncoding="UTF-8"%>
<%@taglib  prefix="c" uri="http://java.sun.com/jsp/jstl/core" %>
<div style="color:blue" id="divopmsg"></div>
<ul id="ut">
  <li><span style="width:50px">操作</span><span>账号</span><span>口令</span>
</li>
  <c:forEach items="${users}" var="user">
  <li>
    <span style="width: 50px"><input type="checkbox" name="id" value="${user.
uname}"></span>
    <span><c:out value="${user.uname}"/></span>
    <span><c:out value="${user.password}"/></span>
  </li>
  </c:forEach>
</ul>
```

在 ut.jsp 文件中，包含 id 属性值为 divopmsg 的 div 元素用于页面 JS 代码的操作消息显示。forEach 标记用于读取位于请求对象中的模型数据 users，在循环中使用 li 元素建立表格行，行中的单元格采用 span 元素实现。表格的显示由 admin.jsp 包含的位于/14_3 文件夹中的 tab.css 样式单进行控制。

【例 14-3-12】 tab.css 样式单文件内容组成。

```
div,ul,li,span{ padding-top: 0px; padding-bottom: 0px;padding-left: 0px; padding-
right: 0px; }
ul{ list-style-type: none;}
.body{ overflow: hidden; width: 708px; }
.body ul li{ background: #fff; overflow: hidden; border-bottom: #ccc 1px solid;
        border-right: #ccc 1px solid; float: left; }
.body ul li span{ width: 280px;background-color: #f90; font-size: 12px; padding-
left:2px;
            border-left: #ccc 1px solid; float: left; height: 27px; line-height:
27px; overflow: hidden; }
```

div 元素通过类样式应用此样式单建立表格，下面的标记建立了一个 2 行 3 列的表格：

```
<div class="body">
<ul>
<li><span>单元格 1 内容</span><span>单元格 2 内容</span><span>单元格 3 内容</span>
<li>
<li><span>单元格 1 内容</span><span>单元格 2 内容</span><span>单元格 3 内容</span>
<li>
</ul>
</div>
```

(3) 用户管理 AJAX 处理功能和页面操作 click 函数的实现。

admin.jsp 视图中用户管理界面中的表单按钮的布局和功能设置如图 14-18 所示。

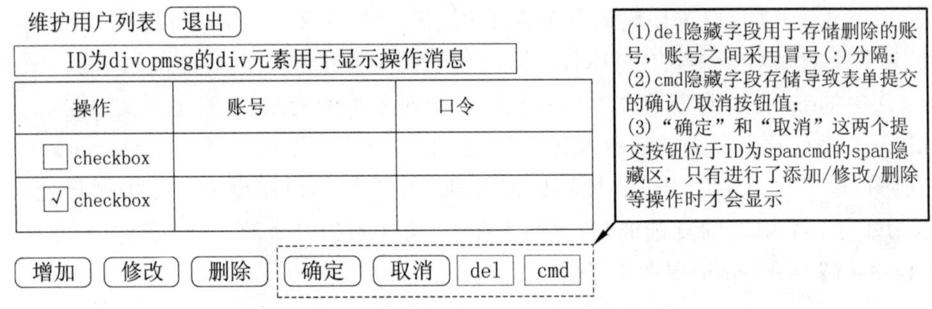

图 14-18 用户管理界面中的表单按钮的布局和功能设置

界面中表单数据操作由 admin.js 调用 Page 函数进行页面表单的异步提交和响应处理，函数 click 通过调用 Page.addEvent 方法设置为处理表单单击事件，负责页面操作的实现。

【例 14-3-13】 admin.js 源代码架构组成。

```
Page({
    data: function (resTxt) {
    //如果响应数据为 application/json 格式，这是发生保存错误时的响应结果，应显示错误信息
    //如果响应数据为 text/html 格式，这是取消或者保存成功，显示 ut.jsp 子视图的表格数据
    }
});
function click() {
    var btn = Page.target();                                //获取表单中被单击的按钮
    var frm = btn.form;                                     //取出按钮所在表单对象
```

```
    var ul = document.getElementById("ut");         //取出表格对应的 ul 对象,以便添加新
                                                    //的表格行
    switch (btn.value) {                            //判定被单击的具体按钮
        case '增加':                 //单击"增加"按钮,进行添加记录的 DOM 操作
            break;
        case '修改':                 //单击"修改"按钮,进行修改记录的 DOM 操作
            break;
        case '删除':                 //单击"删除"按钮,进行记录删除的 DOM 操作
          break;
        case '确定': case '取消': case '退出':
                                     //单击"确定/取消/退出"按钮,需要让使用者确认请求
          //在提交服务端处理前可取消操作,
        break;
    }
}
Page.addEvent(window, 'load', function () {
                                     //在 window 加载时,指定表单的单击事件为 click 函数
    Page.addEvent(document.forms[0], 'click', click);
});
```

click 函数依据表单中被单击的按钮进行 DOM 操作处理,产生的表单文本组件决定了 AdminServlet 的 doPost 请求处理方法和页面 Page 函数响应对象的 data 方法编写。

"增加"按钮的单击处理对应于 click 函数中同名 case 语句的代码段,需要在函数中变量 ut 代表的表格中添加一行,即 1 个 li 和 3 个 span 元素,之后再将 3 个 span 元素中的内容分别设置为复选框和两个文本框。可通过 document 对象的 createElement 方法和元素的 innerHTML 属性以及 Node 结点添加方法 appendChild 实现这些 DOM 操作。

【例 14-3-14】 click 函数中增加操作按钮的 case 代码段。

```
//对应于 case '增加'
var li = document.createElement("li");          //创建新行元素 li
var span = document.createElement("span");      //创建行中的第一个单元格 span 元素
span.setAttribute("style", "width:50px");       //设置第一列的宽度为 50px
span.innerHTML = "<input  type=checkbox>";      //在第一个单元格中添加一个新的复选框
li.appendChild(span);                           //为新行添加第一个单元格
span = document.createElement("span");          //创建第二个单元格 span 元素
span.innerHTML = "<input  name=':uname'>";      //在第二个单元格中添加一个新的文本框
li.appendChild(span);                           //为新行添加第二个单元格
span = document.createElement("span");          //创建第三个单元格 span 元素
span.innerHTML = "<input name=':password'>";    //在第三个单元格中添加一个新的文本框
li.appendChild(span);                           //为新行添加第三个单元格
ul.appendChild(li);                             //将新行 li 元素加入 ul 表格中
document.getElementById('spancmd').style.display = 'inline';
                                                //显示确认和取消操作按钮区,后接 break;
```

增加的文本框数据需要提交给控制器 Servlet 进行添加,因此必须设置 name 属性值,click 函数统一采用"主键列值：列名"命名。新增记录时主键值取空,name 值为"：列名"格式。此处新添加的两个文本框 name 属性分别设置为"：uname"和"：password"。

"修改"按钮的单击处理的代码对应于 click 函数中同名 case 语句段。按照数据表记录修改特点,应仅修改非主键列值,所以修改操作要将选中复选框所在行的第 3 列中的口令改为可供修改的文本框。li 元素是表格中的行元素,它的标记示意组成如下：

<li>白空格**<span>**<input>**</span>**白空格**<span>**账号**</span>**白空格**<span>**口令**</span>**白空格**</li>**

在行标记中,复选框 input 的父元素是 span,其后第二个 span 元素中的文本就是口令。取 span 的父结点 li 元素,调用其 getElementsByTagName 方法,在返回的 span 数组中取第三个元素的 innerHTML 属性即可获取口令,再将此 span 元素的 innerHTML 属性设置为文本框标记即可。这种处理可以避免白空格结点的影响,相应 JS 示意语句如下:

```
var span=复选框对象.parentNode.parentNode.getElementsByTagName('span')[2];
var val=span.innerHTML; //取原口令值,仅在没有转换成文本框时才对 innerHTML 属性赋值
if(val.indexOf('<input')==-1) span.innerHTML="<input name=文本框组件名称 value=
原口令值>";
```

口令文本框的 name 属性值应采用"主键列值:password"命名,其中主键列值来源于复选框的 value 属性,这种格式适合于整型主键列的记录修改,而示例的账号主键列为字符串,所以采用这种命名方式时,应避免账号中使用冒号。修改的整体处理算法就是遍历表单,取出被选中的复选框,由该组件的父结点找到口令的 span 元素进行设置。

【例 14-3-15】 click 函数中修改操作按钮的 case 代码段。

```
//对应于 case '修改'
var isShow = false;                                   //是否选中需要修改记录的复选框
for (var i = 0; i < frm.elements.length; i++) {
  var e = frm.elements[i];
  if (e.type != 'checkbox' || !e.checked) continue;
                                                      //不是复选框或复选框没被选中无须处理
  isShow = true;                                      //确定选中了复选框
  var li = e.parentNode.parentNode;
  varbiao'dan span = li.getElementsByTagName("span")[2];
  var val = span.innerHTML;
  if (val.indexOf('<input') == -1)                    //设置口令修改文本框的 name 属性值为"账
                                                      //号名:password"
    span.innerHTML = "<input name='" + e.value + ":password' value='" + val + "'>";
}
if (isShow) document.getElementById('spancmd').style.display = 'inline';
                                                      //让确定取消可见,后接 break;
```

"删除"按钮的单击处理对应于 click 函数中同名 case 语句的代码段,执行删除选中复选框所在的当前表格行。复选框的 input 和它的上层元素构成的层次如下所示:

```
input 元素=>span 父元素=>li 父元素(行)=>ul 父元素
```

可以看到,通过 li 元素父结点的 removeChild 方法即可删除行,JS 示意代码如下:

```
var li=input 元素.partentNode.parentNode;       //得到表格行元素 li
li.parentNode.removeChild(li);                  //通过 li 的父元素 ul 删除当前行
```

总的算法是通过表单元素数组的计数 for 循环找到选中的复选框,将其对应 li 元素存入一个备用数组,循环结束后,从备用数组取出 li 元素执行删除代码。注意,不要在计数 for 循环中直接执行删除,这会导致表单元素数量发生变化,影响 for 循环的正常执行。

还需注意,如果复选框有 name 属性,表明删除的是已有账号,应将其 value 值代表的账号以冒号为分隔符累加到隐藏字段 del,以便提交给 AdminServlet 进行实际删除。

【例 14-3-16】 click 函数中删除操作按钮的 case 代码段。

```
//对应于 case '删除'
var delLi = [];                                 //存储待删除行元素 li 的备用数组
for (var i = 0; i < frm.elements.length; i++) {
  var e = frm.elements[i];
  if ( e.type != 'checkbox' || ! e.checked) continue;
  if (e.name) frm.del.value += ':' + e.value;
```

```
                                            //将复选框值代表的删除账号存入隐藏字段
    delLi.push(e.parentNode.parentNode);   //取复选框所在表格行元素 li,存入备用数组
  }
  for (var i = 0; i < delLi.length; i++) delLi[i].parentNode.removeChild(delLi[i]);
                                            //执行删除
  if (delLi.length>0) {          //删除后让确认和取消按钮可见,并在 div 消息区写入删除信息
    document.getElementById('spancmd').style.display = 'inline';
    document.getElementById('divopmsg').innerHTML = '待删除账号' + frm.del.value;
  }//后接 break;
```

“确定/取消/退出”按钮都属于提交按钮,它们的单击都会导致表单的提交,因此在提交前都要求使用者确认单击操作,确认后,将表单中的隐藏字段 cmd 的值设置为按钮标题,进行提交。为此,click 函数中采用了 3 个共用 case 语句统一处理。

【例 14-3-17】 click 函数中确定/取消/退出操作按钮的共用 case 代码段。

```
//对应于 case '确定': case '取消': case '退出':
if (!confirm("请确认操作")) Page.stopAction();
                                   //调用 Page.stopAction 方法取消单击提交的默认操作
frm.cmd.value = btn.value; //设置 cmd 隐藏字段值为提交的按钮标题,以便 AdminServlet 进
                          //行处理后接 break;
```

注意,click 函数在表单提交前,通过隐藏字段 cmd 的值存储被单击的提交按钮的标题,以便 AdminServlet 判定要执行的操作。采用这种处理方式是由于 Page 函数的 getFormQuery 方法在构造查询参数字符串时,没有对单击的提交按钮进行判定,导致所有提交按钮的名-值都会被提交,而不像浏览器那样只发送被单击的提交按钮的名-值对。

(4) 控制器 AdminServlet 的 AJAX 请求处理方法 doPost 的实现。

当使用者在用户管理页面中单击“确定/取消/退出”按钮时,页面中的 XMLHTTP 对象将表单中添加、修改和删除的数据都提交给 AdminServlet 的 doPost 方法进行处理。图 14-19 显示了单击“确定”按钮提交的请求数据实体中有效数据的逻辑组成格式。

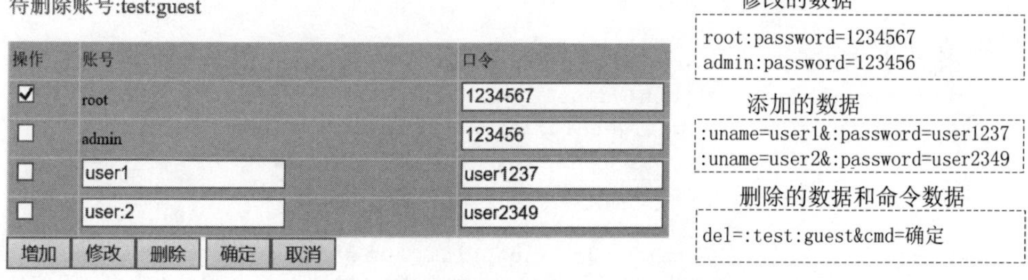

图 14-19　提交的请求数据实体中有效数据的逻辑组成格式

由图 14-19 可见,修改数据所需的记录主键值位于查询参数名冒号的左侧,而对应的修改值即为查询参数值;添加的数据参数名是“:uname”和“:password”,参数值可按照同名参数构成的字符串数组进行获取;删除数据的参数名为 del,参数值是由冒号分隔的多个待删除的账号;命令参数名为 cmd,值为提交时单击的按钮标题。

AdminServlet 的 doPost 方法总体的代码框架如下。

```
初始化用于存放错误消息的 List<Map>对象 errors;
try{
  判定操作命令:无命令和退出无须处理,取消需抛出异常转入 catch 语句块以避过数据处理语句;
  遍历请求参数名集合,取需修改数据;
  取需添加的数据;
```

```
  检查添加和修改的数据是否有错;有错抛出异常跳转到 catch 语句块;
  进行数据的删除、添加和修改;
}catch(Exception e){ 判定是否输出完成 JSON 格式的错误消息对象 errors,已完成输出则返回; }
在请求对象放入所有的用户模型数据;
请求转发至子视图 ut.jsp 文件,向客户端回应 text/html 的表格,以更新界面中的表格数据;
```

【例 14-3-18】 AdminServlet 的 doPost 方法实现代码。

```
@Override protected void doPost(HttpServletRequest request, HttpServletResponse
response)
throws javax.servlet.ServletException, java.io.IOException {
  List<Map> errors=new ArrayList();           //初始化错误对象 errors
  try {
    String cmd=request.getParameter("cmd"); //取操作命令
    if(cmd==null || "退出".equals(cmd)){      //无命令代表非法请求,和退出一样处理为销
                                              //毁会话对象
      request.getSession().invalidate();  throw new Exception("exit");
    }
    response.setHeader("from", "adminservlet");
                                          //设置和客户端 XMLHTTP 对象之间的响应头标记
    if( "取消".equals(cmd) ) throw new Exception("cancel");
                                          //取消跳到 catch 语句块,避开数据处理
    Map<String, String> editRecs = new HashMap();
                                          //editRecs 用于存储需要修改的口令及其关联账号
    Enumeration<String> names = request.getParameterNames();
    while (names.hasMoreElements()) {   //取出所有需要修改的数据
      String name = names.nextElement();
      if (name.indexOf(":")>0) {          //如果名称中包含冒号,则冒号之前的部分为需修改
                                          //的用户账号
        String uname = name.split(":")[0];
                                          //得到冒号之前部分,即待修改口令的对应账号
        String pwd = request.getParameter(name);   //得到待修改的口令
        editRecs.put(uname, pwd);         //将待修改的口令连同它的账号存入 editRecs 集合
      }
    }
    String[] unames = request.getParameterValues(":uname");  //取需添加的账号
    pwds = request.getParameterValues(":password");          //取需添加的口令
    errors.addAll(UserManager.getSingleton().checkAdd(unames, pwds));
                                            //检查添加的账号和口令
    errors.addAll(UserManager.getSingleton().checkPwds(editRecs.values()));
                                            //检查修改的口令
    if(!errors.isEmpty())  throw new Exception("errs");
                                            //如有错误,跳到 catch 语句块输出错误信息
    String[] delNames = request.getParameter("del").split(":");
                                            //取出由冒号分隔的待删除账号
    for (String uname : delNames) if(!uname.isEmpty())
       UserManager.getSingleton().del(uname);   //执行删除账号
    if (unames!=null) {for (int i = 0; i < unames.length; i++)
      UserManager.getSingleton().addOrEdit(unames[i], pwds[i]);
                                            //存入无错误的添加数据
    }
    if (!editRecs.isEmpty()) { for(String  uname:editRecs.keySet())
      UserManager.getSingleton().addOrEdit(uname, editRecs.get(uname));
                                            //存入无错误的修改数据
    }
  } catch (Exception e) {   if( outputErrors(e.getMessage(), errors, response) )
 return;  }
```

```
    request.setAttribute("users", UserManager.getSingleton().getUsers());
    request.getRequestDispatcher("/WEB-INF/view/ut.jsp").forward(request,
response);
}
```

doPost 方法调用错误输出方法 outputErrors 用于向客户端 XMLHTTP 对象回应 JSON 格式的错误消息。

【例 14-3-19】 doPost 调用的 AdminServlet 中私有方法 outputErrors 方法代码。

```
private boolean outputErrors(String msg, List<Map> errors, HttpServletResponse
response)
 throws java.io.IOException {
  if("cancel".equals(msg)) return false; //取消命令时,无须输出错误信息
  response.setContentType("application/json;charset=UTF-8");
  try (java.io.PrintWriter out = response.getWriter()) {
    org.json.JSONObject jo=new org.json.JSONObject();
    if( "errs".equals(msg) ) jo.put("errs", errors); else jo.put("systemError",
msg);
    out.print(jo);
  }  return true;
}
```

在 AdminServlet 的 doPost 方法中还调用了业务处理类 UserManager 中的 checkAdd 和 checkPwds 方法检查增加的账号/口令以及修改的口令是否符合要求。

【例 14-3-20】 UserManager 类中 checkAdd 方法的代码实现。

```
public List<Map> checkAdd(String[] unames, String[] passwords) {
  List<Map> errors = new ArrayList();
  if (unames == null || passwords == null)   return errors;
  if (unames.length != passwords.length)   throw new RuntimeException("非法数据!");
  boolean isAddEmptyUname = false;
  for (int i = 0; i < unames.length; i++) {
    String uname = unames[i];
    if (uname.isEmpty()) {
      if (!isAddEmptyUname) errors.add(genError("uname", "", "不能为空"));
      isAddEmptyUname = true;
    } else if (users.opt(uname) != null) errors.add(genError("uname", uname, "和已有
账号重复"));
    else if (uname.contains(":")) errors.add(genError("uname", uname, "不能包含冒
号"));
    else {
      for (int j = 0; j < unames.length; j++) { if (j == i) continue;
        if (uname.equals(unames[j])) { errors.add(genError("uname", uname, "重复账
号")); break; }
      }
    }//end else
  }//end for
  List<String> pwds = new ArrayList();
  pwds.addAll(Arrays.asList(passwords));
                                        //由口令数组得到 List 集合,以调用 checkPwds 方法
  errors.addAll(checkPwds(pwds));       //检查口令是否符合要求,并将错误结果信息合并在
                                        //一起
  return errors;
}
```

checkPwds 不仅由 checkAdd 方法调用,还由 AdminServlet 的 doPost 方法调用检查修改的口令是否满足要求。

【例 14-3-21】 UserMananger 中的 checkPwds 方法实现。

```
public List<Map> checkPwds(Collection<String> passwords) {
  List<Map> errors = new ArrayList();
  boolean isAddEmptyPwd = false;
  for (String pwd : passwords) {
    if (pwd.isEmpty()) {
      if (!isAddEmptyPwd)  errors.add(genError("password", "", "不能为空"));
      isAddEmptyPwd = true;
    } else if (pwd.length() < 5) errors.add(genError("password", pwd, "少于 5 个字
符"));
  }
  return errors;
}
```

checkAdd 和 checkPwds 都调用的错误消息生成方法 genError 也是 UserManager 中的辅助方法，用于生成包含错误信息的 Map 对象。

【例 14-3-22】 UserMananger 中的 genError 方法实现。

```
public Map genError(String item, Object value, String msg) {
  Map error = new java.util.HashMap();
  error.put("item", item); error.put("value", value); error.put("msg", msg);
  return error;
}
```

AdminServlet 的 doPost 方法中调用 UserManager 中的 addOrEdit 同步方法实现用户的添加和修改，删除用户则由 del 同步方法实现，同步方法防止写入和修改上的资源冲突。

【例 14-3-23】 UserManager 中的 addOrEdit 和 del 方法的实现代码。

```
public synchronized void addOrEdit ( String uname, String password) throws
Exception {
  if (uname == null || uname.isEmpty()) throw new Exception("账号不能为空!");
  if (password == null || password.isEmpty())     throw new Exception("口令不能
为空!");
  users.put(uname, password);
  AppScope.saveUsers(users);
}
public synchronized void del(String uname) throws Exception {
  Object pwd = users.opt(uname);
  if (pwd == null)  throw new Exception("账号不存在!");
  users.remove(uname);
  AppScope.saveUsers(users);
}
```

(5) 用户管理页面中 Page 函数的响应对象参数的 data 方法实现。

当 AdminServlet 的 doPost 方法做出回应时，用户管理页面调用的 Page 函数的响应对象将负责处理回应的数据，更新用户管理界面。响应对象的 data 方法先取出 from 响应头，决定是否要执行退出页面操作；接下来取出响应头中的 content-type 值，以判定响应实体数据的类型；之后代码按照响应实体数据的处理分成两大部分：解析 JSON 数据以显示数据操作的错误消息；利用 HTML 数据更新操作成功后的页面表格内容。

【例 14-3-24】 admin.js 中的 Page 函数的响应对象的实现代码。

```
Page({
  data: function (resTxt) {
    if('adminservlet'!=this.xmlhttp.getResponseHeader('from')){
                                                    //判定是否应退出后续操作
```

```
        location='14_3.html'; return;
                                  //不含 from 响应头或 from 值不为 adminservlet,执行退出操作
      }
      var frm = this.xmlhttp.from;                    //获取当前的表单对象
      var contentType = this.xmlhttp.getResponseHeader('content-type');
                                                      //取响应数据的 MIME 信息
      if (contentType.indexOf('json') > -1) {         //如果出现 JSON 响应,证明保存修改等处理操
                                                      //作失败
        var errors = Page.json(resTxt);               //解析 JSON 文本,将其转换为 JSON 对象方便
                                                      //处理
        if (errors.systemError) {  alert(errors.systemError); return; }
                                                      //显示系统错误消息,无须再处理
        for (var i = 0; i < frm.elements.length; i++) {
                                                     //在表单中文本框后面显示数据输入的错误消息
           var elem = frm.elements[i];
           if (elem.type != 'text') continue;         //只有文本框后面才需要显示错误消息,其他
                                                      //组件忽略
           var txt = elem.nextSibling;                //如文本框右侧已有显示文本,则将其删除以
                                                      //显示新消息文本
           if (txt && txt.nodeType == Node.TEXT_NODE) elem.parentNode.removeChild
(txt);
           for (var j = 0; j < errors.errs.length; j++) {
                                                      //为文本框找其应显示的错误消息
             var error = errors.errs[j];              //获取当前错误对象
             var msg = error['msg'], item = error['item'],val= error['value'];
                                                      //取错误消息、值和数据项名
             if (elem.value == val && elem.name.indexOf(item) > -1) {
                                                      //找到文本框应显示的消息
                 elem.parentNode.appendChild(document.createTextNode(msg));
                                                      //添加消息的显示
                 break;                          //找到并显示错误消息后,即可退出消息的查找循环
             }
           } //end for j
        }//end for i
        return;
      }//end if,结束错误消息处理的 if 判定
      var div = document.getElementsByClassName("body")[0];
                                                      //找到页面中数据表格所在的 div 对象
      div.innerHTML = resTxt;  frm.del.value = "";
                                                //更新表格为 ut.jsp 新构建内容,重置待删除账号
      document.getElementById('spancmd').style.display = 'none';
                                                      //隐藏确定和取消操作按钮
    },
    error:function(errCode){
      if(confirm('系统错误!错误代码:'+errCode)){ history.go(-1); return; }
    }
  });
```

图 14-20 是录入图 14-19 中数据后,单击“确定”按钮时,由响应对象的 data 方法在页面表单新添加的“账号”文本框右侧显示的错误提示。

在使用 Page 函数时,要注意响应对象中 error 方法和 data 方法中的 JSON 格式的错误消息之间的处理区别。error 方法处理的是 HTTP 响应错误代码,如 404/500 等错误;而 data 方法是在响应成功条件下,处理服务端发回的代表其处理过程中不能完成的一些操作信息,这些信息一般是由 Servlet 或者 JSP 通过 try…catch 语句捕捉到的错误信息的回传。

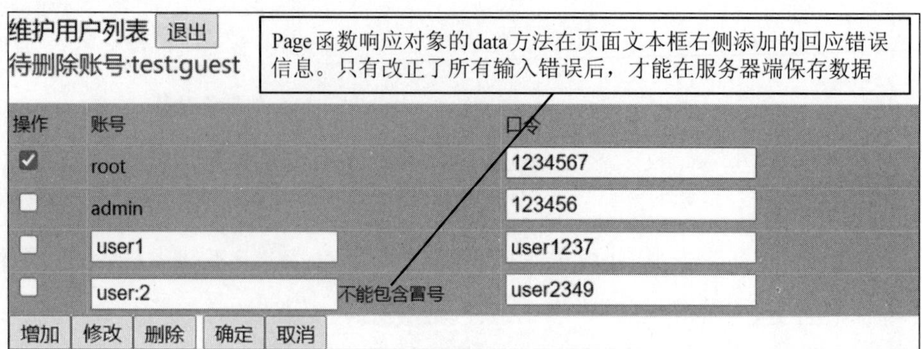

图 14-20 输出的服务端回应错误信息

思考练习题

1. 总结应用 AJAX 技术设计 RIA 应用和非 RIA 的 Web 程序在设计上的区别和联系。

2. 考察 JSON 官网中的 Java 语言工具库，了解其中的 jsonp 的使用概况。

3. 目前，可以直接采用一些 JavaScript 库直接构建 AJAX 应用，vue（https://cn.vuejs.org/）即可简化 AJAX 应用的编写，请结合本节介绍的 Page 函数了解 vue 的基本应用模式。